考前充分準備　臨場沉穩作答

千華數位文化
Chien Hua Learning Resources Network

企業專家完整分析！
帶你高分上榜！

頻出度
根據出題頻率分為三個等級 A(頻率最高)、B(中等)、C(最低)。可依據頻出度高低來規劃讀書計畫以及考前衝刺的閱讀重點。

考試頻出度
根據各種考試的出題頻率做標示，由低到高分別為一顆～五顆星。

課前導讀
為各章大意，使讀者在正式閱讀前能夠有基本概念。

頻出度**A** 依據出題頻率分為：A頻率高 B頻率中 C頻率低

第一章 企業基本概念

考試頻出度：經濟部所屬事業機構 ★★★★★
中油、台電、台灣菸酒等 ★★★★★

關鍵字：分工、企業機能、管理機能、管理工作、管理能力、工作角色、管理矩陣。

課前導讀：本章內容中較可能出現考試題目的概念包括：企業的生產與分配雙重機能、企業機能、管理機能、管理工作與非管理工作、管理者的能力、現代管理人（或經理人）之工作角色。

第一節 企業的基本概念

一、企業存在的意義

企業存在的根本意義，係在於創造並提供令客戶或消費者滿意的產品或服務，包括機能創新、品質可靠、價格低廉、感受親切、或具親身體驗效果之產品或服務。而在買、賣雙方的交易過程中，消費者藉由這些產品或服務，獲得更高的滿足感，當然願意付出更高的代價，企業便能從中獲取更多的經營利益，以繼續支持其價值創造與提供的經營過程。

諾貝爾經濟學獎得主寇斯（Ronald Coase）曾經就企業在經濟學上的意義，發明了廠商理論（Theory of The Firm），他在The Nature of The Firm論文中表示，理論上各種商業生產要素都能在市場上面取得，如果透過一個組織可以利用支配監督關係使得廠商內部行政成本小於市場交易成本的話，則商人會傾向透過企業組織來生產獲利。寇斯認為，這就是為什麼有企業組織存在的原因。

> **企業存在的根本意義**：在這價值創造過程的背後，企業代表著由一群具有共同目標或理想的人，透由一連串可重複運行的價值活動組合，而達成共同的價值創造目標。
>
> **寇斯的廠商理論**：有過度簡化的傾向，並不能完整說明企業每一項活動在經濟學上面的意義。

二、企業的定義

企業（Business Enterprise）係指經由人們的智慧和努力，結合土地、資本、勞力、企業家能力等不同的資源，在以「**營利為目的**」和「**承擔風險**」的情況下，有規劃、有**組織、講求效率地經營**；並提供產品（Product）或**勞務**（Service）以創造顧客需要並

重點筆記
為課文段落之相關補充，進一步擴展讀者的知識度。

關鍵字
整理本書各章重要關鍵字，立即掌握命題焦點，針對這些關鍵字相關內容需特別熟讀。

精選試題

各章末收錄歷年相關試題，並將其中重要考題以**星號註記**呈現，讀者在做題時務必要牢記這些題目。

精選試題

☆( ) 1.是組織成員共享的價值體系，用以區別與其他組織不同之處者是為：
(A)組織文化 (B)組織規範 (C)組織氣候 (D)組織領導。

☆( ) 2.組織文化的創造方式不包括： (A)故事 (B)重要象徵 (C)大量電子媒體廣告 (D)語言。

☆( ) 3.以「整體」與「主觀」的環境觀念研究組織成員的行為動機，這是屬於那方面的理論？ (A)組織氣候 (B)組織文化 (C)組織診斷 (D)組織重組。

( ) 4.組織成員對其組織的察覺和認知，就形成所謂： (A)組織分析 (B)組織設計 (C)組織文化 (D)組織氣候。

☆( ) 5.代表企業成員之共同行為準則及上下一致共同遵循的價值體系是？
(A)企業形象 (B)企業倫理 (C)組織文化 (D)管理哲學。

( ) 6.「一人在某一組織內工作之意識感，以及他對組織與環境的感覺」，係指？ (A)組織氣候 (B)組織文化 (C)組織改變 (D)組織發展。

( ) 7.若組織文化深刻的影響了成員的行為表現，則稱此種文化類型為：
(A)主文化 (B)弱式文化 (C)強勢文化 (D)次文化。

( ) 8.企業內個人與一切制度及活動均有某一程度的認同感及共同的理念、態度，這稱之為？ (A)組織績效 (B)□□□□□□□文化。

☆( ) 9.哈佛大學教授黎特文和史春格提出之□□□□□效能 (C)組織氣候 (D)組織結構。

( ) 10.下列有關組織文化的敘述何者有誤？□□
(A)當外在環境動盪不安時，組織文化□□
(B)組織文化亦是組織尋求出售時的一□□
(C)組織文化能指導與塑造員工的態度□□
(D)組織文化加強了社會系統的穩定度□□

☆( ) 11.Nirmal K與Glinow兩人以對人及對□□種類型來描述組織文化。高度重視績□□織利益上的，是屬於： (A)缺乏情□□(C)嚴謹的企業文化 (D)整合的企業□□

牛刀小試

收錄與各主題相關試題，讀者可隨時檢視學習成果。

牛刀小試

( ) 霍桑研究是哪一種管理學派相當著名的研究？ (A)人群關係學派 (B)行為科學學派 (C)科學管理學派 (D)管理科學學派。 **答：(B)**

第三節 管理科學學派

一、管理科學學派的發展背景

在管理思想中，運用數學符號與方程式來處理各種管理問題；從建立模式為主，來求取「最佳（適）解」的理論，稱為「管理科學學派」。因此，又稱為「作業研究(O.R)」或「計量管理學派」。例如某公司為了提升人員之排班與車輛調度之順暢，管理者應用了統計分析、線性規劃、最佳化模型，並進行電腦模擬，以求得最適解，此即屬本學派的作法。

重要 二、管理科學的意義

管理科學係以整體性觀點，以數學計量模式為工具，綜合應用數學、統計學、機率學和電腦科學等技術與方法，以**「數學模式」來解決各種企業「決策問題」**，經過對問題的系統分析後，以求迅速提供最佳行動方案以供決策者抉擇；其目的在「有效地運用資源，以提高企業整體系統的效能」。例如美國大聯盟棒球隊在過去幾年陸續將數據分析行導入球賽中。舉凡投打之間的球路分析、打者習性等，將各種數據運用在複雜卻又詳細的系統分析裡，只要是能贏球的方式或戰術全部都可以用。這樣的論點即是屬於「管理科學學派」。

因此本學派可以說是以「提高生產力」與「降低不確定性」為目標的管理學派。

管理科學之工具：
線性規劃（Linear Programmong）、賽局理論（Game Theory）、等候線理論（Queuing Theory）、模擬（Simulation）、要徑法（CPM）、系統分析、價值分析、計畫評核術、存貨模式等技術。簡言之，管理科學關心的重點乃為「效率」及合理的「資源分配」。

線性規劃：係研究在一定條件下，合理安排人力物力等資源，使經濟效果達到最好。一般來說，求線性目標函數線上性限制（約束）條件下的最大值或最小值的問題。統稱為線性規劃問題。滿足線性限制條件的解即為可行解，由所有可行解組成的集合叫做可行域。決策變數、限制條件、目標函數是線性規劃的三要素。就管理面來說，線性規劃通常是應用於工作分配或資源分配上。

重要主題

針對重要主題在前方標記，讀者在準備時務必牢記。

關鍵考點

本書以**黑色粗體**突顯考試的命題重點，針對這些關鍵內容應特別熟讀。

千華數位文化
Chien Hua Learning Resources Network

高分上榜 讀書計畫表

使用
方法 ► 本讀書計畫表共分為60天和40天兩種學習區段，可依個人需求選擇用60天或40天讀完本書。

各章出題率分析
A 頻率高　**B** 頻率中　**C** 頻率低

可針對頻率高的章節加強複習！

頻出度	章節範圍		60天完成	40天完成	考前複習
C	Part 1	第一章	第1~2天 完成日期 ___年___月___日	第1~2天 完成日期 ___年___月___日	完成日期 ___年___月___日
A	Part 1	第二章	第3~4天 完成日期 ___年___月___日	第3天 完成日期 ___年___月___日	完成日期 ___年___月___日
A	Part 2	Volume 1 第一章	第5~7天 完成日期 ___年___月___日	第4~5天 完成日期 ___年___月___日	完成日期 ___年___月___日
C	Part 2	Volume 1 第二章	第8天 完成日期 ___年___月___日	第6天 完成日期 ___年___月___日	完成日期 ___年___月___日
C	Part 2	Volume 1 第三章	第9天 完成日期 ___年___月___日	第7天 完成日期 ___年___月___日	完成日期 ___年___月___日
A	Part 2	Volume 1 第四章	第10~11天 完成日期 ___年___月___日	第8天 完成日期 ___年___月___日	完成日期 ___年___月___日
B	Part 2	Volume 1 第五章	第12天 完成日期 ___年___月___日	第9天 完成日期 ___年___月___日	完成日期 ___年___月___日

頻出度	章節範圍	60天完成	40天完成	考前複習
C	Volume 2 第一章	第13天 完成日期 ____年____月____日	第10天 完成日期 ____年____月____日	完成日期 ____年____月____日
B	Volume 2 第二章	第14~15天 完成日期 ____年____月____日	第11天 完成日期 ____年____月____日	完成日期 ____年____月____日
A	Volume 2 第三章	第16~18天 完成日期 ____年____月____日	第12~13天 完成日期 ____年____月____日	完成日期 ____年____月____日
B	Volume 2 第四章	第19~20天 完成日期 ____年____月____日	第14天 完成日期 ____年____月____日	完成日期 ____年____月____日
B	Volume 2 第五章	第21~22天 完成日期 ____年____月____日	第15天 完成日期 ____年____月____日	完成日期 ____年____月____日
B	Volume 2 第六章	第23天 完成日期 ____年____月____日	第16天 完成日期 ____年____月____日	完成日期 ____年____月____日
C	Volume 2 第七章	第24~25天 完成日期 ____年____月____日	第17天 完成日期 ____年____月____日	完成日期 ____年____月____日
B	Volume 3 第一章	第26~27天 完成日期 ____年____月____日	第18天 完成日期 ____年____月____日	完成日期 ____年____月____日
A	Volume 3 第二章	第28~30天 完成日期 ____年____月____日	第19~20天 完成日期 ____年____月____日	完成日期 ____年____月____日
C	Volume 3 第三章	第31天 完成日期 ____年____月____日	第21天 完成日期 ____年____月____日	完成日期 ____年____月____日

Part 2

頻出度	章節範圍	60天完成	40天完成	考前複習
A	Volume 1 第一章	第32~33天 **完成日期** ____年____月____日	第22~23天 **完成日期** ____年____月____日	完成日期 ____年____月____日
B	Volume 1 第二章	第34天 **完成日期** ____年____月____日	第24天 **完成日期** ____年____月____日	完成日期 ____年____月____日
B	Volume 1 第三章	第35天 **完成日期** ____年____月____日	第25天 **完成日期** ____年____月____日	完成日期 ____年____月____日
C	Volume 1 第四章	第36天 **完成日期** ____年____月____日	第26天 **完成日期** ____年____月____日	完成日期 ____年____月____日
B	Volume 2 第一章	第37天 **完成日期** ____年____月____日	第27天 **完成日期** ____年____月____日	完成日期 ____年____月____日
A	Volume 2 第二章	第38~40天 **完成日期** ____年____月____日	第28~29天 **完成日期** ____年____月____日	完成日期 ____年____月____日
B	Volume 2 第三章	第41~42天 **完成日期** ____年____月____日	第30天 **完成日期** ____年____月____日	完成日期 ____年____月____日
A	Volume 2 第四章	第43~44天 **完成日期** ____年____月____日	第31天 **完成日期** ____年____月____日	完成日期 ____年____月____日
A	Volume 3 第一章	第45~47天 **完成日期** ____年____月____日	第32~33天 **完成日期** ____年____月____日	完成日期 ____年____月____日
A	Volume 3 第二章	第48~50天 **完成日期** ____年____月____日	第34~35天 **完成日期** ____年____月____日	完成日期 ____年____月____日

Part 3

頻出度	章節範圍		60天完成	40天完成	考前複習
A	Part 3	Volume 3 第三章	第51~53天 **完成日期** ___年___月___日	第36~37天 **完成日期** ___年___月___日	完成日期 ___年___月___日
B		Volume 3 第四章	第54~55天 **完成日期** ___年___月___日	第38天 **完成日期** ___年___月___日	完成日期 ___年___月___日
一		Part4	第56~60天 **完成日期** ___年___月___日	第39~40天 **完成日期** ___年___月___日	完成日期 ___年___月___日

千華數位文化
Chien Hua Learning Resources Network

新北市中和區中山路三段136巷10弄17號
TEL: 02-22289070　FAX: 02-22289076
千華公職資訊網 http://www.chienhua.com.tw

經濟部國營事業
(台糖、台電、中油、台水、漢翔) 新進職員甄試

完整考試資訊

http://goo.gl/VLVflr

一、報名方式：一律採「網路報名」。

二、學歷資格：教育部認可之國內外公私立專科以上學校畢業。

三、應試資訊

(一)甄試類別：各類別考試科目及錄取名額：

類別	專業科目A (30%)	專業科目B (50%)
企管	1. 企業概論 2. 法學緒論	1. 管理學 2. 經濟學
人資	1. 企業概論 2. 法學緒論	1. 人力資源管理 2. 勞動法令
財會	1. 政府採購法規 2. 會計審計法規（含預算法、會計法、決算法與審計法）	1. 中級會計學 2. 財務管理
大眾傳播	1. 新媒介科技 2. 傳播理論	1. 新聞報導與寫作 2. 公共關係與危機處理
資訊	1. 計算機原理 2. 網路概論	1. 資訊管理 2. 程式設計
統計資訊	1. 統計學 2. 巨量資料概論	1. 資料庫及資料探勘 2. 程式設計
法務	1. 商事法 2. 行政法	1. 民法 2. 民事訴訟法
智財法務	1. 智慧財產法 2. 行政法	1. 專利法 2. 商標法

類別	專業科目A (30%)	專業科目B (50%)
政風	1. 民法 2. 行政程序法	1. 刑法 2. 刑事訴訟法
地政	1. 政府採購法規 2. 民法	1. 土地法規與土地登記 2. 土地利用
土地開發	1. 政府採購法規 2. 環境規劃與都市設計	1. 土地使用計畫及管制 2. 土地開發及利用
土木	1. 應用力學 2. 材料力學	1. 大地工程學 2. 結構設計
建築	1. 建築結構、構造與施工 2. 建築環境控制	1. 營建法規與實務 2. 建築計劃與設計
水利	1. 流體力學 2. 水文學	1. 渠道水力學 2. 土壤力學與基礎工程
機械	1. 應用力學 2. 材料力學	1. 熱力學與熱機學 2. 流體力學與流體機械
電機(甲)	1. 電路學 2. 電子學	1. 電力系統 2. 電機機械
電機(乙)	1. 計算機概論 2. 電子學	1. 電路學 2. 電磁學
儀電	1. 電路學 2. 電子學	1. 計算機概論 2. 自動控制
環工	1. 環化及環微 2. 廢棄物清理工程	1. 環境管理與空污防制 2. 水處理技術
畜牧獸醫	1. 家畜各論(豬學) 2. 豬病學	1. 家畜解剖生理學 2. 免疫學
農業	1. 植物生理學 2. 作物學	1. 農場經營管理學 2. 土壤學

類別	專業科目A (30%)	專業科目B (50%)
化學	1. 普通化學 2. 無機化學	1. 定性定量分析 2. 儀器分析
化工製程	1. 化工熱力學 2. 化學反應工程學	1. 單元操作 2. 輸送現象
地質	1. 普通地質學 2. 地球物理概論	1. 構造地質學 2. 沉積學
石油開採	1. 岩石力學 2. 岩石與礦物學	1. 石油工程 2. 油層工程

(二)初(筆)試科目：

　　1.共同科目：國文、英文，各占初(筆)試成績10%，合計20%。

　　2.專業科目：除法務類均採非測驗式試題外，其餘各類別之專業科目A採測驗式試題(單選題，答錯倒扣該題分數3分之1)，專業科目B採非測驗式試題。

　　3.初(筆)試成績占總成績80%，共同科目占初(筆)試成績20%，專業科目占初(筆)試成績80%。

(三)複試(含查驗證件、人格特質評量、現場測試、口試)。

四、待遇：人員到職後起薪及晉薪依各所分發之機構規定辦理，目前各機構起薪為新台幣3萬5仟元至3萬8仟元間。本甄試進用人員如有兼任車輛駕駛及初級保養者，屬業務上、職務上之所需，不另支給兼任司機加給。

※詳細資訊請以正式簡章為準！

千華數位文化股份有限公司　■新北市中和區中山路三段136巷10弄17號
■TEL: 02-22289070　FAX: 02-22289076

目次

PART 1 企業概論與管理學滿分關鍵攻略

PART 2 企業概論

Volume 1 企業經營本質

Volume 2 企業經營活動

Volume 3 企業成長與永續經營

PART 3 管理學

Volume 1　管理的概念與管理哲學

Volume 2　管理理論

Volume 3　管理功能各機能活動

PART 4 最新試題及解析

名師叮嚀

～推陳出新・掌握企管脈動・不同凡響～

一、掌握最新命題趨勢，灌頂全方位企管新知

本書係歸納交通部（郵政、電信、鐵路、航運）及經濟部（台電、中油、臺糖、台灣菸酒、台水）等所屬國（公）營事業對外特考（甄選考試）、內部升等考試，以及其他公職人員考試、高普考等多年來之歷屆試題，依大學「企業管理」、「企業概論」和「管理學」等教科書通用之章節編排。書中除剔除冷僻、過時，不可能再出題的企管概念外，更潛心參酌以上用書及專家名著，並納入最新、最夯的企管概念，精心翻修內容。相信這本書絕對是市售九流十家企業管理（含大意、概要）考試用書中，唯一內容最完整、最充實，確能掌握最新命題趨勢的考試用書，讓您可安心信賴，使您可節省相當多的時間及購買其他書籍的費用支出，一舉兩得，順利上榜笑呵呵。

二、MBA企管專業出擊，直搗考試命題核心

作者係某國立大學企業管理研究所畢業30年的企管碩士（MBA），且曾擔任某國營事業之高級主管20年，更曾奉派遠赴美國、以色列等國進修管理相關領域的知識，故管理理論與實務經驗相當豐富；除此之外，作者本人更長期從事於企業管理相關領域之研修、教學及撰文工作；對各類國（公）營事業考試，企業管理（或企業概論、管理學）一科考試的方向與命題趨勢，更多所專注，知之甚詳。今以此專業背景及教學等經驗來編撰「企業概論與管理學」考試用書，更能直搗命題核心，掌握趨勢變化。

三、品質保證，值得信賴，值得推薦擬參加考試親友

本書的內容，除一般考試用書所應有的內容外，還特別將其他出版社企業管理考試用書所沒有的內容納入，即「PART1 企業管理滿分關鍵攻略」中的「最IN管理名詞彙集」與「企業管理焦點計算題例示」。這些內容，在考試時，必為考試成敗的決勝關鍵；而您我皆知，錄取有名額限制的競爭考試，

其輸贏又是在1、2分之間，絕對疏忽不得。為協助考生能攻取高分，爰精心特別整理，將其納入；再者，為免考生對此予以忽略，故特別將它放在本書企管正式課文內容之前。總之，如此做的目的只有一個，就是要幫考生推向成功之路。

祝福您，更祝您～金榜題名

編者　謹識

2020.1

參考書目 ●●●

1.李吉仁・陳振祥，企業概論，華泰文化，2005年1月。

2.林孟彥，管理學，華泰文化，2003年3月。

3.王德順，企業管理概要，五南圖書公司，2011年4月。

4.林建煌，現代管理學，華泰文化，91年1月。

5.許士軍，管理學，東華書局，94年7月。

6.許是祥，企業管理，中華企業管理發展中心，80年11月。

7.陳定國，現代企業管理，三民書局，93年10月。

8.林建煌，行銷管理，智勝文化，91年9月。

9.雅虎、谷歌網站。

企業概論與管理學
滿分關鍵攻略

考試輸贏往往在1、2分間，而且輸贏也常在少數1、2個新
概念，為提醒考生注意，爰特別在「PART2 企業概論」
與「PART3 管理學」前，先另闢此PART1，主要目的在
提醒考生注意，其他市售考試用書疏漏或根本未注意的可
能命題重點，因此，乃先行說明一些「最IN、最夯的管理
名詞」。另外就作者專業及長年來的觀察，發現非科班出
身的考生，往往失敗在沒有碰過的「企業管理計算題」方
面，故亦特別列專章以題目例示並作解答，希望藉此提升
考生的競爭實力。

第一章 最IN管理名詞彙集

考試頻出度：經濟部所屬事業機構 ★★
中油、台電、台灣菸酒等 ★★

關鍵字：SBU、柏拉圖現象、防呆裝置、品牌共鳴、股價指數。

課前導讀：本章旨在補充企業管理（含概要、大意）大學用書中所未列入課文內容的一些新的管理名詞與新概念，而這些新名詞與新概念則在各類國營機構考試中，偶會出現題目，以至考生只好用「猜」的方式來作答，也因此有可能就僅差1、2分而落榜。

第一節 企管相關名詞

一、U型組織與M型組織

(一) U型組織：係指類似以功能劃分的組織型態，其亦依生產、行銷、財務、人事等企業功能來劃分組織。

(二) M型組織：係指採用利潤中心的概念，成立總管理處，由最高主管指揮，各事業單位績效獨立評估，但各事業部門則共用重要資源。

二、兩片披薩哲學

Amazon創始人兼執行長Jeff Bezos提出：一個團隊最適當的大小，是以兩個大披薩可讓全體成員吃飽為大致標準。依成員的食量而定，最適當的群體大小約五至七人。

三、史坎隆計畫

史坎隆計畫（Scanlon plan）是美國鋼鐵工人聯合會的副總裁Joseph Scanlon在1937年所發展的，是一種「利益分享」（gain sharing）的概念。公司鼓勵各部門能經由提案或年度目標設定，且透過作業流程的改善以提升效率、降低成本，並將節省成本所獲得的利益依比例提撥給員工；這種方式經常被使用在製造部門。

四、柏拉圖現象

柏拉圖現象（Pareto phenomenon）意指所有事情並非同等重要，有些事（少數）對達成目標或解決問題非常重要，其他事（多數）則否。亦即對於某些事件的發生，

少數因素占很高的比例。此涵義是指管理者應檢查每一個狀況，尋找少數有重大影響力的少數因素（類如20/80原理），並給予最高的優先順序，這是作業管理中最重要及普遍的觀念之一。

五、越庫（cross-ducking）

是指貨品從供應商運到倉庫時，不將貨品卸載，而是直接載至出貨車，這是一項避免倉儲作業，減少搬運的方法。

六、防呆裝置（Poka-yoke）

即是防失誤，亦即指在製程中設立防護措施，以降低或消除製造中可能出現的問題。

七、顧客經驗工程（customer experience engineering）

企業必須規劃出希望被顧客知覺到什麼？體驗到什麼？發展出一致性的績效與線索，組合成經驗藍圖（experience blueprint），最好能包含視覺、聽覺、嗅覺、味覺、觸覺。

八、TTQS System

勞動部勞動力發展署為提升國內培訓品質，達到與國際接軌之目標，特別參照國際 ISO 10015驗證標準的要求，擬定人才發展品質管理系統（Talent Quality-management System,TTQS），以確保訓練流程之可靠性與正確性，而TTQS也成為企業向勞動部勞動力發展署申請教育訓練補助的重要依據，也是勞動部勞動力發展署進行補助時的重要指標。TTQS主要由五個構面所組成，簡稱為PDDRO，包括規劃（Plan）、設計（Design）、執行（Do）、查核（Review）及成果（Outcomes）。

九、工作雕塑

工作雕塑（Job Sculpting）乃是結合員工興趣與工作的一種藝術，工作雕塑可以依據員工的興趣來訂製其職涯發展規劃，提升員工的工作滿意，進而增加公司留住優秀人才的機會。

十、可槓桿優勢（leverageable advantage）

槓桿（leverage）的意思，應用到管理上就是顯著提升，以最小的力量來做改善，或善用自己的籌碼或優勢來獲得更大的利益。例如物料採購時以購買量大的優勢，要求供應商降價。

第二節 企管相關財經名詞

 一、股票相關知識

(一) **S&P500股價指數**：S&P500股價指數乃是由美國
McGraw Hill公司，自紐約證交所、美國證交所及上
櫃等股票中選出500支，其中包含400家工業類股、
40家公用事業、40家金融類股及20家運輸類股，經
由股本加權後所得到之指數。

(二) **那斯達克（NASDAQ）股票市場**：那斯達克是美
國的一個電子證券交易機構，是由那斯達克股票
市場股份有限公司（Nasdaq Stock Market，Inc.，
NASDAQ：NDAQ）所擁有與操作的。

(三) **特別股**：特別股係一種兼具普通股與債券雙重特性
的證券，**又稱為「混血證券」**，它具有股利優先分
配權、剩餘財產優先分配權，尚有可轉換成普通
股、可由發行公司買回，對公司決策不具表決權的
特性。

> NASDAQ：是全國
> 證券業協會行情自動
> 傳報系統（National
> Association of Securities
> Dealers Automated
> Quotations system）的
> 縮寫，創立於1971年，
> 迄今已成為世界最大的
> 股票市場之一。該市場
> 允許市場期票出票人通
> 過電話或網際網路直接
> 交易，而不拘束在交易
> 大廳進行，而且交易的
> 內容大多與新技術，尤
> 其是計算機方面相關，
> 是世界第一家「電子證
> 券交易市場」。

二、經濟相關知識

(一) **通貨膨脹**：係指一般物價水準在某一時期內，長期且全面地持續上漲的現象。
換言之，非個別物品或勞務價格的上漲，而是指「全部」物品及勞務的加權平
均價格的上漲。且這上漲趨勢必須維持一段時間。

重要 (二) **痛苦指數（Misery index）**：這項指數是一種總體
經濟指標，它以技術性分析的方式量化居民對當地
生活品質不滿意的程度，藉以衡量一國人民所面對
的經濟情勢。**其公式為：痛苦指數=消費者物價指數
（CPI）年增率+失業率。**

(三) **短期投資**：指的是當公司的現金或銀行存款超過日
常營運所需時，為獲取較佳的孳息，可能從事債
券、證券或基金的投資。

(四) **盲目投資**：係經理人存有過度自信的心理，在行為
經濟或財務的應用上，增加了資訊的異質性，**同時**

> ・痛苦指數：係於1970
> 年代由耶魯大學經
> 濟學教授亞瑟・奧肯
> （Arthur M. Okun）
> 所發表。
>
> ・短期投資：這類投資
> 的目的在於資金的調
> 度運用，而投資的標
> 的有活絡的市場可供
> 即時出售變現，故歸
> 類於流動資產。

也低估了所可能承擔的風險。因此，投資人可能根據自己過去的經驗法則，接受自己所認為合理的資訊，並剔除了不想接受的部分資訊，造成了資訊的不充足以及不完整，從而忽視其可能產生的風險。

重要 (五) **格萊興法則（Gresham's law）**：係指市場上有兩種同面額的金幣流通，一種含金的成份較另一種高，含金成份高的金幣會逐漸消失，而只剩下含金成份低的金幣被用來作為交易的媒介，形成劣幣驅逐良幣的現象。

(六) **反托拉斯**：反托拉斯（antitrust）起源於美國，最初目的是在對抗企業聯合（cartel）壟斷市場及價格的行為。現在很多國家也都設有某種形式的反托拉斯法，例如歐盟就有《歐盟競爭法》，反托拉斯又稱為競爭法，是在阻止「反競爭行為與不公平商業行為」的法律。

> 反托拉斯：我國的公平交易法即類似反托拉斯的法律。

(七) **國際環境**：

1. 亞洲四小龍：臺灣、新加坡、韓國、香港。
2. 金磚四國（2004年）：俄羅斯、中國（大陸）、印度、巴西。
3. 歐洲金豬四國（PIGS）：葡萄牙、義大利、希臘、西班牙。

(八) **重要國際性組織**

1. 1945年聯合國成立，其宗旨為促進國際合作，維持國際和平與安全。
2. 1947年關稅暨貿易總協定（GATT）成立，為一個多邊的貿易協定，並非是組織體。
3. 1995世界貿易組織（WTO）成立，取代GATT，其主要宗旨為推動世界各國貿易自由化，我國於2002年1月1日加入。
4. 其他組織之成立：
   (1) 1967年東南亞國協（ASEAN），其成員為東協10個國家，包括印尼、馬來西亞、菲律賓、新加坡、泰國、汶萊、越南、寮國、緬甸、柬埔寨。「東協十加三」即是東協十國再加入日本、韓國、中國三個國家。
   (2) 1992年北美自由貿易協定（NAFTA），是美國、墨西哥、加拿大三國在1992年組成的經濟結盟。
   (3) 2000年歐洲聯盟（EU；歐盟）。由歐洲主要國家組成的組織。
   (4) 自由貿易協定（FTA）。自由貿易協定（英文：Free Trade Agreement，簡稱FTA）是兩國或多國、以及與區域貿易實體間所簽訂的具有法律約束力的契約，目的在於促進經濟一體化，消除貿易壁壘（例如關稅、貿易配額和優先順序別），允許貨品與服務在國家間自由流動。
   (5) 兩岸經濟合作架構協議（ECFA）。

(6)亞洲太平洋經濟合作會議（APEC）。係1989年由21位成員組成。

(7)經濟合作暨發展組織（OECD）。是全球35個市場經濟國家組成的政府間國際組織。

(8)跨太平洋伙伴關係（TPP）。是新加坡、汶萊、智利、紐西蘭、美國、澳大利亞、越南、馬來西亞、墨西哥、加拿大、日本等國組成。

(9)歐盟國家加入歐元區者：目前共有19個國家加入歐元區，它們是奧地利、比利時、芬蘭、法國、德國、希臘、愛爾蘭、意大利、盧森堡、荷蘭、葡萄牙、斯洛維尼亞、西班牙、馬爾他、賽普勒斯、斯洛伐克、愛沙尼亞、拉脫維亞、立陶宛。還有3個歐盟成員國，英國、丹麥和瑞典，它們都曾經舉行公投，以民意結果來看，都不傾向使用歐元。

(九) **關稅壁壘**：係指用徵收高額進口稅及名種進口附加稅的方法，以限制與阻止外國商品進口的一種手段。

(十) **非關稅壁壘**：係指一個國家通過關稅之外的方法控制對外貿易，如外匯管制、進口禁令、進口許可證、補貼、更嚴厲的衛生檢驗標準等方法。

> **非關稅壁壘**：通過這些手段雖可達到貿易保護的作用，但也會使本國消費者蒙受損失。

第二章 企業管理焦點計算題例示

考試頻出度：經濟部所屬事業機構 ★★★★
中油、台電、台灣菸酒等 ★★★★

關鍵字：霍西獎工制、歐文獎工制、持有成本、應收帳款周轉率、總資產投資報酬率、損益平衡點、速動比率、經濟訂購量、持有成本。

課前導讀：在各國營企業的考試中，「企業管理」這科的測驗題，必然會出現2、3題計算題型的題目，而很多考生因非本科系的畢業生，往往因此而落榜，殊為可惜。因此本書乃特別將「企業管理」這科較可能出現之各類型計算題型題目，在此例示。同時，更提醒考生：有些計算題型之題目會故意設陷阱（放入多餘的資料／作答時不需去理會該數字），誤導思考方向，請特別留意。

---

01 依學者Graicunas的觀點，當部屬人數為五人時，上司與部屬維持平均接觸的總次數是多少？ (A)100 (B)150 (C)200 (D)250。

解：**(A)**。公式：$C = N\left[\left(2^N/2\right) + N - 1\right]$；式中：N：部屬人數；C：潛在的溝通次數/頻率；接觸總次數 $= 5\left[\left(2^5/2\right) + 5 - 1\right] = 100$

02 假設有三位製造商將產品銷售給三位消費者，交易次數共有幾次？又若多了一個中間商後，交易次數需要幾次？ (A)3，1 (B)4，9 (C)6，3 (D)9，6。

解：**(D)**。(1)3×3＝9；(2)3×1＝3；1×3＝3；3+3＝6

03 甲公司是一個新創的小企業，若流動資產為$708，這一年的總成本為$1,344，在其他條件不變之下，請問甲公司還可以撐多久？ (A)182天 (B)188天 (C)192天 (D)196天。

解：**(C)**。流動資產（708）/總成本（1344）×365＝192

04 若進價為100元的商品，要維持20%的毛利率，則售價應為多少元？
(A)110元　(B)120元　(C)125元　(D)130元。

解：**(C)**。本題計算公式應有如下二個步驟：
(1)毛利率＝（銷售收入－銷貨成本）/銷售收入
(2)售價＝成本/（1－毛利率%）
故：
(1)要維持20%毛利率：100（進價）×20％＝20
(2)毛利率＝（100＋20）＝120
(3)售價：100（進價/即成本）/（1－20％）＝100/（80％）
　　　　＝100/（4/5）＝100×（5/4）＝125

05 某公司為推行效率獎金制度，設定工作8小時的標準產量為80件，工資
為120元，超過80件的部分，每件可多得0.5元的酬金，若今張三工作8
小時，完成100件，則張三今日可得？　(A)120元　(B)130元　(C)135元
(D)150元。

解：**(B)**。計算如下：
0.5元×（100－80）＝10元；120元＋10元＝130元。

06 某工作標準工作時間定為10小時，每小時基本工資100元，獎金率為工
資率的1/4，A員工以8小時完成，B員工以12小時完成。請問根據霍西
（Halsey）法，A、B兩員工分別可領到多少錢？　(A)A：800元；B：
1,200元　(B)A：800元；B：1,000元　(C)A：850元；B：1,200元　(D)
A：1,000元；B：1,000元。

解：**(C)**。霍西獎工制公式：(1)E＝Ah×R（當Sh＜Ah時）；(2)E＝Ah×R＋
Pr×（Sh－Ah）×R（當Sh＞Ah時）
E：員工薪資　　R：每小時基本工資率　　Sh：標準工作時間
Pr：獎金率　　Ah：實際工作時間
計算如下：
A員工：因8小時完成，故用公式(2)：
（100元×8）＋〔1/4（10－8）×100〕＝800元＋50元
＝850元
B員工：因12小時完成，故用公式(1)，100元×12＝1,200元

07 某工作標準工作時間定為10小時，每小時基本工資100元，獎金率為工資率的1/4，A員工以8小時完成，B員工以12小時完成。根據甘特法，A、B兩員工分別可領到多少錢？ (A)A：1,200元；B：1,000元 (B)A：1,250元；B：1,200元 (C)A：1,200元；B：1,200元 (D)A：850元；B：1,000元。

解：**(B)**。甘特工作與獎金薪資制（Gantt Task and Bonus Wage system）

(1)E＝Ah×R（當Sh＜Ah時）；或(2)E＝Sh×R＋Pr×Sh×R＝Sh×R×（1＋Pr）（當Sh＞Ah時）；E：員工薪資；R：每小時基本工資率；Sh：標準工作時間；Pr：獎金率；Ah：實際工作時間。

計算如下：

A員工：因8小時完成，故用公式(2)：

（100元×10）＋〔1/4×10×100〕＝1,000元＋250元
＝1,250元

B員工：因12小時完成，故用公式(1)，100元×12＝1,200元

08 某項工作完成的標準時間為10小時，每小時基本工資為100元，獎金率為50%，A員工以8小時完成。請問根據歐文獎工制，A員工可獲得多少工資？ (A)$800 (B)$960 (C)$1,000 (D)$1,200。

解：**(B)**。歐文獎工制之公式如下：在工作標準以下：E=R×Ah

在工作標準以上：E=R×Ah+[（Sh－Ah）/Sh]×R×Ah

E：工資　　　　　　　　R：每小時基本工資率
Ah：實際工作時數　　　Sh：標準工作時間

在標準時間10小時內以8小時完成，表示在工作標準以上

E=R×Ah+[（Sh－Ah）/Sh]×R×Ah
=100×8+[（10－8）/10]×100×8=960

09 康泰公司某生產線有三個工作站，其週期時間為2分鐘，每週期工作站閒置總時間共0.6分鐘，請問該生產線之效率為多少？ (A)10% (B)20% (C)80% (D)90%。

解：**(D)**。效率＝產出/投入；投入時間＝產出時間＋閒置時間。已知1站投入時間為2分鐘，故3站投入時間為6分鐘，3站閒置時間共0.6分鐘，所

以產出時間＝6分鐘－0.6分鐘＝5.4分鐘。故5.4/6＝0.9＝90％。另外
一種解題方式為生產線效率＝1－（總閒置時間÷總工作時間）。
效率＝1－0.6/（2×3）＝1－0.1＝0.9＝90％

10 假設A廠商投資＄100萬進行生產，希望有20％的投資報酬率，單位成本為＄16，預期銷售量為5萬單位。請問若以目標報酬訂價法，該產品應以多少訂價？　(A)\$10　(B)\$20　(C)\$30　(D)\$40。

解：**(B)**。1,000,000×20％＝200,000，（200,000÷50,000）＋16＝20

11 雲慶生技公司每年的平均存貨是\$2,000,000，若預估資金成本率為10％，儲存成本為7％，風險成本為6％，請問每年的持有成本為多少？
(A)\$260,000　(B)\$340,000　(C)\$460,000　(D)\$540,000。

解：**(C)**。2,000,000×（10％＋7％＋6％）＝460,000

12 甲公司部分財務資料如下：平均資產總額為100（百萬元）、平均股東權益為40（百萬元）、資產報酬率為10％，試問該公司股東權益報酬率為多少？　(A)15％　(B)20％　(C)25％　(D)30％。

解：**(C)**。總資產報酬率10%＝純益÷平均資產總額100
　　　　　故：純益＝10
　　　　股東權益報酬率＝純益10÷平均股東權益40＝25%

13 某公司當年度銷貨收入（賒銷部分）為30,000,000元，全年平均應收帳款餘額為5,000,000元，其應收帳款周轉率約為：　(A)60天　(B)65天
(C)50天　(D)70天。

解：**(A)**。應收帳款周轉率＝賒銷淨額/平均應收帳款
　　　　＝30,000,000/5,000,000＝6
　　　　360天÷6＝60天

14 某公司當年度營業淨利為2,000,000元，銷貨收入為80,000,000元，若其總資產周轉率為2，則其總資產投資報酬率是多少％？　(A)5%　(B)6%　(C)4.5%　(D)5.5%。

解：**(A)**。總資產周轉率＝銷貨收入／總資產
　　　　即：2＝80,000,000÷總資產
　　　　故：
　　　　總資產＝80,000,000÷2＝40,000,000
　　　　總資產投資報酬率＝營業淨利／總資產
　　　　＝2,000,000/40,000,000＝0.05（5％）

> 「總資產周轉率」為（＝）銷貨收入／總資產。請勿與「總資產投資報酬率」兩者弄混了。

15 甲公司推出一新產品，該公司總固定成本為592,000元，產品單位變動成本為12元，單位售價為20元，試問該公司達成損益平衡點（Break-Even Point）時的銷售金額為？　(A)$1,280,000　(B)$1,480,000　(C)$1,680,000　(D)$1,880,000。

解：**(B)**。公式：BEP（Q）=TFC/（P-VC）
　　　　BEP：損益平衡點銷售量　　　　TFC：總固定成本
　　　　P：單位售價　　　　　　　　VC：單位變動成本
　　　　Q=592,000/（20－12）=74,000
　　　　20×74,000=1,480,000

16 某公司資產負債表顯示流動資產有銀行存款3,000,000元，應收帳款4,000,000元，短期投資2,000,000元，存貨3,000,000元，流動負債則有3,000,000元，則其速動比率應為：　(A)4：1　(B)3：1　(C)2：1　(D)5：1。

解：**(B)**。速動比率＝流動資產/流動負債
　　　　＝（銀行存款3,000,000＋應收帳款4,000,000＋短期投資2,000,000）/流動負債3,000,000
　　　　＝9,000,000/3,000,000
　　　　故速動比率為（9,000,000/3,000,000）
　　　　＝3：1

> 存貨因其變現率較低（因為銷售出去，故無法於短期內急速轉為現金），故不屬於流動資產的範圍（題目放入，只是一個陷阱）。

17 某公司當年度銷貨收入（賒銷部分）為30,000,000元，全年平均應收帳款餘額為5,000,000元，其應收帳款周轉率約為： (A)60天 (B)65天 (C)50天 (D)70天。

解：**(A)**。應收帳款周轉率
   ＝賒銷淨額/平均應收帳款
   ＝30,000,000/5,000,000＝6
   360天÷6＝60天

> 會計報表數字之計算，稱一年者，係以360天來計算。

18 設期初存貨為20,000元，期末存貨為10,000元，銷貨成本為600,000元，則存貨週轉率為： (A)60 (B)30 (C)40 (D)50。

解：**(C)**。存貨週轉率＝銷貨成本/平均存貨
   ＝600,000/【（20,000＋10,000）/2】＝40

19 甲公司年需32,000個電晶體，已知每個單價$10，每次採購費用為$24，每個電晶體的保管成本為產品單價的6%，則該公司欲達成最佳經濟訂購量，每年應採購幾次？ (A)18次 (B)20次 (C)24次 (D)32次。

解：**(B)**。其計算公式如下：

$$EOQ（Q）=\sqrt{\frac{2ad}{h}}$$

a：每次採購成本
d：全年使用量
h：每單位儲存成本
Q=[2×24×32000/（10×6%）]$^{0.5}$（開方）=1600（單位）
N=32000/1600=20（次數）

20 華榮科技公司在4月5日賒購一批商品$300,000，付款條件是2/10，1/20，n/30，則下列敘述何者正確？ (A)華榮科技公司最遲應該在同年4月30日付款 (B)如果華榮科技公司在同年4月9日才付款，應付$240,000 (C)如果華榮科技公司在同年4月17日才付款，應付$297,000 (D)如果華榮科技公司在同年4月28日才付款，應付$294,000。

解：**(C)**。付款條件是2/10，1/20，n/30，意思就是：n/30（必須在30天內付
清款項）；2/10（若在10天內付清款項，可扣除2％現金折扣）；
1/20（若在20天內付清款項，可扣除1％現金折扣）。
因此（根據前述）；
1.選項　(A)錯誤，必須在5月4日前付清款項。
2.選項　(B)：294,000。
3.選項　(C)：297,000。（正確）
4.選項　(D)：應付300,000。

21 美崙皮鞋工廠其請購點的最低存量是330件，已知其生產週期為50天，每
天平均耗用材料15件，安全存量30件，請問每天購料需耗時幾天才能進
廠？　(A)10天　(B)11天　(C)20天　(D)22天。

解：**(C)**。（330－30）÷15＝20（天）

22 永昇公司某生產有三個工作站，其週期時間為2分鐘，每週期工作站閒
置總時間共0.6分鐘，請問該生產線之效率為多少？　(A)60％　(B)75％
(C)90％　(D)120％

解：**(C)**。0.6/(2×3)×100%=10%
100%-10%=90%

23 尚鼎公司已上市，已知其明天將發放股利每股2元，該公司股利每年固
定成長7%，市場折現率為12%，試問其股價今天約值多少元？　(A) 42.8
(B) 44.8　(C) 46.8　(D) 48.8

解：**(B)**。2×(1+7%)/(12%-7%)=42.8
42.8+2=44.8

NOTE

PART 2 企業概論

Volume 1 企業經營本質

本篇係就企業相關概念中有關現代企業的特質、各種企業組織、企業間的連結的意義和內涵作介紹;次就產業結構、價值鏈、企業資源能力、經營範疇作解說;第三則就市場結構的種類、供需及經濟體制的內容,清楚的作說明;第四則述及企業經營有關的直接與間接環境,作有系統的釐清與分類;最後,則是就企業營運主要關鍵之效率與效能,以及企業追求成長的方向,作概念上的清楚界定。

以上這些章節的說明,可說都是考試命題焦點所在,且作者亦不浪費多餘的語言陳述,讓考生可以很快的吸收,並能很輕鬆的作答相關考題。

第一章 企業基本概念

考試頻出度：經濟部所屬事業機構 ★★★★★
中油、台電、台灣菸酒等 ★★★★★

關鍵字：分工、企業機能、管理機能、管理工作、管理能力、工作角色、管理矩陣。

課前導讀：本章內容中較可能出現考試題目的概念包括：企業的生產與分配雙重機能、企業機能、管理機能、管理工作與非管理工作、管理者的能力、現代管理人（或經理人）之工作角色。

第一節 企業的基本概念

一、企業存在的意義

企業存在的根本意義，係在於創造並提供令客戶或消費者滿意的產品或服務，包括機能創新、品質可靠、價格低廉、感受親切、或具親身體驗效果之產品或服務。而在買、賣雙方的交易過程中，消費者藉由這些產品或服務，獲得更高的滿足感，當然願意付出更高的代價，企業便能從中獲取更多的經營利益，以繼續支持其價值創造與提供的經營過程。

諾貝爾經濟學獎得主寇斯（Ronald Coase）曾經就企業在經濟學上的意義，發明了廠商理論（Theory of The Firm），他在The Nature of The Firm論文中表示，理論上各種商業生產要素都能在市場上面取得，如果透過一個組織可以利用支配監督關係使得廠商內部行政成本小於市場交易成本的話，則商人會傾向透過企業組織來生產獲利。寇斯認為，這就是為什麼有企業組織存在的原因。

> **企業存在的根本意義：**在這價值創造過程的背後，企業代表著由一群具有共同目標或理想的人，透由一連串可重複運行的價值活動組合，而達成共同的價值創造目標。
>
> **寇斯的廠商理論**：有過度簡化的傾向，並不能完整說明企業每一個活動在經濟學上面的意義。

二、企業的定義

企業（Business Enterprise）係指經由人們的智慧和努力，結合土地、資本、勞力、企業家能力等不同的資源，在以**「營利為目的」**和**「承擔風險」**的情況下，有規劃、有**組織、講求效率地經營；並提供產品（Product）或勞務（Service）以創造顧客需要並

滿足顧客需要的經濟個體。故凡農、林、漁、牧、工、礦、交通、金融、貿易等任何行業，均可稱為企業。

三、企業的生產要素

生產要素是指企業用來生產商品及服務的基本資源，為廠商在生產時的投入，包括勞力、資本、實體資源（原物料）、企業家才能及資訊等資源。勞動是指人類在生產過程中體力和智力的總和。土地不僅僅指一般意義上的土地，還包括地上和地下的一切自然資源，如江河湖泊、森林海洋礦藏等。資本可以表示為實物型態和貨幣型態，實物型態又被稱為資本財，如資金、廠房、倉庫、機器、動力燃料、原物料等；資本的貨幣型態通常稱之為貨幣資本。企業家才能通常是指企業家組建和經營管理企業的才能。

> **事業組織**：若依其營運的目的加以分類，通常可以分為「營利事業」與「非營利事業」兩大類。顧名思義，營利事業，係以提供「產品」或「服務（勞務）」，換取財務性報償（利潤）為目的的組織，多數的企業組織屬於此類。非營利事業，則泛指不以營利為目的成立的事業組織，範圍非常廣泛，例如：文教基金會、財團法人與專業性社會團體等。

 ## 四、企業機能(Business Functions)(亦有人稱之為「業務機能」)

企業的機能係指企業創造產品或提供服務時，所需安排的機能性活動，**包括：「生產機能」、「行銷機能」、「財務機能」、「人力資源（或人事）機能」、「研究與發展機能」與「資訊機能」等**。企業機能是一個企業為達到生存與發展的目標，所必須具備的功能，但組織性質不同時，其內部的企業機能亦跟著不同。茲分別說明其意義敘述如下（各機能之重要內容請分別見本書後述之相關章節）：

> **Function一詞**：有翻譯為「機能」，亦有學者翻譯為「功能」，兩者意義完全相同（例如企業機能即企業功能），考生千萬不要咬文嚼字，自作聰明，強加區別喔！

生產機能	係指轉換過程的設計、運作與控制；而轉換過程就是將勞動力、原料轉換成為產品及服務。例如：品管、工廠布置、物料管理等。
行銷機能	係指一種分析、規劃、執行及控制的一連串過程，藉此程序以制定創意、產品或服務的觀念化、定價、促銷與配銷等決策，進而創造能滿足個人與組織目標的交換活動。例如行銷4P「產品（Product）、推廣（Promotion）、定價（Price）、通路（Place）」等。

人力資源機能	係指填補組織人員與維持高度員工績效而必須從事的活動。例如：招募、甄選、任用、訓練、考核、福利、生涯規劃等。
財務機能	係指籌募及運用資金的工作。例如：資金的來源、資金的籌募與分配、資金融通、預算編製、成本控制、財務分析等。一般企業的財政政策包括「融資」、「投資」與「股利」三大政策。
研究與發展機能	係指新「技術」與新「觀念」的開發，使企業生存並不斷創新成長。例如技術、產品、製程與管理觀念的創新等。
資訊機能	係指彙總、整理、或分析與企業各式行為有關的資料，透過系統化的整理分析過程，轉變成為可以協助決策者提升決策品質的資訊，甚至進而轉換成為知識經驗的傳承媒介與作業程序改善的基礎。

第二節　企業的發展過程與現代企業特質

一、企業的發展過程

企業的發展，從生產工具、生產技術、工廠制度及行銷方法等的演進過程來看，約可分為以下五個時期：

(一) **自給自足生產時期**：在此時期，家庭為最基本的生產單位，所以又稱為「家庭生產時期」。產業活動以農業為主，產品以供家人消費為原則。「不以銷售為目的」。

(二) **手工業生產時期（約為16世紀）**：在家庭生產時期，由於家庭成員偶爾從事副業（如織布、編織生活用具），有些手藝出眾者，乃專門接受別人委託成為一個專業的手工業者。

・自給自足生產時期：此期的生產單位、生產工具、生產技術都非常簡陋，無品質的好壞之分，沒有貨幣媒介，以物易物方式進行交易。

・手工業生產時期：生產工具多為自備，其「產品不主動銷售」，產品品質較家庭生產時期為高。手工業者以其所得換取糧食及其他生活必需品，因而手工業者乃脫離農業而獨立，這是私營企業的開始。

(三) **茅舍生產時期（延續至18世紀產業革命發生之前）**：在手工業生產的後期，由於城市的發展，交易範圍的擴大，於是有人自己不從事生產而專以銷售為業，遂使商業和工業開始分立，進入了茅舍（cottage）時期。生產者由委託製造的商人給付報酬，而成為完全靠工資收入的勞動者。商人提供原料，亦提供某些生產工具，使生產工具不為生產者所擁有。

> ·茅舍生產時期：因為工人多集合在茅舍中一起進行工作，所以茅舍生產被視為「工廠制度」的前身。

(四) **工廠生產時期（18世紀）**：工廠制度的建立，肇因於18世紀之「第一次產業革命」紡織機器與蒸汽機的發明。此時起，生產之操作由機器替代人工，促進企業的發展，更進而建立了現代的工廠制度。**其特點為「生產機械化」及「大量生產」，而大量生產有兩個重要條件：即專業化及標準化。**

(五) **現代企業時期**：現代企業在競爭激烈的環境下，必須朝大型化發展，才能取得優勢。其發展趨勢包括：經營規模化、經營多角化、重視研究發展、管理資訊化與行銷國際化。

牛刀小試

( )　專業化與標準化的結果導致：　(A)大量生產　(B)管理資訊化　(C)生產機器的出現　(D)行銷國際化。　　　　　　　　　　**答：(A)**

二、現代企業的特質

(一) **所有權與管理權分離**：由於現代企業的龐大與複雜化，管理工作必須交由專業管理者處理，才能獲致良好的企業績效，因此投資人（股東）只需考慮其投資報酬即可。故而**資金大眾化的結果，造成所有權與管理權的分離，此正是現代企業最重要的特質。**

(二) **組織規模大型化**：由於可以透過資本市場募到大量的資金，企業的規模也得以隨之擴張，包括國內外市場的開拓、產品線的延伸以及行銷通路的建立等。

(三) **採取自動化生產**：由於機器可降低越來越高的人工成本，且機器可以代替人力在有害人類生存之場所進行工作，提高工作的安全性，降低意外所造成的風險成本負擔。

> ·所有權與管理權分離：透過資本市場（股票市場）募集資金，可解決個人或家族資金不足以擴充企業的問題，但同時也將企業的所有權由個人或家族分散給社會大眾。
>
> ·組織規模大型化：隨著組織的擴大及員工人數的增加，管理越形困難，使組織開始實施分層負責及分權制度，以求有效管理，提升經營績效的目標。

(四) **實施專業分工**：專業分工概念在亞當斯密（Adam Smith）的《國富論》著作中最早出現。亞當斯密認為企業與社會能夠獲得經濟利益的原因是「分工」，意指工人不斷地重複標準化的動作。如此可獲得學習與成長的效果，使員工技術專精而熟練，達成「專業化」生產之目的。高績效通常是來自於分工與合作，過高或過低的專業分工而未考慮團隊合作，都難達到高績效。只有同時顧及專業分工及團隊合作的協調，亦即做好適度的專業分工，其生產力才能達到最高。

(五) **企業被要求承擔社會責任**：企業所負社會責任之對象大致可分為以下兩類：

項目	內容說明
對企業組織內的社會責任	1.股東及投資人：尋求合理利潤。 2.員工：改善其工作環境、生活條件及職業保障。
對企業組織外的社會責任	1.消費者：供給物美、價廉、安全之產品。 2.其他廠商：同業之間需維持公平競爭，以維持市場穩定。 3.社區：對於生產可能造成的環境破壞，事前需加以預防，事後需加以補償；對於與企業有關之社群，也應主動補助，從事各種社會公益活動。

牛刀小試

( )　現代企業最重要的特質為：　(A)機器取代人工　(B)分工精細　(C)所有權與管理權分開　(D)企業承擔社會責任。　　　　　　　　　　**答：(C)**

精選試題

☆( )　1.由個別投資者分別出資成立營業據點，接受連鎖系統的輔導與協助，並
　　　　由出資者自行掌握各營業據點之營運的連鎖體系，稱為：
　　　　(A)自願加盟　　　　　　　　　(B)直營連鎖
　　　　(C)特許連鎖　　　　　　　　　(D)協力連鎖。

( )　2.DAX為哪一國的股價指數？　(A)法國　(B)德國　(C)英國　(D)美國道
　　　　瓊工業指數。

( )　3.一般所謂的企業，不包括下列何者？　(A)獨資　(B)合作社　(C)合夥
　　　　(D)公司。

( )　4.公司係按公司法登記而成立，其中央主管機關為：　(A)財政部　(B)中
　　　　小企業處　(C)經濟部　(D)司法院。

☆( )　5.股份有限公司的股東對公司的責任是：　(A)負無限責任　(B)以其出資
　　　　額為限　(C)以出資額的二倍為限　(D)不須負任何責任。

☆( )　6.企業的組織型態中，唯一具有法人資格的為：　(A)獨資企業　(B)合夥
　　　　企業　(C)公司企業　(D)非營利事業。

( )　7.下列何者非企業多角化經營之理由？　(A)以事業組合獲取綜效　(B)節
　　　　省交易成本　(C)追求企業成長　(D)股東的自我實現。

☆( )　8.由個別投資者分別出資成立營業據點，接受連鎖系統的輔導與協助，並
　　　　由出資者自行掌握各營業據點之營運的連鎖體系，稱為：　(A)自願加
　　　　盟　(B)直營連鎖　(C)特許連鎖　(D)協力連鎖。

☆( )　9.同類企業，為避免競爭，提高利潤而結合的一種複合組織，稱為：
　　　　(A)卡特爾（Cartel）　　　　　(B)辛迪卡（Syndicate）
　　　　(C)托拉斯（Trust）　　　　　(D)控股（Holding Stock）。

( )　10.同類性質的企業，為避免同業競爭，共同設立一銷售總部，各企業所有
　　　　商品一律交由銷售總部銷售之企業結合型態稱為：
　　　　(A)辛迪卡（Syndicate）　　　(B)托拉斯（Trust）
　　　　(C)控股（Holding Stock）　　(D)卡特爾（Cartel）。

☆( )　11.企業的活動是依循下列何種法則而行？
　　　　(A)供需法則　　　　　　　　　(B)物競天擇
　　　　(C)彼得原理　　　　　　　　　(D)適應法則。

( )　12.以營利為目的，結合資源供給他人，滿足需要，以利國家發展經濟，都
　　　　可稱之為？　(A)農業　(B)工業　(C)商業　(D)服務業。

( ) 13. 一般將生產、行銷、財務、人事、研究發展等機能，稱之為？ (A)管理機能 (B)企業機能 (C)技術機能 (D)職務機能。

☆( ) 14. 企業五大業務機能中，那一項機能被視為企業「再生」及「成長」的主要原動力？ (A)規劃 (B)研究發展 (C)組織 (D)領導。

( ) 15. 下列何者與「多角化經營」的概念無關？ (A)可分散企業風險 (B)強調生產過程機械化 (C)企業從事多元化發展 (D)擴充市場占有率。

( ) 16. 電腦興起造成了： (A)商業革命 (B)農業革命 (C)工業革命 (D)第三波革命。

☆( ) 17. 以下哪些屬於現代企業的特質？a.自動化生產；b.專業分工；c.所有權與管理權分開；d.組織規模擴大；e.承擔社會責任： (A)abc (B)ace (C)bcde (D)abcde。

( ) 18. 下列何者為自給自足生產時期的特色？ (A)僅供家人消費 (B)交易方式為以物易物 (C)係由族中長輩指導之經驗管理 (D)以上皆是。

( ) 19. 專業化與標準化的結果導致： (A)大量生產 (B)管理資訊化 (C)生產機器的出現 (D)行銷國際化。

☆( ) 20. 現代企業最重要的特質為： (A)機器取代人工 (B)分工精細 (C)所有權與管理權分開 (D)企業承擔社會責任。

☆( ) 21. 就企業研究發展（Research & Development）之特性而言，下列敘述何者有誤？
(A)研究發展經費具有高度風險性
(B)研究發展人員比其他人員更需創造力
(C)研究發展支出與收益間有長時間之落差（Time Lag）
(D)研究發展之作業常是重複的。

☆( ) 22. 泛指創造商品與勞務的一切活動，稱之為企業的： (A)行銷機能 (B)研究與發展機能 (C)人事機能 (D)生產機能。

( ) 23. 工廠生產時期的開始肇因於： (A)十九世紀 (B)第二次產業革命 (C)美國 (D)紡織機器與蒸汽機的發明。

( ) 24. 工廠生產時期的特色不包括下列何者？
(A)生產過程機械化　　　　　　　(B)多角化經營
(C)管理方式科學化　　　　　　　(D)大量生產。

解答與解析

1. **A** 自願加盟的優點是能夠快速擴張，且不需要鉅額投資，「**風險相對較低**」。

2. **B** 股價指數法國為CAC，英國為FTSE，美國道瓊工業指數為DJIA。

3. **B** 合作社是指根據**合作原則**建立的以優化社員（單位或個人）經濟利益為目的的非營利企業形式，不在公司法規範範圍內。

4. **C** 依我國公司法第5條規定，公司法規定的各類型公司，其**中央主管機關為經濟部**。

5. **B** 依公司法第2條規定，股份有限公司之股東**只就其所認股份**，對公司負其責任之公司。

6. **C** 依公司法第1條規定，本法所稱公司，謂**以營利為目的**，依照本法組織、登記、成立之「**社團法人**」。

7. **D** 多角化經營的原因除題目(A)(B)(C)所述者外，尚包括**分散風險，維持業務的穩定**。

8. **A** 自願加盟的優點是能夠快速擴張，且不需要鉅額投資，「**風險相對較低**」。

9. **A** 卡特爾創始於**德國**，石油輸出國家組織（OPEC）即屬此種企業聯合組織。

10. **A** 辛迪卡**設立一個共同銷售機構**，各參加企業的產品，一律交銷售總部出售，不得自行對外銷售，以減少同業間競爭，利潤「**按生產額比例**」分配。

11. **A** 簡單來講，供需法則就是**供給法則和需求法則兩者的綜合**。

12. **C** 商業係以**營利**為目的，並須承擔風險，有規劃、有組織、講求效率的經營。

13. **B** 一個組織為達成其目標，而將整體任務劃分成若干不同性質工作，每一個工作即為一項**企業機能**。

14. **B** 研究發展機能係指新「**技術**」與新「**觀念**」的開發，使企業生存並不斷創新成長。

15. **B** 強調生產過程機械化是屬於**作業方法的應用或改善**，與企業經營「多角化經營」的概念無關。

16. **D** 趨勢大師托伏勒（Toffler）在其所提出的「第三波（The Third Wave）」中，將人類的經濟變化發展分為三個階段，其中第三波時代（革命）指的即是**電腦資訊時代**。

17. **D** 題目所述五項都是**現代企業的特質**。

18. **D** 題目(A)(B)(C)三者所述都是**自給自足生產時期**的特色。

19. **A** 大量生產的前提須**專業化**與**標準化**才能獲致其功。

20. **C** 現代企業因資金大眾化與管理專業化的結果，造成**所有權與管理權**的分離。

21. **D** 研究發展機能係在求新技術與新觀念的開發，使企業生存並不斷「**創新**」成長。因此，幾乎不可能會有重複性的情況發生。

22. **D** 生產機能係指**轉換過程的設計、運作與控制**；而轉換過程就是將**勞動力、原料**轉換成為**產品及服務**。

23. **D** 此時期起，生產之操作由機器替代人工，促進企業的發展，更進而建立了**現代的工廠制度**。

24. **B** 多角化經營為現代企業時期的特質之一，其係指一家企業不只經營一項產品或一種事業，而朝向**多樣化**的發展。

第二章 現代經濟與企業活動

考試頻出度：經濟部所屬事業機構 ★
中油、台電、台灣菸酒等 ★★

關鍵字：第三級產業、經濟體系、價值鏈、企業價值活動、資源、規模經濟、範疇經濟、綜效。

課前導讀：本章內容中較可能出現考試題目的概念包括：企業價值活動的分類、企業價值創造的主要因素、實體資源、非實體資源、規模經濟、範疇經濟、綜效、ITO。

第一節 產業結構

產業結構通常以下列三級產業來加以劃分：

■ 第一級產業

> 係指提供農、林、漁、牧、礦產品的經濟活動為主，這些產品係「未經過製造加工」的基本天然素材，常是民生的必需品。作為一級產業的「農林漁牧礦」業，係在提供二級產業（工業）所需的原物料，其生產活動有賴於「天然資源」的稟賦（endowment）與「環境氣候」的配合條件，生產條件較為依賴「勞動力」與「自然環境」條件。

■ 第二級產業

> 將第一級產業的原物料經過適當的「技術加工」，改變其材料性能或予以組裝後，常能「創造出更高的使用價值」，此種產業劃歸為第二產業。第二級產業係在生產消費品或工業用品的工業（製造業），需要運用較多樣化的技術、不同素質的人力、與各種生產設備，產品的產量與品質相對可以控制，但經營規模通常需要較大，資金需要也就相對較高。

■ 第三級產業

> 係指從事產品買賣或提供專業服務為交易內容的「服務業」。它需仰賴相對多數的專業人力，經營的規模則因為不同的服務內容而會有很大的差異。

第二節 價值鏈與價值創造

一、價值鏈的意義

Michael E. Porter 提出企業活動價值鏈（value chain）分析架構做為企業「競爭優勢來源」的基礎。**根據波特的觀點，企業經營活動可分為幾個階段，而每一階段對最終產品都有貢獻，此即所謂的「價值鏈」。**企業有賴於這些價值的創造，而賴以生存。

重要 二、價值鏈的活動

麥可波特將企業的價值活動分為「主要活動」與「支援活動」。主要活動係指涉及「產品實體的生產、銷售、運輸及售後服務」等方面的活動。支援活動則是指輔助主要活動，並相互支援的活動。

(一) **主要活動，包括**：進料後勤、生產作業、出貨（內部）後勤、市場行銷（銷售）和售後服務等5種活動。

(二) **支援（輔助）活動，包括**：採購、技術（研究發展/技術開發）、人力資源管理和企業之基礎結構等活動。

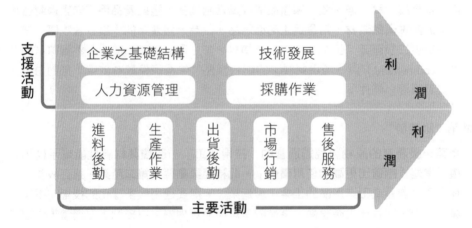

三、價值鏈策略成功的關鍵要素

(一) 有力的領導。　　　　　　　　(二) 科技（技術）研發的投資。

(三) 內部的協調與合作。　　　　　(四) 組織化的程序。

(五) 員工參與。　　　　　　　　　(六) 組織文化及態度。

( ) 有關價值鏈下的活動，下列何者非屬「主要活動」？ (A)進料後勤 (B)市場行銷 (C)出貨後勤 (D)人力資源管理。　　　**答：(D)**

四、產業價值鏈（Industrial Value Chain）

(一) **價值鏈的意義**：「**價值鏈**」**觀念最早是由波特（Michael Porter）所提出**。所謂價值鏈係指企業價值創造的過程，包括最「上游（Up Stream）」的各種原材料之生產製造，到最「下游（Down Stream）」的提供消費者各種服務及多種類型的企業經營活動，都需要連結上、下游廠商，即構成所謂「產業價值鏈」。**通常，任何企業「都只能從事某一部分價值鏈」的活動，其餘部分則需要與其他企業合作交易，以取得所需的原材料供應或服務。**

> 價值鏈的意義：若以企業的現有經營活動為主體，而向其上游的零組件或原材料的生產製造等經營活動發展，或是向其下游的市場行銷活動發展，都可以擴張其營業規模，達到企業成長的目標。

(二) **上游**：為區分企業在產業價值鏈中所佔有的位置，通常將**供應企業「原材料、零組件」的企業活動，稱為「產業上游」**，例如：原材料或零組件供應商、大盤商或外包商。

(三) **下游**：與**消費者需要緊密關聯的企業活動，稱為「產業下游」**，例如：產品組裝廠、代理商、經銷商、批發商、零售商、批發倉庫、超級市場、百貨賣場與便利商店等。

五、企業價值創造與價值鏈管理

(一) **基本概念**：**企業創造價值的基本概念在於「滿足消費者的需要」**，而關鍵做法便是提供消費者更好的產品或服務，包括機能創新、品質可靠、價格低廉、感受親切或具親身體驗效果之產品或服務。

> 基本概念：消費者藉由這些產品或服務，獲得更高的滿足感，當然願意付出更高的代價，企業便能從中獲取更多的經營利益。

(二) **創造價值活動投入的要素**：企業的「**投入要素**」，可以簡單的以「6M」來表示，亦即「人力（Manpower）、資金（Money）、材料（Materials）、設備（Machinery）、方法（Methods）與管理（Management）」等六項要素**。這些投入要素之中，有關材料、設備與資金等，因為是有形的實體，而被稱為「**實體資源（Tangible Resource）**」；方法與管理知

識，則是因為沒有實際形體，故被稱為「非實體資源（Intangible Resource）」；
人力，則為兩者兼具的綜合體，稱之為「人力資本（Human Capital）」。

(三) **企業價值創造的主要因素**：若從滿足消費者需要、實現企業經營價值的觀點，
企業價值創造的「主要因素」可分下列「五個」項目：

項目	內容說明
價格	消費者不斷尋找價格更低但機能不變的產品或服務為其選購標的。故而能夠以更低價格提供相同品質與機能的產品或服務之企業，將更受消費者的喜愛。不過，價格低意味著企業的獲利空間降低，因而必須創造低成本的營運模式，才能維持一定的獲利水準。
品質	維持產品或服務品質之穩定，獲取消費者長期的信賴，是創造高績效的營運模式之一。近年來，許多企業積極推動「六個標準差」（six sigma）之改善活動，目的即在建立一套能夠提供最穩定的產品或服務品質之運作機制，為提供高品質的產品或服務而努力。
服務	提供產品或服務給消費者的方式、時機與各項細節之安排，是否能夠讓消費者感動，使消費者產生極大的滿足感，即為所謂的服務。若企業用心的安排，能得到消費者的支持，必然能夠獲得較高的營運效益。
時效	提供產品或服務的時機，對消費者而言，是否「適時、適地、適量」，稱之為時效。企業若能透過某些獨特的做法，創造「恰到好處」的時效價值，就能夠創造出相當獨特的消費者感受。
創新	由於科技快速進步，消費需要也大幅度變遷，供需雙方都希望尋求新產品或新服務形式，以創造更大的滿足。企業選擇快速推出新產品或新服務的做法，以創造更高營運績效的方式，即為「創新」。

牛刀小試

（　） 企業價值創造的主要因素不包括下列哪一個項目？　(A)品質　(B)創新　(C)時效　(D)通路。　　　　　　　　　　　　　　　　　　　**答：(D)**

第三節 企業資源能力與活動範圍

一、實體資源與非實體資源

項目	內容說明	
實體資源	又稱為有形資產。係指可看見的、能用貨幣直接計量的資源,主要包括物質資源和財務資源,例如機器設備、廠房、建物、資金等可直接接觸到的資源。	
非實體資源	又稱為無形資產。係指「無法觸摸」,卻直接影響經營成果的資源。茲將重要的無形資產列述如下:	
	商標權	係指企業將品牌名稱申請合法的商標權利,藉以讓顧客區分其產品。
	智慧財產權	是指智力創造成果,發明、文學和藝術作品,以及商業中使用的符號、名稱、圖像和外觀設計等,一般而言,智慧財產權不包括「肖像權」。智慧財產權主管機關為「經濟部智慧財產局」。
	著作權	指基於知識所產生的權利,亦屬智慧財產權之一種,例如迪士尼公司對米老鼠、唐老鴨等卡通之出版、銷售權利。
	專利權	政府對提出專利申請的發明創造,經審查合格以後,向專利申請人依法授予在規定的時間內,對該項發明創造享有的專有權。
	商譽	凡無法歸屬於有形資產及可明確辨認的資產可歸屬於無形資產的獲利能力。商譽的價值估計,為公司的總市值與淨資產總額(資產減去負債後的餘額)之差額。
	正字標記	正字標記(CNS)是經濟部「中央標準局」所實施的商品品質認證制度,當廠商的品質管理合乎國際規範,而且產品符合中華民國的國家標準時,可檢具相關證明書類向「中央標準局」申請正字標記的核發,經審查核准後,廠商便可在其產品上註記正字標記及證書字號。

二、自有資源與可支配資源

以結合所有權觀念與資源觀點來看，企業營運活動所用的資源，可分為「自有資源」與「可支配資源」。

自有資源	係指企業獨自擁有資源之所有權，當然可以配合營運之需要而充分運用。
可支配資源	係指企業雖無該資源能力的所有權，卻可經由與擁有所有者建立某種合作關係，而具有支配運用資源的權利。例如企業之間建立某一合作關係，讓企業所擁有的資源，可以提供合作對象在合作約定範圍內支配使用的資源，通常使用他人之資源時，需要依據約定支付代價。

牛刀小試

( )　廠房、建物、資金係屬：　(A)無形資源　(B)非實體資源　(C)實體資源　(D)非固定資源。　　　　　　　　　　　　　答：(C)

三、企業資源基礎理論

沃納菲爾特（Wernerfelt）在1984年提出企業「資源基礎論（Resource-Based Theory；RBT）」或稱「資源基礎觀點（resource-based view）」，簡稱為「資源論」，該理論假設：企業具有不同的有形和無形的資源，這些資源可轉變成獨特的能力；資源在企業間是不可流動的且難以複製；這些獨特的資源與能力是企業持久競爭優勢的源泉。資源論的基本思想是把企業看成是資源的集合體將目標集中在資源的特性和戰略要素市場上，並以此來解釋企業的可持續的優勢和相互間的差異。資源論充分地解釋了兩個在策略管理學門懸宕已久的基本問題：「為何各公司間是彼此不同的？」，以及「為何有些公司可以領先同業並持續其競爭優勢？」資源論認為企業核心資源具有下列三個特性：

(一) **獨特性**：資源具有使企業在執行策略時增進效能和效率的價值。獨特性同時包含價值性、稀有性、不可替代性、不可模仿性。

(二) **專屬性**：資源與企業設備、組織、人員、管理制度等緊密結合，無法移轉或分割，競爭者取得此項資源亦無法運用。

(三) **模糊性**：資源建構過程中，產生競爭優勢，但因其間的因果關係不易清楚說明，故競爭者無法取得或學習此項資源。

第四節 經營範疇與產品效益

一、營運範疇

企業的營運範疇（Business Scope）**係指企業運用「自有資源」與「可支配資源」於相關的活動上，提供客戶產品或服務，以擴大服務範圍，提升競爭力。**

> **營運範疇：**信用卡的發卡公司提供一定距離內的免費道路救援服務，以吸引更多消費者；雖然發卡銀行並不經營車輛拖吊服務，但透過與車輛拖吊服務公司簽約合作，就可直接擴大服務範圍，提高信用卡的使用價值，即為營運範疇。

 二、規模經濟與範疇經濟

項目	內容說明
規模經濟 Economies of Scale	**係指在「一定的產量範圍內，隨著產量的增加，平均成本不斷降低」的營運規範。**規模經濟是在一定的產量範圍內，固定成本變化不大，新增的產品就可以分擔更多的固定成本，從而使總成本下降。亦即：當廠商生產能力與產量增加時，由於大量採購原料使成本降低，產品每單位製造成本隨產量的擴大而下降所帶來的效益，稱為規模經濟。然而隨著企業生產規模之擴大，邊際效益會逐漸地下降，甚至跌破零而成為負值。造成此現象的原因，可能是內部結構因規模擴大而更趨複雜，這種複雜性會消耗內部資源，而此耗損導致規模擴大本應帶來的好處相互消減，因而出現了規模不經濟（Diseconomies of scale）的現象。
範疇經濟 Scope Economies	**亦即多樣化經濟，即企業在生產不同的產品時，若出現成本遞減的現象，則就可稱之為範疇經濟。**亦即由單一廠商同時生產兩項以上產品和服務之成本，比分開由二家以上專業廠商來生產的成本更低廉，即稱之為範疇經濟。例如聯合報系在出刊聯合報以後，還可以利用同樣的印報機器來出刊民生報、聯合晚報，此即範疇經濟的表現。導致廠商生產出現範疇經濟的原因，可能是來自多元化的經營策略、營運範疇的擴大、資源的分享、投入要素的共同、統一管理的效率、財務會計的優勢等。

三、交易成本

所謂交易成本，係指促成交易發生的攸關成本（Relevant Cost），這些成本，「有些可以計量、有些卻無法量測」。交易的任一方都會為促成交易而做出某些行為，伴隨這些行為的成本，概念上通稱為交易成本。簡言之，交易成本係指與交易之產品或服務及價格「無關」，但與取得「交易資訊」、「確保交易」進行有關的「非生產性成本」。例如買賣雙方進行交易之前的搜尋成本、雙方展開交易行動之議價成本、為交易而簽訂契約所產生的契約成本、出現違約交易時的違約成本等。

交易成本：若交易成本太高，會使得交易的任一方延遲交易決策，甚至規避交易的進行，以免在資訊不足的狀態下蒙受額外的損失。一旦交易的任一方延宕交易進行，就會出現「市場機制失靈（Market Failure）」現象，也就是交易雙方無法在市場機制的引導下，完成交易行為。因此，交易成本的存在會「降低市場機制的效率」。

一項資源的交易，其交易成本之高低決定於其「資產的專屬性」。總體而言，交易成本可區分為以下幾項：

(一)搜尋成本：商品信息與交易對象信息的搜集。
(二)信息成本：取得交易對象信息與和交易對象進行信息交換所需的成本。
(三)議價成本：針對契約、價格、品質討價還價的成本。
(四)決策成本：進行相關決策與簽訂契約所需的內部成本。
(五)監督交易進行的成本：監督交易對象是否依照契約內容進行交易的成本，例如追蹤產品、監督、驗貨等。
(六)違約成本：違約時所需付出的事後成本。

四、黑盒子與企業活動ITO的系統觀點

企業在個體經濟的傳統處理上，被視為是個「黑盒子（Black Box）」，意謂企業活動的產生過程並非個體經濟所關注的焦點，也因此忽略企業的異質性。事實上，現實世界裡的企業，存在著明顯的內涵差異，即使同一行業內的企業，也常出現不同的經營方式。

如果想以最直接的方式來解析企業經營的內涵，則須將企業視為一個「投入－轉換－產出」（ITO）的系統。

項目	內容說明
投入 Input	係指企業為營運而投入各種類型的資源（Resources）。

項目	內容說明
產出 **Output**	係指企業為了滿足消費者不同的需求而提供的產品（Products）或服務（Services）。
轉換 **Transformation**	指的是運用所投入的各項資源要素、創造出各項產出的所有過程。

此一「投入－轉換－產出」的企業營運作業系統，簡稱為ITO（Input-Transformation –Output system）。如下圖所示：

在ITO系統架構下：將企業視為一個開放系統（Open System），意指企業在經營的過程中，必須不斷地與外部環境進行資源交換，以取得所需的資源，並提供環境所需的各種產品服務。

牛刀小試

（　）　彼得杜拉克認為，今後管理的基本精神所在為：　(A)資源　(B)規劃　(C)科技　(D)創新。　　**答：(D)**

精選試題

( ) 1. 兩件事情若同時執行，較之分開執行，可以享有較低的總成本或較高的總收益，稱為： (A)規模經濟 (B)範疇經濟 (C)綜效 (D)營運範疇。

☆( ) 2. 改變原物料之材料性能或予以組裝後，以創造出更高的使用價值，係屬： (A)第一級產業 (B)第二級產業 (C)第三級產業 (D)以上皆是。

( ) 3. 以下敘述何者有誤？ (A)科學園區的設立係為一種產業聚落的現象 (B)開發中國家為促進經濟發展大都偏重資本密集產業 (C)資本密集產業重視技術之突破發展 (D)人力充沛，工資低廉為開發中國家之現象。

☆( ) 4. 在一定的產量範圍內，隨著產量的增加，平均成本不斷降低，稱為： (A)規模經濟 (B)範疇經濟 (C)綜效 (D)營運範疇。

( ) 5. 政府擁有大部分的企業，並且對資源如何分配做主要的決策，此係下列何種經濟體系？ (A)市場經濟 (B)自由經濟 (C)計畫經濟 (D)混合經濟。

( ) 6. 從事產品買賣或提供專業服務為交易內容的產業，係屬： (A)第一級產業 (B)第二級產業 (C)第三級產業 (D)第四級產業。

( ) 7. 企業主在企業內提供許多制度及作法，以留住具有企業家精神的專業管理者，稱為： (A)創業家精神 (B)內部創業精神 (C)人力資源開發 (D)人才留用計畫。

☆( ) 8. 由經濟效益觀點分析，如果由同一企業執行數項活動，可以得到較高的經營績效，就應該由同一企業執行，「不宜分割」給數家企業分別執行，稱為： (A)規模經濟 (B)範疇經濟 (C)綜效 (D)營運範疇。

☆( ) 9. 透過資源組合或改變實體資源內容的途徑，創造出可運用的產出，以滿足消費者的需求，此稱為： (A)形式效用 (B)地點效用 (C)時間效用 (D)所有權效用。

( ) 10. 若從滿足消費者需要、實現企業經營價值的觀點，企業價值創造的主要因素可分為五個項目，下列何者不在其中？ (A)價格 (B)時效 (C)成本 (D)創新。

( ) 11. 由企業的資源的觀點來說，通常將屬性固定，而且靜態性質的投入要素稱為： (A)資源 (B)資訊 (C)資質 (D)資產。

解答與解析

1. **C** 當兩項企業價值創造活動之間具有範疇效益時，兩項活動的執行者，會有誘因將之結合在一起進行，以取得較高的效益，此種**因活動的結合而產生之效益，此即稱為「綜效」。**

2. **B** 第二級產業**係在生產消費品或工業用品的工業（製造業）**，其經營規模通常需要較大，資金需要也就相對較高。

3. **C** 資本密集產業係**「開發中國家」**為促進經濟發展必須採行之一條路，先發展資本不大、技術易取得之勞力工業。

4. **A** 規模經濟是在一定的產量範圍內，因**固定成本變化不大**，故新增的產品就可以分擔更多的固定成本，從而使得總成本可以下降。

5. **C** 計畫經濟常用**共產主義與社會主義**來加以描述。

6. **C** **服務業須仰賴相對多數的專業人力**，經營的規模則因為不同的服務內容而會有很大的差異。

7. **B** 創業精神是一種開創性的精神，而內部創業之目的則在**保有組織中的開創精神。**

8. **B** **由單一廠商同時生產兩項以上產品和服務之成本，比分開由二家以上專業廠商來生產的成本更低廉**，即稱之為範疇經濟。

9. **A** 形式效用亦即**將原料成品轉換成服務**，讓消費者選擇的效用。

10. **C** 企業價值創造的主要因素的五個項目為：**價格、品質、服務、時效與創新。**

11. **A** 反之，將可以持續改善與精煉強化，**並引導靜態投入要素的有效轉化與提升價值的程序方法**等動態資源，則稱之為「能力」。

第三章 市場結構與經濟體制

考試頻出度： 經濟部所屬事業機構 ★★
中油、台電、台灣菸酒等 ★★

關鍵字： 市場結構、供需法則、經濟體制、獨資、合夥、公司、股份、股票、上市公司、股價指數、連鎖加盟。

課前導讀： 本章內容中較可能出現考試題目的概念包括：完全競爭市場、市場經濟體制、獨資企業、股份有限公司、股票、特別股、公開發行公司、國際重要股價指數名稱、連鎖加盟型態、卡特爾。

第一節 市場結構

經濟學上的市場結構基本上分為：完全競爭市場、完全獨占市場、不完全競爭市場等三大市場，其中完全競爭廠商與獨占廠商兩者短期的供給曲線，皆為小於平均變動成本之邊際成本線。

(一) **完全競爭市場：** 係指市場上廠商（供給者）眾多，販售非常相似或標準化（一致性）的產品，如農夫賣稻米、玉米、棉花等大眾物資。任何一家廠商對產品價格沒有控制能力，完全是透過供需法則來決定買賣雙方所需的交易數量與價格之市場。在這種「市場型態」的廠商競爭程度最大。

(二) **獨占市場：** 又稱為「壟斷市場」，係指某項產品市場只有一家廠商或一個消費者（獨家生產），所交易的產品亦沒有類似的替代品（產品獨特），市場資訊十分缺乏，其他廠商要加入或退出市場十分困難，**為廠商擁有最高（完全）訂價權的一種市場結構。**

(三) **寡占市場：** 係指市場由少數賣方所操控的競爭形態。它是由少數幾家廠商生產同質或異質的產品，彼此互相競爭又互相依賴，通常需要投入大量資本、技術及專業知識在產業上的一種市場類型，又稱為「寡頭壟斷」，寡占市場因廠商數目很少，

> **寡占市場：** 因廠商數目很少，但消費需求龐大，故寡占市場的廠商均有決定價格的能力。

但消費需求龐大，故寡占市場的廠商均有決定價格的能力，且廠商加入或退出市場相當困難，市場消息並不完全靈通，彼此間常採「非價格」策略從事競爭（如廣告、售後服務等進行促銷）。它可分為二類：

1. 產品同質而無差異時稱「同質寡占」或「純粹寡占」，例如水泥業、玻璃業等。
2. 產品異質稱「異質寡占」或「差別寡占」，指競爭的產品各見特色。例如汽車業、電視傳播業等。

牛刀小試

(　) 由少數幾家廠商生產同質或異質的產品，彼此互相競爭又互相依賴的市場，稱為：　(A)完全競爭市場　(B)完全獨占市場　(C)寡占市場　(D)獨占性競爭市場。　　　　　　　　　　　　　　　　　　答：(C)

第二節　供需法則與經濟體制

一、供需法則與價格機能

項目	內容說明
需求法則	在不考慮其他條件的情況下，當產品的價格下降時，購買者將會增加購買商品；反之，當產品的價格上升時，購買者將會減少購買商品；亦即一物的價格與需求量呈反向變動關係。
供給法則	如果其他因素不變，則一物價格越高，廠商的供給量會越多；也就是一物的價格與供給量呈同向變動關係，這就是供給法則。
價格機能	亦稱為「市場機能」。由於市場的各種訊息都會反映到價格上，透過價格的運作，市場自然能夠調和供需雙方並達成資源的有效配置。由供需法則可以了解：某商品的價格提高了，消費者自然減少對它的購買量；而價格提高隱含此物的成本增加了，消費者自然會節省購買使用量，在需求法則下的行為自然也就符合資源配置的效率原則。因此，價格機能被稱為「一隻看不見的手」。
均衡價格	是商品的供給曲線與需求曲線相交時的價格。也就是商品的市場供給量與市場需求量相等，商品的供給價格與需求價格相等時的價格。

二、初級需要與次級需要

(一) **初級需要**：係指消費者受到廣告等的影響，開始使用產品或服務，但並不管是否為某一特定品牌。例如廣告用語為「寵物都要吃健康飼料」。寵物飼主看到這則廣告後，開始購買市面上的寵物健康飼料。再如當市面上未出現洗衣槽去污劑這項產品時，第一家推出此產品的廠商在廣告中介紹家裏的洗衣槽有多髒、需要定期清洗的概念，讓消費者瞭解有「使用洗衣槽去污劑的需要」，此廣告內容主要是為了刺激消費者的初級需要。

(二) **次級需要**：係指消費者受到廣告等的影響，開始使用某一特定品牌產品或服務，但前題是要先有初級需要存在。例如廣告用語為「寵物都要吃健康飼料」，且指定要用「××牌」健康飼料。寵物飼主看到這則廣告後，開始購買該「××牌」寵物健康飼料。

三、市場失靈

市場失靈（Market Failure）係指競爭市場的運作所發生問題的經濟理論。傳統自由經濟學者認為，一個社會中的供給與需求構成完全競爭市場。當市場處於完全競爭的經濟狀態下，生產者會追求利益極大化，而消費者則追求效用極大化，此時，市場達到了所謂「柏拉圖效率（Pareto efficiency）」的狀態，即沒有任何人的效用受損，資源分配獲得最佳效率。故熊彼得（Joseph Schumpeter）認為，在一個具有穩定需求的「循環流動的經濟體」中，是不可能產生利潤的。

就柏拉圖效率而言，在個人所願意付費的價格基礎上，社會中所有的財貨會以此標準加以製造生產，所有的交易，以任何可能增進福利的型態進行，所有的企業以最高效率生產財貨或服務，並追求最大利益，所有的消費者皆能得到最大的效用。

然而在現實世界中，因受到許多因素，使市場無法達到完成競爭、供需理想狀態。傳統的個體經濟學者，將違反柏拉圖效率的經濟市場稱為「市場失靈」。當社會處於在市場失靈的狀態下，會有外部成本存在，此時，社會邊際成本高於私人邊際成本，均衡產量會高於（或低於）社會最適產量。產品銷售出去後，因品質不良造成的退貨、維修、商譽損失等，即稱之為「外部失靈成本」。相反的，報廢損失、返修或返工損失、事故處理費、停工損失等成本，則稱為「企業內部失靈（失敗）成本」。

第三節　企業組織

企業經營型態有許多種分類方法，例如：(1)按市場競爭性來分類可分為獨占企業、寡占企業、完全競爭企業；(2)按利潤型態來分類可分為營利企業、非營利企業；(3)按投資者型態來分類可分為獨資、合夥、公司三種。依我國公司法第5條規定，公司法規定的各類型公司，其中央主管機關為經濟部。

一、獨資、合夥

(一) **獨資企業**：係指由一個人單獨出資，擁有並單獨經營的企業。由於其為獨資事業，所以企業法人與負責人相同，權利義務與自然人一致，**需要負責事業最終的盈虧結果，而且負有「無限清償」之法律責任。**

(二) **合夥企業**：係指兩人或兩人以上相互約定出資比例，並以共同經營事業之契約關係成立的企業；**其出資方式，並不限於金錢及有形財物**，也可以權利、信用、勞務出資。合夥人以相互約定比例出資成立企業，不僅享受利益分配，解散之後財產亦依比例分配；不過，若清算時的財產殘值不夠分配給所有債務人，則由合夥人共同**擔負連帶無限清償責任。**

> 無限責任（unlimited liability）即「無限清償責任」，指投資人對企業債務不以其投入的資本為限，當企業負債攤到他名下的份額超過其投入的資本時，他除以原投入的資本承擔債務外，還要以自己的其他財產繼續承擔債務。換句話說，無限連帶責任，是指每個合夥人對於合伙債務都負有全部清償的義務，而合夥的債權人也有權向合夥人中的任何一人或數人要求其清償債務的一部分或全部。

牛刀小試

(　)　歷史上出現最早，且組成形式最簡單的企業型態為：　(A)獨資企業 (B)合夥企業　(C)公司企業　(D)跨國企業。　　　　**答：(A)**

(三) **隱名合夥**：隱名合夥者，謂當事人約定，一方（隱名合夥人）對於他方（出名營業人）所經營之事業出資，而分受其營業所生之利益及分擔其所生損失之契約。**隱名合夥與合夥相似，但兩者仍有不同。隱名合夥人具有下述特徵：**
1. **由出名合夥人執行業務；**
2. **企業財產權屬於出名合夥人；**
3. **不得用權利、勞務、信用等方式出資；**
4. **隱名合夥人不得執行合夥事務，對於債權人亦不負清償責任。**

> 隱名合夥之營業主體為出名營業人，其合夥財產雖由隱名合夥人出資，亦移屬出名營業人所有，隱名合夥之事務亦由出名營業人執行。但隱名合夥人，得於每屆事務年度終了，查閱合夥之帳簿，並檢查其事務及財產之狀況；如有重大事由，得聲請法院，經其准許，得隨時查閱及檢查。

重要 二、公司企業

以營利為目的，依公司法組織成立的社團法人，其公司整體績效之負責人，現通稱為「執行長（CEO）」。

> 法人係指具有人格的社會組織體而言，亦即由法律賦予權利能力及承擔義務的組織團體。

(一) 公司的優點：

1. **公司股東對公司債務只負「有限清償責任」，故籌集資金較易。**
2. 公司為社團法人，個人之變動對公司業務影響較小，故公司可以長遠存在，而利於長期之設計和發展。
3. **公司之「所有權」與「管理權」分開，有利於經營效率之提高。**
4. 股票可在公開市場自由買賣，所有權移轉方便。
5. 公司組織規模大，資金多，可以聘請專門管理人才，故經營效能高。

> 有限公司、兩合公司和股份有限公司3種公司中，只有兩合公司中的無限責任股東，對公司負有無限清償責任。

(二) 公司的缺點：

1. 公司之業務在其章程上有明定，故往往受到複雜的法律要求的約束。
2. 因公司之所有權與管理權分開，經理集團與股東間之利害往往互異，如無法調和，將影響業務之進展。
3. 公司開辦成本高，且營業後稅負較重，且會有重複課稅的情形。

(三) 公司的種類：依照我國公司法第2條規定，公司可分為下列四種：

類別	意義
無限公司	指二人以上股東所組織，對公司債務負連帶無限清償責任之公司。
有限公司	由一人以上股東所組織，就其出資額為限，對公司負其責任之公司。依公司法的規定，此種公司組成人數的要求最低。
兩合公司	指一人以上無限責任股東，與一人以上有限責任股東所組織，其無限責任股東對公司債務負連帶無限清償責任；有限責任股東就其出資額為限，對公司負其責任之公司。
股份有限公司	係指由兩人以上股東或政府、法人股東一人所組成。股東就其所認股份，對公司負其責任之公司。

獨資	合夥	公司

資源取得與運用　有限 ←→ 充裕
營運決策周延性　較差 ←→ 較強
營運成果分享　獨享 → 依出資額分享
營運責任承擔　獨自/無限　共同/無限　共同/有、無限
所有權延續性　困難 ←→ 容易

所謂「外國公司」係指以營利為目的，依照外國法律組織登記，並經中華民國政府認許，在中華民國境內營業之公司。所謂「合作事業」（合作社）係指依據平等互惠的原則，由社員共同集資，經營某種業務，以謀社員共同利益的一種經濟組織。

牛刀小試

(　) 下列有關各類公司組成人數之敘述，何者有誤？　(A)無限公司由二人以上股東所組織　(B)有限公司由二人以上股東所組織　(C)兩合公司由一人以上無限責任股東，與一人以上有限責任股東所組織　(D)股份有限公司由二人以上股東或政府、法人股東一人所組織。　　**答：(B)**

(四) 公司組織的權力結構：

類別	內容說明
股東大會	股東大會是由公司全體股東組成的決定公司重大問題的最高權力機構，是股東表達其意志、利益和要求的主要場所和工具。
董事會	董事會是由董事組成的負責公司經營管理活動的合議制機構。在股東大會閉會期間，它是公司的最高決策機構。除股東大會擁有或授予其它機構擁有的權力以外，公司的一切權力由董事會行使或授權行使。
執行機構	公司執行機構是指由公司高級職員組成的具體負責公司經營管理活動的一個執行性機構。它是公司業務活動的最高指揮中心，實行首長負責制。其主要職責是貫徹執行董事會作出的決策。
監察人	公司的決策權和管理權大部分集中在少數人手中，這是提高公司經營管理效率的需要。為了防止他們濫用權力，違反法律和章程，損害公司所有者的利益，所有者及股東要對他們的活動及其組織的公司業務活動進行檢查和監督，這種監督權由公司的監察人來執行。

三、企業按利潤型態的分類

(一) **家族企業**（family enterprise）：企業的所有權與經營權合一，企業的股權大多數由同一家族成員持有，董事長與總經理亦多數由主要股東擔任，甚或董事長身兼總經理，公司內部重要經理職位甚至多由董事長家族成員擔任。

(二) **營利事業**（for-profit corporation）：營利事業係以提供產品或服務，換取財務性報償（利潤）為目的之組織，多數的企業組織屬於此類。營利事業可將經營所得的利益，於繳交必要的營利事業所得稅給政府後，依法可選擇分配給原出資股東、或繼續投入營運，事業營運的最終成果，亦由出資者享有。

(三) **非營利事業**（not-for-profit organization）：非營利事業泛指不以營利為目的成立的事業組織，範圍非常廣泛，例如：文教基金會、財團法人、與專業性社會團體等。非營利事業的各項營運收入，扣除必要支出之後，若有結餘，並不得進行分配，法律規定非營利事業必須將結餘應用在特定用途（通常是以該非營利事業成立時，所訂定的活動範圍）；同時，非營利事業於停止營業之後，必須將淨資產捐贈給政府相關的主管機構。

四、股份與股票

(一) **股東**：股東（Shareholder）係指持有公司股票的人，又稱為投資人。股份公司中持有股份的人，其權利及責任會於公司的章程細則中列明。

(二) **股份**：將公司的全部所有權分割為若干小部分，每一小部分即稱為「股份」。股份是構成公司資本的最小均等的計量單位，是股份公司均分其資本的基本計量單位，對股東而言，則表示其在公司資本中所占的投資份額；將公司資本分為股份，所發行的股份就是資本總額。股份包括三層涵義：

1. 股份是股份公司一定量的資本額的代表。
2. 股份是股東的出資份額及其股東權的體現。
3. 股份是計算股份公司資本的最小單位，不能再繼續分割。

(三) **股票**：

1. **意義**：股票制度，起源於1602年的荷蘭東印度公司。股票是一種有價證券，一張股票為1000股，因此，一支股票的股價若為$97元，表示要用$97,000才能買進一張現股。它是企業為協助股東進行股份之流通，依據募集資金之約定，將每一股份所代表的出資金額印行成股份憑證，成為股東以此獲得股息和股利，並分享公司成長或交易市場波動帶來的利潤；但也要共同承擔公司運作錯誤所帶來的風險。股票可分為下列兩種：

   (1) **普通股**（common stocks）：沒有特別約定股東權利義務的股票，被稱之為「普通股」，一股普通股的帳面價值是以業主權益除以所有股東持有

的普通股股數。普通股在各種資金取得來源中成本為最高。股東的權利包括：決策權（即參加董監事之選舉權與被選舉權，以及能夠改變企業營運內容的決策權）和營運獲利分配權（參與公司營運獲利的分配權力）。

(2)**特別股（preferred stock）**：這種股票持有人雖是公司的股東，但只有享受股利的分配權，而未享有董事或監察人的選舉與被選舉權。

2. **股票投資分析的主要方法：**

(1)**基本分析**：係針對決定股票內在價值和影響股票價格的巨觀經濟形勢，行業狀況、公司經營狀況等進行分析，評估股票的投資價值和合理價值，與股票市場價格進行比較，相應形成買賣的建議。

(2)**技術分析**：係從股票的成交量、價格、達到這些價格和成交量所用的時間、價格波動的空間等幾個方面分析走勢並預測未來。

分析方法	分析內容	投資法則
基本分析	股票價值	價值遠大於價格時→買進 價值遠小於價格時→賣出
技術分析	股票過去價格與成交量	依線型決定買進，賣出
市場分析	影響股價供需因素	供給大於需求時→賣出 需求大於供給時→買進
心理分析	投資群眾心理	多數人認為會下跌時→買進 多數人認為會上漲時→賣出

3. **其他相關概念與規定：**

(1)**綠鞋條款（Green Shoes Provision）**：承銷商享有一買權的條款，可於證券發行後30天內，以承銷價格向發行公司額外再認購15%新股權利，享受股價上漲之利益，謂之。

(2)我國公司法規定，公司於完納一切稅捐後，分派盈餘時應先提撥10%的法定盈餘公積。

(四) **公開發行公司**：公司得依董事會之決議，向證券管理機構申請辦理「公開發行」程序，成為公開發行公司。企業透過證券交易所首次公開向投資者增發股票，以期募集用於企業發展資金的過程，**稱為「首次公開募股（Initial Public Offerings，簡稱IPO）」**。公開發行公司應定期向投資大眾公開企業之營運及財務資訊，並受主管機關金融監督管理委員會證券期貨局（金管會證期局）管理。公開發行公司可分為：

類型	內容說明
上市公司	指公司股票於公開發行後,可以向證券交易所申請股票上市交易,於集中市場掛牌買賣,如我國的台灣證券交易所、美國的紐約證券交易所等。
上櫃公司	公司股票於公開發行後,亦可在非集中交易場所(櫃台買賣中心)交易,又稱為店頭市場(OTC),如台灣的財團法人中華民國櫃台買賣中心、美國的那斯達克(NASDAQ)市場等。
興櫃公司	指已經申請上市或上櫃輔導契約之公開發行公司的普通股股票,在尚未上市或上櫃掛牌之前,經由櫃檯買賣中心(OTC)依規定核定,先在證券商營業處所採與推薦證券商「議價」交易方式買賣者而言。

(五) **股價指數**:各國證券交易所都會編製一種或數種股價指數,來代表其整體股票市場的表現,股價指數之編製需要構成指數之「成份股口」及「權數」兩大要素,如台灣證券交易所發行量加權股價指數之採樣股票乃所有的上市股票(僅少數例外),**權數則依各股票之相對市值決定,屬於市值加權之股價指數。**茲將國際重要股價指數名稱列表如下:

國家	名稱	國家	名稱
美國	道瓊工業指數(DJIA)	日本	日經
	那斯達克(NASDAQ)	韓國	KOSPI
美國	史坦普指數(S&P500)	香港	恒生指數
	費城半導體SOX	新加坡	**海峽時報指數**
英國	FTSE	巴西	BOVESPA
德國	DAX	中國	上海A股、上海B股
法國	CAC		深圳A股、深圳B股

牛刀小試

( ) 下列何種票券,無一定的償還期限? (A)股票 (B)公債 (C)公司債 (D)國庫券。　　　　　　　　　　　　　　　　　　　　**答:(A)**

(六) **美國證券市場交易簡介:**

1. 紐約證券交易所(NYSE):是美國歷史最悠久、最大且最有名氣的證券市場。歷史悠久的財星五百大企業大多都在紐約證交所掛牌,像:生活用品

的嬌生（Johnson & Johnson）、輝瑞製藥（Pfizer）、快遞服務的UPS和FEDEX聯邦快遞等大公司都是在紐約證交所交易。

2. 道瓊工業平均指數（DJIA）：是世界上最有名的股價指數，該指數編制至今有一百多年的歷史，市場上常聽到的美國股市漲跌，通常指的就是道瓊工業指數的漲跌。

3. 那斯達克證券市場（NSDQ）：那斯達克證券市場不同於紐約證交所與美國證交所，它是一個店頭市場。這裡掛牌的公司中有超過一半是高科技類股，像半導體巨擘英特爾（Intel）、軟體巨人微軟（Microsoft）、知名網站雅虎（Yahoo!）、網路股思科（Cisco）和蘋果電腦（Apple Computer）等。

五、中小企業

(一) **經濟部中小企業認定標準**：中小企業係指依法辦理公司登記或商業登記，並合於下列基準之事業：

1. 製造業、營造業、礦業及土石採取業實收資本額在新臺幣八千萬元以下，或經常僱用員工數未滿200人者。

2. 除前款規定外之其他行業前一年營業額在新臺幣一億元以下，或經常僱用員工數未滿100人者。

(二) **中小企業的特徵**：

1. 在市場上缺乏主動的談判力量。
2. 在受雇機會方面，提供最多的就業機會。
3. 資本與規模均小，在同業中較不具影響力。
4. 在組織與策略上，均具有自主與彈性。
5. 決策反應較快，能隨時調整策略，掌握機會。
6. 中小企業數目占台灣企業總數80%以上。

六、微型企業

(一) 定義：

1. 以經常僱用員工數未滿5人者為微型企業。
2. 規模上比小型企業還要小的事業體。

(二) 特徵：

1. 從業人員少。　　　　　　　　　2. 自我引導。
3. 容忍不確定性。
4. 行動導向。行動力強，做事有彈性，能快速回應市場需求變化。

第四節 企業間的連結

 一、連鎖加盟

連鎖加盟體系,除了連鎖系統所具備的各項專業經營知識(know-how)與做法之外,另有分布各地的營業據點(即一般所謂之通路)。

(一) **加盟的定義**:總部和加盟者締結契約,將自己的店號、商標,以及其他足以象徵營業的表徵如店面裝潢、商品結構、服務品質、促銷活動與管理控制等和經營的 "Know-how" 授與對方,使其在同一企業形象下做到規格化和標準化。而加盟店獲得上述權利的同時,相對地需付與相當的代價(金額)給總公司,做為報償。之後在總部的指導及援助下,經營事業的一種存續關係。

(二) **加盟業主和加盟者間的合作動機**,可分為兩部分說明:

1. 加盟業主(連鎖系統)的合作動機:
   (1) 展店速度快。
   (2) 降低投資風險:可減少總公司人員及投資成本上的負擔,並可達到規模經濟,取得進貨的數量折扣以及全國性的行銷攻勢。
   (3) 達到規模經濟,降低經營成本。
   (4) 加盟商店的整體形象基本上可維持一定的水準。
   (5) 改善現金流量:送貨給加盟店,可即時取得款項。
   (6) 有嚴格的作業與控制程序,維持一定的形象。

2. 加盟者的合作動機:
   (1) 由於加盟店的負責人本身就是老闆,必會努力經營自己的店。
   (2) 加盟系統知名度高、產品線齊全,可藉此促進銷售,提升業績,增加利潤。
   (3) 在指定範圍地區裡有獨占的專賣權。

因而「連鎖體系」與「營業據點」之間的關係,會因為不同的出資結構與管理型態,而有不同分類方式如下:

方式	內容說明
直營式連鎖 regular chain	為連鎖經營的基本型態,各個營業據點都是「由連鎖系統自行投資與經營」。這種連鎖加盟經營型態的總公司(連鎖系統)擁有最高之經營控制權,也因此能維持一致的整體形象;但因投資規模龐大,不易快速擴張,且「經營風險」也會因自行投資而「偏高」。

方式	內容說明
自願加盟連鎖 Voluntary Chain	係指個別單一商店自願採用同一品牌的經營方式及負擔所有經營費用，這種方式通常是個別經營者（加盟者）繳交一筆固定金額的指導費用（通稱加盟金），由總部教導經營的知識再開設店鋪，或者經營者原有店鋪經過總部指導改成連鎖總部規定的經營方式；通常這樣的方式每年還必須繳交固定的指導費用，總部也會派員指導，但也有不收此部分費用者，開設店鋪所需費用全由加盟者負擔；由於加盟者是自願加入，連鎖系統（總部）只收取固定費用給予指導，因此所獲盈虧與總部不相干。 此種加盟方式的優點是在價格訂定上，加盟者最具有自主權，加盟者可以獲得全部大多數的利潤而不需與總部分享，也無百分之百的義務需聽從總部的指示，但缺點是總部因此可以不負責任，往往指導也較鬆散，此外店的經營品質也不容易受到控制。許多台灣連鎖飲食業多採用此種方式經營。
委託加盟連鎖 License Chain	此與自願加盟相反，加盟者加入時只需支付一定費用，經營店面設備器材與經營技術皆由總部提供，因此店鋪的所有權屬於總部，加盟者只擁有經營管理的權利，利潤必須與總部分享，也必須百分之百的聽從總部指示。 此種加盟方式的優點是風險極小，加盟者無需負擔創業的大筆費用，連鎖系統要協助經營也要分擔經營的成敗，但缺點是加盟者自主性小，利潤的多數往往都要上交總部。美國便利店7-eleven多採此種形式經營。
特許加盟連鎖 Franchise Chain	係指授權者提供一套完整的經營管理制度及經過市場考驗過的優良產品或服務，加盟者則支付加盟金及保證金給授權者並簽訂合作契約，然後全盤接受授權者之經營指導與訓練的加盟方式。通常加盟者與總部要共同分擔設立店鋪的費用，其中店鋪的租金裝潢多由加盟者負責，生產設備由總部負責，此種方式加盟者也需與總部分享利潤，總部對加盟者也擁有控制權，但因加盟者也出了相當的費用，因此利潤較高，對於店鋪的形式也有部分的建議與決定權。日本多數便利商店體系皆採此種方式經營。

方式	內容說明
協力加盟連鎖 cooperative chain	協力式連鎖（cooperative chain）又稱「合作加盟連鎖」。例如為因應全球運籌競爭之壓力，台中工業區內的五金加工製造業者，在政府輔導下共同集資成立時代國際行銷公司，統籌處理接單、採購及廣告促銷活動，此種加盟方式謂之。

牛刀小試

( )　各營業據點係由個別出資者投資，但與連鎖系統簽約加盟，由連鎖系統統一經營管理，稱為：　(A)直營連鎖　(B)特許連鎖　(C)自願加盟　(D)協力連鎖。　　　　　　　　　　　　　　**答：(B)**

二、企業的聯合組織

企業為提高利潤而進行結合，其方式如下：

方式	內容說明
卡特爾 Cartel	又稱「企業聯盟」，乃同類企業，為避免競爭，提高利潤而結合的一種複合組織，創始於德國。**如石油輸出國家組織**（O.P.E.C.），參加的企業對契約約定範圍，如產量、售價或其他方面，在一定的合作期限內，採取一致的行動，**非約定範圍仍可自由經營，故各企業仍不失其獨立性。**
辛迪卡 Syndicate	又稱「工團」，是卡特爾之最高發展，除具有卡特爾的特性及相同目的外，便進而設立共同銷售機構，**各參加企業的產品，一律交銷售總部出售，不得自行對外銷售**，以減少同業間競爭，利潤「按生產額比例」分配。
托拉斯 Trust	托拉斯是由相關或類似的企業，互相結合而成，**各參加企業均喪失獨立性**。托拉斯的組織方式，是由參加企業簽訂「托拉斯契約」，將企業股票轉移所組成的「信託董事會」，信託董事會控制了各企業的經營政策。其係以獨占市場，增加利潤為目的。於1880年創始於美國，1890年美國政府頒布法律禁止之。

方式	內容說明
康采恩 Konzern	康采恩晚於前三者出現，亦是一種為共同發展及增加共同利潤之聯合經營企業組織型式。是一種通過由母公司對獨立企業進行持股而達到實際支配作用的壟斷企業形態。

三、企業網路聯合

(一) **意義**：企業網路（Enterprise Network）是指由一組自主獨立而且相互關聯的企業及各類機構為了共同的目標，依據專業化分工和協作建立的一種長期性的企業間的聯合體。它與網路技術中網路的含義不同，但是網路技術對企業網路以及網路化經營方式有重要的推動作用，是後者的技術基礎，相關企業之間依靠電腦網路增強聯繫。

(二) **企業網路的形成原因**：建立企業網路的原因相當多，茲歸類如下。

1. 資源互相依賴。
2. 簡化內部組織。
3. 降低外部不確定性。
4. 降低交易成本。
5. 學習聯盟伙伴的技能。但須注意，建立企業網路不是企業學習的惟一途徑，因此不能從企業網路形成動機的角度推論出企業網路乃是組織間學習的結果。
6. 適應變化的環境。
7. 保持核心能力。
8. 獲取規模經濟和範疇經濟的優勢。

精選試題

( )　1. 企業的活動是依循下列何種法則而行？　(A)供需法則　(B)物競天擇　(C)彼得原理　(D)適應法則。

☆( )　2. 買賣雙方人數眾多，價格無法由個人行為所決定，此種市場結構，稱為：(A)獨占市場　(B)壟斷性競爭市場　(C)寡占市場　(D)完全競爭市場。

☆( )　3. 市場由少數幾家廠商生產同質或異質的產品，彼此互相競爭又互相依賴，此種市場結構，稱為：　(A)獨占市場　(B)壟斷性競爭市場　(C)寡占市場　(D)完全競爭市場。

( )　4. 汽車業、電視傳播業之市場結構，稱為：　(A)獨占市場　(B)壟斷性競爭市場　(C)寡占市場　(D)完全競爭市場。

☆( )　5. 當所有條件都不變的情況下，價格變高，需求量就減低；反之價格變便宜，需求量就增加，此稱為：　(A)供給法則　(B)需求法則　(C)供需法則　(D)價格法則。

( )　6. 重視社會福利國家的經濟制度，通常是下列何種經濟體制？　(A)市場經濟體制　(B)計畫經濟體制　(C)混合經濟體制　(D)社會經濟體制。

☆( )　7. 由個別投資者分別出資成立營業據點，接受連鎖系統的輔導與協助，並由出資者自行掌握各營業據點之營運的連鎖體系，稱為：　(A)自願加盟　(B)直營連鎖　(C)特許連鎖　(D)協力連鎖。

( )　8. DAX為哪一國的股價指數？　(A)法國　(B)德國　(C)英國　(D)美國道瓊工業指數。

☆( )　9. 一般所謂的企業，不包括下列何者？　(A)獨資　(B)合作社　(C)合夥　(D)公司。

☆( )　10. 公司係按公司法登記而成立，其中央主管機關為：　(A)財政部　(B)中小企業處　(C)經濟部　(D)司法院。

( )　11. 股份有限公司的股東對公司的責任是：　(A)負無限責任　(B)以其出資額為限　(C)以出資額的二倍為限　(D)不須負任何責任。

( )　12. 企業的組織型態中，唯一具有法人資格的為：　(A)獨資企業　(B)合夥企業　(C)公司企業　(D)非營利事業。

( )　13. 下列何者非企業多角化經營之理由？　(A)以事業組合獲取綜效　(B)節省交易成本　(C)追求企業成長　(D)股東的自我實現。

☆（　）14.同類企業，為避免競爭，提高利潤而結合的一種複合組織，稱為：
(A)卡特爾（Cartel）　(B)辛迪卡（Syndicate）　(C)托拉斯（Trust）
(D)控股（Holding Stock）。

（　）15.同類性質的企業，為避免同業競爭，共同設立一銷售總部，各企業所有
商品一律交由銷售總部銷售之企業結合型態稱為：
(A)辛迪卡（Syndicate）　　　　　(B)托拉斯（Trust）
(C)控股（Holding Stock）　　　　(D)卡特爾（Cartel）。

☆（　）16.由相關或類似的企業，互相結合而成，各參加企業均喪失獨立性，此種
企業結合型態稱為：
(A)辛迪卡（Syndicate）　　　　　(B)托拉斯（Trust）
(C)控股（Holding Stock）　　　　(D)卡特爾（Cartel）。

（　）17.企業的活動是依循下列何種法則而行？　(A)供需法則　(B)物競天擇
(C)彼得原理　(D)適應法則。

解答與解析

1. **A** 簡單來講，供需法則就是**供給法則和需求法則**兩者的綜合。

2. **D** 完全競爭市場廠商提供**同質產品**進行交易，彼此產品間之替代性大，
買賣雙方消息靈通，一切生產資源均**可充分自由移動**的市場類型。

3. **C** 寡占市場又因廠商數目很少，但消費需求龐大，故寡占市場的廠商均
有決定價格的能力，且廠商加入或退出市場相當困難，市場消息並不
完全靈通，彼此間常採**「非價格」**策略從事競爭（如廣告、售後服務
等進行促銷）。

4. **C** **寡占市場**中，各業者競爭的產品均各見其特色。

5. **B** 需求法則表示一物的價格與需求量呈**反向變動關係**。

6. **D** 社會經濟體制是強調**以政府計畫經濟為主，市場經濟為輔**的一種經濟
制度。

7. **A** 自願加盟的優點是能夠快速擴張，且不需要鉅額投資，「風險相對
較低」。

8. **B** 股價指數法國為CAC，英國為FTSE，美國道瓊工業指數為DJIA。

9. **B** 合作社是指根據合作原則建立的以優化社員（單位或個人）經濟利益
為目的的非營利企業形式，不在公司法規範範圍內。

10. **C** 依我國公司法第5條規定，公司法規定的各類型公司，其中央主管機關為經濟部。

11. **B** 依公司法第2條規定，股份有限公司之股東只就其所認股份，對公司負其責任之公司。

12. **C** 依公司法第1條規定，本法所稱公司，謂以營利為目的，依照本法組織、登記、成立之「社團法人」。

13. **D** 多角化經營的原因除題目(A)(B)(C)所述者外。尚包括分散風險，維持業務的穩定。

14. **A** 卡特爾創始於德國，石油輸出國家組織（OPEC）即屬此種企業聯合組織。

15. **A** 辛迪卡設立一個共同銷售機構，各參加企業的產品，一律交銷售總部出售，不得自行對外銷售，以減少同業間競爭，利潤「按生產額比例」分配。

16. **B** 托拉斯於1880年創始於美國，1890年美國政府頒布法律禁止之。

17. **A** 簡單來講，供需法則就是供給法則和需求法則兩者的綜合。

第四章 企業經營與環境

考試頻出度： 經濟部所屬事業機構 ★★★★
中油、台電、台灣菸酒等 ★★★★

關鍵字： 超環境、ISO、任務環境、「國家文化價值觀」架構、PEST、經濟指標、通貨膨脹、信心指數、反熵作用、蝴蝶效應。

課前導讀： 本章內容中較可能出現考試題目的概念包括：任務環境、「國家文化價值觀」架構、國際環境、PEST分析、我國的經濟指標、景氣訊號、停滯性通貨膨脹、消費者信心指數、反熵作用、蝴蝶效應。

第一節 經營環境概說

一、自然環境

構成自然環境（又稱為「超環境」）的因素很多，其中牽涉到企業活動者有以下幾項：

- **自然資源：** 包括農、林、漁、牧、礦藏等，係屬提供製造業生產的原物料。
- **生態體系：** 生態體系包含四要素，即無生物（如空氣、土壤）、植物（生產者）、動物（消費者）、分解者（如微生物），所構成的生物鏈。
- **地理環境：** 包括氣候、地質、地形及河川等。企業的經營與發展類型尤其受到地理環境的影響最大，不同的地理環境會造就不同的企業類型，如台灣因其海島地形，適合發展國際貿易；瑞士則因四面環山，則適合發展觀光業及精密工業。

企業運用自然資源提升經營績效的過程中，需要由產品的製造與使用之完整週期進行分析，除了在生產製造過程中，盡可能降低對自然的衝擊之外，也需要注意消費者在使用過程中與使用後，對自然環境所可能造成的衝擊。為此，1997年12月在日本京都的「第三次締約國大會」（COP3）中簽署「京都議定書」，規範簽約國應控制人為排放之溫室氣體數量，「減少二氧化碳的排放

> **電子商品標示符合TCO99之規範：** 係指產品只要符合在產品製造與使用過程中，不會產生對人體與自然有任何危害的物質的商品，就可以貼上TCO99之標章。

量」，以期減少溫室效應對全球環境所造成的影響。因此，企業經理人了解且考慮該企業以及其作為對自然環境造成的影響的概念，就被稱為「綠色管理」。

牛刀小試

( )　構成自然環境的因素不包括下列何者？　(A)天然資源　(B)地理環境(C)生態體系　(D)人文法制。　　　　　　　　　　　　　　　　答：**(D)**

重要 **二、經營環境**

影響企業經營成果的因素相當多，內在環境的因素並非管理者所能完全掌控；而外在環境因素又非管理者能加以改變或控制。

(一) **內在環境**：影響企業營運的內在環境的因素，包括經營規模、經營績效、所有權類型、員工態度、員工能力、管理方式以及人事、財務、生產、行銷、研究發展、公司文化環境等企業機能的運作。**內在環境因素為企業所可以控制，但仍需有賴良好的管理，始能獲得其益處。**

> 經營環境因素：管理者之經營成果會受到外部因素的影響與束縛，組織的績效會受到管理者所無法控制的因素所影響，管理者又必須在隨機、渾沌與充滿不確定性的環境中做決策，這些都是將影響管理經營成功與否的重要因素。

(二) **外在環境**：**外在環境因素為企業所無法改變的環境因素，因此，企業必須去適應它。外在環境分為「特定環境」及「一般環境」。** 茲分述如下：

　1.**任務環境（Task Environment）**：亦稱為直接環境、特定環境或競爭環境。一個組織或企業要生存發展，在其企業營運的過程中，必須考量到不同「利害關係人（stakeholder）」的權益。內部關係人為企業之員工與股東，外部關係人則包括供應商、配銷商、消費者（顧客）、競爭者、銀行、政府與

壓力團體等。企業與利害關係人有良好的互動對組織運作會有相當有利的助益。管理企業利害關係人的首要步驟，即是要了解組織所面對的利害關係人有那些？其次是要和他們打交道，了解他們所在意的是甚麼？以及每一位利害關係人對組織決策的影響程度？

項目	內容說明
供應商 Suppliers	供應商是提供企業所需多項投入要素的人，投入要素品質的高低，與當地供應商的行為習性或價值觀關係密切。因此，當地的社會文化環境除了會對供應商的行為產生影響之外，也將影響企業投入要素的品質。
消費者 Customers	消費者需要之品質特性，對企業活動的影響層面甚鉅，一旦企業產品無法在品質上滿足當地消費者的需要，即無法在當地市場存活。
員工 Employees	員工是企業經營活動的核心資源，和諧的勞資關係是推動經營活動、創造經營績效的關鍵因素。因此員工工作能力、意願、態度、習慣、價值觀等，對企業營運績效的高低皆有直接的影響。
股東 Shareholders	股東係指持有公司「股票」的人。由於出資股東購買公司股票的終極目的就是創造投資利得，但是要實現投資利得卻需要透過經營團隊的努力，因而，股東的行為與態度，也直接影響企業行為。
壓力團體 Pressure Groups	某些壓力團體的力量常足以影響決策者做決策。例如環保團體要求某些行業必須資源回收，或要求不准再建「核能電廠」。
銀行 Banks	銀行等金融機構對企業提供貸款的態度，將影響企業由金融機構取得資金的方便性。因此企業應建立較佳的經營績效與償債能力，以強化其向金融機構爭取貸款的能力，而形成經營的良性循環。

牛刀小試

(　)　下列何者屬特定環境之因素？　(A)競爭者　(B)環保團體　(C)消基會 (D)以上皆是。　　　　　　　　　　　　　　　　　　　　　**答：(D)**

2. **一般環境（General Environment）**：一般環境係指對企業組織有潛在威脅的外在因素，但相關性並不明顯，故又稱為「間接環境」、「基本環境」、「總體環境」或「外部環境」。一般環境具有下列特性：(1)政府無法有效控制總體環境；(2)變化的徵候與訊號很微弱；(3)環境的變數很多；(4)需要很多專家的參與來解讀；(5)一般環境會影響在該環境營運的所有企業組織。

(1)**經濟環境**：企業的經營活動本質上遵循著經濟學的「供需原理」而進行，而企業在良好的經濟環境下，才能生存與發展。茲將與經濟環境有關的其他概念分別說明如下：

　　A.**國內生產毛額（GDP）**：係指一個國家境內一年內所生產的產品與服務之總值。其計算公式為：國內生產毛額＝消費＋投資＋政府支出＋（出口－進口）。

　　B.**國民所得**：國民所得係指一國國民在一定期間內生產的總成果，通常以「國民生產毛額（GNP）」來衡量。

　　C.**恩格爾法則（Engle's Law）**：(1)恩格爾係數是用來衡量生活水準高低的一項指標；(2)家庭對糧食支出的所得彈性小於1；(3)家庭對衣服、住宅、燃料等一般支出的所得彈性等於1；(4)家庭對文化的支出及儲蓄的所得彈性大於1。

　　D.**經濟學者帕列托（Pareto）**：發現約20%少數人的所得，竟佔了全國總所得的80%之現象，故而提出了有名的「80-20法則」。

　　E.新台幣升值「有利於進口商，而不利於出口商」；反之新台幣貶值則「有利於出口商，而不利於進口商」。

　　F.學者大前研一提出「M型社會」理論，該理論說明中產階級人口比例逐漸下降，且所得有逐漸兩極化之現象。

　　G.我國經濟發展階段目前屬於服務業為主時期。

　　H.**公平交易委員會**：隸屬於行政院，負責廠商各種商品（如汽油）是否有聯合壟斷的情形。

　　I. 百貨業素有「經濟櫥窗」之稱。

(2)**社會文化環境**：社會係指人類為了生活需要所組成的各種團體及「行為典範與態度」之集合總稱；文化係指人類所擁有的知識、思想、宗教、價值觀、傳統、習俗、禮儀及語言等，不同群體有不同文化，能夠將其與其他群體產生區別。企業營運與社會文化之間具有互動性關係。因為，企業所提供的產品

> **社會與文化環境**：涵蓋的範圍相當廣泛；通常，社會與文化環境，反應了（經濟）社會多數成員的「共同價值觀與行為準則」；價值觀，源自於人們所受的（學校與家庭）教育、宗教信仰、或傳統習俗，並直接影響到社

或勞務，可以改變人群的生活方式和態度，亦改變或修正人群的價值觀；反過來說，**社會文化的力量對企業亦能產生約束或推動，而左右企業的營運活動。**

為了更進一步了解社會文化環境，尤其是價值觀與行為規範對於企業經營的影響，我們可以分別從企業經營的「利益攸關群體（Stakeholders）」角度逐一解析，這些包括前述之**企業的員工、股東、消費者、供應商與競爭者等，學者將其定義為企業經營之利益攸關群體**（Stakeholders）。

會多數人的生活習性與消費態度。實際上，勞工的工作意願與態度，是許多國際企業選擇海外投資環境的重要決策項目之一。除了工作之外，消費習性也是影響企業經營績效的重要因素；都會區的消費習性與鄉間有很大的差異，尤其多數的都會區商店可以藉由提供全天候服務而形成商機；但是，鄉間的商店就難以比照辦理。所以，社會文化環境不但對當地人民的生活與行為習性產生影響，也會進而影響企業的經營績效。

荷蘭學者霍夫斯泰德（Geert Hofstede）比較了40個國家的員工所做的**「跨文化比較模型」**分析中，找尋了五個**區別員工差異性的主要文化構面，謂之「國家文化價值觀」**架構。其構面及意義說明如下表所述：

構面	意義
權力距離	機構或組織中權力不均勻分配情形可為社會接受的程度。
不確定性之避免	社會感受到不確定和模糊狀況的威脅而設法加以避免的程度。
個人主義與集體主義	1.個人主義意味著社會結構鬆散，每個人僅關心自己和最親近的家人。 2.集體主義的特徵是社會結構緊密，人把別人視為群體中的一部分然後予以照顧。故當一個社會比較偏向集體主義時，在人們遭遇困難的時候，會希望他人來關心他們，並幫助他們解決問題。
雄性作風與雌性作風	1.雄性作風的社會強調獨斷獨行與授取金錢物質。當某國媒體充斥著政治權、財富爭逐、崇拜成功者等報導，顯示該國當前文化為雄性主義。 2.雌性作風的社會則強調人與人之間的關係、對於別人的關懷，及整體生活的品質。

構面	意義
長程導向與 短程導向	亦稱長期取向與短期取向。其係表明一個民族對長遠利益和近期利益的價值觀。 1.具有長期導向的文化和社會主要面向未來，較注重對未來的考慮，對待事物以動態的觀點去考察；注重節約、節儉和儲備，做任何事均留有餘地。 2.短程導向性的文化與社會則面向過去與現在，著重眼前的利益，注重對傳統的尊重，注重負擔社會的責任；在管理上最重要的是此時的利潤，上級對下級的考績周期較短，要求立見功效，急功近利，不容拖延。

除了上述幾項主要的社會文化環境因素外，其他如「宗教信仰」、「風俗習慣」等對消費者的購買行為及企業經營亦有相當的影響，例如回教徒禁食豬肉而印度教徒禁食牛肉，因此相關肉品業便不適宜在這些有特定宗教信仰的地區進行銷售該類產品。

牛刀小試

( )　教育水準的提昇，對企業有何種影響？　(A)高齡市場比重增加　(B)強調生產具娛樂性的商品　(C)增加對女性消費市場的開發　(D)以上皆非。　**答：(C)**

(3)**政治法律環境**：一國的政治情勢和法律措施，直接影響企業的營運活動。政治和法律固然在某些方面，對企業營運自由有限制和管制，但亦對企業提供保障措施，維護企業的安全，以及扶持企業的完成。因此，企業管理者，遵守一國的政治與法律，雖失去營運上的充分自由，但唯有遵守國家的政治法律制度，其營運才能獲得保障。政治法律環境舉例如下：

> **政治與法律環境**：企業管理者，遵守一國的政治與法律，雖失去營運上的充分自由，但唯有遵守國家的政治法律制度，其營運才能獲得保障。

A.為協助企業創業成功，政府有許多不同的機關提供不同的創業協助。其中專為女性提供創業協助的是青輔會的「飛雁專案」。

B.政府制定與保障勞工權益有關的法律：勞動基準法、職業訓練法等。主管全國勞動政策的單位則定為勞動部。

C.為了維護消費者的權益，平衡企業與消費者間的關係，政府陸續頒布
　了保障消費者權益的法律，包括：商標法、商品檢驗法、公平交易
　法、消費者保護法等。政府特別在行政院之下設置消費者保護委員
　會，以保障人民的消費權益。

D.社會上提供最大就業機會來源的是企業而非政府。

E.目前我國所得稅的稅率是採行超額累進稅率，而一般營業發票的稅率
　則為5%。

(4) **科技環境：在企業所有的環境因素中，科技環境的改變最為快速，其所帶
給企業的衝擊也相當深遠。**科技環境因素主要為兩項：

A.就「產品」而言，係指新產品的出現或原有產品效用的增加，此類科
　技的變化對企業的衝擊最大，許多企業因為無法因應新的產品科技而
　面臨倒閉的命運。

B.就「製程」而言，係指出現較以往更佳的商品和服務的生產方法及
　系統，對商品生產及服務的效率可大幅的提昇，此類科技有助於降
　低商品及服務的成本，可提昇企業的競爭力。

牛刀小試

( )　1.企業的研究與發展之機能主要重點為：　(A)為填補組織人員與維持
　　　高度員工績效而必須的活動　(B)為一種分析、規劃、執行及控制的
　　　一連串過程，藉此程序以制訂創意、產品或服務的觀念化、定價、促
　　　銷與配銷等決策　(C)新技術與新觀念的開發，使企業生存並不斷創
　　　新　(D)泛指創造商品與勞務的一切活動。　　　　　　　**答：(C)**

( )　2.政府對中小企業的低利貸款融資、技術指導或協助其開拓外銷市場，
　　　稱為：　(A)直接經營　(B)保護　(C)輔導　(D)獎勵。　　**答：(C)**

(5) **國際環境**：舉凡外國之法律、風俗習慣、經濟
制度、管理方法，甚至外匯市場、外匯匯率等
均將直接或間接影響企業之經營。所謂「企業
國際化」（Business Internationalization）係
指當一個企業之活動跨越不同之國家以從事商
品、服務、投資及訊息交流等商業活動，或者

企業國際化可能受到的
限制：
1.本(母)國的阻力：包
括外匯管制、基於國家
安全與重要資源的限
制輸出。
2.地主國的阻力：包括
(A)關稅阻力；(B)非

企業的部門（如行銷、財務）或分支（如子公司、事業部）涵蓋範圍超出本國時，都可稱為該企業已達國際化階段。

> 關稅阻力，如進出口限額、貼補政策等；(C)當地企業的競爭。
> 3.其他因素：企業國際化時，最不易理解、有時也最難以克服或改變的障礙即是社會文化環境、宗教及習俗、政治法律環境等差異。

牛刀小試

( )　經濟環境屬於以下哪一種環境？　(A)基本環境　(B)一般環境　(C)間接環境　(D)以上皆是。　　　　　　　　　　　　　　　　　　**答：(D)**

三、PEST分析

「PEST」分析是企業檢閱其外部環境的一種方法，**它是利用環境掃描分析總體環境中的政治（Political）、經濟（Economic）、社會（Social）與科技（Technological）等四種因素的一種模型**。這也是在作市場研究時，外部分析的一部分，能給予公司一個針對總體環境中不同因素的概述。這個策略工具亦能有效的了解市場的成長或衰退、企業所處的情況、潛力與營運方向。

項目	內容說明
政治法律環境 Political Factors	包括一個國家的社會制度，執政黨的性質，政府的方針、政策、法令等。不同的國家有著不同的社會性質，不同的社會制度對組織活動有著不同的限制和要求。即使社會制度不變的同一國家，在不同時期，由於執政黨的不同，其政府的方針特點、政策傾向對組織活動的態度和影響也是不斷變化的。
經濟環境 Economic Factors	主要包括巨集觀和微觀兩個方面的內容。巨集觀經濟環境主要指一個國家的人口數量及其增長趨勢，國民收入、國民生產總值及其變化情況以及通過這些指標能夠反映的國民經濟發展水平和發展速度。微觀經濟環境主要指企業所在地區或所服務地區的消費者的收入水平、消費偏好、儲蓄情況、就業程度等因素。這些因素直接決定著企業目前及未來的市場大小。

項目	內容說明
社會文化環境 Sociocultural Factors	包括一個國家或地區的居民教育程度和文化水平、宗教信仰、風俗習慣、審美觀點、價值觀念等。文化水平會影響居民的需求層次；宗教信仰和風俗習慣會禁止或抵制某些活動的進行；價值觀念會影響居民對組織目標、組織活動以及組織存在本身的認可與否；審美觀點則會影響人們對組織活動內容、活動方式以及活動成果的態度。
技術環境 Technological Factors	除了要考察與企業所處領域的活動直接相關的技術手段的發展變化外，還應及時瞭解： 1.國家對科技開發的投資和支持重點。 2.領域技術發展動態和研究開發費用總額。 3.技術轉移和技術商品化速度。 4.專利及其保護情況等。

第二節 景氣循環、對策信號與通貨膨脹

一、景氣循環

景氣循環，是描述經濟環境動向可能趨於繁榮或蕭條之最常用名詞。在經濟景氣循環發展的過程中，受到各個經濟體系結構差異，各個景氣循環階段的時間會形成長短不一的現象。茲分述如下：

期別	景氣情況
復甦期	景氣循環，是指經濟環境中的各項活動，呈現波動循環狀態的現象，當所有經濟活動由相當冷清，轉變為有較高的活動力，整個經濟社會充滿較樂觀的氣氛，對未來經濟發展較具信心的狀態時，稱為景氣循環之「復甦期」。
擴張期	在復甦期間，少數企業展開較為積極的投資活動，並因為消費逐漸增加而獲利，使得更多企業跟進展開積極投資，景氣循環則進入「擴張期」（亦稱為繁榮期）。

期別	景氣情況
衰退期	當多數廠商採取擴張投資行動之後,可能出現「供給大於需求」的狀況,並因為需求不再快速同步增加、導致產品或服務之價格逐漸下跌,企業營運漸漸無法獲利,甚至較晚採取擴張行動的企業,在尚未獲得投資利益之前就要蒙受營運損失,進而影響其他企業不再擴張或增加投資,景氣循環就進入「衰退期」。
蕭條期	一旦「多數企業不再看好未來的經濟發展」,多數人心感受到未來前景不明朗,展開任何的投資活動可能都無法獲利,而不願再採取任何的投資行動,整體經濟「社會充滿悲觀心態」時,一切經濟活動顯得相當冷清,景氣循環進入「蕭條期」。

 二、經濟景氣對策信號

(一) **經濟景氣對策信號**:係各國政府依據相關的經濟發展指標,選擇與當地經濟結構有關的項目,予以彙整編制,以利於推測未來一段期間的景氣發展狀況,作為採取必要的財政金融政策的參考依據。

(二) **各類指標的意義:完整的景氣指標包含領先、同時及落後指標系統。**

　1.**景氣領先指標(Leading indicator)**:指具有領先景氣變動性質之指標,其轉折點常先於景氣循環轉折點發生。台灣領先指標由外銷訂單指數、實質貨幣總計數、股價指數、工業及服務業受僱員工淨進入率、核發建照面積(住宅、商辦、工業倉儲)、實質半導體設備進口值,及製造業營業氣候測驗點等7項構成項目組成,每月由國發會編製、發布。因指標具領先景氣變動之性質,可預測未來景氣之變動。

　2.**景氣同時指標(Coincident indicator)**:指具有與景氣變動性質同步之指標,其轉折點常與景氣循環轉折點同步發生。臺灣同時指標由工業生產指數、電力(企業)總用電量、製造業銷售量指數、批發、零售及餐飲業營業額、非農業部門就業人

> 景氣對策信號為行政院國發會根據各經濟活動指標所編製,用以判斷未來景氣,作為決策參考的一組信號標幟。標幟以紅,紅,綠,黃藍至藍燈分別代表景氣由繁榮至衰退的信號。景氣對策信號是根據九項與景氣變動較為密切的經濟指標編製而成,包含:製造業新接訂單、海關出口值、工業生產指數、製造業成品存貨率、非農業部門就業等五項實質面的指標,以及貨幣供給M1B、放款、票據交換、股價指數等四項金融面的指標。

數、實質海關出口值、實質機械及電機設備進口值7項構成項目組成，每月由國發會編製、發布，代表當時的景氣狀況，可衡量當前景氣。

3. **景氣落後指標（Lagging indicator）**：指具落後景氣變動性質之指標，其轉折點常落後於景氣循環轉折點。臺灣落後指標由失業率、工業及服務業經常性受僱員工人數、製造業單位產出勞動成本指數、金融業隔夜拆款利率、全體貨幣機構放款與投資、製造業存貨率6項構成項目組成，每月由國發會編製、發布，可用在驗證過去領先、同時指標走勢是否正確。

(三) 景氣訊號：

紅燈	顯示景氣過熱，**政府將會採取財經緊縮措施**，使景氣恢復正常。
黃紅燈	顯示景氣轉熱或趨穩，紅燈轉黃紅燈時，不宜繼續緊縮；綠燈轉為黃紅燈時，則不宜採取進一步的促進成長措施。
綠燈	顯示景氣穩定，**政府將會採取促進成長的財政金融措施。**
黃藍燈	顯示景氣轉穩或衰退，黃藍燈轉為綠燈時，不宜繼續擴張；藍燈轉黃藍燈時，宜採取進一步促進成長措施。
藍燈	顯示景氣衰退，政府將會採取強力促進成長之財政金融措施。

重要 **三、通貨膨脹**

通貨膨脹，意指一般物價水準在某一時期內，長期且全面持續地以相當的幅度上漲的狀態，且通常發生在貨幣供應量增加太多的情況下。通常可由消費者物價指數（CPI）、躉售物價指數（WPI）、進口物價指數（IPI）及國內生產毛額平減指數（GDP deflator）來觀察其變化。通貨膨脹有下列數種型態：

型態	內容說明
需求拉動型膨脹	是因為社會上的總需求，超過社會上所能產生的總供給所造成的。

型態	內容說明
成本推動型膨脹	係指工會要求過高的工資、石油輸出組織故意拉抬油價等，因為成本面因素所導致的一般物價水準以相當的幅度持續上漲的現象。
資產性膨脹	係指股票、房地產、藝術品等資產價格出現悖離基本面的膨脹現象（通稱「泡沫」現象）。
停滯性膨脹	**係指高失業及高物價並存的現象。**因為在高通貨膨脹率時期政府的過度干預，導致價格體系無法發揮功能，從而勞動市場缺乏效率，更使自然失業率攀升。
惡性膨脹	指物價水準以極高速度上漲的現象。
進出口膨脹	進口性通貨膨脹與出口性通貨膨脹。

四、消費者信心指數

消費者信心指數（Consumer Confidence Index，CCI）在預測消費者對於耐久財消費力時，是一個很強的領先指標，故消費者信心指數是屬於經濟指標的預測技術。消費者信心指數係透過抽樣調查方式進行統計，以了解消費者對經濟前景的信心。**它通常有 6 項指標：未來半年的國內物價水準、家庭經濟狀況、投資股票時機、購買耐久性財貨時機、國內經濟景氣及國內就業機會。**

牛刀小試

（　）　經濟景氣對策信號顯示景氣穩定，政府將會採取促進成長的財金措施的情況，係屬： (A)黃紅燈　(B)綠燈　(C)黃藍燈　(D)藍燈。　　　　**答：(B)**

第三節 民間參與公共建設的模式

參與模式	內容說明
BOT	（Build-Operation-Transfer）。為「興建－營運－移轉」之簡稱。係指政府將部分公共工程建設，採取「興建－營運－移轉」方式，由民間企業出資興建、營運並在經過某一段特許經營期間之後，將所有權轉移至政府。台灣高鐵即是採取此種方式進行（且前特許經營期間為35年）。此為國際間一般民間參與公共建設最普遍採用之模式。
BT	（Build and Transfer）。由政府規劃請民間籌資興建，建設完成後再由政府一次或分期償付建設經費。
OT	（Operate and Transfer）。政府將已興建完成之公共建設委託民間機構於一定期間內經營，**即所謂「公辦民營」或「公有民營」**。
ROT	（Rehabilitate- Operation-Transfer）。由政府委託民間機構，或由民間機構向政府租賃現有設施，予以修復、擴建或整建後並為營運；營運期間屆滿後，營運權歸還政府。通常老舊之公共設施係採此種方式辦理。

牛刀小試

( ) 下列關於BOT的敘述，何者為非？ (A)可壓縮民間投資及減輕政府財政負擔 (B)民間跟政府透過合約關係，投資興建公共工程 (C)即「Build-Operation-Transfer」 (D)台灣高鐵即為一個BOT的個例。　　　　**答：(A)**

精選試題

( )　1.就企業組織與其外在環境之關係而言，下列敘述何者是不正確的？
(A)企業對外在環境可以加以改變，而非只有順從與適應一途　(B)外在
環境對企業組織而言，可能是機會也可能是威脅　(C)今日企業組織之
經營與外在環境息息相關，因此乃有動態管理之觀念出現　(D)今日企
業組織之經營與外在環境息息相關，因此須把企業視為一個開放系統。

☆( )　2.論者謂企業經營有直接、間接兩種經營環境，下列四者，何者屬於直接
環境？　(A)科技　(B)社會文化　(C)供應商及顧客　(D)政治與法律。

☆( )　3.環保意識的抬頭，應視為管理上的何種改變？　(A)經濟環境　(B)社會
環境　(C)政治環境　(D)文化環境。

☆( )　4.在系統理論中，開放系統因與環境相通有無，能生生不息永續發展，稱
之為：　(A)反熵作用　(B)系統界線　(C)殊途同歸　(D)動態平衡。

☆( )　5.系統架構應用於政府的政策運作過程中，則常被形容為「黑箱」的是那
個階段？　(A)回饋　(B)投入　(C)產出　(D)轉換。

( )　6.下列有關直接環境的敘述，何者有誤？　(A)又稱為特定環境　(B)主要
構成部分為產業環境　(C)對企業經營有潛在衝擊力　(D)組成元素包括
競爭廠商、供應商及顧客等。

( )　7.下列哪一項公約或是條款對企業在自然環境的維護方面影響最大？
(A)公平交易法　(B)日內瓦公約　(C)ISO14000　(D)ISO9000。

☆( )　8.根據Hofstede的國家文化構面概念，下列的配對何者是正確的？　(A)權
力距離係指機構或組織中權力不均勻分配情形可為社會接受的程度
(B)個人主義的特徵是社會結構緊密，人把別人視為群體中的一部分然
後予以照顧　(C)雄性作風的社會強調人與人之間的關係、對於別人的
關懷，及整體生活的品質　(D)不確定性之避免係指一國之政府或社會
對外來文化的接受程度。

( )　9.關於台灣近年社會人口結構變化，下列何者為非？　(A)老年人口逐漸增
加　(B)人口增加率遞增　(C)家庭單位組織變小　(D)人口往都市集中。

( )　10.與企業管理相關的主要經濟因素有四項，下列何者為非？　(A)經濟制度
(B)國民所得與人口數量　(C)稅法與相關會計準則　(D)公共投資與基礎
建設。

☆( )　11.國民所得大都以下列何者來加以衡量？　(A)國內生產毛額（GDP）
(B)個人可支配所得（PDI）　(C)國民生產淨額（NNP）　(D)國民生產
毛額（GNP）。

( )12. 有關科技環境的敘述，下列何者正確？　(A)只有高科技產業（如電子業）才會受到科技環境的影響　(B)科技環境因素主要包括產品科技與製程科技兩種　(C)科技環境對企業造成的影響不如其他環境因素嚴重　(D)科技環境改變的速度很緩慢。

( )13. 台灣地區經濟景氣對策信號之經濟指標，不包括下列何項？　(A)放款金額　(B)股價指數　(C)房地產成交指數　(D)製造業新接訂單指數。

☆( )14. 論者謂企業經營有下列四層內外環境，試問經濟、政治、法律、社會、文化等因素是屬於那一層環境？　(A)內部環境　(B)直接（產業）環境　(C)總體環境　(D)超環境。

☆( )15. 高失業及高物價並存現象之通貨膨脹稱為：　(A)需求拉動型膨脹　(B)成本推動型膨脹　(C)停滯性膨脹　(D)惡性膨脹。

( )16. 論者謂企業經營環境有四層，即內部環境、直接環境、總體環境及超環境，下列四者，何者不屬於內部環境因素：　(A)顧客　(B)企業規模　(C)組織結構　(D)企業文化。

☆( )17. 企業機能：生產、行銷、財務、人事、研究發展，是屬於企業生態環境中的：　(A)總體環境　(B)超環境　(C)外在環境　(D)內在環境。

☆( )18. 企業在進行國際化時，有可能遭遇的障礙為：　(A)有可能受到聯合國的阻撓　(B)只有來自本國的阻力　(C)只有來自地主國的阻力　(D)本國及地主國均可能對企業造成壓力。

( )19. 企業在進行國際化營運時，最不易理解、有時也最難以克服或改變的障礙為：　(A)國際組織帶來的困擾　(B)關稅的阻力　(C)社會環境差異　(D)地主國當地企業的競爭。

☆( )20. 「企業作為改變了環境，但改變後的環境又反過來影響到企業的經營。」此種過程稱為：　(A)輸出（Output）　(B)投入（Input）　(C)轉換過程（Process）　(D)反饋（Feedback）。

( )21. 不同的環境對企業造成的影響比重不同，以下哪一種環境對金融業的影響最小？　(A)自然環境　(B)產業環境　(C)經濟環境　(D)政治法律環境。

☆( )22. 為了促進企業對環境的保護，「國際標準組織」明白規定未來欲出售產品到先進國家，必須通過以下哪一項認證，否則將遭遇極大的阻力？　(A)ISO14000　(B)ISO9000　(C)6 Sigma　(D)TQM。

☆( )23. PEST分析是企業檢閱其外部環境的一種方法，其中E指的是下列哪一項？　(A)Effect　(B)Evaluate　(C)Efficiency　(D)Economic。

( )24. 基本環境不包括以下哪一種環境？　(A)政治環境　(B)產業環境　(C)科技環境　(D)法律環境。

( )｜25. 自然環境中，對企業發展類型影響最大的是哪一項？ (A)原料來源 (B)生態體系 (C)地理環境 (D)天然資源。

☆ ( )｜26. 關於社會文化環境對企業的影響，下列哪一項不是重要的因素？ (A)社會大眾消費傾向 (B)社會人口結構 (C)社會輿論力量 (D)國民所得及人口數量。

( )｜27. 資本主義自由經濟最大流弊為： (A)造成國家貧窮 (B)易造成社會貧富不均現象 (C)人民工作意願低落 (D)企業經營無效率。

( )｜28. 下列有關政策與法律對企業影響之敘述何者正確？ (A)政策與法令對企業而言，可能是助益，但也有可能是限制 (B)專制政府有助於企業之發展 (C)由於當今企業多朝國際化發展，政治環境對企業已無影響力可言 (D)許多法令因為已經過時，故企業不必遵守。

☆ ( )｜29. 下列哪一種法律與企業經營無直接相關？ (A)消費者保護法 (B)刑法 (C)勞動基準法 (D)商事法。

( )｜30. 關於科技環境改變對企業的影響中，下列何者為非？ (A)顧客購買動機將更注重產品主要機能 (B)企業花費更多在研究發展上 (C)資訊科技的發達使溝通更便利 (D)企業將更能掌握市場狀況。

☆ ( )｜31. 所謂「公辦民營」或「公有民營」係指： (A)BT (B)OT (C)ROT (D)BOT。

( )｜32. 老舊之公共設施大都採下列何種方式辦理： (A)BT (B)OT (C)ROT (D)BOT。

解答與解析

1. **A** 外在環境因素**為企業所無法改變**的環境因素，因此，企業必須去適應它。

2. **C** 「直接環境」係指**對組織達成目標直接關聯的環境**，包括供應商、消費者、競爭者、員工、股東、壓力團體與銀行。

3. **B** 社會文化環境包括一個國家或地區的**居民教育程度和文化水平、宗教信仰、風俗習慣、審美觀點、價值觀念等。**

4. **A** 若將企業視為一個開放系統，則主管**必須了解組織面臨各種環境所產生的影響**，才能有效的執行管理機能。

5. **D** 黑箱是指一個**只知道輸入及輸出關係而不知道內部（轉換）結構**之系統或設備。

6. **C** 對企業組織**有潛在威脅的外在因素**稱為總體環境。

7. **C** ISO14000係國際標準組織（ISO）所推行的一套「**環保標準規範**」。

8. **A** 個人主義意味著**社會結構鬆散**，每個人僅關心自己和最親近的家人；雄性作風的社會強調**獨斷獨行與授取金錢物質**；不確定性之避免係指社會**感受到不確定和模糊狀況的威脅**而設法加以避免的程度。

9. **B** 應為「**人口增加率呈遞減**」的現象。

10. **C** 選項(C)應修正為「**市場配給體系**」。

11. **D** 國民所得除象徵一國人民生活水準高低外，更**直接決定購買力的大小及對產品的需求**，通常國民所得越高的國家，其購買及消費能力亦越高。

12. **B** 在企業所有的環境因素中，**科技環境的改變最為快速**，其所帶給企業的衝擊也相當深遠。

13. **C** 經濟指標包含**領先、同時及落後指標**等三種系統。

14. **C** 總體環境係指**對企業組織有潛在威脅的外在因素**，但相關性並不明顯，故又稱為「間接環境」或「一般環境」。

15. **C** 因為在**高通貨膨脹率時期政府的過度干預**，導致價格體系無法發揮功能，從而勞動市場缺乏效率，更使自然**失業率攀升。**

16. **A** **顧客屬於外部環境**，他們對企業活動的影響層面甚鉅，一旦企業產品無法滿足當地顧客的需要，即無法在當地市場存活。

17. **D** **內在環境因素為企業所可以控制**，但仍需有賴良好的管理，始能獲得其益處。

18. **D** **本國的阻力：包括外匯管制、限制輸出**；地主國的阻力包括關稅、進出口限額、貼補政策或當地企業的競爭。

19. **C** 企業國際化時，**最不易理解、有時也最難以克服或改變的障礙**即是社會文化環境、宗教及習俗、政治法律環境等差異。

20. **D** **企業本身與各種環境之間會有交互作用，環境的變遷會影響企業的經營**，而企業的行為也可能會影響環境而產生改變，至於環境與環境之間的交互變動也會影響企業的經營。

21. **A** 構成自然環境（又稱為「超環境」）的因素很多，其中**牽涉到企業活動者有自然資源、生態體系與地理環境。**

22. **A** 國際標準組織（ISO）所推行的一套「環保標準規範」，稱為ISO14000。在其規範下，**企業的各項產品與活動，都需澈底、全面的檢討是否對環境有所衝擊。**

23. **D**　PEST分析是企業檢閱其外部環境的一種方法，它是利用環境掃描分析總體環境中的**政治、經濟、社會與科技**等四種因素的一種模型。E指的就是經濟（Economic）。

24. **B**　總體環境係指**對企業組織有潛在威脅的外在因素，但相關性並不明顯**，故又稱為「間接環境」、「基本環境」或「一般環境」。

25. **C**　企業的經營與發展類型**尤其受到地理環境的影響最大**，不同的地理環境會造就不同的企業類型。

26. **D**　**國民所得及人口數量係屬於經濟環境。**

27. **B**　**資本主義主張私有財產制度**，生產要素及生產所得之利潤均可為私人所擁有，消費者同樣也享有消費的自由，企業之間彼此競爭，而價格決定了所有生產資源與產品的消費。

28. **A**　政治和法律固然在某些方面，**對企業營運自由有限制和管制，但亦對企業提供保障措施**，維護企業的安全，以及扶持企業的完成。

29. **B**　刑法是在遏阻人民犯罪的法律，**與企業經營並無直接相關性。**

30. **A**　在科技如此發達的時代，商品的**附加價值（而非主要機能）**反而有可能成為企業致勝的關鍵。

31. **B**　OT係指政府將已興建完成之公共建設**委託民間機構於一定期間內經營**，即所謂「公辦民營」或「公有民營」。

32. **C**　ROT係指由政府委託民間機構，或由民間機構向政府租賃現有設施，予以修復、擴建或整建後並為營運；**營運期間屆滿後，營運權歸還政府。**

第五章 企業營運與企業成長

考試頻出度：經濟部所屬事業機構 ★★★
中油、台電、台灣菸酒等 ★★★

關鍵字：效率、效能、多角化、收購、企業成長策略、產品─市場擴展矩陣。

課前導讀：本章內容中較可能出現考試題目的概念包括：效率與效能、企業多角化的理由、多角化經營的方式、產業價值鏈的成長策略型態、安索夫矩陣。

第一節 成本效益、效率與效能

一、價值分析

價值分析（Value Analysis, VA）亦稱為價值工程（Value Engineering, VE），價值工程涉及到價值、功能和壽命周期成本等三個基本要素。它是針對生產的產品，利用生產作業的文件及採購成本，分析產品的規格與需求，採購部門通常使用這方法來降低成本。依其意義，下列情形都會使產品價值提高：

(一)產品功能提高，成本不變。

(二)產品功能提高，成本降低。

(三)產品功能不變，成本降低。

重要 二、效率與效能

效率與效能二者皆為管理者所追求的績效之一，且亦皆為評估企業營運成果之主要指標。「前者」係指「資源的使用率」，即「產出與投入間的比例」關係，著重於將事情做好；「後者」則是著重於「目標或結果的達成率」，為實際達成和預期目標的比值。茲說明如下：

效率	效率（Efficiency）的概念包括：(1)把事情做好（Do the thing right）；(2)係指投入與產出間的（比例）關係；(3)亦即用相對少的資源（降低成本或人力）達成預定的產出，或是用相同的資源，創造更大的產出；(4)著重於執行之手段或方法（而非結果）。

| 效能 | 效能（effectiveness）亦稱為「效果」，其概念包括：(1)做對的事（do the right thing）；(2)著重於組織達成特定（預期）目標（目的）的程度。管理不僅是完成工作，達成組織的目標（有效能），另外，還要盡可能的以最有效率的方式完成（有效率）。 |

依上述定義，若將效率及效能各分為「高」與「低」兩類，則共可分為下列四種指標。

(一) **高效率／高效能**：管理者之目標選擇正確，且資源的使用亦佳。

(二) **高效率／低效能**：管理者之目標選擇不正確，但資源的使用卻佳。

(三) **低效率／高效能**：管理者之目標選擇正確，並且致力去達成，但資源的使用欠佳。

(四) **低效率／低效能**：管理者之目標選擇不正確，且資源的使用亦欠佳。

牛刀小試

( )　運用不同的技術，投入較少的原料，卻能達到相同單位的產出，謂之：　(A)效率　(B)效能　(C)效果　(D)綜效。　　　　　**答：(A)**

第二節 企業之成長

一、產業價值鏈的企業成長策略

(一) **水平式擴張成長**：指企業運用既有的設備、技術等經營能力，同時運用到多種不同企業價值鏈體系之中，而呈現企業經營活動的水平方向發展（即「水平多角化」），以進入設備或技術能力相關的事業領域發展，而帶動企業經營規模的擴張與成長。如台灣統一超商與國外企業合作在台灣成立星巴克咖啡、多拿滋甜甜圈等連鎖經營體系。

(二) **垂直整合式成長**：係指企業透過同一產業價值鏈上的上、下游活動範圍的變動，使得企業「向其上、下游擴張」活動項目而推動成長。

(三) **複合式擴張成長**：係指企業既不以同一產品價值鏈的垂直方向或水平方向來發展新事業，而進入與過去所從事的各項活動完全不相關的事業領域發展，以追求企業成長。

牛刀小試

( )　1.企業多角化經營可收下列何種利益？　(A)規模經濟　(B)範疇經濟
　　　(C)計畫經濟　(D)統籌經濟。　　　　　　　　　　　　**答：(B)**

( )　2.企業以現金完全收買另一企業或若干企業的資產，擴大其規模或業
　　　務範圍，稱為：　(A)策略聯盟　(B)聯股　(C)企業合併　(D)企業
　　　吞併。　　　　　　　　　　　　　　　　　　　　　　**答：(D)**

重要 二、企業成長的方向

策略管理之父安索夫（Ansoff）博士於1975年提出「產
品─市場擴展矩陣」（Product／Market／Expansion
Grid）。它是以產品和市場作為兩大基本面向，區別出
如下圖所示之四種（新舊）產品／（既有、新）市場組
合和相對應的行銷策略，此為應用最廣泛的行銷分析工
具之一。

> **安索夫矩陣**：是以2×2
> 的矩陣代表企業企圖使
> 收入或獲利成長的四種
> 選擇，其主要的邏輯是
> 企業可以選擇四種不同
> 的成長性策略來達成增
> 加收入的目標。

企業成長矩陣

方向	內容說明
市場滲透 **Market Penetration**	市場滲透係指企業在「**既有的產品與既有的目標市場**」上，透過市場深耕之做法。例如不斷的進行廣告、促銷活動、教育消費者或介紹新用途等，以擴大消費數量或增加產品銷售量，達到擴張營運規模或提高市場佔有率，進而推升企業的經營規模，達成企業的成長目標。

方向	內容說明
產品發展 **Product** **Development**	產品發展係指企業在「**既有的市場基礎下，持續推出新的產品類別**」，以達到成長目標。此種成長原動力，藉由推出新產品，吸引原有消費者，刺激其持續購買，以促成企業營運規模的持續成長。
市場發展 **Market** **Development**	市場發展係指企業利用「**既有的產品項目或產品線，拓展新的用途，進入新的市場**」，以達成企業成長的目的。
多角化 **Diversification**	多角化係指企業在「**新市場上同時推出新產品**」，以達成企業成長謂之多角化。多角化的經營方式，已經成為企業作為擴張經營範圍與規模的方式之一，舉凡跨出原本之主要經營活動，或涉足其他經營標的之策略，都稱作多角化經營方式。

三、企業內部創業

企業內部創業（Internal corporate entrepreneurship/Internal Venture）是由一些有創業意向的企業員工發起，在企業的支持下承擔企業內部某些業務內容或工作項目，進行創業並與企業分享成果的一種創業模式。這種鼓勵內部創業的激勵方式不僅可以滿足員工的創業欲望，同時也能激發企業內部活力，改善內部分配機制，是一種員工和企業雙贏的管理制度。在大企業與官僚組織結構中，為創造及維持類似小企業般的彈性與創新活力，常使用此種作法。相對於另立山頭，自力更生的創業方式，具有下列優點：

(一) 由於創業者對於企業環境非常熟悉，在創業時一般不存在資金、管理和行銷等方面的困擾，可以集中精力於新市場領域的開發與拓展。

(二) 由於企業內部所提供的創業環境較為寬鬆，即使是創業失敗，創業者所需承擔的責任也小得多，從而大大的減輕了創業者的心理負擔，相對成功的機率也就大了許多。

(三) 建立企業的內部創業機制，不僅可以滿足精英員工在更高層次上的「成就感」，留住優秀人才；同時也有利於企業採取多種經營方式，擴大市場領域，節約成本，延續企業的發展周期。

四、創業家精神

創業家精神是指在創業者的主觀意識中，那些具有開創性的思想、觀念、個性、意志、作風和品質等。創業家是指那些具有堅強的毅力、學習與創新意願與顧客導向人格特質的人。因此，創業家精神包括三個層面的內涵：

(一) 哲學層次的創業思想和創業觀念，是人們對於創業的理性認識。

(二) 心理學層次的創業個性和創業意志，是人們創業的心理基礎。

(三) 行為學層次的創業作風和創業品質，是人們創業的行為模式。

五、傳統創業家與新式創業家的比較

傳統創業家與新式創業家之創業環境及創業奮鬥過程大同小異，均是「從無到有」、「從小到大」之艱辛創業過程。但是在創業過程中，兩者大不相同：

(一) **創業理念不同：**

　1. 傳統創業家較注重追求利潤。

　2. 新式創業家除「追求利潤」之外，更有「追求成就」與「肯定自我」之目標。

(二) **籌措資金方式不同：**

　1. 傳統式創業者，通常自行籌措資金，自有股權占100％。

　2. 在新式創業者藉助風險投資人或其他投資者代為籌措資金。有時創業者資金不及總資金50％。

(三) **創業管理方式不同：**

　1. 傳統創業者較注意苦幹實幹，穩健成長。

　2. 在新式創業者除必須具備傳統創業家之要件外，為求創業順利及時效性，更應注重「創業管理」，包括高新科技、創業機會掌握及創業策略之擬訂及實施。

(四) **創業內容迥異：**

　1. 傳統產業並非只重視加工製造，他們也會隨著時代潮流演進，產業結構改變，科技進步及消費者價值觀改變等因素急遽變化，產生無數之新創業機會，造就無數成功創業家。

　2. 新式創業家則在「服務產業」和「資訊產業」中成功先例為多。

(五) **創業家性別不同：**

　1. 在傳統社會中，女性創業屈指可數。

　2. 在現代社會中，女性創業者日趨活躍。

精選試題

( )｜1. efficiency係指：
(A)效果 　　　　　　　　　　(B)效能
(C)效率 　　　　　　　　　　(D)綜效。

☆( )｜2. 企業在原有的產品與市場上，透過市場深耕之做法係為何種策略？
(A)市場滲透 　　　　　　　　(B)產品發展
(C)市場發展 　　　　　　　　(D)多角化。

☆( )｜3. 企業在原有的市場基礎下，持續推出新的產品類別，以達到成長目標。係為何種策略？
(A)市場滲透 　　　　　　　　(B)產品發展
(C)市場發展 　　　　　　　　(D)多角化。

( )｜4. 企業經營的多角化可經由：
(A)新產品或新市場的開發 　　(B)收購其他公司
(C)合併 　　　　　　　　　　(D)以上皆可行。

( )｜5. 下列何者非企業提高成本效益的做法？
(A)投入增加、產出增加更多 　(B)投入不變、產出不變
(C)投入減少、產出不變 　　　(D)投入不變、產出增加。

( )｜6. 下列何者非中小企業提升競爭力，須完成之目標？
(A)規模大型化 　　　　　　　(B)市場行銷化
(C)人員精簡化 　　　　　　　(D)生產自動化。

☆( )｜7. 密集成長中，目前產品、目前市場是：
(A)產品開發 　　　　　　　　(B)市場開發
(C)市場滲透 　　　　　　　　(D)多角化。

☆( )｜8. 密集成長中，新產品、新市場是為：
(A)市場滲透 　　　　　　　　(B)市場開發
(C)產品開發 　　　　　　　　(D)多角化。

( )｜9. 找出與現有產品線無關的技術，針對同一類型（現有）顧客所需要的產品，進行多角化的方式，稱為：
(A)垂直多角化 　　　　　　　(B)水平多角化
(C)集中型多角化 　　　　　　(D)集團型多角化。

解答與解析

1. **C** 效率常被認為是「**把事情做好**」，亦即不浪費資源。

2. **A** 可透過**不斷的進行廣告活動、教育消費者或介紹新用途**等方法進行深耕。

3. **B** 產品發展之成長原動力，係藉由推出新產品，吸引原有消費者，刺激其持續購買，以**促成企業營運規模的持續成長。**

4. **D** 多角化的經營方式，已經成為企業作為**擴張經營範圍與規模**的方式之一，舉凡跨出原本之主要經營活動，或**涉足其他經營標的之策略**，都稱作多角化經營方式。

5. **B** 提高成本效益的做法包括題目選項(A)(C)(D)三者所述的方法。

6. **C** 中小企業組織規模本就小，**大部分未達經濟規模，缺乏競爭能力**，焉能再精簡人手。

7. **C** 市場滲透係指企業**在「目前的產品與市場」上，透過市場深耕之做法**，達成企業的成長目標。

8. **D** 多角化係指企業在**「新市場」上同時推出「新產品」**，以達成企業成長謂之多角化。

9. **B** 例如大尺碼的專賣店，就是**專門為體型較大的消費者所設**，此即稱為水平多角化。

NOTE

PART 2 企業概論

Volume 2 企業經營活動

「企業機（功）能」一篇亦為本科考試的另一個主要焦點所在，請考生務必在此方面多花一些工夫。本篇分為「生產與作業機能、行銷機能、人力資源機能、財務機能、研究發展機能與資訊機能」。

本篇出題焦點相當分散，其中比較需要注意的重點包括：常見的生產作業類型、其他生產方式、精實生產、採購管理活動5R、及時生產系統；行銷任務、服務的特性、品牌的種類、品牌的角色、品牌權益、品牌的策略、產品定位策略、吸脂定價、行銷通路結構的型態、通路密度、市場區隔變數、目標行銷、消費者購買決策的型態、AIDA消費者行為模式；工作擴大化、工作豐富化、工作特性模型、工作說明書、工作規範、信度和效度、彼得原理、非典型工作者的聘雇、月暈效應、刻板印象、勞動三權、爭議行為的合法解決途徑；金融市場的類別、先進先出法與後進先出法、資金運用的準則；企業創意的來源、研究發展的層次、創新的種類、首動利益；管理資訊系統（MIS）的意義、資訊系統的種類、電子商務。

第一章 企業機能的分類與互動

考試頻出度： 經濟部所屬事業機構 ★
中油、台電、台灣菸酒等 ★

關鍵字： 主導性機能、支援性機能、互動關係。

課前導讀： 本章內容中較可能出現考試題目的概念包括：主導性機能的內涵、支援性機能的內涵、前兩者的互動關係。

 一、主導性機能與支援性機能的意義

依企業價值創造的需求可將企業機能予以分類為「**主導性機（功）能**」與「**支援性機（功）能**」二類。其中，「**研究發展機能**」、「**行銷機能**」與「**生產機能**」三者，扮演「**企業經營價值創造**」的主導角色，稱為「**主導性機能**」（dominant function），這些機能係在將各項投入要素轉化為市場所需的產品與服務；而「**財務機能**」、「**人力資源機能**」、「**資訊機能**」三者，則扮演提供資金、人才、資訊的支援性機能，讓三項主導性機能順利展開，協助其有效將各式投入要素以最高效率轉換為市場所需產品服務，稱為「**支援性機能**」（supporting function）。

> **企業價值創造過程：** 雖然多數的活動都是單獨進行，不過呈現在消費者眼前的企業活動成果，例如一項新產品、一套新服務系統等，都是一群人分別展開不同活動所匯集而成。因此，各企業機能之間，必然存在著緊密互動的現象。

二、主導性機能與支援性機能間的互動關係

主導性機能與支援性機能之間，充滿著互為奧援的緊密互動關係。基本上，支援性機能的重心在於塑造企業各項活動的基礎環境，尤其是提供企業各項活動所需資源，不論是人力資源、決策資訊或財務資源，都是企業推動各項活動的基礎要素；生產機能、行銷機能、研究發展機能各項活動之展開，一定需要這些基礎要素的投入，才能將各式原材料轉換成為市場所需的產品或服務。成功的企業運作，係為由這些機能之間的互動所構成的高效能營運體系。

精選試題

☆（　）1. 在企業價值創造的過程中，所謂的主導性機能，下列何者有誤？
　　　　(A)人力資源機能　　　　　　　　(B)生產機能
　　　　(C)行銷機能　　　　　　　　　　(D)研究發展機能。

☆（　）2. 在企業價值創造的過程中，所謂的支援性機能，下列何者有誤？
　　　　(A)財務機能　　　　　　　　　　(B)資訊機能
　　　　(C)研究發展機能　　　　　　　　(D)人力資源機能。

　（　）3. 下列何種機能的重心在於塑造企業各項活動的基礎環境，尤其是提供企業各項活動所需資源？
　　　　(A)研究發展機能　　　　　　　　(B)行銷機能
　　　　(C)財務機能　　　　　　　　　　(D)生產機能。

解答與解析

1. **A**　人力資源機能係扮演**支援性機能的角色**。

2. **C**　研究發展機能扮演**企業經營價值創造的主導角色**，故其稱為「主導性機能」。

3. **C**　財務資源在於塑造企業各項活動的基礎環境，尤其是**提供企業各項活動所需的財務資源**。

第二章 企業的生產與作業機能

考試頻出度： 經濟部所屬事業機構 ★★
中油、台電、台灣菸酒等 ★★★

關鍵字： 生產、標準化、多元化、大量生產、精益生產、運籌、自動化、生產作業類型、批量式、裝配線、生產方式、客製化、代工、廠址選擇、廠房佈置、保養、採購、資源規劃、產能、及時生產、臨界生產、生產力。

課前導讀： 本章內容中較可能出現考試題目的概念包括：生產管理的一般原則、物流運籌全球化、常見的生產作業類型、生產作業機能展開的五項管理目標、其他生產方式、電腦整合製造、精實生產、代工類別、詹森法則、選擇廠址的條件、服務業決定其店址的考慮因素、機器設備佈置形態、機器設備的三級保養、採購管理活動5R、企業資源規劃、及時生產系統、工業安全的三E政策、生產管理的三S運動、工作簡化的內容。

第一節 生產管理的基本概念

一、生產與作業的意義

生產（Production）係企業組織一切為顧客製造產品（包括商品與勞務），創造效用（Utility）的企業生產活動。企業除了製造有實體形狀的（有形）商品以外，尚包括無形的商品（勞務），諸如服務、醫療、餐飲、娛樂等。企業所提供的資源形式轉換的效用，主要來自生產與作業管理，因此，為顧客製作產品（包括商品與服務）的企業活動即稱為「生產或作業」。

> **生產管理：** 其主要工作，包括廠房佈置、生產規劃、物料管理、製造管制與品質管制等，使生產過程中，從原料的品質改善、生產設備和生產方法的改進，能生產出合乎「品質水準與生產效率」的產品。

二、生產管理與作業管理的意義

(一) **生產管理（production Management）：** 又稱為「製造管理」（Manufacturing Management）。產品的生產與服務的提供，乃是企業的基本使命，生產管理就是企業以合理的成本，在適當的時間內，將原物料轉換成合乎顧客所需要的最終產品，提高使用價值，改善人們生活水準。生產管理的原則不僅適用於製造業，同時亦適用於服務業或其他組織。由於機器替代人力後，在生產效能提高的同時，也使得管理的工作變得越複雜，生產管理亦不例外。

(二) **作業管理**：作業管理乃是對所有跟生產產品與提供服務生產力有關的活動，能做有效的管理。從操作面來看，作業管理是對投入轉換成產品或服務的流程，做系統性的指揮與控制。投入的資源要透過何種轉換系統？如何轉換？以增加更高的附加價值？同時為了確保產出，必須在轉換過程中蒐集各種資訊，並與預期標準化比較，以做有效回饋，這些論點都是作業管理所要注重的主要課題，因此可知，作業管理系統對組織和管理者都顯得相當的重要。

三、生產管理的主要目標與一般原則

(一) **生產管理的主要目標**：
　1.生產計畫在預定日期內完成。
　2.製造符合標準規格之產品。
　3.以最低成本生產。

(二) **生產管理的一般原則（亦稱為生產管理的3S原則）**
　1.簡單化（Simplification）：將作業流程盡可能地拆解、簡化，化繁為簡，減少經驗因素對生產的影響。簡單化是要讓不具備熟練技術的非技術工，也能操作的生產作業。
　2.標準化（Standardization）：將一切工作都按規定的作業標準程序（S.O.P），保證生產品質的一致性。
　3.專門化（Specialization）：將一切工作都盡可能地細分專業，使各有所司，責任分明。如此不但員工操作容易、效率高，而且可以降低生產成本、提高產量。

 四、生產作業安排的四大步驟

步驟	內容說明
製造程序安排（Routing）	設計產品由原料至製成品之製造路線或途程。
製造日程安排（Scheduling）	規定產品製造的每項作業，經過製造處所的時間。
製造工作分排（Dispatching）	依製造程序及日程，發布製造命令，指定機器及工人，開始製造工作。
製造進度追查（Follow-up）	查核各項製造工作的實際進度，如有延誤或錯誤情事，應催促或補救。

五、產品－產量分析

產品產量（數量）分析；PQ分析法（product quantity analysis；P－Q Analysis）是一個很簡單但是非常有用的工具。它可以用來對生產的產品按照數量進行分類，然後根據分類結果對生產線間進行佈局優化。

在組裝作業中，可以使用產品數量分析按照物料清單分析零部件的通用性和消耗數量。零部件的通用性是判斷不同的產品是否可以混流生產的一個評估標準，而零部件的消耗量判斷如何組織零部件的供應很有幫助。

沒有進行產品數量分析的公司，通常會認為他們的生產不是重覆性的，很難利用精益工具進行優化（意指使生產最有效地進行或使產品完美）。實際上，產品數量分析能夠找出表面上沒有規律的市場需求，使得生產型企業能夠重新組織生產線，來滿足客戶的實際需求。

PQ分析將成品的客戶需求量分成下列主要的三類產品：

(一) **A產品**：這些是很少的幾種產品，但是其需求量卻大到需要為它們建立專門的生產線。通常只有5-10種產品卻占據了70%的市場需求。A類產品適用大量生產方式，故可適用於批量生產方式生產。

(二) **B產品**：這些產品通常是一個產品系列需要一個專門的生產線。其中產品系列通產是根據技術方面的相似性來分類的。通常有大約200個B產品，占據大約25%的需求。B類產品亦適用大量生產方式，故可採用產品式佈置方式生產，適用於大量生產方式生產。

(三) **C產品**：在一個工廠中偶爾才需要生產的產品。對於這些產品，不需要對它們的零部件保留再製品。就算有時候會有大約2000個產品，但是仍會只占總需求量的5%。

六、品質機能展開、

一般常作為服務設計與產品設計的發展過程中融入顧客心聲，並將顧客要求的因素分解進入製程每一層面之工具，稱為品質機能展開（Quality function Deployment,QFD）。

品質機能展開是由傾聽與研究顧客開始，以決定高品質產品應具備的特性，透過市場的研究，定義出顧客對產品的需求與偏好，並進一步歸類出各項的顧客需求。再依據需求對顧客的相對重要性給予權重；其後要求顧客比較公司與競爭者的產品，透過這個流程可以讓公司找出，顧客最重視的產品機能，並了解競爭對手產品的特

性，使公司可以集中力量在需要改善的產品機能上。簡言之，將顧客的聲音反應到產品設計與製造過程的方法，即稱為「品質機能展開」。

七、產品開發設計的各階段

Step1 **創意開發**：包括產品結構與概念設計，對目標市場的分析等。

Step2 **產品規劃**：包括從事小規模的市場建立與測試，並對新產品的財務狀況進行分析。

Step3 **產品與製造工程**：包括產品與設備的設計，原型的製作與測試亦屬重要。

Step4 **試銷**：新產品上市之前，為避免產品失敗的風險，公司往往須先進行試銷。

Step5 **進入量產**：進行產量分析，從試產的階段，確定一切沒問題，始進入量產。

八、生產管理的其他焦點概念

(一) **系統性分析**：係指具有創意的團隊與小組，以創新流、創新情，進行創意活動而形成創新的產品及工作方法。

(二) **經驗曲線**：係指產品生產過程中，其長期平均單位成本隨著企業累計產出的提高而逐步下降的趨勢。

(三) **大量生產**：係指利用自動化的機器設備與標準作業程序所進行的生產作業系統，且在生產過程中不需依賴作業人員太多的個人判斷的生產系統。

(四) **客製化**：係指依據消費者個人的需求，進行組裝、製造，並且直接送到消費者手中的生產服務方式。

(五) **大量客製化的製造**：企業用低成本提供消費者個人化的商品。

九、排程

(一) **排程（Scheduling）的意義**：是對於各項生產資源的取得與運用所制定的時間表。

(二) **主要生產排程（Master Production Schedule）**：主要是在說明哪些產品必須生產；生產作業何時必須進行；以及在某些特定時間需要哪些資源。

(三) **短期排程（Short-term Schedule）**：係對各項細部工作進一步的安排與分配。

(四) **常用的作業排程工具**：包括甘特圖與PERT圖。

第二節 生產作業型態

 一、常見的生產作業類型

生產作業型態係隨著產品的生產程序、數量、使用之技術與資源等而有所不同,在系統的規劃與管理的重點上,也有所差異。基本上,生產作業活動,可區分為下列不同的類型:

連續式生產

連續式生產(continuous production process)係指由原料的投入到產品產出的過程,為連續、不間斷且難以分割的程序。連續式生產,係以機器設備為主體,人員操作為輔,並且必須維持生產作業的持續而不中斷,否則重新恢復生產的成本甚高。「例如石油化學工業、製藥業、鋼鐵業等生產系統,都是屬於連續式生產系統」。通常,連續式生產型態的產品,都具有大量、單一規格的特性;而且生產規模與產品種類,在建廠時就已經決定,難以改變。

間斷式生產

間斷式生產(intermittent production)係指一次機器工具的籌備裝置,其使用時間十分短暫,產品製造完成,即予拆卸,若要製造下一批的訂貨,機器工具就得重新籌備裝置。此種生產方式較適用於生產多種產品,且各種產品產量都很少的廠商。

批量式生產

批量式生產(batch production process)又稱為「批次生產」,係指可以依據產品需求數量而開始動工生產,完成後就可以轉而生產另一項產品或完全停止的生產方式(假設客戶每次下單只下100個產品,製造商只須依照客戶的需求固定生產,此即稱為「多樣少量」的生產)。生產所使用的設備之生產前準備時間短、再啟用成本低,可以高度配合市場需求或最適生產批量而展開生產活動。豐田生產系統即屬於此類生產型態。

專案式生產

專案式生產（project production）係依據訂單規格內容而規劃專屬的生產製造程序之生產作業型態。不同專案所運用的生產作業方式、技術、程序，可能都不相同。例如打造巨型豪華郵輪、建築物營建施工、製造飛機等。專案式生產，需求同時集結多項機具、設備、人力等，通常會運用專案管理的技術，來協調整合這些生產資源，以求如期完成生產計畫。專案管理的基礎，是以生產時程為主體，在專案展開之後的不同工作項目中，以時間為協調基礎，規劃各項資源的投入起止時間，藉以引導專案逐步進行。專案生產形式是最具技術挑戰的作業型態之一，也是最困難的生產型態，用於提供各式獨特的產品或服務。

裝配線生產

「裝配線」是一種工業上的生產概念，最主要精神在於「讓某一個生產單位只專注處理某一個片段的工作」，而非像過去傳統的方式，讓一個生產單位從上游到下游完整完成一個產品。所謂「裝配線生產」係指非連續性工作以固定的速度一站接一站地，循所需要的程序完成產品的生產方式，謂之。

彈性生產

彈性生產系統（Flexible Manufacturing System；FMS）又稱為「彈性製造系統」。企業運用許多不同的方法來製造產品，希望能同時獲得「大量生產與小批量生產」的優點，也就是希望能夠維持多樣少量客製化小批量生產，又能同時將成本維持與大量生產一樣地低廉的生產方式。簡言之，企業既要降低生產成本，又要符合顧客的客製化需求，所採取的生產方式。

牛刀小試

( ) 可以依據產品需求數量而開始動工生產，完成後就可以轉而生產另一項產品或完全停止的生產方式，稱為： (A)專案式生產 (B)批量式生產 (C)連續式生產 (D)間斷生產。 **答：(B)**

二、生產作業機能展開的三大主要活動

主要活動	內容說明
製造工程 production engineering	產品實際生產前的製造準備工作,包括製程規劃、生產夾治具之設計與準備、標準作業程序的設定、品質檢驗方式與工具的安排。為進行這些活動,生產部門的製造工程師需要與產品設計工程師共同商討,必要時也需要進行產品設計之修改,才能符合最高生產效率的要求。
生產規劃 production planning	依據市場需求內涵,包括數量、樣式、時間等,進行各個工作單元的生產作業規劃,目的在使時間與數量上充分配合,才有機會在最低成本架構下,供應市場所需產品。
生產活動 manufacturing activity	係指實際的投入產出活動。生產活動之管理重心,在使各個工作單元能夠依據預定的時程,完成指定的生產項目或作業,讓整個生產系統能夠發揮最高的生產效能。

企業生產作業機能:必須符合市場的需求,否則將會造成庫存與浪費;但因市場需求多變化,造成企業必須增加更多的生產產品式樣,如此亦會增加更多的管理負荷,一旦無法掌控多樣少量的生產作業模式,將會造成產品銷售不順暢與庫存增加的困境。總之,生產作業機能的管理目標,係以最低的成本,及時供應消費者所需的各式產品。為達到此一目標,生產作業機能之管理活動,就須分別透過生產管理、物料管理、品質管理等手段,展開相關的管理活動,以達到左述三之五項管理的目標。

三、商業模式與生產模式

企業透過衡量市場規模和競爭優勢來決定其經營策略,不同的經營策略會採取不同的商業模式,不同商業模式必須經由不同的生產模式來加以完成,不同的生產模式之企業作業流程亦不相同,因此進行企業流程再造所需的技術與知識也會有很大的差異。

(一) **商業模式**:以往品牌業者在銷售產品時,一手包辦了產品開發、生產製造、行銷配送乃至於售後服務的工作。後來在全球產業微利化的影響下,品牌業者開始將生產製造,售後維修及產品開發等工作外包(Outsourcing),以達到「專業分工」及「降低成本」的目的。一般商業模式可分為OEM(Original Equipment Manufacturing;原廠委託製造)、ODM(Original Design

Manufacturing；原廠委託設計製造）、OBM（Own Branding & Manufacturing；
自主品牌製造）、EMS（Electronics Manufacturing Service；電子產品製造服
務）、CMMS（Component Module Move Service；共同開發製造）等五種。

1. **OEM（Original Equipment Manufacturing 原廠委託製造）**：OEM業務的
廠商主要是依據OEM買主提供的產品規格與完整的細部設計，進行產品代工
組裝，並依據OEM買主指定的形式交貨，OEM廠商的價值鏈活動以製造、
裝配為主，完全依循OEM買主所指定的規格生產。

2. **ODM（Original Design Manufacturing 原廠委託設計製造）**：ODM業務的
廠商則以自行設計的產品爭取買主訂單，並使用買主品牌出貨，ODM廠商的
價值鏈活動則包括產品設計、製造及裝配，ODM廠商需具備產品設計開發及
生產組裝之能力，並能與ODM買主共同議定產品規格，並據以進行產品設計
或改良的工作。

3. **OBM（Own Branding & Manufacturing 自主品牌製造）**：OBM業務的廠
商自行設計開發新商品、新服務與新活動，而發展出自己的企業形象與商品
/服務/活動之形象，進而獲取自有品牌經營的最大經濟利益。OBM廠商的價
值鏈活動由市場調查、產品設計、製造、裝配到販售皆由單一公司獨立完
成，或是將製造、裝配交給OEM廠商代工。

4. **EMS（Electronics Manufacturing Service 電子產品製造服務）**：提供全
球運籌通路與全球組裝的代工製造服務。EMS與OEM的不同在於，EMS除
了做OEM所做的事外，更加上物流的部分，甚至有一部分會幫助客戶銷售。

5. **CMMS（Component Module Move Service 共同開發製造）**：CMMS的內
涵包括兩種，分別為JDVM（Join Development Manufacture 共同開發製造）
與JDSM（Join Design Manufacture 共同設計製造）。JDVM跟EMS的不同，
在於JDVM提供了客戶維護與全球維修，而JDSM又比JDVM多了產品設計的
部分。也就是說，品牌廠商只需要開出需求規格，鴻海即可協助廠商由產品
設計一路做到全球出貨，並且連售後服務需要的零組件更換，也涵蓋進來。

(二) **生產模式**：一般生產製造模式可以分為計畫生產模式（Make to Stock, MTS）、
訂單設計模式（Engineer to Order, ETO）、訂單裝配模式（Assembly to Order,
ATO）和訂單生產模式（Make to Order, MTO）。時代的轉變加上網際網路的盛
行，使得企業有機會很快的將產品外銷到世界各地，但也由於全球化的競爭與
市場環境的快速變化，使得企業所面對的競爭比以前更加的劇烈。為了因應市
場競爭全球化的衝擊及消費者要求的多變性，使得生產型態由傳統的計畫式生
產，轉變為接單式及客製化生產。

1. **存貨式生產模式**（Make to Stock or Build to Forecast；MTS or BTF）：
   存貨式生產模式是根據市場需求預測來制定生產計畫，然後進行生產程序。
   生產的目的是為了補充存貨，BTS的目標，是建立一定程度的庫存，並以其
   所生產之產品對客戶作行銷。
   (1) **優點**：適用於顧客訂單前置時間短。
   (2) **缺點**：供應商需承受存貨成本的壓力與預測不準的風險。

2. **依接單設計生產模式**（Engineer to Order, ETO）：依訂單設計模式是接到
   顧客訂單後，才開始設計的工作，再進行生產，依顧客指示的規格而生產的
   產品，通常是獨一無二的設計或需要相當程度的客製化，每張顧客訂單都會
   產生一套新的料號（件號）、BOM（Bill of Material）和製程。
   (1) 優點：量身訂做，較能滿足顧客需求。
   (2) 缺點：這種設計和生產模式雖可生產多樣化的產品，但是交貨的前置時間
   　　　　　比較長。

3. **接單生產模式**（Make to Order or Build to Order, MTO or BTO）：在接到
   顧客的訂單後，顧客下訂單時才開始進行備料，然後才開始製造、裝配訂單
   之產品。
   (1) **優點**：可滿足客製化需求。
   (2) **缺點**：備貨前置時間較長。

4. **接單後裝配模式**（Assembly to Order, ATO）：亦稱為「接單組裝」。此種
   生產模式主要是依據訂單預測，事先進行零組件或半成品備料，當顧客下單
   後，立即進行訂單產品的製造、裝配。
   (1) **優點**：可以在短時間內快速滿足客製化需求。
   (2) **缺點**：製造商須承擔庫存之風險。

5. **客製化生產模式**（Configuration to Order, CTO）：亦稱為「接單構型」。
   此種生產模式是將許多標準共同零件先行組裝成半成品，等客戶下單後，再
   組配各種零組件形成物料表(BOM)，進行排程與組裝，裝配成最終產品，如
   此可減少回應時間的生產模式。
   (1) **優點**：可快速回應顧客的需求，及供應商的存貨成本較低。
   (2) **缺點**：零組件的預測、分類、模組設計須視需求更新，否則將發生零組件
   　　　　　存貨不適用生產之情況。

四、詹森法則（Johnson's rule）

(一) 意義：詹森法則係用於處理N個工作在兩部機器上的 N/2排程。基本假設為所有工作或訂單都以相同的順序經過兩部連續機器或生產系統，而尋求所有工作的總處理時間及閒置時間最小化的問題。

> **詹森法則**：簡單的說，詹森法則係指將一群工作指派給兩部機器或兩個連續工作中心，使其總完成時間最小化的方法。

(二) 運行步驟：

Step1 ▶▶▶ 列出所有工作及其在每部機器所需處理的時間。

Step2 ▶▶▶ 找出最短工作時間。若最短工作時間在第一部機器，則其工作時程排在第一；如果最短工作時間在第二部機器，則第一部機器之工作時程排在最後。若有同一工作在兩部機器時間相等時，則任選第一或最後皆可。

Step3 ▶▶▶ 某工作既已排定，就加以刪除。

Step4 ▶▶▶ 對剩餘工作，重覆Step2和Step3，直到排完為止。

(三) 實施條件：

1. 每個工作中心的每項工作必須固定不變，其工作時間必須是已知的。
2. 每個工作中心的每項工作時間皆與工作順序毫無關係。
3. 任何工作都必須遵循同樣的兩步驟工作順序，毫無例外可言。
4. 不能使用任何工作優先順序法則。
5. 任何工作必須在第一個工作中心加工完成之後，才能移往第二個工作中心加工。

第三節 廠址選擇、工廠佈置與設備維護保養

一、廠址選擇

(一) 廠址選擇的重要性：廠址選擇亦稱為「廠址規劃」。廠址的選擇對於生產企業而言是非常重要的，因為當廠址選定後，廠房建造與機器設備安裝隨即進行，以後如發現選擇不當，則大錯已鑄，很難再補救。因此，企業在設廠作業規劃時，必須考量生產地點是否接近市場與原物料的供應地、勞工的供應是否充足、能源與運輸成本高低等因素，此即所謂的「廠址規劃」。

(二) **選擇廠址的條件**：要選擇一個在各方面條件均能合乎理想的廠址，相當不易，因主觀的需求與客觀的環境未必能夠相配合，僅能就下列各項條件，綜合考慮選擇適當的廠址所在。

1. **自然的條件**：

條件	內容說明
接近原料產區	工廠生產成本中，原料成本所佔比例甚大；若廠址接近原料產區，不但可因原料的供給無虞，生產不致停頓，且可免大量儲藏原料而積壓資金，更可節省原料的運輸成本。
動力供應便利	無論電力、水力與燃料，亦係生產主要投入的原料，必須有充分與便利的供應。
氣候適宜	須考慮雨量、氣溫、溫度等等亦會影響生產成本及產品品質，即使是可使用空調設備，仍應考慮其成本問題。
公害問題	現代企業不宜忽視工廠可能造成的環境污染及可採取的對策，以免於發生事故後，補救困難，故工廠的集中與人口的密集，形成一項新的廠址選擇問題。

> **廠址選擇的條件**：為企業的百年大計，必須慎重考慮有關因素，如原料供應、運輸裝卸、勞工充沛及其他種種天然、經濟、社會的因素；並衡量企業本身目前與未來的需求，以及自身的能力，綜合判斷，才能決定。
>
> **工廠廠址選擇應考慮因素**：應考慮可量化與不可量化之成本因素中，如生產要素取得成本、生產轉換成本與分配通路成本等，係屬於可量化之成本因素，而環境污染與勞力供給則屬於不可量化之成本因素。

2. **經濟的條件**：

條件	內容說明
接近市場	可節省產品運輸費用，保持產品品質，且較易深入了解市場情況，了解消費者需求而提供適當產品，便利銷售。
交通便利	無論原料、物料、燃料、產品以及人員的運輸，皆應便捷，不但可節省運輸成本，亦方便供應。
建廠成本	就廠址選擇而言，機器設備皆係既定，故僅有土地價格與廠房建築費用兩大項因廠址不同而有差異。一般而言，都市或接近都市的地價高而鄉間的地價較低；平地的建築費用則較山地的建築費用低廉。
金融市場	在金融機構林立、資金豐富的地區建廠，對資金的融通較為方便，有利於企業的資金週轉。

牛刀小試

( )　下列何者屬選擇廠址的經濟條件？　(A)勞力供應　(B)交通　(C)社會治安　(D)動力供應。　　　　　　　　　　　　　　　　　**答：(B)**

3.社會的條件：

條件	內容說明
限制與鼓勵建廠	許多社區有限制建廠的種種規定，惟亦有許多工業區，鼓勵建廠，發展工業。
同業狀況	同業集中的區域，不但可以促進業務的競爭，改進生產效率，並可經由同業的合作與互助，促進事業的繁榮。
勞力供應	無論係技術工人或一般勞工，皆需供應充沛，缺乏適當人力的地區不宜建廠；且訓練與教育的費用非新建工廠所能負擔，亦會增加生產成本。
社會治安良好	工廠、人員與資產的安全，較可確保。
生活費用低廉	此等地區的工資亦往往較低廉，勞工維持生活較為容易，提供福利措施亦較為經濟，如此可減低生產成本，有利於競爭。
社區因素	當地居民對於工廠的正面或負面態度，以及對於當地人民生活的影響。

以上所舉各項條件，為一般的考慮因素，但事實上難以面面兼顧，故下面再進一步列舉廠址選擇的原則與方法作為衡量時的參考。

(三) 服務業決定其店址與製造業決定廠址考慮因素的差異

　1. 對「製造業」的生產工廠而言，廠址選擇主要是考慮其「生產成本」（包括取得生產元素之成本及生產元素轉換成產品之成本）與「運輸成本」的高低和產品供應的速度。但對「服務業」而言，其主要考慮為「利潤面」，除了生產成本，還有「需求的密集程度」與「同業競爭的情形」。

> **連鎖便利商店位置考慮的因素**：在選定地點時，其主要考慮是需求量的大小，亦即區域內人口的多少、年所得、教育水準、年齡、家庭經濟、就業情形等有關人口統計學的數據，以及同業競爭與交通情形等。

2. 連鎖便利商店的位址選擇決策的分析工具,除了可量化因素之評估,如損益兩平分析外,不可數量化的因素評估法更為重要。而在便利商店設立分店時,座標分析便可用以選擇多商店位址的決策。

二、設備佈置類型

佈置方式	內容說明
程序式佈置	又稱為「功能式佈置」,係將設備功能相似者集中在同一地點(加工中心)佈置,產品再依加工之程序在各加工中心間移動,以完成產品之生產及製造。這種佈置適用於「間斷性生產」或「小批量生產」,即產品種類多且生產量少的生產型態。
群組式佈置	又稱為「集體佈置」。係按照各產品共同且必要之生產程序,將所需設備及零件集合在一起,形成一個群組之佈置方式。
產品式佈置	亦稱為「直線式佈置」,這種佈置適用於「連續性生產」或「大量生產」,即依產品的製造及加工程序,將機器設備擺設為一般的生產線排列(線型)方式。適用條件: 1.需求量穩定且大量,因而能有效利用專用設備。直線式或連續式的生產作業流程適用此種設備佈置。 2.產品規格均一且變異不大。 3.零件互換性高。 4.原物料穩定供應。
固定式佈置	又稱「定位佈置」。係指將產品固定在一個定點上,再將各項物料和零件移到該產品的位置,然後加以組裝而成,這種佈置適用於「專案生產」。適用條件: 1.產品容積甚大(如飛機、船舶)。 2.產品為定點使用者(如建築工程)。 3.設備投資昂貴者。
顧客導向佈置	意指服務業經常根據顧客使用的方便性,將設備妥善的安排,以增加與顧客的互動性,例如百貨公司的不同樓層會根據不同的顧客進行分類,所以會有男裝、女裝、童裝等。
綜合佈置	為求經濟迅速,可同時採用以上二種或二種以上的佈置方式。

三、設備維護保養

(一) **設備維護保養的意義**：設備維修是指通過修復或更換磨損零件，調整精度，排除故障，恢復設備原有機能而進行的技術活動，其主要作用在於恢復設備精度、性能，提高效率，延長使用壽命，保持生產能力。設備維修的基本內容包括：設備維護保養、設備檢查和設備修理。簡言之，即「**清潔、潤滑、緊固、調整、防腐**」等十個字的作業法。設備的壽命在很大程度上決定於維護保養的好壞。**維護保養依工作量大小和難易程度分為日常保養及一級保養、二級保養、三級保養。**

> **日常保養**：又稱例行保養，其主要內容包括：進行清潔、潤滑、緊固易鬆動的零件，檢查零件、部件的完整。這類保養的項目和部位較少，大多數在設備的外部。在各類維護保養中，日常保養是基礎。保養的類別和內容，要針對不同設備的特點加以規定，不僅要考慮到設備的生產工藝、結構複雜程度、規模大小等具體情況和特點，同時要考慮到不同工業企業內部長期形成的維修習慣。

(二) **機器設備的三級保養**：

1. **目的**：確保生產所使用之機器設備，維持在既有的機械性能一定水準之上。
2. **範圍**：生產製程體系上所使用之設備。
3. **權責**：

等級	內容說明
一級保養	**係指使用單位作業員之保養。**一級保養是指以操作人員為主，維修工人為輔，對設備進行定期檢查。主要內容是：普遍地進行擰緊、清潔、潤滑、緊固，還要部分地進行調整。
二級保養	**係指單位主管或維護單位之保養。**二級保養指以維修工人為主，操作人員參加，對機器設備進行定期全面檢查，部分更換和修復一些磨損零部件。一般週期為6—12月，作業時間一般為1—2周。目前許多工廠進行的大修即為二級保養。主要內容是故障排除、內部檢查；零件配置與更換、機器設備的維修；設備突發故障的搶修；設備改善（改良）及新增設備安裝試車與工程施工。
三級保養	**主要是對設備主體部分進行解體檢查和調整工作，必要時對達到規定磨損限度的零件加以更換。**此外，還要對主要零部件的磨損情況進行測量、鑑定和記錄。二級保養、三級保養在操作工人參加下，一般由專業保養維修工人承擔；無法自行維護達到原機之性能時，則宜以委外方式處理或由原廠及專業廠商修理。

第四節 物料管理

一、物料管理與供應鏈管理

所謂「物料」，是指在產品製造過程中，列入生產計畫的一切物品之總稱，以製造的過程來區分，可包括原料、半成品、成品等。所謂「材料」，則是指人類可以用來製作有用構件、器件或物品的「物質」。舉例來說，辦公用的鉛筆是屬於「物料」而非「材料」。

> **物料管理**：必須遵守「適時、適量、適質、適地、適價」等「五適」原則進行管理。其主要內容包括「物料採購、物料搬運、存量控制」等項。

企業為了要與同業競爭，必須要求產品適合大眾要求、品質優良、價格低廉，為達到此目的，企業必須從事「物料管理」。「物料管理」係在引導生產所需的各式材料、半成品，能在指定的時間，將指定的項目與數量送達指定地點，讓生產活動順利展開的工作，其目標在於「降低成本、提高周轉率、縮短生產週期及交貨期、提高物料人員效率、建立優良的供應商關係」，供應生產活動之需；因此，物料必須遵守「適時、適量、適質、適地、適價」等「五適」原則進行管理。其主要內容包括「物料採購、物料搬運、存量控制」等項。在物料管理時，如果廠商能透過和供應商的密切關係，達到製造與運送的效率、速度和正確度的提升，這種管理即稱之為「供應鏈管理」。

二、物料採購

物料採購係指以合理的價格，獲得所需用的物料，以供應企業生產工廠之營運。

(一) **採購的制度**：物料採購的制度有集中採購制與分散採購制兩種，茲分述如下：

集中採購制	分散採購制
係指企業對其各部門或分支機構所需的物料，統一由企業採購部門集中辦理採購。	係指企業的物料採購，交由各使用部門與分支機構自行辦理採購。

(二) **採購管理活動5R原則**：採購業務管理是企業為了達成生產或銷售的一種前置計劃，有了良好的採購管理活動的機制，不僅能使企業整體採購效率與品質維

持在一定水準之上,更能使企業的生產或銷售更形順利,而這也才是採購管理的真正目的與實體效益。

項目	內容說明
適時	適當的時間(Right time)。要求供應商在規定的時間準時交貨,防止交貨延遲和提前交貨。因太早會造成存貨囤積,太晚則會導致缺乏原料而使生產停頓。
適質	適當的品質(Right quality)。品質太好購入成本過高,會造成使用上的浪費;品質太差則無法達到使用目的。
適價	適當的價格(Right price)。價格應該以公平合理為原則,避免購入的成本太高或太低。
適量	適當的數量(Right quantity)。採購數量太多,一旦產品需求下降,將造成呆料;若採購數量太少,則因採購次數必須增加而增加作業費用。
適當供應商	適當的供應商(Right vendor)。供應商應於約定時間內將貨品送達正確地點,並應提供合理的售前與售後服務。

(三) **採購的方式**:物料的採購方式,一般有以下幾種:

方式	內容說明
招標	企業印發投標須知,公開宣佈,合於資格的供應商均可參加投標競價,選擇合於物料供應條件的最低價格的供應商為得標,作為採購對象。招標方式適用於大宗物料的採購。
比價	物料總值不高的零星採購或供應商僅有二、三家,以及不適用招標方式的採購,可由供應商的報價中,以比價方式,擇其最低價格者,作為採購對象。
議價	物料若為緊急需求,不及辦理招標或以比價方式採購,或供應商為獨家供應,可參照物料成本、合理利潤、以及市價,與供應商協議價格,辦理採購。

方式	內容說明
零購	物料價值不高的零星採購，可直接派員在市場購買。
牌購	物料的數量大而單價低，且供應商甚為普遍，可將物料的規格、品質標準及價格，以公告方式周知，凡合於條件的供應商均可作為採購對象。
委託	物料的數量大，市場價格起伏甚大，且供應市場在國外，可委託進口商代為採購，並商定應付之代辦費或佣金。
指定採購	對於政府專責性之物料，或企業有一定的供應商，則直接向指定對象採購。
合作性採購	以本身之產品交換所需之物料，或以本身之能力給予供應商作為互惠條件，如鐵路供應運輸能力給煤礦，煤礦供應鐵路用煤等之採購案件屬之。

牛刀小試

(　)　物料的數量大而單價低，且供應商甚為普遍，可將物料的規格、品質標準及價格，以公告方式周知，凡合於條件的供應商均可作為採購對象，係屬：　(A)牌購　(B)指定採購　(C)議價採購　(D)零購。　　**答：(A)**

(四) 採購機器設備應考慮因素

1. 性能。
2. 成本：選購機器設備時須最完整的考慮因素為其「平均壽命週期成本」。壽命週期成本包括：
   (1)原始取得成本。
   (2)使用操作成本。
   (3)維修保養成本。
3. 使用年限。

(五) 一般企業的採購程序

1. 一般企業的採購程序，如下圖所示：

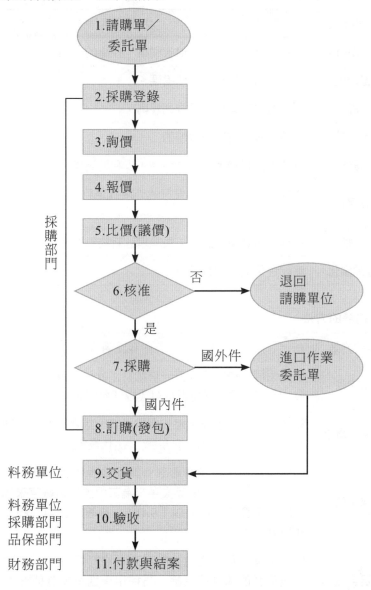

2. **生產工廠的採購程序**：提出請購單→估價→填發購貨單→驗收→付款。

(六) 物料編碼

1. 物料編碼應遵循的原則：

編碼原則	內容說明
簡單性	編號應避免繁瑣，以節省閱讀、抄錄的時間。
整體性	所有的物料都要有一個編碼。
組織性	編號方法應有組織及排列規則。
單一性	一項物料僅能有一個編碼。
易記性	編號要具有暗示性與聯想性，以利於記憶。
充足性	所採用的文字、數字與符號必須有足夠的數目，以代表所有的物料。
彈性	編碼方法應能允許日後用於編訂新物料的代號。
可電腦化	應配合電腦化物料管理。

2. 料號編號的方法：

編號方法	內容說明
數字法	以數個阿拉伯數字代表一項物料，此法容易了解，但不易於記憶，通常必須準備物料項目與編號對照表。
英文字母法	針對某項物料予以指定一個字母或一組字母為其編號，例如以A代表金屬材料，B代表塑膠，AA代表鐵金屬等。
暗示法	此法可以由編號本身聯想到該編號所代表的物料的內容，例如，使用採取物料的英文字來為其編號，以數字來代表物料的長度、寬度等。再如以「SARS」來表示非典型肺炎，即屬於此種分類法。
混合法	使用英文字母與阿拉伯數字來為物料編號，一般以英文字母代表物料的類別或名稱，再使用十進位或其他方式編列數字號碼。

(七) **供應鏈管理（Supply Chain Management，簡稱SCM）**：供應鏈管理主要概念係在將供應商、中間商以及顧客連結，強調「效率導向」。析言之，SCM是指在滿足一定的客戶服務水準的情況下，為了使整個供應鏈系統成本達到最小，將供應商、製造商、倉庫、配送中心與通路商等有效地組織在一起來進行產品的製造、轉運、分銷及銷售的管理方法。供應鏈管理的內容包括規劃、採購、製造、配送、退貨五大基本內容。就物料管理來說，如果廠商透過和供應商的密切關係，達到製造與運送的效率、速度和正確度的提升，這種管理即可稱為「供應鏈管理」。然而供應鏈管理在公司端卻常見有下列的問題需要改善：

1. 無法將資訊傳到各相關部門，而延誤採取行動的時機。
2. 交期嚴重落後，未交訂單（back order）累積太多。
3. 工程規格變動而不確定，經常要作變更。

第五節 製造資源規劃與產能規劃

一、製造資源規劃

製造資源規劃（Manufacture Resource Plan, MRPII）是在物料需求計畫上發展出的一種規劃方法和輔助軟體，其目的在於考慮企業實際生產能力的前提下，以最小的庫存保證生產計劃的完成，同時對生產成本的加以管理。實現企業物流、信息流和資金流的統一。

MRPII是對製造業企業資源進行有效計劃的一整套方法。它是一個圍繞企業的基本經營目標，以生產計劃為主線，對企業製造的各種資源進行統一的計劃和控制，使企業的物流、信息流、資金流流動暢通的動態反饋系統。可以簡單理解為在閉環MRP的基礎上，集成財務管理機能。

> **製造資源規劃**：需求量、提前期與加工能力是 MRPII 制訂計畫的主要依據。而在市場形勢複雜多變，產品更新換代周期短的情況下，MRPII 對需求與能力的變更，特別是計畫期內的變動適應性差，需要較大的庫存量來吸收需求與能力的波動。

二、產能規劃

(一) **產能規劃的意義：企業在正常情況下，先決定需生產的產品數量，並以此數量大小決定雇用的人數、設備數量和規模，但在進行長期規劃時，必須同時考慮現有及未來的生產需求，此種規劃稱為「產能規劃」**。析言之，產能規劃是提供一種方法來確定由資本密集型資源（設備、工具、設施和總體勞動力規模等）綜合形成的總體生產能力的大小，從而為實現企業的長期競爭策略提供有力的支持。產能規劃所確定的生產能力對企業的市場反應速度、成本結構、庫存策略以及企業自身管理和員工制度都將產生重大影響，因此，產能規劃乃具有時間性及層次性。

> **產能規劃**：所確定的生產能力對企業的市場反應速度、成本結構、庫存策略以及企業自身管理和員工制度都將產生重大影響，因此，產能規劃乃具有時間性及層次性。

(二) **產能規劃的步驟：**

　1.首先必須預估銷貨需求，以決定產能之需求。

　2.評估設備現有產能，以確認其淨需求。

　3.發展產能方案。

　4.財務分析。

(三) **生產規劃的三個層次：**

　1.短期生產日程計畫：通常是指小於一個月的生產能力計畫。這種類型的產能規劃關係到每天或每週的生產調度情況，而且為了消除規劃產量與實際產量的差距，短期規劃需作相應調整，包括超時工作、人員調動或替代性生產程式規劃等。

　2.中期產能規劃：通常是指在半年至18個月的時間內製定的月計劃或季度計劃。這裡，雇員人數的變化（招聘或解雇）、新工具的增加、小型設備購買以及轉包合同的簽訂等情況發生時，中期計劃可能需要調整。

　3.長期產能規劃：通常是指在一年以上的產能規劃。其係依據對產品最終需求來規劃工廠的最大產出水準，作為建廠與購置機械設備的規劃基礎，包含建廠時間與廠房建置完成後開始運作，並且考量到投資回收為止，作如此考量的規劃稱為「長期產能規劃」。

牛刀小試

(　)　將供應商、製造工廠、發貨中心、銷售據點等密切連結在一起，以符合市場需求快速變化、交貨期短、接單多樣化的供應鏈管理效果，係屬下列何者？　(A)MRP　(B)MRPII　(C)MPS　(D)ERP。　　**答：(D)**

第六節 豐田式生產系統

 一、豐田式生產系統的意義

豐田式生產系統又被稱為「及時生產系統」（just-in-time production；JIT）。它是日本豐田汽車（Toyota）前副總裁大野耐一（Daiichi Ohno）於 1954 年所建立現代化生產管理模式。析言之，它是一種強調在必要時間生產必要產品的生產制度。就是在作業過程中，「後製程」把必要的材料、半成品，在必要的時機，按必要的數量至「前製程」領取，使「存貨接近於零」；此種「拉式需求」，上溯至原料採購作業，即採購部門在有需要時才輸入必要的原料。此系統固可降低存貨成本，但有賴其上游供

> **JIT 理論的緣起**：代表著企業所面臨的環境與潮流改變已不同於以往。1980年代以前，企業管理上主張「大量生產」，而1980年代以後，因受JIT的影響，管理的主張具有代表性者為「精實生產」。

應商的可靠度及密切配合，以及本身各部門的通力合作。歸納而之，所謂 JIT 生產系統，即是一種將所有所需物料，精準及時送達其生產階段，以便能快速回應顧客訂單需求的精實生產系統。

茲依前述，可歸納豐田式生產系統具有下列的特徵：

1.供應商參與產品設計，與供應商關係密切。
2.單一供貨來源。
3.頻繁與準時交貨。
4.有完善的製程設計。
5.有穩定的生產排程。
6.嚴格的品管。
7.採用標準零件。
8.進行價值分析，降低自身與供應商的成本。
9.彈性的廠房佈置。
10.是一種拉的物流方式。
11.中衛（中心衛星工廠）體系地理位置接近。

二、豐田式生產系統（Toyota production system）的基本精神

豐田式生產系統基本精神在「市場需求多少，則生產多少」的生產邏輯，亦即以市場對產品需求的種類與數量作為生產活動展開的基礎。在生產作業的規劃邏輯上，係依據最終市場的需求項目與數量，依序向生產線的前

> **需求拉動的生產活動**：如果將大量生產方式比喻為「由生產推動市場需求」的邏輯，豐田生產系統就

端提出半成品或零組件的需求，而上游的作業項目也只生產下游所提出的需求數量，使得生產現場的庫存降到最低，並可以快速更換產品線，同時滿足不同的市場需求。

> 是「以市場需求拉動生產活動」的邏輯，透過設備改善、現場佈置、零件供應方式與人員參與等方法，讓生產作業更具彈性、成本更低、產品變化程度高，以充分配合市場需求。因而，「豐田生產系統」又被稱為「精益生產系統」或「臨界生產系統（lean production）」。

 三、實施豐田式生產系統的基本原則

實施豐田式生產系統的基本原則有下列四項：

原則	內容說明
零庫存	讓產品組裝所需的各項零組件，以最小批量之方式在組裝線需求的時候及時送達，不讓多餘的零件在生產線旁等待備用、或因生產線缺乏零件而停止生產，故豐田生產系統因而又被稱為「及時生產系統」（just-in-time production）。
看板（Kanban）	這是用於導引各項零組件及時生產與送達的工具。這項工具是連結各作業站之重要資訊傳遞機制，各作業站要看到「看板」才能進行生產，而不能事先做好等待。各作業站所需求的零組件，也透過看板向上一個作業站提出需求。
自働化	豐田生產系統強調自「働」化，是將人員視為操控設備的主體，而非配合設備運轉的操作者。所有生產設備加上必要的錯誤偵測裝置，讓生產作業具有彈性能力、錯誤停止偵測能力；操作人員的工作重心，在於排除設備障礙或設備運轉的例外現象，並且持續構思更高生產效能的方式。
平準化生產	將生產作業之各作業項目的「生產週期」（cycle time），調整到前後一致的現象，讓所有的生產活動不需等待，在最經濟的生產週期內，獲得最大的產出，並「降低不必要的等待與浪費」。

四、及時生產系統與精益生產

(一) **及時生產系統(Just in Time;JIT)**：將每一個生產階段所需要的原物料，在需要的時刻放入生產流程，降低不必要的存貨及無效率的活動，其目標在追求零庫存、零缺點與零浪費，這種生產方式稱為「及時生產系統」。換言之，JIT是一種將所有所需原物料精準及時送達其生產階段，以便能快速回應顧客訂單需求的精實生產系統。例如汽車裝配，當汽車裝配程序到達安裝輪胎的時候，製造輪胎的部門必須恰好送來四只指定規格的輪胎，此即是及時生產系統。及時生產系統成功的關鍵因素如下：

1. 縮短物料需求的前置時間。
2. 注重預防性維修。
3. 注重降低設備整備（Set up）的時間及成本品質之持續改善。

(二) **精益生產（lean production）**：精益生產就是及時製造，消滅故障，消除一切浪費，朝零缺點、零庫存的方向努力。精益生產綜合了大量生產與單件生產方式的優點，力求在大量生產中實現多樣化和低成本但高品質的生產方式。總結來說，精益生產主張：

1. 生產「多樣少量」的產品來滿足市場多樣化的需求。
2. 重視品質改善活動。
3. 強調「零庫存」。

重要 ## 五、少量多樣的產品生產

豐田生產系統的主體，在於積極的「喚起全體員工的參與」，「持續改善」與「創新」來突破技術或觀念上的障礙，故**豐田生產系統的推動，「提案改善制度」是相當重要的管理制度**。透過提案改善制度的推動，全體員工都被鼓勵提出各項改善意見，不論是避免生產過剩的浪費、提高工作安全的設備改善或是強化產品品質的對策等。**由於積極鼓勵與推動員工參與，因而能夠從事「少量多樣」的產品生產。**

第七節 供應鏈管理

一、供應鏈（Supply-chain）的意義

將產品「從原物料加工、製造成半成品到最終產品階段，並傳遞到顧客手中」這一連串流程的參與群體，稱為「供應鏈」。析言之，供應鏈乃將「價值鏈的觀念串聯

整合而形成的企業運籌體系」，係指將「上游零組件供應商、製造商、流通中心、以及下游零售商、顧客」看成一個密切相連、息息相關的「企業程序」的整體概念；其目的在透過順暢及時的資訊流動，以及鏈上所有成員之間密切的協調配合，達到顧客滿意的產品與服務，而廠商亦獲得應有的利潤性成長。

二、供應鏈管理的意義

供應鏈管理（supply chain management；SCM）係指透過資訊作業系統，讓企業能結合上游的研發、原料供應商與下游的通路、經銷商，共同提昇其生產與運交商品的效率，同時能「快速回應顧客的要求」，及時生產市場上最需要的商品。由此觀點可知，供應鏈管理是「效率導向」。一般所說的「供應鏈管理」是指「始於產品的設計、開發、採購、製造、業務、行銷、終於配送到客戶手上為止，而這整個鏈結合了物流，資訊流與金流」，因此SCM亦為「內部導向」。但ERP（企業資源規劃）雖也是「內部導向」，但它重視企業「內部資源的整合」，而SCM則強調「與廠商與上下游之間資訊的整合與管理」，亦即是為了能夠以最迅速的速度、最高的產品品質、與最多樣化的產品形式提供顧客產品，企業要重視的將不只是企業本身競爭力的提升，而是從上游到下游，整條供應鏈競爭力的強化。

三、供應鏈管理建置的緣由

企業之間的活動連結界面，通常在於上游企業的產出和下游企業的投入。在產出與投入的過程中，因為地理位置關係而需要運輸作業之外，更需要協調產出與投入的項目、數量與時間等三項因素。一旦項目、數量或時間不符，都將使上、下游企業之間的營運效率受到影響。所以，在「產業價值鏈專業分工」的趨勢之下，為提升企業之間的資源整合效能而建置「供應鏈管理」資訊系統。

四、建置後的效益

透過供應鏈管理資訊系統的建置，讓資訊網路傳送兩家以上的企業之採購議價、下單訂購、交貨、付款等作業，大幅度提升企業之間的「交易資訊傳輸效率」，不但能夠「有更多的時間進行必要的前置作業」，也「可以節省許多人力、物力，並減少可能的作業錯誤，大幅降低營運成本，提升營運效能」。

精選試題

( )　1. 科學管理之技術中，對辦公室事務處理效率提高最有助益者是？　(A)作業研究（Operations Research）　(B)工作簡化（Work Simplification）(C)品質管制（Quality Control）　(D)存貨管制（Inventory Control）。

( )　2. 下列何者不是物料需求規劃系統（MRP）的主要輸入：　(A)主排程（MPS）　(B)訂購量　(C)物料單（BOM）　(D)存貨記錄。

☆( )　3. 微軟Bill Gates說：1980年代重點是品質，1990年代重點是組織再造，2000年代重點是下列何項？　(A)速度（Speed）　(B)效率（efficiency）(C)效果（Effectiveness）　(D)授權（Empowerment）。

( )　4. 工廠廠址之選擇應考慮可量化與不可量化之成本因素，下列那一因素屬於不可量化之因素？　(A)環境污染與勞力供給　(B)生產要素取得成本(C)生產轉換成本　(D)分配通路成本。

☆( )　5. 一種看重需求預測，又稱計畫生產之生產方式，即廠商為供應市場之需要，預先依某些規格生產產品，儲存於公司倉庫，以便顧客訂購時能儘早供應。此生產方式稱之為？　(A)訂貨生產　(B)專案生產　(C)存貨生產　(D)間斷式生產。

☆( )　6. 下列生產方式，何者較適用於生產多種產品，且各種產品產量都很少的廠商？　(A)間斷式生產　(B)專案式生產　(C)存貨生產　(D)計畫生產。

( )　7. 一種由泰勒（Taylor）所倡行，將各種作業加以分析，依其要素加以分類、排列順序並決定必要時間之方法，目的在確定合理工作時間及決定合理工資之研究稱？　(A)動作研究（Motion Study）　(B)時間研究（Time Study）　(C)摘要動作研究（Memomotion Study）　(D)微動作研究（Micromotion Study）。

( )　8. 生產力之正確定義是？　(A)一生產系統之附加價值　(B)一生產系統之投資報酬率　(C)一生產系統之投入量與產出量之比　(D)一生產系統之收入成長率。

☆( )　9. 非連續性工作以固定的速度一站接一站地，循所需的程序完成產品的生產方式是為：　(A)工作站　(B)批次生產　(C)裝配線生產　(D)連續流程生產式的製造流程。

( )　10. 通常批次生產的特性為當產品是？　(A)少量／低標準　(B)多樣少量(C)多量　(D)多量／高標準較為適用。

☆( )　11. 機器設備之佈置若按產品的製造及加工程序，擺設為一般的生產線排列（線型）方式，稱為：　(A)程序佈置　(B)集體佈置　(C)定位佈置(D)產品佈置。

( ) 12.下列何者非實行JIT的前提條件？ (A)實行全面品質管制 (B)需有穩定的生產排程 (C)改善生產設計 (D)不需有庫存存貨。

☆( ) 13.所謂採購管理活動的5R，下列何者不在其中？ (A)適任的供應商 (B)適當的組織 (C)適合的時間 (D)適用的數量。

( ) 14.下列何者不是及時生產系統（JIT）的特性？ (A)適用大批量生產 (B)採用看板系統 (C)強調多能工 (D)是一種顧客取向的生產方式。

☆( ) 15.將顧客的聲音反應到產品設計的方法是為 (A)品質機能展開 (B)甘特圖 (C)全面品質管理 (D)企業流程再造。

( ) 16.每件工作皆由不同的製程完成，每製造一項產品時視為一專案辦理是為？ (A)工作站 (B)批次生產 (C)裝配線生產 (D)連續流程生產式的製造流程。

( ) 17.訂貨式生產為下列何者？ (A)MTS (B)CTO (C)BTO (D)ETO。

☆( ) 18.工作簡化的概念及技術早在什麼時候就被美國學者莫根仙所提出？ (A)1925年 (B)1930年 (C)1935年 (D)1940年。

( ) 19.應用「品質機能展開」於產品開發時，下列敘述何者錯誤？ (A)將顧客聲音納入設計與製造過程中 (B)可改善組織內的溝通 (C)可減少產品上市後之修改次數與時間 (D)因考慮因素增加，會增加產品開發時間。

( ) 20.庶務及文書管理，使用那一種管理技術來提高效率最具功效？ (A)動作及時間研究 (B)作業研究 (C)成本預算控制法 (D)以上皆非。

( ) 21.下列何者是建廠前從事產能規劃時首先必須做的事？ (A)估計銷貨成本 (B)分析生產方式 (C)預估銷貨需求 (D)分析人力與設備比重的關係。

☆( ) 22.就產品品質之特性而言，有諸多分類；味道、美觀是屬於那一類之品質特性？ (A)技術的 (B)心理的 (C)時間的 (D)契約的。

( ) 23.服務人員之態度、價格之誠實性，廣告之真實性等是屬於品質的那一類特性？ (A)道德的 (B)契約的 (C)時間的 (D)心理的。

解答與解析

1.**B** 工作簡化為科學方法之工具，其**目的在尋求最經濟最有效之工作方法，以求辦公室事務處理效率提高**，且使工作者輕鬆愉快。

2.**B** MRP管理重點**以生產與物料規劃為主**，而資訊系統以MRP系統為主。

3.**A** 微軟董事長比爾‧蓋茲（William H. Gates）曾說：如果80年代的主題是品質，90年代是企業再造，那麼**公元2000年後的關鍵就是速度**。當經營速度快到某程度後，企業的重要本質即跟著改變。

4.**A** 因環境污染與勞力供給皆屬於外在因素，無法掌控與估計。

5. **C** 企業若採存貨式生產，由於**必須事先預測需求量**，故產品重複生產的機率較高。

6. **A** 間斷式生產係指一次機器工具的籌備裝置，其使用時間十分短暫，**產品製造完成，即予拆卸**，若要製造下一批的訂貨，機器工具就得重新籌備裝置。

7. **B** 時間研究亦稱「時學」，係由泰勒（F.W.Taylor）所倡行。

8. **C** 生產力亦即是企業所生產的產品及服務之數量與為了生產這些產品及服務所使用資源之數量，兩者間之比較。

9. **C** 「裝配線」是一種工業上的生產概念，**最主要精神在於「讓某一個生產單位只專注處理某一個片段的工作」**。

10. **B** 假設客戶每次下單只下100個產品，製造商只須依照客戶的需求固定生產100個即可，此即稱為**「多樣少量」**的生產。

11. **D** 產品大量生產通常係採此種方法佈置。

12. **D** 實施JIT之目的在使存貨減少，**避免資金的積壓**，但仍須有適當的存貨，供應通路商或消費者之需。

13. **B** 5R包括**適任的供應商，適當的品質，適合的時間，適宜的價格，適用的數量**。

14. **A** 及時生產系統（JIT）的特性之一為**「多樣少量」**的生產。

15. **A** 品質機能展開（QFD）是**將顧客需求轉換成產品設計規格的工具**。

16. **A** 工作站的專業化程度高，**每一條生產流水線只固定生產一種或少數幾種產品或零組件**，各個工作站只需完成一種或少數幾種作業。

17. **C** 訂貨式生產（BTO）是**完全根據顧客需求**，接單之後生產符合顧客需求的產品，故規格較不一致之工業品較為適用。

18. **B** 工作簡化（Work Simplification）一詞，於1930年由被稱為**「工作簡化之父」**的莫根生（Mogensen）提出。

19. **C** 會增加產品上市後之修改次數與時間。

20. **A** 為達到確定合理工作時間，進以**提高「庶務與文書管理」的工作效率**，則以前述「動作與時間」的研究最具功效。

21. **C** 產能規劃首先必須預估銷貨需求，以決定產能之需求。

22. **B** 產品品質之特性而言，味道、美觀等都是屬於消費者心理的品質特性。

23. **A** 服務人員之態度、價格之誠實性，廣告之真實性等都是屬於品質的道德性要求的特性。

第三章 企業的行銷機能

考試頻出度：經濟部所屬事業機構 ★★★★★
中油、台電、台灣菸酒等 ★★★★

關鍵字：行銷、市場、銷售、消費者、生產者、利基、效用、行銷任務、灰色市場、平行輸入、探索性研究、焦點群體、量表、工業品、消費品、服務、服務品質、品牌、包裝、品牌權益、行銷組合、定價、生命週期、通路密度、市場區隔、目標市場、購買動機與行為、涉入程度、物流、金流。

課前導讀：本章內容中較可能出現考試題目的概念包括：企業產品或服務必須具備的效用、關係行銷、行銷任務、灰色市場、行銷觀念演進過程、焦點群體、消費品類別、服務金三角、服務的特性、服務品質的構面、品牌要素、品牌的種類、品牌的角色、品牌權益、品牌的策略、產品包裝的功能、新產品採用的過程、創新產品採用者的分類、行銷組合、產品組合、產品定位策略、顧客價值層級、吸脂定價、流行水準定價法、差別定價法、競爭導向定價法、現金折扣、市場挑戰者策略、產品生命週期階段與行銷策略、行銷通路結構的型態、通路密度、行銷通路系統的整合、通路權力、廣告的類型、市場區隔變數、市場區隔應有的特質、目標行銷、行銷策略、影響消費者需求改變的因素、購買動機的模式、消費者購買決策的型態、AIDA消費者行為模式、購買過程的參與者、購買決策過程、消費者涉入程度與購買行為類型、組織市場的需求特色、第三方物流、金流。

第一節　行銷管理的基本概念

一、行銷、市場與銷售的意義

(一) **行銷（Marketing）**：凡概念、商品與服務的設計、定價、促銷及配銷的規劃與執行過程，以滿足個人需求與組織目標的交換行為。簡言之，透過交換過程以滿足顧客需要的活動，即稱為「行銷」。行銷大師柯特勒（Kotler）則將其定義為「行銷是一種社會性和管理性的過程，而個人和群體可經由此過程，透過彼此創造與交換產品及價值以滿足其需要與慾望」。

(二) 市場（Market）：**市場係指行銷活動的「靜態場所」，而行銷則係指以適當的策略，提供產品或勞務，以滿足消費者的需求，並達成營利目標的「動態活動」**。基本上，它依供需雙方角度不同，可分為下列兩種市場：

類別	內容說明
消費者市場	係指具有涵蓋面廣、購買次數多、每次購買量小、購買者購買動機非屬營業性之市場。析言之，消費者市場是最終產品的市場，係指以滿足個人生活需要為目的的商品購買者和使用者（即最終消費者）組成的市場。在消費者市場中，消費者個人購買商品的目的是滿足個人的生活消費需要，企業單位從消費者市場上購買商品，也是直接用於非生產性消費，這是消費者市場區別於其他市場的基本特徵。
生產者市場	生產者市場是初級產品和中間產品的消費市場。亦即為了滿足加工製造等生產性需要而形成的市場（也稱為生產資料市場）。生產者市場又可細分為：工業市場、農業市場和服務市場。其他還有中間市場、政府市場、國際市場等。析言之，這個市場上交易的商品是生產資料，參加交易活動的購買者主要是生產企業，購買商品的目的是為了滿足生產過程中的需要。

> **工業市場的涵義**：是以購買者來區別，而非以產品為區別之基礎。它是一個龐大、富饒的市場，惟其市場需求特性有別於消費市場。工業市場之需求是引伸的需求，聯合的需求，產業需求彈性小，需求變動範圍廣，甚至有可能發生負需求彈性。其市場結構特性亦與消費市場差異頗大。其顧客數少，交易金額大，地理位置集中等，其購買者不但專業性高，參與人數又多，程序亦冗長，故須發展其特有之行銷活動。

(三) 銷售（Sale）：銷售與行銷二者在觀念上有很大的區別，**銷售著重在產品的推銷，重視短期利潤，認為公司的產品須要運用推銷或促銷技巧才能出售，否則消費者將不會踴躍購買。**

> **銷售的概念**：係假設公司的「產品是被賣出去的，而不是被買走的」；「行銷」則除了同樣地注重產品的推銷外，尚需強調行銷策略的運用，重視市場或消費者需求的長期趨勢和利潤規劃。

二、多邊市場

(一) 意義：「雙邊市場」是指一個具兩個不同客群的經濟平台，這兩個客群能互相提供對方網路利益。若一個企業組織創造價值的方法主要在於讓兩個相關

聯的不同客群能有直接的互動,則稱之為「多邊平台(MSP)」(長久以來,「平台」、「雙邊市場」(或「多邊市場」)這兩個詞混用,認為它們是同義詞。)雙邊市場可以在許多產業中出現,如信用卡(持卡人和商家)、作業系統(終端用戶和開發人員)、求職網站(求職者和徵才公司)、搜尋引擎(廣告商和用戶)等。採用雙邊市場的知名公司有美國運通、Sony、Skype等。每個客群都會從需求的規模經濟中得到好處。舉例而言,持卡人會喜歡能被較多商家接受的信用卡,而商家則會喜歡被較多人持有的信用卡。這在分析雞生蛋之類的競爭問題時特別有效,如VHS和Betamax之間的競爭。雙邊市場亦有助於解釋免費訂價策略,其中一方的客群可以免費使用此平台,以吸引另一方客群的加入。

(二) **特性**:

1. 交叉網路外部性:所謂交叉網路外部性是指一方的用戶數量將影響另一方用戶的數量和交易量。交叉網路外部性是雙邊市場形成的一個前提條件,也是判斷該市場是否為雙邊市場的一個重要指標。比如office的開發商對windows的需求取決於有多少用戶使用windows操作系統,而消費者對windows操作系統的需求取決於與該系統相配合的軟體數量。

2. 價格的非對稱性:一筆交易的達成涉及平台企業、買者和賣者三方。對平台企業收取的價格總水準$P = PB + PS$,並且總價格水準需在雙邊市場的用戶之間進行合理分配,而不是按照價格等於邊際成本的原則確定,因此,在價格水準上會呈現出一定的傾向性,從而保障企業的利潤水準及社會福利水準。

3. 相互依賴性和互補性:雙邊市場的買方對平台賣方提供的產品和服務存在需求,同樣,賣方對平台中買方的產品和服務存在需求。只有雙邊用戶同時對所提供的產品和服務產生需求時,平台企業的產品和服務才具有價值,否則只有一方有需求或雙方均無需求,那麼平台企業的產品和服務將不具有價值。

三、樂活族市場

(一) **樂活族的意義**:樂活族是一個西方傳來的新興生活型態族群,是由音譯LOHAS而來。LOHAS是英語Lifestyles of Health and Sustainability的縮寫,意為以「健康及永續生存型態過生活」,又稱為「樂活生活」。易言之,樂活族(LOHAS)可定義為「消費者在做消費決策時,會重視自己與家人的健康和環境責任。」

(二) **樂活族的市場**:樂活族的市場包括:

1. 有機和天然食品。
2. 有機和天然個人用品。
3. 樂活農業。
4. 再循環材質所製成的時裝。

5.以回收紙製成的家具。　　　　　6.天然家具用品。

7.天然以及預防型藥物。　　　　　8.混合動力和電力汽車。

9.綠色可持續建築。　　　　　　　10.節能電器及應用。

11.太陽能用品。　　　　　　　　　12.社會責任感。

重要 四、行銷管理的意義與程序

(一) **意義**：行銷管理（Marketing Management）係指企業執行行銷機能的過程中，所展開的分析、規劃、執行與控制等管理活動，以滿足消費者需求，並達成企業獲利目標的系統化過程。析言之，**「行銷管理」係指將規劃、組織、領導、控制等管理機能，運用於有關行銷的一切活動。**

> **行銷管理**：係指根據市場分析、行銷研究、產品研究，對產品訂價和配銷途徑，作適當的策劃，並運用有效的行銷促進之技巧，以拓展企業的銷售業務，爭取最大的利潤的一種管理。

(二) **行銷管理的程序**：其程序如下圖所示：

五、影響市場佔有率的因素

(一) **顧客滲透率**：向本公司購買產品的顧客人數，佔購買同類產品全體人數的百分比。

(二) **顧客忠誠度**：顧客向本公司購買產品的數量，佔他購買相同產品總數量的百分比。

(三) **顧客選擇性**：本公司顧客向本公司購買產品的數量，和一般顧客向一般公司購買產品數量相比的百分比。

(四) **價格選擇性**：本公司產品平均售價和整體產業售價相比的百分比。

重要 六、企業產品或服務必須具備的效用

企業的產出通常可以分為產品或服務兩種類型。產品或服務所需具備的效用包括形式效用、地點效用、時間效用、所有權效用及形象效用等五項。企業的產品或服務，需要提供任一或兩項以上之效用組合，來滿足消費者之需求。茲依序將效用之內涵說明如下：

類別	內容說明
形式效用	企業將低使用效率的物質，經由轉換程序，將原物料轉化成最終產品、服務的價值，即稱為「形式效用」。易言之，形式效用係指企業透過資源組合或改變實體資源內容的途徑，創造出可運用的產出，以滿足消費者的需求。例如，農產品加工工廠，將新鮮蘆筍、洋菇等，經過食品加工技術處理，製成各式食品罐頭銷往市場。多數產品透過不同形式的加工，就能具備形式效用的特性；這也是企業提供實體產品所需要具備的基本效用項目。
地點效用	係指透過改變資源或產品的空間構面，以滿足消費者的需求，稱為提供地點效用。例如國際流通業者將阿拉斯加的巨蟹、加拿大的生蠔、或是挪威的鮭魚等，運用冷凍保鮮技術與快速運送系統，送到世界各地的美食餐廳或市場，提供當地饕客享用。消費者即使付出較高的代價，亦比直接前往產地享用這類的總成本要低。
時間效用	係指透由改變資源或產品的時間構面，以滿足消費者的需求，稱為提供時間效用。例如航空運輸服務業，本質上雖是提供旅客由甲地至乙地的運輸服務，但是由於航空運輸較其他交通工具來得快速，因而也創造了時間效用。
所有權效用	係指透由轉換資源或產品的所有權，以滿足消費者的需求，稱為提供所有權效用。例如房屋仲介業者提供購屋者完整的房屋資訊，協助買方與賣方順利完成議價程序，從而完成所有權的轉移，即是提供所有權效用的價值創造過程。
形象效用	指消費者使用或採購產品時，產生個人或社會的認知狀態。

當然，以上五種效用可能在單一的交易活動中存在，或者同時並存。企業若能夠在交易中，提供消費者所需的效用價值愈高，該項產品或服務就愈具競爭力的效用價值，則企業的經營價值也將愈高。

七、關係行銷（Relationship Marketing）

行銷網路（marketing network）是由企業及與行銷運作順利進行息息相關的利害關係人（顧客、供應商、經銷商、競爭者、政府）所組成，企業必須與他們建立起雙贏互惠的良好關係，以贏得他們的支持與信賴，建構起有效運作的行銷網絡。

關係行銷（relationship marketing）是企業經營的一種哲學與策略取向，其目的係以維繫及改善與現有顧客之間的關係為焦點，而不只是僅僅在關心獲取新顧客。因此可以說關係行銷代表著行銷運作的一種典範轉移（paradigm shift）。然而關係行銷為何日益重要？其原因包括：

1.顧客要求愈來愈多且愈挑剔。

2.員工的要求愈來愈多。

3.通路愈來愈強勢，團隊合作愈來愈重要。

4.網路愈來愈發達。

5.供應商關係面臨愈來愈多的挑戰。

> **關係行銷的概念**：企業在關係行銷導向下，決策管理者除了致力於追求利潤外，也應本著「取之於社會，用之於社會」之觀念，幫助解決社會問題。因而大企業會犧牲部分經濟利潤的行為以增強企業的公共關係。

關係行銷係指透過持續的行銷努力，致力於與各個重要的「行銷運作關鍵成員」建立、維繫及強化雙贏互惠的長期良好關係，並建立起良好的溝通機制與互信基礎，從而有助於建構強而有力的行銷網絡。關係行銷可分為(1)顧客關係管理（customer relationship management, CRM）與(2)夥伴關係管理（partner relationship management, PRM）兩者。關係行銷的行銷操作對象可分為下列三方面來運作：

(一) **顧客面**：

　1.贏得顧客滿意與顧客忠誠，並經由努力經營雙贏互惠的長期關係，將顧客視為長期往來的終身行銷夥伴，拉長與顧客之間的來往關係與時間長度，掙得更高的顧客佔有率與顧客終身價值。

　2.強調顧客關係管理（CRM）：

　　(1)企業應該與顧客維持長期的關係。

　　(2)應該儲存所有顧客的基本資料與互動資料。

　　(3)建立以客為尊觀念，維繫顧客忠誠度。

　　(4)追求顧客每次的交易利益都能極大化。

(二) **內部夥伴面（員工）**：

　1.每個員工都必須擁抱顧客導向的理念，並劍及履及地加以實踐，因為企業每個員工都有可能與顧客「接觸」。

　2.目的在於追求內部行銷夥伴的支持與合作之極大化。

(三) **外部夥伴面**：

　1.透過以關係為基礎的行銷操作哲學，將原本爾虞我詐、緊張對立、你輸我贏狀態下的關鍵外部來往廠商，扭轉成為休戚與共、共存共榮的外部行銷夥

伴，並爭取這些外部夥伴的支持與合作，以利整體行銷運作的效果得以有效發揮。

2.目的在於追求外部行銷夥伴的支持與合作之極大化。

八、綠色行銷

由於環保意識抬頭，愈來愈多的多國籍企業，正面臨各種環境保護法規的管制。工業污染、危險廢棄物、森林砍伐等問題，已擴展至重視消費性產品的環保措施。「綠色行銷」就在這種情況之下因應而生，其所堅持的基本精神在於將環保概念落實於行銷活動中，例如產品的包裝設計、廢棄物管理，以及無污染性的產品製造。綠色行銷採用時機及實際作法有：

(一) 擴充個人及企業服務範圍。

(二) 加強維修服務。

(三) 重視物質再利用及循環再生，務使物盡其用。

(四) 加強物品的耐用性及可修復力。

(五) 生產過程必須將污染及不可再生資源的浪費降至最低。

(六) 能源使用務求減少浪費。

(七) 提高系統的運作效率。

(八) 可再生能源及物質運用，必須充分發揮永續利用的價值。

(九) 生產及服務單位的組織及運作，須在最精簡的條件下，最有效的運用資源。

(十) 技術的選用條件，必須能提升人員的技能、無害於使用者，而且符合當地人員的能力。

牛刀小試

( )　以服務為主體，滿足消費者需求，而展開的一連串行銷活動，稱為：
(A)產品行銷　(B)服務行銷　(C)理念行銷　(D)社會行銷。　　**答：(B)**

重要 **九、行銷目標、消費者需求與行銷管理的任務**

(一) **行銷目標**：一般來說，行銷目標與產品銷售、市場佔有率、顧客滿意度、保有顧客、擴張通路、新產品發表數目、獲利度等有關，理想的行銷計畫，目標都應該是數字，只有將目標量化才能夠與日後的成果相互比較。例如行銷計畫中指出：「希望X產品明年度銷售達到2萬台，營業額達到2億元」即是。

(二) **消費者需求（要）等級：**

1. **初級需求**：消費者受（廣告或親友推薦）刺激或鼓勵而使用某項產品或服務，但不拘是否為某特定的品牌。例如聽某廣告說「皮膚需要保養，膚質才會美白滋潤」，消費者因而開始買市面上的保養用品使用。

2. **次級需求**：消費者對某項產品或服務已有初級需求存在，因受(廣告或親友推薦)刺激或鼓勵而使用某特定品牌。例如聽某廣告說「皮膚需要保養，膚質才會美白滋潤」且要指定「○○牌」最有效，因而開始購買該「○○牌」保養用品使用。

(三) **消費者需求分類：**

需求狀況	內容說明
負需求	市場上大部分的消費者都不喜愛該產品，甚至願意付費去避開該產品。例如在印度銷售牛肉不但賣不出去，還會引起消費者的反感，這是因為印度對牛肉有這種型態的需求。
無需求	消費者對該產品不感興趣或不在意。
潛在需求	消費者對某些產品在心理上雖有購買的欲望，卻未付諸行動購買。青少年朋友就行動電話市場而言，即是處於這種需求狀況。
衰退需求	產品的生命週期已步入衰退期，消費者需求量下降。
不規則需求	由於產品受到季節性或不規則變動的影響，因此消費者的需求在淡、旺季的波動很大。
飽和需求	市場需求已達飽和，企業的銷售量處於高峰狀態，市場的需求水準與企業預期數量相符。櫻花盛開期間，連接武陵農場的台七甲號公路塞車數公里，即是處於這種需求狀況。
過度需求	市場的實際需求水準遠超過企業所能或所願意生產水準。
病態需求	某些需求對消費者或社會福利，不但無益反而有害，又稱有害需求。

(四) **行銷任務：由於市場的需求會因其大小、時間及區隔等特性而有所不同，因此，行銷管理必須依據市場需求的特性，和企業所擁有的資源與能力，而採取可能運用的行銷策略與行銷任務以為因應。** 茲分述如下：

行銷策略	行銷任務說明
扭轉性行銷 Conversional Marketing	是在「負需求」情況下產生。負需求是指所有或大部分潛在市場之消費者不喜歡此產品或服務,並寧願花錢去避開此種產品。負需求對行銷管理之挑戰,行銷管理者必須分析市場為何不喜歡該產品,並可研究運用產品之重新設計,降低價格及積極的促銷活動等,期發展一種能使負需求轉為正的需求,使其最後等於正供給之計畫。因此稱此種行銷任務為「扭轉性行銷」。
刺激性行銷 Stimulational Marketing	係當市場顧客對本公司所提之產品和其他同業同性質的產品及服務既無正向感覺亦無負向感覺(表現無差異看法)時,即稱為零需求(無需求),此時行銷管理者應設法把產品的利益和個人的需求與興趣相結合,採取刺激購買的方法,以改變顧客對產品的觀點和評價,以增加其購買的信心,使其對產品由無需求轉變為正需求。
開發性行銷 Developmental Marketing	係當市場的潛在顧客,對本公司的產品存有「潛在需求」或目前本公司已存在的產品無法滿足消費者強烈的需求時,行銷管理者應先行估量潛在市場的大小,並開展有效滿足該需要的商品和服務的各種行銷組合策略,使潛在顧客,採取具體的購買行動;使潛在需求成為有效需求,開發成為產品市場最具體的行動。
再行銷 Remarketing	是發生在所有的產品、服務、活動、場所、組織及觀念終將沒落而成為「搖晃需求」(衰退需求)時,設法使需求復甦。此時行銷管理者應先分析瞭解市場需求衰退之原因,並研究新市場開發產品的特色及提供更有效地服務和溝通,以重新刺激需求(例如香港555香煙,經過二年沒廣告,銷售量往下降,但後來又利用廣告恢復其需求)。當產品的市場需求量節節下降時,在產品生命的衰退時期時,行銷管理者為了再創一個新的生命週期,可以採取下面兩種策略: 1.以現有產品向潛在市場進軍。 2.以經過研發後的新產品向舊有市場進軍。

行銷策略	行銷任務說明
調和性行銷 Sychromarketing	亦稱同步行銷或平衡行銷。當產品的需求因季節性的變動或不規則的變動而形成了有淡、旺季或因時、因地而有不同的變化（不規則需求）時，行銷管理者應設法利用彈性定價策略或促銷方法，以平衡消費者需求（平衡需求），促使消費者改變產品需求的時間，維持一定的銷售額度。
維持性行銷 Maintenance Marketing	係為了保持公司產品銷售績效出於高峰（飽和需求），行銷管理者應努力維持目前的需求數量，保持產品的服務品質，並隨時評量消費者的滿意程度，以防範競爭者的介入，並確保產品的銷售業績。
低行銷 Demarketing	亦稱抑制行銷。當市場需求超過企業所能負擔（過度需求或過飽和需求）時，行銷管理者可設法減低顧客的需求，如採取高價策略或減少促銷活動和服務，以抑制過多的需求。一般而言，低行銷即在阻止總需求的增加，如漲價、降低促銷與服務；而選擇性的低行銷則在降低那些利潤較少或較不需要服務的市場需求。
反行銷 Countermarketing	係指許多產品或服務無論從消費者福利觀點、公眾福利觀點或供給者觀點來看不但無益，甚且對社會有害（病態需求）時，即產品或服務具有某種不受歡迎之品質，但卻反而產生需求過多之情況（例如香菸）。行銷管理者應採取控制供給，並設法消除消費者對產品的需求，進而自動遠離，放棄對該產品的需求。行銷目的在消除對有害產品或服務需求之任務，故稱為「反行銷」或「禁售」。

重要 十、其他行銷方法

行銷策略	內容說明
直效行銷 Direct Marketing	亦稱為直接行銷，係指利用各種非人員面對面接觸的工具，直接和消費者互動，並能得到消費者快速回應的一種推廣方式。直接信函、資料庫行銷、郵購和型錄行銷、電話行銷、電視和廣播行銷、網路（線上）行銷、多層次傳銷等都是直效行銷的工具。直效行銷是一種有效的傳銷工具，它能夠傳送更精準的個人化和具指標性的訊息給特定的消費者。

行銷策略	內容說明
直接銷售 Direct Selling	簡稱為「直銷」，是指以面對面且非定點之方式，銷售商品和服務；直效行銷（direct marketing）亦簡稱為「直銷」，它是描述沒有中間商的行銷，亦即直銷者繞過傳統批發商或零售通路，直接從顧客接收訂單。二者之觀念，切勿混淆。
置入性行銷 Product Placement	又稱為產品置入。是一種隱喻式的廣告手法，其係刻意將行銷事物以巧妙的手法置入既存媒體，以期藉由既存媒體的曝光率來達成廣告效果。例如主播台上的電腦商標、戲劇裡男女主角使用的物品等，是比較間接、潛移默化地產生效果。行銷事物和既存媒體不一定相關，一般閱聽人也不一定能察覺其為一種行銷手段。易言之，置入性行銷是試圖在觀眾不經意、低涉入的情況下，建構意識知覺，減低觀眾對廣告的抗拒心理，讓觀眾在不知不覺中熟悉產品的形象，進而產生購買行為。這種行銷須具有四個條件： 1.付費購買媒體版面或時間。 2.訊息必須透過媒體擴散來展示與推銷。 3.推銷標的物可為具體商品、服務或抽象的概念（idea）。 4.須明示廣告主（sponsor）。
病毒式行銷	病毒式行銷（Viral Marketing或Advocacy Marketing）係指將行銷訊息像病毒般在網路上散播到網友電腦內，主要的傳播途徑為電子郵件，亦有從綁架瀏覽器的方式進行傳播。病毒有傳染性、小動作產生大的轉變、在短時間內的變異等三項特質，病毒式行銷即符合病毒之該三項特質。
善因行銷	企業組織與非營利慈善公益團體共同為特定的社會公益目的，在商品行銷中附帶勸募慈善捐款的行為，此種結合了企業與非營利組織的新興行銷方式稱之為善因行銷（Cause-Related Marketing；CRM）。其特色是指明消費者與企業從事某種交易時（消費產品或服務），企業捐出特定金額給非營利機構，對雙方而言是一種雙贏的策略。
事件行銷	事件行銷（Event Marketing）係指企業整合資源，透過企劃或創意，創造大眾關心的話題、議題，因而吸引媒體的報導與消費者的參與，進而達到提升企業形象，以及銷售商品的目的。事件行銷之標的可以是產品，服務，思想，資訊等具有特殊事務特色主張的活動；事件可包括：現有的事件、節日慶典事件、創造新奇的事件、名人造勢、公益形象等。

行銷策略	內容說明
體驗行銷	體驗行銷係指由個別顧客觀察或參與事件後，感受某些刺激而誘發動機產生認同或消費行為的思維，增加產品價值；亦即消費行為不僅是包含消費本身，更包含對體驗的追求。析言之，體驗行銷是一種注重給予消費者深刻並且難以取代的體驗經驗，進而吸引消費者一再消費的一種行銷方式，重點為觸動顧客的情感與刺激其心思，進而強化消費者對其品牌的認同與忠誠度改變顧客的消費行為。在體驗行銷的架構下，消費者兼具理性和感性，淺顯來說，現在人所接觸的每件事，幾乎與娛樂、消費脫離不了關係，因而，利用感官（Sense）、情感（Feel）、思考（Think）、行動（Act）、聯想（Relate）等五種策略體驗模組，重新以體驗來建構消費者與廠商、商品之間的微妙關係。
個人化行銷	個人化行銷又稱為「一對一行銷」或「客製化行銷」，也就是廠商在獲得消費者的個人資訊後，針對其個人需求提供客製化的產品或服務進行行銷。在此種行銷系統中，個別消費者的資訊是行銷人員的基礎，如何取得、分析、運用這些資訊，乃是當前e化直效行銷的新重點。
故事行銷	Tyler（2004）與Hanlon（2006）指出：「品牌就是故事。」因此，所謂故事行銷就是透過說故事的方式，來傳遞一個事件，並且在過程中連結聽眾的人生體驗，喚起過去情感回憶，進而在心中產生共鳴感動，最後接受了故事所傳達的意見。故事行銷應掌握下列六個原則： 1.說創辦人的故事以及品牌的公益行為最能引起消費者的興趣並留下良好印象。 2.品牌故事應特別著重經營與專家、名人及媒體的良好關係。 3.品牌故事可加強在地性與歷史感，並善用來源國風格以突顯品牌定位。 4.依照目標消費者的特性尋找能引起共鳴的故事內容。 5.品牌故事應以真實事件為基礎，再輔以情感包裝。 6.品牌故事需要整體形象的配合，說故事時使用的文字與影像色彩、實體店面的風格、消費者的購物體驗等，都會影響消費者對品牌故事的評價。

行銷策略	內容說明
在地行銷	根據當地顧客群的需要設計行銷方案，此種行銷方式在地理差異性明顯的國家特別重要。
草根行銷	草根行銷（grassroots marketing）係指行銷活動集中於與消費者個人有關事項的行銷方式。
身分行銷	係指利用某些特別的身分來做產品代言與行銷，例如廠商聘請「＊＊妹」或某著名的影歌星為電玩擔任代言人，並親自擔任遊戲主角化身的行銷方式。
分眾行銷	大眾行銷就是目標族群為一般大眾，但當消費者不再一味追隨潮流，變得更有主張，企業就必須同時推出多種產品，讓消費者有更多選擇，此種行銷活動即稱為「分眾行銷」。

 十一、灰色市場

灰色市場（Gray Market）簡稱灰市，也稱半黑市。係指透過未經商標擁有者授權，而銷售該品牌商品的市場通路。灰色市場的商品就是有品牌的真品，只不過其銷售的通路未經該商標擁有者之授權與同意，是一種「非正式」的通路。

> 灰色市場：在表明其乃介乎正當的白色市場與非法的黑色市場之間。

灰色市場依照其交易的層級可分為國際型（across markets）與國內型（within a market），**國際型即是所謂的真品平行輸入（parallel import），在國內俗稱「水貨」**，其灰色市場交易的起始點發生於出口國被授權的配銷商與進口國未被授權的配銷商之間，常見的產品如汽車、藥品、健康食品、家電、名牌化妝品等，而國內型灰色市場按照產品原產地又可分為平行輸入（parallel importation）、再進口（re-importation）、及橫向進口（lateral importation）三種：

平行輸入	平行輸入又稱為「灰色行銷」（gray marketing）。係指商品原產地的市場價格遠低於商品進口國的市場價格，使得未經授權之貿易商從原產地取得商品，並銷售至該商品的進口國，與授權的行銷通路形成平行的競爭。簡言之，「灰色行銷」係指被授權、有品牌的產品在未授權的通路銷售。

再進口	係指原產地之市場價格明顯高於商品進口國的市場價格，造成未經授權的貿易商將商品回銷至原產地。

橫向進口	發生於兩個商品進口國之間，例如日本生產的相機，卻由香港出口至歐洲，美國製造的底片，卻由泰國出口至德國等。

(一) **灰色行銷盛行原因：**
　1. 廠商進行差別定價，讓正式被授權的通路也有套利空間。
　2. 稅捐、匯率具套利空間。
　3. 折扣商店在市場上有導入灰市的機會。
　4. 新興市場的成長，造成國家間的定價有差異存在。

(二) **製造商忍受灰色的原因：**
　1. 產品已趨成熟。
　2. 平行輸入者是高績效的經銷商，對原廠較為忠誠。
　3. 違法之事難以偵測或舉證。
　4. 搭便車者的潛在利益不高。

十二、長尾理論（長尾效應）

長尾（Long Tail）效應簡單的說，就是經由網路科技的帶動，過去一向不被重視、少量多樣、在統計圖上像尾巴一樣的小眾商品，透過互聯互享的特性，使網路發揮篩選功能，聯結供給與需求，透過此種聯結的力量，而將商機從熱門商品轉到利基商品，變成比一般最受重視的暢銷大賣商品（big hits）有更大的商機。易言之，網際網路的崛起打破了80/20法則定律，使得冷門商品的銷售加總，甚至可以與熱門暢銷商品相抗衡，這種現象即稱為長尾效應。其係美國連線雜誌（Wired Magazine）總編輯安德森（Chris Anderson）在2004年10月所提出的概念。舉例來說，在Amazon網頁上搜尋到你要找的熱門商品時，也會同時在下方出現其他相關產品供你選擇，以提高這些相關或冷門產品賣出的機會，這就是「長尾理論」的應用。

網路是長尾效應的主要動力，因為它大幅降低了「通路」及「廣告」的成本，更因它無遠弗屆，可使銷售對象遍及全球，提供了各種特殊品味小眾的媒合機會；長尾效應使得過去被企業界奉行的80/20法則受到挑戰，網際網路的崛起已打破這項鐵律，讓99%的產品都有機會銷售，「長尾」商品得以鹹魚翻身。

十三、長鞭效應

長鞭效應（bullwhip effect）在管理學上俗稱「牛鞭效應」，其原因乃是資訊不一致與不透明所造成。析言之，長鞭效應是對需求信息扭曲在供應鏈中傳遞的一種形象的描述。其基本思想是：在供應鏈上的各節點，企業只根據來自其相鄰的下級企業的需求信息進行生產或者供應決策時，需求信息的不真實性會沿著供應鏈逆流而上，產生逐級放大的現象。當信息達到最源頭的供應商時，其所獲得的需求信息和實際消費市場中的顧客需求信息發生了很大的偏差。由於這種需求放大效應的影響，供應方往往維持比需求方更高的庫存水平或者說是生產準備計畫。簡言之，市場上小小的消費需求發生變動，造成上游廠商訂單的大幅變動，而引起存貨大量震盪的現象，即謂之「長鞭效應」。這種效應會有下列情況發生：

(一) 一般狀況下，存貨增加。

(二) 缺貨狀況下，會有假性需求。

(三) 中上游製造廠商所面對的訂單變異遠高於實際需求的變異性。

十四、市場佔有率

市場佔有率是行銷學中的一個重要概念。其定義為「企業某特定產品的銷售量佔市場總銷售量的百分比。」換言之，市場佔有率是指某一時間，某一企業的產品（或某一種特定產品），在同類產品市場銷售中佔的比率或百分比。市場佔有率是判斷企業競爭水準的重要因素。在市場大小不變的情況下，市場佔有率越高的公司其產品銷售量越大。同時由於規模經濟的作用，提高市場佔有率也可能降低單位產品的成本、增加利潤率。

十五、金字塔底層的財富

C.K.普拉哈拉德（C.K.Prahalad）在他的著作 《金字塔底層的財富》（The Fortune at the Bottom of the Pyramid）裡提出革命性的主張，認為：不要再把貧困群體看作受害者或社會負擔，而要把他們視為有活力、有創造力的企業家和有價值的消費者，一個嶄新的機會之門就將打開。他主張不應該輕看社會底層的群眾，認為他們是社會的負擔，而應該把他們當作有價值的消費者。全球每天生活在兩美元貧困線下的四十億人口，加起來就是一個巨大、卻被長期冷落的市場。近幾年，手機大廠紛紛推出平價的智慧型手機，積極搶攻中國大陸、印度與開發中國家的普羅大眾，就是看準底層市場的消費潛力。

第二節 行銷觀念演進的四個階段

 一、行銷觀念的演進過程

行銷觀念（或稱為「行銷哲學」）的演進過程依序說明如下：

(一) **生產導向觀念（Production Concept）**：在物質較為匱乏的時代裡，由於多數企業無法提供足夠的產能滿足市場需求，因此**企業營運重心集中在尋求最大產出，而不太注意到產品機能是否真的能滿足消費者的需求，遑論多樣化選擇的需求，且品質只要在可接受的水準即可。**

(二) **產品導向觀念（Product Concept）**：產品導向經營理念係指廠商「以既有技術導引產品機能的變化，並以優於消費者的技術知識，引領消費者的消費趨勢與方向」。至於消費者的需求究竟為何，並非生產者的重心，由於技術的變化有限，產品的多樣化並非競爭的重點。企業經營理念是以「只要產品夠好，就一定會有人購買」方式經營，此即是「產品導向觀念」。例如某手機廠商認為消費者喜歡功能特殊、效能高的手機，因而設計出最高等級產品，此即是此種觀念。

產品（導向）觀念認為，消費者最喜歡高品質、多功能和具有某種特色的產品，企業應致力於生產高值產品，並不斷加以改進。亦即公司在產品創意上尋求建立消費者的某種特定意識。此種觀念產生於市場產品供不應求的「賣方市場」情勢下。最容易滋生產品觀念的場合，莫過於當企業發明一項新產品時。此時，企業最有可能發生市場「行銷短視症（marketing myopia）」。

(三) **銷售導向觀念（Sales Concept）**：當生產與產品導向時代逐漸轉為供需平衡，甚至出現無差異產品供給過剩現象時，企業必須開始思考如何將產品銷售出去。**不論企業是否開始重視消費者的想法，其目的都在賣所生產的產品，將產品「推銷」到消費者手中，而非就消費者的需求內涵，反思產品或服務的設計開發。**此種經營理念稱之為銷售導向的經營理念。簡言之，銷售導向的經營理念，係「認為各式的促銷手法，是將產品順利銷售出去的關鍵」，也可以說是產品導向時代的延續，只是激烈的市場競爭將導引企業以銷售活動為經營的重心。

(四) **行銷導向觀念（Marketing Concept）**：以消費者為主體，分析消費者的需求項目，並據以推出各式產品或服務，讓消費者得以滿足的經營型態，稱為「行銷導向」，亦稱為「市場導向」（market oriented）或「消費者（顧客）導向」

（consumer oriented）。由於「市場是由需求所創造的」，因此，行銷觀念的焦點乃在顧客需要，其經營理念是以消費者為主體，以消費者之利益為出發點，分析消費者的需求項目，並據以規劃各式產品機能或市場活動，推出各式產品或服務，以求全力達成「同時滿足顧客與獲得利潤」的目標。歸納言之，行銷的觀念包括：

1. 行銷觀念的起始點是目標市場。
2. 行銷觀念的焦點為顧客需要。
3. 行銷觀念的手段是採整合性行銷。
4. 行銷觀念的終極目標是透過顧客滿意獲取利潤。

牛刀小試

( )　企業主基本上認為「只要產品夠好，就一定會有人買」，這種理念，係屬於：　(A)生產導向的經營理念　(B)產品導向的經營理念　(C)銷售導向的經營理念　(D)行銷導向的經營理念。　　　　　　**答：(B)**

二、整體行銷（Holistic Marketing）觀念

整體行銷（holistic marketing）亦稱為「全面行銷」或「全方位行銷」，是由柯特勒（Kotler）教授與凱文·凱勒（Kevin Keller）教授共同在《行銷管理：分析、規劃、執行與控制》一書當中首度發表。整體行銷是指除了傳統的銷售管道之外，還要突破空間和地域的限制，建立一種多層次的、立體的行銷方式，如內部行銷、關係行銷、績效行銷、內外銷聯動、網路行銷、公司團購、跨區域銷售等。

整體行銷觀念認為行銷方案、程序與活動的發展、設計與實施必須是環環相扣、相互關聯與依賴的。因此從事行銷工作或是學習行銷應該抱持著全面觀照的整體主義。整體行銷的目的正是企圖調和所有複雜行銷活動的行銷哲學、方法論與架構；它包括四個主題：

(一) **關係行銷（relationship marketing）**：其目標是與關鍵夥伴建立彼此互惠、滿意的長期關係（包括顧客、供應商、行銷管道與其他行銷夥伴）以持續營運與達成組織的使命。因此行銷不僅要推動顧客關係管理（CRM），也要執行夥伴關係管理（PRM）。而關係管理的最終結果是建立獨特的組織資產「行銷網路（marketing network）」，即由組織本身與支持其運作的所有利害關係人及其間

的社會關係所構成的整體。準此，組織的競爭不是著眼在組織一對一的捉對廝殺之內，而在行銷網路彼此之間整體效益的發揮。

(二) **整合性行銷**（integrated marketing）：係指將一個企業的各種傳播方式加以綜合集成，其中包括一般的廣告、與客戶的直接溝通、促銷、公共關係等。從管理的面向出發，包含生產、銷售、人力資源、研發、財務等管理元素，並且整合個別分散的傳播信息，從而使得企業及其產品和服務的總體傳播效果達到明確、連續、一致與提升。

(三) **內部行銷**（internal marketing）：其任務是為確保組織中全體成員皆能遵守正確的行銷方針，組織有必要雇用、訓練與激勵想要妥善服務顧客的人力資源。高階管理團隊與服務人員知道內部行銷與外部行銷相較，是同等重要或甚至更重要的管理領域。因為從業人員若是沒有準備好，就不可能達成組織的宗旨、提供優質的服務。內部行銷的重點有二：首先，組織中的所有行銷功能必須自「顧客的觀點與立場出發」才有可能統一協調，共同運作。如公關、廣告、募款、行銷研究與服務皆以目標市場的需求作為思考、整合行銷活動的準繩。其次，組織必須有「全員行銷」的文化。因為行銷不只是一個單位、一群特定工作人員的工作，而是全體成員的責任。因此，行銷的思考一定要遍佈全組織。

(四) **社會行銷**（social marketing）：一般以為它是非營利組織（NPO）的事，其實不然。在整體行銷的觀點中主張，任何一個組織，不管它是營利或非營利，皆須考量：「社會責任行銷」（social responsibility marketing），亦即：組織不但需要考慮本身行銷目標的實現，尚須觀照組織在從事行銷的活動中是否對整個社會造成了正面的作用與影響。前者是考量立即、短期的組織交換活動的完成；後者，則是以維繫社會長期福祉與環境永續發展為目標。這方面的因果關係明顯的由組織與顧客延伸至整個社會與人類。

「社會行銷」觀念係指企業在提供產品或服務時，除了滿足顧客需求也要同時顧及消費者及社會群體的整體福利。易言之，以目標市場作起點，滿足顧客需求的同時，並兼顧社會大眾最大福祉的哲學，稱為「社會行銷」。例如採用可回收的包裝，以符合環境保護之需求，或自助餐廳逐漸將保麗龍餐盒改為紙盒，即是符合「社會行銷」觀念。「社會行銷」觀念要求行銷者（企業）在設定行銷政策時，須能同時考慮三方面的利益，亦即「企業利潤、消費者需求與社會利益」三方面的平衡。

第三節　行銷研究

一、行銷研究的目的與範疇

行銷研究的目的係在以系統性、科學的研究方法，進行資訊的收集和分析，解析市場需求結構、內涵與影響消費行為的因素，然後根據行銷研究的結果，依序展開三項重要的策略性決策，即：「市場區隔、目標市場選擇及產品定位」。它是一種管理的工具，目的在協助企業主管來制定正確的決策。與「行銷研究」常併提者有「市場調查」（Market Survey），市場調查主要是在尋求市場上的某一些重要訊息，它是屬於技術作業的層面，而行銷研究則是重視研究學術的層面。

行銷研究的資料來源通常可分為下列兩種：

(一) **第一手資料**：係指問卷調查的結果表、實驗的觀察記錄、田野訪查記錄、採訪的錄像及筆錄、照片、歷史文件、口耳相傳事件的紀錄抄本、審訊或面談資料等。

(二) **第二手資料**：係指經他人收集、統計及整理過的既有資料後，供作研究者加以引用或參考。

二、行銷資訊系統

所謂行銷資訊系統（marketing information system），係由人員、設備及程序所構成的一種連續性與交互作用之結構，藉此可搜集、分類、分析、評估及分送各項有關的、適時的與正確的資訊，以供行銷決策人員改善行銷規劃、執行與控制。簡言之，「行銷資訊系統」係以一種有組織的方式來持續蒐集、整理與分析行銷管理人員決策時所需要的資訊。一個完整的行銷資訊系統應有下列四個子系統：

項目	內容說明
內部會計系統	為提供企業已發生的資訊系統，為最基本與初步的資訊系統，透過訂單、銷售、存貨、出貨、應收帳款等報告，行銷經理可了解並掌握問題、現況與未來發展等資訊。
行銷偵察系統	為提供正在發生之資訊。它是一組程序與資料來源，經營者可利用它獲取行銷環境上相關發展之每日資訊。
行銷研究系統	行銷研究項目相當廣泛，例如市場特性之決定、市場潛力之衡量、市場占有率分析、銷售分析、商業趨勢研究、競爭性商品研究、短期預測、新商品之接受性與潛力、長期預測、定價研究等。

項目	內容說明
行銷分析系統	此係透過各種分析模式，以數據化之資料，協助行銷經理做出正確之行銷決策。

三、行銷研究的步驟

行銷研究必須由研究人員和管理人員共同努力。行銷研究的步驟依序為：定義問題與研究目標→發展研究計畫→蒐集資訊→分析資訊→呈現研究成果→做出決策。

(一) **定義問題與研究目標**：正確的界定行銷研究之目的與問題，以決定行銷研究的主題，這將有助於研究方法與員工的採用及行銷研究經費的確認，這是成功展開行銷研究的第一步。

(二) **發展研究計畫**：依研究的主題，視需要加以選擇，深入探討資料來源、選擇研究方法與研究工具、依據消費者母體規模抽樣計畫、與展開實際行銷研究活動的行動規劃。

(三) **蒐集資訊**：這是行銷研究計畫完成後的執行重心，此一部分可視計畫內容，委由專業或非專業的人員執行，例如大規模的問卷調查，可透過郵寄或由經過簡單訓練的訪問員依抽樣執行，使樣本具有代表性。「焦點團體法」的聚焦小組座談會就必須由有經驗的研究人員主持。

(四) **分析資訊**：針對問卷或訪談等方式所得到的資訊加以分析。

(五) **呈現研究成果**：依據行銷研究的問題與目的，運用科學化的工具，呈現研究成果報告，並據以提出具體的行銷活動之決策建議。

(六) **做出決策。**

四、行銷資料蒐集的方法

以下各種方法那一種最合適則必須考慮研究目的、成本、時間及可用的人力；若無法選定一種，亦可採用「混合式」的方法，即三種方式均同時使用。

項目	內容說明
調查法	進行方式如同常見的市場調查，以具體的數據將人們的知識、信念、偏好、滿意度加以量化。有「郵寄問卷」、「電話訪問」與「訪談法（人員調查法）」等三種方式，各種方式都有其特色，問卷是收集初級資料最普遍的工具，以電話調查之資料回收時間最快，訪談法單位成本最高且涵蓋的區域範圍最小。

項目	內容說明
焦點團體訪談法	找來符合相關資格與條件的受訪者約6～10人，進行特定主題的討論，目的在於釐清消費者的真實動機，以及言行背後的原因，因此它在研究方法中是被歸類屬質性（定質）的研究法。焦點團體法（focus group）具有以下的特點： 1.用於探索性研究，探索較新的研究領域與方向。 2.可以根據受訪成員的經驗洞察發展出具體的研究假設。 3.評量不同地點、不同人口群的差異特質。 4.對以往的研究成果，尋求參與者的解釋。 5.有利於研究者在過程中擴大探討範圍，深入情感、認知、評價意義的範圍。
行為資料分析法	商店的銷售資料、採購紀錄、顧客資料庫等等，都可稱為行為資料，可實際反應消費者的偏好，比口頭提供的陳述更為可靠。
觀察法	藉由觀察相關的行為者與背景，以了解消費者購物或使用產品的情形。
實驗研究法	選出實驗參與者後，給予不同的對待，並控制外在變數，以檢視結果是否具有顯著的差異。這種方法被認為是最合乎科學效度的方法。

五、李克特量表

李科特量表（Likert Scale）的意義：李科特量表又稱李克式五等量表。由於李克特量表的構作比較簡單而且易於操作，因此在市場行銷研究實務中應用非常廣泛。在實地調查時，研究者通常給受測者一個「回答範圍」卡，請他從中挑選一個答案。需要指出的是，目前在商業調查中很少按照上面給出的步驟來製作李克特量表，通常由客戶項目經理和研究人員共同研究確定。

李克特（Likert）量表是屬評分加總式量表最常用的一種，屬同一構念的這些項目是用加總方式來計分，單獨或個別項目是無意義的。該量表由一組陳述組成，每一陳述有「非常同意」、「同意」、「不一定」、「不同意」、「非常不同意」五種回答，分別記為1，2，3，4，5，每個被調查者的態度總分，就是他對各道題的回答所得分數的加總，這一總分可說明他的態度強弱或在這一量表上的不同狀態。

由以上敘述可知，李克特量表具有右述三項特性：(1)具任意原點；(2)用以衡量程度問題；(3)量表格數設計不一定要單數。

第四節 產品與服務

一、產品

產品（Product）係指「能滿足消費者需求或慾望的複合體」，它不僅係指一種有形的「物品」，亦可指提供滿足消費者需求和慾望的「服務」，包含各種無形的特質，諸如尺寸、包裝、顏色、價格、品質、便利和服務等。消費者考慮對產品的優先選購，則視個人對產品的滿足程度而定。因此，產品價值的高低，取決於其提供滿足的能力。

 二、產品的分類

(一) **依產品的用途來分類：**

1. **工業品（Industrial Goods）：工業品係指為達成後續之加工組裝後再銷售之目的，以創造更高價值的產品或服務。** 工業品可區分為原材料、零

   > 工業品：又稱為「生產財」。

   組件、資本設備、設備維護保養、後勤補給服務等。由於工業品是用來生產或維持企業正常運作所需的產品或服務，**其採購之目的，都是為了「再銷售」，因而特別重視價格、交期、品質等，故其採購行為迥異於消費品。** 例如下列物品即屬工業品：

   (1)**原物料**：尚未處理的物品、資材，例如礦砂、小麥、木材。

   (2)**主要設備**：工廠生產者最主要及使用最久之硬體設備，例如廠房、機器。

   (3)**附屬設備**：價格較低，使用期間較短之硬體設備，例如傳真機、影印機等辦公設備。

   (4)**消耗品**：係指間接協助生產活動之耗材，例如原子筆、影印紙、文具等辦公用品。

2. **消費品（Consumer Goods）：消費品係指消費者「為了滿足自己或其家庭的需求，不再進一步做任何商業上的處理，而購買或消耗的貨品」，其採購**

   > 消費品：又稱為「消費財」。

   係受到不同的消費習慣與消費時機的影響。

(二) **產品依其使用年限或耐用程度分類：**

1. **耐久性產品**：如電視、冰箱、洗衣機、手機等。

2. **半耐久性產品**：如成衣、寢具、毛巾等。

3. **非耐久性產品**：如食物、能源、衛生紙、牙膏等民生用品。

(三) 消費品依消費者採購方式分類：

類別	內容說明
便利品	便利品（Convenience Goods）又稱日用品。係指消費者快速定期消費，價格低，購買時不需花太多的時間和精神比較價格及品質，且可接受任何其他代替品之消耗性產品。例如一般雜貨、糖果、文具、肥皂、飲料等物品均屬之，在迅速止痛、就近求醫的需求下，牙醫也是一種便利品。便利品具有下列特徵： 1.消費者在購買便利品時，不太會花費心思與精力去進行比較和選擇。 2.便利品依其購買特性可進一步分為日常用品、衝動品與緊急品。 3.一般而言，便利品的購買頻率高於選購品。 4.便利品並非只在便利商店販售。
選購品	選購品(Shopping Goods)係指消費者所購買的商品中，屬於不常購買、較昂貴且在購買時常會貨比三家的商品。例如家具、中古車、服飾、珠寶、家電用品等即屬此類。
特殊品	特殊品(Special Goods)係指消費者在特殊時空因素之下，對某項產品具有特殊性質或品牌認定而去購買，但購買時並不需花費時間選擇，有特定地點可購買之商品，例如情人節前之巧克力產品或金字塔頂端的高所得者，會去購買極為高價的商品(如價位在新臺幣1,000萬元以上的跑車)。因此，只要是特定品牌或具有特定意義的產品，都屬之。另依據消費品的分類，若有一群消費者願意支付更多的購買努力去取得具有獨特性或高度品牌知名度的產品，例如汽車、音響零件、照相器材等，亦屬於特殊品。
忽略品	某些產品是消費者可能有需求但說不出來的項目，無從指名、也無從描述，只有當消費者見到之後，才能確定是否為他所要的採購標的，因而稱之為忽略品（unsought goods）。這種產品，通常不是生活必需品，但可能會因而提升生活品質，例如陶藝品等。

牛刀小試

( )　某些產品是消費者可能有需求、但說不出來的項目，無從指名、也無從描述，只有當消費者見到之後，才能確定是否為他所要的採購標的，這種產品稱為：　(A)特殊品　(B)選購品　(C)忽略品　(D)便利品。　　　　　　　　　　　　　　　　　　　　　**答：(C)**

重要 **三、服務**

(一) **意義**：所謂「服務」係指一個企業組織提供給顧客群的任何活動或利益，它基本上是無形的，它的作業特性是由人員執行一連串的動作所提供，並且無法產生事物所有權。

(二) **服務金三角**

1. **意義與內涵**：服務金三角（Service Triangle）是由美國服務業管理權威卡爾‧艾伯修（Karl Albrecht）於1985年提出，它是一個以顧客為中心的管理模式。服務業為了追求顧客滿意，必須考慮影響服務品質的各種因素，服務金三角概念

> **服務金三角的概念**：就是組織、員工、顧客三者之間的內部行銷、外部行銷和互動行銷互相整合。

可代表企業瞭解顧客對其服務品質滿意與否的主要影響面向，該面向包括組織、員工、顧客三者之間的內部行銷、外部行銷和互動行銷。

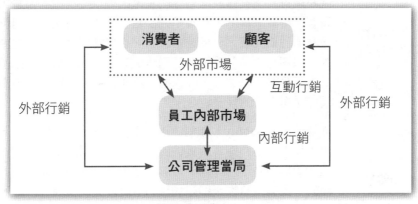

服務金三角

2. **服務金三角的內容關係**：

(1) **內部行銷**：內部行銷係指公司管理者透過主動提升員工的服務意識與能力來激勵員工。其主要的目標在確保全體員工人人在服務客戶時都具有「以客為尊」的服務態度，以吸引並留住優秀員工。

(2) **互動行銷**：「互動行銷」指的是「員工與顧客」二者之間的行銷活動。要求第一線的服務人員，能夠站在顧客的觀點出發，將公司的服務提供給顧客的互動行為。服務人員與顧客產生良好、友善、高品質的互動才是真正優良的服務。

(3)**外部行銷**：係指我們常聽到的各種企業行銷行為，例如進行各種行銷研究、發掘市場上消費者未被滿足的需求、確定目標市場、決定各項產品決策、通路決策、促銷決策等。

(三) **服務的特性：相較於有形產品而言，一般而言其具有下列四個特性**（此亦為其管理上困難之所在）：

特性	內容說明
無形性	無形性（intangibility）亦稱為「不可觸知性」。基本上，服務是一種行為而「非實體物品」，因此無法像實體產品一樣的去看、感覺、嘗試或觸摸，也因此消費者很難在事前先評斷服務品質的好壞。
不可分離（割）性	不可分離性（inseparability），大多數的服務都是「生產與消費同時進行」。實體產品是廠商生產出來以後，將其銷售出去，購買者再消費；無形服務則是先出售後，再同時生產與消費。許多服務如理髮美容、交通運輸服務、音樂會表演等，在生產的過程裡，顧客都必須在現場，否則無法消費，此即稱為「生產與消費的不可分離（割）性」。因此，不可分離性等於是強迫購買者與製造過程必須的緊密結合。
異質性	異質性（Variablity）亦稱「不穩定性」或「易變性」。同一位服務人員對於不同顧客所提供的服務可能有很大不同，或提供服務的時間與地點不同，同一位消費者會有不同的感受，這即是指服務的「異質」特性。例如病患到醫院掛號就醫時，常經歷不同醫護人員可能在不同的診療時段或不同人員有不同的服務品質，此就是服務的「異質性」。
不可儲存性	不可儲存性（perishability）亦稱「易逝性」。無形服務無法像有形產品一樣，將多餘的存貨儲存起來，亦即在淡旺季或尖離峰時的需求不易平衡，因此常會出現「供不應求」與「供過於求」的窘境。當需求穩定的時候，企業可以事先規劃僱用一定人員提供服務，所以不可儲存性不是大問題；但當需求度變動大時，企業面臨的問題就比較棘手。例如高速鐵路公司促銷離峰時段的車票，即是因為服務業應付不可儲存性所採用的行銷策略。

( ) 服務的績效或品質具有極大的差異，隨著服務提供者的不同，或提供服務的時間與地點不同、消費者都會有不同的感受。係屬「服務」的何種特性？ (A)異質性 (B)易逝性 (C)不可觸知性 (D)不可分離性。 **答：(A)**

(四) 服務特性因應之道

由於服務具有以上四個特性，可透過下列方式予以解決：

特性	內容說明
無形性	1.為了降低其不可觸知性，可透過品牌、服務人員、廣告、布置、設備器材、標語或價格等來將其「服務有形化」。 2.服務提供者可以特別強調各項利益，而非只介紹服務本身的特色。
不可分離（割）性	服務的提供者必須設法同時為更多的顧客提供服務，可設法加速服務的進行或訓練更多的服務人員。
異質性	企業應加強員工選訓、建立標準作業規範（S.O.P）、設立抱怨處理制度、進行顧客調查等，以維持服務品質。例如某家飯店為使員工的服務態度與服務的能力都能一致，不要有參差不齊的情形，乃透過教育訓練方式改善，這就是改善「異質性」問題。
不可儲存性	1.採需求面策略，可採差別取價、開發非尖峰時間的需求、提供補助性服務、實施預訂制度等預先安排的對策，使需求趨於穩定，便利服務控制。 2.採供給面策略，如聘僱兼職員工、實施便捷處理方式、擴大消費者參與程度、發展聯合服務與對員工進行交叉訓練等，以擴大供給力，改善供需不平衡現象。

(五) **服務品質的界定**：對服務而言，服務品質必須在服務提供過程中加以評估，且通常是在顧客和接洽的員工進行服務接觸時。顧客對服務品質的滿意度是以其實際認知的服務和對服務的期望兩者來作比較。請見下圖。

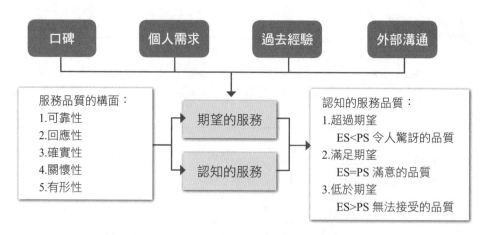

上圖顯示顧客的服務期望有四個來源，即：口碑、個人需求、過去的經驗以及外部溝通。當顧客認知到的服務超過期望時，則顧客認知到的是卓越的品質；當認知低於期望時，則顧客無法接受所提供的服務品質；當期望被認知所確認時，則服務品質是令人滿意的。

(六) **服務品質的構面**

關於服務品質的衡量，學者提出了下列RATER的五個構面：

1. **可靠性（Reliability）**：指可信賴且準確地實現所承諾之服務的能力。顧客都期待可靠的服務表現，亦即準時、一致且無誤地完成服務。

2. **確實性（Assurance）**：指員工的知識和禮貌及傳達信賴的能力。確實性包括服務的勝任程度、對顧客的禮貌和尊重、與顧客進行有效的溝通，以及設身處地關心顧客利益。

3. **有形性（Tangibles）**：指實體設備、裝備、人員及溝通資料等屬性。

> **有形性：**實體環境的狀況（如清潔）是服務提供者表現注重細節態度的實質證據。

4. **關懷性（Empathy）**：有人稱為「同理心」。指對顧客提供個人化的關懷。同理心包括易親近度、敏感度，以及努力瞭解顧客的需求。例如，有些飯店業者要求門房人員能夠親切稱呼客人的姓名，使人們感到溫馨的感覺，即是「關懷性」的體現。

5. **回應性（Responsiveness）**：指協助顧客與提供及時服務的意願與能力，特別是在面對異狀時，更形重要。

(七) **服務過程矩陣**

Schmenner於1986年提出「服務過程（流程）矩陣」，用以說明服務業所包含的範圍雖然廣泛，但是所面臨的管理問題卻具有共通性。Schmenner是以「勞力密

集度」和服務過程中「客製化程度（互動和顧客化程度）」兩個構面來對服務業進行分類，共有四類（見圖之描述）。

所謂「勞力密集度」是指勞力成本與資本的比率。所以Schmenner先將服務業以「資本密集」或是「勞力密集」區分為兩大類。「資本密集」如航空公司、醫院、休閒度假中心、汽車修理廠等，皆為投資相當大的服務業（資本密集），放在矩陣的上方。

然後再來看這些服務業中，顧客對服務過程的影響程度（客製化程度）。如航空公司和休閒度假中心所提供的是標準化的服務，而醫院和汽車修理則為需要顧客親身參與的服務。至於「勞力密集」的服務業，如銀行、學校、醫師、建築師都是需要投入大量人力的，只是服務人員與顧客互動的程度高低有別。

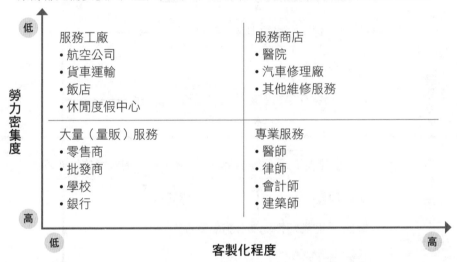

1. **服務工廠**：客製化程度低、勞力密集度低。提供高資本投入的標準化服務，相當於生產線製造工廠。例如機械洗車，投入設備額高，收費低。
2. **服務商店**：客製化程度高、勞力密集度低。例如人工洗車，投入人工成本高，收費高。
3. **大量（量販）服務**：客製化程度較低、勞力密集度高。例如零售商、批發商。
4. **專業服務**：客製化程度較高、勞力密集度高。由高度訓練有素的專家提供個人專屬服務。例如醫生、律師。

(八) **服務品質概念（PZB）模式**
1. **意義**：PZB模式是於1985年由英國劍橋大學的三位教授Parasuraman, Zeithaml and Berry所提出的服務品質概念模式，簡稱為PZB模式。他們認

為，對於消費者而言，服務品質是較產品品質更難去評價的，因而提出「服務品質為服務前的期望」與「接受服務後的知覺」品質之差距，亦即「顧客事前期望的服務」與「接受服務後的實際感受」間之比較。因此，PZB模式的中心概念為顧客是服務品質的決定者，企業要滿足顧客的需求，就必須要弭平此模式的五項缺口。

2. **五項缺口（見下圖）**：缺口1至缺口4可由企業透過管理與評量分析去改進其服務品質。

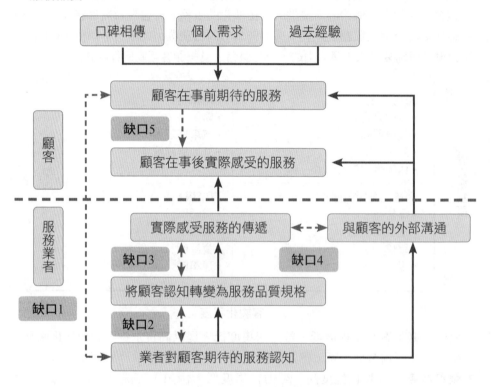

(1) **缺口1**：顧客期望與經營管理者之間的認知缺口：當企業不了解顧客的期待時，便無法提供讓顧客滿意的服務。

(2) **缺口2**：經營管理者與服務規格之間的缺口：企業可能會受限於資源及市場條件的限制，可能無法達成標準化的服務，而產生品質管理的缺口。

(3) **缺口3**：服務品質規格與服務傳達過程的缺口：企業的員工素質或訓練無法標準化或出現異質化時，便會影響顧客對服務品質的認知。

(4) **缺口4**：服務傳達與外部溝通的缺口：例如做過於誇大的廣告，造成消費者期望過高，使實際接受服務卻不如預期時，會降低其對服務品質的認知。

(5) **缺口5**：顧客期望與體驗後的服務缺口：是指顧客接受服務後的知覺上的差距，只有這項缺口是由顧客決定缺口大小。

(九) 服務的關鍵時刻理論

關鍵時刻（Moments of Truth, MOT）這一理論是由北歐航空公司（Scandinavian Airlines System, SAS）前總裁詹·卡爾森（Jan Carlzon）所提出。他認為，關鍵時刻是指與顧客面對面接觸的每個時間點。就是顧客與企業職員面對面相互交流的時刻，也就是指客戶與企業的各種資源發生接觸的那一刻，對客戶而言，他只會記住那些「關鍵時刻」，這個時刻決定了企業未來的成敗。

關鍵時刻理論談的是對服務人員表現出來的「外在感觀」、「行為模式」與「溝通技巧」三方面的第一印象。這個以「顧客導向」的服務指標是影響顧客忠誠度及滿意度的重要因素。推動MOT可有以下的預期效益：

1. **服務質量標準化**：提升服務水平、減少服務糾紛。
2. **訓練優質員工**：經由完整的MOT訓練讓員工發自內心關懷顧客並提升事情處理能力。
3. **強化人際關係**：藉由服務過程，員工對顧客做好個人營銷，可擴展個人人際關係。
4. **提升工作效率**：協助第一線員工在第一時間內對顧客做好完整的答覆及應對。

因此，要想獲得良好的MOT，公司必須在組織架構上進行調整，傳統的、等級森嚴的公司結構將為結構扁平所代替，在以顧客為導向的公司裡，權力相對分散。原來位於金字塔底部、只能無條件服從的員工也將被授予責任。

(十) 服務技術的類型

Larsson, R和Bowen, D. E以「顧客的參與度」和「服務的顧客導向程度」兩個構面，將服務技術區分為四種類型：

1. **連續式顧客導向服務（Sequential Customized Service）**：例如電器和汽車修理、乾洗衣服、貨物運輸、清潔、園藝。
2. **相互式服務（Reciprocal Service）**：例如心理治療、醫療保健、法律諮詢、高等教育。
3. **集中式／匯集式服務（Pooled Service）**：例如銀行、保險公司、戲院、廣播公司、航空公司、速食店。
4. **連續式標準化服務（(Sequential Standardized Service Design）**：例如自助洗衣店、自助零售店、汽車租賃。

四、業種（type of business）與業態（type of operation）

業種（type of business）乃是以依所交易的商品作為分類，並可依交易商品種類劃分為不同的行業，亦可由店名來了解其所販賣的商品為何，例如電器行、機車行、食品店，或如天仁茗茶、阿瘦皮鞋、台南擔仔麵、嘉義雞肉飯大王等即是。業態（type of operation）則係以「經營的型態」來區分，而不以交易商品特性來區分，因此無法從店名了解其販售的商品為何，如統一超商、量販店、書局、便利商店、百貨公司、無店鋪販售等即是。茲將兩者區別列表說明如下：

區別	業種	業態
時代背景	物資缺乏的時代。	物資豐富的時代。
商品知識	是「業主」對商品知識充足。	是「消費者」對商品知識充足。
扮演角色	扮演「販賣」代理業。	扮演「購買」代理業。業態店以商品的銷售方式為基礎來區分，包含量販店與便利店。
販賣物品	以販賣特定的物品為主。	以滿足消費者之需求為重心。
購買資訊與選擇	消費者擁有較少的購買資訊與選擇。	消費者擁有較多的購買資訊與選擇。

第五節　產品品牌與包裝

 一、品牌的意義與其組成要素

品牌（Brand）是一個相當複雜的概念，它是產品的一個「名稱（Name）、標誌及符號（logos & Symbols）、標語（Slogans）、包裝設計（Packaging）」，或是「以上四項的組合」，其目的是用來「區別銷售者的產品或勞務，使其不致與競爭者的產品或勞務發生混淆」；**品牌可以使產品形成特色，協助在消費者心目中建立印象、幫助識別與記憶，以增加產品的價值，建立產品的忠誠度。**簡單來說，企業品牌的用途在讓目標顧客進行產品辨認，強化重購意願，並利用知名度促進新產品之銷售。

> **品牌的生命**：可能較產品或服務內容來得更為長久，也可以賦予產品或服務更高的消費價值。例如：維持高貴形象的品牌，會使產品使用者感覺受到尊重或肯定，使產品因品牌形象創造出額外的產品價值，能刺激更多的消費。

簡言之，利用符號和購買者溝通，使對方明白某一特定產品是由特定製造者所生產的程序即稱為「品牌化」。

Keller（2003）提到建構品牌資產有許多要素可供選擇，一般的品牌要素包括品牌名稱、標誌與符號、象徵物、標語、包裝設計等五種。

要素	內容說明
品牌名稱 brand names	簡稱「品名」。是品牌要素之中最核心的一環，是消費者在蒐集產品過程中的重要指標，不僅會成為品牌印象的基調，同時會成為一個產品主要聯想的來源。
標誌及符號 logos & symbols	標誌是企業區分該企業與其它企業不同之處的方式，可分成二大類，一類是以文字表示的文字符號，多以「商標」稱呼之，例如Chanel、Nike、BMW；另一類則是以圖案表示的圖案符號，多直接稱其為logo，例如Chanel的外雙C符號、Nike的鉤鉤符號、BMW藍白相間的螺旋槳符號。
象徵物 characters	象徵物代表的是企業特有的品牌符號，可以是栩栩如生的人物，例如萬寶路的「牛仔」、麥當勞「叔叔」、肯德基的「山德斯上校」、米其林輪胎的「米其林寶寶」、綠巨人玉米罐的「綠巨人」；或是以專屬的動物來表示，例如Jaguar的「豹」。
標語 slogans	利用鏗鏘有力的一句話，直接跟消費者溝通產品的利益點所在，像是「華碩品質堅若磐石」、DeBeers的「鑽石恆久遠，一顆永流傳」、NOKIA的「科技始終來自於人性」、Lexus的「接近完美，近乎苛求」等。通常標語都會出現在廣告之中，但也會用在包裝和其它的行銷活動；此外，成功的標語往往會成為一句公共用語，不僅能引起目標消費群的認同，還能大量增加曝光機會。
包裝設計 packaging	在商標保護下，包裝、容器、產品，甚至連聲音、顏色、式樣都可成為獨一無二的品牌形象，對企業及消費者而言，包裝設計必須要達到四個目標：(1)能夠辨認品牌；(2)能夠傳達描述性及說服性的資訊；(3)確保儲藏時效；(4)便利產品的使用。包裝設計對企業而言是非常重要的品牌資產累積來源，因為會讓消費者產生強烈的聯想，例如為什麼選擇喝「左岸咖啡」，消費者多會回答因為那是「杯裝」的，亦即包裝的外觀通常會成為品牌認知的重要一環。運用包裝設計的創新可以創造新的市場或新的區隔，例如推出家庭號大包裝，會較容易吸引婆婆媽媽來購買。

至於行銷大師科特勒（Kotler）則認為，品牌是企業對消費者所做的承諾，承諾其可「一致地提供產品或服務」，而且品牌可傳送下列六種不同層次的意義給消費者：

層次	內容說明
屬性（attributes）	品牌最先留給消費者的第一印象便是它的某些屬性。
利益（benefit）	消費者所購買的並非是產品的屬性，而是利益。產品屬性必須要能被轉換成「功能性」或「情感性」的利益。
價值（value）	品牌可傳達生產者的某些價值。
文化（culture）	品牌往往代表某種文化。
人格（personality）	品牌亦反映出某些人格（個性）。
使用者形象（user）	由品牌可看出購買或使用該產品的顧客類型。

牛刀小試

( )　品牌可以記認，但不用發音的部分，為品牌的何種組成要素　(A)品名 (B)品標　(C)商標　(D)著作權。　　　　　　　　　　　**答：(B)**

重要 二、品牌要素選擇標準

選擇品牌要素有六個選擇（或評估）標準：可記憶、有意義、喜歡等三項，因為此三項對品牌因素的審慎選取，建立品牌權益有關，故可歸為「品牌建立因素」。可移轉、可調適、受保護等三因素，因與品牌要素中所包含的品牌權益之使用及保存，在不同機會和限制中有關，故屬於「防衛性因素」。茲將此六項要素表列說明如下：

要素	內容說明
記憶性（memorability）	須簡短易讀，易於記憶與辨識，例如International Business Machines即IBM。
意義性（meaningfulness）	須能顯示產品用途、特色與品質，例如Energizer勁量電池。
喜好性（likeability）	係指在視覺上、文字上能展現美好喜歡的因素，令人有欣悅之感。例如Yahoo、SHARP LED液晶電視機。
移轉性（transferability）	係指能被移轉到其它品類之上。例如MITSUBISHI三菱橫跨重工業、家電、電腦設備、汽車等領域。

要素	內容說明
保護性 （protectability）	須易於申請註冊，而受法律的保障，例如侵權、仿冒等問題。
適應性 （adaptability）	係指品牌是否能調適、更新，可適用於未來的新產品，例如 Window XP/ Windows Vista。

 三、品牌的種類

品牌主要可分為以下幾類：

類別	內容說明
生產者品牌 Producer's Brand	又稱「全國性品牌」（National Brand），為「生產者本身所擁有」。大規模生產工廠或具有市場領導地位的產品，生產者多設定自已的品牌，如「洋房牌」襯衫、「裕隆」汽車。全國性品牌可以使消費者清楚地知道產品的生產者是誰，其廣告和行銷區域廣闊。
中間商品牌 Middleman Brand	又稱「私人品牌」（Private Brand），係指「批發商或零售商將所售出的貨品，註明其本身標誌」，如遠東百貨公司將一部分貨品冠上公司標誌，又如美國Sears公司雖屬百貨銷售商，但有超過90%的產品使用Sears公司的自有品牌。中間商品牌可以向其他生產工廠訂貨生產自有品牌的產品，成本較低，又可照顧自己品牌，以維持自己的品質與培養顧客的偏愛和信心。
家族品牌 Family Brand	係指「生產者將所擁有的產品均採用相同的品牌」，或將「數個品牌，分別用於不同類的產品」，如大同公司、美商奇異公司均採用單一家族品牌。Sears公司的電器品牌為Kenmore、衣著品牌為Kerrybrook，係採數個家族品牌。家族品牌可以不再費心替新產品找命名，也不必再花昂貴的廣告費，如家族品牌已有良好聲譽，對產品的銷售大有助益。
個別品牌 Individual Brand	係指生產者「將每種產品各使用不同的品牌名稱」，如福特汽車公司所生產的汽車有跑天下、千里馬、雅士、小金鋼等不同的品牌。個別品牌可以將公司聲譽與產品成敗分開，如果產品品質不良或銷售失敗，不必擔心公司聲譽受損，也不致影響其他產品的市場。
成分品牌 Trademarking Composmon	係指供應商為其下游產品中必要的原料、成分和部件，建立其品牌資產的過程。易言之，成分品牌是指產品中某項必不可缺的成分本身即擁有自己的品牌。例如某牌的登山外套在廣告促銷時，宣稱其採用GORE-TEX的防水纖維，即是此種做法。

類別	內容說明
成分品牌聯合 **Ingredient** **Branding**	是指兩個品牌同時出現在一個產品上，其中一個是終端產品的品牌，而另一個則是其所使用的成分或組件產品的品牌。例如康柏、IBM電腦和英特爾晶圓，就是這種意義上品牌協同效應的完美範例。因英特爾公司一直是全球最大的優良晶圓供應商，它擁有世界先進的晶圓製造和研發技術，它能激發消費者的品牌聯想，認為採用英特爾晶圓的電腦一定是品質可靠、性能出眾。
共同品牌 **Co-branding**	共同品牌亦稱「雙品牌」（Dual Branding or Brand Bundling），係指兩個知名品牌結合在一起，共同推廣產品。一個產品有兩個以上著名品牌共列，每個品牌擁有者都期待另一個品牌會強化產品的品牌偏好或購買意願。共同品牌有下列五種形式： 1.同公司共同品牌（Same-company co-branding）：例如Lion廣告:「媽媽檸檬碗盤清潔劑與Top洗衣粉」。 2.合資共同品牌（Joint venture co-branding）：例如GE與Hitachi共同在日本生產燈泡。 3.多重贊助共同品牌（Multiple-sponsor co-branding）：例如IBM、Apple、Motorola技術合作生產的Tallgent。 4.零售共同品牌（Retail co-branding）：例如東華書局開設有馬可波羅餐廳。 5.元件共同品牌（Ingredient Branding）：此為共同品牌的特例，以用在其他品牌內的原物料、零件或組件組成，以創造品牌權益。例如GORE-TEX使用GORE-TEX布料的服裝均具有持久防水、防風及透氣度三種性能，其技術，常常在戶外用品上看到，不管是外套、衣服、褲子、鞋子，甚至背包、綁腿等。當它與另一個知名的成衣品牌結合生產，即屬此類。

牛刀小試

( ) 生產者將所擁有的產品均採用相同的品牌，或將數個品牌，分別用於不同類的產品。稱為： (A)生產者品牌 (B)家族品牌 (C)個別品牌 (D)中間商品牌。 **答：(B)**

重要 **四、品牌權益**

品牌的價值在學理上稱為「品牌權益」（brand equity）。**品牌權益是一種無形資產，但其價值可以甚或經常超越企業所有其他資產的總和，同時，它也是企業競爭力與市場地位的重要指標，因此近年來相當受到實務界與學術界的重視。**

品牌權益的主要來源有以下七項：

來源	內容說明
品牌接受	大多數的顧客不會拒絕購買該品牌。
品牌偏好	比較其他品牌，顧客會指定購買該品牌。
品牌忠誠度	品牌忠誠度係指消費者是否會重複購買某個品牌。如果品牌忠誠度很高，代表企業已經成功留住消費者的心，可使企業與通路商間有更穩固的關係，進而拉高競爭對手的進入障礙，同時也可以降低企業的行銷成本。
品牌知名度	品牌知名度係指消費者是否容易想到與認識品牌的某些特性。品牌知名度是協助消費者簡化產品資訊，方便購買決策的一項有利工具。如果品牌知名度很高，則消費者在進行購買決策時，該品牌進入消費者的購買意識中的可能性就會提高，而被購買的機會也會增加。
知覺價值	知覺價值係指消費者對產品與服務品質的感覺，當顧客對產品的價值與成本無法作正確或客觀的判斷時，顧客多半根據「知覺價值」來作判斷。知覺價值對於消費者的購買決策與品牌忠誠度具有直接的影響。另外，知覺價值越高，企業的定價空間就越大，能享用的毛利空間也越大，同時也讓企業有更好的條件進行品牌延伸，從而協助新產品發展與市場開拓。
品牌聯想	品牌聯想係指任何與品牌有關的特質，如包裝、形狀、產品利益、形象等，是否能夠帶給消費者正面的感覺、認知與態度等。品牌聯想越正面與豐富，越能促使消費者注意與處理有關品牌的資訊，並形成強烈的印象，而這將有助於企業進行品牌延伸。
其他專屬品牌資產	這項因素包含專利、商標、通路關係等內、外部資產。這些資產能夠防止競爭者淡化品牌知名度、侵略品牌忠誠度等，而鞏固品牌權益。

> **品牌權益**：品牌權益並非由企業自己認定，而必須從顧客的角度來判斷，此即所謂的「顧客基礎的品牌權益」觀念。析言之，當一個品牌可令人回味再三，甚至愛到心坎裡，則品牌價值非凡；反之，若一個品牌形象不佳、無人聞問，或是無法凝聚顧客的忠誠度，則該品牌將毫無價值可言；因此可知，「顧客反應」乃是決定品牌權益的最重要因素。

五、品牌的策略

企業可以品牌名稱是現有或新的，作為縱軸；以產品類別是現有或是新的作為橫軸；區分為四種不同的品牌策略，分別是產品線、品牌延伸、多品牌和新品牌策略。茲分別說明如下：

(一) **產品線策略**：產品線策略包括**產品線延伸、產品線填補、產品線縮減與產品線調整等四種策略。**

1. **產品線延伸（line stretching）策略**：當公司在相同產品類別中，引進其他的商品，而且是採用原來的品牌名稱時，即是使用產品線延伸策略。例如哈根達斯（Häagen-Dazs）冰淇淋推出經典、水果、巧克力、抹茶、焦糖牛奶等各式口味的冰淇淋。

公司產品線的延伸方式有下表所列三種：

延伸方式	內容說明
向下延伸	許多公司原先在市場上發展高級品，然後漸漸向下延伸其產品。公司可以透過向下延伸以妨礙或攻擊競爭者，或是進入市場上快速成長的區隔市場。
向上延伸	低級品市場的公司可以嘗試進入高級品市場，他們可能是受到高級品市場的高成長率或高利潤所吸引，或者僅是想把公司定位為完全產品線製造商。產品線向上延伸也會面臨一些風險，在高級品市場競爭者不僅會設法鞏固其市場，可能也會採取反擊措施，而向下延伸其產品線；潛在的顧客可能不信公司有能力生產高品質產品；最後，公司的銷售代表與配銷商可能缺乏足夠的能力和訓練，來銷售這些高級品。
雙向延伸	在中級品市場的公司可以向低、高級品市場進行雙向延伸。再者，產品線的加長也可以透過「產品線填滿決策」來完成，亦即以目前產品線範圍內增加產品項目的方式來達成。採用產品線填滿的作法，其理由如下： 1.增加額外利潤。 2.滿足那些抱怨因產品項目太少，而少做很多生意的經銷商。 3.利用過剩的生產能量。 4.成為整條產品線的領導廠商。 5.填滿空隙以阻止競爭者的進入。但若產品線填得過滿，會造成產品間彼此的衝突，而使顧客無所適從。公司必須確定新加入的產品，和現有產品確有顯著的差異。

2. **產品線填補（line filling）策略**：係在現有的產品線範圍內，增加更多的「產品項目」，以提供該產品線的完整性。例如HTC在既有中價位手機中，從一個牌子增加為兩個牌子。產品線填補的目的包括：

(1)增加企業利潤。

(2)滿足抱怨產品線缺少某項產品而喪失銷售機會的經銷商及零售商。

(3)有效率地利用剩餘產能，促進產能去化，將多餘的產能減少。

(4)在既有產品線中成為完整產品線領導廠商。

(5)避免讓競爭者有機可趁。

產品線填補若是過多，有可能讓新產品品項，吃掉原有產品品項的市佔率或利潤，則無法增加銷售量也沒辦法增加太多獲利，稱為「產品線蠶食（Cannibalization）」。例如可口可樂發展出許多口味的可樂，有原味、有香草口味、檸檬口味、零卡可樂，很有可能會蠶食到原味的市場。

3. **產品線縮減（line pruning）策略**：係在現有的產品線範圍內，減少「產品項目」數，以維持該產品線的競爭性。產品線縮減一般而言係由於產品線擴張過度所致。產品線如果過度擴張，會造成行銷資源的不當分配或浪費，則可能會進一步侵蝕利潤。例如蘋果電腦在2005年曾決定停產40GB iPod Photo，但仍保留功能相近而機體較薄的30GB iPod的決策即是此策略。

4. **產品線調整（line adjusting）策略**：係指產品線內產品品項的更新。由於市場環境的變化，消費者慾望的改變，以及競爭者的競爭態勢改變等因素，產品線必須定時更新調整，以維持掌握市場商機。

(二) **品牌延伸策略（Brand extension strategy）：運用一個成功的品名來推展改良產品或附加產品的策略，謂之。這是將現有的品牌運用在新的產品之上，延伸的做法可以是新包裝、新容量、新款式、新口味、新配方等方式，如此可以收到槓桿的效果。例如Honda公司，不論是汽車、摩托車、滑雪車、割草機等，都是以Honda為品牌名稱。**

> 品牌延伸策略範例：例如Honda公司，不論是汽車、摩托車、滑雪車、割草機等，即是以Honda為品牌名稱的策略。

品牌延伸策略所帶來的好處，第一是可使企業經營的市場擴大，且新產品可維持品牌的新鮮感；第二是具有廣告行銷上的綜效，利用原有品牌的知名度，鼓勵消費者作嘗試性購買，以降低產品上市失敗的風險；第三是滿足不同分眾市場消費者需求，創造市場佔有率最大化；第四是延伸品牌其有與原品牌高度的聯想效果，可強化原品牌的核心利益。

(三) **多品牌策略（Multi-brands strategy）：這是公司在相同產品的領域中，開發出不同的品牌來相互競爭，原因是它們的市場是可以區隔開的，如此才不致發生自己打自己的情況。**例如寶鹼（P&G）所生產的洗髮精有許多個產品項目，包括有沙宣、潘婷、飛柔、海倫仙度絲等洗髮精，每個產品項目占有一個專屬的個別品牌，來因應不同市場顧客的需求。

(四) **新品牌策略（New brands strategy）：如果公司希望開發出一些新的品牌，避免原有品牌形象給人的刻板印象，這時就需要有新的品牌策略，但是這也是需要花費甚大的金錢和時間來建立顧客對其的信賴，而且也須冒很大的風險。**此時公司就必須詳細評估考量是否值得投資。舉例來說，廠商生產新類別的商品，採用新的品牌名稱，如裕隆集團推出結合Luxury（豪華）與Genius（智慧）的LUXGEN國產汽車。

六、產品包裝

(一) **意義**：產品包裝（Packaging）係指生產者為使產品便於陳列銷售，以及運送之安全，而設計產品的容器、盒或包裝紙的有關活動。產品包裝因具有下列功能，故被視為行銷的第5P。

(二) **功能（目的）：**
　1.保護產品，延長產品壽命。
　2.凸顯產品的特徵與效益。
　3.展現品牌名稱，增加使用者的便利性。
　4.具有廣告效果。
　5.提高產品的售價。
　6.吸引顧客注意，以誘發消費者衝動性的購買，故包裝被企業界形容為「沉默的推銷員」（Silent Salesman）。

(三) **包裝的分層（種類）：**
　1.初級包裝：例如將每顆巧克力用錫箔紙加以包覆。
　2.次級包裝：例如以一個紙盒盛裝6顆已經初級包裝的巧克力。
　3.運送包裝：例如將經次級包裝的6打紙盒再用瓦楞紙箱包裝。

七、新產品的定義

(一) **Johnson and Jones的定義**：從生產者觀點，以產品之技術水準新奇度（企業創新度）及市場對企業新奇度兩構面，將新產品分為下列八種類型：

1. **重新設計**：旨在改變成分或形體，使成分及品質更為精確。
2. **替代品開發**：意指以新技術產品取代現有產品。
3. **重新商品化**：即為在目前之顧客上，增加商品銷售量。
4. **改良產品**：主要在改進產品對顧客之效用。
5. **產品線延伸**：即在現有產品線上，增加同類之新技術產品，以服務更多顧客。
6. **新用途**：即是提供現有產品至新區隔市場銷售。
7. **市場擴充**：意指提供改良產品於新區隔市場銷售。
8. **多角化經營，亦即新技術產品在新市場銷售。**

產品目標		技術水準新奇度		
		技術不變	技術改良	新技術
市場新奇度	市場不變	－	【重新設計】改變成份或型態，使成本品質更精進	【替代品開發】以新技術取代現有產品
	市場強化	重新商品化 在目前之顧客上增加銷售量	改良產品 改進產品對顧客之效用	產品線延伸 在產品線上增加同類之新技術產品，以服務更多顧客
	新市場	新用途 提供現有產品至新區隔之市場	市場擴充 改良產品至新區隔之市場	多角化經營 新技術產品銷售至新市場

(二) **Robertson的定義**：他強調使用新產品之後，對現有消費之影響程度，以連續尺度研究法將新產品分為連續性創新、動態連續性創新和非連續性創新等三類。

1. **連續性創新**：在連續性創新方面，通常對目前的消費方式產生最小變化，大部分的新產品屬此類尺度。
2. **動態連續性創新**：針對目前消費方式而言產生部分的變化，歸納為動態連續性創新。
3. **動態非連續性創新**：指產生新的消費方式，提供消費者以前未滿足的功能，或是以前未出現的產品，或以新的方式提供既有的功能，讓消費者有許多新的體會與感受。實務上，真正屬於此類的產品非常少。

八、新產品採用的過程

根據觀察，新產品的採用者，一般會經歷下列「AIETA」五個階段：

階段	內容說明
知曉 （awareness）	消費者知道某種創新的產品，但缺乏資訊。
興趣（interest）	消費者感到興趣，積極蒐集相關該新產品的資訊。
評估（evaluation）	消費者認真考慮是否要試用這個創新的產品。
試用（trial）	消費者實際試用創新的產品，以修正他對該新產品的評價
採用（adoption）	消費者決定採用該創新的產品。

重要 ## 九、技術採用生命週期（創新擴展模式）

學者莫爾（Geoffrey Moore）和麥克肯納（Regis McKenna）1957年在Iowa State College
為分析玉米種子採購行為後，提出技術採用生命週期（Technology Adoption Life
Cycle）理論。技術採用生命週期為一鐘形曲線，該曲線將消費者採用新技術的過程
分成五個階段，分別包括創新者、早期採用者、早期大眾、晚期大眾與落後者。上述
五個階段占整體使用人數比例大約分別為2.5%、13.5%、34%、34%與16%。

Moore指出早期採用者與早期大眾加以分隔的既深且廣的「鴻溝」，可說是技術採用
生命週期中最重大且不可輕忽的轉型過渡階段，危險高，卻經常被忽略掉。科技公
司要能獲得高速的成長，唯有跨越，才能擺脫小眾市場進入主流大眾市場。

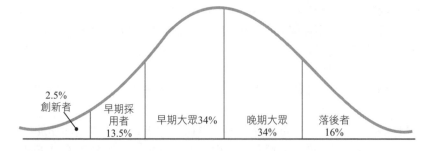

當全新的產品或事物出現，多數人都需要時間去學習和接受。茲以創新採用的相對
時間作為基礎，將採用創新產品的消費者分成下列五類：

類別	內容說明
創新者 （innovators）	係指喜冒險、願意嘗試、樂於參與測試的消費者。此種消費者，稱為「冒險家」。大多數科技的狂熱份子或玩家，非常積極的尋求新型科技產品，即屬此類。
早期採用者 （early adopters）	係指常成為意見領袖，對價格敏感度較低的消費者。此種消費者，稱為「社會領袖」。產品處於成長階段，銷售量快速上升，購買者通常屬於此類。
早期大眾 （early majority）	係指較一般人早於接受新構想、深思熟慮的消費者。此種消費者，稱為「深思熟慮者」。
晚期大眾 （late majority）	係指常抱持懷疑態度，看到大多數人用過後才接受的消費者。此種消費者，稱為「傳統使用者」。
落後者 （laggards）	係指當創新產品得到傳統的認可時才會接納的消費者。此種消費者，稱為「落伍者」。對於新產品的接受時間最晚者即為此類。

十、影響創新採納速度的產品特徵

類別	內容說明
複雜性	指瞭解與使用新產品的困難程度。
相容性	新產品與消費者現存的價值觀、知識、過去的經驗及目前的需求是否一致的程度，當一致程度越高，表示此新產品具有較高的相容性。
相對優異性	指新產品被認為比現存競爭產品優秀的程度。
易感受性	是指容易對目標顧客傳達產品的好處。
可嘗試性	是指產品被嘗試的便利程度與成本大小。

十一、新產品開發過程

新產品開發過程（程序、步驟）依序列舉如下：

程序	內容說明
創意篩選	新產品的構想常來自顧客、研究人員與競爭者，創意篩選乃新產品發展過程的第一個過濾機制，其目的在： 1.避免採用的錯誤（Go-Error），指採用了不適合的創意。 2.避免摒棄的錯誤（Drop-Error），指誤將適合的創意摒棄。
概念測試與發展	1.產品構想：是指從製造廠商的角度，提供市場一種可能產品的構想。 2.產品概念：是指從消費者的觀點出發，將產品構想由消費者利益的角度形成一種較為精細的面貌。
商業分析	商業分析階段通常需考量下述問題： 1.產品的可能需求量？ 2.新產品銷售、利潤、市場占有率及投資報酬率可能面臨的衝擊？ 3.新產品的引進對現存產品市場的影響？ 4.顧客是否可以從新產品獲得好處，特別是經濟上的利益？
產品開發與產品測試	1.在產品開發的前期，R&D部門或工程部門會先發展出產品的原型。 2.發展產品原型的目的，主要是提供實際的產品來供消費者試用，以便觀察產品概念的利益是否能夠表現出來。 3.產品測試依照測試的場所，可分為實驗室測試與非實驗室測試。 4.產品測試依照是否揭露測試廠商與品牌，可分為匿名測試與非匿名測試。
試銷	新產品上市之前，須經過新產品開發流程的許多步驟，上市前為避免產品失敗的風險，公司往往須進行試銷。
上市	新產品開始在市場上出售。

十二、反向工程

企業組織新產品或產品重新設計的創意來源，如果係採取透過對競爭者產品進行拆解並仔細研究，以找出改良自己產品的方法稱之為「反向工程」。

反向工程又稱為「逆向工程」，是一種技術過程，即對一專案標產品進行逆向分析及研究，從而演繹並得出該產品的處理流程、組織結構、功能效能規格等設計要素，以製作出功能相近，但又不完全一樣的產品。反向工程源於商業及軍事領域中的硬體分析。其主要目的是，在無法輕易獲得必要的生產資訊下，直接從成品的分析，推導產品的設計原理。

第六節 行銷組合

 一、行銷組合

20世紀著名的行銷學大師，美國密西根大學教授傑羅姆·麥卡錫（Jerome McCarthy）於1960年在其第一版《基礎行銷學》中首次提出了著名「產品（Product）、價格（Price）、通路（Place）、促銷（Promotion）」4P行銷組合經典模型。析言之，行銷組合（Marketing Mix）乃是企業為了滿足顧客需求，謀求企業利潤而設計的一套以顧客為中心，以產品、價格、通路、推廣為手段的行銷活動策略系統。換言之，在「區隔市場」、「選擇目標市場」及「產品定位」（STP程序）之後，接著須發展產品（product）、價格（price）、通路（place）與推廣（promotion；有譯為促銷）等四種行銷活動，這四個主要活動元素即稱為「行銷組合」，簡稱行銷4P。

在商業實務上，行銷組合即係包括：企業要提供那些產品或服務以滿足消費者需求？消費者要支付的代價高低？如何將產品或服務有效的傳達給消費者？如何協助消費者喚起潛在需求？以及如何得知滿足需求的管道？

項目	內容說明
產品	產品（Product）是決定企業經營成敗的最主要關鍵，包括產品線、品質、品牌、商標、包裝、服務，以及新產品的研究與開發。產品為行銷的核心，若無產品的存在，行銷便無從開始。
價格	訂價（Price）是指對該產品或勞務售價應作如何訂定，在行銷組合的4P中，只有價格才能帶給企業利潤，其他僅代表成本。
（配銷）通路	通路（Place）是指如何將適當的產品，適時、適地的提供給需要的顧客。
推廣	推廣（Promotion）是指刺激購買慾望的工具，包括人員銷售、廣告、銷售推廣及公共報導。

重要 **二、產品組合（Product Mix）**

(一) 產品線、產品項目與產品組合

1. **產品線（product line）：係指由一群在機能、價格、通路或銷售對象等方面有所相關的產品所組成。** 析言之，產品線是指一群相關的產品，這類產品

可能機能相似，銷售給同一顧客群，經過相同的銷售途徑，或者在同一價格範圍內。

2. **產品項目**：是指產品線中的某一特定產品，其在大小、價格、外觀或其他特點方面與產品線其他產品有所差異。析言之，產品項目係指在同一產品線或產品系列下不同型號、規格、款式、質地、顏色或品牌的產品。例如百貨公司經營金銀首飾、化妝品、服裝鞋帽、家用電器、食品、文教用品等，具體來說如海爾公司眾多規格型號的洗衣機中，「小神童」就是其中的一個產品項目。

3. **產品組合（product mix）**：係指廠商提供給消費者所有產品線與產品項目之組合而言。產品組合恰當與否的評估指標包括廣度、長度、深度以及一致性等四個構面，其內涵說明如下：

項目	內容說明
廣度	廣度（width）又稱為「寬度」。係指擁有的產品線的數目。亦即指產品線內不同系列產品別的數量。如某公司擁有清潔劑、牙膏、條狀肥皂、紙尿布、衛生紙，那麼它的廣度即為5。依此定義，專賣店所販售的產品組合廣度最窄。
長度	在產品組合決策中，一產品線的產品項目之總數，稱為「長度（length）」。例如華僑企業有五條不同的產品線，分別為生產2種、3種、4種、5種及6種產品，則其產品組合的長度為20。
深度	係指企業之「產品線」中每一「產品品項」有多少種不同的樣式，換句話說，公司產品組合內各產品線之產品項目的多寡，稱為產品組合的「深度」。某公司的綠茶飲料分全糖及無糖，即是指「深度（depth）」的產品組合。假設白人牙膏有3種大小及2種配方，它的產品組合深度即為6。將每一產品品項之深度加總計算，再平均之，即得產品組合之深度。
一致性	一致性（consistency）亦稱為產品線的相關度。係指產品的最終用途、生產條件、配銷通路等的相關程度，稱為產品組合的「一致性」。亦即不同的產品線在性能、用途、通路等方面可能有某種程度的關聯，這稱為相關度。

4. **產品屬性**：

   (1) **產品屬性的意義**：係指產品所有外顯與內在的各項特徵、性質之組合，並能為顧客所察覺者。因此，產品所有外顯和內含的各種特徵性質的組合，能為消費者所察覺者即為產品屬性。

(2)產品屬性的分類：

類別	內容說明
搜尋屬性	指消費者在購買前即可判斷的屬性，例如顏色、價格與形狀等。
經驗屬性	指消費者在消費當時或過後才能夠加以判斷其品質的屬性，例如口感、味道、滿意度等。
信任屬性	指消費者即使在購買後仍然難以評價的屬性。例如醫療服務、教育、顧問諮詢都是高度信任屬性的提供物。

(二) 產品定位

1. 定位的意義：定位是以特定產品或服務為主軸，致力在消費者心中建立起獨特、專屬、與眾不同的銷售認知，樹立產品在市場上一定的形象，從而使目標市場上的顧客瞭解和認識本企業的產品，以創造消費者對該產品或服務的忠誠度。

> 產品定位
> （Product positioning）：
> 亦稱為「行銷定位」。

2. 產品定位的基礎

(1)功能屬性（Attributes）：解決產品主要是滿足消費者什麼樣的需求？對消費者來說其主要的產品屬性是什麼？

(2)利益（Benefits）：產品定位的目的是在於以促成消費者選購該產品或維持忠誠度，企業為某項產品所建構的獨特專屬地位，即稱為該產品的「獨特銷售主張（USP）」。

(3)個性（Personalities）：主要審視產品的上述策略的實施決定的品牌屬性是否與企業的母品牌屬性存在衝突，如果衝突，如何解決或調整？

(三) 產品的層次（產品層級）：行銷上的產品包含有三個層次：

層級	內容說明
核心產品（core product）	產品最核心的部分為產品或服務所傳遞的核心價值，稱為核心產品。也就是產品或服務欲滿足消費者需求的價值所在。
實體產品（tangible product）	核心產品之外，才是產品的實體部分，稱為實體產品，包括產品的性能、品質、形式、品牌、包裝等，主要在有效傳遞產品的核心價值。
擴張產品（augmented product）	實體產品的外圍有許多產品組合的元件，稱為擴張產品；或稱為引申產品。擴張產品，係指因為此項核心產品使用上的需要，提供額外的服務事項，用於呈現核心產品的整體價值；例如協助消費者進行產品使用前的安裝工作、提供運送服務、提供產品使用保證、或提供必要的售後服務、甚至提供貸款融通選擇，協助消費者採購。

(四) **顧客價值層級：「顧客價值層級」，這是行銷人員在執行行銷策略時必須理解的產品層級概念。唯有透過完整的層級建構，方能創造真正的「顧客價值層級」（customer value hierarchy）。其中最基本的層次為「核心利益（core benefit）」**，這是消費者真正購買的服務或利益。行銷人員扮演的角色則應該是「利益的提供者」。

> **顧客價值層級的涵義：**
> 產品組合的觀念提供了企業塑造產品差異化的構面，而如何讓核心產品能夠有形與擴張產品的支持下，實現產品的核心價值，是行銷活動中產品組合的核心議題。

對行銷人員來說，第一個層級即為核心利益（core benefit），第二個層級是將顧客的核心利益轉換成基本產品（basic product）。第三個層級是包裝成為期望產品（expected product），亦即顧客購買所期望的一種屬性與狀態。第四個層級是延伸產品（或稱為「附加產品」）（augmented product），是迎合顧客欲求並超越其期望水準的。第五個層級則是其潛在產品（potential product），指的是所有延伸產品及其各種轉換的形式且可能大行其道的產品。茲將其內涵分別說明如下：

層級	內容說明
核心利益	係指產品能為消費者帶來什麼樣的好處或能為他們解決什麼樣的問題。例如就產品的內涵而言，消費者購買化妝品的主要原因在美麗、清新、高貴、美白、抗老等，此即指核心利益。
基本產品	又稱為實際產品（actual product），係指構成產品的最基本特質、能夠帶給消費者最基本機能的屬性組合，如果缺乏這些屬性，該產品就不配稱為該產品的名稱。例如，雜誌的基本產品是可供閱讀的、圖文並茂的紙張，如果只是一疊空白紙張的裝訂本，不能稱作雜誌。
期望產品	係指消費者在購買時所期望看到或得到的產品屬性組合。例如病患期望醫院有清潔的環境、醫生有耐心的看診態度等。
延伸產品	廠商為了建立本身的競爭力，在市場上脫穎而出，往往需要超越消費者的期望，為產品增添獨特或競爭者所缺乏的屬性，這些屬性即稱為延伸產品（又稱為「附加產品」）。例如醫院為病患提供免費的頭部與肩膀按摩服務等。
潛在產品	係指目前市面上還未出現，但將來有可能實現的產品屬性。例如醫院提供快速的、沒有疼痛的胃腸診斷等。

重要 三、定價組合（Pricing Mix）

(一) 定價策略

1. **吸脂定價（skimming pricing）策略**：亦稱為「刮脂」、「去脂定價策略」。所謂「吸脂定價法」係指企業在新產品上市初期或沒有競爭對手的情況下推出新產品，採取「高價位定價法」，目的係在市場上競爭較小的情況下，追求每單位產品之銷售利潤最高。易言之，企業在新產品生命週期之導入及成長階段，其定價盡可能在消費者願意支付的範圍內訂定最高價位，這種策略可以取得最多的利潤，以回收產品研發的成本，此即稱為「吸脂定價策略」。吸脂定價行為是一種「沿著需求曲線下降」的定價方法（量愈少，價愈高；量愈多，價愈低）。企業一開始會將新產品訂定一個顧客可能願意支付的最高價格，再隨著產品生命週期而逐漸降低該產品的價格，以便接近更大範圍的市場。此定價法的使用條件如下：

    (1)產品獨特性大或有專利權，不虞其他產品的威脅。

    (2)係新產品，一時尚難獲普遍接受，消費者購買量難以擴大。

    (3)市場容納潛量有限，不足以吸引競爭者加入。

    (4)市場的需求彈性小，即使減價，銷量亦屬有限。

    (5)公司本身無力量擴充產量，以供應市場增加的需求。

    (6)因技術或原料條件的限制，產量無法增加。

2. **滲透定價（penetration pricing）策略**：企業在新產品定價時，以較低的價格打入市場，以期能夠在短時間內加速市場成長，犧牲高毛利率以取得較高的銷售量以及市場佔有率的定價方式。

(二) 常見的新產品定價方法：

1. **成本導向定價法**：依照產品的獲得成本，加上一定額度的管銷費用與利潤比例，即為產品的售價，這種定價法稱為「成本導向定價法」。例如某公司印表機的單位成本為3,000元，廠商希望有成本20%的利潤，因此將價格定為3,600元。此即屬於這種定價法。常見的企業產品價格制定方法如下：

定價方法	內容說明
成本加成定價法	係依產品的生產成本，加上一定額度的管銷費用與利潤比例，即為產品在市場上的販售價格。乃以生產成本為基礎，另加以預期的銷售利潤，作為產品的售價。此法簡單易算且能保障利潤率，為其優點。但在生產效率遭忽視時，則不易促進管理者警惕，而致產品價格過高。

定價方法	內容說明
目標 定價法	或稱為「目標報酬率定價法」或「目標獲利定價法」。係以企業預定獲利目標為基準,並預定產品銷售數量的基礎下,訂定產品價格。公共事業即常用此法定價。
損益兩平點 定價法	係指某一種產品或店面的銷售量(或銷售額)為零時,公司是處於既不賺錢也不賠錢的情況。如果當公司想要賺取一定數額之利潤時,則該公司必須調整多少價格或達到多少銷售量才能實現。因此,利潤目標定下之後,價格即可以求算出。
投資報酬率 定價法	是在產品的平均成本之上,加預期的投資報酬為價格的一種定價方法。此方法中的加成利潤,不是以成本為基礎計算,而是以全部投資為基礎計算。

2. **需求導向定價法**:又稱為「顧客導向定價法」或「市場導向定價法」,係指企業根據市場需求狀況和消費者的不同反應分別確定產品價格的一種定價方式。此種定價法一般是以該產品的歷史價格為基礎,根據市場需求變化情況,在一定的幅度內變動價格,以致同一商品可以按兩種或兩種以上價格銷售。這種差價可以因顧客的購買能力、對產品的需求情況、產生的型號和式樣、以及購買時間、地點等因素而採用不同的形式。例如在觀光熱季時,一些景點的旅館及民宿紛紛提高住宿的價格,即屬此類定價法。

定價方法	內容說明
差別 定價法	係指企業針對不同的消費群體,依據每一群體之需求特性而採取差別定價的策略。亦即對需求彈性較低的客群,訂定較高的產品價格;反之,對需求彈性較高的客群,則以低價銷售。此即所謂之「差別定價」(price discrimination)。通常只要是兩個以上的區隔市場之間,不會出現產品交流的現象,企業採取差別定價,就可以獲得最大的經濟利益。差別定價的例子比比皆是,例如首輪電影票價一定高於二輪的電影票價;飛機的商務艙票價往往是經濟艙的兩倍;台電公司對於不同用電戶、不同用電時段,收取不同的電價等皆屬此種定價方法。
畸零 定價法	亦稱「心理定價法」、「奇數定價法」。企業經常將商品的價格訂為99元、199元、999元,而不是整數定價,這是利用消費者認為價格尚未達到100、200或300元而感覺較便宜的心理,以吸引消費者購買的定價方式。

定價方法	內容說明
尖峰 定價法	係對於相同產品在不同時段訂定不同價格的定價方法，當較銷售量大時訂定較高的價格。
價值基礎 定價法	亦稱為「知覺價值定價法」。係指企業在訂定產品或服務的價格時，係以顧客心中值來訂定價格，換言之，亦即以顧客對產品或服務的知覺價值來定價。
產品配套 定價法	亦稱為「產品組合定價（portfolio pricing）」。係將幾種產品組合起來，並訂出較低的價格出售，以較低的整體價格刺激購買，或促銷消費者本來不太可能購買的商品，配套銷售可以節省人力、後勤作業與行政資源。例如顧客持有悠遊卡，在搭乘捷運後直接轉搭公共汽車，則公車的票價會予以折扣，這種定價方法即屬此類。

牛刀小試

( ) 以成為市場領導者的姿態，訂定出市場最高價格的定價水準，此種定價法，稱為： (A)差別定價法 (B)流行水準定價法 (C)價格領導定價法 (D)成本加成法。 **答：(C)**

3. **競爭導向定價法**：係企業藉由研究競爭對手的生產條件、服務狀況、價格水準等因素，依據自身的競爭實力，參考成本和供需狀況來確定產品價格，亦即以市場上競爭者的類似產品的價格作為本企業產品定價的參照系的一種定價方法。一般來說，在基於產品成本預測比較困難，競爭對手不確定，以及企業希望得到一種公平的報酬和不願打亂市場現有正常次序的情況下，這種定價方法較為有效。在競爭激烈而產品彈性較小或供需基本平衡的市場上，這是一種比較穩妥的定價方法，在房地產業應用比較普遍。

定價方法	內容說明
市場滲透定價法 market penetration pricing	係採取相對低價之定價策略，設法擴大市場規模，以期佔有更大的市場。換言之，其係經由壓低產品價格，吸引更多消費者及阻止競爭者進入的策略，故亦稱之為「滲透策略」。
誘餌定價法 loss leader pricing	係指利用消費者的認知、偏好等心理因素，運用產品定價策略來刺激消費者的購買慾，例如百貨商場在促銷期間，會將某些商品以遠低於市價的超低價格定價，藉以吸引消費者上門。

定價方法	內容說明
事件定價法 **special-event pricing**	事件定價法（Special-event Pricing）係藉由例如週年慶等名義所推出之各式折扣定價方式。
投標定價法 **sealed-bid pricing**	投標定價法又稱為「封籤定價法」，廠商以投標方式爭取業務時的報價方法，故其定價通常以低於預期競爭者可能的報價，以取得合約，例如政府工程常以投標定價法決定合約廠商。
價格領導定價法 **price leader pricing**	以成為市場領導者的姿態，訂定出市場最高價格的定價水準，藉以凸顯該產品在市場上的領導地位。
追隨領袖定價法 **follow-the-leader** **pricing**	以追隨市場領導者的定價水準為基礎，制定產品價格，以期能在市場上獲得一席之地。
流行水準定價法 **going-rate pricing**	又稱「現行流行價格訂價法」或稱為「模仿定價法」。此法係指某一家廠商將其產品價格，定在產業的平均價格水準，亦即「參照競爭對手的價格，加以模仿，訂定與其相等或相近的價格」。此法相當普遍有如下幾個原因： 1.當成本不易衡量時，現行價格可代表集體產業之智慧，相信一定能產生合理之報酬。 2.比較不會破壞產業之和諧。 3.購買者與競爭者對不同價格之反應無法預料。 本法主要行之於同質產品市場，由於其同質性及高度競爭性，廠商很難自定價格，而是由大多數消息靈通的購買者與銷售者共同決定。

4. 其它定價法：

定價方法	內容說明
彈性 **定價法**	係指對於成本以外之利潤不予以固定，而是視經濟的變化、需要的消長，隨時機動調整價格，其優點為能適應市場狀況的變化。但因須隨時調整價格，手續繁且利潤不定，故採用者甚少。
直覺 **價格法**	亦稱「敏感價格法」，其特點在價格之決定全憑對市場情況之了解；亦即以生產成本及市場需要為基礎，並推測未來趨勢，衡量競爭情況，而訂定產品售價。

定價方法	內容說明
實驗價格法	係指先將新產品的樣品，以不同之價格送往市場試銷，經相當時間後加以核計，以其中所獲利潤最高之價格，定為該產品之售價。
名望定價法	又稱聲望定價、炫耀價格定價。產品特地訂定高價位來凸顯該產品品質或地位，以使消費者覺得產品具有較高的聲望或品質。
認知價值定價法	又稱為「認知定價法」、「感受價值定價法」、「理解價值定價法」。係依照顧客對於產品的價值認知來訂定價格。即顧客認知的價值多高，價格就設多高，高品質高價位。例如一罐可樂在便利商店賣25元，而在觀光飯店卻要賣50元，此即是認知定價法。
兩部分定價法	亦稱為兩階段定價。即以固定費用加變動費用兩段計費方式來定價，如水費、電費。電信業者採用訂價方式為基本月租費加收超用費率亦是。
移轉定價法	公司將產品運往國外的子公司，另行訂定的價格。
犧牲打定價法	係將一些商品以接近成本，甚至低於成本的價位來供應給顧客，例如商店推出超低價的特價品或每日一物，以吸引顧客上門，希望顧客除了特價品之外，也購買一些正常價格的產品。
物超所值定價法	亦稱為天天低價或價值定價法，亦即經常性的維持產品低價，降低促銷活動的成本。
附件定價法	產品組合訂價中，依據配合主要產品所伴隨之自選式產品來進行訂價者，謂之。如刮鬍刀的刀片和把柄、刀片會比較貴。
產品線定價法	每條產品線訂定不同價格。如手機分成1000元、2000元、3000元三種。
動態定價法	產品在銷售時會依照當時的市場情境或購買條件調整產品價格，稱為動態定價法（dynamic pricing）。亦即企業根據市場需求和自身供應能力，以不同的價格將同一產品適時地銷售給不同的消費者或不同的細分市場，以實現收益最大化的策略。
劃一價格定價	將某類商品集中放置在一起，每件售價相同。

5. **價格折讓策略：**

折讓方式	內容說明
現金折扣	現金折扣主要是希望客戶能提早還款、防止呆帳發生所給予的折扣計算方式，係針對能夠在期限內迅速支付帳款的顧客，所給予的優惠價格。會計上「2/10，n/30」表示買方應在30天內付款，若在10天內付款則可以少付貨款的2%。這種方式，謂之。付款條件若是「2/10，1/20，n/30」，則是表示買方應在30天內付款，若在10天內付款則可以少付貨款的2%，在20天內付款可以少付貨款的1%。
商業折扣	主要是為了鼓勵客戶購買公司的商品及避免因不同客戶及不同銷售時間而會隨時調整定價，因此給予客戶定價某個百分比來做為折扣的計算。簡單來說就是定價與實際售價之間的差額折扣。
數量折扣	係指不同的交易數量基礎之定價模式，例如每個100元，一次購買10個，總價950元。通常購買的數量愈多金額愈大，折扣亦愈大。顧客在一定期間內的購買額可以累積計算折扣者稱為累積折扣（Cumulative Quantity Discount）。僅按每次購買額計算折扣者稱為非累積折扣（Non-cumulative Quantity Discount）。
季節折扣	係指在產品淡季時以低價吸引較多的消費者在淡季上門購買產品，給予季節折扣。季節折扣多用於具有季節性的產品，以鼓勵買者淡季儲存，減低生產者的存貨壓力，如時裝、旅遊、運輸服務業，經常採取此種定價方式。
交易折讓	交易折讓又稱「功能折扣」（Functional Discount），係依照經銷商在產品銷售上所擔負的不同機能，而給予不同的折扣，或是對於庫存品、瑕疵品等，以較低價格出售，此即為交易折讓的一種方式。
搭售	即搭配銷售（Tie-in Sale），它亦被稱為附帶條件交易。係指將兩種以上的產品組合在一起定價、出售，亦即一個銷售商要求購買其產品或者服務的買方同時也購買其另一種產品或者服務，並且把買方購買其第二種產品或者服務作為其可以購買第一種產品或者服務的條件。

牛刀小試

( ) 價格之決定全憑對市場情況之了解；亦即以生產成本及市場需要為基礎，並推測未來趨勢，衡量競爭情況，而訂定產品售價，稱為： (A)直覺價格法 (B)實驗價格法 (C)彈性定價法 (D)模仿價格法。 **答：(A)**

四、產品生命週期

所謂「產品生命週期」是指新產品上市後，在市場中的銷售潛量和所能獲得的利潤，會因時間的演進而發生變化。一般而言，**產品生命週期為「一條S型的曲線」（如下圖所示），這條曲線可分成四個階段，分別為導入期（又稱為引介期、上市期）、成長期、成熟期與衰退期。**產品生命週期代表的是一產品銷售歷史之各階段，各階段會有其銷售機會、困難和相對的行銷策略與獲利能力等特點，能幫助企業判斷出產品正處於哪個階段，而企業又應訂定什麼樣的行銷策略。

產品生命週期的階段：考試時，若題目將「產品生命週期」分為五個階段，則請在導入期之前面，增加「孕育期」（Product Development）為第一個階段，其餘四個階段依序往後推。所謂孕育期是指企業在設計、生產及研究的階段，為產品作出充分的市場調查，確保產品能迎合消費者的需求。企業同時因應消費者的反應，把產品加以改進，逐步把品牌建立起來。

(一) **產品生命週期的特點**

1. 產品之生命有限。
2. 產品的銷售會經過不同的階段，每一階段對行銷者而言都是挑戰。
3. 利潤會隨產品生命週期階段起伏。
4. 不同的產品生命週期階段會需求各種不同的行銷、人事、製造等策略。

(二) **產品生命週期階段**

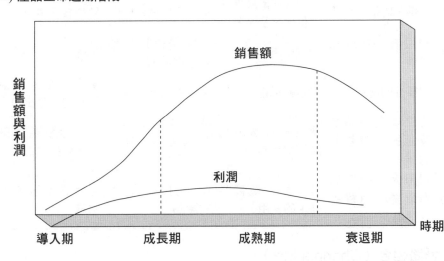

階段	產品銷售狀況
導入期	在導入期（introduction）階段，產品剛推入市場，銷售成長緩慢，推銷費用很高，幾乎沒有任何利潤可言。
成長期	在產品生命週期各階段中，處「成長期」時，產品快速被市場接受，為銷售量成長最快的階段，公司的實質利潤也逐漸增加，開始獲利；但許多競爭者會先後進入市場，因此企業最應以爭取大幅度的市占率為目標；故其行銷策略包括：1.延伸產品、服務；2.採滲透定價；3.建立密集式配銷。
成熟期	成熟期（maturity）又稱為「飽和期」。產品生命週期中，通常銷售量最高點出現在這個時期，競爭者也最多。此時銷售成長已趨緩，產品利潤達到最高峰而後轉趨下降，而有衰退之跡象。為了對抗競爭者，企業需要利用大幅降價及增加廣告支出來做為打敗眾多競爭者的階段，利潤也因而減少，此時廣告策略應強調品牌差異性與利益。
衰退期	在衰退期（decline）階段，產品的銷售額與利潤均開始下滑，甚至會有虧損現象。此時亦會有廠商退出市場、市場區隔減少及推銷費用減少的現象。

(三) **產品生命週期的各階段行銷策略**

	導入期	成長期	成熟期	衰退期
產品	提供一項基本產品	擴展產品的廣度並提供服務及保證	品牌及樣式多樣化	除去衰弱項目
價格	利用成本加成法定價	滲透市場的價格	大幅降價以攻擊競爭者的價格	減價
通路	選擇性的配銷	密集的配銷	更多的密集配銷	選擇性地除去無利潤的銷售出口
廣告	建立早期採用者及經銷商對產品的認知	建立對多數市場的認知及興趣	增加廣告支出，強調品牌的差異性及利益	減低至維持品牌忠誠者的水準
促銷	利用大量的促銷進以誘導消費者的試用	減少對大量顧客需求的利用	增加對品牌轉換的激勵	促銷宜減至最低水準

重要 **五、通路組合（Channel Mix）**

(一) **通路的意義與特性**：通路係指將產品由生產者經由中間商至消費者之整個行銷的管道。因為通路網路具有長期的特性，此種持續性的承諾主要來自兩方面的

因素,一是通路建構需要龐大而無法移作它用的專屬性投資;一是通路關係亦即鑲嵌於通路上,意即即使原先的通路成員績效不佳,製造商仍是傾向經由現有通路行銷新產品而不願意改變通路安排,原因是製造商不願意傷害現有通路所建立的顧客忠誠度。而基於此種長期不易變更的特性,故使得通路乃成為行銷組合中最需龐大投資和最花時間的特性。

(二) **配銷通路(Distribution Channel)的意義**:或譯為「配銷途徑」。係指產品自生產者至消費者所經由的途徑。大多數生產者都不直接將產品售予最終使用者,而由中間媒介者擔任各種不同的銷售工作,這些中間媒介者,稱之為「中間商」。中間商包括不具商品所有權的「代理商」,具有商品所有權的「經銷商」。經銷商又分為「批發商」與「零售商」。

(三) **行銷通路結構的型態與機能**

1. **行銷通路結構的型態**:行銷通路可以按其含有的「階層數目」來加以區分,凡是執行某些過路機能,使產品及其所有權更接近最終購買者的每一個中間商,均稱之為通路階層(Channel Level),而以中介階層(Intermediary Level)的數目來決定過路的「長度」。通路的類型,依據產品或服務供應商(製造商)與消費者之間,存有的中間商層次之多寡,可分為零階、一階、二階、三階等不同的通路結構,茲分述如下:

通路結構	內容說明
零階通路	是指製造商,直接和消費者聯繫溝通,把產品銷售給最終顧客的通路模式。亦即產品供應商至消費者之間,並無任何中間商存在(即:產品供應商→消費者)。例如直銷、郵購、電話行銷、網路行銷、電視行銷、逐戶推銷、網路商店等,消費者直接向產品供應商訂貨付款,並取得所需的產品。
一階通路	係指產品供應商與消費者之間,存在著一種任何形式的中間商,例如零售商、經銷商、甚至批發商等(即:產品供應商→零售商或經銷商→消費者)。例如日常用品製造廠商將產品生產之後,透過超級市場轉售給消費者,即為「一階通路」。
二階通路	係指產品供應商與消費者之間,存在著兩種形式的中間商(即:產品供應商→批發商或經銷商/零售商→消費者)。例如同時有零售商與批發商、或是同時存有零售商與經銷商,而且產品係透過批發商或經銷商,送至零售商之兩階段產品配送方式。例如文具製造廠商將產品賣給中盤商,再由中盤商配銷至書局,書局再出售給消費者,此即屬於「二階通路」。

通路結構	內容說明
三階通路	係指產品由供應商至消費者手中，會有三種不同類型、且分層配送之中間商（即：產品供應商→批發商／經銷商／零售商→消費者）。例如由批發商將產品送交經銷商，再由經銷商將產品送至零售商之產品配送型態。

2. **行銷通路的功能**：行銷通路功能可分為下列兩方面：

(1) **行銷通路成員執行的主要功能**：

項目	內容說明
資訊	蒐集與行銷環境行為和因素有關的必要行銷研究和資訊以供規劃與交易完成。
促銷	發展與傳播產品的說服性溝通訊息。
接觸	尋找潛在購買者並與其接觸溝通。
配合	使提供的產品能配合顧客的需求，包括製造、分級、裝配與包裝的活動。
協商	在價格及其他條件上作完最後的協定，以推動產品所有權的移轉。

(2) **其他足以協助履行完整交易的通路功能**：

項目	內容說明
實體配送	運送及儲存產品。
財務融通	資金的取得與週轉，以供通路工作的各項成本。
承擔風險	承擔完成通路工作所帶來的風險。

(四) **通路密度（channel density）：又稱「市場涵蓋密度」（market coverage）或「通路範疇」。係指在一定的銷售區域內零售據點的數目與分布狀況。**企業在選擇經銷商家數時，會因其不同的通路策略而有不同的抉擇，茲分述如下：

通路結構	內容說明
獨家式配銷（exclusive distribution）	獨家式配銷（exclusive distribution）亦稱為獨占性配銷，係指在某一地理區域中，只允許一家經銷商來配銷產品的配銷方式。一般而言比較特殊性的商品，如廠商的產品是主要的工業設備、開鑿隧道設備等，宜採行此種配銷方式。日常生活中常聽到的廣告術語「獨家代理」即屬此類。

通路結構	內容說明
密集式配銷 （intensive distribution）	密集式配銷（intensive distribution）是在同一市場上，讓公司的產品透過不同的，甚至是相互競爭的經銷商來販售，而不是只有唯一的經銷據點。最適合便利品的配銷方式即是密集式配銷，例如在超市、便利商店、百貨公司裡都可看到各式不同的商品，它們以相互競爭方式提供民眾更多的選擇機會。以目前臺灣地區的狀況而言，便利商店的市場涵蓋密度是屬於「密集式配銷」層次的配銷。
選擇式配銷 （selective distribution）	是一種在特定的地區只選擇數家優先的經銷商或零售商來授予銷售權的方式，它是介於前兩者之間的策略。通常選購性的商品是比較適宜採行此種經銷策略，例如汽車製造商它會選擇具有維修能力、和足夠展示空間的經銷商，來作為合作的伙伴。如此可一方面顧及到經銷商的利潤，不至使其產生惡性競爭情況，同時也可創造出較大的總體銷售量和較佳品質的服務。

　　一般而言，便利性的商品比較適合利用密集式的配銷策略，因為這對消費者極為便利，而且他們通常也不太注重產品的品牌或價格，都是以方便選購為考量。選購性的商品則可採取選擇式或密集式的配銷策略，這必須視商品本身的性質而定，如家電用品可能是密集式策略、汽車則是選擇式配銷策略。至於特殊性商品則因為產品本身性質的考量，多半會使用選擇式或獨家式的配銷策略。

(五) **行銷通路系統的整合**：通路成員之間在產品、金錢、資訊等方面的往來相當頻繁，彼此之間存在著既合作又衝突的互動關係。由通路成員之互動關係，**可將通路系統分成傳統行銷系統、水平行銷系統以及垂直行銷系統**。茲分述如下。

1. **傳統行銷系統**：在傳統行銷系統（conventional marketing system）中，**通路成員的活動大多各自為政，他們彼此之間雖有所往來，但沒有任何的合作協調關係存在**。供貨廠商從未想到如何替經銷商解決問題或改進營業狀況，而只是一味地希望對方進貨；再者，廠商有時為了增加產品銷售額及曝光率而過度鋪設產品，導致產品在市場重疊性太高，造成零售店之間惡性競爭。面對市場上的混亂狀況，整個通路系統中並沒有任何機構或人員可拿出一套方法來解決這些問題，這些都是傳統行銷系統的現象。

2. **水平行銷系統**：水平行銷系統（horizontal marketing system）係一種橫向的關係，亦即同層級的組織所形成的合作體系（例如兩家生產者的合作），而這種合作可以是同業之間，亦可以是跨行業間的合作。例如電腦公司和電話

公司合作開拓未來的通訊市場。或如迪士尼在推出動畫電影時,經常在麥當勞店中張貼電影海報或展示公仔,麥當勞亦透過贈送公仔吸引顧客,這一種通路整合的方式,即是水平行銷系統。水平行銷系統產生的原因,主要是想結合合作雙方的資金、技術、人力、行銷等資源,而達到吸引更多顧客或提高獲利等雙贏的局面,特別是在異業結盟的時候,更是明顯。

3. **垂直行銷系統**:垂直行銷系統(vertical marketing system VMS)係用來整合上、中、下游的廠商,以便有效管理通路成員的行動,避免通路成員為了自身的利益而產生衝突或重複投資,進而期望能提高行銷通路的靈活度與獲利能力。因此在一個成功的垂直行銷系統中,其通路成員之間不僅只有買賣的關係,還強調彼此的長期依賴與合作關係,以合力創造利益。它包括下列三種形式:

形式	內容說明
管理式垂直行銷系統 administered VMS	係依靠通路中的某家具有相當規模與力量的廠商,與願意服從其領導的通路成員所形成。該知名且受市場歡迎的品牌廠商往往有足夠的力量促使中間商在產品擺設、定價方式、促銷活動等方面採取合作的行動,進而管理整個通路系統。同樣的,某些擁有強大銷貨能力的零售商亦能對製造商有相當大的影響力,因而成為通路系統中的領導者,例如7-ELEVEN超商、家樂福量販店等零售業者。
所有權式垂直行銷系統 corporate VMS	是由同一個公司或集團,擁有從製造商到零售商的整個通路系統。這類系統中有關於中間商的經營,有可能是由公司派人直接經營(簡稱直營;例如La New除了製造皮鞋,還直營零售店),或是委託外人經營,即「委託加盟」(如7-ELEVEN)。
契約式垂直行銷系統 contractual VMS	此系統中,其通路成員之間的作業受契約的規範,但是製造商與中間商並不屬於同一個所有權。這種系統的形成可能由批發商、零售商或製造商發起。近幾年來,目前台灣市場中最受矚目的契約式垂直行銷系統是「特許加盟組織」(franchise organization),許多全國性連鎖的餐飲店、便利商店、冷飲店等都是屬於此類。

(六) **通路衝突型態**:通路衝突主要是通路成員間目標不相容、角色和權利不清楚、知覺的差異和中間機構對製造者的高度依賴等原因所造成的,通路衝突類型大致可分以下為三種:

型態	內容說明
水平通路衝突 horizontal conflict	係指相同層級的通路成員所產生的衝突，通常與過度競爭、「撈過界」等有關。例如某內衣專門店在百貨公司週年慶時門可羅雀，沒什麼顧客上門，此即為水平通路衝突的原因所致。
垂直通路衝突 vertical conflict	係指不同層級的通路成員之間所產生的衝突，通常導因於通路成員間彼此權力的消長。
多重通路衝突 multi-channel conflict	當製造商建立兩個或以上的通路系統時，不同通路體系為了爭取相同的顧客而導致的衝突。例如一些成衣製造商為了能在網路上自己銷售本身所生產的成衣，而不惜與原本合作愉快的零售商打對台。

(七) 通路衝突的原因：

項目	內容說明
目標不相容	雙方所關心的重點不同。例如製造商為了出清舊貨而促銷產品，但零售商卻想以最新商品來提高毛利率。
定位或角色不一致	某通路成員的表現和預期行為不同。例如廠商不再塑造高級形象，增加通路密度使得終端零售商良莠不齊，而引發原有零售商的抗議。
溝通不良	資訊傳遞錯誤或資訊不夠流通與透明。例如資訊若沒有正確地傳達予相關的、有利害關係的成員，很容易造成誤解、猜忌與心病。
認知不同	對某個現象或事實的看法不一致。例如零售業者覺得景氣衰退，而減少貨品的採購，但製造商卻對景氣抱持樂觀態度，仍大量生產。

(八) **通路體系的種類**：企業通常選擇多種不同的通路機制，讓不同的消費者能在不同的地方購買所需的產品，故企業乃依據不同的業務目標，選擇運用下列不同的通路體系：

形式	內容說明
零售店 retailing store	與便利商店機能類似，但缺乏便利商店的全天候營運與高效能的管理能力，此為傳統零售通路的基本成員，但因競爭力逐漸降低，多數已被便利商店所取代。零售店（通路）有如下三種類型： 1.有店鋪零售商：有店鋪零售商是一種直接與最終消費者接觸的通路成員，包括專賣店、超級市場、百貨公司、便利商店、特級商店、折扣商店、型錄展示店、廉價零售店。

形式	內容說明
零售店 retailing store	2.無店鋪零售商：是一種沒有店鋪的零售，包括直接銷售、自動販賣、郵購、自動販賣機、網購、多層次傳銷等。 3.零售組織：包括整合性連鎖、零售商合作社、消費者合作社、商店集團、特許專賣組織。
超級市場 supermarket	係以自助方式，低廉的價格，出售以食品及蔬菜為主的多種商品之大規模零售業務單位而言，適合一般消費者前往選購各式生活日常用品。其有下列特點： 1.部分陳列：可使顧客有比較之機會，及保持絕對自由選擇權，以充分滿足其偏好。 2.完全標價：俾於供需雙方計算價錢。 3.自助方式：可節省人力，降低運用成本，相對地減輕顧客負擔。 4.經過整理：不但等級分明，易於選擇，且多經切洗處理，可減少烹調上之麻煩。 5.現金交易：可免記帳及收帳之煩，並減少倒帳風險。
便利商店 convenient store	分布於街頭巷尾，消費者可以隨時前往選購所需的各式用品的場所。單價高、選擇有限，但卻便利，乃是此類通路的特徵。
批發倉庫 warehouse club	係提供低價、大量交易的地方，最基本的特徵就是產品都以大包裝為之，並維持低單價。這些場所原來只是提供小企業、零售店批購轉售商品的場所，但由於市場競爭因素的關係，現在已讓一般消費者亦可以進入採購，而成為新的通路型態。
百貨公司 department store	產品種類多、樣式齊全，讓消費者可以一次購足，為此類通路的基本特色。
購物中心 shopping center	集結許多種類商品、飲食、遊樂等設施，可以吸引大量的逛街購物人潮，是此類通路的特色。
專賣店 specialty store	專門販售某一類型的產品，品類齊全、品牌眾多、專業產品知識豐富的零售店，可以吸引專業人士採購。
網路商店 online retailing	係在網際網路興起之後，透過網際網路與電腦資訊技術，讓消費者可以下單購買所需的產品，甚至可以在虛擬電子商城中開店販售商品的新通路形態，最著名的就是Amazon.com之網路書店。

形式	內容說明
網路商店 online retailing	另外，透過網際網路而出現的新通路形態，就是eBay.com之網路拍賣市集，讓買賣雙方透過網路完成議價與交易，交易的實體物品則透過物流快遞公司遞送。由於網路的興起，影響了實體商店的存廢，這就是所謂的「通路去中介化」。因此要做好網路行銷創造良好經營績效，就必須善加經營網路之「虛擬社群」，但其經營的成功關鍵因素則是產品的「品牌」、「內容」與良好的「顧客關係」。
電視購物頻道	電視購物頻道係屬於零售業之業態分類，它是一種無店舖經營方式，其成功與否必須結合高效率的物流配送系統。
複合式商店	係指該商店販售不止一種品牌的商品，亦即這家商店有向很多品牌簽約的經銷商，例如在體育用品店內看到店裡有賣很多品牌的商品。但此種商店經營的最大缺點就是定位模糊不清。

牛刀小試

( )　以販售食品為主，尤其以提供生鮮食品為主力，產品種類相當齊全，地點鄰近社區。此種行銷通路，稱為：　(A)購物中心　(B)便利商店　(C)批發倉庫　(D)超級市場。　　　　　　　　　　　**答：(D)**

(七) **產品分配通路長短的決定因素**：產品分配通路之長短應視下列幾項因素而決定，並非越短就是越好：

1. **產品因素：**

決定因素	內容說明
產品是否 具有易毀性	產品本身容易毀損或「易腐壞」的產品，為避免毀損或腐壞風險，「分配通路宜短」，通常應直接行銷。
產品之 單位價格	產品單位價格低，須大量銷售才可增加利潤，宜採較長之分配通路。若其是消費品，則大多經過一階或一階以上的中間商。單位價值高的產品，大多由生產者直接交由百貨公司出售，而不透過中間商。
產品之 體積與重量	過重或過大的產品，由於運送與庫存不便，應盡可能縮短分配通路，或直接與零售商往來，如需中間商代為分配，則寧可選擇代理商，而不用批發商，以減少運輸及儲存之費用。
產品之式樣 之變動性	產品具快速變動性者，宜採較短之分配通路，以增加銷售數量。

決定因素	內容說明
產品所需之特殊技術與服務	產品銷售後，若「需特殊之技術或服務」，應採「較短」之分配通路。
產品之標準化程度	標準化的產品，因具有一定品質、規格或式樣，不需專業知識，可經由一階或一階以上的中間商，依產品或產品目錄銷售。未標準化的專業技術產品，通常由推銷員直接推銷。
對顧客特殊規格訂做的產品	訂製品係依顧客要求規格製造，則由生產者與顧客直接交易，採直接銷售方式，通路宜短。

2. **市場因素**：

決定因素	內容說明
顧客之購買習慣	產品之分配通路應配合消費者之購買習慣，如一般日常用品，消費者購買的習慣為需要時立即購買，且購買數量較少，此時產品應採較長的分配通路。
市場之集中程度	市場集中時，宜採直接銷售；市場分散，則採較長的分配通路。
市場之大小	市場很大時，宜採較長的分配通路；市場小時，則採較短的分配通路。
平均購買數量	消費者平均購買的數量少時，採較長的分配通路；數量多時，則採較短的分配通路。
產品種類	工業產品宜採較短的分配通路；消費品則採較長的分配通路。

3. **中間商因素**：包括中間商的地點、設備、酬勞、經營績效及其服務種類等，皆為考量分配通路的重要考慮因素。

4. **廠商本身因素**：若廠商的規模較大、聲譽好、財力足、經驗夠且經營能力強，可採「較短」的分配通路甚至直銷方式；否則宜採較長的分配通路。

牛刀小試

（　）　下列有關產品分配通路長短決定因素之市場因素，何者有誤？　(A)市場小時，則採較短的分配通路　(B)消費品則採較短的分配通路　(C)市場分散，則採較長的分配通路　(D)消費者平均購買的數量少時，採較長的分配通路。　　　　　　　　　　　　　　　　　　　　　　　**答：(B)**

(八) 通路權力

通路權力（channel power）係指能改變通路成員行為的能力，亦即可使通路成員不得不採取配合作法的權力。通路權力係在促使通路成員間，彼此協調、合作最主要的工具。常見的權力基礎包括下列五項：

權力	內容說明
強制權 coercive power	係指製造廠商以此種權力來威脅不願合作的中間商，其力量相當有效。但若因此而產生怨懟，則可能會激起中間商的對抗。
獎賞權 reward power	係指製造商用額外的好處以吸引中間商有特定舉動。一般來說，使用獎賞權通常較強制權好，但常被過度強調，而形成中間商只是因額外好處而順從，並非內在心悅誠服；造成每次製造商希望有所作為之時，中間商就會有獎賞的期待。
合法權 legitimate power	係指製造商以契約保障對中間商的要求，只要中間商視製造商為合法的領袖，這種權力就會產生效用。
專家權 expert power	係指製造商擁有中間商所肯定的特有專業知識或資源，致使其擁有此種權力，例如製造商有詳盡的顧客名單或銷售訓練系統；但專家知識一經移轉，力量就會減弱，因此製造商須持續開發新技術來爭取中間商的持續合作。
參照權 reference power	係指因為製造商之（社會或業界）地位崇高，中間商與其合作，引以為榮，使得中間商願意跟隨。

前述之強制權與獎賞權是客觀可觀察的；合法權、專家權與參考權較為主觀，取決於夥伴認同的能力與意願。常用方法分為兩類：

方法	內容說明
正向激勵	例如以特別優惠、獎賞、高毛利、合作廣告津貼、展示津貼、銷售競賽等為手段來獎勵。
負面制裁	例如降低毛利的威脅、延緩交貨、終止關係等手段來威脅。

重要 六、推廣組合

推廣組合（Promotion Mix）是行銷活動之一，它包含廣告（advertising）、銷售促進（sales promotion）、公共報導（publicity）與人員銷售（personal selling）四種活動。這些活動類型扮演著不同的訊息傳達角色，分別提

> **推廣組合四種活動的角色**：這四種活動扮演著不同的訊息傳達角色，分別提供消費者不同的訊息，其中包括單向與

供消費者不同的訊息。在推廣組合的概念下，演進了下
列兩個相聯的概念：

(一) **行銷溝通組合**（Marketing Communication Mix）：
它除了包含廣告、銷售促進（促銷）、公共報導與
人員銷售外，尚包括直效行銷（直銷），共計五種
行銷工具。

> 雙向溝通型態、人際與
> 非人際之溝通媒介以及
> 是否需求付費等。
>
> **促銷活動的推拉作用**：
> 「拉」、「推」策略之交
> 互運用，有助於產品銷
> 售績效的持續提升。

(二) **整合行銷溝通**（Integrated Marketing
Communication，IMC）：係指行銷人員在清楚確定目標與訊息重點之下，一
方面整合廣告、促銷、公關、直效行銷、企業形象、包裝、新聞媒體等所有的
推廣工具；另一方面則在使企業能夠將統一的行銷溝通資訊傳達給消費者，以
便產生「1＋1＞2」的綜效。因此，整合行銷溝通也被稱為Speak With One Voice
（用一個聲音說話），即行銷溝通的一元化策略。

而推廣組合所包含廣告、銷售促進、公共報導與人員銷售(personal selling)四種
活動，分別敘述如下：

(一) **廣告**

1. **意義**：廣告是藉由各種形式的資訊傳播媒介，對非特定之大眾提供相關產品
   或服務的資訊，讓消費者對於產品的特性、機能、定位或品牌形象等內容，
   有進一步的認識、體會、認同，進而有興趣嘗試該企業所提供的產品或服
   務，以及購買使用，甚至更進一步持續重複採購。

2. **特性**：
   (1)廣告必然是非人際的溝通，係對非特定對象說明產品或服務之特性。
   (2)廣告需要不斷重複播送某一廣告訊息，才能說服消費者接受該項訊息。
   (3)廣告的效益，不但受到媒體性質、播送時間、播送頻率的影響，更受到所
      設計的文案、表達方式、表達主題的影響。
   (4)廣告必然是要求付費始播出，而且費用會隨著閱讀或收視群眾（合稱為
      「閱聽眾」）的規模而改變。
   (5)廣告必然有可辨識的出資人或廣告主。

3. **類型**：
   (1) **依目的區分**：

類型	內容說明
開拓性廣告（Pioneering Advertising）	開拓性廣告係指為了刺激消費者的基本需求，藉廣告以爭取新使用者。適用於產品壽命週期的導入期。

類型	內容說明
競爭性廣告 （Competitive Advertising）	競爭性廣告係指廠商為使自己品牌的產品，在競爭市場上能占有較大比例的銷售量，藉廣告以擴大消費者之選擇性需求。適用於產品壽命週期的成長期與成熟期。
維持性廣告 （Retentive Advertising）	維持性廣告係指為鼓勵顧客繼續或長期性的購買企業的產品，藉廣告使顧客對產品建立信心與好感。適用於產品壽命週期的成熟期與衰退期。
企業性廣告 （Institutional Advertising）	企業性廣告亦稱「機構性廣告」，即廣告不做推廣商品或勞務，而對企業機構本身以廣告建立顧客或社會大眾對企業的良好印象，使企業名下的產品，均能間接地獲得推廣。

(2) 依訴求目標區分：

類型	內容說明
告知性廣告 （informative advertising）	創造新產品（或現有產品）之新特色的知名度，增進目標閱聽者對新產品或新特色的認識，以求建立消費者的基本需求，例如臍帶血之廣告。
說服性廣告 （persuasive advertising）	樹立消費者對其品牌、鮮明、偏好的印象，以求建立消費者對特定品牌的選擇性需求，例如蠻牛、保力達B之廣告。
提醒性廣告 （reminder advertising）	係指「使顧客保持對已知產品與品牌名稱的熟悉」為主要目的之廣告。要刺激產品或服務的重複購買，以及讓顧客知道不久的將來會用到該產品與服務，最好是利用這種廣告。
增強性廣告 （reinforcement advertising）	讓消費者確信他們自己作了正確的選擇，例如銀行等金融機構或是房屋仲介公司廣告。
比較性廣告 （comparative advertising）	基本含義是廣告主通過廣告形式將自己的公司、產品或者服務與同業競爭者的公司、產品或者服務進行全面或者某一方面比較的廣告，以求在消費者心中建立「自己品牌的專業性或優越性」，例如嬰兒奶粉之廣告。
合作性廣告	是指兩個或更多企業共同分擔廣告費用之廣告，目的是為了刺激通路成員或者減少自己的預算。例如某手機業者與電信公司共同刊登廣告，並分攤廣告費用。

4. **企業在選擇廣告的媒體類型（Media types）時應考慮的因素**：廣告之主要目的在告知或影響社會大眾，使人信服並刺激購買慾望，故企業在選擇廣告的媒體類型時，應考慮之因素有：

考慮因素	說明
媒體散佈程度	例如雜誌發行數量、報紙發行數量、電視收視率等，直接影響廣告的效果。就國內而言，最大之廣告媒體則為電視。
廣告接觸的對象	某些產品之消費者若為某一特定對象，則選擇媒體的類型，應為該特定對象較常接觸者。
產品的特性	產品若要表現其動作、聲音的立體效果，則電視廣告較報紙或雜誌廣告效果佳。
廣告費用多寡	電視廣告的費用相當昂貴，而雜誌、報紙廣告之費用則相對較低，故廣告若要長期宣傳，費用乃一項必須考量的重要因素。

5. **廣告決策5M**：企業要進行廣告促銷活動時，必須進行五項主要決策，稱為「廣告決策5M」，亦有學者稱為「廣告管理5M」，如下表所示。

項目	內容說明
廣告任務（Mission）	確定廣告促銷的目的或目標。
廣告預算（Money）	廣告促銷的經費，即金錢。
廣告訊息（Message）	廣告所要傳遞的信息。
廣告衡量（Measurement）	又稱為「廣告效果」。廣告效果的評估，即測量方法。
媒體（Media）	廣告促銷要使用的媒體。

牛刀小試

( )　為了刺激消費者的基本需求，藉廣告以爭取新使用者，係屬：　(A)開拓性廣告　(B)競爭性廣告　(C)維持性廣告　(D)企業性廣告。　　**答：(A)**

(二) 銷售促進

1. **意義**：「銷售促進」亦稱為「促銷」。係指以協助促成交易為目的而設計的推廣促銷行為。通常是以直接刺激「短期」的銷售量為目的，其效果的衡量也多以「銷售額」的增加為主。因此，促銷活動的誘因，大多亦為短期性的，例如讓消費者免費試用、試吃、提供現金折扣、現金回饋、折價券等方式，稱為「消費者促銷活動」。

2. **工具的選擇**：不同的銷售促進工具，不但效果不同，且其使用方式與時機也有所不同。因此銷售促進活動所選擇的各式工具，需具有吸引力、容易達成、推陳出新、並具備刺激消費的誘因，才會有效。例如提供的產品折扣，要對消費者產生吸引力；提供的銷售贈品，要引起消費者的興趣；提供的折價券，要對消費者產生誘因前來消費；提供的消費累進獎勵誘因，讓多數消費者的消費習慣與行為產生影響等。

3. **設計促銷活動方案的重要考量因素**：「促銷活動」的目的是藉由提供額外誘因，以刺激銷售在「短期內」立即增加，例如商品陳列折讓與免費產品乃是屬於「經銷商」促銷活動工具。至於銀行信用卡刷卡的累積點數或航空公司的哩程累積方案則是屬於「常客方案」(frequent program)，並非短期內的「促銷活動」。設計促銷活動方案的重要考量因素有下列三點：

(1)促銷活動的參與者條件。

(2)促銷活動的時機與期間。

(3)促銷活動的誘因與規模。

(三) **公共報導**

1. **意義**：係指以新聞報導的方式傳遞企業產品或服務之訊息，讓社會大眾有所了解或引發其興趣的推廣促銷活動，謂之公共報導。例如在公開出版的媒體上安排重要的商業新聞或在收音機、電視機或電影院等傳播媒體上得到有利的展示，以對產品、服務或企業單位建立需求的一種不需贊助者付費的非人身式刺激。

2. **應有的性質**：企業的行銷溝通想要以新聞報導的方式為之，其前提必須是溝通的資訊有新聞價值，才能成為新聞記者注意的焦點而予以報導；企業也可以創造社會性議題，引發新聞記者的注意與報導。例如過去某國內航空公司在開闢新航線之初，曾以「一元機票」進行推廣促銷活動，結果引發各大報紙與電視新聞節目爭相報導，並引發國內機票之價格是否合理的討論，讓該公司幾乎一夕成名。

3. **正負面效益**：由於傳達的內容與方式，是以新聞報導的方式呈現，因而具有較高的公信力，消費者較不會以為這是推銷特定產品的廣告內容，比較能信服報導的敘述，帶來正面效益（來自於該項產品對社會大眾的利益）；但因記者係以新聞方式報導，一旦事件之報導型態與內容不利於企業形象，也有可能蒙受負面衝擊（來自於該項產品損及公眾利益），這未必是企業能有效掌握的。

(四) 人員銷售

　1. **意義**：人員銷售係指「與消費者直接接觸」的推廣促銷機能之一，目的在於直接促成交易。人員銷售並不只是在賣場裡所進行產品促銷活動，亦可以直接拜訪潛在消費者以促成交易的方式為之。

　2. **特性**：

　　(1)人員銷售係面對面接觸的產品與服務之推廣促銷機制。

　　(2)人員銷售之績效與銷售人員所累積的人際關係密切相關。

　　(3)銷售人員的行為舉止，直接影響產品銷售績效與企業的整體形象。

　3. **採用時機**：由於人員銷售通常只能同時面對較少數的消費者，並與消費者直接互動、溝通、傳達與說服完成交易之相關活動。當消費者需求大量的產品採購決策資訊時，人員銷售最能發揮機能。故在產品或服務特性較為複雜的情況時，供應商通常會選擇使用人員銷售。因此，就促使購買者採取購買行動之效果而言，人員銷售較為有效。

(五) 推廣組合的運用

　「廣告、銷售促進、公共報導與人員銷售」等四種不同型態推廣組合，分別具有推、拉機能，而需要相互搭配與整體規劃。

　1. **推式策略**：係採「直接方式」，運用「人員推銷」（如銷售團隊）手段，引導中間商的支持與協助推廣產品給最終使用者，這種策略，即稱為「推的策略」。例如生產者（廠商）提供批發商和零售商持別折扣或誘因，或利用銷售人員與經銷促銷獎金，使批發商和零售商購買較大量的產品或積極向最終消費者推薦產品，這種透過配銷通路將產品銷售給消費者就是採用「推式策略」。其作用過程為企業的推銷員把產品或勞務推薦給批發商，再由批發商推薦給零售商，最後由零售商以「銷售促進」的方式推薦給最終消費者。這種策略適用於以下幾種情況：

　　(1)企業經營規模小，或無足夠資金用以執行完善的廣告計畫。

　　(2)市場較集中，分銷通路短，銷售隊伍大。

　　(3)產品具有很高的單位價值，如特殊品，選購品等。

　　(4)產品的使用、維修、保養方法需要進行示範。

　2. **拉式策略**：係採取「間接方式」，透過「廣告」和「公共報導」等方式吸引最終消費者，使消費者對企業的產品或勞務產生興趣，從而引起需求，主動去購買商品。其作用過程為企業將消費者引向零售商，將零售商引向批發商，將批發商引向該生產企業，這種策略適用於以下幾種情況：

　　(1)市場廣大，產品多屬便利品。

　　(2)商品信息必須以最快速度告知廣大消費者。

(3)對產品的初始需求已呈現出有利的趨勢，市場需求日漸上升。

(4)產品具有獨特性能，與其他產品的區別顯而易見。

(5)能引起消費者某種特殊情感的產品。

(6)有充分資金用於廣告。

七、M型社會與新奢華目標市場行銷

(一) **M型社會的意義**：「M型社會」是日本趨勢專家大前研一提出來的理論。他認為，在全球化經濟運作趨勢下，整個社會的財富分配成了三塊，在勞動人口中，占大多數的中產階級流失，反而往兩邊移動，像是M字母陷下去不見了，變成左右兩極端有錢或貧窮的頂點，右邊的窮人和左邊的富人都變多，但原本多數的中產階級，卻逐漸減少，這種財富分配型態，就跟英文字母的「M」一樣，故稱為「M型社會」。

(二) **新奢華(new luxury)目標市場行銷**：大前研一在《M型社會》一書中提出的「新奢華」的概念。為了因應M型社會的到來，大前研一提出「開發新奢華商品」的對策，他建議企業在行銷管理上可以「中下階層的目標客群」來區隔其目標市場。析言之，企業應提供「能讓中下階層的目標客群，覺得有點勉強，卻想獲得的商品服務」。他舉例說，即使收入不豐的女性，也會想要「偶爾的奢侈」或「犒賞自己」，因此，企業若能察覺顧客的心理，以合理價格提供具奢華感的商品，便能打動顧客的荷包。

他在新近出版的《M型社會新奢華行銷學》一書中指出，傳統行銷學講究產品、價格、促銷、通路的4P，卻將最重要的「人」給遺漏了。兩相對照之下，他提出「開發新奢華商品」的建議正是將「人」的因素納入考慮後的對策，這也是「消費經濟正走向體驗化」的寫照。

八、工業4.0

(一) **意義**：工業4.0：工業4.0（Industry 4.0）或稱生產力4.0，是德國政府提出的一種高科技計畫。

(二) **目標**：工業4.0之目標並不是單單在創造新的工業技術，而是著重在將現有的工業相關的技術、銷售與產品體驗統合起來，是建立具有適應性、資源效率和人因工程學的智慧型工廠，並在商業流程及價值流程中整合客戶以及商業夥伴，提供完善的售後服務。其技術基礎是智慧型整合感控系統及物聯網（Internet of ThingsT）（物聯網是網際網路、傳統電信網等資訊承載體，讓所有能行使獨立功能的普通物體實現互聯互通的網路。）

第七節 市場區隔

一、市場區隔（market segmentation）的意義

經由嚴謹的分析，以特定的標準將整個市場區分為多個具高度同質性的區塊，以利行銷工作之推動，此種技巧稱為「市場區隔」。易言之，市場區隔是指將一個市場，依據消費者購買行為的差異性加以區隔，使一種「異質的市場」成為數個「性質相似的小市場」，每個小市場（區隔市場）對行銷活動會有「相同的反應」。由此定義可知，進行市場區隔的前提乃是市場需求具有「異質性」所致。

二、市場區隔的原因與目的

(一) **原因**：行銷導向在強調滿足消費者的需求，然而消費者需求特性受到不同生活習性、所得條件、教育背景、年齡性別等因素的影響而有不同的消費型態。因此，企業在行銷活動展開前，必須先就市場需求的異質性，進行市場區隔化分析，亦即根據適當的「消費者屬性變數」將全部的消費者，區分為「不同需求特徵的群體」，此亦被稱為「次市場（sub-market）」。

(二) **目的**：根據市場區隔結果，企業可以選擇對產品最具競爭力的區隔作為目標市場，或者依據不同市場區隔提供不同的產品或服務，以滿足消費者差異化的需求，提高行銷活動的績效。

三、市場區隔的優點

(一) 可更精密地調整其行銷組合，特別是產品及銷售訴求。

(二) 可發現和比較行銷機會。

(三) 可深入了解市場的反應特徵以規劃行銷計畫和預算。

重要 四、市場區隔化作業

(一) **區隔基礎**：市場區隔的方式，可以使用單一變數或同時使用多個變數，只要能夠有效區分、辨識消費者群體，並評量該群體之規模與接近該群體展開行銷活動，都屬於成功的市場區隔之作業。

(二) **消費者市場的區隔變數**

區隔變數	說明
地理區隔變數	在消費者市場中，依照人口密度（消費者居住地區）做為市場區隔變數，來劃分消費者群體，稱為「地理區隔變數」。例如以北部、中部及南部等來區分消費者需求的特性。

區隔變數	說明
人口統計變數	企業欲瞭解所有投資市場中，居民的性別、年齡、職業、所得、教育程度、婚姻狀況、家庭組成、出生率、死亡率、種族等人口特徵因素，以做為區隔市場之作業，此即稱為「人口統計變數」。例如某電信業者推出「學生限定」的通話＋行動上網優惠專案，即屬此類。
心理變數	研究目標群體的價值觀、態度、意見、興趣、人格特質、風險偏好、社會階層、日常活動等生活形態（life style）的區分策略，稱為心理區隔變數。這些變數都會直接影響消費者的心理狀態與消費行為。例如買雙B型車款的人，推估可能為偏愛速度感，喜歡冒險、追求刺激、注重外表。車廠因此以此作為市場區隔的基礎。
行為變數	行為變數是市場區隔的最佳起點，包括購買時機、產品利益尋求、使用率、忠誠度、購買準備階段及對產品的態度等，作為區隔之基礎。其中又以根據購買者追求的產品利益來區隔，穩定性最高，且比其他區隔變數更有潛力將區隔描述轉為行銷策略。例如以「重度使用者、中度使用者及輕度使用者」來區隔市場或航空公司對累積哩程數較多的會員給予較多的票價優惠或手機通訊業者針對不同使用率的市場，推出不同的月租費方案，這都是依據「行為變數」來服務目標顧客。

(三) 組織市場的區隔變數

區隔變數	說明
人口統計變數	組織市場的人口統計變數有三種： 1.產業別：企業可依據產業別的不同，將市場區隔成不同的群體。此最適合當組織市場的區隔變數。 2.地理位置：企業可依據地理位置的不同，將市場區隔成不同的群體。 3.公司規模：企業可依據公司規模的不同，將市場區隔成不同的群體。

區隔變數	說明
採購中心變數	組織內之採購中心成員，也可以做為區隔的基礎。例如高級主管人員與非高級主管人員所組成之採購中心，其購買行為會有差異。又例如，專業工程人員與非專業工程人員所組成之採購中心，其購買行為也會有差異。

 五、市場區隔應有的特質

一個有意義的市場區隔必須具備以下五項特質：

> **市場區隔行為變數：**
> 以「重度使用者、中度使用者及輕度使用者」來區隔市場是屬於行為變數。

特質	內容說明
可衡量性（measurability）	係指區隔後的市場規模與購買力，是可以衡量的，藉以研判此一區隔之後的市場規模大小。
可接近性（accessibility）	係指區隔後的市場，可以透過各種行銷手法接近該消費者族群，藉以有效展開市場行銷活動，否則該區隔將毫無意義。
足量性（substantiality）	係指每一區隔後的市場規模，都需求大到有足以實現企業獲利的市場經營價值。
可行動性（action ability）	係指每一區隔後的市場，企業有可能針對該市場特性設計規劃不同的行銷策略，以展開必要的行銷活動。
可差異性（differentiable）	市場必須是可以被區隔出來的，且其區別對行銷組合有影響。例如已婚及未婚之區隔。

牛刀小試

（　）　一個有意義的市場區隔必須具備的特質，下列何者有誤？　(A)可衡量性　(B)可行動性　(C)客觀性　(D)足量性。　　　　　　　　　　答：(C)

六、區隔市場型態的選擇

項目	內容說明
單一市場集中	選擇單一的市場與推出單一的產品做行銷。
選擇性專業化	發展多種產品，選擇性的進入數個區隔市場。企業選擇進入數個區隔市場中，區隔市場間很少有綜效，如此可分散經營風險並產生現金流量。
市場專業化	企業致力於滿足特定市場的所有需求（可能同時推出好幾種產品）。
產品專業化	企業集中生產多項產品，同時在數個區隔市場中銷售。
全市場涵蓋	企業設法滿足所有市場的各種需求，通常只有大型企業才有如此的資源。

七、行銷策略

企業在面對市場選擇時，必須決定要涵蓋多少個區隔市場，以及擬採用下列何種適合情境的適當策略，以進入市場：

(一) **無差異行銷**：儘管市場中存在著需求的差異，但企業卻對所有消費者一視同仁，將整體社會視為單一市場，強調人們需求的共同性，因此企業對整個市場僅提供一種標準化的商品或服務，稱為「無差異行銷」。此種策略適合於生活必需品的供應商或是產品項目單純的企業，或是消費者對某一產品的偏好是屬於同質性的偏好。

(二) **差異化行銷**：是指企業針對幾個區隔市場分別設計不同的產品及行銷計畫。易言之，廠商設計不同的產品和行銷組合，進入兩個或兩個以上的市場，即稱為「差異行銷」。通常只有大型廠商或產品同質性低（如汽車）的廠商才比較會採取此種做法，消費者「同質性」高的情況時，則不適合採用此種行銷方式。

(三) **集中行銷**：企業將目標市場集中在某一特定的區隔市場，提供最佳及獨特性的產品及服務，而非鎖定整個大市場，這種作法稱為「集中行銷」。當企業行銷資源有限，無法同時進入多個區隔市場時，通常採用此種策略。如此，可集中資源，避開競爭市場，使企業因鮮明的品牌與營運定位而獲得該次市場消費者的青睞，以獲得較高的營運績效。

第八節 目標市場行銷

 一、意義

「目標市場行銷」包括三個步驟，第一個步驟是「市場區隔」，選擇合適的基礎變數，將消費者區分為不同群體；第二個步驟是「選定目標市場」，選擇一個或數個區隔群體，做為企業的目標市場；第三個步驟是「市場定位」，發展產品或服務的特質，並配合其他行銷組合，以達到企業在該目標市場的競爭優勢，此三個步驟簡稱為STP程序（Segmenting，Targeting，Positioning）。

> STP三個程序（Segmenting，Targeting，Positioning）為考試常出現的焦點，請務必記牢。

二、目的

STP程序的主要目的在於進行市場選擇，並為企業所提供的產品或服務，在目標消費者心中建立「獨特銷售主張」（unique selling proposition，簡稱USP），並據以規劃四項行銷組合（即：產品組合、定價組合、通路配送組合與推廣組合；簡稱行銷4P）。行銷4P之目的在於有效地與目標消費者進行溝通、促成消費者購買、完成實體配送與提供必要的使用服務等工作。簡言之，企業的行銷活動便是透由STP程序，界定市場範圍與消費者對象，再透由4P規劃與執行，提供產品或服務以滿足消費者的需求，並實現企業價值創造的過程。

 三、作法

步驟	內容說明
進行市場區隔	找出區隔變數，將整個市場區隔成若干不同的市場，藉由該項區隔作法將一個大的異質市場變為許多小的同質市場以求同一區隔內的差異性極小，而不同區隔間的差異性極大。此時，必先描述每一區隔的特性與成員成分以界定區隔變數，並進行區隔的劃分。
選定目標市場	亦稱為「區隔選定」。評估各區隔市場之吸引力，並選擇一個或數個理想之目標區隔市場，當區隔內無替代品存在，其區域結構的吸引力較大。目標市場選定後，企業應針對該目標市場提供特定的行銷組合。至於目標市場選擇應考慮的主要因素包括下列五項： 1.區隔市場的大小。 2.區隔市場的競爭程度。

步驟	內容說明
選定目標市場	3.企業的資源與優勢。 4.接觸該市場區隔的成本。 5.區隔市場的未來成長性。
確定市場定位	將所選擇之目標區隔進行定位，以彰顯與競爭者之差異，並擬定行銷組合。換言之，此步驟的作法是先針對所選定的目標市場，尋求在其中可能的定位概念，依照本身的資源與能力來選定適合的市場定位，並透過行銷組合來發展與傳達所選定的定位概念。

茲將目標行銷的程序繪圖如下：

市場區隔變數 ➡ 區隔剖面描述 ➡ 市場區隔排序 ➡ 選定目標區隔 ➡ 尋求市場定位 ➡ 傳達定位概念

第九節　消費者行為與顧客關係管理

一、消費者行為的意義與影響因素

(一) **意義**：消費者行為係指人們取得、消費與處置各種產品的行為。易言之，它是指消費者在購買與使用財貨或享用勞務決策的過程與行動。

(二) **影響消費者行為的因素**：消費者購買決策的行為是一個動態過程，而且購買決策的有效行為會隨著消費者的特點和環境的變化而變化。因為消費者是在一定的環境條件下，通過與行銷人員、產品的交互作用去完成某一特定目標的消費行為的。這一行為可用公式表示：

$B=f(P，E)$

其中，B：消費者行為，P：個人心理因素，E：社會環境因素（個人以外的社會、文化環境等因素）消費者行為是因變數，個人因素和環境因素是自變數，即B是P、E的函數。

1. **消費者心理因素**：包括個人需要（動機）、知覺、學習、信念與態度、年齡、生活方式、自我形象、個性等個人因素的影響。

2. **社會環境因素**：家庭、參照群體、社會階級、意見領袖和文化因素等影響。

(三) **顧客知覺價值**（Customer Perceived Value；CPV）：當顧客對產品的價值與成本無法作正確或客觀的判斷時，顧客多半根據其「知覺價值」來作判斷。然而顧客的價值，是取決於顧客的「知覺」，而不是賣方的「認知」。以購買新電腦為例，產品規格強大，不見得每個顧客都會認為獲得利益變高，或許有些顧客根本不需要這麼強大規格的電腦。「顧客滿意」即是指顧客所知覺到的價值高於所期望的價值。消費者對於期望與產品表現會作比較，比較後有三種理論來加以詮釋其滿意度情況：

1. **期望落差模式**：消費者會比較期望與產品表現，若產品表現超越預期，則顧客會感到滿意；反之，若產品表現不如期望就會導致不滿。
2. **歸因理論**：消費者會以原因的歸屬、可控制性和穩定性來解釋企業或產品的表現。例如評斷產品表現不佳到底是什麼原因（內在或外在）造成？
3. **公平理論**：消費者會比較本身與他人的收穫與投入的比率，若雙方的比率相等，或是本身的比率較大，則滿意度較高。例如在消費群體中應維持大致相同的收穫與投入比率；但多付費者理所當然可享受升級服務。

 二、消費者知覺的過程

依消費者購買行為理論，人們對相同刺激個體會有三種不同的知覺過程：

知覺過程	說明
選擇性注意	大量的刺激須吻合與當前之需求有關，為心理所預期及變化程度大於正常情況的條件才有少數會引起注意。此即屬於選擇性注意（Selective attention），亦稱為「選擇性暴露」。
選擇性扭曲	就算刺激被注意到了，但不一定保證會完全接受刺激所要傳達的訊息，而常將訊息扭曲成符合個人想法的傾向。此稱為選擇性扭曲（Selective distortion）。
選擇性記憶	對於大部分之所學易於忘記，只保留與其態度、信念相符者。此稱為選擇性記憶（Selective retention）。

 三、影響消費者需求改變的因素

由於社會環境變動快速，企業如果不能配合消費者需求的變遷，採取必要的措施，將因無法滿足消費者需求而逐漸失去市場空間。因而，企業經營者需求持續觀察下列消費者需求的動向，不論是透過系統性的市場調查、

> Plummer之AIO量表：係以消費者的活動、興趣和意見作為衡量生活型態的指標，請予牢記。

或是觀察產品市場結構的變遷，都可以看出部分消費者需求變動的特徵，繼而推出新產品或新服務，以滿足市場需求。

項目	內容說明
所得結構	當所得結構較低時，多數消費者所追求的產品或服務，通常是以最基本的生活必需品為主，對於各種休閒享樂式的消費活動需求較少；但是隨著所得逐漸提高，一般的民生需求便會逐漸轉向要求提升生活品質；另外，對產品或服務安全性的要求，也是在國民所得提高之後，成為另一項為消費者所重視的特性，任何產品若有不安全的可能，都會受到消費者的質疑、甚至抗拒。
生活型態	生活型態改變的結果，也會影響消費者的消費行為與習慣。例如政府推動週休二日的工作時間制之後，多數國民會因為休閒時間增長而改變其消費習性，例如增加到郊外旅遊的次數等；又如雙薪家庭的新興需求，托嬰或幼兒照顧等幼教事業的發展，便會成為一項新興的服務事業。 Plummer在1974年提出了「AIO 量表」作為生活型態之測量指標；AIO（Activity, Interests, Opinion Inventory）量表，顧名思義就是以消費者的活動（Activity）、興趣（Interest）和意見（Opinion）作為衡量生活型態的指標。另有一種為美國加州丹佛學院（SRI）之VALS（Values and Life Styles）生活型態量表，係由史丹佛研究機構（Stanford Research Institute）所提出，它主要是在生活型態的AIO量表中，加入「價值觀（Value）」的概念。此量表主要包含3個動機導向構面：理想導向、成就導向及自我表現導向。
社會趨勢變遷	變遷的結果，也會導致消費者需求的變動，例如統一超商首創二十四小時全天候的營業方式，獲得消費者支持，就是一種順應消費者生活型態與社會變遷而調整的營運型態，也因此提高了經營績效。

四、消費者購買動機

(一) **購買動機的意義**：購買動機是直接驅使消費者實行某種購買活動的一種內部動力，反映了消費者在心理、精神和感情上的需求，實質上是消費者為達到需求採取購買行為的推動者。

(二) **購買動機的模式**

模式	內容說明
本能模式	人類為了維持和延續生命，有飢渴、冷暖、行止、作息等生理本能。這種由生理本能引起的動機叫作本能模式。它具體表現形式有維持生命動機、保護生命動機、延續生命動機等。這種為滿足生理需要購買動機推動下的購買行為，具有經常性、重覆性和習慣性的特點。所購買的商品，大都是供求彈性較小的日用必需品。

模式		內容說明
心理模式		由人們的認識、情感、意志等心理過程引起的行為動機，叫作心理模式。具體包括以下四種動機：
	情緒動機	是由人的喜、怒、哀、欲、愛、惡、懼等情緒引起的動機。這類動機常常是被外界刺激信息所感染，所購商品並不是生活必需或急需，事先也沒有計劃或考慮。情緒動機推動下的購買行為，具有衝動性、即景性的特點。
	情感動機	情感動機係指購買需求是否得到滿足，直接影響到消費者對商品或營銷者的態度，並伴隨有消費者的情緒體驗，這些不同的情緒體驗，在不同的顧客身上，會表現出不同的購買動機，具有穩定性。它是道德感、群體感、美感等人類高級情感引起的動機。
心理模式	理智動機	理智動機係指消費者經過對各種需要，不同商品滿足需要的效果和價格進行認真思考以後產生的動機，具客觀性、周密性、控制性。它是建立在人們對商品的客觀認識之上，經過比較分析而產生的動機。這類動機對欲購商品有計劃性，經過深思熟慮，購前做過一些調查研究。理智動機推動下的購買行為，具有客觀性、計劃性和控制性的特點。
	惠顧動機	惠顧動機係指感情和理智的經驗，對特定的商店，廠牌或商品產生特殊的信任和偏好，使消費者重複地、習慣地前往購買的一種行為動機，具有經常性習慣性。它是指基於情感與理智的經驗，對特定的商店、品牌或商品，產生特殊的信任和偏好，使消費者重覆地、習慣地前往購買的動機。
社會模式		人們的動機和行為，不可避免地會受來自社會的影響。這種後天的由社會因素引起的行為動機叫作社會模式或學習模式。社會模式的行為動機主要受社會文化、社會風俗、社會階層和社會群體等因素的影響。社會模式是後天形成的動機，一般可分為基本的和高級的兩類社會性心理動機。由社交、歸屬、自主等意念引起的購買動機，屬於基本的社會性心理動機；由成就、威望、榮譽等意念引起的購買動機屬於高級的社會性心理動機。
個體模式		個人因素是引起消費者不同的個體性購買動機的根源。這種由消費者個體素質引起的行為動機，叫個體模式。消費者個體素質包括性別、年齡、性格、氣質、興趣、愛好、能力、修養、文化等方面。個體模式比上述心理模式、社會模式更具有差異性，其購買行為具有穩固性和普遍性的特點。在許多情況下，個體模式與本能、心理、社交模式交織在一起，以個體模式為核心發生作用，促進購買行為。

重要 **五、消費者購買決策的型態**

根據涉入程度的高低，消費購買決策的型態可分三類，廣泛型購買決策，例行型購買決策以及有限型購買決策，各舉例如下：

廣泛型購買決策	購買標的重要性很高，消費者在進行購買行為時會進行廣泛性涉入的購買型態，會多方面蒐集資訊、詢問他人意見，如購買汽車、房子。
例行型購買決策	指消費者必須常購買一些如日常用品等產品的購買行為，如鉛筆、醬油、衛生紙及其他日常用品。
有限型購買決策	有時限於資源（錢、時間、體力等）只能進行有限度的涉入，如購買數位相機、電腦等等。

重要 **六、消費行為模式**

(一) **AIDMA消費行為模式：**（亦有人只稱為 AIDA模式）分別由Attention, Interest, Desire, Memory, Action五個英文字順序組成，其意義分別為：

1. Attention（**認知／注意**）：引起消費者注意。
2. Interest（**興趣**）：讓消費者產生興趣。
3. Desire（**慾望**）：激起消費者的慾望。
4. Memory（**記憶**）：讓消費者產生特定記憶關聯。
5. Action（**行動**）：消費者起身行動，購買產品。

(二) **AISAS消費行為模式：**網際網路興起後，消費者的消費行為模式，已由前述傳統的AIDMA轉換成AISAS，它分別由Attention, Interest, Search, Action, Share五個英文字順序組成，係日本電通公司所提出。其意義分別為：

1. Attention（**認知**）：引起消費者注意。
2. Interest（**興趣**）：讓消費者產生興趣。
3. Search（**搜尋**）：消費者主動搜尋。
4. Action（**行動**）：消費者下手行動，購買產品。
5. Share（**分享**）：消費者上網分享使用心得。

> AIDA：是四個英文單詞的首字母，A為Attention；I為Interest；D為Desire；A為Action。請務必記牢！
>
> **消費者採用模式（AIETA）**：是指消費者對一項新產品、新事物或新觀念之採用，大概要經過「覺察（Awareness）、興趣（Interest）、評估（Evaluation）、試用（Trial）及接納（Adoption）」等五個階段，請切勿與AIDA消費者行為模式混淆。

在AISAS消費行為模式中有兩個行為，即Search 與Share兩者，皆是因為數位科技日漸普及所帶來的轉變，並且越來越被重視與應用。

重要 **七、購買過程的參與者**

類別	內容說明
發起者	提議進行購買的人，引起其他家庭成員感受到問題存在的人。
使用者	最終產品使用者，常是最初規格購買之制定者。
影響者	在替代方案或購買決策上，提供意見與資訊，協助訂定詳細規格，以供參考或提供決策準則；簡言之，影響者在購買決策過程中，對決策之下達有直接或間接影響力的人，專業技術人員或參考群體常是最重要影響者。所謂參考群體就是對個人的評價、期望或行為具有重大相關性實際存在的或想像中的個人或群體。消費者在現實生活或心理上都有歸屬某類人的渴望，其消費行為也受到這一群體的影響，這類群體就是消費者的參考群體。
決策者	具有決定權力之人，他決定要不要購買、買哪一品牌及在哪購買。
同意者	針對決策者所下決策給予同意與否之最終決定權者。
採購者	實際進行採購，或安排或選擇供應商之人，他也常常成為決策者。
守門者	控制有關於產品或服務訊息流入總機或門口秘書、櫃檯人員等（家庭成員）者。

八、參考群體

「群體」係指彼此擁有相同的行為規範、價值觀或信念，且該關係有明顯的（explicitly）或隱藏的（implicitly）界定。「參考群（團）體」可以是任何人或任何團體，它提供了個體比較或參考的基點，引領個體形成特定的價值觀、態度或行為模式，簡言之，「參考群體」是指擁有某種地位或價值觀，被某些人用來引導其行為的群體。例如某一位青少年在購買行動電話時，指定要某知名歌手所代言的廣告品牌手機，他即是受到參考群體因素的影響。參考群體它可分為下列五類：

(一) **會員群體（membership group）**：係指對人有直接影響的群體，這些群體和個人皆有直接互屬或互動的關係。

(二) **初級群體（primary group）**：其成員之間的關係是傾向於非正式的，但彼此間有持續性的互動，又稱主要、緊密群體。如家庭、朋友、鄰居與同事等群體。

(三) **次級群體（secondary group）**：其成員之間的關係是正式的，但比較不常有互動往來，如宗教組織、專業群體、商業公會群體等。

(四) **仰慕群體（aspirational group）**：即「崇拜群體」，係指人們經常接受一些自己並非其中一員（非成員）的群體所影響，其中若人們很想加入的群體，則稱

為仰慕群體，如球迷、影迷、歌迷、師長。因此，廠商若要聘用意見領袖或代言人，最好就是來自於這個群體。

(五) **分離群體**（dissociative group）：這個群體的價值觀或行為是個人所排斥的。

重要　**九、消費者購買決策的過程**

消費者在購買產品的前後，會經歷一連串的行為，該行為依序可分為「問題確認→資訊蒐集→方案評估→購買決策制定→購後行為」五個階段，稱為「購買決策過程」。

階段	內容說明		
問題確認	問題確認即是消費者在「確認(自己的)需求」問題，此為消費者購買決策程序的起始點。問題確認係指消費者的實際狀況與其預期的或理想的狀況有落差，也因為有這種落差，消費者才會產生購買動機。因此，行銷人員在面臨民眾或消費者抱怨的時候，第一時間應該「確認其問題為何？」		
資訊蒐集	在察覺到問題並引發購買動機後，消費者需要資訊以協助判斷、選擇產品。資訊蒐集有下列兩大來源：		
	內部蒐集	消費者來自本身購買與使用產品的經驗或廣告等產品資訊，甚或為了獲得產品的資訊，特地到賣場親身檢視和操作(體驗)該產品。	
	外部蒐集	當內部的資訊不夠充分時，消費者就需要借助外部蒐集。外部資訊蒐集的來源可歸類為下列四種： 1.個人來源：家庭、朋友、鄰居、同事及熟人等。 2.商業來源：廣告、銷售人員、經銷商、包裝及展示。 3.公共來源：大眾傳播媒體、消費者組織、消費者評鑑機構。 4.經驗來源：如操作、實驗和使用產品的經驗等。	
方案評估	消費者掌握了資訊之後，會在有意或無意中排除某些產品類別或品牌，留下幾個方案來進行評估購買何者？消費者的方案評估方式相當多樣；就算是同一個人，評估方式也會因產品、購買動機、購買預算、情境因素等情況而異。無論是什麼評估方式，都會涉及三個重要的觀念，即：產品屬性、該屬性的重要性程度及品牌信念。		
購買決策制定	消費者經過前述之評估過程後，會對不同的方案有不同的購買意願。而影響最後購買決策的，除了購買意願，尚有兩個因素。 1.不可預期的情境因素，例如店內突然停電或剛好沒有存貨，只好到鄰近的商店購買較低順位的品牌。或發生了意外情況，例如失業、意外急需、漲價等，則很可能改變其購買的意圖。		

階段	內容說明
購買決策制定	2.另一個因素則是他人的態度。由於前述「影響者」或多或少會左右消費者的購買決策。影響者的態度若越強烈，或購買者或決策者順從的意願越高，或持反對態度者與購買者之關係愈密切，則他人的態度就越會影響最後的選擇。
購後行為	又稱購後評價或回饋。包括：(1)購後的滿意程度；(2)購後的活動。消費者購後的滿意程度取決於消費者對產品的預期性能與產品使用中的實際性能之間的對比。購買後的滿意程度決定了消費者的購後活動，決定了消費者是否重複購買該產品，決定了消費者對該品牌的態度，並且還會影響到其他消費者，形成連鎖效應。

 十、消費者涉入程度與購買行為類型

(一) 消費者涉入程度的類型：所謂消費者涉入程度是指消費者對產品的興趣和重要性程度。一般來說，消費者涉入程度可分為下表所列四種類型：

類型	內容說明
高度涉入	係指消費者對產品有高度興趣，購買產品時會投入較多的時間和精力去解決購買問題。高度涉入的產品通常價格較為昂貴，購買的決策時間較長，對品牌的選擇較為重視，同時購買前也需收集較多的資訊。
低度涉入	係指消費者在購買產品時不會投入很多時間及精力去解決購買的問題，其購買的過程亦很單純，購買決策亦相當簡單。
持久涉入	係指消費者對某種產品長期以來都有很高的興趣，品牌忠誠度高，不會隨意更換品牌。
情勢涉入	係指消費者購買產品的行為是屬於暫時性和變動性，常會在某些情況下（情勢）而產生購買行為。因此，消費者會隨時改變購買決策及品牌。

(二) 消費者購買決策模式：

1. 購買決策模式的意義：消費者下購買決策所花費時間長短，和消費者涉入程度有密切關係。涉入是消費者對購買標的物及購買決策關切的程度，購買高涉入產品，花費多，風險高，通常願意多花時間及精力，蒐集資訊、評估、比較，盡可能做到理性決策，又稱為「中央路徑模式」。購買低涉入產品，

通常不會花費太多時間與精力審慎評估，簡單思考或參考他人的意見就購買者比比皆是，甚至抱著只要我喜歡就購買的感性決策心態，則稱為「邊陲路徑模式」。

選擇惠顧的公司與品牌也是購買決策的重要抉擇，品牌的差異性、聲譽與形象，消費者對品牌熟悉程度，都是影響購買決策的重要因素。

2. **購買決策模式種類**：美國紐約大學企管研究所行銷學教授Henry Assael，根據消費者購買的涉入度，品牌間差異度，組合成下列四個方格的購買決策模式種類：

(1) **複雜型決策**：消費者購買的涉入程度高，備選品牌間的差異程度高，最需要花時間思考、評估與比較，稱為複雜型決策。例如，消費者購買房地產、汽車、珠寶、股票等，因為投入金額大，願意花費比較長的時間蒐集資訊，而且親自評估再評估，考慮清楚了，才下定購買決策。

(2) **有限型決策**：消費者購買的涉入度低，備選品牌之間的差異程度高，為有限型決策。消費者購買的涉入程度低，表示購買風險低，品牌忠誠度低，因此普遍存有嘗鮮心理，消費者喜歡尋求新刺激，於是轉換品牌、尋求新產品成為一種習慣。這種現象令廠商頭痛，卻給新廠商進入市場的機會，新品牌被選購的機率隨之提高。個人清潔用品充斥賣場貨架，這些產品都屬於低涉入產品。例如，上次購買有助於消除頭皮屑的洗髮精，這次購買的是可防止髮根斷落的洗髮乳，儘管不同廠商的品牌差異大，但是品牌忠誠度相對偏低。

(3) **忠誠型決策**：消費者購買涉入度高，備選品牌間差異度低，此時品牌形象好的品牌往往成為消費者的最愛，稱為品牌忠誠型決策。消費者購買高涉入產品，往往伴隨相對高程度的財務風險、心理風險與社會風險，會考慮所支付金錢是否值得，所購買的產品是否會影響到自尊心，所以對品牌會有所堅持。整型美容業是典型的高涉入產品（服務），對消費者而言是一種高風險的體驗，初次惠顧的顧客都會抱持高度慎重的態度，一一評估，再三比較，審慎選擇聲譽絕佳，口碑良好的診所。曾經惠顧而感到滿意的顧客，通常都不會輕易轉換品牌（診所），因而成為忠誠顧客。

(4) **遲鈍型決策**：消費者購買的涉入度低，備選品牌間差異程度低，表示消費者選擇的是經常需要購買的低單價便利品，消費者購買時享有更大的游離空間，成為品牌忠誠度低的顧客，這種決策稱為遲鈍型決策。家庭主婦購買居家日常生活用品，考量方便性、經濟性、習慣性、實用性，遠勝過品牌堅持，尤其是上班族婦女，閒暇購物時間少，所選購的又是差異性不大的日用品，自然會優先考量方便、經濟。

3.**購買行為決策模式提供給行銷管理者的啟示：**
   (1) 剖析涉入程度，可幫助顧客做最佳選擇。
   (2) 品牌對消費者購買決策有重大影響。
   (3) 瞭解購買決策模式形成要因，有助於研擬贏得顧客青睞的行銷策略。
   (4) 掌握核心意義是行銷勝出關鍵。
   (5) 洞悉顧客購買競爭產品的決策模式，可以知己知彼。

十一、心理會計

(一) **意義**：心理會計（mental accounting）一詞是「行為財務學（behavioral finance）」開山宗師理查・賽勒（Richard Thaler）教授所提出。他認為「心理會計是一種人們與家庭整理、評估、紀錄財務活動的認知運作法則。」其中的運作法則，談論到許多消費者對於金錢運用的心理因素，往往和經濟法則中的「理性」相差甚大。其中有個有趣的論點是「快樂框架（Hedonic framing）原則」。

1. 在獲得的情況下，效用值的增量隨獲得增加而遞減，也就是效用遞減的現象。在損失的情況下，當損失增加，痛苦的增量也會遞減。
2. 人是損失趨避的，損失金錢的痛苦大於獲得同樣金錢的快樂。

(二) **Thaler教授認為消費者如果要得到快樂，會遵循以下四個原則：**

1. **消費者會傾向分隔獲利（segregate gains）**：兩筆盈利應分開，如兩次獲得中每次獲得100元，比一次性獲得200元感到更愉快。
2. **消費者會傾向結合損失（integrate losses）**：兩筆損失應整合，如兩次損失，每次損失100元的痛苦要大於一次損失200元的痛苦。
3. **消費者會傾向在大額的獲利中整合小額的損失（integrate small losses with large gains）**：大得與小失應整合，將大額度的獲得與小額度的損失放在一起，如此可沖淡損失帶來的不快。
4. **消費者會傾向從大額的損失中分隔出小額的獲利（segregate small gains from large losses）**：在小得大失時要具體分析，在「小得大失懸殊」時應分開，6,000元的損失，同時有40元的獲得會使當事人有欣慰的感覺。而「小得大失懸殊不大」時，將50元的損失與40元的獲得放在一起，則感覺失去的額度可以接受。

近些年來，百貨量販經常推出買5,000送500的活動，就是符合第4項原則。對消費者而言花費5,000元是項損失，500元是獲得，這樣的活動，會比直接打九折4,500元，讓消費者在心理上快樂一些。

十二、行銷4Cs

「行銷4Ps」是從銷售者的角度為出發點思考，追求的是企業利潤最大化，並未從消費者的角度出發。因此，1991年美國北卡羅來納大學教授羅伯特勞朋特（Robert Lauterborn）乃發表了「行銷4Cs」的新理論，其最大的差別就是以消費者角度為出發點思考，追求消費者利益最大化。以兩者相互輝映來發展最合適的行銷策略。行銷4Cs內容說明如下：

(一) **顧客（Consumer）**：Customer主要是指顧客的需求。企業必須首先瞭解和研究顧客，根據顧客的需求來提供產品。同時，企業提供的不僅僅是產品和服務，更重要的是由此產生的「客戶價值(Customer Value)」。

(二) **成本（Cost）**：成本不單是企業的生產成本，或者說4P中的Price(價格)，它還包括「顧客購買成本」，同時也意味著產品定價的理想情況，應該是既低於顧客的心理價格，亦能夠讓企業有所盈利。此外，這中間的顧客購買成本不僅包括其貨幣支出，還包括其為此耗費的時間，體力和精力消耗，以及購買風險。

(三) **便利性（Convenience）**：此係對應通路（Place）。企業應透過何種管道，儘可能減少顧客的時間支出和體力的耗費，節約顧客的購買時間，讓消費者取得更便利或得到更快速的服務，否則消費者就不會考慮買該企業的產品。

(四) **溝通（Communication）**：此係對應行銷4P的推廣。4Cs行銷理論認為，企業應通過和顧客進行積極有效的雙向溝通，建立基於共同利益的新型企業/顧客關係。這不再是企業單向的促銷和勸導顧客，而是在雙方的溝通中找到能同時實現各自目標的通道。

行銷理論中的4P必須與4C相對應，才能把行銷的精髓完全發揮出來；4P與4C的相互關係如下：產品（Product）→ 顧客的需求與慾望（Custom needs and wants）；價格（Price）→ 顧客的成本（Cost to the customer）；通路（Place）→ 便利性（Convenience）；促銷（Promotion）→溝通（Communication）。

第十節 組織市場與組織購買行為

 一、組織市場的意義與類別

組織市場又稱組織機構市場或工業市場，係指工商企業為從事生產、銷售等業務活動以及政府部門和非盈利性組織為履行職責而購買產品和服務所構成的市場。如公司、社會團體、政府機關、非營利性機構等銷售商品和服務的市場。

> **組織市場的涵義**：是一個廣義的概念，按組織的性質和購買動機，可以將組織市場劃分為生產者市場（工業市場）、中間商市場、政府市場和服務與非營利組織市場等四類。

類別	主要購買者	購買目的
工業市場	製造商	加工製造
中間商市場	批發商、零售商	轉售以賺取差價
政府市場	各級政府單位	服務民眾、公共建設
服務與非營利組織市場	各類服務與非營利機構	服務顧客與民眾

 二、組織市場的需求特色

衍生需求	組織市場內的需求是來自消費者市場內的需求，這種現象稱為衍生（引申）需求（derived demand）。例如民眾對都會綠地的殷切企盼，因而會促使政府建設更多的都會公園。
需求波動很大	因組織市場的購買量與金額龐大，年度訂單的增減會使得接單廠商明顯地感受到需求的波動。消費者需求的小幅度變動，會引起組織市場內的大幅度變動。
購買量與金額龐大	消費者買到的產品，是在組織市場內經過連串產銷過程的結果，因此組織市場內涉及的購買量與金額顯然比消費者市場大許多。
需求缺乏彈性	缺乏彈性的需求是指價格的變動不太影響市場的需求，例如電腦廠商不會因滑鼠價格的下降而大量採購，或因價格上漲而減少採購。

三、組織市場購買者與其行為特色

(一) 組織市場的購買者特色

1. 企業客戶數目較少，身分容易確認。
2. 企業客戶購買量大。
3. 企業客戶需求彈性較小。
4. 購買者的地理位置較集中。
5. 企業客戶的採買人員較專業。
6. 企業客戶的購買決策影響因素與決策人數多。
7. 買賣雙方關係密切：買賣雙方協調合作。雙方商業利益相當重要，因此無論是正式往來或私誼都相當重視。

(二) 組織市場的購買行為特色

專業購買

由於購買量大，且購買之目的再加工製造或轉售，故購買具有相當高的風險，因此，採購人員或單位必須擁有高度的理性，具備一定的產品專業知識，並了解最適合的購買管道與方式。

直接購買

常跳過中間商而直接向生產者購買，以便取得價格優惠。

互惠購買

透過雙方互相購買對方產品，可以促進買賣雙方的關係。

複雜的購買決策行為

除了產品品質、成本效益考量外，其他如市場趨勢的發展、政府政策的變化、匯率變動、競爭者行動都是購買不容忽略的變數。

四、購買決策的型態

型態	內容說明
直接再購 straight rebuy	亦稱為「連續重購」，是指企業採購部門按過去的訂貨目錄直接向原來的供應商購貨，內容不做變動，完全根據以往經驗，按常規、慣例進行重複購買。其重點如下： 1.以相同的條件採購之前曾購買的產品。 2.通常是簡單、低單價、佔總成本不多的產品。 3.免除轉換成本、促進標準化。 4.可能會受制於人，並忽略了較佳的產品，乃是直接再購的缺點。
修正再購 modified rebuy	亦稱為「變更重購」，即生產者市場的用戶為了更好地完成採購任務，修訂採購方案，適當改變產品的規格、型號、價格、數量和條款，或尋求更合適的供應者。在這種情況下，採購工作比較複雜，需要進行一些新的調查，收集一些新的信息，做一些新的決策，通常參與購買決策的人數也要增加。其重點如下： 1.局部修改之前採購的規格、方式等。 2.可淘汰原有不理想的產品、避免受制於人。 3.會增加採購成本與時間、風險，乃是修正再購的缺點。

型態	內容說明
全新購買 **new task**	亦稱為「新任務購買」。其重點如下： 1.為前所未有的採購。 2.對於重要採購（廠商、設備、關鍵零組件），決策的人力、時間、程序、考慮因素等較複雜。

五、影響組織購買的因素

| 環境因素 | 眼前和未來的環境，包括政治與法律、社會文化、經濟、科技、市場需要、競爭情勢等，都會影響組織購買中的問題與需求察覺，產品規格、供應商來源與選擇等決定。 |

| 組織因素 | 組織的領導風格、文化、目標、策略、組織結構、獎勵制度、生產方式等會帶來影響。 |

| 人際因素 | 組織購買決策涉及不同職權、地位、專業的成員，成員之間以及成員與供應商之間的關係難免會影響購買行為。 |

| 個人因素 | 購買中心成員的個人背景，造就不同的風險態度、處事風格、偏好與選擇。 |

六、組織的購買決策

(一) **購買決策中的角色：**
 1.**購買中心（buying center）組成**：由「所有參與購買決策過程的人」所組成，它並不是正式組織，只是一種因購買物料任務之需要所組成。
 2.**購買中心成員**：發起人、影響者、決策者、同意者、購買者、使用者、把關者等皆是。
(二) **角色說明：**
 1.**發起、影響與使用者**：現場作業員（使用人）反映原料的品質問題，並發表對各家供應商原料的看法。

2. **影響者**：
(1)研發人員：提供原料的專業知識，並協助以數據評估各家供應商的原料。
(2)專家、顧問：公司聘請的專業顧問經常對原料發表看法。
3. **決策、同意與把關者**：總經理綜合各種因素做出決定，並嚴禁供應商與作業員等接觸。
4. **購買者**：在組織購買過程中負責與供應商洽談和簽約的採購人員。

第十一節　現代商業經營的機能

一家企業要經營成功，必須切實掌握現代化商業機能的四流，此四流包括「商流、物流、金流與資訊流」，才能使商業活動蓬勃發展。

一、商流

(一) **商流的意義**：商流係指商品藉由交易活動而產生「所有權」的流通，亦即商品交易的流通。交易確立後所產生的買賣契約、收據、發票、票據等，都可證明商品所有權已移轉，因此中間商的進貨、銷貨、存貨、行銷、帳務等作業，均屬於商流的範疇。

(二) **商流的類型**：
1. **開放型商流**：通路較廣且較長，適用於經常採購的日常用品。
2. **選擇型商流**：通路較窄且較短，適用於單價較高的特殊商品。

二、物流

(一) **物流的意義**：物流係指物品的「實體」流通，將物品由甲地移至乙地的流通過程。物流有狹義與廣義的意義。
1. **狹義的物流**：只探討「製成品」的銷售流通，著重於訂單處理、存貨控制等。
2. **廣義的物流**：涵蓋上游原料市場的供應配送、原物料或「半製成品」在工廠內部各生產線的流通，以及下游「製成品」的銷售流通。
（請注意：物流並無製造與零售的功能。）

(二) **物流中心的機（功）能**：物流的關鍵在於自動化。其主要機能如下：
1. **運輸配送**：將物品快速地由某一個地點運送至顧客指定的地點，加速物品的流通效率，故此機能為物流的核心機能。

2.**倉儲保管**：透過物流系統所提供的倉儲服務，讓物品得以妥善儲藏，並且於各個流通階層有需求時，可從中提領配送。

3.**裝卸搬運**：透過物流系統及裝卸搬運（如堆高機、動力輸送帶等）的使用，使貨物可以進行堆疊、裝卸與搬運，減少物品在進貨、倉儲等各工作區停滯與等待的時間。

4.**加工包裝**：（不含製造）對物品進行分類、重新包裝或黏貼標籤等加工作業，以符合零售商與顧客的需求。

5.**資訊提供**：將配送情報資訊回饋給製造商（如配送效率、配送時間及成本等）以作為其營業參考。

(三) **物流中心的功效**：

1.可縮短流通通路。

2.降低流通成本。

3.有效連結製造商與消費者。

4.滿足多樣、少量、高頻率的配送需求。

(四) **物流中心的種類**：

1.**依成立者區分**：

(1)**製造商成立的物流中心（MDC）**：製造商為了掌握通路以銷售其產品而成立。

(2)**零售商成立的物流中心（RDC）**：零售商為了取得商品增加議價空間而成立。

(3)**批發商成立的物流中心（WDC）**：批發商為了銷售商品降低流通成本而成立。

(4)**貨運公司成立的物流中心（TDC）**：貨運公司為了充分運用本身廣大運輸網與貨站而成立。

2.**依經營型態區分**：

(1)**封閉型物流中心**：又稱為「專用型物流中心」，專為配送企業體系內之商品而發展出來的物流中心。例如7-11、全家便利商店配送商品、康是美藥妝店配送商品。

(2)**營業型物流中心**：又稱為「混合型物流中心」。係指擁有商品的所有權，並從事商品銷售的物流中心；這一類型的物流中心，不僅為同一關係企業內之公司配送商品，也為其他企業配送商品。例如德記洋行成立的德記物流。

(3)**中立型物流中心**：又稱為「開放型物流中心」，係指不擁有商品的所有權，也不干涉商品的交易活動，而僅發揮傳統配送功能的物流中心。例如國內發展專業物流的新竹物流、大榮貨運即為代表。

三、金流

(一) **金流的意義**：係指因交易活動而產生的資金流通，如：現金付款、信用卡刷卡購物、轉帳、匯兌、票據交換等皆屬金流的範圍。

(二) **金流交易工具**：

1. **傳統工具**：
   (1) **現金**：目前仍是國內使用率最高的工具。
   (2) **支票**：批發業與大額交易適用。
   (3) **匯票**：國際貿易較常用。

2. **現代工具**：
   (1) **信用卡**：信用卡具有「交易媒介、延遲付款、識別身分、蒐集資訊、資金調度或理財」等功能，較現金方便、安全可在信用額度內循環使用，享受「先消費後付款」。
   (2) **提款卡**：可在自動櫃員機（ATM）提款。
   (3) **簽帳卡**：似信用卡但無信用額度，於繳款日前須付清。
   (4) **轉帳卡**：立即享受立即付款。
   (5) **儲值卡**：先付款後享受（預付）。
   (6) **IC晶片卡**：較先進、具安全性之全功能智慧卡。
   (7) **電子錢包**：主要用在網路購物交易付款轉帳之用（預付）。

3. **選擇金流工具考慮之因素**：
   (1) 便利性。　　　　(2) 安全性。　　　　(3) 時效性。
   (4) 有效性。　　　　(5) 公開性。

四、資訊流

(一) **意義**：是從製造商、批發商、零售商到消費者間資訊情報的流通，即在商流、物流、金流的過程中，透過電腦和通訊技術蒐集及傳遞商業情報等資訊。

(二) **常見的資訊流運用工具包括**：

1. 條碼（BarCode）。　　　　2. 無線射頻辨識系統（RFID）
3. 銷售時點管理系統（POS）。　4. 電子訂貨系統（EOS）。
5. 電子資料交換系統（EDI）。　6. 加值型網路（VAN）。

(三) **資訊流的工具**：

1. **商品條碼（Bar-code）**：
   (1) 商品的國際身分證，是商業自動化的基礎。
   (2) 標準碼有13位數（國碼3、廠商碼6、產品碼3、檢核碼1）。
   (3) 我國的國碼是471。

2. 銷售點管理系統（POS）：
　(1)**意義**：指結合掃瞄器、收銀機與電腦設備，即時處理銷貨、進貨與存貨資料，再透過分析處理各種營業資料，作為決策參考的一套管理系統。
　(2)**效益**：　提供銷售資訊；　提高結帳效率；　協助經營者做決策。
3. 電子訂貨系統（EOS）：
　(1)**意義**：指結合電腦與通信，取代傳統商業下單、結單及其他相關作業自動化訂貨系統（無紙訂貨）。
　(2)**對零售商效益**：　可正確、迅速的處理訂貨作業，降低處理成本；　可小量訂貨、增加陳列商品項目；　有效控制存量，減少缺貨風險。
　(3)**對供應商效益**：　可正確、迅速掌握庫存數量，便利製造流程的安排；　縮短處理訂單的時間，滿足顧客快速服務的要求。
4. 電子資料交換（EDI）：
　(1)**意義**：指將企業間交易往來所使用之不同資料格式的文件轉換成標準電子格式，以便快速、正確的進行傳輸交換。
　(2)**效益**：　提供正確完整的資訊；　增進作業效率。
5. 加值型網路系統（VAN）：
　(1)**意義**：指製造業、批發業、零售業透過電信業者所提供的服務網路來傳輸營運情報的系統。
　(2)**效益**：　可透過VAN在企業外部的其他機構交流情報；　可透過VAN在企業內部傳輸給各種商品資訊。

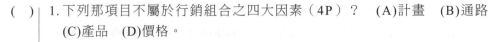

精選試題

( )　1.下列那項目不屬於行銷組合之四大因素（4P）？　(A)計畫　(B)通路　(C)產品　(D)價格。

☆( )　2.產品生命週期中，那一階段的顧客大多是早期採用者？　(A)導入期　(B)成長期　(C)成熟期　(D)飽和期。

☆( )　3.在產品生命週期中的導入期，產品剛導入市場，若顧客大多為一般消費，所採取的行銷策略應？　(A)親切服務與高價位方式　(B)低價位及較多服務　(C)提高產品品質，建立形象　(D)大拍賣活動。

☆( )　4.以「重度使用者、中度使用者及輕度使用者」來區隔市場，是屬於何種區隔變數？　(A)人口統計　(B)地理性　(C)行為性　(D)心理性。

( )　5.在零需求之狀況下，行銷之任務稱之為？　(A)扭轉性行銷　(B)刺激性行銷　(C)開發性行銷　(D)調和性行銷。

☆( )　6.在潛伏需求之狀態下，行銷之任務稱之為？　(A)反行銷　(B)低行銷　(C)開發性行銷　(D)刺激性行銷。

☆( )　7.具有特殊性質或品牌認定，但購買者購買時不須花費時間選擇，有特定地點可購買之商品稱？　(A)便利品　(B)特殊品　(C)選購品　(D)服務。

( )　8.公司僅推出一種產品，且僅使用一套行銷組合策略，而將市場視為一不區隔之整體的行銷策略是？　(A)差異行銷策略　(B)無差異行銷策略　(C)集中行銷策略　(D)以上皆非。

( )　9.分配通路之長度是指通路階層數目，包含製造商、批發商、零售商、顧客之通路長度稱為？　(A)一階通路　(B)二階通路　(C)三階通路　(D)四階通路。

☆( )　10.所謂推廣組合（Promotion Mix）或行銷溝通組合是指？　(A)廣告、人員銷售、公共報導、銷售促進　(B)產品、人員銷售、公共報導、銷售促進　(C)產品、通路、廣告、人員銷售　(D)通路、人員銷售、廣告、公共報導。

☆( )　11.一種求每單位產品銷售利潤最高，而適用於創新產品之定價方式稱？
(A)去脂定價（Skimming Pricing）
(B)心理定價（Psychological Pricing）
(C)威望定價（Prestige Pricing）
(D)認知定價（Perceived Pricing）。

( ) 12. 就廠商所處市場競爭地位而言，選擇不會吸引大廠商注意的小部份市場，以從事專業化經營之廠商，稱之為？　(A)市場利基者　(B)市場追隨者　(C)市場領導者　(D)市場挑戰者。

☆( ) 13. 在負性需求的情況下會產生？　(A)扭轉性行銷　(B)刺激性行銷　(C)開發性行銷　(D)調和行銷。

☆( ) 14. 購買決策中，對決策之下達有直接或間接之影響力的是？　(A)發起者　(B)影響者　(C)決策者　(D)購買者。

( ) 15. 何者不是有吸引力或有效的區隔變數？　(A)可衡量性　(B)可獲利性　(C)可接近性　(D)足量性。

☆( ) 16. 企業推出多種產品且採取不同的行銷策略以吸引不同的消費者謂之？　(A)集中行銷　(B)區隔行銷　(C)無差異行銷　(D)差異行銷。

☆( ) 17. 通路權力係指能改變通路成員行為的能力，若是因製造商在社會或業界地位崇高，使得中間商願意跟隨，這是屬於：　(A)參照權　(B)專家權　(C)獎賞權　(D)合法權。

( ) 18. a.管理行銷力量；b.擬定行銷組合；c.分析市場機會；d.選擇目標市場。請正確排列出行銷管理的程序？　(A)bacd　(B)cdba　(C)dacb　(D)abcd。

☆( ) 19. 運用一個成功的品名來推展改良產品或附加產品的策略謂之？　(A)品牌延伸策略　(B)多品牌策略　(C)品牌組合策略　(D)中心品牌策略。

☆( ) 20. 公司在產品創意上想要建立給予消費者的某種特定意識為？　(A)產品構想　(B)產品觀念　(C)產品印象　(D)產品偏好。

( ) 21. 產品生命週期中，產品上市後在市場上迅速被接受，而實質利潤大幅增加之時期是？　(A)介入期　(B)成長期　(C)成熟期　(D)飽和期。

☆( ) 22. 下列何者不是服務的特質？　(A)不可分割性　(B)不可觸知性　(C)品質差異性　(D)需求可估計性。

☆( ) 23. 一群相關的產品，可能機能相似，目標客群相同，透過相同的銷售通路或在同一價格範圍之內。稱為：　(A)產品搭配　(B)核心產品　(C)產品組合　(D)產品線。

( ) 24. 在消費者至上的時代，製造商必須以顧客為中心規劃企業管銷活動之4C策略。有關4C策略之內容，下列何者有誤？　(A)顧客需求　(B)成本　(C)溝通　(D)獲利性。

( ) 25. 下列何者不是市場挑戰者提高其占有率的方法？　(A)側面攻擊　(B)秘密策略　(C)迂迴攻擊　(D)包圍策略。

☆ ( ) 26. 每一種產品或勞務都有「產品生命週期」（Product Life Cycle）現象，其經歷之階段依次為？
(A)導入→成長→成熟→衰退　(B)導入→成熟→成長→衰退
(C)成長→衰退→成熟→衰退　(D)以上皆非。

( ) 27. 下列敘述何者不正確？
(A)行銷的任務乃在創造需要（need）
(B)產品導向的行銷哲學容易導致「行銷近視症」
(C)廣告的目的包括告知性、說明性及提醒性等目的
(D)行銷機能可以創造附加價值

☆ ( ) 28. 按照消費者的選購習慣，可將產品分成三大類。如味精、肥皂、飲料、報紙等屬於？　(A)便利品　(B)選購品　(C)特殊品　(D)經濟品。

( ) 29. 何者為最新的經營管理哲學理念？　(A)產品行銷　(B)財務　(C)研究發展　(D)社會行銷。

( ) 30. 在不規則需求之狀態下，行銷之任務是？　(A)維持性行銷　(B)再行銷　(C)扭轉性行銷　(D)調和性行銷。

☆ ( ) 31. 消費者購買決策過程，一般可分為五個階段，前後兩階段分別為問題認知與購後感覺，其中間三階段之正確順序為？
(A)蒐集情報、購買決策、評估行動
(B)蒐集情報、評估行動、購買決策
(C)評估行動、購買決策、蒐集情報
(D)購買決策、蒐集情報、評估行動。

( ) 32. 卡爾‧艾伯修（Karl Albrecht）的服務金三角（Service Triangle）的三個要素，下列何者有誤？　(A)服務理念　(B)服務策略　(C)服務人員　(D)服務組織。

( ) 33. 年齡、性別、職業、家庭生命周期階段等變數是屬於何種市場區隔（Market Segmentation）變數？　(A)地理變數　(B)心理變數　(C)行為變數　(D)人口統計變數。

( ) 34. 公共事業常用之「目標定價法」（或稱目標報酬率定價法）是一種：
(A)成本導向定價法　(B)競爭導向定價法　(C)需求導向定價法　(D)以上皆非。

☆ ( ) 35. Keller（2003）提到建構品牌資產有五種要素可供選擇，DeBeers的廣告用語「鑽石恆久遠，一顆永流傳」，係指：　(A)品名　(B)標誌　(C)象徵物　(D)標語。

( ) 36. 就促使購買者採取購買行動之效果而言，那一種推廣工具較有效？
(A)廣告 (B)人員銷售
(C)公共報導 (D)銷售促進（Sales Promotion）。

☆( ) 37. 電話銷售、大眾傳播媒體銷售及郵購銷售等均屬於： (A)垂直行銷系統 (B)直接行銷系統 (C)水平行銷系統 (D)多通路行銷系統。

☆( ) 38. 下列何者稱為灰色行銷（gray marketing）？ (A)再進口 (B)橫向進口 (C)平行輸入 (D)垂直輸入。

( ) 39. 消費者對特定商店之偏好謂之： (A)產品動機 (B)感情動機 (C)惠顧動機 (D)理智動機。

☆( ) 40. 何者不是工業市場需求特性？ (A)引伸需求 (B)缺乏彈性 (C)需求波動很大 (D)創造性需求。

☆( ) 41. 品牌忠誠度高，不會隨意更換品牌，係指下列何種涉入程度？ (A)高度涉入 (B)低度涉入 (C)持久涉入 (D)情勢涉入。

☆( ) 42. 根據Assael的理論，消費者會想辦法多瞭解產品屬性及購買重點，但因為品牌差異不明顯，可能會因為價格合理或方便性就決定購買，這種情形是屬於下列何種購買行為類型？
(A)複雜的購買行為 (B)降低失調的購買行為
(C)習慣性的購買行為 (D)尋求多樣化的購買行為。

( ) 43. 行銷大師科特勒（Kotler）認為，品牌可傳送六種不同層次的意義給消費者，下列何者錯誤？ (A)屬性 (B)文化 (C)人格 (D)銷售者形象。

☆( ) 44. AIDA消費者行為模式是國際推銷專家海戈得曼（Goldmann）提出的推銷模式，其中第一個A，係指下列何者？ (A)認知 (B)興趣 (C)慾望 (D)行動。

☆( ) 45. 選擇品牌要素有六個選擇（或評估）標準，其中有三個屬於防衛性因素，下列何者錯誤？ (A)移轉性 (B)保護性 (C)記憶性 (D)適應性。

解答與解析

1. **A** 行銷組合（Marketing Mix）可區分為四大類，**分別是「產品組合、定價組合、通路組合與推廣組合」**，亦稱為**行銷「4P」**。

2. **B** 成長期時市場開始快速的接受產品，**銷售額大幅增加，公司的實質利潤亦隨著增加**。

3. **A** 新產品的訂價方式，一開始通常會訂定一個顧客可能願意支付的最高價格，即是**採吸脂定價（Price Skimming），以取得最多的利潤，快速回收產品研發的成本。**

4. **C** 行為變數係指消費者對於產品的**使用方式、購買頻率、品牌忠誠度**等變數。

5. **B** 刺激性行銷係當市場顧客對本公司所提之產品和其他同業同性質的產品及服務**既無正向感覺亦無負向感覺（表現無差異看法）**時，即稱為零需求（無需求）。

6. **C** 開發性行銷係當市場的潛在顧客，**對本公司的產品存有潛在需求的情況下使用。**

7. **B** 特殊品為消費者**在特殊時空因素之下**，對某項產品或某一品牌具有特定用途之產品。

8. **B** 無差異行銷策略**適合於生活必需品的供應商或是產品項目單純的企業，或是消費者對某一產品的偏好是屬於同質性的偏好。**

9. **B** 二階通路係指**產品供應商（製造商）與消費者**之間，存在著兩種形式的中間商。

10. **A** 推廣組合之四種活動類型分別扮演著不同的訊息傳達角色，分別提供消費者不同的訊息，其中包括**單向與雙向溝通型態、人際與非人際之溝通媒介、是否需求付費**等。

11. **A** 吸脂（去脂）定價係指**對需求彈性及競爭性均低的產品，訂定較高的價格**，期能建立高級產品的形象，爭取願付高價的產品需求者的購買意願，獲取高額利潤。

12. **A** 基本上，進行市場利基之公司事實上已經**充分瞭解了目標顧客群，因而能夠比其他公司更好、更完善地滿足消費者的需求。**

13. **A** 負需求是指**所有或大部分潛在市場之消費者不喜歡此產品或服務**，並寧願花錢去避開此種產品。

14. **B** 影響者係指**在替代方案或購買決策上，提供意見與資訊**，協助訂定詳細規格，以供參考或提供決策準則的人。

15. **B** 一個有意義的市場區隔必須具備可**衡量性、可接近性、足量性、可差異性和可行動性**五項特質。

16. **D** 差異行銷係配合不同區隔市場的需求，分別**提供齊全的產品線**供各個不同區隔市場消費者選擇。

17. **A** **中間商與其合作，會引以為榮，此即參照權。**

18. **B** 行銷管理係指將**規劃、組織、領導、控制**等管理機能，運用於有關行銷的一切活動，其程序如題目選項(B)所述。

19. **A** 延伸的做法可以是**新包裝、新容量、新款式、新口味、新配方**等方式，如此可以收到槓桿的效果。

20. **B** 產品觀念認為，消費者**最喜歡高質量、多功能和具有某種特色的產品**，企業應致力於生產高值產品，並不斷加以改進。

21. **B** 在產品生命週期的成長期，**銷售量會急劇攀升，自然會吸引許多競爭者先後進入市場。**

22. **D** 服務的特質包括：**無形性（不可觸知性）、不可分離（割）性、異質性（不穩定性）和不可儲存性（易逝性）。**

23. **D** 產品線（product line）係指由一群在**機能、價格、通路或銷售對象**等方面有所相關的產品所組成。

24. **D** 選項(D)錯誤，**應為「便利性（Convenience）」。**

25. **B** 市場挑戰者是指那些相當於市場領導者來說，在行業中，通常是處於第2、第3位以及其後位次的企業。其策略除題目(A)(C)(D)三者外，亦**可採「正面攻擊」策略，公然挑戰領導者的長處。**

26. **A** 所謂「產品生命週期」是指新產品上市後，在市場中的銷售潛量和所能獲得的利潤，會**因時間的演進而發生變化。**

27. **A** **行銷的任務在滿足消費者之需要與慾望。**

28. **A** **便利品又稱日用品**，為消費者經常購買而消耗的貨品，

29. **D** 「社會行銷觀念」要求企業在設定行銷政策時，須能**同時考慮公司利潤、消費者慾望滿足與社會利益**三者的利益。

30. **D** 調和性行銷係指當**產品的需求因季節或因時、因地而有不同的變化時**，行銷管理者應設法利用彈性定價策略或促銷方法，以平衡消費者需求（平衡需求），促使消費者改變產品需求的時間，維持一定的銷售額度。

31. **B** 消費者在購買產品的前後，**會經歷一連串的行為，稱之為「購買決策過程」。**

32. **A** 服務金三角的概念，就是**組織、員工、顧客三者之間**的內部行銷、外部行銷和互動行銷互相整合。

33. **D** 人口統計變數為**性別、年齡、所得、職業、教育水準、婚姻狀況、家庭組成、家庭生命週期**階段等因素之統稱。

34. **A** 目標定價法係以**企業預定獲利目標為基準**，並預定產品銷售數量的基礎下，訂定產品價格。

35. **D** **標語係利用鏗鏘有力的一句話**，直接跟消費者溝通產品的利益點所在。

36. **B** 人員銷售係指**與消費者直接接觸的推廣促銷方式**，目的在於直接促成交易。

37. **B** 直接行銷係指**利用各種非人員面對面接觸的工具，直接和消費者互動**，並能得到消費者快速回應的一種推廣方式。

38. **C** 平行輸入係指**未經授權之貿易商從原商品產地取得商品，並銷售至該商品的進口國**，與授權的行銷通路形成平行的競爭。

39. **C** 惠顧動機**係指感情和理智的經驗，對特定的商店，廠牌或商品產生特殊的信任和偏好**，使消費者重複地、習慣地前往購買的一種行為動機。

40. **D** 工業組織（工業）市場需求的特性除選項(A)(B)(C)三者所述外，**另一特性為購買量與金額龐大。**

41. **C** 消費者涉入程度是指**消費者對產品的興趣和重要性程度。**

42. **B** 消費者購買行為是**指最終消費者涉入購買與使用產品的行為。**

43. **D** 選項(D)錯誤，**正確者應為「使用者形象（user）」**，其他層次為利益和價值。

44. **A** 認知（Attention）指的是消費者經由廣告的閱聽，逐漸對產品或品牌認識了解。

45. **C** **記憶性應歸為「品牌建立因素」。**

第四章 企業的人力資源機能

考試頻出度：經濟部所屬國營事業機構 ★★★★
中油、台電、台灣菸酒等 ★★★★

關鍵字：人力資源、策略夥伴、員工保母、核心人力、組織瘦身、工作劃分、工作設計、輪調、工作擴大化、工作豐富化、工作特性模型、工作說明書、工作規範、工作評價、職位分類、面談、效度、信度、非典型工作者、晉升、薪工、獎工、績效評核、分紅入股、勞資爭議。

課前導讀：本章內容中較可能出現考試題目的概念包括：人力資源管理的體系、人力資源管理功能的角色、人力資源管理的策略型態、人力資本結構、工作擴大化、工作豐富化、工作特性模型、工作說明書、工作規範、面談的屬性與結構、信度和效度（validity）、彼得原理、非典型工作者的聘雇、訓練的方法（依訓練的時程區分）、敏感度訓練、實施工作輪調的限制、獎工制度常見的計算公式、360度回饋、獎懲的方式、月暈效應、刻板印象、員工分紅入股、勞動三權、勞資爭議行為、爭議行為的合法解決途徑。

第一節 人力資源管理基本概念

一、人力資源管理的涵意與主要活動

人力資源管理（Human Resources Management，HRM）不但是「企業功能」之一，同時也是管理功能「用人」的重要一環。人力資源管理的工作乃是人力資源部門的「專業幕僚」和其他各部門、單位「直線主管」的共同工作。人力資源管理單位的主要工作係在進行招募人員、面試、甄選及訓練的工作；該單位亦是負責培養人才、訓練職員、評鑑以及獎勵員工的一種管理機制，故大多數較具規模的公司，多半會擁有一個獨立的人力資源部門來運作。對員工績效評估亦是由人力資源管理單位負責，其目的是做為客觀人力資源決策（如加薪與訓練需求等）的基礎。

根據前述的涵意，可知人力資源管理是指企業的一系列人力資源政策以及相應的管理活動，這些人力資源管理的活動主要包括：企業人力資源戰略的制定，員工的招募與選拔，培訓與開發，績效管理，薪酬管理，員工流動管理，員工關係管理，員工安全與健康管理等。

人力資源管理的主要活動，依人事作業流程而言，可擬定人力資源管理的運作程序如下：人力資源規劃→招募或裁減人力→甄選→新進員工指導→訓練與發展→績效考核→報酬與福利→安全與健康。

二、人力資源結構分析

人力資源結構分析主要包括以下幾個方面：

(一) **人力資源數量分析**：人力資源規劃對人力資源數量的分析，其重點在於探求現有的人力資源數量是否與企業機構的業務量相匹配，也就是檢查現有的人力資源配量是否符合一個機構在一定業務量內的標準人力資源配置。

(二) **人力類別的分析**：在企業現有人力進行盤點與查核中，要了解組織內業務的重心所在，可經由對企業人力類別分析。它包括以下兩種方面的分析：

　1. **工作功能分析**：一個機構內人員的工作能力功能很多，歸納起來有四種：業務人員、技術人員、生產人員和管理人員。這四類人員的數量和配置代表了企業內部勞力市場的結構。

　2. **工作性質分析**：按工作性質來分，企業內部工作人員又可分為兩類：直接人員和間接人員。這兩類人員的配置，也隨企業性質不同而有所不同。

(三) **工作人員的素質分析**：人員素質分析就是分析現有工作人員的受教育的程度及所受的培訓狀況。一般而言，受教育與培訓程度的高低可顯示工作知識和工作能力的高低，任何企業都希望能提高工作人員的素質，以期望人員能對組織做出更大的貢獻。

(四) **年齡結構分析**：分析員工的年齡結構，在總的方面可按年齡段進行，統計全公司人員的年齡分配情況，將影響組織內人員的工作效率和組織效能。

(五) **職位結構分析**：根據管理幅度原理，主管職位與非主管職位應有適當的比例。分析人力結構中主管職位與非主管職位，可以顯示組織中管理幅度的大小，以及部門與層次的多少。

三、人力資源規劃的意義、目的與規劃步驟

(一) **人力資源規劃的意義**：人力資源規劃（Human Resource Planning, HRP）係指未來人力供需的分析，在確定企業之職位空缺，並計畫接替空缺所需的人，然後據此擬定招募及培訓計畫。簡言之，估計企業未來人力需求的種類與數量，並找尋補充人力的方法，即稱為人力資源規劃。

(二) **人力資源規劃的目的：**

項目	內容說明
規劃人力發展	人力發展包括人力預測、人力增補及人員培訓。
促使人力資源的合理運用	人力資源規劃可改善人力分配的不平衡狀況，進而謀求合理化，以使人力資源能配合組織的發展需要。
配合組織發展的需要	適時、適量及適質的使組織獲得所需的各類人力資源。
降低用人成本	人力資源規劃可對現有的人力結構作一些分析，並找出影響人力資源有效運用的瓶頸，使人力資源效能可以充分發揮，降低人力資源在成本中所占的比率。

(三) **人力資源規劃的步驟**：準備人才資料庫→工作分析與撰寫工作說明書→評估人力資源需求與供給→建立策略規劃。

重要 **四、人力資源管理功能的角色**

角色（roles）是指他人針對特定職務或個人的某種期待行為，知名的人力資源學者 Dave Ulrich認為現任組織的人力資源功能，大致可分為下列四類角色：

角色		內容說明
策略夥伴（strategic partner）		係指人力資源功能應參與企業策略擬定並協助策略的執行，以使組織有效地完成策略目標。企業人力資源部門對於策略夥伴的角色，在運作上常有下列三種不同的思考取向。就策略夥伴的角色來說，其中當然是以「整合取向」最能在組織中發揮影響力。
	疏離取向	人力資源部門從自身的觀點出發思考人力資源實務應如何加強及如何增加企業價值；人力資源部門比較未涉及企業的整體決策。
	事後取向	人力資源部門未涉入企業策略規劃，而組織在有具體企業策略之後，會進一步擬定人力資源相關政策與實務作法；人力資源管理好像組織策略的附屬品。
	整合取向	人力資源與企業的規劃有高度整合，直線主管與人力資源部門可以密切合作；人力資源管理與組織的策略規劃與執行有密不可分的關係。

角色	內容說明
行政專家（administrative expert）	亦稱為「管理專家」。在管理的重點上以效率及穩定性為主，同時能依固定流程完成例行工作，即為行政專家角色。
員工保母（employee champion）	亦稱為「員工協助者」或「員工擁護者」。係指要扮演保母角色，協助員工在工作上保有競爭力，並提升績效。人力資源管理專責人員必須關心每個員工長期的工作績效；亦應協助員工管理或是降低工作要求，增加組織的資源。
變革推手（change agent）	亦稱為「變革促進者」。係指推動或協助組織進行變革的角色。成功創新與變革的關鍵，通常就是人，而變革的阻力往往也來自人。因此，人力資源管理功能扮演重要的角色，學習型組織即是近年來非常重要的組織（人事）管理的趨勢。

五、人力資源管理的策略型態

學者 Lengnick-Hall（1988）提出。人力資源管理策略可根據「總體企業成長預期」（corporate growth expectation）及「組織準備性」（organizational readiness）兩個構面，將其策略分成右表所列的四種型態。**所謂「總體企業成長預期」係指企業市場機會多寡、本身企業策略選擇性、現金流量、擴張程度。「組織準備性」則指人力資源的技能、數量、經驗、型式等的多寡，這些都是實行人力資源策略所需的資源。**

(一) 當總體企業成長預期高，組織準備性低時，人力資源策略就著重在人力資源的發展，包括投資人力、加強訓練等。

(二) 當總體企業成長預期高，而組織準備性高時，人力資源策略就應配合公司未來擴張的潛力，採行擴張策略，包括培育公司主管，由外界挖角，增聘人才。

(三) 當總體企業成長預期低，而組織準備性高時，人力資源策略應著重在企業內部效率的追求，亦即訓練公司內部員工生產力提高，如導入TQM等。

(四) 如果兩個構面都低時，人力資源策略就必須著重在人力的重新調整，以配合公司的轉型，如流程改造。

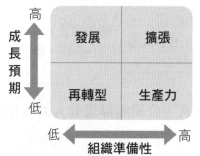

重要 六、維持組織長期競爭優勢的人力資源特性

Barney & Wright 認為有助於組織長期競爭優勢的人力資源應該具有下列四個重要特性，此四個重要特性亦即所謂的「VRIO 模式」：

(一) **有價值（valuable）**：「價值性」係指人力資本對組織主要生產或服務流程的重要性，對主要「價值活動」（value-added activities）的影響愈大，其價值性高。

(二) **稀少或獨特的（rare）**：「獨特性」係指組織在勞動市場是否容易取得，是否需要長期養成。

(三) **難以模仿（difficult to imitate）**。

(四) **有良好組織與系統（organization and system）的支持而無法取代**。

重要 七、人力資本結構與人力資源管理

人力資本（human capital）係指組織內個人與群體能力的總和。依前述獨特性高低與價值性高低來分類，有下列四種類型：

類型	特性	內容說明
核心人力	價值性高、獨特性高；強調組織承諾、發展式雇用。	核心人力是指對主要的生產或價值活動有重要貢獻，而且在勞動市場不容易取得的人力。
輔助人力	價值性高、獨特性低；強調市場基礎、確保式雇用。	輔助人力是指對生產或服務活動有直接貢獻，但是在勞動市場容易取得的人力，例如生產線上的員工。
暫時人力	價值性低、獨特性低；強調信守約定、契約式雇用。	暫時人力是指一些周邊的工作人力，例如環境清潔或保全等工作。
合作人力	價值性低、獨特性高；強調信任合作、聯盟式雇用。	合作人力是指執行一些與直接生產流程比較無關的任務，但是又具備高度專業能力的人力，例如一些管理顧問、會計師、專案資訊人員等。

八、公司內部現有人力供給的分析方法

方法	內容說明
人力變遷矩陣	列出組織在某段時間範圍內所有的職務類別，然後指出各職務類別員工在未來一段時間內流動情形的圖表分析法。

方法	內容說明
人力置換圖	係指為每一個重要的管理職位或高階技術職位，建立其可能候選人的圖表。
人才檔案	係指將員工的績效紀錄、教育背景和經驗等資料儲存於電腦檔案中候用。
接班計畫	係指公司為重要管理職位之繼任人選的安排與培植計畫。

九、人力資源過剩與短缺的解決措施

人力資源過剩的解決措施	人力資源短缺的解決措施
1.組織瘦身。 2.提前退休計畫。 3.遇缺不補。 4.強迫休假或無薪休假。 5.減少工作時間。 6.提供進修。 7.將臨時人員解雇。 8.減低薪資。	1.僱用短期人員。 2.採用公司間人力資源相互支援。 3.延長退休人員的年齡。 4.僱用外籍勞工。 5.培養多能工。 6.超時工作與延長工時。 7.利用人力派遣公司僱用臨時工外包。

十、多元化管理

由於現代企業員工的性別、種族、宗教、年齡、文化、專業領域和其他許多個人特徵，而有不同的態度、價值觀和行為，此即所謂的「勞動力多元化」。因此，想用單一種固定模式的管理方式來管理所有員工，不但有相當難度且已經不合時宜，故多元化管理（Diversity Management；亦稱為「多樣性管理」）才應運而生。「多元化管理」旨在提高組織使用不同類型人力資源的管理實踐。然而企業在面臨人力變遷，想有效執行多元性管理計畫時，就應包含下列四項策略性要點，才能克盡其功：
(一) 管理高層的重視。
(二) 設立多元化所要達到的目標。
(三) 擬定與多元性相關的教育、訓練與支援計畫，並付諸實行。
(四) 建立多元化管理的專業團隊。

十一、人力資源規劃的過程

人力資源規劃之過程依序如右：準備人力資源人才庫→工作分析→評估未來需求→評估未來供給→建立策略規劃。

第二節 人力資源規劃的重要活動

一、工作劃分

(一) **工作劃分的意義**：工作劃分（Division of Job）是基於「分工專業化」的原則，將企業的工作加以區分歸類，以結合各個工作的貢獻，達成企業的目標。

(二) **工作劃分的方式：企業的各項工作，可以大致歸併為兩類，即「作業工作」（Operation Job）和「管理工作」**。作業工作是完成一項工作所需的活動；管理工作屬指導「他人努力工作」的工作。因此工作劃分方式可分為以下兩種：

> **工作劃分的要義**：企業的工作大部分需要兩人或兩人以上分工辦理，然後將各人的工作結合起來，以達成工作的目標；因此，不論企業的人數有多少，其成敗實取決於是否能將工作予以妥善的劃分，並使各項工作結合成整體性的行動。

項目	內容說明
業務工作的劃分	將工作劃分為較小單元，以便分配給作業人員，例如劃分為行銷、採購、製造、會計等。
管理工作的劃分	將「規劃、組織、用人、領導、控制」等管理工作妥善分配各管理階層，包括授權、分權以及幕僚的運用。

牛刀小試

( ) 下列何項係屬於業務工作的劃分？ (A)規劃 (B)控制 (C)會計 (D)組織。　　　　　　　　　　　　　　　　　　　　　　　　**答：(C)**

重要 二、工作設計

(一) **意義：所謂工作設計（Job design）係指對工作的「內容、方法與其他工作之關係」加以界定。**析言之，係指對於工作內容、工作方法以及相關工作間的關係予以界定，進而達到兼顧工作效率與工作滿足的效果。

(二) **工作設計的目標**

1. 使組織生產力提高。
2. 使員工工作滿意度提升。

> **工作設計的緣起**：對員工在組織內的動機、態度與行為關係最直接、影響力最大的，莫過於其每天所擔任的工作的問題，其不僅要適合組織生產力的要求，亦關係到工作滿足的問題；復因不同的工作需要不

(三) **工作設計的主要活動**：分為兩項。

項目	內容說明
工作分析	1.工作說明書；說明工作內容、方法及績效評估的方式等。 2.工作規範：說明用人資格、條件、標準等。
工作評價	對工作進行整體性的評價，以作為薪工的標準。

同的技術能力與條件，故使得工作設計相當複雜，亦為個人與組織目標整合問題之一項重要課題。

(四) **各學派對於工作設計均有不同的主張**

1. **科學管理學派**：主張將一個較大的工作組合予以分解成較基本動作，然後設計工作內容盡量求其簡單化，並定期改變工作者的工作項目與內容。其方法如下：

項目	內容說明
工作簡化 Work Simplification	工作簡化係指將員工工作細分成許多單純部分，將一較大的組合予以細分成基本動作，然後設計工作內容盡量求其簡化和專門化。其可收下列的利益： 1.減少專業工人的雇用，降低生產成本。 2.工人不需受長時間的訓練，不怕勞工短缺。 3.工人熟練度提升。 4.生產力提升。
工作標準化 Job Standardization	工作標準化包括工作方法及設備的標準化，並訂定時間標準，即科學管理中的「時間研究」。
工作輪調 Job Rotation	工作輪調係指每一人員擔任某工作後定期改變擔任其他工作。嚴格說來，工作輪調並不算是一種工作設計，而是根據工作簡化後所安排的工作，如何與工作者配合的方式。其可收下列的利益： 1.調派靈活：每一工作者不是只會做一種工作。 2.公平負擔：輪調制度下，難易程度不同的工作大家輪流擔任，感覺較公平。 3.減少工作單調和枯燥的感覺。 4.增進溝通：許多工作者有共同工作經驗後溝通較容易。

牛刀小試

( )　以下何者不屬於科學管理學派中所主張的工作設計方式？　(A)工作簡化　(B)工作輪調　(C)工作擴大化　(D)工作標準化。　　　　答：**(C)**

2. **行為科學派：主張擴大工作內容，使其包括有不同的工作項目，以表現較大程度的完整性。給予工作者對於其工作有較多機會參與規劃、組織及控制。其方法為工作擴大化、工作豐富化。**

(1) **工作擴大化（Job Enlargement）**：係指擴大員工的工作內容，使其包含不同範圍，工作內容的完整性擴大，即工作內容的「橫向擴充（水平加載）」。進一步言之，所謂工作擴大化，乃是藉由「擴充水平方向的工作」，增加工作範疇，是使員工的工作內容項目增加，將原來細分的工作加以組合，每個人不再只從事工作的一個片斷而已，也就是說一位員工同時從事二種（含）以上不同性質之工作，如收票人員亦要負責維持秩序。這種工作設計，讓工作注入了較多激勵因子（如自主性），好讓員工對工作能更認同與更有成就感。總結言之，工作擴大化的主要目的，是在增加員工工作所涵蓋之活動數目，提高工作內容的多樣性，以減少工作之單調、重複性，增進員工之工作滿足，產生激勵的效果。

> **工作擴大化**：係指擴大員工的工作內容，使其包含不同範圍，工作內容的完整性擴大，即工作內容的「橫向擴充（水平加載）」。
>
> **工作擴大化的目的**：乃是透過對個人需求及目標本身的途徑來影響員工。對一群從事例行性和重複性的員工，他們表現出來的是對於工作的主動行為降低，對於生活及事業易趨於消極；透過工作擴大化的施行，增加他們作業的項目及自由的程度，將可減少工作的單調及重複性，而產生激勵的效果。
>
> **工作豐富化的目的**：在透過增加員工的自主性，提高工作的有趣性與挑戰性，能在工作中擴展個人的成就感，並提供個人晉升與成長的機會。

(2) **工作豐富化（Job Enrichment）**：在工作設計中針對工作內容，用「垂直式」增加工作任務的方式，以增加員工工作內容的多樣性和獨立性來增加員工更多的自主性與責任感；或提供較多機會參與規劃、組織及控制，給予員工較大的管理功能參與程度，提高員工的自主裁量權，讓員工在工作過程中感覺工作是重要且有意義的，此種垂直擴展員工工作範疇，以增加工作滿足感的工作設計方式，即稱為「工作豐富化」。依行為學派的觀點，「工作豐富化」的工作設計所帶來的激勵程度最高。

( )　以下何者非屬於工作擴大化的內涵？　(A)工作內容的橫向擴充　(B)使其工作包括不同的任務項目，並表現較大程度的完整性　(C)給予員工更多的自主權、獨立性與責任來執行一件完整的活動　(D)提高工作內容的多樣性。　　　　　　　　　　　　　　　　　　　　**答：(C)**

(3) **工作特性模型**（Job Characteristics Model，JCM）：工作特性模型定義了「技術多樣性、工作整體性（任務完整性）、工作重要性、自主性和回饋性」五種主要的工作特性、它們彼此間的關係，以及它們對員工生產力、動機與滿意度的影響。而工作內容的描述，如果能涵蓋下列任三個構面以上，就可預知員工會認為他所執行的是重要且有價值的工作。

A. **五種核心工作描述構面**：依學者Hackman與Oldham（1975）的觀點，任何工作都可用下列五項核心構面（Core Dimensions）來加以描述：

構面	內容說明
工作自主性 （Autonomy）	係指個人擁有安排工作時間與決定執行工作的程序方面之實質的自由、獨立性與判斷的程度，主要是使員工在心理上對結果的責任感改變，如此可讓員工體驗到工作責任，因此，為了增加員工的自主性，應多授權。
工作完整性 （Task Identity）	亦稱為「工作整體性」，係指有關工作上需要完成一個整體而明確工作的程度。亦即一個工作之始末及範圍是否完整，或只是一件工作的一小部分而已。如果越完整，則工作者會加以完成，才越會感受到成就感和意義。為增加工作完整性，應分派專案計畫，將工作組合成模組形式。
工作多樣性 （Skill Variety）	亦稱為「技術多樣性」。係指工作上需求多樣性活動的程度，讓員工可在工作中使用到多種不同的技術與能力，其工作意義也會較高。為增進工作多樣性，得提供員工不同種類的訓練，並擴大其職務。
工作回饋性 （Feedback）	回饋性係指完成一項工作時，個人對於其工作績效所能得到直接與清楚訊息的程度。回饋機能越健全，則工作者才越能獲得以上所說的幾種感覺。
工作重要性 （Significance Of The Task）	係指該工作成果對個人或組織的影響程度。

B.**動機潛力分數（Motivation Potential Score；MPS）**：MPS的計算公式如下。

$$MPS = \frac{多樣性＋完整性＋重要性}{3} \times 自主性 \times 回饋性$$

C.**公式結果說明**：

(A)如果在自主性與回饋性二者中，任何一項趨近零分，則整體MPS也趨於零。

(B)工作擴大化：係「多樣性」增加。

工作豐富化：係多樣性、完整性、自主性、回饋性皆增加。

因此：工作豐富化之MPS＞工作擴大化之MPS

> **JCM的激勵觀點**：JCM認為當員工得知（透過回饋知道工作結果），他個人（透過工作自主性所體認到的責任感）在其所關心（透過技術多樣性、任務完整性與重要性所體認的工作意義）的任務上有好的績效表現時，會得到內在的工作報酬。工作愈具有這三項特性，員工受到的激勵效果、績效表現及滿意度會愈高，而曠職與離職可能性也會降低。

(C)MPS的提高是否會導致內在激勵效果的上升與工作者的「高層次需求強度」有關，故對於高層需求較強的員工，MPS增加，則激勵效果提高；但對於高層需求較弱的員工，MPS和激勵效果並無顯著關係。

(D)JCM對激勵的影響：如果工作有包含「工作多樣性、完整性與任務重要性」等三種特性，則可預測員工會認為他們的工作是重要、有價值而值得去做的；同時具自主性的工作會使工作者覺得對結果有責任感，而且，如果工作有提供回饋，員工會知道他們的執行成效如何。

(4)**個人－工作適配度**：依據Caldwell與O'Reilly（1990）的定義，「個人貢獻」與「企業提供的誘因」在若干程度上得以匹配；或「個人」與「所從事的工作」兩者之間互相契合的程度，稱之為「個人－工作適配度」，亦稱為「工作適性」或「個人－工作契合度」。

Edwards（1991）另依據「供給與需求」的概念，將「個人－工作適配」區分為以下兩類「需求－供給適配」（need-supplies fit）與「要求－能力適配」（demands-abilities fit）兩個向度，前者係指員工的個人需求、喜好及慾望都能在這份工作中得到；後者則為員工具備的知識、技術與能力能夠符合工作的要求。歸納而言，「個人－工作適配」包含了「個人的興趣與需求」的心理層面要素與「個人能力是否符合工作所需之要求」的客觀層面要素之探討。

牛刀小試

( ) a.工作輪調；b.工作擴大化；c.工作豐富化；d.工作簡化。請按激勵程度大小的順序予以排列： (A)b＞c＞d＞a (B)c＞b＞a＞d (C)c＞a＞b＞d (D)d＞a＞c＞b。 **答：(B)**

三、工作分析（Job Analysis）

(一) **意義**：「工作分析」是企業人力資源規劃的主要活動之一，此種人力資源管理的技術乃是用以了解一項職務涵蓋之「工作內容與責任」，以及有效執行工作所「應具備條件」。易言之，對職務與人員的內涵進行有系統的收集與觀察其工作基本的工作內容、行為標準及資格要求等資料進行分析與判斷，即稱為「工作分析」。例如某公司的業績蒸蒸日上，他們想要了解一個一級經理的職責為何？要勝任該工作需具備什麼樣的知識、技術與能力？這些要求與二等經理有何不同？則該公司的人資部門就應該進行「工作分析」。企業根據工作分析後的內容，會產生「工作說明書」與「工作規範」二種書面說明，作為員工甄選、訓練、考核等人力資源管理的依據。

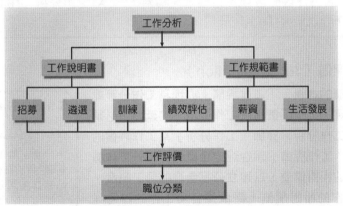

1. **工作說明書（job description）**：亦稱為「職位（務）說明書」。在人力資源規劃中，「工作說明書」乃是特定工作的正式書面說明，主要在記載某職位人員應做什麼、如何做及在何條件下應做些什麼的管理文件。其內容之記載通常包括「職稱」、「工作的目標（需執行的任務）」、「與其他職位（工作）的關係」、「必備的身體和心智能力」、「工作責任（職責）」及「工作環境」等，以及完成工作所需工具設備與資訊等書面綱要。簡言之，「工作說明書」強調工作的性質與內容，是在描述工作的目標、工作的內容、處理方法及程序、責任與職務、工作條件，以及與其他功能部門間的關係。

2. **工作規範（Job Specification）**：在人力資源管理中，一個用來說明員工執行某一項工作所需的知識、技術與能力，與能有效完成此項工作所需的人格特質與資格的「最起碼」資格文件，如學歷、證照、工作經驗等，稱為「工作規範」。簡言之，「工作規範」強調工作者的條件，係在列出為成功完成某項工作，員工必須具備的最低資格，包括知識、工作技能、員工背景、年資、相關經驗或個人工作態度等。

由上所述可知，工作說明書與工作規範的最大差異點乃是：「工作說明書」強調工作的性質與內容，「工作規範」則強調工作者的條件。

(二) 工作分析的目的（功用）

1. 作為人力資源規劃的依據。　　　2. 作為招募與遴選員工的標準。
3. 作為人力資源發展的參考。　　　4. 作績效評估的比較標準。
5. 作為核薪及獎金的依據。　　　　6. 作為勞資雙方決定勞動條件的參考。

牛刀小試

( )　對從事該項工作之員工需具備的專業知識、工作技能背景、年資、經驗與個人特質的最低資格要求。稱為：　(A)工作分析　(B)工作說明　(C)工作規範　(D)工作評價。　　　　　　　　　　　　　**答：(C)**

四、工作評價（Job Evaluation）

(一) 工作評價的意義：「工作評價」亦稱為工作分等或工作品評。工作評價是「工作分析」的延伸，必須先辦好工作分析，亦即「工作分析」為工作評價的基礎。「工作評價」係在評定企業內部每一工作職位之間的相對價值，以建立公平合理的獎工制度。各項工作的相對價值，係依據各項工作的難易程度、責任大小和所需資格等基礎來決定，作為評定工作重要性的等級。工作評價最主要的目的是作為評定員工公平薪資的標準，如此才可達到同工同酬、異工異酬的目的。

> **工作評價的涵義**：為「工作分析」的延伸，必須先辦好工作分析，亦即「工作分析」乃工作評價的基礎，目的在使各種工作都有詳實可靠的工作說明書和工作規範之後，才能據以辦理工作評價。

(二) 工作評價的目的

1. 在求同工同酬、公平客觀，有效控制薪資。
2. 在使員工了解自己工作的具體內容。
3. 在顯示各項工作的相對價值，可與其他部門或其他企業的工作及薪資相比較。
4. 在提供任務資料，提供員工工作參考。

5. 可收降低員工流動率的效果。
6. 可鼓勵員工努力上進。

(三) 工作評價的程序：

1. **工作分析**：將各工作的任務、責任、性質以及從事工作人員的條件等，予以分析研究，做成工作說明書與工作規範兩種書面報告。
2. **工作分級**：根據工作分析決定工作的價值，並區分各工作的等級。
3. **工作定價**：照已經決定的工作評價法，進行工作定價。

(四) 常用的工作評價方法

方法	內容說明
排列法 **The Ranking Method**	1. 此法亦有譯為等級法、分等法、順序法等。為最原始之工作評價法。即依照操作時之困難度及責任程度，將所有工作依次排列，並據此決定工作價值之高低。即將每種工作分列為等級，以分別其高下。 2. 優點為實施容易；缺點則為評定因素籠統，難求公允。 釋例：某公司共有員工四人，職稱分別為經理、清潔工、電腦人員、課長，則依排列法的工作評價方法其排列順序為何？ 答：經理 → 課長 → 電腦人員 → 清潔工 　　50,000　40,000　30,000　20,000
分級法 **Grading Method** **或** **Scaling Method**	1. 此法為事先定義一套衡量工作價值的等級尺度（Scale），並對不同等級的意義加以詳細說明，再將工作說明書中的工作內容與等級尺度相比較，若某項工作符合某一特定等級尺度之定義時，將該工作歸類於該等級尺度。 2. 優缺點與排列法相同。 釋例：某公司將工作分為三級，根據分級法將第一級的薪資訂為\$20,000，第二級\$30,000，第三級\$40,000。又知第一級的工作為例行性工作，第二級為專業性工作，第三級為決策性工作。則總經理應屬於第幾級？薪資多少？ 答：總經理為第三級；薪資\$40,000。
點數法 **The point Method**	1. 又稱為「計點法、積點法、評分法」等。此法即根據各種職位的特殊性與共通性（如工作者應具備之年資、相關經驗、學歷程度等），選擇若干可作為評價的因素，再將各因素的重要性加以比較，並按照其比重配以分

方法	內容說明
點數法 **The point Method**	數，然後將每一職位各因素所得分數的總和，而按總分的多寡，決定職級或職等的高低。此法是目前最普遍使用的工作評價方法。 2.優點為分等精確；缺點則為計算麻煩，工作因素不易確定。 釋例：某公司的點數法工作評價表如下： 表格見下方 若經理屬於第四級、作業員是第一級，則： ・經理的點數為：25+16+24=65 ・作業員的點數為10+4+6=20
因素比較法 **Factor Comparison** **Method**	1.此法為排列法與計點法之結合。即首先找出各相異工作間所具備的共通要素，決定各種因素的相對價值，各配以適當數額之金錢，再將每一因素的金錢價值，排列成表，以了解每一職位各因素的個別金錢價值，然後將各因素的金錢價值相加，其總和即為該職位應得之薪給，最後將職位間的薪給相互比較，即可決定每一職位的職級職等的高低。 2.優點為可比較各種不相關的工作；缺點則為不夠精確，順序大小頗難安排。 釋例：某公司的因素比較法工作評價表如下： 表格見下方 •甲員工的薪資為：$8+$3+$2+$9=$22 •乙員工的薪資為：$6+$4+$3+$3=$16

點數法工作評價表：

工作因素	第一級	第二級	第三級	第四級
工作態度	10	15	20	25
教育程度	4	5	12	16
工作技能	6	12	18	24

因素比較法工作評價表：

排列順序	技能	責任	經驗	環境
排	甲 $8	乙 $4	丁 $4	丙 $12
列	乙 $6	甲 $3	乙 $3	甲 $9
順	丙 $4	丁 $2	甲 $2	丁 $6
序	丁 $2	丙 $1	丙 $1	乙 $3

( )　用以決定公平之薪資標準的工作設計活動為：　(A)工作分析　(B)工作說明　(C)工作規範　(D)工作評價。　　　　　　　　　　　　**答：(D)**

第三節 人員招募、甄選與任用

一、招募與甄選的意義

項目	內容說明
招募	**招募（Recruitment）：招募指企業搜尋及得到一群對現有職位有興趣且符合資格人選的過程。**招募的方式如下，但各有其優缺點。 1.內部招募： (1) 優點 　　A.正確的技能評估。 　　B.可提升員工士氣。 　　C.留住優秀員工，避免流失優秀人才。 　　D.員工對企業組織已有相當程度的認識。 　　E.成本低。 　　F.新人訓練時間縮短。 (2) 缺點 　　A.無法增加員工多樣化，新點子進不來，此為主要缺點。 　　B.助長內部派系。 　　C.阻礙人力多元化。 　　D.適當的接替者不易找尋。 2.外部招募： (1) 優點 　　A.可注入大量新血。 　　B.招募來源較廣。 　　C.有機會吸引更具備創意的人才。 　　D.傾向採行創新、擴張策略的企業較偏好外部招募。 (2) 缺點 　　A.成本較高。 　　B.人選對組織不熟悉。 　　C.無法提升員工士氣。 3.員工推薦：最主要缺點為「可能無法增加員工的多樣性」。

項目	內容說明
甄選	甄選（Screening）：是一種「決策過程」，其目的在從招募而來的候選人中，根據工作說明書與工作規範的要求，選出最合適該工作的人選。甄選係透過甄選程序，篩選申請者，以確保企業可尋獲最合適該工作人員的過程。

牛刀小試

( ) 吸引及找尋符合企業所需資格的候選人，來申請參與應徵員工的過程。稱為：　(A)招募　(B)甄選　(C)任用　(D)訓練。　　　　**答：(A)**

二、甄選用人政策、人力需求估計、選用方式與選用技術

(一) **甄選用人政策**：企業對於人員的選用，應有一項完整的政策，選用人員範圍作明確規範以配合企業需要。人員選用是否僅限於每年暑期青年新進人員，還是包括第一線的主管在內。是否對於本公司內某些有主管潛能的人員，先指派其擔任主管工作，以期獲得有關經驗。選用範圍應可包括除總經理以外的各級管理主管在內。

(二) **估計人力需求**：此項估計可將各類主管區分為下列四類：預期可晉升、可以保留現職但不宜晉升、應予更換、即將退休。此外，對於企業成長所需人力亦應深入了解，以便預測企業對各級人員的需求。

(三) **決定選用方式**：大致可分對內（內陞）與對外（外補）二種。

方式	內容說明
對內選用（內陞）	對內選用人員，應與本公司的考核與訓練相配合，公平的升遷制度可激勵員工士氣，但是公平的升遷需要有優良的考核制度為基礎。衡量評估現有人員的工作成績與其發展潛力，作為晉升依據，如此較可留住優秀員工，且因員工對本企業組織已有相當程度的認識，應為理想的招募人才方式。但是自內部選用雖可避免優秀人才流失，卻極易造成人情包圍、任用私人的弊端，且無法增加員工的多樣化，有時則較難尋覓適當的接替者，特別是高度專業的領域。
對外選用（外補）	對外選用人員應以一般青年應屆畢業生為主，若為選用有經驗者，易形成挖角的風氣。惟宜注意者，工作經驗雖極重要，但是否能切合需要係一項問題。除專門知識或技術經驗非若干年不能學成外，一般所謂工作經驗可能僅需極短期的切實輔導即可學會。至於以往工作經驗的不適當，不正確而需改正時，往往不如訓練新手來得快。因此，此項問題應與訓練的成本與效果相配合研究處理。

(四) **選用技術**：目前雖有長足進步，但距理想尚遠。一般常用者有下列三項：

方法	內容說明
面談	面談易受個人主觀的影響。例如某主管重視候選人的態度恭順，而另一位主管可能重視主動個性，則經此兩位主管所選人員，可能完全不同。此外，候選人亦可能見風轉舵，投其所好，不易看出其真正個性與能力。面談可依下列問題的屬性與結構加以區分： 1.依面談問題的屬性種類來區分： 　(1)情境式面談：此種面談中所問的問題都是屬於未來式的，這些問題都假設某種情境，並詢問候選人在此種情境下會如何處理。這些問題主要來自於「緊要事件法」的工作分析結果。這些問題必須是曖昧不明的，而且是候選人以前所不可能碰過的。使用這種問題的前提是「意向（intention）可以預測未來的工作績效」。 　(2)行為（或以經驗為基礎）的面談：此種面談中所問的問題都是屬於過去的或歷史的。換言之，這些問題都是要求候選人敘述在以前的經驗中，如何處理這些情況。使用這種問題的理論基礎是「以過去的行為可以預測未來的行為」。 　(3)工作知識的面談：此種面談中主要的問題都集中在了解候選人所具備的工作知識程度，因此，這些問題乃以工作分析為基礎，工作知識包含：事實的知識（如高速公路最高速限是多少？）以及程序性的知識，即如何做事的知識（如如何設計網頁？）。 2.依面談問題的結構與否來區分： 　(1)結構式面談：係指面談中的問題都事先經過精心設計，根據職務內容找出與績效成敗相關的要項，再據以設計問題，藉以找出合適的人選。此時，所有應徵者都被問同樣問題且順序相同。 　(2)非結構式面談：係指在面談前並不加準備，所問的問題視當時情況而定，應徵者可以暢所欲言。因此，此種面談通常沒有一定的形式可供依循，面談者可從各種不同的方向來進行。且在非結構式的面談中，應徵同一工作的應徵者，可能未必被詢問相同或類似的問題，此外，也因為缺乏結構，所以允許面談者依據應徵者的回答，詢問後續的問題或他們感興趣的問題。
集體評估	由數位主管分別面談，雖然可能補救上述缺點，但受候選人的社交、周旋能力的影響，且可能浪費主管們的寶貴時間。

方法	內容說明
測驗	此法看似公平與確實，但亦往往不能有效。因為測驗項目不能切實代表所需工作能力，且測驗的代表性與準確性，是一項值得研究的問題。正如學校的考試或入學考試所受的批評一樣多。一般而言，測驗包括下列各項：智力測驗、性向測驗、人格測驗、成就測驗等。 (1) 智力測驗：就是對智力的科學測試，它主要測驗一個人的思維能力、學習能力和適應環境的能力。 (2) 性向測驗：性向是一個人可能發展的潛在能力，這種潛能只要經過學習或訓練就可以發揮出來。「性向測驗」泛指用來測量個體潛在能力的測驗，或者預測個體接受學習或訓練後的成就或表現的測驗。 (3) 人格測驗：又稱為「個性測驗」。即是針對個性特點的標準化測量工具，它根據人格理論，從特定的幾個方面對測試者的個性特徵進行考察，體現在個性測驗中就是各個測量指標。 (4) 成就測驗：就是通常所說的「考試」。成就測驗主要是針對應試人員進行之筆試（知識）及術科（技能）的掌握程度測驗。考試應用的領域非常廣泛，自我國科舉首創考試以來，一直沿用至今，並且現在考試已逐步向標準化、客觀化發展。

企業組織應採用那一種測驗方式，或者混合採用，須視工作職位的性質、時間、成本效益等方面來考量，而測驗的問題及其分數必須具備效度（validity）和信度（reliability），才能達成測驗的目的。

1. **效度（validity）**：所謂「效度」是指衡量工具的受測者在「衡量工具的得分」與「日後表現的得分」具有關聯性。例如過去員工在甄選工具的試題分數與員工的績效表現之間具有高度的正相關，則稱此甄選工具有效度性。在進行績效評估時，若績效評估結果能實際反應工作要求與工作成果時，亦可稱此績效評估具有效度性。反之，除非有明確的證據顯示，在某種甄選測驗中高成績者的工作表現會比低成績者要好，否則該測驗即為缺少效度。

2. **信度（reliability）**：所謂衡量工具必須要有信度，係指衡量工具在衡量同樣的事物時，是否會有「一致性」的結果，亦即衡量結果要具有一致性或穩定性，所得出結果相近。就甄試而言，甄試試題彼此之間具有一致性、穩定性、測試問題所得到的答案，彼此間沒有顯著的差異，就稱此甄試試題具有「信度」（績效評估、問卷填答，亦是相同）。例如填答問卷者隔了三個月後再填一次問卷，兩次填答的結果非常類似，則可以說此調查工具信度很高。

(五) **員工招募的選取錯誤（go-error）：**
1. **選取的錯誤**：將不適合的人員予以晉用。
2. **摒棄的錯誤**：將合適的新進人員，錯誤地加以摒棄。

 三、非典型工作者的聘雇

企業為控制勞動成本及增加人力調度的彈性，尤其是在外部環境的高度不確定性、快速回應產品需求波動，或是承受短期的財務壓力的時候，非典型工作者往往成為企業部署人力的最佳選擇。

雇用非典型工作者可確保正職員工的就業穩定，使其免受業務需求波動的影響，調節正職員工因病、因假或懷孕休養等需要而產生的人力空缺，企業也可因此得以專注於自身的核心工作活動。 非典型工作者包括四種類型：

> **非典型工作者的聘雇：**
> 面臨組織精簡或人事緊縮的壓力，聘雇非典型工作者既不占組織員額，又能分擔工作量，企業主不需再耗時費力地進行招募和徵選，而勞力空缺卻可即時獲得填補，此種方法愈來愈受企業主歡迎。

類型	內容說明	
部分工時工 part-time workers	基本上，部分工時工的每週工作時數應少於正職員工，而且不包括定期或短期契約工（我國行政院主計總處的定義，則是以每週工作時數少於40小時，作為部分工時工之認定標準）。此又可分為兩類：	
	自願性部分工時勞動	從事此種勞動型態多因本身情況而選擇，其中包括在家勞動者、學生、殘障者與中高年齡者。
	非自願性部分工時勞動	從事此種勞動型態則係無法獲得全時間工作者。
定期契約工 fixed-term or short-term hires	定期契約工或短期契約工，係指由組織直接聘雇從事短期或特定期間工作的勞工，在這段期間內，他們每週工作時數也可能少於正職員工。我國的「勞基法」有關勞動契約的規定，則是將臨時性、短期性、季節性及特定性工作視為定期契約。	
派遣工作者 dispatched workers or temporary help agency workers	係指企業透過人力派遣（或從事人力派遣業務）公司找到暫時性人力。在工作期間，企業對派遣員工其有指揮命令權，等到派遣任務完成後，派遣員工才回歸接受派遣公司的指揮命令權，而派遣員工的薪資福利是由派遣公司負責。 對於「短期專業技能人才」的需求，透過招聘方式取得人才的做法並不恰當。因而出現了「人才派遣機構」，專門提供某項特定專長人才為企業提供「短期間或臨時性」的專業服務（長期或例行性者則不宜）。	

類型	內容說明
外包工 subcontractors	外包係指企業為了降低企業成本，將有限資源充分投注於本身的核心事業，故將原本應由正職員工所承擔的工作和責任，委由第三者（承攬者本人或是由承攬商所指派的工作者）來承擔，此種工作者即稱為外包工。外包工與派遣工不同的是，工作期間，外包工仍聽命於承攬廠商，不直接接受企業的指揮命令；但是派遣工在工作期間，則必須接受該企業的指揮命令。

四、彼得原理與帕金森定理

(一) **彼得原理（Peter's Principle）**：彼得原理亦稱為「才能遞減病態原理」，它是管理學家勞倫斯‧彼得（Laurence J. Peter）在1969年出版的一本同名書《彼得原理》裡面所提出。一位管理者因在現有職位上表現良好，將會不斷被擢昇，最終將晉升到一個超出其能力所及的職位上（亦即無法勝任該工職位的工作），例如一個好的業務員不見得會是一個好的業務主管，這種現象即稱為「彼得原理」。換言之，在一個層級分明的組織中，一個在原有職位上工作表現良好而獲得升遷的人，最後將會升遷到他無法突破的職位，該職位反而變成是他無法勝任的職位，因此組織內充滿了不勝任的管理者，稱為彼得原理。彼得原理給予管理者兩點提示：

> **彼得原理**：若員工晉升被視為肯定過去工作成就、並賦予更多責任的企業行為，則企業內部未持續獲得晉升的各級主管，可能都不適任於目前的職務。反面言之，係指一個表現好的工作者會一直陞遷到其「無法勝任」的職位，代表其已無法勝任該工作。例如一個好的業務員不見得會是一個好的業務主管。

1. 該原理旨在提醒人力資源主管必須注意員工的適才通所。
2. 該原理也暗示，即使是公平合理的陞遷亦可能產生問題，如果員工喜好或適任原先的工作，應可復原或轉調至類似技能的職位。

(二) **帕金森定理（Pakinson's Law）**：帕金森定理（又譯為「白京生定律」）係指當組織規模擴大後易產生的病態現象。帕金森定律主要在說明組織冗員漸增的原理，認為工作對時間的需求有極大彈性，因為工作可被隨意擴展以填滿法定工作時間，且官員比較喜歡增加部屬、而不願增加競爭對手。簡言之，企業在發展過程中，會因為業務拓展，而增加部門單位及人員，使得每個人都很忙，但組織效率越來越低下的病態現象，即稱為「帕金森定理」。該定律認為組織常會發生下列病態的現象：

1. 組織愈久愈大，行政首長喜歡增加用人，以便顯示其權勢，造成組織冗員過多。
2. 組織的建築愈富麗堂皇，通常代表愈接近無效率點。
3. 會儘量用盡年度預算，以免下年度被刪減。
4. 組織愈大，人員素質卻越低落，因主管愈來愈不喜歡用比自己有能力的人。
5. 委員會人數越多，開會越無效率。
6. 工作對時間的需求有極大彈性，因為工作可被隨意擴展，以填滿法定工作時間。
7. 組織之會議時間與議題之重要性成反比現象，即所謂的「芝麻綠豆定律（Law of Triviality）」。

> **芝麻綠豆定律**：係指委員會在討論問題時，常針對金額小或不重要的議案（如辦理旅遊活動）花很多時間爭議與通過；對重大的議題（如年度預算），卻很快的使其通過。

牛刀小試

（　）　當對一個績效表現很好的員工予以陞遷，卻將其安排到一個其能力無法勝任的職位。此種現象管理學者稱為：　(A)彼得原理　(B)帕金森定律　(C)芝麻綠豆定律　(D)比馬龍效應。　　　　　　　　**答：(A)**

第四節　訓練與發展

一、訓練的意義與目標

訓練（Training）係指為了提升組織效能，針對員工現在所擔任的工作或未來可能將接任的工作，提供有關知識、技能或觀念等方面學習的機會。訓練的對象可能是新進員工，也可能是組織內的現職員工。企業舉辦訓練最終要達成的目標是在使組織績效提升。訓練的內容是職務上知識與能力的提升而非個人一般知識與能力的培養。教育訓練的方式通常包括「方案設計」、「方法類型」與「訓練效果評估」三大部分。

> **訓練的功能**：企業透過訓練，一方面可藉此增加員工對工作與技能的熟悉程度與專業能力，進以提升生產力、工作績效，進而符合組織的需求達成組織目標；另一方面亦可降低員工職業傷害或心理不適應的機率；更可藉由不同的工作訓練，培養員工多方面的能力，有助於員工未來的生涯規劃。因此，訓練的實施對組織而言相當的重要。

二、訓練的方法

企業常見的人才訓練或培育方式可作如下的分類:

(一) **職前引導(Orientation)**:職前引導(Orientation)通常稱為新生訓練,主要目的在於協助新進員工瞭解工作的內容及相關條件,使得新進員工可以盡快熟悉並適應組織的一切。

  1. **工作單位職前引導:**
     (1)讓員工熟悉工作單位的目標。
     (2)說明其工作對單位目標的貢獻為何。
     (3)介紹新工作夥伴。

  2. **企業職前引導:**
     (1)告訴新進員工有關企業的目標、歷史、哲學、程序和規定。
     (2)瞭解企業內部相關政策,包含相關的人力資源政策和福利。
     (3)參觀企業的實體設施。

(二) **依訓練的時程區分:**

  1. **職前訓練(Pre-work Training)**:亦稱「新進人員訓練」。由於新進人員初到企業工作,對於各項規定與制度不熟悉、對各個部門業務不了解、甚至不認識任何同仁,若不提供必要的協助,將會導致新進人員無法適應而迅速去職。新進人員訓練之目的,係在提供新進人員熟悉工作環境、了解工作性質與適應環境及工作方式。

  2. **在職訓練(on-the-job training)**:為最直接、有效的訓練方法,係針對「現職員工」給予技術性及非技術性的「再教育」。在職訓練是「做中學(learning by doing)」的一種型態,就是在進行各項業務活動的過程中,不斷的學習而提升工作績效,是最常被運用的員工訓練方式。在職訓練的方式包括學徒式訓練、工作輪調等方式。

方式	內容說明
見習制度(Apprentice Training)	亦稱「學徒式訓練」,是新進人員向資深員工學習的一種方式。多數的員工訓練活動,都是配合工作現場的需求,由領班等第一線主管(或資深員工)依據工作需求而及時給予見習生指導。此種在工作現場,依據工作需求直接提供必要的訓練,稱之為在職訓練。但在職訓練必須有專責的人員,提供必要的指導,而不是任由員工自行摸索學習。
工作輪調(Job Rotation)	指橫向工作的調整,目的在於讓員工學習各種工作的技術,使其對於各種工作能有更深刻的洞察力和更廣的視野。(工作輪調詳細內容參閱下一節)

牛刀小試

( )　透過一系列的活動，使新進員工能夠延續在招募與甄選階段獲得的資訊，而更加了解其相關工作、組織與環境，可降低新進人員的焦慮感並減少離職率。以上活動稱為：　(A)生涯規劃　(B)任用　(C)人力資源規劃　(D)新進人員訓練。　　　　　　　　　　　　　　答：**(D)**

3. **職外訓練（off-the-job training）**：職外訓練係指員工「暫時離開工作崗位」接受短期訓練，以提升員工的工作能力或充實專業知識的訓練方式。職外訓練的方式甚多，除了參與課堂講授訓練或採取「程式化學習」，這個方法是由講座提出問題、事實或意見給受訓者，讓受訓者回答問題，並對其回答的正確度做出回應。之外，訓練方法亦常採用「經驗練習法」進行，它是利用實際執行工作（或模擬工作）來學習，方式包括個案分析、經驗體認、角色扮演、群體互動、管理模擬訓練、敏感度訓練等員工訓練方法，甚有進者，由企業界和學術界共同合作，進行產學碩士班，皆屬職外訓練的方法。茲舉其要者說明如下：

方式	內容說明
角色扮演 role-play trainin	主要目的在幫助員工從扮演的角色中，學習處理有關人際關係、銷售技巧或其他真實或虛構問題的知識、經驗和技能，讓被訓練者了解自己的行為對週遭他人的影響。它是由專業講師設計一種虛構的情景，由參與受訓的員工扮演其中的角色，角色表演後，經由扮演者、領導者、觀眾共同討論和分析，檢討在演出過程中，其反應的行為模式是否得當？透過角色扮演的方式可了解自己和他人，進而學習處理人、事、物的知識，增進解決問題的能力和人群關係。
管理模擬訓練 management simulated training	係一種以各式管理情境考驗學員對於管理問題的處理情形，並加以解說，以提升學員管理能力之訓練課程。經營模擬訓練則是結合企業各式決策與盈虧計算之邏輯，將一般的企業營運縮小為短期間的模擬訓練課程，以提升受訓學員的決策能力與決策品質。 模擬訓練的做法，係在短時間之內，以虛擬的決策情境，訓練學員進行必要的決策，提升實際作業環境中的決策品質。故通常以中高階管理幹部的訓練為主。因此參與此種訓練活動的學員，需暫時離開工作場所，在預先設計好的模擬經營管理環境中，接受各類型管理情境的資訊，並引導做出必要管理決策以提升管理或經營能力的訓練活動。

方式	內容說明
敏感度訓練 sensitivity training	亦稱T群訓練（T-Group training）。係人際關係訓練的一種形式，亦是一種組織發展（OD）的技術，乃是經由非結構化的群體互動，來改變成員個體及組織團體的行為。 由於多數企業員工日常接觸的對象，以「事」為主體，因而容易忽略同事間心理的感受，偶而會因無心之過，而出現無謂的衝突。此訓練的目的在藉由心理學者所提供的各種人際關係的訓練活動，使員工樂意與他人溝通、分享經驗與成就、釋出工作壓力、注意同事可能的心理反應等，以助化解工作壓力、消除可能的誤解、並促成良好的人際關係與健康的工作心態。 敏感度訓練並不是要傳授什麼知識或技能，而是讓每一個人對於自己的行為「尤其在群體環境下所表現者」有更深入與客觀的悟解；而對於別人的行為所表示的意義，也增強敏感程度。要做到這點，主要依靠群體互動中的回饋作用，即「每個人都把自己對於他人的行為的感受說出來」；而被討論的人，再將自己的反應和想法說出來，這是「回饋的回饋」（feedback on feedback）。在這過程中，將使得一個人產生心理上的緊張和焦慮；因為他發現他一向的想法和做法，竟然是錯的，或出乎他意外的。從這種經驗中，才能獲得深一層的學習。 但是，要能達到這種境界，必須參加的人能講真話，包括自己真正的想法以及對別人行為的真正感受。這要能使參加的人在心理上獲得充分的安全感，無所顧忌，才能做到，同時，由於這種訓練既沒有主題，又沒有議程，對於許多人來說，也是感到不自在和難以忍受的。至少開始時會如此。因此，敏感訓練的效果大小，和參加者的人格特質有密切關係，一般而言，凡是自衛（self-defense）意識過高，或不能容忍「含糊（ambiguity）」的人，不適合參加這種訓練；過份熟稔的人也不宜同時參加同一次訓練，因為彼此之間不易表現坦誠和公開。

牛刀小試

( ) 員工的在職訓練有許多方式，其中一種是由新進人員向資深人員學習，藉由模仿資深員工的行為而達成學習的目的。此種方式稱為： (A)見習制度 (B)代理制度 (C)研討會式訓練 (D)教室教學法。 　　　**答：(A)**

(三) 依訓練的內容區分

培養管理人員所需才能為企業重要人事機能之一，一般認為最重要管理訓練有下列三項：

方法	內容說明
技術性訓練 Technology Training	係以提升員工的工作技能為目標，如製造技術、銷售技術、文書處理技巧、會計的專業知識、機械設備的維護，或任何需要的專門性的知識等。
思考性訓練 Thought Training	或稱為「理解力才能訓練」。對於複雜的問題，能夠掌握重點，了解問題，分析資料，作成迅速確實的判斷，這是一項綜合的智慧能力。思考性訓練係在培養員工具有處理與解決日常或突發狀況問題的能力，例如問題解決能力、推理能力、邏輯思考能力、決策能力等。
人際關係訓練 Interpersonal Training	無論係對上級的良好關係的建立，對同僚間協調和睦關係的發展，以及對部屬的有效領導關係的確立，皆需與人相處的才能。祇有獲得上級的信任、同僚的支持以及部屬的忠實，方能發展其負責的業務。人際關係訓練主要係在培養員工具有良好的人際關係能力與溝通能力，例如傾聽技巧、表達技巧、情緒管理與衝突管理等能力。

三、訓練移轉

訓練移轉（Transfer of Training）是指參與「教育訓練」的學員在受訓完成回到工作崗位之後，能夠將訓練課程中所學習到的內容、行為，類推並應用於真實的工作之中，且能持續一段時間，並能提高工作績效。影響訓練移轉的主要有下列三個因素：

(一) **受訓人的特質**：受訓學員須具備學習訓練內容的能力，否則將會缺乏學習動機。

(二) **訓練課程的設計**：提升訓練轉移成效的主要關鍵因素有三：

　1.訓練的課程設計：讓學習者了解學習目標、訓練課程的內容；訓練的設計須與學習者的工作與經驗相關；訓練課程的內容是由簡單到複雜、須給予學習者練習的機會。

　2.受訓學員的投入。

　3.監督管理者的輔導。

(三) **工作環境**：包括主管的支持以及訓練情境與實際工作環境的相似度，若存有差異，則訓練移轉將不容易發生。

第五節 工作輪調

一、工作輪調（job rotation）的意義

工作輪調是一種水平的調動，它亦是一種防止員工因久任某職務易生舞弊的方法，也是一種人才培訓的作法。利用橫向的工作調整，提升員工的學習機會，讓員工體驗不同工作及接觸不同任務機會的訓練方法。輪調的工作部門，通常以相同職級、相互關連之業務部門為宜，且應該有系統地在各職務間調動的情形下進行。因此，工作輪調亦經常被運用於訓練部門主管。

二、工作輪調的功用

(一) 採取工作輪調的方式培訓員工，是為員工晉升更高職務或儲訓部門主管重要人才而預作準備。由於高階主管需要同時管理多項業務，若對於所管轄的職務內容不夠了解，可能會影響管理品質。透過工作輪調而進行主管晉升前的儲備工作，能讓儲備主管直接接觸各項業務內容，藉以深入了解所管轄業務的性質與內涵。

(二) 透過工作輪調讓員工有機會參與不同性質職務的機會，使員工從不同的觀點分析企業內部有關工作之推動程序、邏輯與關係，讓員工產生整體觀點，故其為提升員工能力的主要方式。

(三) 透過工作輪調改變員工之工作內容或增加工作之多元性，此亦為有效提升生產力的有效方式之一，更可以藉此提升工作士氣、活化陞遷管道。

牛刀小試

( ) 工作輪調是一種常見的協助員工訓練與發展的方式，請問以下何者不為工作輪調可帶來之優點？ (A)訓練員工多方面的專業技術 (B)使不同部門的員工有交流的機會 (C)培養員工的管理與決策能力 (D)擴展員工的視野並減少因不了解而產生的組織衝突。 **答：(C)**

重要 三、實施工作輪調的限制（不適宜輪調）

(一)專長差異太大。　(二)層級相差太大。
(三)地點距離太遠。　(四)員工的資歷差距太大。
(五)員工的意願不高。　(六)經驗或技術傳承的問題。

牛刀小試

( )　下列有關不適宜實施工作輪調之敘述，何者有誤？　(A)層級相差太大
　　　(B)員工的年齡差距太大　(C)專長差異太大　(D)地點距離太遠。　**答：(B)**

四、職務輪調之原則

(一) 為增進工作經歷而調職時，所調職務之性質及工作內容應與原任職務不同者為
　　原則。

(二) 為改變工作環境而調職時，所調職務應以不同地區或不同單位而工作內容與原
　　任職務相似者為原則。

(三) 為調劑工作情緒而調職時，所調職務以工作內容與原任職務不同且內容略有變
　　化者為原則。

(四) 為學以致用及符合性向而調職時，所調職務，應與員工所具專長及性向相符者
　　為原則。

(五) 為配合調整組織編制而調職時，所調職務，應以業務需要為原則。

第六節　員工晉升

一、晉升的意義

晉升（Promotion）係指個人職務的「向上垂直調整調動」，使被晉升的人擁有更多的決策權與職務責任。職務

> 內部人員晉升乃是企業內部招募的方式之一。

晉升後，可能獲得提高其職位、加薪或改變待遇條件（例如決策層可以參與紅利分配等），並改變職銜，進而改變個人的社會地位或是改變生活形態等。因此晉升是提升員工工作效率，獎勵員工上進的一種重要措施。

二、晉升的功用

晉升被視為對員工過去工作成果的肯定，也是企業賦予該員工更多職責，亦期待其能創造更大貢獻。晉升，除了肯定過去的工作成就之外，更可能因為員工具有高階管理的能力，必須授予更多職責，擔負更多職責，希望創造更高的工作滿意，達到留住人才的目的。歸納其功用如下：

(一) 晉升可使員工對公司作更大的貢獻。

(二) 晉升可以鼓勵上進。

(三) 晉升可以鼓勵工作情緒和服務精神。

(四) 晉升可以減少人事流動率。

第七節 薪工與獎工

一、薪工的意義

薪工（Salary and Wage）係薪給（Salary）與工資（Wage）之謂，通稱為「薪資」或「薪酬」，為員工工作應得的報酬。報酬的決定性因素，包括專業知識、技能與責任，而企業的敘薪決策，應包括「薪酬水準、薪酬結構、個別薪資」三個層次。薪給（Salary）通常是指月薪，大部分是支付給專業及白領的職員；工資則是指以出賣勞力且為時薪計之工作為主的勞工。「薪資」並不屬於員工對組織的貢獻，亦即「本薪加津貼」的薪資結構與員工的績效無關。若企業員工薪資所得的一部分係取決於個人及全體員工的績效，則這種薪資制度，稱為「變動薪資」。

> **工資的給予方式**：依照勞動基準法第2條第3款規定工資為準，即勞工因工作而獲得之報酬包括工資、薪金及按計時、計日、計月、計件以現金或實物等方式給付之獎金、津貼及其他任何名義之經常性給與均屬之。

二、常見的薪工制度

計時制	以工作時間為支付薪工的標準。如年薪、月薪。
計件制	以工作量或產品件數為支付薪工的標準，多用於計算普通工人的工資。
年資制	以員工的服務年資為支付薪工的標準，逐年加薪，服務年限越長，則薪工越多。
考績制	以員工服務績效的優劣為支付薪工的標準。
分紅制	以企業盈餘的一部分，作為員工工資以外的報酬。

三、常見的薪工計算基礎

類別	內容說明
職務基準制 job-based pay	組織基於內部公平性考量，以各項職務的相對價值為基準所設計的薪資制度。
績效基準制 performance-based pay	組織基於激勵員工努力之考量，以員工的績效表現為基準所設計的薪資制度。
技能薪酬制 skill based pay	亦稱能力計酬制（competency-based pay）或知識計酬制（knowledge-base pay）。組織基於激勵員工學習之考量，以員工的技能程度為基準所設計的薪資制度。易言之，它是一種以員工所帶來的工作技能來報償員工的薪酬制度，而不是僅憑工作職銜來給薪而已，例如取得「＊＊分析師證照」者加5,000元加給。

四、計時工資制度

(一) **意義**：所謂計時工資制度（Day Work System），**係以「工作時間的長短」作為工資給付標準的一種制度。**時間的計算有以時為單位者，有以日為單位者，或以月、以年為單位者。此制度之計資法，常會使得工作表現的優劣，並不對其工資有所發生影響；工資所得的多少，完全依其工作時間長短來決定。其計算公式如下：

> **工資＝每單位時間工資數×工作單位數**

> **工資計算單位**：通常職位愈高則計算單位愈大；反之則愈低。如公司經理、工廠廠長、研究人員等大都以年（年薪）聘請，而一般臨時工，則以日或時雇用計算之。

(二) **適用情況**

1. 產品品質重於產品數量者。
2. 工作不便以時間計算，或須於一定時間內完成者。
3. 工作不能建立明確標準者。
4. 規模較小、工作單純，或主僱間接觸較密切之企業。

(三) **計時工資制的優缺點**

優點	1. 工資數額確定，工人能預知收入，工作情緒較安定。 2. 工資計算簡單，不易產生工資計算之紛爭。 3. 因工作不受時間、數量的控制，其生產品品質自然較計件制為優良。 4. 工人因不需趕工，不致勞動過度，影響健康。 5. 勞工狀況較穩定，僱傭時間可維持較長久。

缺點	1.工作的優劣（在某種允許程度）不影響所得報酬，有失公允。 2.易養成工人投機心理，使生產效率低，促使監工費用的增加。 3.生產技術優良或工作努力之工人，難以長期留用。 4.單位產品所需勞動力的多少無法確定，使生產成本難以精確核算。

牛刀小試

（　）　以下何者不屬於計時制獎酬方式的特性？　(A)員工沒有趕工壓力，不易發生職業災害　(B)報酬方式不公平，生產力高跟生產力低的員工有相同的薪資水準　(C)對新進人員較不利，會打擊其士氣　(D)適用於生產內容差異大的工作。　　　　答：**(C)**

五、計件工資制度

(一) 意義：**計件工資制**（Piece Work System），**乃是以工作時所「完成的工作件數」為計算核發工資的標準。**此種制度多適用於「數量重於品質」的工作，或有「單獨計算成本與價目」之必要的工作，如鑄造工作、繡花、織衣等工作。此制度之工資計算公式如下：**工資＝每件產品工資數×生產件數**

> **計件工資制：**在此種工資制度下，工人的工資是隨生產量的增減而高低，故工人自身擔負其時間之得失與產量多寡的責任。

(二) **計件制的優缺點**

優點	1.按工作的勞績成果支付報酬，具鼓勵作用。 2.按勞績計酬，較為公平。 3.工人為增加產量，常自行研究改良工作方法，有助創新，提高工作效率。 4.產品每單位之直接人工成本固定，有助生產成本計算。 5.因工作效率的提高，生產費用支出中，雖工資因產量的增加而提高，但其他費用則相形減少，有利於生產總成本的降低。
缺點	1.工廠對工資的支出，工人對其工資的收入，均無法預計。 2.工人在重量不重質的心理上，產品品質可能粗劣。 3.工人可能唯利是圖，超時工作，過份疲勞則有礙健康。 4.由於管理方法的改進或新機器的引用，而致生產效率增加時，如需變更工資給付標準，常易引起爭端。 5.常須增加生產或工作品質之檢查業務，增加人員與開支。

重要 **六、獎工制度**

(一) **獎工制度的意義**：企業界常訂定員工工作量的標準，若其實際工作量超過該標準，則可獲得額外獎金、績效酬勞，以提高生產效率，減低人工成本，這種制度，稱為「獎工制度」（Premium System）。因此，要有效實施獎工制度，必須先做好的工作，就是建立合理的工作標準。

「獎工制度」係為了鼓勵員工努力生產，提高生產效率的一種激勵制度。當員工的表現比預期水準還要好時，除可獲得基本工資外，還可獲得獎工制度所給予的多餘獎勵。薪酬制度係以「計時制」為主，並以員工工作期間的久暫（年資）作為計薪的標準；獎工制度則係指員工工作量超過某一定標準時，可獲得額外的獎金，亦即「績效報酬」。

> **獎工制度**：其標準工時應略高於正常工時的平均值，其目的在求提高生產效率，減低經營成本，員工亦可藉此增加收入。故獎工制度實為一種補助性質的薪工或工資制度。

牛刀小試

( ) 當員工的表現比預期水準還要好時，除可獲得基本工資外，還可獲得多餘的獎勵，此種制度稱為： (A)獎工制度 (B)薪酬制度 (C)公司福利 (D)員工認股制度。 **答：(A)**

(二) **獎工制度制定的目的**：1.提高工作效率。2.增加員工收入。3.降低經營成本。

(三) **獎工制度常見的計算公式**：

1. **霍西獎工制（Halsey's Premium System）**：是一種計件制與計時制的混合制度，標準時間是根據過去實際工作紀錄計算，工作不論是否有超過標準，均訂有計時工資基數，超過標準則按節省的時間給予獎金（有最低工資的保障），其獎金率通常定為1／2。

   (1) $E = Ah \times R$（當 $Sh < Ah$ 時）

   (2) $E = Ah \times R + Pr \times (Sh - Ah) \times R$（當 $Sh > Ah$ 時）

   E：員工薪資　　R：每小時基本工資率　　Sh：標準工作時間

   Pr：獎金率　　Ah：實際工作時間

   例：永恆公司採用霍西獎工制，規定員工每日的標準工作時間是8小時，每小時工資100元，獎金率是50％。若小白與小黑分別以9小時和6小時完成工作，請問二人工資各得多少？

   解：小白薪資：$9 \times 100 = 900$（元）

   　　小黑薪資：$6 \times 100 + 50\% \times (8 - 6) \times 100 = 700$（元）

2. **歐文獎工制（Rowan's Premium System）**：係根據過去實際工作紀錄訂定標準時間，保證最低工資，其獎金數目不會大於計時工資的一倍，但節省時間越多，單位獎金比例越少。

(1)E＝Ah×R（當Sh＜Ah時）；或

(2)E＝Ah×R＋〔（Sh－Ah）/Sh〕×Ah×R＝Ah×R×（2－Ah／Sh）（當Sh＞Ah時）

  E：員工薪資　　　　　R：每小時基本工資率
  Sh：標準工作時間　　Ah：實際工作時間

  例：大千公司規定標準工作時是8小時，每小時工資是150元。今日阿鳳以6小時完成工作，阿娥則是10小時才完成，依歐文獎工制，她們各可得多少工資？平均時薪又多少？

  解：阿娥薪資：10×150＝1,500（元）
  　　每小時工資：150元
  　　阿鳳薪資：6×150＋〔（8－6）/8×6×150〕＝1,125（元）
  　　每小時工資＝1,125/6＝188（元）

3. **愛默生效率獎金制度（Emerson Efficiency Bonus System）**：包括了霍西制與泰勒制的特點，工作效率低於工作標準2／3以下者，沒有獎金，工作效率未達工作標準但在2／3以上者，發給漸進比率獎金，工作效率在標準以上，得到一日薪資20%的獎金。

(1)E＝Ah×R（當工作效率未達標準的2／3，即67%以下時）

(2)E＝Ah×R＋Pr×Ah×R（當工作效率超過標準的2／3，但未達100%時）；

(3)E＝Sh×R＋Pr×Ah×R（當工作效率超過標準100%時）

  E：員工薪資　　　R：每小時基本工資率　　　　Sh：標準工作時間
  Pr：獎金率　　　Ah：實際工作時間

  例：小黑每日工作8小時，公司規定時薪是150元，昨天小黑完成了50件產品，每件產品標準工時是0.3小時，依愛默生效率獎金制，小黑將可領到多少工資？

  解：標準工時0.3（小時）×50（件）＝15（小時）
  　　工作效率：15÷8＝1.875
  　　小黑工資：（15×150）＋（0.2×8×150）＝2,250＋240＝2,490（元）

4. **泰勒差別計件制（Taylor's Differential Price - Rate System）**：是以「動作研究」與「時間研究」的方法，來制定工作標準與規定，員工依其工作是

否在標準時間內完成而有不同的工資率，未達工作標準給予較低工資，超過
工作標準給予較高工資，並無最低計時工資的保障。

(1) E＝N×R1（當完成件數未達標準時）；

(2) E＝N×R2（當完成件數已達標準時）

　　E：員工薪資　　　　　　　N：產品完成件數
　　R1：未達標準的工資率　　　R2：已達標準的工資率

例：雲輝公司規定標準工作時是8小時，標準工作件數是40件，未達標準者
　　每件工資是25元，超過標準者每件工資是40元。今日小英完成45件，
　　小梅完成38件，依泰勒差別計件制，請問二人當天各得多少薪資？

解：小英薪資：45×40＝1,800（元）→超過標準
　　小梅薪資：38×25＝950（元）→未達標準

5. **甘特作業獎金制（Gantt's Task and Bonus System）**：甘特設計「任務獎
金制度」，主張給予工人「一天的保證工資」，若「超過標準，則可再獲得
一份獎金」。此外並規定凡工人得獎金者，其領班亦能得獎金，冀能鼓勵領
班的積極領導。

(1) E＝Ah×R（當Sh＜Ah時）；或

(2) E＝Sh×R＋Pr×Sh×R＝Sh×R×（1＋Pr）（當Sh＞Ah時）

　　E：員工薪資　　R：每小時基本工資率　　　Sh：標準工作時間
　　Pr：獎金率　　Ah：實際工作時間

例：小林與小張二位員工工資每小時120元，公司設定獎金率為1/3小時。
　　今日小林完成110件，小張完成140件，該工作每件產品標準為4分
　　鐘，依甘特作業獎金制二人各可領到多少工資？

解：每小時標準工作件數：60（分鐘）／4（分鐘）＝15（件）
　　每日8小時件數：15件×8（小時）＝120件
　　小林薪資：8×120＝960（元）
　　小張薪資：（8×120）＋（1／3×8×120）＝1,280（元）

七、員工福利

員工福利（Employee benefit）是指企業為了留下員工和激勵員工，採用的非現金形
式的報酬（亦稱為間接性金錢報酬），企業所提供福利與個人績效並無直接關係。
福利與津貼概念不同，二者最大差別就是福利是非現金形式的報酬，而津貼則是以
現金形式固定發放。員工福利是僱員因為受僱工作而有權享用的福利，通常是由僱
主直接給予，如折扣購物、免費穿梭巴士等；也可能由第三者提供，如醫療服務，
只要出示有效的工作證等。故福利可分為二大類：

(一) **法定福利**：係指按照國家法律、法規和政策規定必須發生的福利項目，包括勞工保險、退休金、撫卹、定期健康檢查、法定假日等。

(二) **企業福利**：係指雇主採用間接給付的方式，讓員工獲得日常工作和生活方面的照顧和協助之輔助性報酬，可分為下列四種型態：

類別	內容說明
保障型	保障型福利之目的在於保障員工的健康及生活，例如辦理勞保、健保、退休金與醫療補助等。
娛樂型	娛樂型福利之目的在於增進員工休閒生活的品質，例如舉辦康樂活動、社團與員工旅遊等。
教育型	教育型福利之目的在於提供員工學習和成長的機會，例如建立完善的訓練和發展制度與提供進修補助等。
設施型	設施型福利之目的在於提供員工便利的生活與休閒設施，以提升其工作效率與生活品質，例如開辦員工餐廳、健身房、宿舍和公司專屬的咖啡廳等。

第八節 績效評核

 一、個人績效評核

(一) **績效評核的意義**：所謂績效評核（亦稱為績效評估）（Performance Appraisal）係指企業在某個時間點，對所屬員工過去某個時段的表現做客觀且有系統的評鑑。析言之，績效評核在考核與評價員工工作以內事項之「服務績效」，以獲得客觀的人事決策的程序，組織透過公平合理的考核及評估制度，讓管理者可利用統計報告、書面報告等方式來獲取績效的資訊，用來衡量並考核個別員工的績效表現，了解員工的潛力，並做為「獎懲及升遷的依據」。

> **績效評核**：係在考核與評價員工工作以內事項之「服務績效」，以獲得客觀的人事決策的程序，組織透過公平合理的考核及評估制度，來衡量並考核個別員工的績效表現，可用以了解員工的潛力並做為「獎懲及陞遷的依據」。

在做績效評核時須注意，績效的衡量必須具備效力，且應持續、一致的進行；且由於績效都很難用量化的形式來衡量，因此可以搭配使用判斷的衡量方式。

(二) **誰來進行績效評估？** 企業組織在為成員做績效評估時，通常可由下表所列人員來做評估。但不同的評估者則各有其優缺點。

評估者	優點	缺點
直屬上司	對部屬最為了解，且需為其行為與績效負責	所能看到的有限，容易作假
同儕評估	在預測上非常有效，容易塑造合作關係	易受到人際關係的影響
部屬評估	了解程度足夠，促使上司注意部屬感受	易淪為報復
自我評估	員工最了解自己，同時可以給員工一個表達意見的機會	自我辯解，報喜不報憂
委員會	綜合多數人的意見	妥協、責任的分攤，耗費時間

(三) **員工績效評估方式**：可分為口頭陳述、書面報告、統計分析、個人觀察四種方式，茲列表說明其各自的優缺點如下。

	優點	缺點
口頭報告	資料取得快速。	1.口頭陳述資料容易因為人為主觀而導致資訊被扭曲解讀或過濾。 2.資料難以保存和查閱。
書面報告	1.正式。 2.資料易於保存與查詢。 3.精簡。	1.缺乏互動的機制。 2.豐富性不如個人觀察或口頭報告。 3.資料可能經過修飾和過濾。 4.撰寫報告需花費額外的時間。
統計分析	可對資料做有意義的分類、彙總、計算比率、估計趨勢以及各項指標之間關係的分析。	1.只能顯示數字性的資料。 2.對於事件的原因與執行過程較不易表現。
個人觀察	1.可直接觀察到執行的過程、方法與成果。有助於解讀績效背後的原因及部屬的反應。 2.資料未經修飾和過濾，完整呈現原貌。	蒐集的資料偏向定性資料，對於缺乏客觀標準的績效指標如忠誠、負責、可靠，不同的觀察者有不同的解釋，使評估難以客觀。

( ) 以下何者並非績效評估的目的或可達成之效益？ (A)決定員工的獎懲
與陞遷之基礎 (B)作為衡量甄選與發展計畫是否有效的標準 (C)預測
未來組織的人力需求 (D)評估員工訓練的成效。 **答：(C)**

(四) **績效評核的方法：**

1. **書面評語（Written Essay）：** 書面評語係一種「最簡單的評核方式」，書面
評語並不需要複雜的格式。它是用一份敘述性的文字，說明員工的長處、弱
點、過去期間的表現與發展潛力，並且提供改善的建議。

優點	簡單易行。
缺點	可能會受到評核人員文筆技巧的好壞而影響評核結果的客觀性。

2. **排列法（Ranking Method）：** 亦稱為「多人比
較」（Multiperson Comparison），係「將員工個
人的績效與另一個人或更多人加以比較的方
法」。其關鍵為相對的評核方式，而非絕對的評
核方法。主要的排列法有下列三種：

> **排列法的優缺點：** 在於簡單，適合用在人數不多且經營業務性質單純的企業，但其缺點則是評核方法過於籠統，易造成員工不服。

項目	內容說明
個別排列法 Individual Ranking	亦稱為「個人評等法」。此法係先訂出績效評核的項目，然後按照員工在不同項目的個別表現依序排列，再將各成績加總，即得員工的績效表現。將員工由表現最佳者排至表現最差者，但不能有排列等次相同的情況。
團體次序評等法 Group Order Ranking	亦稱為「分層排列法」或「強迫分配法」。此法係先將績效評核的標準分為幾個等級，如優、良、中、次、劣等類別中，而每一等級預先設好分配的比例，然後將員工依其工作能力表現依序排列至各個等級中。舉例來說，如果評核者有十五個部屬，可預先訂好「前五分之一」只能有三個，「後五分之一」只能有四個。此法的優點在易於區別全體員工的績效類別，其缺點在評估結果難免偏差。

項目	內容說明
配對比較法 Paired Comparison	亦稱為「成對比較法」。此法係每個員工皆需與比較團體中的其他每一位成員互相比較，並且須評定其為該配對中的較佳者或較差者。在完成所有配對比較後，各個員工將可根據他所獲得較佳的次數，進行大致的評等。此一方法雖然確保了每位員工都與其他人相比較，但當比較人數過多時，此法便顯得過於複雜而難以使用。

牛刀小試

(　) 先將績效評核的標準分為幾個等級，如優、良、中、次、劣等類別中，而每一等級預先設好分配的比例，然後將員工依其工作能力表現依序排列至各個等級中。稱為：　(A)個別排列法　(B)強迫分配法　(C)配對比較法　(D)行為依據評等尺度法。　　　　　　　　　　**答：(B)**

3.**評定量表（Graphic Rating Scales）**：又稱為「評等尺度法」，**為一「最古老也最常用」的評核方法。**其評核方法係先列出一組與績效有關的因素，如合作、忠誠度、工作質量、工作知識、參與度、誠實或主動性等，然後評核者針對各項因素，分別在一個尺度上予以評等。在所有因素的評核上總和分數最高者，被認為具有最好的績效。

優點	1.此法有具體的評核內容與範圍，且評核標準較為客觀。 2.評核項目表格化，對評核活動的雙方而言均更簡單易懂。 3.相較於書面評語或重要事件評核法而言，此法可提供數量上的分析與比較。
缺點	若評核者對被評核者沒有深入的了解，可能產生「月暈現象」（Halo Effect）。

4.**360度回饋（360 Degree Feedback）**：亦稱為「360度績效評估法」。此法係由受評者人際網絡中的各類人士來進行訓練成效評核的方法，亦即利用主管、員工、同事和顧客等各種管道的回饋，來為員工評分。換句話說，這是利用與管理者互動的每一個人，所提供的資訊來衡量。使用這種方法需特別注意，雖然它對於訓練和幫助管理者瞭解自己的優缺點很有效，但卻不適合用來決定薪資、升遷或解雇。

優點	週全，能夠提供多樣化與豐富的資訊。
缺點	相當耗費時間。

(五) **影響員工工作績效（P）的主要因素**：技能（S）、激勵（M）、機會（O）、環境（E）。以公式表示為：$P=F(SOME)$，績效是技能、激勵、環境與機會四個變數的函數。其中前兩項屬於員工自身的、主觀性影響因素，後兩項則是客觀性影響因素。

牛刀小試

( )　列出一組有關於績效的因素，然後評估者針對各項因素，分別在一個尺度上予以評等。在所有因素的評估上總和分數最高者，被認為擁有最好的績效。此為何種績效評估方式？　(A)書面評語　(B)重要事件評估法　(C)團體次序評等法　(D)評定量表。　　　　　　**答：(D)**

二、組織績效評核

(一) 常用的組織績效評核方法

項目	內容說明
目標管理法	本法有動機激勵、成長學習與長期留才之功能設計與內涵。所謂目標管理法要求經理人設定每個員工的可量化目標。至評估績效階段時，主管對下屬在事前所訂定目標的達成度進行評估，便可得到績效評估結果。其共有以下六步驟：設定組織目標→設定部門目標→討論部門目標→設定個別目標→進行績效檢討並衡量結果→提供回饋。
關鍵事件評估法	係由上級主管者紀錄員工平時工作中的關鍵事件：一種是做得特別好的，一種是做得不好的。在預定的時間，通常是半年或一年之後，利用積累的紀錄，由主管者與被測評者討論相關事件，為測評提供依據。包含了三個重點：(1)觀察；(2)書面記錄員工所做的事情；(3)有關工作成敗的關鍵性的事實。
系統法	強調資源投入，經轉換過程，而獲得產出結果的整個系統過程，來加以評估。組織若要能長期生存，它必須保持良好的運作並具有適應力。系統法同時關心影響產出的整個過程。

項目	內容說明	
策略選民法	有效的組織應該設法滿足那些能「支持組織生存發展」的選民，他們即為策略性選民。有效能的組織必須能夠滿足策略性選民之需求，因為這是組織仍能繼續生存發展的關鍵。	
競爭價值法	評估的準則基本上可區分成三類競爭價值：第一類與「組織結構」有關，從強調彈性到強調控制；第二類與「組織哲學」有關，從強調員工的發展到強調組織的發展；第三類與「組織的目的或手段」有關，從強調處理過程到強調最終結果。由這三項構面同時也可以組合成八種評估的準則，這種評估準則可歸類成下列四種效能的評估模式，每個單獨的模式都無法用來評估所有的組織模式。	
	人際關係模式	重視人員和彈性。凝聚力、士氣以及人力資源的發展等是主要的評估準則。
	開放系統模式	重視組織和彈性。彈性、成長率、取得資源和外部支持的能力等是主要的評估準則。
	理性目標模式	重視組織和控制。規劃、目標設定、生產力及效率等是主要的評估準則。
	內部處理過程模式	重視人員及控制。資訊處理、溝通、穩定性和控制等是主要的評估準則。

牛刀小試

(　)　組織績效評核的競爭價值法中，有四種效能的評估模式，下列何者為非？　(A)人際關係模式　(B)開放系統模式　(C)理性目標模式　(D)外部處理過程模式。　　　　　　　　　　　　　　　　　　**答：(D)**

(二) **策略績效評估系統**：就績效管理來說，近年來許多學者都指出應該建構一個更為未來導向、顧客導向的策略性績效評估系統。所謂策略績效評估系統(制度)係指各部門之績效衡量從過去的以部門職掌導向、自行設定之日常管理績效指標，調整為以策略性績效衡量指標為主。

1. **策略績效評估系統的功用：**
   (1)了解策略規劃與執行是否偏差，偏差有多大。
   (2)個人努力目標能與組織目標趨於一致。

(3)利用績效評估鼓勵團隊合作。
(4)作為人力資源策略規劃之來源。
(5)以獎酬促進策略績效提升。

2. **策略性績效評估系統的原則：**
(1)以系統最適化替代局部最適化。
(2)以顧客滿意、彈性與生產力作為評估的核心準則。
(3)將品質、時間、成本、遞送、產出進行整合性衡量

三、績效評估常見的疏失

績效評估可以加強部屬個人的整體工作表現，但績效評估最忌不公正、有偏私，人事主管應該要避免以下幾種偏誤：

項目	內容說明
以偏概全	主管很容易因為部屬在某項工作上的表現很傑出，就在其它的工作或行為評估上，給予較高的評分；相反，如果部屬在某項工作上表現不佳，也可能影響主管在績效評估時給予較低的結果。
過寬偏誤	如果組織沒有對績效評估設定分配比例限制，有些主管會為了避免衝突，而給大部分的部屬高於實際表現的評估。
過嚴偏誤	與過寬偏誤相反，有些主管給部屬比實際表現更低的評估，這可能是因為主管不了解外在環境對員工績效表現的限制，或是他自己的績效評估結果偏低而產生自卑感所致。
趨中傾向	如果主管是好好先生，不願意得罪部屬，或是要管的部屬過多，因而不是很了解每個部屬的表現，就可能採取趨中平等，不管實際表現的差異，讓每個人得到的結果都極為接近。
印象偏誤	如果績效評估的期間過長，加上主管沒有做經常性的觀察與記錄，就可能根據對部屬最早的印象，或是他們最近的表現來做評估。
對比效果	如果績效評估的標的不是很清楚，或是採用相對比較評比法，當部屬們都表現得很差時，表現普通者就容易被評為傑出；而當部屬們都表現得很傑出時，表現普通者就容易被評為很差。
近期效果	主管常以接近評估績效最近期間的表現做為考核的依據，而忽略整段期間的表現。

第九節　人事流動率與企業人才留用

一、人事流動率的意義

所謂人事流動率，通常係指某一定期間內，企業離職員工人數與其薪工冊平均人數之比率。

二、人事流動率的大小與企業的關係

企業的人事流動率過大時，則顯示企業的人事不安定，員工工作情緒不穩，雇傭關係惡劣，生產力將會降低，並會增加甄選新進員工及訓練的費用；人事流動率過小時，不足以換進企業的新血輪，以維持企業人事的「新陳代謝」，將使企業欠缺朝氣與活力，甚而阻礙變革與創新。

> **人事流動率**：企業的人事不可沒有變動，但亦不可變動過大，而應當保持適當之人事流動率，以求企業的安全、繁榮與發展。

三、企業留用人才的目的

企業辦理招募、選用、儲訓人才等項活動的目的，就是要為企業尋覓合宜的人力資源，以利公司目標的達成。但是企業若無法留住人才，則前面所推動的各項人力資源機能，都將徒勞無功，無法發揮功能。因此，現代企業人力資源管理最重要的目標之一是「留住人才」。但要留住人才當然不能只靠高薪，據Maslow的需求層級理論分析，員工的需求是多種多樣的，所以要以多種多樣的激勵途徑和良好有效的溝通才能留住人才。

牛刀小試

（　） 企業防止員工被挖角的方法，不包括下列哪一項？　(A)提供適當的培育計畫及陞遷機會　(B)給予股票選擇或實施員工分紅入股制度　(C)提供比同業相等甚或略高的薪資　(D)以上皆是。　　　　　　**答：(D)**

重要　**四、員工分紅入股**

(一) **員工分紅入股的意義：員工分紅入股又稱為「員工股票紅利」，係指公司將應配予員工紅利的一部分或全部以公司股票支付之。** 分紅的效果係在透過利潤提供誘因，以使員工努力與報酬相連結；而在入

> **員工分紅入股**：包含分紅與入股優點之分紅入股制度，可使勞動生產力益形增加、員工流動率降低、降低監督成本，同時化解勞資糾紛。

股制度下，員工就是股東，其主要目的在促使員工流動率降低，藉著勞資雙方共同努力，使整體利潤增加，透過利益均霑以解決勞資對立。因此包含分紅與入股優點之分紅入股制度，可使勞動生產力益形增加、員工流動率降低、降低監督成本，同時化解勞資糾紛。

(二) 員工分紅入股的優點

項目	內容說明
對公司的好處	1.手續簡便：經由轉帳手續即可以完成入股，減少交易成本。 2.提高競爭能力：吸引優秀人才，工作報酬隨著企業營運成果適度調整。 3.降低營運成本：增加員工向心力，以及降低員工的流動率。 4.勞資關係和諧：勞資雙方利害與共，根絕勞資糾紛。 5.提高獲利能力：透過盈餘分派，減少公司獎金支出，進而提高獲利能力。
對員工的好處	1.所得重分配：企業將部份股權透過紅利分配方式，移轉給員工，化薪資所得為免稅資本利得。 2.社會地位提昇：員工亦為企業之股東，其社會地位提高，並可減少藍領、白領間之地位差異。 3.提昇參與感：經由參與決策過程，提昇參與感與成就感。
對股東的好處	1.公司獲利提昇，有利股價上揚。 2.適度分散股權以達上市上櫃之目的。

第十節 勞動三權與勞資爭議行為

 一、勞動三權

由於勞工在勞資關係方面往往是弱勢的一方，故當勞資雙方在共同解決問題之前，必須使雙方的地位和權利能夠對等，因此工業先進國家乃以法令賦予勞工或勞工團體享有勞動三權（three basic labor rights）之權利，茲表列說明其意義如下：

類別	內容說明
團結權	團結權（right to organize）亦稱為組織權。係指勞工為了維持或改善其勞動條件，且以進行團體協商為目的，有組織或加入工會的權利。

類別	內容說明
集體協商權	集體協商權（right to bargain collectively）係指勞工藉著團結權組織而成的工會，可與雇主或雇主團體協商勞動條件和相關事項的權利。
爭議權	爭議權（right to dispute）亦稱為罷工權。係指工會在與雇主協商時，可進行爭議行為的權利，如採取罷工、怠工等各種團體行動，來對雇主施壓。

 二、勞資爭議行為與解決方法

爭議行為（controversial behavior）是指在勞資爭議中，勞資雙方為迫使對方退讓或接受己方之訴求，所採取的下列手段。

(一) 勞方的爭議行為

手段	內容說明
罷工 **strike**	係指一群勞工於特定時間以暫時共同停止工作或拒絕提供勞務的方式，來表達對雇主的不滿，或極力主張他們的要求，以迫使雇主接受其訴求的一種爭議行為。由此可知，罷工有四種性質： 1.罷工是暫時性的。 2.罷工是終止正常的工作。 3.罷工是一種集體的行為。 4.罷工通常是有計畫的行為（若依法定程序進行罷工，稱為合法性罷工；若未符合法定程序而進行罷工，則為非法罷工）。
怠工 **shirking**	係指勞工為迫使雇主讓步，暫時性地故意放慢工作的步調，這是一種勞務不完全提供的行為。
杯葛 **boycott**	又稱「消費者杯葛」（consumer boycott）。杯葛是指勞工和工會聯合起來拒絕購買雇主的產品或與雇主交易。
蓄意破壞 **sabotage**	是指參與爭議的員工，故意破壞雇主資產、設備和原料的直接行動。
占據工廠 **occupy plant**	係指勞工在相當一段時間內占據工作場所，使雇主的企業或工廠無法營運。

(二) 資方的爭議行為

手段	內容說明
鎖廠	鎖廠（lock out）係指當勞工採取怠工、破壞或罷工之後，雇主為降低損失，關閉受波及的生產線或廠區，並禁止、拒絕勞工進入廠區工作，亦稱「暫時性集體解雇」。
繼續營運	雇主利用不具備勞工身分的員工（如管理人員或經理），或雇用另一批勞工（替代勞工）來替代罷工者的工作。
建立黑名單	雇主將勞資爭議行為中的工會積極份子列冊，並與其他雇主互相通知或交換，共同對黑名單（blacklist）中的勞工採取拒絕雇用的手段。

(三) 爭議行為的合法解決途徑：勞資爭議之發生，顯示雇主與員工之間意見產生歧異，其合法解決途徑包括協調、調解與仲裁三者。茲分述如下：

方法	內容說明
協調 Co-ordination	「勞資爭議處理法」並沒有「協調」這個程序，是勞工行政機關在法定程序外，自己另訂的一個處理勞資爭議的程序，勞工行政機關可不用受到勞資爭議處理法的程序約束與法令壓力，就爭議事項，協調雙方進行協商，但協調結果並不具法律效力，雙方可不需遵守。
調解 Conciliation	調解亦稱調停。「勞資爭議處理法」所謂之「調解」係指勞資爭議發生後，當事人無法自行解決，依該法向勞工勞務提供當地縣市政府勞工行政機關申請調解，由中立第三方協助雙方達成均可接受的方案，甚至積極提供建議方案以求爭議可以順利解決。但雖有第三者提具解決方案，但調解結果並不具法律效力，雙方可不需遵守。
仲裁 Arbitration	仲裁是指勞資爭議雙方當事人在自願基礎上達成協議，將糾紛提交非司法機構的第三者審理，由第三方來解決，而該第三方的解決方案具有法律的約束力與強制力，這種方式稱之為仲裁。仲裁在性質上是兼具契約性、自治性、民間性和準司法性的一種爭議解決方式。

第十一節　其他有關人力資源管理常用專用名詞

一、彈性工時（Flexible Work Hours）

亦即Flextime。員工每週要工作固定的工作時數，除一個核心時段全員都必須在工作崗位上外，員工可自由調整上下班時間，謂之。

二、電子通勤（Tel-commuting）

又稱為「遠距離辦公」。係指員工在家工作，並藉由電腦與數據機連線到工作場所，讓許多工作可以在家完成。由於此方法不需通勤、工時有彈性、穿著自由、很少或甚至沒有同事的打擾，故對許多人而言，它幾乎是一份近乎完美的工作。然而，要記住的是，並非所有的員工都會接受電子通勤的觀念。有一些員工喜歡工作中非正式的人際關係，以滿足他們的社會需求及身為新點子來源的成就感。

三、工作滿意度（Job Satisfaction）

(一) 工作滿意度是對工作情境的一種情緒反應（Emotional Response）。

(二) 工作滿意度反映個人對工作場所的一種需求狀態。

(三) 員工的工作滿意度，與顧客的滿意度和忠誠度的高低有關；顧客的滿意度和忠誠度高，則員工的工作滿意度通常也較高。因此，若員工對工作產生不滿意時，其反應的屬性若歸類為被動但具建設性，最可能會採取「忠誠」的反應，而非漠視或離開。

(四) 擁有較多滿意員工的企業組織，效率通常也越高，因此，提高員工的工作滿意度對達成組織的目標通常幫助相當大。

(五) 工作滿意度較高的員工，缺勤率通常較低；相反的，對工作較不滿意的人則缺勤率通常較高。

(六) 工作滿意度較高的員工，離職率通常較低；相反的，對工作較不滿意的人則有較高的離職傾向。

四、股票選擇權

係指以設定的價格，讓員工購買股票，使員工成為公司的所有者，將促使他們努力為公司盡力。此方法除了是吸引高階經理人或優秀人員之最好工具外，亦是激勵員工工作努力及降低人員流動率之好方法。

五、外包

外包（outsourcing）又稱為「委外」，為於1980年代流行起來的商業用語，是商業活動決策之一，指將承包合約之一部或甚至全部，委託或發交給承包合約當事人以外的第三人，以節省成本、或集中精力於核心業務或善用資源、或為獲得獨立及專業人士的專業服務等。

六、職場靈性

職場靈性（Workplace Spirituality）是肯定員工都具有內在的生命，這個內在生命可培養有意義的工作，而有意義的工作亦可滋潤內在生命。而這種互相影響的過程必須是在社區的脈絡中產生。因此，職場靈性可包含三個要素：內在生命（Inner Life）、有意義的工作（Meaningful work）和社區（community）。由此定義來看，職場靈性包含意義、成長與連結三個密切相關的面向，意即在生活與工作中找尋生命的意義與目的；從生活的各個層面發展自我，包含自我超越；和從工作中建立社區關係。現今的工作場所越來越重視職場靈性，是因為它能使員工有強烈的目標感及有意義感。

七、接班人計畫

接班人計畫（Succession Planning）主要適用於高階經理人的接班。其意是指公司或組織透過一個系統化、標準化的流程，來評估和發展有潛力的員工，以確保組織的人才供應不至於發生缺口，讓組織在任務運作和管理上都可以維持連續不斷，進而達成組織目標。

八、挑選外派人員必須考量的因素

會影響員工接受外派工作意願的因素很多，包括員工的人口特質(如創造力、堅忍、和善、容忍、適應性高、人際技巧、自發性、敏感性、對模糊的忍受、抗壓性等)、工作能力、語言能力、配偶與員工對工作態度、組織對外派的支持活動，以及外派是否增進其升等的機會等。

九、回任管理

回任（Repatriation Management）係指國際企業外派員工回到本國母公司就任新職務。一般以為從海外調回總社時會比赴任國外時容易調適自己。但回到母公司，發

覺不只人事變化大，制度組織都和以前有很大不同，員工一時無法適應，深感挫折。回任管理即是在「幫助外派員工順利回任母公司職務」，適應母公司與國外不同人事制度、組織氣候等。

十、在職消費

在職消費係指企業高階管理人員，尤其是國有企業管理階層，獲取除工資報酬外的額外收益。在職消費有關的費用項目大致可分為八類：辦公費、差旅費、業務招待費、通訊費、出國培訓費、董事會費、小車費和會議費。這些項目容易成為高階管理人員獲取好處的捷徑，高階管理人員通常可以輕易地經由這些項目來報銷其私人的支出，從而將其轉嫁為公司費用。

十一、性騷擾之分類

(一) **敵意工作環境性騷擾**：受僱者於執行職務時，任何人以性要求、具有性意味或性別歧視之言詞或行為，對其造成敵意性、脅迫性或冒犯性之工作環境，致侵犯或干擾其人格尊嚴、人身自由或影響其工作表現者，稱為「敵意工作環境性騷擾」。

(二) **交換式性騷擾**：雇主對受僱者或求職者為明示或暗示之性要求、具有性意味或性別歧視之言詞或行為，作為勞務契約成立、存續、變更或分發、配置、報酬、考績、陞遷、降調、獎懲等之交換條件。

精選試題

( )　1.下列何者為工作分析的具體成果？　(A)職前與進階訓練　(B)工作說明書、工作規範　(C)工作評價與工作分級　(D)時間標準與工作標準。

☆( )　2.「管理者針對企業內部各項工作內容、性質及從事該項工作員工所應具備的專業知識、工作技能、相關經驗等，予以分析研究，並製成書面資料，以作為人力資源分配的依據。」稱為：　(A)工作分析　(B)工作設計　(C)工作研究　(D)工作評價。

( )　3.下列何者非策略性人力資源管理的重點？　(A)在協調態度上，建立共信，促進權利均衡　(B)整合環境策略與情境因素　(C)重視策略性的人力發展活動　(D)以因應式的方法處理個別人事問題，注重抱怨統計。

☆( )　4.針對每一工作性質、任務、責任、工作內容等所做之書面記載者為：　(A)工作分析　(B)工作說明書　(C)工作評價　(D)工作規範書的內容。

( )　5.下列敘述有那幾項是正確的？　A.在職訓練是企業對新進員工正式工作前所給予之訓練；B.進階訓練即企業對員工晉升更高職位，接掌更重要職務所給予之儲備訓練；C.甄選員工原則為公平公正，因人設事；D.薪工計件制是以工作件數為單位來支付員工薪資　(A)A、B　(B)B、C　(C)B、D　(D)A、C。

☆( )　6.記載一項工作，其員工須具備之最低條件的書面紀錄是？　(A)工作說明書　(B)工作規範　(C)工作評價　(D)工作分析。

☆( )　7.企業界常訂定員工工作量的標準，若其實際工作量超過該標準，則可獲得額外獎金、計效酬勞，以提高生產效率，減低人工成本，這種制度稱為？　(A)計件制　(B)計時制　(C)獎工制　(D)酬傭制。

( )　8.為員工晉升更高職位接掌更重要職務的訓練是？　(A)職前　(B)在職　(C)進階　(D)評估　訓練。

☆( )　9.獎工制度的標準工時係指？　(A)實際人工小時　(B)應是最快速工人所達到的人工小時　(C)應是正常工時的平均值　(D)應略高於正常工時的平均值。

( )　10.薪酬制度若著重在產品的品質，宜採：　(A)計時制　(B)計件制　(C)年資制　(D)考績制。

( )　11.下列有關績效的敘述何者不正確？　(A)必須客觀公正　(B)評估是針對工作以外的事項　(C)評估必須明確　(D)評估係以工作分析為基礎。

☆( )12.公司為推行效率獎金制度，設定工作8小時的標準產量為80件，工資為120元，超過80件的部分，每件可多得0.5元的酬金，若今張三工作8小時，完成100件，則張三今日可得？ (A)120元 (B)130元 (C)135元 (D)150元。

☆( )13.某工作標準工作時間定為10小時，每小時基本工資100元，獎金率為工資率的1/4，A員工以8小時完成，B員工以12小時完成。請問根據霍西（Halsey）法，A、B兩員工分別可領到多少錢？ (A)A：800元；B：1,200元 (B)A：800元；B：1,000元 (C)A：850元；B：1,200元 (D)A：1,000元；B：1,000元。

( )14.承上題，若根據甘特法，A、B兩員工分別可領到多少錢？ (A)A：1,200元；B：1,000元 (B)A：1250元；B：1,200元 (C)A：1,200元；B：1,200元 (D)A：850元；B：1,000元。

( )15.工作說明書與工作規範的最大差異點乃是工作說明書強調？ (A)人的資格要件 (B)工作的性質與內容 (C)工作權責 (D)工作的技術與技能。

( )16.下列哪一種資訊來源能夠衡量績效又能夠避免主觀因素？ (A)人員觀察 (B)口頭報告 (C)統計報告 (D)書面報告。

( )17.人力資源運用的第一步是？ (A)人力規劃 (B)人力投資 (C)人力發展 (D)人才培育。

☆( )18.知名的人力資源學者Dave Ulrich認為現任組織的人力資源功能可分為四類角色，協助員工在工作上保有競爭力，並提升績效，係指何種角色？ (A)策略夥伴 (B)員工保母 (C)行政專家 (D)變革推手。

( )19.適用於較小規模企業兼具學習上司與教育下層的晉升方式是： (A)多路晉升制 (B)三位晉升制 (C)考試晉升制 (D)考核晉升制。

( )20.分工使每一人員的工作反覆單調，缺乏變化，無法滿足員工的「成就」慾望，為補救計，近代乃有提倡？ (A)工作擴大化（Job Enlargement） (B)獎工制 (C)計時制 (D)工作簡化。

( )21.下列有關工作滿意度（Job Satisfaction）的敘述何者為錯誤？ (A)它是對工作情境的一種情緒反應（Emotional Response） (B)它反映個人對工作場所的一種需求狀態 (C)提高員工的工作滿意度對達成組織目標通常幫助不大 (D)對工作較不滿意的人有較高的離職傾向。

( )22.現代企業人力資源管理最重要的目標與課題是： (A)招募人才 (B)訓練人才 (C)控制人才 (D)留住人才。

( ) 23.「員工必須在一週之內工作特定的時數，但可以在某些限制下自由的變更工作時間」的這種新型態工作設計方式稱為： (A)電子通勤 (B)臨時員工 (C)彈性工時 (D)工作分擔。

( ) 24.企業最重要，但最不易管理的資產是？ (A)材料 (B)人力 (C)資金 (D)市場。

☆( ) 25.依學者Hackman與Oldham的觀點，任何工作都可用五項核心構面加以描述，下列何者有誤？ (A)技術多樣性 (B)回饋性 (C)民主性 (D)任務完整性。

( ) 26.最被普遍使用的工作評價法是？ (A)排列法 (B)分級法 (C)點數法 (D)因素比較法。

☆( ) 27.評定企業內部工作的相對價值，以作為對工作給予報酬的依據，稱之為？ (A)工作評價 (B)工作分析 (C)工作說明 (D)工作規範。

( ) 28.工作說明書和工作規範是何種系統化的書面描述？ (A)工作評價 (B)工作分析 (C)職位分類 (D)職前訓練。

( ) 29.在工作分析的方法中，比較不適用於心智或腦力作業工作的方法為： (A)現場觀察法 (B)問卷調查法 (C)現場面談法 (D)技術會議法。

☆( ) 30.Barney & Wright認為有助於組織長期競爭優勢的人力資源具有四個重要特性，下列何者不在其中？ (A)有價值 (B)普遍 (C)難以模仿 (D)有良好組織與系統的支持而無法取代。

( ) 31.為有效實施獎工制度，必先做的工作是？ (A)實施計時制 (B)實施計件制 (C)實施職位分類 (D)建立工作標準。

☆( ) 32.對生產或服務活動有直接貢獻，但是在勞動市場容易取得的人力，為何種類型的人力資本（human capital）？ (A)核心人力 (B)合作人力 (C)輔助人力 (D)暫時人力。

( ) 33.下列何者是計件工資制最適用的工作？ (A)檢驗 (B)研究發展 (C)文書抄寫 (D)品質。

( ) 34.若對產品著重於品質的要求時，應採？ (A)計時制 (B)計件制 (C)年資制 (D)考績制。

( ) 35.泰勒所設計的薪工制度是？ (A)計時 (B)差別計件 (C)分紅制 (D)獎金制工資制。

( ) 36.人才管理包含有求才、育才、用才及？ (A)儲才 (B)留才 (C)造才 (D)以上皆非。

( ) 37. 國內一般企業在職外訓練方法方面，以下敘述何者運用最多？ (A)演講或講授 (B)角色扮演 (C)敏感性訓練 (D)複式管理。

☆( ) 38. 下列何者非人力資源過剩的解決措施？ (A)僱用短期人員 (B)遇缺不補 (C)強迫休假 (D)組織瘦身。

( ) 39. 下列何者非人力資源短缺的解決措施？ (A)培養多能工 (B)延長工時 (C)提供進修 (D)延長退休人員的年齡。

☆( ) 40. 將原本應由正職員工所承擔的工作和責任，委由第三者來承擔，這種工作者稱為： (A)外包工 (B)部分工時工 (C)派遣工作者 (D)定期契約工。

( ) 41. 舉辦員工旅遊，係屬下列何種型態的福利？ (A)保障型 (B)娛樂型 (C)教育型 (D)設施型。

☆( ) 42. 所謂勞動三權，下列何者不在其中？ (A)團結權 (B)參與權 (C)爭議權 (D)集體協商權。

☆( ) 43. 下列何者不是勞資爭議中勞方所採行的爭議行為？ (A)怠工 (B)杯葛 (C)建立黑名單 (D)蓄意破壞。

☆( ) 44. 勞資爭議解決方案中具有法律約束力與強制力的係指下列何者？ (A)調解 (B)仲裁 (C)協調 (D)以上皆是。

解答與解析

1. **B** 「工作說明書」與「工作規範」等兩種書面紀錄，係作為員工甄選、訓練、考核等人力資源管理的依據。

2. **A** 工作分析目的乃在將分析結果作成「工作說明書」與「工作規範」等兩種書面紀錄。

3. **D** 人力資源規劃係指未來人力供需的分析，在確定企業之職位空缺，並計畫接替空缺所需的人，並據此擬定招募及培訓計畫，並非在處理個人之人事問題。

4. **B** 工作說明書又稱為「職位（務）說明書」。

5. **C** 「職前訓練」才是企業對新進員工正式工作前所給予之訓練；甄選員工原則為公平公正，不得因人設事。

6. **B** 工作規範強調工作者的條件。

7. **C** 「獎工制度」係為了鼓勵員工努力生產，提高生產效率的一種激勵制度。

8. **C** 進階（晉階）訓練乃是**員工晉升的一種訓練**。晉升係指個人職務的「向上垂直調整調動」，使被晉升的人擁有更多的決策權與職務責任。

9. **D** 獎工制度則係指員工工作量超過某一定標準時，可獲得額外的獎金，亦即「計效報酬」，因此，**獎工制度的標準工時應略高於正常工時的平均值。**

10. **A** **產品品質重於產品數量者應採計時制。**

11. **B** **績效評估當然是針對工作以內的事項進行評估。**

12. **B** 0.5元×（$100-80$）＝10元；120元＋10元＝130元。

13. **C** 霍西獎工制公式如下：

(1)$E＝Ah×R$（當$Sh<Ah$時）；

(2)$E＝Ah×R＋Pr×（Sh-Ah）×R$（當$Sh>Ah$時）

E：員工薪資　　　　R：每小時基本工資率　　　Sh：標準工作時間

Pr：獎金率　　　　Ah：實際工作時間

計算如下：

A員工：因8小時完成，故用公式(2)：

（100元×8）＋〔$1/4$（$10-8$）×100〕＝800元＋50元＝850元

B員工：因12小時完成，故用公式(1)

100元×$12＝1,200$元

14. **B** 甘特工作與獎金薪資制如下：

(1)$E＝Ah×R$ （當$Sh<Ah$時）；或

(2)$E＝Sh×R＋Pr×Sh×R＝Sh×R×（1+Pr）$ （當$Sh>Ah$時）

E：員工薪資　　　　R：每小時基本工資率　　　Sh：標準工作時間

Pr：獎金率　　　　Ah：實際工作時間

計算如下：

A員工：因8小時完成，故用公式(2)：

（100元×10）＋〔$1/4×10×100$〕＝$1,000$元＋250元＝$1,250$元

B員工：因12小時完成，故用公式(1)：

100元×$12＝1,200$元

15. **B** 工作說明書與工作規範的最大差異點乃是**工作說明書強調工作的性質與內容，工作規範強調工作者的條件。**

16. **C** **績效考核標準應求客觀周密**，因統計報告皆是量化的數據，故可避免主觀因素。

17. **A** 因人力規劃係一種過程，**可使管理當局確保能擁有適量、適當品質的人才**，並且適時適地的安置在適當的位置，使他們能夠有效地完成有助於達成組織整體目標的工作。

18. **B** **此角色亦稱為「員工協助者」**，人力資源管理專責人員必須關心每個員工長期的工作績效。

19. **B** 「三位晉昇制」指每一位員工的晉升路線，必須經過三個階段，即**每一工作人員，應學習其上級人員工作，亦應教育其下級人員**。

20. **A** 工作擴大化係指**擴大員工的工作內容，使其包含不同範圍**，工作內容的完整性擴大，即工作內容的橫向擴充（水平加載）。

21. **C** **擁有較多滿意員工的企業組織，效率通常也越高**，因此，提高員工的工作滿意度對達成組織的目標通常幫助相當大。

22. **D** 如何有效的留用人才，是現代企業人力資源管理最重要的目標與課題，**亦是企業創造營運佳績的一個指標**。

23. **C** **在彈性工時中，有一個共同的核心時段**，是全員都必須在工作崗位上，但是上班、下班及午餐時間則是可以彈性的。

24. **B** 公司經營的好壞在於員工，因此**「人」是最重要的一種資源**，但也是最難管理的資源。

25. **C** 選項(C)錯誤，**應修正為「自主性」；另一個構面為「重要性」**。

26. **C** **點數法又稱為計點法、積點法或評分法**。

27. **A** 工作評價係在**各種工作都有詳實可靠的工作說明書和工作規範之後，才能據以辦理工作評價**。

28. **B** 「工作說明書」與「工作規範」是員工**甄選、訓練、考核等人力資源管理的依據**。

29. **A** **現場觀察不適宜須動腦的心智或腦力測驗**。

30. **B** 選項(B)錯誤，**應修正為「稀少的（或獨特的）」**。

31. **D** 要有效實施獎工制度，**必須先建立合理的工作標準**，以做為核給的依據。

32. **C** 例如**生產線上的員工即為輔助人力**。

33. **C** 計件工資制乃是以工作時所完成的工作件數為計算核發工資的標準，**文書抄寫即屬可以工作件數計算的工作**。

34. **A** 產品品質重於產品數量者適時採計時制。

35. **B** 所謂差別計件工資制，**就是對同一種工作設有兩個不同的工資率**。對那些用最短的時間完成工作、質量高的工人，就按一個較高的工資率計算；對那些用時長、質量差的工人，則按一個較低的工資率計算。

36. **B** 人才管理是發揮員工價值的一套流程，**人才管理定義的核心議題為吸引、聘任、培養與保留人才。**

37. **A** 演講或講授稱為專家講授式訓練，係聘請學者、專家向員工講解理論、觀念、原理。

38. **A** 僱用短期人員為人力資源短缺的解決措施。

39. **C** 提供進修為人力資源過剩的解決措施。

40. **A** 外包係企業為了降低企業成本，將有限資源充分投注於本身的核心事業，所採行的一種非典型工作者的聘雇方式。

41. **B** 娛樂型福利之目的在於增進員工休閒生活的品質。

42. **B** 勞動三權乃工業先進國家以法令賦予勞工的權利。

43. **C** 建立黑名單為資方所採行的一種爭議行為。

44. **B** 仲裁在性質上是兼具契約性、自治性、民間性和準司法性的一種爭議解決方式。

第五章 企業的財務機能

考試頻出度：經濟部所屬事業機構 ★★★
中油、台電、台灣菸酒等 ★★★

關鍵字：財務管理、營運支出、資本支出、貨幣、資本公積、權益資金、債權資金、週轉資金、貨幣市場、資本市場、集中市場、店頭市場、債券市場、存貨計價、帳面價值、現值、折現、槓桿作用、風險管理、系統風險、代理成本。

課前導讀：本章內容中較可能出現考試題目的概念包括：企業財務基本活動、營運支出與資本支出、貨幣的種類、資本公積、企業可動用資金的種類、金融市場的類別、債券市場的類別、人們持有現金的動機、先進先出法與後進先出法兩者之意義與主要差異、價值計算、資金運用的準則、健全財務結構應遵循的原則、槓桿作用、投機性風險、風險管理的方法、投資風險、風險成本的特性、常見的權益代理成本問題、存託憑證。

第一節 財務管理基本概念

一、財務管理的意義與重要性

財務管理是根據企業的性質與規模，估計所需資金數量，對資金的「募集、分配、運用」等問題，事先予以妥善的規劃，並在企業經營過程中，對資金之分配與調度，隨時加以分析檢討，期使企業業務順利運轉。「財務管理」所定義之公司目標為追求公司股東財富的最大，管理如果欠當，將會顧此失彼或流於浪費、虧損甚至貪污等，不但將影響企業業務之進行，亦將損及全體股東的利益。除此之外，企業會計與財務部門更應發揮「管帳不管錢，管錢不管帳」、「互相牽制」的功能，以免發生虧空、挪用或其他不法的行為。

> **財務管理的重要性：**如果欠當，將會顧此失彼或流於浪費甚至貪污等，此將影響企業業務之進行，企業對所投資金既未能充分利用，就不易獲取最大利潤，而當景氣不振時，亦難使虧損量減少，甚至會因資金調度不靈或財務費用負擔過重而倒閉，因此財務管理對企業的正常經營極為重要。

重要 二、企業財務機能的主要機能與其重要活動內涵

(一) **主要機能**：企業財務機能，係以管控企業內部各項「財務資源之週轉調度」為主要活動，並以提供各項經營所需資金、維持正常運作為主要目的。通常，企業規模愈大，愈需求有效的資金籌措與運用之管理工作，以維繫各項業務的正常運作。

(二) **重要的活動內涵**

項目	內容說明
確認資金需求	企業的資金需求，可分為短期的「營運支出」需求與長期的「資本支出」需求。不論長短期資金需求，企業都需及時支付，尤其要依據約定日期付款，否則會出現週轉不靈的流言、引發經營危機。
掌握資金來源	企業的主要資金來源有二，其一為「權益資金」，指股東出資、營運利得、以及尚未分配給股東的保留盈餘。其二為「債權資金」，指企業由金融市場借貸而得，可依借貸期間區分為長期或短期資金。
控制財務風險	透過資金需求與資金來源的妥善搭配，方可使企業的價值創造過程順利運轉，並確保企業財務資源的流動性。（流動性係指企業所擁有的資產轉換為現金的難易程度）因為企業間的資金往來，係以現金為主，若無法及時將資產轉換為現金，可能會形成徒然擁有大筆資產、卻缺乏足夠現金支應應付款項，導致流動性不足、週轉困難的現象。換言之，企業保有的財務資源，流動性愈低、財務風險愈高。
確保獲利能力	獲利是企業價值創造過程的具體成果展現，也是股東參與投資經營的基本目的，更為維持永續經營的基礎。財務機能運作之成本控制觀點，藉由提出各項收入與成本資訊，提醒決策者注意、與維持一定的獲利能力，故財務機能運作的重要挑戰之一，就是維持財務與成本資訊即時化，提供相關部門制定決策的參考。營運獲利是企業整體的目標，財務機能在達到此一目標的過程中，扮演著資訊提供者的角色，因而正確、即時的資訊成為最大的考驗。

牛刀小試

( ) 下列何者非企業財務機能的重要活動內涵？ (A)控制財務風險 (B)確保獲利能力 (C)穩定股利分配 (D)確認資金需求。 **答：(C)**

三、財務經理人必要的工作責任

財務經理人是指單位會計機構的負責人，是各單位會計工作的具體領導者和組織者。財務經理人必要的工作責任舉其要者如下：

(一) 決定公司長期投資項目。

(二) 取得投資所需資金。

(三) 執行一般日常營運之財務相關作業。

(四) 負責編製公司年度財務收支計畫並監督其執行。

(五) 負責公司的成本管理工作，降低消耗、節約費用，提高公司盈利水準。

(六) 充分運用財務數據，對財務收支執行情況進行分析，為領導決策人員提供參考。

(七) 掌握稅收政策，統籌完成公司稅務申報和納稅工作。

重要 ### 四、營運支出與資本支出

項目	內容說明
營運支出	營運支出屬於短期性的支出，它是指為「支應企業每日營運」的資金需求。營運支出的資金需求規模，受到應付帳款、應收帳款與存貨（包括原料、再製品與製成品）三者的變動影響。
資本支出	資本支出屬於長期性的支出，它係指企業為長期發展而「投資於固定資產、廠房設備所需的資金」。資本支出之需求規模，受到企業對於未來之經營預測的影響。若預期未來有較高的營運成長空間，通常會擴大設備投資來擴張產能；反之，則會縮減投資規模。除外，資本支出水準亦受到技術發展情勢的影響，快速變動的經營環境裡，往往需持續引進新設備來維持先進的技術層次。

五、企業盈餘（Surplus）

(一) **意義：所謂盈餘係指公司的「淨值」（Net Value）減除實收股本後的餘額而言。** 假如公司資產淨值少於實收股本，就稱為「虧損」（Deficit）。

(二) **盈餘的分類**

項目	內容說明
營業盈餘	係指由營運活動所獲得的利潤，而「營業活動」則是企業盈餘的主要來源。

項目	內容說明
資本盈餘	所謂資本盈餘，亦即我國公司法所指之「資本公積」，大致包括下列內容： 1. 捐贈盈餘：係指由股東、政府或其他團體與個人所捐贈的財產。 2. 重估價盈餘：亦稱評價盈餘。為資產重估價後，所產生的價值上的增加部分。 3. 輸納盈餘：係指股本的溢價、拍賣沒收股份的所得或交換股份的餘利。

(三) 盈餘的主要來源

1. 營業的利潤。　　　　2. 股東的捐贈。　　　　3. 股本的溢價。
4. 財產的增值。　　　　5. 拍賣沒收股份的餘利。

牛刀小試

(　) 拍賣沒收股份的所得或交換股份的餘利，稱為：　(A)捐贈盈餘　(B)重估價盈餘　(C)輸納盈餘　(D)營業外盈餘。　　　　　　答：**(C)**

重要　六、貨幣的意義與功能

(一) 貨幣的定義：貨幣（Money）是指用作交易媒介、儲藏價值和記帳單位的一種工具，是專門在物資與服務交換中充當等價物的特殊商品。

> **貨幣**：具有穩定性、易於攜帶、可以分割及可供長期使用的特質。

(二) 貨幣的種類：貨幣既包括流通貨幣，尤其是合法的通貨，也包括各種儲蓄存款，在現代經濟領域，貨幣的領域只有很小的部分以實體通貨方式顯示，即實際應用的紙幣或硬幣，大部分交易都使用支票或電子貨幣。貨幣可粗分為狹義的貨幣和廣義的貨幣兩種。

1. **狹義的貨幣**：強調貨幣的交易媒介功能，僅將具有交易媒介功能的通貨與存款貨幣視為貨幣。我國中央銀行對交易貨幣的定義有兩種。**狹義的M_{1A}包括通貨淨額、支票存款與活期存款；廣義的 M_{1B}則除了包含M_{1A}的項目之外，尚包括活期儲蓄存款。**

2. **廣義的貨幣**：以M.Friedman為首的經濟學家認為，貨幣的定義不應拘泥於其是否為交易的媒介，而應視其與總體經濟變數間的關係是否密切。**我國的M2除了包含M1B的項目外，尚包括定期存款、定期儲蓄存款、外匯存款與中華郵政存簿儲金**，其中外匯存款係指社會大眾在商業銀行以外幣形式所保有的存款。

3. 我國中央銀行採用的貨幣定義：

M_{1A}＝通貨淨額＋支票存款＋活期存款

M_{1B}＝M_{1A}＋活期儲蓄存款

M_2＝M_{1B}＋中華郵政存簿儲金＋定期存款＋定期儲蓄存款＋外匯存款

七、資本公積

資本公積是指企業在經營過程中由於接受捐贈、股本溢價與法定財產重估增值等原因所形成的公積金。資本公積與企業收益(營業利潤)無關，它是投資者或者他人投入到企業、所有權歸屬於投資者、並且投入金額上超過法定資本部分的資本。按照我國財務制度規定，資本公積只能按照法定程式轉增資本。

> **資本公積**：與企業收益（營業利潤）無關，它是投資者或者他人投入到企業、所有權歸屬於投資者、並且投入金額上超過法定資本部分的資本。

我國會計準則所規定的可計入資本公積的貸項有四個內容：

(一) **資本溢價與股本溢價**：資本溢價是公司發行權益債券價格超出所有者權益的部分；股本溢價是公司發行股票的價格超出票面價格的部分。

(二) **其他資本公積**：其他資本公積包括可供出售的金融資產公允價值變動、長期股權投資權益法下被投資單位淨利潤以外的變動。

(三) **資產評估增值**：資產評估增值是按法定要求對企業資產進行重新估價時，重估價高於資產的帳面淨值的部分（參見資產評估）。

(四) **捐贈資本和資本折算差額**：捐贈資本是不作為企業資本的資產投入；資本折算差額是外幣資本因匯率變動產生的差額。

第二節 企業資金與可動用資金的種類

一、資金的種類

(一) 以資金的所有權為分類標準

類別	內容說明
自有資金	係指企業股東原投資的股本及經營過程中累積資金的總和，亦即指股東投資及累積盈餘的總和。
借入資金	可分為「長期借入」與「短期借入」資金兩項。前者如發行公司債或投資銀行的長期貸款；後者多為一般商業銀行的短期貸款。

(二) 以資金的使用性質（用途）為分類標準

類別	內容說明
固定資金	係指經使用於某項用途後，於相當的期限內，將失去資金的週轉作用，不能改作他用的資金。例如購置土地、建造廠房、裝置機器等項屬於固定資產的投資。
流動資金	係指其形式常隨業務之進行，作循環性演變所使用的資金。例如購買材料、支付薪津、製造加工、銷售促進、業務管理等項用途所費資金，係隨資金循環過程中各階段而支付，供應企業經營各項活動所需。

(三) 以資金運用的期限為分類標準

類別	內容說明
長期資金	係指資金支出後，須經相當長的期限，始能還原成為資金的原狀或收回本利者。例如生產事業的廠房設備等項固定投資所需資金，即需以長期資金應付之，此乃廠房設備等項固定投資，亦屬長期投資，其使用期限較長，可以使用十數年或至數十年以上。
短期資金	所謂短期資金，係除經常需求的長期資金以外，企業因為發生臨時性事件，所需應付之資金，屬短期性質。例如若干企業的業務，具有季節性，其所需資金為配合業務需求，亦有季節性，此並非經常需求。

(四) 以資金供應的地點為分類標準

類別	內容說明
國內資金	係指自國內籌集的資金，其計算以本國貨幣為單位，不涉及外匯的管理與外幣市場波動的影響。
國外資金	係指自國外籌集的資金，此類資金需經由政府有關法令的管理以及外匯市場的限制，並具有匯率波動所引起的風險。

(五) 以資金的特性為分類標準

類別	內容說明
天然資金	天然資金（Nature Capital）係指企業使用後沒有再生產機能的資金，例如購買土地和房屋的資金。
人為資金	人為資金（Artificial Capital）係指企業使用後尚有再生產機能的資金，例如購買機器、工具、材料的資金。

牛刀小試

( )　購買材料、支付薪津、製造加工、銷售促進、業務管理等項目用途所費的資金，稱為：　(A)固定資金　(B)流動資金　(C)短期資金　(D)借入資金。　　　　　　　　　　　　　　　　　　　　　　　　　　**答：(B)**

重要 **二、企業可動用資金的項目與種類**

㈠ 企業可動用資金的項目

1.現金、銀行存款等。

2.企業間往來的應收帳款、應付帳款。

3.向金融機構借款、但尚未動支的資金融通額度（係指金融機構已經核定、準備提供企業的貸款規模，但企業尚未支用的部分）。

㈡ 企業可動用資金的種類

類別	內容說明
權益資金 **equity funds**	係指股東出資與歷年來營運獲利而尚未發放給出資股東的保留盈餘（earning return）部分。此類資金，係在營運獲利後，以股利形態支付出資股東作為投資報酬。
債權資金 **debt funds**	係指來自於金融機構取得之貸款，需定期支付利息作為資金使用之代價，並在期滿之後全額償還本金給資金提供者。
週轉資金 **working capital**	亦稱「營運資金」。係來自於企業在營運過程中，延後付款給供應商而可以運用者。應該支付給供應商之交易價金，而獲得供應商同意延後支付者，或是企業之顧客以信用購買企業商品或服務，在未來某段時間方會支付公司現金之權益項目，謂之「應付帳款」；另一方面，企業可能為爭取業務而同意客戶延後支付交易價金，謂之「應收帳款」。這兩類資金性質都與營運活動有關，且由營運週轉取得之可動用資金，形式上不須支付資金之使用成本。 營運資金是指企業流動資產與流動負債的差額，可以用來衡量公司或企業的短期償債能力，其金額越大，代表該公司或企業對於支付義務的準備越充足，短期償債能力越好。當營運資金出現負數，也就是一家企業的流動資產小於流動負債時，這家企業的營運可能隨時因週轉不靈而中斷。

第三節　企業資金的籌集

一、不同企業營運成長階段資金的籌集方式

企業依成長發展的生命週期（life cycle）的觀念，可劃分為「導入期、成長期、與成熟期」等三個不同階段，不同企業營運成長階段，其資金籌集的方式會有差異，茲分述如下：

期別	內容說明
導入期	企業在創業初期，由於沒有具體的經營實績，很難從金融機構取得中長期資金。因而，任何初創的新事業，多數資金都是由創業者自行籌措，資金需求規模包括自行出資、或是向親友募資等。
成長期	企業一旦渡過導入期的經營考驗，逐漸實現創業價值，新事業也將逐漸展現創造盈餘的能力，而促成較多的資金來源。例如：因為具有獲利能力，讓更多投資者有興趣注入資金取得股權；或者銀行樂於提供短、中、長期貸款；或者開放員工入股參與經營等，都是擴大資金來源的做法。
成熟期	除了藉由銀行往來借貸來擴張企業可動用資金規模之外，企業在成長期後段或成熟初期，資金來源管道更多。其中，尋求股權上市或上櫃，直接向社會大眾籌集所需資金，是企業資金來源的重大突破。一旦成功的將公司之股票上市或上櫃交易，權益資金來源將更多元化，而且也會影響企業各種財務資源的取得管道。例如：更容易透過資本市場發行公司債、或商業本票，增加債權資金的比例，減輕企業的平均資金成本及財務風險。

 二、長期（固定）資金的籌集方式

(一) 籌集方法

籌集方法	內容說明
發行普通股	普通股之發行，多在公司創立之初，偶而亦有企業因增加資本、擴充營業之需要而發行者。但在各種資金中，取得來源成本最高的通常是發行普通股。
發行優先股	優先股亦稱為「特別股」，其發行多在公司擴充營業或整理債務之時。

籌集方法	內容說明
發行公司債	由於發行股票，影響企業的所有權及控制權，所以信用優良的公司、資金需求時間長，未來利潤不穩定，且資金收回慢或資金需求額度大的公司，應以發行公司債作為籌集資金的手段。公司債係企業向社會公開籌措長期資金，所發予債權人的書面憑證，它是一種借據，發行人承諾在未來的某一個特定時間償還。公司債具有如下性質： 1.債權人無管理權，對公司管理無影響。 2.公司債利息支出可於公司課營利事業所得稅時減除。 3.公司債乃到期償還，與普通股或特別股之永久性資金不同。 4.公司債利率固定，與營業利潤無關。
固定資產租售	企業將閒置的固定資產出售或出租，取得長期資金。
保留盈餘	將每年所獲盈餘保留一部分，以提存公債方式，增加長期資金的供應。
抵押借款	係指以企業的財產抵押向銀行長期借款；若企業未來利潤穩定，且資金收回快，以採銀行借款較為妥適。
定期貸款	定期貸款係存在於借款人與貸款人間的負債契約。契約載明借款人同意未來某些特定時日支付一系列利息予貸款人，並在貸款到期時，將本金償還予貸款人。其特色係不是以證券發行方式為之，故貸款快速、具彈性、低發行成本；其餘性質與公司債同。

牛刀小試

( )　下列有關優先股的敘述何者有誤？　(A)享有公司優先認股權　(B)在法律上無強制分配股利之權　(C)股息不能享免課所得稅之權益　(D)股東多半對公司沒有管理權。　　**答：(A)**

(二) 資金來源（供應機構）

供應機構	內容說明
投資銀行 Investment Bank	投資銀行是提供長期貸款的銀行。它一方面從證券市場購買企業所發行的證券，另方面將購進的證券轉售其他投資人，獲取佣金或差價利益。

供應機構	內容說明
投資信託公司 Investment & Trust Company	是從事多種證券買賣業務的金融機構，它以投資方式購進企業證券，獲得投資利潤為主要目的。
證券交易所 Securities exchange	證券交易所是各種企業長期資金的供應中心，企業以發行證券方式在交易所公開出售，從社會大眾獲取資金。
保險公司 Insurance Company	從事各種保險業務，以客戶交付的保險費或投資所得，從事放款業務。
儲蓄銀行 Saving Bank	吸收社會大眾之儲蓄存款，從事放款業務。
中小企業銀行 Small Business Bank	提供放款給規模小、資金短缺的中小企業，往往由政府政策支持，以扶助中小企業。

牛刀小試

( )　下列何者非長期資金來源之供應機構？　(A)保險公司　(B)信用合作社　(C)證券交易所　(D)投資信託公司。　　　　　　　　　　　**答：(B)**

三、短期（流動）資金

(一) 籌集方式

籌集方式	內容說明
信用貸款	係指企業憑藉其本身的信用與營利能力，向銀行申請短期的無抵押放款。
抵押貸款	係指由借款人提供一定的財物作為抵押品，設若到期不還，則貸款人可將抵押品變賣抵償，一般銀行多有舉辦此項有抵押品為擔保的貸款。
銀行往來透支	係指銀行對於使用支票之存款客戶，訂立契約，同意存款戶於存款之外，在約定的期間及限額內，得以支票透支超過其存款額，而獲取短期資金。此項融通數額多有限制，且利息亦較高。
票據貼現	係指企業以未到付款日之票據，向銀行貼現換取現金，銀行則待票據到期日時，收回放款。

籌集方式	內容說明
發行商業本票	所謂本票，係指一種票據，由發票人簽發一定金額，於指定的到期日，由(企業)自己無條件支付與受款人或執票人。所以本票之性質為信用票據，乃由本人於將來之特定到期日，支付票面金額。
賒購貨物	係指以延期付款方式，購買物品或勞務；而就出售此項物品或勞務的企業言，即係以應收帳款或應收票據出售貨物或勞務。
變賣資產	變賣企業資產，以求現金。
吸收員工存款	此亦為企業融通短期資金的方法，既可鼓勵員工儲蓄，亦可增進其對企業的關心，但利息負擔往往比向銀行貸款為重。
民間借款	————

(二) 資金來源（供應機構）

供應機構	內容說明
商業銀行 Commercial Bank	商業銀行是以存放款為主，提供短期貸款的銀行，被稱為金融百貨公司的金融機構，其放款的方式有抵押貸款、信用貸款與票據貼現等。
商業信用公司 Commercial Credit Company	對企業長期所持有之應收票據，以貼現方式購買，使企業獲得現金。
財務公司 Financial Company	是對企業特定商品的銷售提供協助的公司，例如企業以分期付款或賒帳方式銷售產品，將客戶分期付款票據或應收帳款憑證，售予財務公司，取得現金。
個人財務公司 Personal Finance Company	是依企業信用為基礎，不需任何抵押，提供貸款給企業的公司。
信用合作社 Credit Cooperative	是由某些特定團體所組成的財務互助組織，吸收會員存款，並提供放款，其對會員的放款利率較一般銀行為低。
票據買賣業	某些商號從事商業票據之買賣、貼現、承兌的營業，諸如票號、銀號、貼現所、承兌所等即是此類。

牛刀小試

( )　下列何者為短期資金來源之供應機構？　(A)保險公司　(B)票據買賣業 (C)證券交易所　(D)投資信託公司。　　　　　　　　　　　　　答：(B)

第四節 各類市場的意義

 一、金融市場（Financial Market）

金融市場，係由資金提供者與資金需求者，以不同的信用工具（例如票券、證券等）進行交易，滿足資金供給者創造資金收益、需求者獲取所需資金的交易活動所構成。**金融市場可依下列五個構面加以區分。**

(一) 依證券發行時間的長短區分

1. **貨幣市場（Money Market）**：係以提供短期（一年或一年以下）資金進行交易的機構。強調交易期間短、信用工具流動性強，供需雙方可以為「短期資金」之取得或投資，找到最恰當的交易標的。貨幣市場的主要信用工具，包括國庫券、商業本票、銀行承兌匯票、可轉讓定期存單等。其主要機能係協助政府及企業作短期資金之調度。

2. **資本市場（capital market）**：係以證券的發行與流通為主，長期貸款為輔，以提供「長期資金」（一年以上）之來源與出路的市場。資本市場中的主要信用工具包括公司股票、債券（政府公債、公司債、可轉換公司債）與中長期借款等。其主要機能係協助政府及企業籌措長期資金。

(二) 依證券發行時點區分

1. **初級市場（primary market）**：又稱為發行市場（issuing market）。係指買賣「新發行」金融工具的市場，發行公司可自初級市場募集資金。這類新發行的金融證券，通常都是透過承銷商來代銷或包銷，故「承銷商」為初級市場的主要參與者。

2. **次級市場（secondary market）**：又稱流通市場。即「買賣已發行流通的證券」的市場，買賣雙方交易活動成交的價格，可顯示出金融市場中特定證券的相對價值，作為評估投資可行性之依據。

(三) 依資金流通管道區分

1. **直接金融（direct securities）**：係指具有金融證券交易功能的市場，資金需求者直接以「發行證券」的方式向大眾募集資金者，如發行股票、債券、短期票券時即由承銷商進行承銷，公司不需透過金融中介機構即可取得資金，投資人亦可直接取得該公司所發行的證券，故稱直接金融市場。

2. **間接金融（indirect securities）**：間接金融的活動則皆由中介之金融中介機構（包括存款戶、銀行、信用合作社、保險公司等）完成，其透過金融中介機構作為連結資金供給者與需求者的橋樑，故又稱為中介機構金融市場。

(四) 依交割時間區分

1. **現貨市場（spot market）**：即交易成交後須立即或在很短的時間內交割（delivery）的市場。

2. **期貨市場（futures market）**：約定在交易成交後的未來某個時點，以特定價格進行交割的市場。

(五) 依交易場所區分

1. **集中市場（centralized market）**：指交易集中在某特定交易所內完成，並以公開競價的方式決定價格的市場。

2. **店頭市場（over the counter market；OTC）**：交易非集中在特定交易所完成，而是以電話、電報、網路等方式，在櫃檯（counter）進行報價、詢價、議價的市場，可協助中小企業的籌資與經營，但相對於集中市場，屬於「低流動性」與「高波動性」的交易市場。

二、效率市場（Efficient Market）

係指在「資本市場」中，所有全部能影響證券價格的已知資訊，均能即時且正確的完全反映至證券價格上，換句話說無論任何時候，證券之價格等於其投資價值，任何投資人均無法持續擊敗對手下場，而賺取超額報酬。

Roberts Fama **將資本市場效率性分成下列三種型態：**

> **技術分析**：係指投資人欲利用過去的股票成交量與成交價，判斷股票的未來走向；基本分析係指投資人欲從一般景氣狀況、產業動態及公司經營績效等各種角度來決定股票的合理價值。

類別	內容說明
弱式效率市場	在一個具有弱勢效率性（weak form efficiency）的市場中，所有包含在過去股價移動的資訊都已被完全的反映在股票現行市價中，因此投資人在選擇股票時，並不能從與過去股價有關的資訊得到任何助益。**當市場具有弱式效率性時，其技術分析則無效。**
半強式效率市場	若現在的股票市價能反映所有已公開的資訊，該市場就具有半強勢效率性（semi-strong form efficiency）。**在一個具有半強式效率性的市場，其基本分析無效。**
強式效率市場	當股票的現行市價已反應了所有已公開與未公開的資訊，任何人甚至連內線人士都無法利用額外的消息獲得超額報酬時，此市場即被稱為強式效率（strong form efficiency）市場，**在強式效率市場中，「技術分析與基本分析都無效」。**

三、債券市場

債券（Notes）係一種借據，發行人承諾在未來某一個特定時間償還的憑證。它是政府、金融機構、工商企業等機構直接向社會借債籌措資金時，向投資者發行，承諾按一定利率支付利息並按約定條件償還本金的債權債務

> **債券**：最常見者為定息債券、浮息債券以及零息債券。

憑證。債券的本質是債的證明書，具有法律效力。債券購買者與發行者之間是一種債權債務關係，債券發行人即債務人（debtors），投資者（或債券持有人）即債權人（creditors）而非股東，因此公司即使有巨額盈餘時，債券持有人不能參與分配；股東大會，亦無投票權與選舉權。最常見的債券為定息債券、浮息債券以及零息債券。

與銀行信貸不同的是，債券是一種直接債務關係。銀行信貸通過「存款人─銀行，銀行─貸款人」形成間接的債務關係。債券不論何種形式，大都可以在市場上進行買賣，並因此形成了債券市場。**債券依發行主體區分，有下列三種：**

(一) **政府債券**：係政府為籌集資金而發行的債券。主要包括國債、地方政府債券等，其中最主要的是國債。國債因其信譽好、利率優、風險小，故又被稱為「金邊債券」。

(二) **金融債券**：係銀行和非銀行金融機構發行的債券。在我國目前金融債券主要由國家開發銀行、進出口銀行等政策性銀行發行。

(三) **公司（企業）債券**：公司（企業）債券是企業依照法定程式發行，約定在一定期限內還本付息的債券。公司債券的發行主體是股份公司，但也可以是非股份公司的企業發行債券，所以，一般歸類時，公司債券和企業發行的債券合在一起，可直接成為公司（企業）債券。發行公司債相對於發行普通股而言，具有下列三個優點：

1. 公司控制權不致外流。
2. 發行成本較低。
3. 利息費用可節稅。

第五節 存貨計價與財務管理名詞界定

 一、存貨計價的基本方法

存貨計價的基本方法主要包括下列五種：

供應機構	內容說明
加權 平均法	以各批購入（含初存）存貨的數量為權重，計算可售存貨的平均單位成本，並以此乘期末存貨數量，計算期末存貨價值。 1. 優點：計算較簡單；從技術角度講，加權平均比較合理（折衷）。 2. 缺點：在物價變動較劇烈的情況下，存貨價值計量結果會失真。
移動加權 平均法	在每次購貨後即為存貨計算出新的加權平均單位成本和新的存貨價值，並以此新的單位成本作為後續發貨的單位成本。 1. 優點：便於隨時結轉銷貨成本；期末存貨價值比較接近現行市價。 2. 缺點：計算工作量大。
分批 實際法	在具體辨認每次發出存貨所屬購貨／生產批次的基礎上，按原該批別的存貨單位成本計算確定銷貨成本和存貨價值。 1. 優點：存貨「成本流動」完全符合實物流動。 2. 缺點：必須能夠辨認發出貨物／期末存貨的批次；容易導致企業為了某種目的而任意選用較高或較低的單位成本進行存貨計價。它僅適用於單價較高而數量較少的存貨。
先進先 出法	先進先出法（FIFO）係假設存貨按「先收進先發出」的規律流動；發出存貨的成本為較早購入的存貨；結餘存貨的成本為較（最）遲購入的存貨。基本理論依據是，企業產品售價往往是以「成本加成」方法確定的，同時，為了防止產品過期，總是儘量先進先出，所以，按先進先出假定進行存貨計價比較切合實際，符合「配比原則」，即將所售商品的售價與其成本配比計量出毛利。因此，FIFO的基本傾向是如實地反映資產負債表上的「存貨」價值，亦即FIFO為資產負債表導向。 1. 優點：期末存貨價值比較接近現行市價。 2. 缺點：計算工作量較大；在物價上漲條件下，銷貨成本偏低，收益計量過於樂觀。
後進先 出法	後進先出法（LIFO）係假設後收進的存貨先發出（後進先出，則為先進留存）。基本理論依據是，售價是根據「行情」確定的，故只有現行成本才能與售價配比，這樣確定的毛利才是企業真實的盈利狀況。因此，LIFO的基本傾向是如實地反映利潤表上的「銷貨成本」，亦即LIFO為利潤表導向的。 1. 優點：使現行收入與現行費用配比；在通貨膨脹條件下，有利於財務穩健。 2. 缺點：對政府稅收有不利影響。

茲特別將先進先出法與後進先出法兩者之主要差異點，說明於下：

(一) 在通貨膨脹下，FIFO法因以先購入的較低單位成本和收入配合，故淨利較高；反之，物價下跌時，LIFO淨利高。

(二) 在物價上漲時，使用FIFO法時，分攤至期末存貨的成本會相當接近現時成本；反之，在物價上漲時，若使用LIFO法時，分攤到期末存貨成本可能比存貨的現時成本低很多。

(三) 對所得稅的影響：物價上漲時，採FIFO法：淨利高、多繳稅；採LIFO法：淨利低、少繳稅。物價下跌時，則反之。

(四) 通常報帳與對外報導時用 LIFO 表示存貨價值，而內部報導則用 FIFO。

> **存貨計價方法**：其中之先進先出法（FIFO）與後進先出法（LIFO）的主要內涵，請務必弄清楚；且在面對計算題時（這是最容易出題的部分），更應加以注意。

牛刀小試

( ) 一般銀行在辦理放款、貼現、押匯、承兌等業務時，必須先對貸款企業實施信用調查，調查時通常會注意的要素中，下列何者有誤？ (A)能力 (B)經驗 (C)品格 (D)財力。 **答：(B)**

 二、財務管理名詞的界定

(一) 報酬率

名詞	內容說明
期望報酬率 Expected rate of return	係指企業在投資活動中，對未來報酬率的預估，包括風險在內，為一種機率分配的函數。一般而言，風險愈大，所要求的期望報酬率愈高。
平均報酬率 Average rate of return	係指在投資組合中，各項投資報酬率加總所獲得的平均值，投資比重大的項目，其加權較重，影響較大，平均報酬率愈高愈佳。
必要報酬率 Required rate of return	係指在投資活動中，投資報酬率最低的要求，適當的無風險投資報酬率為必要報酬率的下限，若「投資機會多」，則「必要報酬率的要求亦高」。

(二) 價值計算

名詞	內容說明
帳面價值	帳面價值（book value）係以「歷史成本」為基礎，在資產負債表上之資產、負債、業主權益中之各項目所列示之帳面數字即是。
處分價值	處分價值（liquidation value）係指資產被迫出售，實際或可能賣得之淨變現價值。
市場價值	市場價值（market value）係指資產在市場交易的價值。
合理價值	合理價值（fair value）係指在資產評價日，一項資產之合理可決定之公平市價。
貨幣的時間價值	貨幣的時間價值（time value of money）：貨幣的時間價值係指「利息」而言。貨幣的價值隨時間之經過而有所不同，今天的一元較未來的一元有價值。
現值	現值（Present Value）是在給定的利率水平下，未來的資金折現到現在時刻的價值，是資金時間價值的逆過程。當預期的現金流入需要待一個時期才能收到時，或預期的現金流出需要待一個時期才會支出時，這些收入或支出的現值要比收取或支付的實際數額為少。等待的時間越長，其現值也就越小。例如在三年終了時將要收到1000元，若折現率為6%，則該項資產的現值為839.62元[1000/（1+6%）^{3}]。
折現	折現係指將終值或未來一系列的現金流量轉換成現值的過程，亦即「將未來的營收轉換為相當於今日的價值」；用來計算現值的利率，則稱為「折現率」。
終值	係指現在的錢經過某一段時間後，在那個時候的價值。計算終值要考慮的是「複率」。
重貼現率	重貼現是當銀行資金短絀時，以其對客戶貼現而持有的商業票據向中央銀行請求資金融通稱為「重貼現」，而銀行必須付給中央銀行的利率就稱為「重貼現率」。調整重貼現率為中央銀行重要的貨幣政策工具之一。若中央銀行宣佈調降重貼現率，則(1)貨幣供給量將增加；(2)信用將擴張；(3)利率水準將下降。
基金	由證券投資信託公司以發行受益憑證的方式，召募社會大眾的錢財，累積成一筆龐大資金後，委託專業的基金經理人管理並運用此筆資金於適當之管道，例如股票、債券等金融商品，當投資有獲利時則由投資大眾分享，虧損時也由投資大眾分攤，證券信託投資公司則賺取基金的銷售手續費與管理費。

名詞	內容說明
資本大眾化	許多國內企業由中小企業邁向中大型企業過程中，多利用資本市場向大眾募集資金，甚至到國外發行海外存託憑證，形成管理權與所有權分離的企業體系，此一趨勢是現代商業特質中的「資本大眾化」。
約當現金	是指短期且具高度流動性之短期投資，因其變現容易且交易成本低，因此可視為現金。約當現金具有隨時可轉換為定額現金、即將到期、利息變動對其價值影響少等特性。通常投資日起三個月到期或清償之國庫券、商業本票、貨幣市場基金、可轉讓定期存單、商業本票及銀行承兌匯票等皆可列為約當現金。
資本利得	當投資標的物的市場價值增加時所實現之利潤，謂之。析言之，資本利得是資本所得的一種，它是指納稅人經由出售諸如房屋、機器設備、股票、債券、商譽、商標和專利權等資本項目所獲取的毛收入，減去購入價格以後的餘額。

牛刀小試

( )　1.資產被迫出售，實際或可能賣得之淨變現價值，稱為：　(A)帳面價值　(B)市場價值　(C)處分價值　(D)合理價值。　　　　**答：(C)**

( )　2.現在的錢經過某一段時間後，在那個時候的價值，稱為：　(A)現值　(B)折現　(C)貼現值　(D)終值。　　　　**答：(D)**

第六節　資本結構與槓桿作用

一、資本結構

(一) **資本結構的意義**：「資本結構」（Capital Structure）係指企業之「長期負債」、「業主權益（Owner's Equity）」與「保留盈餘」等三項長期資金主要來源的比重。企業資本結構的決定，一方面要考慮本身條件，採用最有利的配置型態，另一方面，要考慮供應此類資金的資本市場供需情形。其決策過程並無一定

> **資本結構**：企業長期資金的構成型態，亦即企業公司債、優先股、普通股等之組合或比重關係，即稱之為資本結構。

公式可循，有賴財務管理人員的正確判斷，謀求各種資本的最佳配當，以確保財務的穩健及企業的利益。

(二) **最適資本結構**：最適資本結構又稱最適槓桿（Optimal Leverage），係指負債與權益之特定組合，能使該廠商之價值（業主之財富）最大化，且能使其資金成本最小化，從而提高共尋求新的創造財富的投資機會的能力而言。

(三) **影響資本結構的因素：**

1.未來銷售的成長率。　2.未來銷售的穩定性。　　3.企業的競爭結構。

4.公司資產結構。　　　5.業主對風險的意識態度。　6.貸款金融機構的態度。

重要 ## 二、槓桿作用

槓桿作用（Leverage）係指企業增加固定成本投資，對營業收益或股東收益的影響。「固定成本」相當於槓桿的支點。當企業利用借貸資金來擴張營運，只要借貸後所獲得的利潤超過所借貸的資金，並且能夠擴張信用，這些對企業是有利的，此時企業發揮了財務的「槓桿作用」。

「槓桿比率」是用來衡量公司長期的償債能力，它顯示公司債相對資本的比率及其支付利息及其他固定費用的能力。槓桿比率愈高，公司的負債便愈多，即表示公司未必有足夠能力去償還債務。因此可知，「槓桿比率」可用於檢查組織運用負債於取得資產的比率，以及組織是否有能力償還負債所產生的利息費用。企業固定成本投資的槓桿作用分為營業槓桿作用與財務槓桿作用。

(一) **營業槓桿（Operating Leverage）作用**：係指企業固定成本在企業營運上所使用程度對利潤的影響，**此固定成本恰如槓桿的支點，「固定成本愈大，固定投資回收亦將延長」**，若產銷配合不當，營業的利潤和風險均會增大。企業的銷貨收入減除變動成本後，如「超過固定成本，則槓桿作用為正；否則槓桿作用為負」。

(二) **財務槓桿（Financial Leverage）作用**：「財務槓桿」指數是（＝）股東權益報酬率／資產報酬率。財務槓桿是指由於「固定性資本成本」的存在，而使得企業的普通股收益（或每股收益）變動率大於息稅（亦即支付利息費用及繳稅）前利潤變動率的現象。財務槓桿反映了權益資本報酬的波動性，用以評價企業的財務風險。當資金所創造的利潤大於其成本時，企業即可透過舉債方式來增加企業的業主權益報酬率，此種方法，即稱為「財務槓桿」。業務風險高時不宜採用財務槓桿，反之，業務風險低時可採用財務槓桿。

第七節 融資與舉債

一、融資考慮的決策

企業因資金需求，欲向金融機構融資時，應考慮下列因素：

(一)市場風險。　　　　　　(二)資本預算。

(三)公司風險。　　　　　　(四)資本結構。

(五)財務槓桿。　　　　　　(六)財務結構比率。

(七)公司獲利能力。　　　　(八)財務的流動性比率。

二、舉債經營（Trading on the Equity）

舉債經營係指企業以支付「固定利率」方式取得固定資本，如其財務槓桿作用是有利的，則以發行公司債或借款為之，「舉債的利率，遠較股票為低」，亦即舉債的財務槓桿作用特別顯著。但須知，雖然企業舉債所產生的利息費用可以節稅，但因舉債是在運用財務槓桿，若負債越多，則所面臨的財務風險越大。

牛刀小試

（　）　企業因資金需求，欲向金融機構融資時，應考慮的因素，不包括何者？　(A)財務結構比率　(B)財務的流動性比率　(C)資本預算　(D)營業預算。　　　　　　　　　　　　　　　　　　　　　　　　　答：**(D)**

三、舉債成本（Cost of Debt Capital）

舉債成本係指企業舉債的成本支出，通常以百分率表示。企業舉債的方式通常係指發行公司債向金融機構借款。由於債權人無論企業營運成敗，均可如期獲得利息和還本，故債權人風險較小，要求利息亦較低，而且「企業舉債所負的利息，可做為費用支出，用以沖減稅負」，因此企業舉債是成本最低的資金。

四、發行公司債與銀行貸款的優缺點

公司債	優點	1.向社會大眾發行，信用條件比銀行貸款寬。 2.社會大眾抽回資金的壓力之風險，比銀行貸款小。
	缺點	公司債會由多人持有，修改條款不易獲得協調，其彈性比銀行貸款小。

銀行貸款	優點	1.長期貸款對企業較有利,利率較民間為低。 2.大額資金獲得的速度,比公司債快。
	缺點	1.短期貸款對企業而言必須有極高的營利能力。 2.信用調查條件較苛,按期償還之風險,比公司債大。

牛刀小試

( )　下列有關發行公司債優缺點之敘述,何者有誤?　(A)社會大眾抽回資金的壓力的風險,比銀行貸款小　(B)多人持有,修改條款不易獲得協調,其彈性比銀行貸款小　(C)向社會大眾發行,信用條件比銀行貸款嚴　(D)以上皆正確。　　　　　　　　　　　　　　**答:(C)**

五、銀行融資審核5P原則

所謂5P原則是銀行用來判斷借錢的安全性、是否核貸以及可貸多少錢的五項評估標準:

項目	內容說明
貸款人或企業之狀況 People	指針對貸款戶的信用狀況、經營獲利能力及其與銀行往來情形等進行評估。
資金運用 Purpose	銀行需衡量有意貸款者的資金運用計劃是否合情、合理、合法,明確且具體可行。
還款來源 Payment	分析借款戶是否具有還款來源,可說是授信原則最重要的參考指標,也考核貸放主管的能力。授信首重安全性,其次才是收益性、公益性。
債權確保 Protection	擔任確保債權角色者,通常為銀行與借款戶所徵提的擔保品。當借款戶不能就其還款來源履行還款義務時,銀行仍可藉由處分擔保品而如期收回放款,也就是所謂的確保債權。
展望因素 Perspective	銀行在從事授信業務時,須就其所需負擔的風險與所能得到的利益加以衡量。其所負擔的風險,為本金的損失與資金的凍結,而所能得到的利益,則為扣除貸款成本後的利息、手續費收入及有關其他業務的成長。因此銀行對於授信條件,除上述四個原則外,應就整體經濟金融情勢對借款戶行業別的影響,及借款戶本身將來的發展性加以分析,再決定是否核貸。

第八節 風險管理與投資風險

一、風險的意義

風險（Risk）係指「因不確定因素的存在，而造成損失的機會」。風險大表示損失機會大，風險小表示損失機會小。企業風險的來源諸如天災、人禍、社會進步、競爭、科技、政治、經濟、消費者偏好、勞資關係等等，對企業的成敗，均有重大的影響。

> **風險**：企業經營期間，總免不了面對許多未來的不確定性（Uncertainty），大凡從企業投資、設廠、生產、銷售，均有許多內在和外在的不確定因素，這些不確定因素無法事先預知。

二、風險管理的意義

風險管理（Risk Management）係指企業採取各種管理的方法，以「減少風險的程度和損失」。 企業的經營目標在於增加利潤，減少損失，而企業經營無法保證沒有風險。不同的企業所面對的風險程度亦不同，因此企業管理者應了解風險的來源、型態，並採取各種適當的方式來應付這些風險，以期減少風險的程度和損失。

三、風險的型態

風險依其形成原因之不同，可分為下列二種：

(一) **純風險：係指因在「一定的意外發生機率」之下，所導致的損失。** 如船運公司的船隻遇到海上災害而需求賠償，又如火災、員工私捲貨款、人員的傷亡等，對企業而言，只有損失而沒有利益，此皆屬於純風險。

(二) **投機性風險：係指「企業可能蒙受損失，亦可能獲得利益的風險」。** 析言之，係指企業為了追逐較大的獲利機會而展開具有某些風險的投資活動，伴隨該項投資行為，企業同時可能面對的營運損失，例如新產品的開發或購買期貨商品等，即屬投機性風險。

> **純風險**：又稱「靜態風險」。
>
> **投機風險**：又稱「動態風險」。
>
> **對財務風險應有的概念：**
> 1. 投資選擇的報酬率相等時，標準差愈小，則風險愈小
> 2. 高風險、高報酬是財務人員須有的觀念
> 3. 利率風險與資產價值呈反向關係
> 4. 購買力風險係因物價上漲導致實質報酬降低。

四、投資風險

(一) **系統風險（Systematic Risk）**：又稱為市場風險，是一種不可分散的風險，係「無法透過分散投資而規避的風險」。其主要是某些因素使得投資組合內的所有資產同漲同跌，無法相互抵銷風險。

1. 此種風險主要來自一些基本政治、經濟或政策等因素之影響，例如通貨膨脹、政局不安、經濟衰退、利率變動等，所有企業或投資案均會受其影響無法避免。

2. 重要的系統風險有政治風險、經濟風險、政策風險及法令風險等。

(二) **非系統風險（Unsystematic Risk）**：又稱為非市場風險，是一種可「透過分散投資而規避的風險」。此類風險主要來自產業、企業或投資個案等內部的特有風險，是由「本身的商業活動和財務活動」所帶來的風險，例如罷工、法律訴訟、研究與開發、消費者需求改變、高階主管離職等，故可透過分散投資來加以規避。

 五、風險管理的方法

企業對風險，通常採取下列五種方法來因應：

方法	內容說明
降低風險 risk reduction	係指藉由管理方式設法降低意外事件發生之可能，例如加強作業人員的工業安全常識，建立嚴格的作業規範，與嚴格的工業安全檢查等，以減少工廠意外災害的發生；或如存貨的分散儲存、產品的多元化等均是。
趨避風險 risk avoidance	亦稱為風險預防（Prevention of Risk）。當風險無法避免時，選擇較低風險的做法，例如採用安全係數較高的製程或機器設備，以降低風險；或對潛在的風險，採取預先防範措施，例如加強各種安全措施、預防呆帳的信用調查等。
承擔風險 risk assumption	又稱風險自承（Retention of Risk）。當風險無法降低時，可以預作準備承擔風險的動作，亦即豐收時多存些歉收時需求的糧食，例如，產品報價時，先加上應收帳款保險之成本，以避免被倒帳的衝擊；或如企業按期自盈餘中提存一定金額的準備金，作為風險發生後的損失準備。

方法	內容說明
轉移風險 **risk transfer**	或稱風險轉移。係指在合理的成本下，將企業可能的風險，以契約方式，轉嫁他人承擔。例如購買商業保險的保險或利用其他避險的工具，以轉移風險。
風險保險 **insurance of risk**	係指企業集合有共同風險可能的企業，由參加者繳納保費以為共同基金，作為個別企業遭受風險損失時的補償，以達到分散風險損失的目的。

牛刀小試

( )　當風險無法降低時，可以預作準備承擔風險的動作，稱為：　(A)承擔風險　(B)風險保險　(C)轉移風險　(D)趨避風險。　**答：(A)**

六、投資標的風險高低

一般來說，投資標的風險高低的順序為「普通股>優先股>公司債券>國庫券」。說明如下：

項目	內容說明
普通股	普通股股東是公司經營風險的最終承受者，也是盈餘分配上的最後被分配者，股利（變動）的取得決定於公司的稅後盈餘，一般股利會較高些，但所承冒的風險也較高。
優先股 **（特別股）**	優先股的股利可以約定（固定）也可以按比例（變動）甚至可以參與分配，但發放的順序是在課公司營所稅後，在公司債之後普通股之前，故風險比公司債高，比普通股低。
公司債券	是公司對外發行的債券，有別於向銀行作設定融資，但公司的信譽要很好投資人才會購買，一般違約風險也不大，票面約定利率（固定）也不高，分配順序上是在稅前以利息費用處理，優先於優先股及普通股。
國庫券	是政府發行的短期債券（30天期～90天期），違約風險的機率非常小，票面約定利率（固定）亦低於公司債。

第九節 代理問題與代理成本

一、代理問題與代理成本

當股東（主理人）授權給管理當局（代理人）經營公司時，他們彼此間就發生了代理關係。所謂「代理問題」即指企業所有者(股東)與經營者(管理當局)之間「利益衝突」的問題。若主理人與代理人所追求的目標不一致，例如代理人常藉由擴充企業規模以增加個人之權力資源，追求個人的效用極大，致使企業偏離「最大利潤的追求」，於是代理人與主理人便發生利害衝突，導致發生代理問題。為了減少甚至避免代理問題的發生，當主理人將公司的經營權交給代理人時，主理人不會就此不聞不問，而會從事一些監督與約束活動，確保代理人的所做所為都能符合主理人的最佳利益。在從事監督和約束活動時，公司所須支付的代價稱為「代理成本」。代理成本有下列三項：

項目	內容說明
監督成本	即股東對代理人從事監督活動所產生的費用。例如為有效制裁高階主管行為的重大「交易成本」，為有效監督高階管理當局的「監控成本」。
約束監督成本	即代理人為使股東相信其係在為追求股東最大的利潤而努力，所產生的費用。例如為強制高階管理當局符合股東利益所花的「強制成本」。
剩餘損失	即代理人偏離追求企業最大利潤所產生的損失。

 ## 二、常見的代理問題

(一) 股東與管理當局的權益代理成本問題：這些問題表列說明如下。至於解決這些問題的採取的行動，包括薪酬激勵制度（如紅利、績效配股、股票選擇權）的建立、解雇的威脅、惡意接收的威脅、對管理者的市場監督、降低自由現金流量等措施。

項目	內容說明
過度投資	過度投資（Over Investment）係指代理人為追求擴大公司規模，使組織資源浪費，致使股東利益受損。
管理買下	管理買下（Management Buyout，MBO）係指管理當局使用自行籌措的資金買進公司發行在外股票，而在購回股權時，卻故意壓低股價，致使股東利益受損。

項目	內容說明
管理者不努力	係指管理者不努力於工作，未盡到代理人的職責。
補貼性消費	管理者誇大預算或將公司資源轉為私人消費。
融資買下	管理者以舉債方式購買公司公開發行的普通股，藉以取得公司控制權。

(二) **股東與債權人的負債代理成本問題：**這些問題表列說明如下。至於解決這些問題可採取的行動包括債券契約中的限制條款、提高借款利率、發行可轉換公司債。

項目	內容說明
投資不足	管理當局放棄對公司有利的投資案。
股利支付	管理當局利用債權人資金發放股利，卻未進行投資。
債權稀釋	未徵得債權人同意，而讓管理當局發行新債，導致舊債價值下降。
資產替換	股東促使管理當局投資高風險專案，提高了違約風險。

第十節 公司治理

一、公司治理的意義

公司治理係指一種指導及管理並落實公司經營者責任的機制與過程，在兼顧其他利害關係人利益下，藉由加強公司績效，以保障股東權益。依照OECD的「公司治理原則」（Principles of Corporate Governance）強調經營權和所有權互相制衡運作的模型。從管控主體（公司）觀之，應包括公司經營管理階層與股東間之相互制衡，甚至包括公司其他利害關係人（stakeholder）間之制衡，從管控機制觀之，應包括法律，企業組織權責設計，外部之市場機制，從管控手段觀之，它又包括股東權利保護，股東公平對待原則，利害關係人角色及功能，公司訊息揭露及董事會權責等。

負監督公司治理實務最主要責任的是「公司董事會」。公司治理系統，其主要目的係用於管理企業，以便維護業主或股東權益。近年來發生許多公司遭特定人士違法挪用資產，犧牲大多數股東權益的事件，乃是「所有權與經營權分離」商業特質所造成。若某企業爆發公司高階層主管因行賄官員的情事，導致企業須面對司法系統之調查，此乃因企業公司治理系統未能發揮正常的功能所導致。

公司治理的組織，通常是採用多「事業部」的組織結構。其治理的機制一般包括：
(一)股東權益；(二)董事、監察人的組成；(三)資訊的揭露；(四)關係企業管控及內控
稽核；(五)獨立董事的設置；(六)高階管理當局的報酬機制等。其中又以要素中的透
明性與揭露性，以及治理機制裡的資訊揭露最為重要。

二、公司治理的基本原則
良好的公司治理必須符合下列四個原則：

公平性 fairness	公平性是指對公司各投資人以及利益相關者予以公平合理的對待。
透明性 transparency	透明性是指公司財務以及相關其他資訊，必須適時適當地揭露。
課責性 accountability	課責性是指公司董事以及高階主管的角色與責任應該明確劃分。
責任性 responsibility	責任性則是指公司應遵守法律以及社會期待的價值規範。

重要 ## 三、獨立董事的設置
所謂獨立董事（independent director），是指獨立於公司股東且不在公司中內部擔任
任何其他職務，並與公司或公司經營管理者沒有重要的業務聯繫或專業聯繫，並與
上市公司及其大股東之間不存在妨礙其獨立做出客觀判斷的利害關係的董事，且能
對公司事務做出獨立判斷的董事。其最根本的特徵為下列二者：
(一) **獨立性**：是指獨立董事必須在任用資格、經濟利益、產生程序、行使權利等方
　　面皆係獨立，不受股東和公司管理階層的控制及限制。
(二) **專業性**：是指獨立董事必須具備一定的專業素質和能力，能夠憑自己的專業知識
　　和經驗對公司的董事和經理以及有關問題獨立地做出判斷和發表有價值的意見。

重要 ## 四、公司的權力機構

項目	內容說明
股東大會	**股東大會是公司的最高權力機構。**董事會、監事會對股東大會負責，公司總經理對董事會負責。

項目	內容說明
董事會	**董事會是股東大會閉會期間行使股東大會職權的權力機構。**它是公司的常設機構，向股東大會負責，實行集體領導，為公司的權力、經營管理、決策機構。對外是公司進行經濟活動的全權代表，對內是公司的組織，管理的領導機構。
最高管理階層	依各國公司法規定，董事長是公司的法定代表人，股東則是公司資產的所有權人，股東們為了行使其權利，對企業進行有效的管理，需要有一批能代表他們利益的，訓練有素，有才幹，有事業心的人來領導和管理公司，董事和董事會即是這種需要的產物。經理或稱總經理係由董事會聘任，對董事會負責，是董事會決議的具體的執行者。
監事會	監事會是公司經營管理的監督機構，股份有限公司必須設立監事會。監事會成員由股東大會選舉產生。它的職責是監督檢查公司的經營管理情況。

五、公司治理的基本精神

(一)強化董事會運作：發揮董事會有效監督與對股東之責任。

(二)設置獨立董事：獨立董事雖未擁有股權但能協助企業經營。

(三)加強經營資訊之透明化：充分、透明的揭露經營資訊。

(四)妥善維護所有投資人之權益：運用公司治理機制創造最高經營績效。

(五)公平對待所有投資人。

六、股東所有與利害關係人理論

(一) **股東所有理論（stockholder theory）**：傳統的觀點認為，股東因須承擔公司最後的財務風險，所以公司所有權應屬於股東，董事會之組成自應以主要股東為主。

(二) **利害關係人所有理論（stakeholder theory）**：是1984年由R.愛德華·弗里曼（R. Edward Freeman）所提出，他認為一位企業的管理者如果想要企業能永續的發展，那麼這個企業的管理者必需制定一個能符合各種不同利害關係人的策略才行。因此，「公司不應該只是屬於股東的，更應該是屬於員工的，也屬於廣大投資大眾的」，故一個企業除了注重股東的權益外，必須同時關注各種不同的利害關係人。

第十一節 外匯與存託憑證

一、外匯市場（Foreign Exchange Market）

(一) **外匯市場的意義**：係指買賣不同通貨的市場，又稱為「國際通貨市場」。

外匯 **Foreign Exchange**	係指一個國家所持有的外國金融性請求權，包括外國貨幣及外國金融機構所發行的證券。
匯率 **Foreign Exchange Rate**	係指一個國家的貨幣與其他國家貨幣交換的比率。

(二) **外匯風險**：當匯率變動時，會使公司的獲利能力、價值、現金流量等發生改變而產生下列風險：

經濟風險

係指不可預期的匯率變動，致使公司原來預期的現金流量的淨現值發生改變，例如1997年的東南亞金融風暴所產生的風險。

換算風險

係指因匯率變動，致使財務報表編制之資料發生異動。

交易風險

係指某項交易後，必須以「外幣進行清算時」，因匯率變動致使損失發生。

牛刀小試

( ) 因匯率變動，致使財務報表編制之資料發生異動，所造成的風險稱為：
(A)利率風險 (B)交易風險 (C)換算風險 (D)經濟風險。 　　答：**(C)**

二、外匯套匯（Foreign Exchange Arbitrage）

係指利用「不同市場間之匯率差異」，賺取差額利潤，例如在低價的外匯市場買進外匯，然後在高價的市場賣出外匯，故稱之為外匯套匯。

三、存託憑證（Depository Receipts；DR）

(一) 發行存託憑證的公司，必須先將其公司的股票交予發行銀行保管，才可在外國市場公開發行存託憑證籌集資金。

(二) 股利須依發行所在國的貨幣，由發行該DR之存託銀行再發給投資人。

(三) 常見的存託憑證種類：

類別	內容說明
TDR	TDR（Taiwan Depository Receipts）係指外國公司在台灣委託金融機構籌集資金而公開發行的DR（投資標的物為外國股票），俗稱「台灣存託憑證」。
ADR	ADR（American Depository Receipts）係指各國公司在美國委託金融機構籌集資金而公開發行的DR，故稱之為「美國存託憑證」。例如1997台積電在紐約交易所所發行的ADR。
GDR	GDR（Global Depository Receipts）係指某一企業在世界各國公開發行DR，同時籌集資金，故其發行對象為各國投資者，而其投資標的物仍如上所述，為該公司之股票（交予發行公司所在國的保管銀行）。股利亦依發行所在國之貨幣，由發行該GDR之外國存託銀行，再發給投資者。
FRN	FRN（Floating Rate Note）為浮動利率債券，是屬於公司債的一種，為企業在中長期市場取得資金的一種工具之一。FRN與一般公司債的差別在於其票面利率係採浮動計息的方式，故當企業對未來走勢不明時，多採此種金融工具。FRN的發行主體包括政府、銀行、公司和其它儲蓄機構等。

(四) 我國企業發行GDR的優點

1. 可向海外籌集到較低成本的資金。
2. GDR可同時在歐美各國發行，容易快速籌集所需的資金。
3. 可使企業資金國際化及提高海外知名度。

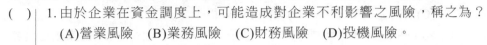

精選試題

( ) 1.由於企業在資金調度上,可能造成對企業不利影響之風險,稱之為?
(A)營業風險　(B)業務風險　(C)財務風險　(D)投機風險。

☆( ) 2.管理當局使用自行籌措的資金欲買進公司發行在外股票的行為稱為:
(A)融資買下　(B)管理買下　(C)金降落傘　(D)旋轉門條款。

( ) 3.下列何者不是資本市場的交易工具?　(A)商業本票　(B)股票　(C)債券
(D)可轉換公司債。

☆( ) 4.對企業海外籌資常用工具的敘述,何者正確?　(A)海外可轉換公司債發
行地區以台灣為限　(B)海外存託憑證稱為ADR　(C)在美國掛牌之海外
存託憑證稱為GDR　(D)FRN係指票面利率會定期變動的債券。

( ) 5.若現在的股價能反應所有已公開的資訊,則稱此種交易市場為
(A)弱式效率市場　(B)半強式效率市場　(C)強式效率市場　(D)未
開放市場。

( ) 6.投資人欲利用過去的股票成交量與成交價判斷未來股票走向的技術稱
為:　(A)基本分析　(B)技術分析　(C)盤勢分析　(D)迴歸分析。

☆( ) 7.企業將資金充作平常營運用途或投資於固定資產,稱為:　(A)財務規劃
(B)資金募集　(C)投資活動　(D)資金運用。

☆( ) 8.依我國中央銀行採用的貨幣定義,下列何者不屬於M1A?　(A)通貨淨
額　(B)活期存款　(C)支票存款　(D)定期存款。

☆( ) 9.下列那一項來源不是我國公司法所稱之「資本公積」之來源?　(A)捐贈
(B)資產重估增值　(C)股本溢價　(D)營業利潤。

( ) 10.約定在交易成交後的未來某個時點,以特定價格進行交割的證券市場,
稱為:　(A)期貨市場　(B)現貨市場　(C)初級市場　(D)店頭市場。

☆( ) 11.企業運用具有固定成本之資金,如公司債與優先股等,若其所得之投資
報酬率大於所支付的固定成本利率,以致使普通股股東報酬率增加之作
用稱?　(A)營業槓桿　(B)財務槓桿　(C)舉債營業　(D)財務控制。

( ) 12.就運用發行公司債與銀行借款以取得資金作比較下列敘述何者有誤?
(A)資金需求時間長則應發行公司債　(B)未來利潤不穩定,且資金收回
慢則應採銀行借款　(C)資金需求時限急迫則應採銀行借款　(D)資金需
求額度大則應發行公司債。

☆( ) 13.下列何者被稱為金邊債券?　(A)政府債券　(B)金融債券　(C)企業債券
(D)公司債券。

( ) 14.財務比率分析中用來評斷企業各項資產的運用效率者,如存貨週轉率、應收帳款週轉率等均屬: (A)流動性比率分析 (B)獲利性比率分析 (C)活動性比率分析 (D)槓桿比率分析。

( ) 15.就下列各項資金來源分析,何者是一項長期資金? (A)商業銀行借款 (B)證券市場發行股票 (C)員工存款 (D)在貨幣市場發行票券。

☆( ) 16.以舉債的方式購買公司公開發行的普通股之行為稱為: (A)融資買下 (B)管理買下 (C)旋轉門條款 (D)金降落傘。

( ) 17.未來金錢在目前的價值稱為: (A)終值 (B)折現 (C)價值 (D)現值。

( ) 18.股票市場的投資風險誰應負最大的責任? (A)政府當局 (B)被投資之公司經營者 (C)證券暨期貨管理委員會 (D)投資者本身。

☆( ) 19.下列何者不是風險成本的特性? (A)不確定性 (B)變動性 (C)決策性 (D)分散、轉移性。

( ) 20.就企業資金型態與資產型態之配合而言,企業營運使用之土地廠房設備等固定資產之資金來源,以下列那一種來源較佳? (A)銀行短期借款 (B)業主投資 (C)員工存款 (D)發行票券。

( ) 21.稅後淨利/平均股東權益= (A)總資產報酬率 (B)邊際收益率 (C)股東權益報酬率 (D)營業利潤率。

解答與解析

1. **C** 公司遭遇突發狀況致使營運績效下降,使得**對外舉債之本金償還及利息支付,產生困難**而發生財務危機,亦是財務風險。

2. **B** **管理當局在購回股權時,故意壓低股價,致使股東利益受損。**

3. **A** 資本市場中的主要信用工具包括**公司股票、債券(政府公債、公司債、可轉換公司債)與中長期借款等。**

4. **D** FRN(Floating Rate Note)為浮動利率債券,是屬於公司債的一種,為企業在中長期市場取得資金的一種工具之一。

5. **B** 具有半強式效率性的市場,其**股票之基本分析無效。**

6. **B** 技術分析是指**研究過去金融市場的資訊(主要是經由使用圖表)來預測價格的趨勢**與決定投資的策略。

7. **D** **資金運用又稱為企業理財。**

8. **D** **定期存款屬於**M2。

9. **D** 資本公積是投資者或者他人投入到企業、所有權歸屬於投資者、並且投入金額上超過法定資本部分的資本。

10. **A** 證券依交割時間來區分，可分為現貨市場與期貨市場，現貨市場則需在交易成交後須立即或在很短的時間內交割。

11. **B** 財務槓桿主要在衡量企業稅前、利息前淨利變動與其對普通股盈餘影響的大小。

12. **B** 未來利潤不穩定，且資金收回慢則宜採發行公司債。

13. **A** 國債因其信譽好、利率優、風險小故被稱為金邊債券。

14. **C** 活動性比率分析亦稱為短期償債能力分析。

15. **B** 發行普通股及發行公司債皆為長期資金的來源。

16. **A** 融資買下與管理買下兩者皆是股東與管理當局之間的權益代理成本所產生的問題。

17. **D** 現值是在給定的利率水平下，未來的資金折現到現在時刻的價值，是資金時間價值的逆過程。

18. **D** 投資是一種自發性行為，其風險當然由投資者本身負擔。

19. **B** 選項(B)錯誤，應修正為「目的性」，目的性要求對風險代價與收益的權衡，實現風險成本最小與企業價值最大。

20. **B** 企業營運使用之土地、廠房、設備等固定資產，故其資金的來源應以長期資金較為恰當，題目所述之四者，當然以業主投資最為適宜。

21. **C** 股東權益報酬率（ROE）是衡量相對於股東權益的投資回報之指標，反映公司利用資產淨值產生純利的能力。

第六章 企業的研究發展機能

考試頻出度：經濟部所屬事業機構 ★★
　　　　　　中油、台電、台灣菸酒等 ★★

關鍵字：創意、發現、發明、創新、研究發展、rD與Rd、S曲線、首動利益。

課前導讀：本章內容中較可能出現考試題目的概念包括：企業創意的來源、創意構思的特性、創新的方式、創新的來源、影響新產品市場採用速率的主要因素、研究發展的層次、創新的種類、首動利益、微笑曲線。

第一節 創意與創新

 一、創意

(一) **創意的重要性**：創意來自於「對消費者需求」的觀察與分析。由於企業提供產品或服務的目的，在於創造消費者滿意；消費者的需求能夠得到滿足，企業才可能從中獲取利潤，繼以求永續生存與發展。因而，**不論「小至產品的改良」、或「大到新服務觀念」的提出，都與創意有關。**

(二) **創意構思的特性**：創意構思具有以下三大特性，也因其具有此三種特性之故，常導致創意構思不易化為具體行動：

特性	內容說明
開創性	各項創意構思，可能違反傳統、違反既有思維邏輯的論述或觀點，或與現實生活相距甚遠，在尚未化為具體產品或功能之前，不易見容於現行的看法中；甚至許多劃時代的創意構思，都普遍被視為違背常理而不可行。因此，在討論創意價值時，應注意到創意的開創性邏輯，並由此一角度積極思考創意構思之價值。
脆弱性	由於創意構思的提出，尚未經歷必要的驗證程序，對於各種功能性的質疑，往往無法提出充分的辯解或證據加以支持。因此，若對其存有過多的質疑，可能會使提出創意構思的人退縮，不願持續推動該項創意構思的具體化，致創意胎死腹中。因而在討論創意價值的過程中，需要採積極正面的態度，持續補充創意構思的完整性，以促成有價值之創意構思的實現。

特性	內容說明
衝突性	由於創意構思可能迴異於現有的思維邏輯，可能與目前的做法直接衝突，或因業務結構之連續性，導致現有活動與新的創意構思執行時發生衝突。由於企業各項活動之間的緊密連結關係，導致任何的創新做法，都會影響到既有的作業安排。因而，推動創意構思的實際作為，會涉及其他活動的進行，甚至需要全面性的改變以致出現更大的阻力。通常，不願採取改革行動的企業，會用許多藉口阻止各種變革行動的出現，也因而影響企業的創新活動。

二、創新

(一) **創新（innovation）的意義**：現代市場競爭激烈，產品生命週期日趨短暫，企業為滿足顧客需求，必須重視「創新」能力，以免被市場淘汰而死亡。**創新係指將某些「新發現、新觀念或新事物」付之「實際採用的程序」**。創新需要靠有高度效能的機構有計畫性推動和努力才能達到「採用」（adoption）及「擴散」（diffusion）的目的，因此創新有賴管理作用才能達成。此係1942年著名的經濟學家「熊彼得（J.Schumpeter）」提出的概念，認為**「創新是源自於生產要素與方法的新組合（new combinations），包括新產品、新生產方法、新市場開拓、新材料或新創事業領域等」**。創新的方式可包括下列事項：

1. 結合二種或以上的現有事情，以較新穎方式產生。

2. 一種新的理念，由觀念化至實現的一系列活動。

3. 新設施的發明與執行。

4. 對於新科技的社會改革過程。

5. 組織、群體、或社會的新改變。

6. 使用者認知是新的。

> 他把創新活動歸結為五種形式：
> 1. 生產新產品或提供一種產品的新質量。
> 2. 採用一種新的生產方法、新技術或新工藝。
> 3. 開拓新市場。
> 4. 獲得一種原材料或半成品的新的供給來源。
> 5. 實行新的企業組織方式或管理方法。
>
> **創新活動的性質**：可能會破壞既有的產品或服務方式，並且推出新產品、新服務、創造新經營模式、甚至新產業架構；所以，創新是推出新的對策來替代既有對策，故被稱之為「創造性破壞」（creative destruction）。

牛刀小試

( )　將各種既有的技術，予以重新組合運用，創造出不同方法、不同組合
　　　形式，稱為：　(A)組裝　(B)發現　(C)發明　(D)發覺。　　　　**答：(C)**

(二) **創新與發明的異同：**
　1.創新與發明皆需運用創造力。
　2.發明對產業帶來較大的變動。
　3.跟創新比起來，發明對人類社會有較大貢獻。

(三) **創新的來源**：根據彼得杜拉克(Peter Drucker)在《創新與創業精神》一書中所
　　述，創新的來源有以下七種：
　1.**意料之外的事件**：意外的成功或失敗事件，都是一個獨特的機會。例如3M公
　　司發明帶膠便條紙。
　2.**不協調（不一致）的狀況**：「實際狀況」與「預期狀況」之間的不一致，亦
　　即現實與理應如此之間的出入，產生矛盾的狀況，這也是創新的主要來源。
　　例如，Apple推出使用者付費的網路音樂賣場iTune，下載一首歌要支付99美
　　分，結果在網路上大賣。
　3.**基於程序需要（流程需求）的創新**：即產銷作業過程中，比較薄弱、不便之
　　處，就是創新的機會。例如Apple打破傳統的音樂銷售方式，把手機與音樂
　　視為一體，跳脫了傳統音樂銷售程序的框架。
　4.**產業結構或市場結構上的改變**：當產業或市場結構改變時，在產品、服務及
　　企業營運方面，必有創新的機會。例如因應全球化通路管理的興起，聯強成
　　功由PC製造轉型為3C物流。
　5.**人口統計特性（人口結構的變動）**：人口數量、年齡結構、人口組成、就業
　　人數、教育程度及所得等之改變，均為創新的機會。例如單身主義的興起。
　6.**認知、情緒以及意義上的改變**：當社會上一般人的認知、情緒、生活態度等
　　改變時，就會產生創新的機會。例如近來健康主義抬頭，市場上逐漸出現標
　　榜有機、油切、低（零）熱量、無負擔等訴求的產品。
　7.**新知識（包括科學的與非科學的）**：創新乃是指使用新的知識，提供顧客所
　　需新的服務及產品。科學與非科學上的進步，會創造新的產品及服務。

(四) **創業型策略**：彼得杜拉克認為創業型的策略有以下四種：
　1.孤注一擲。　　　　　　　　　　　　2.打擊對方的弱點。
　3.佔據一個生存利基。　　　　　　　　4.改變價值與特性。

三、創新活動的風險

所有的創新活動都有風險，不論是技術創新、經營創新，都需面對不可知的未來，成功創新就需要突破這些困擾。創新機會下的創業過程，風險會更高。創業家所面對的「創業風險」，主要來自於創業過程中，如何將有限資源快速的轉化為市場所需的產品或服務，其包括下列幾項風險：

> **創新活動的風險**：所有的創新活動都有風險，不論是技術創新、經營創新，都需面對不可知的未來，成功創新就需要突破這些困擾。創新機會下的創業過程，風險會更高。

風險種類	內容說明
資源風險	創業家能夠籌集的創業資源有限，不論人力或資金，在尚未展現具體成果之前，可能難以獲得更多的創業資源投入，一旦創業過程中，遭遇到一些不可測知的事件，創業家會因為資源的短缺而缺乏因應能力。
技術風險	創業的技術創新過程，係屬於技術發展的摸索過程，一旦無法成功研發與運用新科技在創新產品或服務上，投入的資源將無法回收。
時間風險	創業過程中的任何不順利，都會導致創業活動的延宕，一旦市場機會不再，創業成功的機會也將大幅度降低。
市場風險	對於市場需求變遷的錯誤分析，會導致錯誤的創業活動，因而無法獲得預期的成效。

四、影響組織成員創造力的因素

組織鼓勵創新可從「組織結構、組織文化、人力資源」等三項誘因著手推動。

(一) 就組織結構而言

創新來源	內容說明
有機式結構	影響企業機構員工創造及創新最重要的因素為「工作環境」，因此應採組織結構正式化、工作專業化及集權化程度低的有機式結構，較能夠激發創新，同時它也能夠讓組織更富有彈性地適應環境的變化。
有充足的資源	組織有充足的資源（Abundant resources）便敢於追求創新，而且也較能承受創新所需的成本。

創新來源	內容說明
部門間溝通順暢	部門間若能頻繁、持續地溝通（Inter-unit communication），便能打破彼此間的藩籬，激發創新的機會；另外跨機能或跨部門團隊（Cross functional teams）的設計，也都經常出現在具有創新的組織內。
重視訓練與發展	支持高度訓練與發展的人力資源政策。

(二) 就組織文化而言

創新來源	內容說明
接受模糊性	要求太多的客觀性以及精確性會限制屬員創造力，應能接受模糊性（Acceptance of ambiguity）。
忍受非實用性	忍受非實用性（Tolerance of the impractical）係指有時表面上看來極為迂腐的提議，最終都可能是最有創意的解答。
低度的外部控制	太多的法規、章則及政策均會限制創新，應採低度的外部控制（Low external controls）方式來控制即可。
忍受風險存在	組織要鼓勵員工創新，而員工不會因為失敗而遭致責難，因為每一個挫敗就是一個學習的機會，故應忍受風險存在（Tolerance of risk）。
忍受衝突	組織要鼓勵各種不同的意見存在，高度服從的員工並不一定具有好的工作績效，故應能忍受衝突（Tolerance of conflict）。
著眼於結果而非手段	組織只要訂定目標，但不必限定員工要如何達成，因為解決問題的方法可能不只一種，故組織應著眼於目標之達成而非手段（Focus on ends rather than means）。
開放的系統	組織要採開放的系統（Open-system focus），能經常觀察環境的變化以提早因應。

創新來源	內容說明
不宜採 過程導向	亦即不應重視手段與過程，而應只重視結果如何。
員工具有 高度自主性	讓員工可自由發揮，不受拘束。
員工間 互相幫助	發揮團隊精神，而非自行其是。

(三) **就人力資源而言**

1. 強調員工教育訓練與發展（High commitment to training and development）：透過教育訓練讓員工獲得最新的知識與技能。
2. 員工有高度的工作保障（High job security）：讓員工不會因為創新失敗而害怕失去工作。
3. 組織能培養具創造力的員工（Creative people）。

(四) **就組織成員而言**：Ambile與Sternberg and Lubart的創造力理論觀點，認為影響組織成員創造力表現有兩大因素：

1. **個人因素**：指個體產生創意的內在心理歷程，即是「創造力三成份說」中的專業知識、內在動機、創造力思考技能等三要素。
2. **組織環境因素**：指一種發展創造力表現的社會性歷程，例如管理者支持、創造力訓練、提供創意自主性程度、獎酬系統、激勵與支持的空間及機會等。

五、組織創新流程的步驟

(一) **概念的產生**：透過同步的創造力、發明才能與資訊處理。

(二) **初步試驗**：建立概念的潛在價值及應用力。

(三) **決定可行性**：確立預期的成本與效益。

(四) **最終應用**：推出一個新的產品或服務，或執行營運上的一種新製程。

六、組織創新

組織創新的主要內容就是要全面系統地解決企業組織結構與運行以及企業間組織聯繫方面所存在的問題，使之適應企業發展的需要，具體內容包括企業組織的職能結構、管理體制、機構設置、橫向協調、運行機制和跨企業組織聯繫六個方面的變革與創新。

·第二節　研究發展

企業的目標為維持生存及成長，為了獲得「再生」及「成長」，現代的企業都必須投入相當多的經費與人力，從事研究與發展（Research & Development；R & D）。所謂「研究」，一般多是指發現新知識，而「發展」則是指將研究所得之知識或其他知識加以應用，用以發展新產品、新技術或改善原有之產品、技術。

 ### 一、研究發展的層次

一般而言，**研究發展活動可分為三種層次，即：基礎研究**（basic research）**、應用研究**（applied research）**、產品開發**（Product development）。茲將此三者之意義分述如下：

層次	內容說明
基礎研究	實驗或理論的創見性工作，研究結果是一種知識的發現，在研究過程中並未預期有任何的特定應用(實用性的目的)之研究，稱為「基礎研究」。它是以發現新知識為目的，偏向科學理論面，無法對企業有立即的效益貢獻。研究成果需要經過應用研究與產品開發之後，才可能具有市場價值。
應用研究	將研究成果應用在企業或為特定實用目的而進行之研究活動，稱為「應用研究」。展開應用研究的動機，是為了尋求基礎研究成果的實務價值，亦即將基礎研究所產生的知識，設法應用到解決人類實際的問題上。
產品開發	「產品開發」係以解決日常問題為主要目標，大量運用「應用研究」之成果，開發各項具體的產品、服務或問題對策，以創造更高的產品或服務價值。例如在開發新款汽車的過程當中，研發人員會根據創意製作出原型車（prototype），以進行後續的測試分析，此即屬於R & D「產品發展」的階段，通常這類活動是「企業研究發展活動的主軸」。但社會和政府的約束、資金短缺及高額的研發成本則最有可能成為阻礙新產品研發的原因，必須加以克服。

基礎研究、應用研究及產品開發三者之間本質上存在著高度相關、且相互引導的關係。一旦基礎理論獲得重大突破，應用研究便可快速萃取實務運用的基本構想，引發後續連鎖性產品的開發活動。不過，除非企業規模夠大、研發資源相當充沛，否則多數企業的研究發展活動不會涉入基礎研究，而選擇以應用研究與產品開發

為主。由於研究與發展具有「高風險、高報酬、回收時間長與對人力依賴重」四個特質。在商言商，在投資報酬的考量下，由於獲得技術的各種方式中最花時間的是「自力研究發展」，故廠商有時會在取得技術的各種來源中，以「購買技術專利」這種最快的方式來開發產品。然而當公司的工程師或研發單位將競爭對手的產品拆解研究，以學習對手新的技術，這種做法則稱為「反向工程」。

 二、創新的種類

類別	內容說明
破壞式創新	破壞式創新（Disruptive Innovation）又稱顛覆式創新、躍進式創新或革命性創新。由克里斯汀生（Clayton M. Christensen）提出的理論，指出發明一個新的技術，改變了產品及製程的基本概念，並使得現有的競爭者毫無用武之地的創新，是屬於「破壞式創新」的類型。例如產品以低價或簡單的基本功能為特色，但訴求不同以往的客群，因而突破原來的市場疆界，即是此種類型的創新。
漸進式創新	以既有技術為基礎，持續針對消費者需求不足之處，進行產品功能改良，以提升既有技術的使用價值之創新活動，稱為「漸進式創新（incremental innovation）」。較常出現在既有產品改良或製程創新活動上的創新過程即是屬於此類型。漸進式創新之成果，可以強化既有技術的價值。
急遽式創新	急遽式創新（Radical Innovation）又稱為「突破式創新」。是一種不守舊、不延續，以一刀兩斷的做法重新創造一個產品。亦即以創造一個新市場或大幅度的創新，甚至取代原有產品，造成不連續現象，或對組織產生了不連續性的變革，它是屬於一種主動性的創新策略。
開放式創新	開放式創新（Open Innovation）。組織為了產生新的創意、產品及服務，而積極尋求大學、供應商及消費者等外部關係人參與創新活動。由於世界上充滿著知識，公司並不需要完全依賴公司內部進行科技研究，可以把創新進行授權（如通過專利）給其他公司。再者，公司內部不能進行的創新亦可在外部進行（例如通過授權、合資公司、資產分拆）等，利用外部思想或與合作夥伴一起進行創新，拓展科技，分享風險，分享盈利。

類別	內容說明
關閉式創新	關閉式創新（Closed Innovation）指成功的創新需要控制，公司需要控制自身思想的創造，從事生產、市場行銷、銷售、服務、投資和支持。這個思想的主要來源是20世紀初期，大學和政府不介入科技應用。有些公司決定獨立進行科技研究，創立了獨立的科研部門，控制整個產品的研發（NPD）循環，這些公司逐漸變得自給自足，與外界缺少溝通。

牛刀小試

( ) 將資源集中在基礎研究或應用研究上，以追求先進技術的突破，而不以產品的開發與商品化為研究發展的主要目標，稱為： (A)Rd (B)rD (C)漸進式創新 (D)根本式創新。 **答：(A)**

三、阻礙新產品研發的原因

(一) 社會和政府的約束。　　　　　(二) 資金短缺。
(三) 高額研發成本。　　　　　　　(四) 銷售通路不理想。
(五) 市場規模太小。　　　　　　　(六) 競爭者加入。
(七) 推廣不力。　　　　　　　　　(八) 產品有缺陷。

重要 四、首動利益（first mover advantages）

(一) **意義**：首動(First Mover亦有翻譯為市場先行者或市場先占者)利益係指廠商若能領先其他所有競爭廠商，在市場上率先推出新產品，因為最早將產品上市而形成獨特的企業競爭優勢。首動者具有下列的優勢：

　1.享有創新者與產業領導者的聲譽。
　2.有機會控制稀少的資源。
　3.有較佳的機會建立良好顧客關係。
　4.掌握建立顧客忠誠度的好機會。

(二) **重要性**：企業由各項活動記錄到企業知識之轉化過程中，資訊機能就是最佳的輔助者，可以運用各式資訊工具，協助企業成員分析過去的各式活動記錄，並萃取出具有特定意義的知識。在強調知識價值的時代裡，企業需要有效的運用知識來制定決策。而知識的發展、共享、轉移、與運用等，需要良好的組織環

境。其中，「資訊化的作業環境」，是企業資訊機能的工作重心之一，也是有效推動「知識管理（knowledge management；KM）」的要件。

(三) **首動者未必有利**：因為先進入市場者，可能需求花費較大的資源與時間來教育消費者使用新的產品；而追隨廠商則可以藉由產品模仿學習之便，避免先進入者的錯誤。實務上，市場上常出現許多追隨者反而躍居市場領導地位的現象，例如蘋果電腦在1990年初期時便推出個人數位助理（personal digital assistant, PDA）產品，並且取名為「牛頓」（Newton），但是市場反應卻叫好不叫座，主要因為當時的軟硬體與通訊環境尚未成熟，故不受消費者青睞。過了幾年，另一家公司US Robotics推出Palm Pilot的PDA，因為使用條件逐漸成熟而成為市場的主流產品。茲將創新企業首動者的優缺點列表說明如下：

首動者的優點	首動者的缺點
1.擁有產業創新與領導者的聲譽。 2.成本利益和具學習效果。 3.可控制稀少資源。 4.維繫客戶關係與建立顧客忠誠度。	1.無法精確掌握市場發展趨勢。 2.競爭者模仿的風險。 3.策略失敗的風險。 4.財務風險。 5.昂貴的研發成本。

五、微笑曲線

早期製造者生產產品，利用廣告等各種方法讓消費者接受，進而購買；隨著消費意識的改變，現在是由消費端決定需求，製造端再據以生產。因此創造企業附加價值應從研發、創新及品牌、行銷這兩端著手，如此才能提

> **微笑曲線**：為宏碁集團董事長施振榮所提出提升附加價值的觀念。

高企業價值，創造高額利潤（步入藍海）。而非傳統以量來求得公司價值的增加。

微笑曲線中間是加工、製造；左邊是研發、創新，屬於全球性的競爭；右邊是品牌、行銷，主要是當地性的競爭。當前製造產生的利潤低，全球製造也已供過於求，但是研發與行銷的附加價值高，因此產業未來應朝微笑曲線的兩端發展，也就是在左邊加強研發創造智慧財產權，在右邊加強客戶導向的行銷與服務，以創造高額利潤。

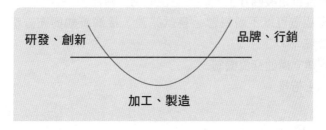

研發、創新　　　　　　　品牌、行銷

加工、製造

精選試題

☆( )　1.企業的目標為維持生存及成長，為了獲得「再生」及「成長」，現代的
　　　　企業必須從事？
　　　　(A)成本控制　　　　　　　　　(B)研究發展
　　　　(C)物料管理　　　　　　　　　(D)企業購併。

☆( )　2.創意構思，可能違反傳統、違反既有思維邏輯的論述或觀點，或與現實
　　　　生活相距甚遠，在尚未化為具體產品或機能之前，不易見容於現行的看
　　　　法，係屬創意的何種特性？
　　　　(A)開創性　　　　　　　　　　(B)衝突性
　　　　(C)風險性　　　　　　　　　　(D)脆弱性。

( )　3.有關創新活動的風險，不含下列何者？
　　　　(A)技術風險　　　　　　　　　(B)時間風險
　　　　(C)信用風險　　　　　　　　　(D)市場風險。

☆( )　4.以既有技術為基礎，持續針對消費者需求不足之處，進行技術研究發展
　　　　活動，以提升既有技術的使用價值，稱為：
　　　　(A)革命式創新　　　　　　　　(B)破壞式創新
　　　　(C)漸進式創新　　　　　　　　(D)根本式創新。

( )　5.政府目前提倡知識經濟，是希望台灣未來的產業發展，能夠以下列何者
　　　　作為發展動力？
　　　　(A)創新與研發　　　　　　　　(B)資本
　　　　(C)勞動力　　　　　　　　　　(D)土地開發。

( )　6.下列有關企業創意來源的敘述，何者有誤？
　　　　(A)源自於對某些事物的熱愛　　(B)源自於市場模仿學習
　　　　(C)源自於對利潤追求的執著　　(D)源自於對社會需求的觀察。

( )　7.有關有效激發研究發展人員潛能的方法，下列何者正確？
　　　　(A)應提供研發團隊工作的自主性與制度彈性
　　　　(B)應塑造可以不斷學習、嘗試錯誤、接觸新知與充分溝通交流的工作
　　　　　 環境
　　　　(C)應建立溝通交流機制
　　　　(D)以上皆是。

( ) 8. 下列敘述，何者有誤？

　　(A)藉由策略聯盟可降低研究發展可能遭遇的風險

　　(B)企業若能領先其他所有競爭廠商，在市場上率先推出新產品而形成獨特的企業競爭優勢，稱為享有獨占利益

　　(C)用於描述技術演進過程中，新舊技術之效益，在時間推移過程中所出現的不連續性現象，稱為S曲線

　　(D)以追求先進技術的突破，而不以產品的開發與商品化為研究發展的主要目標，稱為Rd。

★ ( ) 9. 就組織鼓勵創新而言，下列何者不屬於組織文化方面的創新來源？

　　(A)接受模糊性　　　　　　　　(B)忍受衝突

　　(C)部門間溝通　　　　　　　　(D)忍受非實用性。

★ ( ) 10. 就組織鼓勵創新而言，下列何者不屬於組織結構方面的創新來源？

　　(A)開放的系統　　　　　　　　(B)充足的資源

　　(C)部門間溝通　　　　　　　　(D)有機式結構。

解答與解析

1. **B** 「研究」是指發現新知識，「發展」則是指將研究所得之知識或其他知識加以應用，用以發展新產品、新技術或改善原有之產品、技術。

2. **A** 故在討論創意價值時，應注意到創意的開創性邏輯，並由此一角度積極思考創意構思之價值。

3. **C** 選項(C)錯誤，應修正為「資源風險」。因此一旦創業過程中，遭遇到一些不可測知的事件，創業家會因為資源的短缺而缺乏因應能力。

4. **C** 漸進式創新之成果，會強化既有技術的價值。

5. **A** 「知識經濟」係指以知識資源的擁有、配置、產生和使用，為最重要生產因素的經濟型態。

6. **C** 選項(C)錯誤，應修正為「重視消費者需求」。

7. **D** 題目所述三者，均為激發研究發展人才潛能的必要條件。

8. **B** 選項(B)錯誤，應稱為「首動利益（first mover advantages）」，或稱為「市場先行者（市場先占者）利益」。

9. **C** 部門間溝通是屬於組織結構方面的創新來源。

10. **A** 開放的系統是屬於組織文化方面的創新來源。

第七章 企業的資訊機能

考試頻出度：經濟部所屬事業機構 ★
中油、台電、台灣菸酒等 ★★

關鍵字：資訊機能、內隱知識、外顯知識、管理資訊系統、電子資料處理、人工智慧、電子商務、銷售點系統、資料庫行銷、電子訂貨系統。

課前導讀：本章內容中較可能出現考試題目的概念包括：經營環境變遷中的資訊來源、提升決策品質的資訊所應具備的特性、管理資訊系統（MIS）的意義、MIS重要設計及製程工具、資訊系統的種類、資訊系統開發的方式、電子商務。

第一節 資訊機能的基本概念

一、企業資訊機能的目的與重要性

(一) **目的**：企業的資訊機能之目的在於彙總、整理、或分析與企業各式行為有關的資料，透過系統化的整理分析過程，轉變成為「可以協助決策者提升決策品質的資訊」，甚至進而轉換成為知識經驗的傳承媒介與作業程序改善的基礎。

(二) **重要性**：企業由各項活動記錄到企業知識之轉化過程中，資訊機能就是最佳的輔助者，可以運用各式資訊工具，協助企業成員分析過去的各式活動記錄，並萃取出具有特定意義的知識。

> **企業資訊機能的重要性**：在強調知識價值的時代裡，企業需要有效的運用知識來制定決策。而知識的發展、共享、轉移、與運用等，需要良好的組織環境。其中，「資訊化的作業環境」，是企業資訊機能的工作重心之一，也是有效推動「知識管理（Knowledge Management；KM）」的要件。

二、資料、資訊與知識的意義

類別	內容說明
資料	資料（data）在資訊管理概念中，處於最底層的概念，其在詳實描述事件全貌的內容，為各項活動的記錄或陳述者，謂之資料。而詳實描述事件的內容，需具備精準、易懂的基本條件，才能讓該項資料快速、有效的進行必要之溝通與交流。

類別	內容說明
資訊	資訊（information）係一項經由資料處理過程所產生的具有意義或價值的知識。所謂「具有意義」係指此項資訊可幫助使用者達成某項特定目的，將能更有系統的加以解讀，讓資料使用者可以縮短閱讀、使用的時間，也容易掌握相關事件的整體面貌。
知識	能導引人類行為者，謂之知識（knowledge）。知識可能來自於經驗、觀察、或學習的結果，也可能是結合各項已知的物理、化學效應，並依據一定程序而預知因果反應之邏輯。

三、電腦化資訊系統的構成要素

一般說來，電腦化資訊系統的構成要素有五項，說明如下：

(一) **電腦系統（computer system）**：分硬體與軟體兩部分，硬體係指機械與電子等實體設備，包括中央處理機、輸入設備、輸出設備及終端設備等。軟體則是指揮監督電腦工作的程式指令，包括：應用軟體與系統軟體等。

(二) **資料（data)**：包括輸入資料（指原始憑證）、輸出資訊及資料檔（或資料庫）等。

(三) **人員（personnel）**：主要包括系統分析師（system analyst）、程式設計員（programmer）、電腦操作員（operators）、資料管制員、資料登錄員及使用者（user）等。

(四) **處理程序（procedures）**：係指資訊系統所應遵循的各種作業方法與規則，如原始資料的收集方法與遞送程序，電腦中心管理辦法等。

(五) **附屬設備（facilities）**：包括資料登錄設備（data entry devices）、資料檔保管設備及報表整理設備等。

四、內隱知識與外顯知識

外顯知識	凡能夠以「文件化」來表示或描述的資料，稱為外顯性（explicit）知識。透過這些描述，將使得此一事件的內容能夠精準的傳達給相關人員。多數的企業活動都可以用明確的方式，精準的將該項活動的內容，透過共通的語言、文字、表情、圖像等，說明其狀態，皆屬於外顯性資料。

內隱知識	凡難以明確形容的資料，稱為內隱性（implicit）知識。例如員工多年服務客戶的經驗或顧客因為服務人員態度不佳而提出的抱怨，在內容上，可能就難以形容有關於態度不佳的情形。因為這些屬於非量化的表達方式，即使用許多的形容詞來說明服務人員的態度如何的不友善，也很難精確的呈現讓顧客不滿意的情形。這類的資料表達方式，往往為只能意會、不能言傳的非明文化描述。

五、資料倉儲

在海量文件中收集、儲存與檢索數據的相關技術，稱為「資料倉儲」。析言之，資料倉儲是一種資訊系統的資料儲存理論，此理論強調利用某些特殊資料儲存方式，讓所包含的資料，特別有利於分析處理，以產生有價值的資訊，這些資訊經過分析後可協助管理者做出明智的決策。

利用資料倉儲方式所存放的資料，具有一旦存入，便不隨時間而更動的特性，同時存入的資料必定包含時間屬性，通常一個資料倉儲皆會含有大量的歷史性資料，並利用特定分析方式，自其中發掘出特定資訊。

六、大數據分析

(一) **意義**：巨量資料又稱為大數據（Big data），指的是傳統資料處理應用軟體不足以處理它們的大或複雜的資料集的術語。大資料也可以定義為來自各種來源的大量非結構化或結構化資料。從學術角度而言，大資料的出現促成了廣泛主題的新穎研究。

(二) **在商務上的應用**：

1. 理解客戶、滿足客戶服務需求：如何應用大數據更好的了解客戶以及他們的喜好和行為。企業非常喜歡蒐集社交方面的數據、瀏覽器的日誌、分析出文本和傳感器的數據，為了更加全面的了解客戶。在一般情況下，建立出數據模型進行預測。比如美國的著名零售商Target就是通過大數據的分析，得到有價值的信息，精準得預測到客戶在什麼時候想要小孩。另外，通過大數據的應用，電信公司可以更好預測出流失的客戶，沃爾瑪則更加精準的預測哪個產品會大賣，汽車保險行業會了解客戶的需求和駕駛水平，政府也能了解到選民的偏好。

2. 業務流程優化：大數據也更多的幫助業務流程的優化。可經由利用社交媒體數據、網絡搜索以及天氣預報挖掘出有價值的數據，其中大數據的應用最廣泛的就是供應鏈以及配送路線的優化。在這二個方面，地理定位和無線電頻

率的識別追踪貨物和送貨車，利用實時交通路線數據制定更加優化的路線。人力資源業務也通過大數據的分析來進行改進，這其中就包括了人才招聘的優化。

牛刀小試

(　)　一項經由資料處理過程所產生的具有意義或價值的知識，稱為：　(A)資料　(B)資訊　(C)圖像　(D)語言。　　　　　　　　　　**答：(B)**

第二節　管理資訊系統

 一、管理資訊系統的意義

管理資訊系統（Management information system，簡稱 MIS，亦稱為「管理情報系統」）最主要功能是協助管理決策。它是運用有系統的方式，經濟而又迅速的提供企業內各階層管理主管所需要的資訊，以協助其作成正確的決策；並有效發揮規劃、組織、控制及其他有關管理機能。歸納言之，管理資訊系統（MIS）之主要構成要素包括人員、設備、運作程序。

牛刀小試

(　)　管理資訊系統的機能不含下列哪一項？　(A)提供更有效的資訊系統　(B)便於推動例外管理　(C)縮小控制幅度　(D)節省主管蒐集、整理及分析資料所需的時間。　　　　　　　　　　**答：(C)**

 二、資訊系統的種類

類別	內容說明
電子資料處理	電子資料處理（Electrical Data Processing；EDP）係以電腦替代人工處理例行性的資料，並產生報表以支援組織的作業活動。其內容「重點乃在於取代重複性的人工作業，以支援基層管理者及作業人員」等，故其重心在於重效率的資訊系統，例如會計帳之應用、薪資管理系統等。EDP系統的發展亦可提供日常交易資料，故又稱之為交易處理。

類別	內容說明
管理資訊系統	管理資訊系統（Management Information System；MIS）係一種整合性的人機系統，「可提供資訊用以支援組織的日常作業、管理與決策活動」。MIS的組織除了使用電腦軟體／硬體之外，尚使用模式（可供分析、控制及決策）、資料庫等資訊科技。MIS主要之機能乃支援基層管理者及中階管理者從事管理控制。
資料庫管理系統	資料庫管理系統（Database Management System；DMS）中之資料庫係指檔案的集合體，可從事資料記錄、儲存、濃縮與重組等，故其為MIS的促成科技，同時亦衍生DSS等。資料庫管理系統為維護與管理資料庫中之資料存取工作的系統軟體。
決策支援系統	決策支援系統（Decision Support System；DSS）乃資訊科技的策略性運用，其係「應用資訊科技支援決策者作決策」。DSS具有下列特性之電腦軟體系統：1.以交談方式支援決策者解決半結構化決策或非結構化決策。2.大量使用決策模式。3.強調效能而非效率。
人工智慧	人工智慧（artificial intelligence）有時亦稱作機器智能，係指由人工製造出來的系統所表現出來的智能。通常人工智慧是指通過普通計算機實現的智能。它係透過電腦快速運算大量資料的特性，讓資訊系統能依據不同的情境選擇最佳的決策方案。
專家系統	專家系統（Expert Information System；ES）係「人工智慧」的分支，亦可視為DSS的例子。它係將專家的智識和經驗建構在電腦內，予以如專家般的諮詢服務，提供建議或答案，且能解釋其推論的結果。
策略資訊系統	策略資訊系統（Strategic Information System；SIS）係指企業利用資訊科技（IT）支援或改變企業競爭策略的資訊系統，故其重點乃在於應用資訊科技獲取競爭優勢。策略資訊系統能支持或改變企業競爭策略的信息系統。支持或改變企業競爭策略可由內、外二方面著手。對外，如向顧客或供貨商提供新產品或服務；對內，則以提高員工生產力，整合內部作業流程，如ERP等作法。
主管支援系統	主管支援系統（Executive Information System；EIS）係支援、提供高階主管資訊需求的電腦化系統。

類別	內容說明
多媒體	多媒體（Multimedia）可同時處理EDP/MIS文字欄位之結構化資料及影像、影視、聲音、動畫等非結構化資料的電腦化系統。析言之，多媒體（Multimedia）在計算機系統中，組合兩種或兩種以上媒體的一種人機交互式信息交流和傳播媒體。使用的媒體包括文字、圖片、照片、聲音（包含音樂、語音旁白、特殊音效）、動畫和影片，以及程式所提供的互動機能。
交易處理系統	交易處理系統（Transaction Processing System；TPS）是企業內最基礎的資訊系統，幫助基層操作階層人員處理及記錄日常交易，執行和記錄企業日常業務的計算機化系統，如輸入銷售訂單、旅館預約、工資、保存雇員檔案和運輸等。

牛刀小試

( ) DSS 係指： (A)策略資訊系統 (B)電子資料處理 (C)資料庫管理系統 (D)決策支援系統。 **答：(D)**

三、資訊系統開發與建置策略

資訊系統開發要考慮四個構面，分別為人（People）、流程（Process）、專案（Project）、產品（Product）。這就是軟體工程中俗稱的4P。這四個構面互相關連、牽扯、影響，各個構面需要均衡發展。至於資訊系統建置策略乃是指資訊系統之建立、修改、擴充或更新等所採取之方式。以系統建置過程所涉及到的主要設計者來區分，資訊系統之建置策略可分成下列三種：

(一) **由公司內部獨立完成。還可以再區分為：**
1. 使用者自建（End User Computing）：在各種資訊系統獲得方法中，最能配合企業需求的是：自行開發。
2. 由公司資訊部門自行開發。
3. 由相關部門人員組成任務編組開發。

(二) **由公司外部取得的管道：**
1. 委外開發（Outsourcing）。
2. 購買現成之套裝軟體（Application Package）。
3. 引進同業之系統。

(三) **其他方式**：資訊系統之建置當然也可以經由綜合上述各種策略，或由部份同業聯合共同找資訊公司開發等。

第三節 資訊機能的運用

一、電子商業

電子商業（electronic-business）是個泛稱，係指一個組織藉由電子化來連結（網路基礎的）其相關群體（員工、管理者、顧客、供應商與合作伙伴），以有效率與有效能地達成目標。雖然電子商業包含了電子商務，但它絕不只是電子商務而已。

二、網路購物與網路行銷

類別	內容說明
網路購物	係指通過網際網路檢索信息，並通過訂購單向網店發出請求，通過第三方支付工具或者銀行付款，通過郵寄的方式或者快遞公司配送。對於買家來說，只要一台連接到網際網路的電腦就可以逛世界任何一個角落的「網路商店」（Internet shop）。網路購物可根據所販售商品的型態，區分為實體化商品、數位化商品以及線（網）上服務商品。
網路行銷	網路行銷亦稱為「線上行銷」或「電子行銷」，係指利用網際網路的行銷型態。網際網路為行銷帶來了許多獨特的便利，如低成本傳播與可收到立即回響與引起迴響雙方面的互動性本質，這些都是網路行銷有別於其他種行銷方式的獨一無二特性。網路行銷方法相當多，包括：電子郵件行銷、病毒式行銷、會員行銷、互動式行銷、搜尋引擎行銷、顯示廣告行銷與論壇行銷、web2.0行銷、視訊行銷、部落格行銷、微博行銷、口碑行銷、社會網路行銷等很多種方法。總結來說，網路行銷乃是以網際網路從事商品或服務交易的一種新業態，其具有下列的特色：1.不受經濟規模限制，人人皆可開店。2.無需實體店面，不受開店時間影響。3.網路無遠弗屆，市場潛能無限。4.具有購買隱私性，資料不易被曝光。

重要 ## 三、電子商務

(一) **意義**：電子商務（electronic commerce；e-commerce）係指「**凡透過網際網路所進行的交易行為**」。而美國《連線》（wired）雜誌為「電子商務」下了一個定義：「**凡用Internet做生意，就是電子商務**」。析言之，所謂電子商務係指企業

運用Internet網站、網路銀行、電子認證等工具與顧客溝通，並滿足顧客需求，進而達成線上交易。電子商務通常依其交易對象之差異可區分成二個層面，一為「企業間電子商務」，另一為「消費者電子商務」。

(二) **特性**：依據學者Bloch,Pigneur＆Segev（1996）的研究指出，對於新的顧客管理策略而言，電子商務系統具有相當重要的價值，其原因有以下五點：

1. 可直接連接購買者與販售商。
2. 買賣雙方資訊可透過數位化方式進行交換。
3. 不受時間與地點之限制。
4. 具有互動性，能動態適應顧客之行為方式。
5. 具有即時更新的機能。

(三) **電子商務經營模式**：

1. 係指電子化企業（e-business）如何運用資訊科技與網際網路，來經營企業的方式；可簡略歸納為下類五種經營模式：

類別	內容說明
企業對企業	B2B（B to B；Business to Business）。係指將企業間之「供應鏈」與「配銷鏈」管理利用網路自動化方式處理，節省成本，增進效率。亦即利用科技與網路從事商業活動，並透過上下游資訊的整合，增強競爭力，此部分即所謂的Extranet。企業將其內部網路開放給一些經篩選過的外部客人或企業使用的網路，一般稱之為商際網路（商流活動）。B to B包含： 1.供應鏈管理（SCM）。 2.電子化採購（e-Procurement）。 3.電子市集（e-Marketplace）。 4.顧客關係管理（CRM）。
企業對個人	B2C（B to C；Business to Consumer）。企業利用網際網路架設網站，公布企業產品的型錄，以供客戶參考，甚至於進一步引進線上付款以及直接銷售給客戶，企業也提供下載產品說明、提供產品維修資訊等方面資料，以吸引消費者選購，讓消費者在網路上購買產品，即屬於此種電子商務的類型。亞馬遜書店（Amazon.com）、「博客來書店」即是屬於此類。B to C包含： 1.網路型錄展示（e-boucher）。 2.網路銷售（e-store）：A.生產者網路商店；B.中間商網路商店；C.網路賣場。 3.拍賣（auction）：A.競價拍賣；B.集體議價。

類別	內容說明
個人對個人	C2C（C to C；Consumer to Consumer）。網站經營者不負責物流，而是協助市場資訊的匯集，以及建立信用評等制度，買賣雙方（消費者）在此交易平台上，自行商量交貨及付款方式。亦即個人與個人間透過網際網路，在一個網站上進行交易，交易的雙方均為消費者，簡單的說就是消費者本身提供服務或產品給另一位消費者。C to C包含： 1.業者提供交易平台，例如Yahoo!奇摩拍賣網站。 2.消費者提供產品銷售，例如露天拍賣網提供標售二手商品服務。 3.消費者參與競標購買產品。
個人對企業	C2B（C to B；Consumer to Business）。係指將商品的主導權和先發權，由過去的廠商身上交還給了消費者，消費者可因議題或需要形成社群（匯集需求取代購物中心），透過集體議價等方式尋找商機，近來本地流行的團購即屬於此種交易類型。其成功關鍵在於協助客戶辨識能滿足消費者需求的廠商。C to B包含： 1.業者提供交易平台。 2.業者提供產品銷售。 3.消費者以集體議價方式購買產品。
團購網	O2O（O to O；Online to Offline）。係指將線下（離線）商務的機會與網際網路結合在了一起，讓網際網路成為線下（離線）交易的前臺。簡單說就是線上（網路平台訂購）交易，線下（人與人或者實體店面）服務。 例如：O2O旅行、餐飲、美容美髮等通過打折、提供訊息、服務預訂等方式，把線下商店的消息推送網路上的客戶，從而將粉絲轉成線上會員再轉成實體消費，這就特別適合必須到店消費的商品和服務。

2. **B2B2C電子商務平台**：B2B2C是指由電子商務平台提供金流及物流等服務，供第三方企業從事電子商務。供應商將商品上架至電子商務平台，由平台端來進行活動安排及曝光，若有產生銷售行為則電子商務平台需開發票給消費者，而供應商則每個月結算總額後統一開發票給電子商務平台。 目前常見的B2B2C有MOMO購物網、YAHOO購物中心、PCHOME購物中心、東森購物中心等。

牛刀小試

( )　企業直接將商品推上網路，提供完整商品資訊與便利的介面，以吸引
　　消費者選購，係屬何種電子商務的類型？　(A)B to B　(B)B to C　(C)
　　C to B　(D)C to C。　　　　　　　　　　　　　　　　　　答：**(B)**

(四) 電子商務成功的關鍵因素

1. 贏得顧客的信任。　　　　　　　　　　2. 營造輕鬆的購物環境。
3. 明確簡易的訂購手續。　　　　　　　　4. 提供多樣化個人化的商品。
5. 安全的交易系統。　　　　　　　　　　6. 加強顧客服務。

四、銷售點系統與資料庫行銷

(一) **銷售點系統（point of sale,POS）**：亦稱為「端點資訊系統」。銷售點系統是
　　「流通業」最常使用的系統。係指收集商品販賣種類、數量、時間、消費者需
　　求等情報，以作為營運決策參考的資訊系統。有關POS之內涵依序說明如下：

1. **意義**：所謂銷售時點管理系統，係指透過收銀機，利用電腦記錄、統計、傳
　　送銷售資料，達到自動化管理，以掌握每項產品的銷售情況，使其達到確定
　　「行銷策略」的目的。狹義的POS系統乃指利用收銀機做賣場管理和分析，
　　而廣義的POS系統則是指整體商店的資訊管理系統。

2. **實施條件**：(1)商品條碼的全面普及。(2)健全的網路系統。(3)專業化的管理。

3. **管理效益**：(1)暢銷品管理。(2)滯銷品管理。(3)顧客關係管理。(4)存貨/訂貨
　　管理。(5)特賣商品管理。

牛刀小試

( )　下列何者非銷售點系統（POS）的實施條件？　(A)塑膠貨幣的暢行　(B)健
　　全的網路系統　(C)專業化的管理　(D)商品條碼全面普及。　　答：**(A)**

(二) **資料庫行銷（data marketing）：所謂「資料庫行**
　　銷」亦稱為「客製化行銷」，是以資訊科技為基
　　礎，配合POS系統收集有關現有顧客及潛在顧客的
　　大量資料，建立自己的顧客資料庫系統，以便行銷
　　的進行。資料庫行銷必須把握下列三個（RFM）主
　　要的基本要素，方易成功：

> **資料庫行銷**：企業藉由收
> 集顧客、潛在顧客的人口
> 統計資料、興趣、偏好、
> 購買行為和生活型態等
> 資料來建立顧客資料庫。
> 行銷人員可以使用統計
> 分析和模式技術來分析

要素	內容說明
R：Recency	最近消費時間。係指最後一次購買起算至現在之時間，若最近購買日期離現時愈遠，則表示該顧客的購買行為可能改變。
F：Frequency	消費頻率。係測量某一個時段內各顧客所購買的次數。
M：Monetary	消費金額。係指某時段內，顧客所購買之總金額。

資料庫內的資料，應用分析的結果來支援行銷計劃的決策。企業更可以藉著這些結果和消費者及潛在顧客接觸，追蹤銷售情形，建立顧客的忠誠度，並使他們願意再度購買產品或服務。

(三) **顧客關係管理**：企業應用現代化資訊蒐集、處理及分析顧客資料，以找出顧客購買模式，並制定有效的行銷策略來滿足顧客的需求，此方法即稱為「顧客關係管理」。

(四) **莫爾（Moore）定律**：由英特爾（Intel）公司創辦人提出，預測每隔18到24個月，晶片上的電晶體數目會增加一倍，電晶體的尺寸會縮小，但效能與處理能力會變成兩倍，價格會減半，此即著名的「莫爾（Moore）定律」。

精選試題

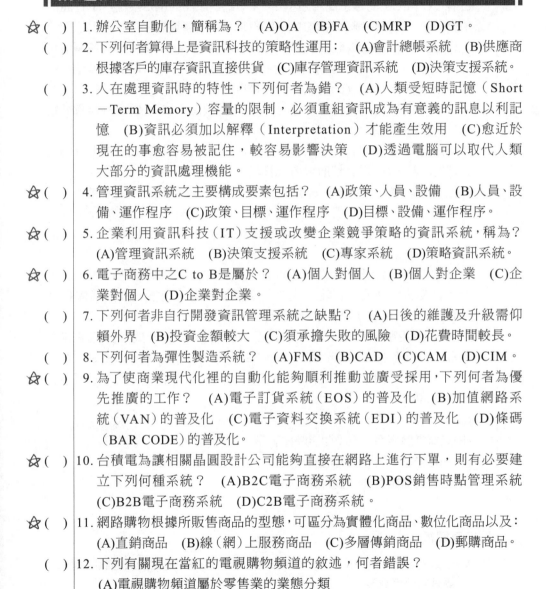

☆(　) 1. 辦公室自動化，簡稱為？　(A)OA　(B)FA　(C)MRP　(D)GT。

(　) 2. 下列何者算得上是資訊科技的策略性運用：　(A)會計總帳系統　(B)供應商根據客戶的庫存資訊直接供貨　(C)庫存管理資訊系統　(D)決策支援系統。

(　) 3. 人在處理資訊時的特性，下列何者為錯？　(A)人類受短時記憶（Short－Term Memory）容量的限制，必須重組資訊成為有意義的訊息以利記憶　(B)資訊必須加以解釋（Interpretation）才能產生效用　(C)愈近於現在的事愈容易被記住，較容易影響決策　(D)透過電腦可以取代人類大部分的資訊處理機能。

☆(　) 4. 管理資訊系統之主要構成要素包括？　(A)政策、人員、設備　(B)人員、設備、運作程序　(C)政策、目標、運作程序　(D)目標、設備、運作程序。

☆(　) 5. 企業利用資訊科技（IT）支援或改變企業競爭策略的資訊系統，稱為？　(A)管理資訊系統　(B)決策支援系統　(C)專家系統　(D)策略資訊系統。

☆(　) 6. 電子商務中之C to B是屬於？　(A)個人對個人　(B)個人對企業　(C)企業對個人　(D)企業對企業。

(　) 7. 下列何者非自行開發資訊管理系統之缺點？　(A)日後的維護及升級需仰賴外界　(B)投資金額較大　(C)須承擔失敗的風險　(D)花費時間較長。

(　) 8. 下列何者為彈性製造系統？　(A)FMS　(B)CAD　(C)CAM　(D)CIM。

☆(　) 9. 為了使商業現代化裡的自動化能夠順利推動並廣受採用，下列何者為優先推廣的工作？　(A)電子訂貨系統（EOS）的普及化　(B)加值網路系統（VAN）的普及化　(C)電子資料交換系統（EDI）的普及化　(D)條碼（BAR CODE）的普及化。

☆(　) 10. 台積電為讓相關晶圓設計公司能夠直接在網路上進行下單，則有必要建立下列何種系統？　(A)B2C電子商務系統　(B)POS銷售時點管理系統　(C)B2B電子商務系統　(D)C2B電子商務系統。

☆(　) 11. 網路購物根據所販售商品的型態，可區分為實體化商品、數位化商品以及：　(A)直銷商品　(B)線（網）上服務商品　(C)多層傳銷商品　(D)郵購商品。

(　) 12. 下列有關現在當紅的電視購物頻道的敘述，何者錯誤？
(A)電視購物頻道屬於零售業的業態分類
(B)電視購物頻道是一種無店舖經營方式
(C)電視購物頻道必須有一個響亮的名字與網址
(D)電視購物頻道的成功必須結合高效率的物流配送系統。

☆（　）13.電子商務發展快速，改變了許多傳統的商業模式。下列何者是消費者對消費者（C to C）的電子商務類型？　(A)統一超商的EOS系統　(B)Yahoo拍賣網站　(C)博客來網路書店　(D)汽車廠商直營網站。

（　）14.下列有關現代化商業機能的敘述，何者不正確？　(A)物流與商流兩者可能同時發生　(B)商流是指商品實體流通的通路　(C)以電子貨幣進行付款作業是屬於金流　(D)物流的關鍵是自動化。

☆（　）15.MIS指的是？　(A)物料需求規劃　(B)彈性製造系統　(C)及時存貨系統　(D)管理資訊系統。

（　）16.CIM係指下列何者？　(A)電腦整合製造系統　(B)電腦數值控制　(C)電腦輔助設計　(D)電腦輔助製造及管理。

☆（　）17.當經濟活動中有一部份的成本和利潤，不是全歸由賣方來負擔和獨占；或是買方有一部份的價格和價值效用，不是都屬於買方來花費和獨享時，這種經濟現象，稱為：　(A)均衡性效果　(B)自發性效果　(C)外部性效果　(D)內部性效果。

（　）18.商業的基本活動是商品的流通買賣，欲促進交易活動之進行與發展，除了需要透過商流、物流、金流，還需要透過下列哪一種商業流程？　(A)時間流　(B)技術流　(C)資訊流　(D)人才流。

（　）19.企業可以利用哪一種資訊系統，收集商品販賣種類、數量、時間、消費者需求等情報，以作為營運決策的參考？　(A)EOS　(B)EDI　(C)POS　(D)CIS。

（　）20.網路行銷是以網際網路從事商品或服務交易的新業態，下列哪一項不是網路行銷的特色？
(A)不受經濟規模限制，人人皆可開店
(B)無需實體店面，不受開店時間影響
(C)網路無遠弗屆，市場潛能無限
(D)沒有購買隱私性，資料隨時曝光。

解答與解析

1. **A**　辦公室自動化（OA,Office Automation），就是利用**電腦與通訊技術**來處理辦公室業務。

2. **D**　決策支援系統（DSS）係「**應用資訊科技支援決策者作決策**」。

3. **D**　企業的資訊機能之目的在**協助決策者提升決策品質**，仍有許多資訊處理仍非電腦可以取代。

4. **B** 透過主要構成要素之協助，**提供企業內各階層管理主管所需要的資訊**作成正確的決策。

5. **D** 策略資訊系統重點乃在**應用資訊科技獲取競爭優勢，支持或改變企業競爭策略**的信息系統。

6. **B** C to B之成功關鍵在於**協助客戶辨識能滿足消費者需求的廠商。**

7. **A** **日後的維護及升級需仰賴外界為委外開發的缺點。**

8. **A** 彈性製造系統**將多個具有電腦數值控制的加工中心或複合數值控制機具工作站**，與工作運輸系統相連結。

9. **D** 經由商品的**條碼**，可以有效掌握商品資訊，達到自動化控制管理，故**它乃是「商業自動化」之基礎。**

10. **C** B to B即**利用科技與網路從事商業活動**，並透過上下游資訊的整合，增強競爭力。

11. **B** 網路購物係**通過網際網路檢索信息，並通過訂購單向網店發出請求**，通過第三方支付工具或者銀行付款，通過郵寄的方式或者快遞公司配送。

12. **C** **網路購物才需有一個響亮的名字與網址。**

13. **B** C to C即**個人與個人間**透過網際網路，在一個網站上進行交易，交易的雙方均為消費者。

14. **B** 商流僅是指商品通路活動中，**有關所有權移轉及文件憑證（包括發票、單據等）的作業處理程序**（並沒有牽涉到商品實體的流通）。

15. **D** MIS係一種整合性的人機系統，**可提供資訊用以支援組織的日常作業、管理與決策活動。**

16. **A** CIM係指**將生產排程、產品數量及規格等**，結合CAM和CAD，使其成為一個整體性的系統。

17. **C** 在網路經濟下，買賣雙方的經濟交易活動，卻深受到第三者所影響，即是**外部性效果。**

18. **C** 所謂資訊流（information flow）係指**企業內與企業間的資料、資訊傳輸與流通的現象。**

19. **C** 狹義的POS系統乃指**利用收銀機做賣場管理和分析**，而廣義的POS系統則是指整體商店的資訊管理系統。

20. **D** 正常情況下，**網購較具有隱私性，且資料不易曝光。**

NOTE

企業概論

Volume 3 企業成長與永續經營

由於本科考試範圍相當廣泛,且企業經營的環境又變化多端,因此組織應隨時尋求適應環境的變遷,做適當的變革,企業才能永續生存;再者,企業面對的環境已從國內演變為國際競爭,因此,企業為謀求良好的績效,亦須採取適當的因應策略,才能擊敗競爭對手們的挑戰。基於前述原因,使得最近幾年來的國營企業考試,本篇的內容成為出題較夯的題材,請考生務須充足準備,才能獲取高分。

本篇出題焦點中比較需要的重點包括:組織成長危機與對應策略、造成組織變革的原因、組織變革的類型;平衡計分卡、企業識別系統、常見的企業總體策略、策略層級、適應策略、五力分析、BCG矩陣模式、GE矩陣、波特的競爭策略、企業抵抗購併的方法;企業國際化的利潤性動機、企業國際化所受到的限制、企業全球化的四種策略、今日企業面臨的環境特性。

第一章 組織成長、變革與發展

考試頻出度：經濟部所屬事業機構 ★
中油、台電、台灣菸酒等 ★★★

關鍵字：組織成長、成長危機、組織變革、組織惰性、企業流程再造、員額精簡、核心競爭力、組織發展。

課前導讀：本章內容中較可能出現考試題目的概念包括：組織成長危機與對應策略、造成組織變革的原因、組織變革的類型、變革三部曲、員工抗拒組織變革的原因、應付變革的抗拒可採取的方法、企業流程再造的原則、核心競爭力、企業核心競爭力的識別標準、組織發展的四大技巧。

第一節 組織成長

一、組織成長（Organization Growth；OG）

(一) **意義**：組織成長（Organization Growth；OG）係指組織面對經營環境的巨變中，能維持生存與永續經營的能力。**根據Threwatha & Newport提出組織成長乃是在動態的環境下，企業維持生存與繁榮能力及應變能力的提升。**

> **請注意**：組織規模的擴大並非成長本身，而是成長所附帶的成果。

(二) **組織成長的階段理論**（Stage Theory）：組織成長的階段理論（亦稱為「組織生命成長週期」理論）係由「顧林納（Greiner）」於1972年所提出。其理論模型如下圖所示：

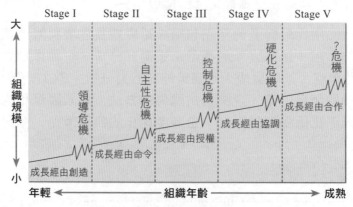

重要 **二、成長危機與對應策略**

根據 Greiner 的組織成長階段理論，隨組織規模逐漸擴大，組織可能經歷的危機依序為「領導危機→自主性危機→控制危機→硬化危機」。茲就各階段的「成長危機」（其係導致組織須進行變革的主要原因）、「成長的管理策略」（變革）與「相對應的組織結構」列表說明如下：

	成長管理策略	成長危機	相對應的組織結構
StageI 創業階段	正式化程度較低，沒有明確的分工，主要的決策是由創辦人決定的階段，組織之成長主要是來自於創業者的創造力。	組織發展到後期，隨著組織內部管理問題層出不窮，已不易靠個人的努力與溝通，就可加以解決，此時便產生了「**領導危機**」。	此時的組織係屬正式化與複雜化均「低」的「簡單式組織」，所有者等於是管理者，故**屬於一種「集權組織」的型態**。
StageII 找人經營階段	晉用強有力的領導者來克服領導危機，此時係以集權的方式管理，組織成長係經由「命令」的途徑產生。	由於部屬事事皆須聽命而日益感到不滿，士氣低落；故要求能給予自主權，若無，就會產生組織衝突，形成了「**自主性危機**」。	此時的組織係屬正式化與複雜化均「低」的「簡單式組織」，有專業管理者，故仍**屬一種「集權組織」的型態**。
StageIII 授權管理階段	為了解決第二階段自主性的危機，因而採取授權的方式，分權管理；故其組織成長係經由「授權」方式產生。	由於分權過度，導致公司內部意見分歧，產生了本位主義現象，因而形成「**控制性危機**」。	此時的組織係屬正式化「中等」與複雜化「高」的「事業部」式的組織。為了化解組織衝突，管理者應給予員工較多的自主權，因此，管理者須透過「授權」方式來促使組織成長。
StageIV 協調管理階段	組織收回部分權力，在高階主管監督下，加強各部門間的協調關係，故其組織成長係經由「協調」、「合作」方式產生。	隨著組織規模不斷擴大，為達成各部門協調而訂定許多作業程序（工作步驟）及規章，卻因而妨害效率，因此將產生「官樣文章」（red tape）危機或稱為「硬化危機」。	此時的組織正式化與複雜化均「高」，係屬一種「專業官僚式組織」。其協調透過公文或正式會議來進行。**基本上它亦屬於「分權組織」**。
StageV 團隊合作與自我控制階段	為避免刻板的規定及繁瑣的手續，必須培養各部門間的合作精神，透過「團隊合作與自我控制」，故其成長係經由「合作」產生。	顧林納本人也不確定此階段會發生何種危機，但依推測，其**危機可能會發生在組織成員「心理負擔感」**方面。	正式化與複雜化「均低」，應屬一種「有機式組織」，其協調係來自「團隊合作」。**基本上它應屬於「分權組織」**。

第二節 組織變革與企業再造

一、組織變革（organizational change）的意義

組織變革又稱「組織變遷」或「組織改變」，係指組織受外在環境的衝擊，並配合內在環境需求下調整其內部的若干狀況，以維持本身的均衡，進而達到組織生存與發展目的的調整過程。換言之，**組織為因應環境之改變及內在環境之需要，調整其內部子系統，直到達成均衡為止，進而使組織完成繼續生存並成長的目的，即稱為「組織變革」。組織變革基本上係「依對變革的領導承諾、組織解凍、組織進行變革、組織在其結構上再結凍」的程序進行。**

改變是成長的動力，也是一種社會進化的程序，每個組織須適應其變動。組織內若無變革，則一切管理工作將變得相當簡單，而組織也易於腐化；唯有透過變革，乃能使企業生機重現，達到永續生存的目的，因此，舉凡組織運作之各種要素或事務發生改變均屬之。

> ・微軟董事長比爾・蓋茲（William H. Gates）曾說：如果80年代的主題是品質，90年代是企業再造，那麼公元2000年後的關鍵就是「速度」。當經營速度快到某程度後，企業的重要本質即跟著「改變」。
>
> ・組織變革的範疇：如各種制度的改變、設備的改變、產品的改變、組織結構的改變，甚至是經營策略、政策的改變，以及組織成員的觀念行為的改變等均屬組織變革的範疇。

二、組織變革的目的

(一) 使組織運作更有效率。

(二) 使組織能夠平衡的發展。

(三) 保持組織的時代性。

(四) 促使組織具有更彈性的適應能力。

牛刀小試

( ) 隨著企業規模不斷擴大，為達各部門協調而訂定許多工作步驟和規定，卻因而妨害效率，則組織已發生那種危機？ (A)領導危機 (B)自主危機 (C)控制危機 (D)硬化危機。 **答：(D)**

重要 **三、造成組織變革的原因**

(一) 外在原因

市場型態改變	如消費者偏好改變、競爭者增加等。
資源發生變化	如能源短缺、物料供應中斷,此時企業必須採因應措施或尋求創新。
經濟及技術的改變	經濟環境的巨幅變動或科技突飛猛進,勢必引起企業考慮改用最新式的技術與生產設備。
其他因素	如組織策略、法令規章制定與改變,或政治、社會等環境因素的改變,均將造成企業組織的變革。

(二) 內在原因

1. 決策過於緩慢,或決策品質不佳。
2. 組織結構不良,協調溝通發生困難。
3. 許多基本問題長期存在,未能妥善、有效地處理或改善。

> 組織變革的必然性:一般而言,在企業經營過程中遭遇到亂流或干擾乃屬常態,而且亂流或干擾發生後,也不可能再回復為「靜水」的狀態。過去單純的經營模式已不復存在,故環境充滿著不確定性與動盪性,經理人或管理者必須有效管理組織所面臨的變革。

四、對組織變革過程的不同觀點

對於組織變革過程的看法,學者有下列兩種不同的觀點。

(一) 靜海揚帆 (calm waters metaphor):視組織為一艘航行於平靜大海的大船,船長與水手經驗豐富;變革的出現對他們而言,變革的浮現,偶爾的風雨,只是平靜且可預測的航行中的短暫干擾。

(二) 急流泛舟 (white-water rapids metaphor):視組織為急流中的小橡皮艇,在橡皮艇中有一些從未合作過的人,更糟的是他們是在漆黑的夜晚中前進;變革對他們而言乃稀鬆平常的事,管理變革也成為持續不斷的過程。亦即「唯一不變的就是變」的道理。

重要 **五、組織變革的途徑(方向、方法)**

管理學者李維特(Leavitt)認為組織變革的途徑可以經由「組織結構、工作技術及員工行為」不同的選擇來完成。

類型	內容說明
結構性變革	結構性變革（structural change）亦稱為「組織結構的改變」。它是一種以改變組織的權責關係的變革方式進行改變。換言之，它是經由改變工作之正式結構及職權關係，以達到組織變革之目的，凡涉及到職權的層級、目標、管理程序、以及管理制度的變革，即屬此類。歸納來說，結構性變革可能牽涉到「組織權力重新配置、組織正式化程度改變、組織設計型態改變」等三方面。
行為性變革	行為性變革（behavioral change）係當組織的變革發生之流向若是由上而下，則比較適合行為性變革，因為一旦組織成員的行為發生改變，自然會改變組織結構及所利用之科技與工具。因此學者李文（Kurt Lewin）認為，欲使變革成功之首要工作：先降低變革的阻力。他於1958年提出下列「變革的三階段理論」（即變革三部曲）：
	Step1：解凍階段　「解凍階段」（unfreezing）之的目的為引發人們改變之動機，並為改變做準備工作，其作法可能為一系列的管理訓練或調查資料的回饋。例如將所要改變的對象調離原有工作場所、工作程序、資訊來源及社會關係等。這一步驟稱為是一種「造勢待時」的階段。
	Step2：改變階段　「改變階段」（changing）時，提供欲改變之對象以新的行為模式，為員工注入新的行為觀念與價值導向，供成員學習這種行為模式。亦即採取行動以改變組織系統，使成員行為或運作狀況由原來水準轉變成一個新的水準。
	Step3：再凍結階段　「再凍結階段」（refreezing）或稱「回凍」階段。此階段在使組織成員所習得之新的態度或行為獲致「增強作用」，以致和其行為型態整合成為工作技術與態度之一部分。基本上，這一步驟所作的是一種制度化或內化（Internalization）生根的工作，使新達到的組織狀態變成一種新的常態，故可說是一種「約定成俗」的工作。
科技性變革	科技性變革（technological change）或稱「技術性變革」、「工作技術的改變」。係透過自動化與電算機之利用，將工作流程重新安排的一種變革方式，因此會對企業組織發生普遍而深遠的影響。管理者亦可以改變將投入轉變為產出的科技，隨著新的技術或機器使用的結果，將會引起組織結構及人員行為方面的改變。

組織變革的發生，受到內、外在環境的影響，而導致以上三方面的變革。上列表格中所述之三方面變革，牽一髮而動全身，任何一項的變革都可能引起其他二方面的變革，因此管理者必須分析，在某一特定狀況下，採取那一種變革，方能使組織績效提升，達到變革的最終目的。

牛刀小試

( ) 根據學者Leavitt的觀點，以下何者非組織變革的「途徑」之一？　(A)結構性變革　(B)行為性變革　(C)科技性變革　(D)策略性變革。　　**答：(D)**

六、組織變革成功的關鍵因素與失敗的主要理由

(一) **變革成功的關鍵因素**：組織變革可視為組織採用一種新的想法或新的行為的過程，當組織或組織內成員意識到變革需求而採取變革方式時，務必促使組織成功，因此相關的學者Daft提出了五個成功變革的因素，分別說明如下：

1. **構想（Ideas）**：如果沒有新想法，組織很難維持一定的競爭力。
2. **需求（Need）**：實際與期望績效產生差距，就產生組織變革的需求。
3. **採納（Adoption）**：組織的決策者接受建議或想法時，採用過程就產生變革。
4. **執行（Implementation）**：組織成員採用新想法或技術時，執行便會產生。
5. **資源（Resources）**：變革需要時間與資源來支援，並需要時間來觀察。

(二) **組織變革失敗的主要理由**：J. P. Kotter提出的《領導變遷（Leading change）》一書，認為組織變革失敗(妨礙組織變革)有八個理由：

1. 組織成員滿足於現狀，使得組織本身沒有危機感。
2. 疏於建立組織變革所必要的聯繫。
3. 對組織的願景的評價過低。
4. 組織的願景未對組織成員做一充分溝通。
5. 未確認排除阻礙組織變革願景的障礙。
6. 疏於確認組織變革的短期成果或進步。
7. 太早宣佈組織變革是成功的。
8. 疏於將組織變革融入組織文化之中。

(三) **變革的代理人(Change Agent)**：有譯為「變革的發動者」或「變革的促媒者」。係指組織推動變革時，通常需要變革代理人負責管理整個變革的過程。變革驅動者可能是由組織內部人員擔任，此時最適合扮演這個角色的為中階主

管，較能承擔承上啟下橋樑的溝通功能；也可能是由公司外部專為變革所聘來的顧問。一般來說，當組織在面臨改革需要時，較適當的人才來源是組織外部，較無各種包袱阻礙變革。

(四) 改變的步調

激進式變革	亦稱為「一次變革」。係指一次改革即完成所有變革目標，這種變革模式對組織進行的調整是大幅度的、全面的，此種變革較適合結構性與科技性變革，如企業再造。
漸進式變革	係指透過小幅度的改革，逐步實施。如此較能在不會引起成員抗拒的情況下，逐步完成改革的目標，行為性變革通常採此法，如全面品管、標竿管理（Benchmarking）等。

七、抗拒變革的因素

(一) 個人因素：

習慣	為了因應生活的複雜性，人們學會依賴習慣。一旦面臨變革時，這些習慣往往就成為抗拒的來源。
安全感	對一些安全感需求較高者而言，變革常會使他們覺得受到威脅，因而產生抗拒。
經濟因素	當工作內容或程序有所變革，員工常會擔心無法適應，或害怕自己表現不好，而影響收入。尤其當生產力與酬償息息相關時，這種情形會更加明顯。
對未知的害怕	變革常會帶來混淆及不確定性。
選擇性處理資訊	人們會選擇性的處理資訊，以保持知覺的完整性。他們只挑愛聽的資訊，對會動搖個人世界的資訊，則視而不見。

(二) 組織因素：

結構慣性	組織內建了許多機制來維持其穩定性，例如甄選程序與各種正式規範。一旦組織面臨變革，這些結構慣性也將發揮反制作用。
傾向接受局部變革	組織由許多互動的子系統所組成，革新其中之一，就會影響其他部分，所以若只在局部做變革，對組織常起不了大作用。

團體慣性	即使個人想改變行為，團體規範仍會對其產生箝制效果。
威脅到 專業人士	組織變革可能會威脅到一些組織中的專業人士。
威脅到既有 權力關係	重新分配決策權，將會威脅到組織中既有的權力關係。

八、組織變革的其他議題

(一) 組織推動變革時會產生抗拒變革的理由：

1. 變革會損及個人的利益。
2. 變革導致個人或部門不能再以早已習慣的方式解決問題。
3. 變革有可能導致組織生產力或產品品質的降低。

(二) 組織變革時應給員工的幾項提醒：

1. 讓員工瞭解變革後組織的新願景與目標。
2. 讓員工知覺到變革是利多於弊。
3. 盡可能提供員工變革的相關資訊。

(三) 提高變革成功率的作法：

1. 領導者支持變革，且堅持到底。
2. 推動某一項變革時，必須與組織內其他變革的方向一致。
3. 組織內的員工都一致認為顧客與其需求都相當的重要。

九、應付變革的抗拒可採取的方法

管理者要能充分掌握員工的性格與傾向，決定採取下列何種有利企業與員工的策略與方案，如此方能使變革有效實行：

方法	內容說明
教育與溝通	係針對資訊不足或溝通不良所產生的抗拒時採用。
參與	讓反對者參與改變的過程。
協助與支持	幫助員工擺脫因改變所產生的不安與焦慮。
協商談判	改革者以某些有價值的事物換取抗拒的降低。
操縱與懷柔	改革者散播一些不實流言與威脅員工接受改革等手法稱為操縱；懷柔則是試圖收買反抗陣營的領導者，並聲明讓他們在改革的決策中扮演重要的角色。但此一技巧若讓員工覺察受到利用與欺騙，將會損及操縱者本身。

方法	內容說明
高壓	對反對者施以直接的恐嚇與強迫。

牛刀小試

( ) 下列何者非員工抗拒組織變革的原因之一？　(A)變革導致工作技術與方法改變　(B)變革係由外界壓力所造成　(C)變革讓組織成員產生穩定的感覺　(D)變革威脅到組織權力結構的改變。　**答：(C)**

十、企業流程再造

(一) **企業流程再造的意義**：企業流程再造（Business Process Reengineering/Redesign；BPR）簡稱為「再造工程」（Reengineering）或「組織再造」，再造工程是對業務流程根本性地重新思考及徹底重新設計，以達成苛刻的當代度量標準，諸如成本、品質、服務及速度上的戲劇性改進。它是一種戰略管理工具，最早誕生於1990年代早期。BPR注重分析、設計企業內的工作流程和過程。**BPR的目標是幫助企業從根本上，重新思考怎麼樣工作，以便根本上的提高客戶服務，削減運營成本，成為世界級競爭者。**析言之，BPR乃是指一個企業將其過去的流程都予廢除，完全從新的開始，從零到發展出全新的流程；透過流程重新設計使組織中無生產力之部分得以去除，以提升效率。故BPR若就組織變革方式而言，「企業再造」因係一次改革就完成所有變革目標，故屬於變革的「一次革命（變革）論」。

再造後的組織，將以「任務導向」的工作團隊為核心，袪除多餘層級，從組織得以平面化，對突發性問題可快速反應，隨時掌握顧客需求與市場變化。

> 企業流程再造：由於環境變化日趨劇烈，傳統上以部門劃分的「高架型組織」，容易造成「本位主義」。部門彼此間缺乏橫向聯繫，無法快速應變外在的挑戰，致使組織難以在激烈競爭中生存、成長。為針對此項缺失，Michael Hammer乃提出「再造工程」，其主要精義便是一種「急遽性」的組織變革，他主張：「以流程為基礎，完全拋棄舊有思維，重新思考、檢視企業內部活動，袪除對績效無益的流程，加以改善。再以這個新基礎為出發點，設計工作方式以及組織架構，以達大幅提昇績效的目的」。

在這種架構下，任務團隊有足夠的「自由裁量權」作決策，自可增加組織整體應變的彈性；同時，藉由權力的下放，使「工作豐富化」，增加知識工作者的工作滿意度，可提升工作績效。但管理者也需知道下列概念：

1. 組織再造與組織文化兩者乃是相互衝突的力量,當環境變遷而需要改革時,組織文化可能會成為組織變革的阻力。

2. 組織再造和全面品質管理二者的基本理念也是相互矛盾的。因為組織再造重點在於選定對企業經營極為重要的幾項企業程序加以「重新規劃」,以求其提高營運的效果。目的在為了對於成本、品質、對外服務和時效上達到重大改進,「方法是對企業程序、工作內容、組織結構和控制機能做大幅度重新設計」。全面品質管理則是藉由持續不斷的改善「現有」組織文化中的各個構面以獲取競爭優勢的全面性整合的努力。利用數量方法及人力資源改善組織內各項資源、程序及滿足顧客需求。由新的方向來建立新系統,並使用新的品質改善工具,徹底改變組織的產品,以滿足顧客、員工、社區、股東等有關個體之需要。

(二) 企業流程再造的關鍵特性:

BPR的關鍵特性包括:

1. 流程觀點。　　　　　　　　2. 重新設計。
3. 大幅提升績效。　　　　　　4. 漸進式改革。

企業遇到問題,往往都會想在流程上做調整。「流程再造」係屬於企業再造工程範圍之一,其作法是將公司所有工作流程繪成流程表,再根據這些流程逐一檢討,找出最適的新流程,重新安排新工作。企業再造係以「快速反應客戶需求」為最高流程改造原則。

(三) 企業流程再造的原則:

項目	內容說明
目標設定由簡入繁	剛開始宜先從簡單易行的項目著手,例如生產流程中的一小段。目的在使抗拒降低,接受度提高,便於往後的改造執行順利。
適時導入最新科技	科技發展一日千里,利用資訊科技的幫助可使作業效能大幅提升,但重點在於如何正確的使用,並非導入而已。
成立改造小組	改造小組通常為5～10人。由他們分析現有流程及監督新流程設計與執行,小組成員來源有二: 1.圈內人:來自組織內各部門優秀人才,因其熟悉組織,但恐其安於現有流程而缺乏想像力。 2.局外人:為防止上述弊端,故從組織外引進有經驗的人士提供大膽創新的規劃。

項目	內容說明
高階領導者的努力與堅持	組織再造畢竟是重新開始及巨幅變化，員工一定會有極大壓力與抗拒，甚至在初期會有適應不良之情形。有時尚未顯示出改造之優點前，即出現缺點，此時須有高階主管之努力與堅持，才能使改造得以成功。

十一、核心競爭力

(一) **意義**：企業的核心競爭力（Core Competencies）是指一個企業組織所掌握特殊但無法被取代或不易轉移的資源或能力，高科技產業的核心競爭力在於「人才」即是指此項資源。易言之，任何組織的某些能力或資源在策略管理程序中是非常卓越或獨特稱為組織的「核心能力」。此概念係由Hammer與Prahalad提出。由於將資源集中於具較高移動障礙的核心能力上，組織的競爭力較容易長期維持，而不因他人之仿效而減弱甚至消失。

> **核心競爭力**：此概念係由Hammer與Prahalad所提出。他們試圖補強傳統純粹「由外而內」之「環境→策略→結構」思維，而輔以「由內而外」的觀點，藉由盤點、維持、運用及強化組織內部的「核心能力」（核心能力係指組織所獨有、專屬、且不易轉移的資產或能力），以建立組織的競爭力。在這樣的思考邏輯下，組織不只是強調對環境的適應與權變，更著重有所為、有所不為的「策略執著」。由於將資源集中於具較高移動障礙的核心能力上，組織的競爭力較容易長期維持，而不因他人之仿效而減弱甚至消失。

(二) **企業核心競爭力的識別標準**

項目	內容說明
價值性	這種能力首先能很好地實現顧客所看重的價值，例如：能顯著地降低成本，提高產品質量，提高服務效率，增加顧客的效用，從而給企業帶來競爭優勢。
稀少性	這種能力必須是稀少的，只有少數的企業擁有它。
不可替代性	競爭對手無法通過其他能力來替代它，它在為顧客創造價值的過程中具有不可替代的作用。
難以模仿性	核心競爭力還必須是企業所特有的，並且是競爭對手難以模仿的，也就是說它不像材料、機器設備那樣能在市場上購買到，而是難以轉移或複製。這種難以模仿的能力能為企業帶來超過平均水平的利潤。

第三節 組織發展

一、組織發展的涵義

組織發展（Organization Development；OD）係指利用行為科學，系統性地改變組織成員的態度、行為，以及組織成員與組織之間的關係，進而達成組織目標並增進組織效能。其目的是為了增進組織效能，提高組織自存的能力和與外界環境保持動態平衡，貫徹組織革新的理論與實際，幫助員工處理計畫性的改變。

然而現代企業組織有時為了實現管理目的，乃將企業資源進行重組與重置，採用新的管理方式和方法，新的組織結構和比例關係，使企業發揮更大效益的創新活動，這種組織活動則稱為「組織創新」。

二、組織發展的目的

(一) 增進組織的健全與效能。
(二) 增進組織了解並解決本身內外在問題的能力。
(三) 達成組織特定的目標。
(四) 增進組織成員達成本身目標的能力。

三、常見的組織發展技術

項目	內容說明
敏感度訓練 sensitivity training	藉由非結構性團體互動方式，改變個人行為的方法。藉此提昇參與者對自我行為的意識以及提昇對他人行為反應的理解。角色扮演是常用的敏感度訓練方法，目的在培養「同理心」。
調查回饋 survey feedback	透過問卷，評估組織成員對某一問題的態度和認知，以及確認彼此間差異性的一種技巧。目的在了解「滿意度」。
過程諮商 process consultation	透過外部顧問協助，使管理者瞭解人際互動如何影響工作完成。目的在知悉「事件反應」。
團隊建立 team building	藉由團隊建立，使成員互動中瞭解彼此想法與工作。建立「信任感」。
跨團體發展 intergroup development	又稱「組織映像法」或「團際發展」。為了化解與消除某工作團體對其他工作團體所抱持的本位主義、刻板印象與知覺，透過二個以上不同團體間之互動，找出異同點、原因，並且用來診斷和形成改善關係的解決方案。
優能探尋 appreciative inquiry	探尋個人、團體過去經驗或者特殊優勢的過程。目的在探尋擅長之處。

精選試題

( ) 1.為克服組織的「硬化」（官樣文章）危機，組織應藉由何者來幫助成長？　(A)命令　(B)授權　(C)合作　(D)創造力。

☆( ) 2.「以心理學和社會學的研究結果，應用於組織之上，而採取深度介入的方式，以改變組織成員的態度與行為。」此種方式稱為：　(A)組織成長（OG）　(B)組織發展（OD）　(C)組織變革（OC）　(D)組織結構（OS）。

( ) 3.造成組織變革的外在原因，下列何者有誤？　(A)資源發生變化　(B)科技突飛猛進　(C)組織結構不良，協調溝通發生困難　(D)市場型態改變。

( ) 4.為適應環境變遷，對組織內作一調整的變革過程，稱之為？　(A)組織改變　(B)組織發展　(C)組織設計　(D)組織研究。

☆( ) 5.以改變組織的權責關係的變革方式，稱之為？　(A)組織結構的改變　(B)工作技術的改變　(C)行為的改變　(D)員工關係的改變。

☆( ) 6.係由於組織結構無法及時配合實際需要而改進，此稱之為？　(A)組織僵化　(B)組織衝突　(C)組織發展　(D)組織變革。

( ) 7.某跨國高科技企業在台子公司強調「變，是企業永續經營唯一不變的策略性原則」，下列那項陳述最能說明這種現象的成因？　(A)在競爭激烈的經營環境中，企業藉不斷創新以有效因應環境變化益顯重要　(B)不同市場（國度）的文化及商業實務不同，故需要權變管理　(C)微視的來看企業這個複雜的社會系統，當然經常產生一些變化　(D)管理者的領導作風使然。

☆( ) 8.管理學者李維特（Leavitt）認為組織改變可經由三種途徑進行，除結構性改變外，尚包括？　(A)行為性改變與制度性改變　(B)行為性改變與科技性改變　(C)科技性改變與程序性改變　(D)制度性改變與程序性改變。

☆( ) 9.組織之行為性改變、過程，管理學者黎溫（Lewin）曾提出行為改變三階段理論，除第一階段稱之為解凍（Unfreezing）階段外，其第二、三階段為？　(A)消除階段與改變階段　(B)改變階段與再凍結階段　(C)改變階段與增強階段　(D)消除階段與增強階段。

( ) 10.以下何者非「企業流程再造（BPR）」的關鍵特性？　(A)流程觀點　(B)重新設計　(C)大幅提昇績效　(D)漸進式改革。

( ) 11.以下哪種組織變革方式屬於變革的「一次革命論」？　(A)TQM　(B)企業再造工程　(C)標竿管理　(D)以上皆是。

☆( )12.「組織應環境之改變及內在環境之需要，調整其內部子系統，直到達成均衡為止，進而使組織完成繼續生存並成長的目的。」此為何者之定義？　(A)組織發展　(B)組織變革　(C)組織成長　(D)組織行為。

☆( )13.顧林納（Greiner）組織成長的階段理論中，在授權管理階段，會產生何種危機？　(A)領導危機　(B)自主性危機　(C)硬化危機　(D)控制危機。

( )14.組織的變革發生流向若是由上而下，則比較適合哪一種變革方式？　(A)科技性變革　(B)結構性變革　(C)行為性變革　(D)以上皆非。

☆( )15.根據「行為改變三階段理論」，為員工注入新的行為觀念與價值導向屬於哪一階段？　(A)解凍（Unfreezing）　(B)改變（Changing）　(C)再凍結（Freezing）　(D)以上皆非。

( )16.提出「組織成長階段理論」的學者為：　(A)顧林納（Greiner）　(B)黎溫（Lewin）　(C)萊維特（Leavitt）　(D)李克特（Lickert）。

( )17.為了增進組織效能，提高組織自存的能力和與外界環境保持動態平衡，係下列何者之目標？　(A)組織設計　(B)組織發展　(C)組織改變　(D)組織研究。

☆( )18.行為的改變包括三階段，其中，引發人們改變的動機，稱之為？　(A)解凍　(B)改變　(C)再凍結　(D)啟發。

( )19.促使組織改變之原因有內在與外在之分，下列何者是組織改變之外在原因？　(A)資源條件不足　(B)組織結構不當　(C)決策過程遲緩　(D)溝通不良。

☆( )20.依據顧林納（Greiner）的組織成長模型，請將組織在成長過程中會遭遇到的危機順序予以正確排列？　(A)領導危機→自主性危機→控制危機→硬化危機→未知危機　(B)未知危機→自主性危機→領導危機→硬化危機→控制危機　(C)領導危機→控制危機→自主性危機→硬化危機→未知危機　(D)領導危機→未知危機→控制危機→自主性危機→硬化危機。

解答與解析

1.**C** 組織應收回部分權力，在高階主管監督下，加強各部門間的協調關係，故其組織成長係經由協調、合作方式產生。

2.**B** 組織發展的前提乃以Y理論為基本假設，屬行為學派觀點。

3.**C** 組織結構不良，協調溝通發生困難是造成組織變革之內在原因。

4. **A** **改變是成長的動力**，也是一種社會進化的程序，每個組織須適應其變動。

5. **A** 換言之，它是經由改變工作之正式結構及職權關係，以達到組織變革之目的。

6. **A** 組織結構僵化，極易造成組織協調溝通發生困難。

7. **A** 不斷創新即是在尋求改變，以適應環境的變動。

8. **B** 題目所述之三方面變革，牽一髮而動全身，任何一項的變革都可能引起其他二方面的變革，

9. **B** 題目所述之三階段，稱為「變革的三階段理論」（即變革三部曲）。

10. **D** BPR乃是指一個企業將其過去的流程都予廢除，完全從新的開始，從零到發展出全新的流程，故非「漸進式改革」。

11. **B** BPR係一次改革就完成所有變革目標，故屬於變革的「一次革命（變革）論」。

12. **B** 組織變革又稱為「組織變遷」或「組織改變」。

13. **D** 為了解決危機，乃採取授權的方式，分權管理，故其組織成長係經由「授權」方式產生。

14. **C** 因為一旦組織成員的行為發生改變，自然會改變組織結構及所利用之科技與工具。

15. **B** 本階段係在採取行動以改變組織系統，使成員行為或運作狀況由原來水準轉變成一個新的水準。

16. **A** 組織成長的階段理論係由顧林納（Greiner）於1972年所提出。

17. **B** 組織發展係在貫徹組織革新的理論與實際，增強組織成員識別問題、解決問題的能力。

18. **A** 解凍階段係在為改變做準備工作，其作法可能為一系列的管理訓練或調查資料的回饋。

19. **A** 例如能源短缺、物料供應中斷，此時企業必須採因應措施或尋求創新。

20. **A** 各階段的成長危機乃是導致組織須進行變革的主要原因。

第二章 企業競爭策略

考試頻出度：經濟部所屬事業機構 ★★★★★
中油、台電、台灣菸酒等 ★★★★★

關鍵字：知識經濟、知識工作者、知識管理、知識庫、知識地圖、平衡計分卡、標竿、企業識別系統、危機管理、策略管理、五力分析、BCG矩陣、GE矩陣、競爭策略、策略金三角、紅海策略與藍海策略、策略聯盟、業務外包、垂直整合與水平整合、企業購併。

課前導讀：本章內容中較可能出現考試題目的概念包括：知識經濟的意義、知識管理、知識地圖、平衡計分卡、內部性標竿管理、企業識別系統、企業發生危機可採行的因應策略、常見的企業總體策略、策略層級、適應策略、五力分析、BCG矩陣模式、GE矩陣、波特的競爭策略、策略金三角、成熟期產業的競爭策略、垂直整合的效益、垂直整合的方法、企業抵抗購併的方法。

第一節 知識經濟、知識管理與智慧資本

一、資訊時代與知識經濟時代

趨勢大師托伏勒（Alvin Toffler）在其所提出的「第三波（The Third Wave）」中，將人類的經濟變化發展分為三個階段，其中**第三波時代（革命）**指的是「**資訊時代**」。其後，管理大師杜拉克（Peter Drucker）提出所謂的**第四波**，也就是「**知識經濟**」時代，亦稱「後資本主義社會人」（Post-capitalism）。

杜拉克是奧地利出生的一位作家、管理顧問、以及大學教授，他專注於寫作有關管理學範疇的文章，「知識工作者」一詞經由杜拉克的作品變得廣為人知。他催生了管理這個學門，他同時預測知識經濟時代的到來，故他被人譽為「現代管理學之父」。

相同處	1.均需大量使用「資訊」作為「決策」基礎。2.均強調「快速回應」。3.勞動力為「知識工作者」。
相異處	知識經濟包含了下列幾項重要的法則，資訊時代則無這些法則：1.知識擴張乘數法則。2.規模經濟法則。3.正向回饋法則。4.贏家通吃法則。

二、知識經濟

(一) **知識經濟的意義**：知識經濟（knowledge-based economy；KBE）又稱之為「新經濟」、「數位經濟」。根據OECD（經濟合作暨發展組織），所謂「知識經濟」係指直接建立在知識與資訊的創造、流通與利用的經濟活動與體制。亦即利用新的資訊科技使企業組織產生革命性的改變，也同時產生一個全新的企業環境。

> 「知識經濟」：一詞是由經濟合作發展組織（OECD）首創，一般也以他們的定義為主，該定義是「以知識資源的擁有、配置、產生和使用，為最重要生產因素的經濟型態。」

知識經濟的核心概念（特質）是將知識視為現代企業最珍貴的資源，因為知識降低了對原物料、勞工、時間、空間、資本與其它投入要素的需求。近年來，許多高科技公司所擁有的有形資產並不多（如微軟公司），然股價卻很高，關鍵就在於其無形的資產—知識與智慧，亦即「智慧資本」。

(二) **知識經濟興起的原因**

1. 競爭全球化。
2. 市場自由化。
3. 產品需求多樣化。
4. 新科技如ICT（Information Communication Technology；資訊網路技術）的快速發展。

牛刀小試

( )　下列何項法則非資訊時代與知識經濟時代兩者相異處？　(A)知識擴張乘數法則　(B)範疇經濟法則　(C)贏家通吃法則　(D)正向回饋法則。　　　　　　　　　　　　　　　　　　　　　　**答：(B)**

重要 三、知識管理

(一) **意義**：有效的將資料、資訊化為創造經營價值的行為準則、工作方法、決策基礎、或是作業程序，成為影響企業競爭優勢之管理活動，稱為「知識管理（Knowledge Management，KM）」。「知識管理」是將組織的知識視同資產般加以管理，凡是有關知

> 知識管理：比爾・蓋茲（Bill Gates）將知識管理（Knowledge Management，KM）定義為「資訊的蒐集與組織，並將資訊傳給需求

識的創造，蒐集、儲存、流通、分享、學習等能夠有效增加知識價值的活動，都屬於知識管理的範疇。

(二) **目的**：比爾‧蓋茲認為知識管理的目的在提升「企業智商」，而企業智商的高低係取決於公司能否廣泛的分享資訊及善用彼此的觀念以求成長。本質上，知識是解決問題的系統性邏輯與方法，故完整的企業經營之知識基礎，有助於善用資料、資訊的力量，創造最高的營運績效，**企業推動知識管理來營造旺盛的學習心，讓企業成員都樂於學習新知、探討問題、提出觀點、形成共識，這些都是重視知識價值的企業積極推動的重要工作。**

者，且透過持續地分析與合作，不斷地琢磨資訊。」Wiig則將知識管理定義為「知識管理係一組定義清楚之程序、方法，可用以發掘並管理不同作業的關鍵知識與策略，以強化人力資源管理，進而達成組織目標」。

牛刀小試

(　　) 下列何項不屬於知識管理的範疇？ (A)儲存 (B)分享 (C)窖藏 (D)蒐集。　　　　　　　　　　　　　　　　**答：(C)**

(三) **知識管理的工具**：

1.經驗分享社群。　　　2.線上資料庫。　　　3.視訊會議。

(四) **知識管理的要素**：由國內「勤業管理顧問公司」所發展出來的「KPIS公式」，可以了解知識管理蘊含了四項要素，它也最能說明知識管理的精神。

$K=(P + I)^S$　　　K=Knowledge　　　P=People　　　I=Information　　　S=Sharing

項目	內容說明
知識（K）	知識為KM的主體，乃是企業中最重要的競爭優勢來源。
人力（P）	知識來自於人力，知識管理首重人力資源的管理，期望能讓員工發揮出最大的潛能。
資訊（I）	資料構成資訊，資訊構成知識，知識構成智慧，故知識管理強調對資訊的管理，在使資訊能充分無阻礙的在組織之中流動。
分享（S）	分享為知識管理之核心關鍵因素，如果知識不能分享，則組織雖擁有再多的知識、再優秀的人員，也無從充分發揮其知識管理的效益。

牛刀小試

( ) 國內勤業管理顧問公司所發展出來的「KPIS」公式，下列何者有誤？
(A)K＝Knowledge (B)P＝Purpose (C)I＝Information (D)
S＝Sharing。 **答：(B)**

(五) **知識管理診斷的工具**：Andersen管理顧問公司開發了一種知識管理診斷工具
（Knowledge Management Assessment Tool；KMAT），用以幫助客戶評估是否適合
或是需要什麼類型的知識管理，知識管理的診斷工具由五大要素構成，分別為：
1. 策略與領導（strategy and leadership）。
2. 企業文化（culture）。
3. 資訊科技（technology）。
4. 衡量指標（measurement）。
5. 知識管理過程（knowledge management process）。

第二節 平衡計分卡

 一、平衡計分卡的意義

平衡計分卡是由哈佛大學教授卡普蘭（Rober Kaplan）
與諾朗諾頓研究所（Nolan Norton Institute）最高執行
長David Norton在1990年所共同開發出來的一套「策略
管理制度」，而「非績效評估的制度」。他們將企業的
願景、目標與決策透過「財務與非財務」、「短期與長
期」、「領先與落後」、「外部與內部」的資訊合起來
考量，而提出有別於傳統的與具體的四構面，包括「財
務、顧客、企業內部流程與學習與成長」四個不同構面
的績效衡量指標，建立績效衡量系統，並以「平衡為訴

> 平衡計分卡：是由
> 哈佛大學教授Rober
> Kaplan與諾朗諾頓研
> 究所（Nolan Norton
> Institute）最高執行長
> David Norton在1990
> 年所共同開發出來的
> 一套「策略管理制
> 度」，而「非績效評
> 估的制度」。

求目標」來考核一個組織的經營績效。歸納言之，平衡計分卡是一套同時重視結果
與過程的績效管理制度與可以加強部門間對策略意義的溝通。

平衡計分卡的主要精神在於：
(一) 強調財務指標與非財務指標間的平衡。 (二)強調短期與長期目標間的平衡。
(三) 強調內部流程與外部市場間的平衡。 (四)強調過去績效與未來績效的平衡。

平衡計分卡執行時，則是從「員工學習與成長」構面著手，整合串連至內部流程、
顧客、財務。

二、平衡計分卡的目的

主要在藉由不同構面的衡量指標，清楚的得知企業之優缺點，並以此為基礎，將企業的策略轉化為具體的執行力，以創造企業的競爭優勢。

 ## 三、平衡計分卡的策略行動

策略行動	內容說明
澄清公司 願景與策略	平衡計分卡可澄清公司的願景與策略並取得共識，努力達成公司願景。
溝通與連結策略目標和衡量	即制定目標並強化與各部門之間溝通，同時將獎勵與績效之衡量結合，以動員所有人員完成組織目標。
規劃和設定指標	即設定各項衡量指標，使個人目標與公司目標相連結，同時衡量預期績效目標和目前的績效水準的差異，並針對績效落差，設計策略行動方案加以消除。
策略回饋與學習	協助策略檢討與學習、促進策略回饋、覆核與學習綜效。

第三節　標竿管理

一、標竿管理的涵意

運用外部的比較標準，來衡量本身目前的情況，據以發現其他人或組織的優點，並思考如何將這些優點運用到本身的工作中。這種規劃的技巧，稱為「標竿分析法（Benchmarking）」。易言之，將自己特定流程、產品等與同業或競爭者相比較，分析出較為優良的主要因素以改善績效，即稱為「標竿管理」。進一步言之，若是拿自己公司的表現與同業之翹楚公司之標準來做比較，稱其為「標竿競爭」。若是從傑出表現的競爭者或非競爭者中找尋最佳經營方式，則稱其為「標竿設定」。總之，標竿管理之主要目的是要使企業達到較優越的績效。但是，企業準備進行標竿分析前，須注意下列幾個事項，以免走錯方向：

(一) 標竿的學習對象不僅限於同產業的競爭者。

(二) 尋找到標竿企業通常不是一件很容易的事。

(三) 標竿企業不限於國內的公司。

(四) 不只需要集中心力蒐集標竿企業的資料，也需要檢視組織內部的現狀。

二、標竿管理的類型

根據學習目標（goals）或標的（target）的不同，標竿管理可分為下列三種類型：

項目	內容說明
內部性標竿管理	大多數的多角化或是跨國性企業都會有數間分公司或是事業單位分布在不同的地點，因此可能會有許多性質相似的企業機能在不同的單位中運作，這些組織便可以由進行內部作業方式的比較來開始他們的標竿管理活動。企業進行內部性標竿（Internal Benchmarking）研究的目的在於發現組織內不同的單位之間涉及產品品質、獲利能力或是滿足顧客需求能力的不同點。另外，除了比較這些企業經營的關鍵成功因素外，也可以進一步去分析未來可能需要與外部企業進行比較的作業項目。因此，內部性標竿研究可以幫助企業去定義外部標竿管理的明確範圍與主題。
競爭性標竿管理	競爭性標竿管理（Competitive Benchmarking）主要在將直接競爭對手的產品、服務以及最重要的「工作流程」與自己本身做比較。通常企業進行競爭標竿管理活動的主要目的在於專注焦點在彼此間的差距。儘管競爭對手的作業方式並不見得是行業內的最佳作業典範，但透過競爭性標竿管理活動所獲得的資訊卻很寶貴，因為競爭對手的作業方式會直接影響你的目標市場。
功能／通用性標竿管理	功能／通用性標竿管理（Functional/Generic Benchmarking）係指企業除了專注在直接競爭對手的作法外，還可以將眼光拉離現存的產業中，以相同作業流程中的最佳者為標竿，分析它們之所以能獲得領導地位的原因，找出它們成功的關鍵流程，並且嘗試去整合這些最佳作業典範到自身的流程內。

牛刀小試

（　）　在於發現組織內不同的單位之間涉及產品品質、獲利能力或是滿足顧客需求能力的不同點，係指何種標竿管理？　(A)通用性標竿管理　(B)競爭性標竿管理　(C)內部性標竿管理　(D)機能性標竿管理。　　　　　**答：(C)**

三、標竿管理的步驟

(一) 成立標竿管理小組，確認標竿是什麼及值得標竿學習的「最佳技術」何在，並決定資料蒐集方式。

(二) 從組織內部與外部蒐集資料，經由自我了解，以便看懂與標竿組織的績效差異。

(三) 訂定趕上或超越標竿組織的標準，並確實執行計畫。

第四節 企業識別系統

 一、企業識別系統的意義

企業識別系統（Corporate Identification System；CIS）又稱「企業形象」，係指將企業經營使命、經營理念及企業精神與文化，以文字、圖案、顏色等整體造形設計，傳達給企業內外大眾，產生一致的認同感及價值觀念。析言之，CIS 結合企業文化後「對內」可塑造團結意識及認同，「對外」可刻劃出企業的個性及形象、使大眾對企業產生美好印象，進而認同該企業。

> 企業識別：即Corporate Identity（簡稱CI），一般係指品牌的物理表現。通常來說，這一概念包含了標誌（包括標準字和標準圖形）和一系列配套設計。

二、企業識別系統的構成要素

構成要素	內容
理念識別	MI（Mind Identity）。係確定企業之經營使命及經營理念，就是企業經營之目標與方向，有客觀性、整體性及前瞻性之經營理念，才能給予外界對企業產生認同感。例如統一企業的標語「創造健康快樂的明天」，即屬此種識別。
活動識別	BI（Behavior Identity）。係指對社會參與回饋及對組織管理及員工教育。由於消費者意識的覺醒，以及時代快速的變遷，企業必須舉辦各種企業活動。使消費者能對企業之特質、精神產生深刻之印象，進而刺激其購買行動。
視覺識別	VI（Visual Identity）。VI係指靜態的識別符號、色彩、造形設計。企業有了經營理念以及活動配合之後，就必須運用視覺傳達的機能，將企業之特質與精神，賦與社會大眾整體之意識觀感。亦即將識別符號、色彩等設計成具體的視覺傳達，例如麥當勞、7-11等企業商標，即屬於此種識別。

牛刀小試

（　） 企業識別系統中，運用視覺傳達的機能者，係指：　(A)MI　(B)BI　(C)VI　(D)EI。　　　　　　　　　　　　　　　　　**答：(C)**

第五節　危機管理

一、危機管理的意義

所謂「危機管理」（crisis management），係基於危機意識，訂定危機處理計畫，以預防危機、發現危機、解決危機。大多數的企業偶而會遭遇到危機，這種意料之外的突發狀況（亦即危機事項不明確，通常無法預估）所需要的思維模式與基本決策或創造性決策模式不同，故危機決策模式會具有下列特徵：

(一) 受眾人矚目。

(二) 需及時處理。

(三) 處理結果會影響到公司的存亡絕續。

二、企業形成危機的原因

(一) **總體環境影響：**

　1.景氣變化。　　　　2.市場需求的改變。　　　3.高度競爭。

　4.政策法令的改變。　5.技術變革。

(二) **內部管理不當：**

　1.經營者的理念偏差：(1)投機心態；(2)家族企業弊端；(3)沈迷於過去的成功模式；(4)派系鬥爭。

　2.經營策略不當：(1)盲目投資，擴充太快；(2)產品組合失敗；(3)缺乏完整的規劃及整合。

　3.內部作業制度不當：(1)無法掌握市場機會；(2)欠佳的會計制度；(3)缺乏有效的資訊管理系統；(4)資金管理不當；(5)現金管理不當；(6)過度舉債。

重要 三、企業發生危機可採行的因應策略

策略	內容說明
縮減策略	**當企業遭遇危機時，設法改善與提昇各種作業效率。**此種做法基本上是一種因應危機的短期措施，旨在節省資源外流，藉以保存企業血脈根基，並抑止損失之擴大。其作法包括：1.減少不必要的銷售及管理費用。2.裁減多餘員工。3.放棄獲利不佳的產品。4.裁併發生損失之部門。5.存貨沖減。6.處分閒置資產、設備。

策略	內容說明
重整策略	**重整策略是一種鞏固基礎、強化企業體質的措施,目的在於「補強企業得以營運的根基結構」。**其作法有:1.組織結構調整。2.撤換最高主管。3.撤換高階管理團隊。4.企業精神重整。5.員工士氣激勵。6.改善生產程序。
成長策略	**經過了上述兩種策略的實施,企業累積足夠的力量以展開突破行動而往新的方向成長。**此時一方面可藉以擺脫以往不利的產品(市場包袱);另一方面如能在新方向上獲得成功,則營收、利潤可望大幅上升。其作法有:1.推出新產品。2.進入新市場。3.採用新設備或新製程。4.更新促銷或配銷方式。

牛刀小試

(　) 當企業遭遇危機時,設法改善與提昇各種作業效率,係屬何種策略? (A)重整策略　(B)縮減策略　(C)迂迴策略　(D)成長策略。　　**答:(B)**

第六節 企業競爭策略

什麼是策略?明茲伯格(Mintzberg)提出了策略5P的定義:策略是一種計畫(Plan)、模式(Pattern)、定位(Position)、視野(Perspective)、計謀(Ploy)。公司策略是高階管理者為達成組織的任務和目標一致,組織的願景及規劃將決定及控制策略的制定所擬定的計畫,故策略不僅注意外部的競爭、以求維持長期優勢,策略制定更是企業最高主管的責任。

> **策略的涵義**:我國學者司徒達賢(2001)認為策略是重點的選擇,透過清晰的策略指導,我們才知道如何「do the right thing」。因此可知,策略是高階管理者為達成組織的任務和目標一致,組織的願景及規劃將決定及控制策略的制定和所擬定的計畫,故策略不僅注意外部的競爭、以求維持長期優勢,就內部而言,它代表了落實的方向與重點。

 一、策略管理(strategic management)

(一) 對策略管理應有的認知:

1. 策略管理與管理決策過程密切相關。
2. 擁有策略管理系統的企業,有較高的財務報酬率。
3. 管理者必須調查並適應商業環境的變動。
4. 協調不同的組織單位,幫助他們專注於組織目標。

(二) 策略管理的程序:確認組織目前的使命、目標與策略→SWOT分析→制定策略→執行策略→評估結果。

(三) 策略管理的日益受重視的原因

項目	內容說明
因應環境的變化	1990年代開始，經營環境發生了不連續的遽變；面對這種遽變，企業已無法僅憑過去的經驗及直覺判斷加以應付，而必須以策略管理系統的方式來因應經營環境的遽變。
建立持久的競爭優勢	除了因應經營環境的遽變外，企業還必須在產業中取得最佳的相對競爭地位，以獲得持久性競爭優勢，才能在激烈的產業競爭中獲致成功。持久性競爭優勢的建立並非立即可得，而是必須透過策略管理的方式來進行環境分析、產業分析及內部分析，並加以診斷及決策而成。
發展全球性策略	Theodore Levitt認為，技術的力量，將整個世界結合為一共同體，而形成了全球性市場的結構。因此，面對全球性的市場結構，企業必須在生產、分配、行銷及管理能力上達到規模經濟的效益，才能因應全球性的競爭。

(四) 常見的企業總體策略

企業策略	內容說明
穩定策略	係一項穩健的成長策略，依據企業過去的成長水準，參考「當前的通貨膨脹因素」以及「同業的一般情況」，定出該企業認為能平穩達成的成長。由於依據過去的成長能力，因而風險較低，且能適時依據實際達成可能性適時修正。穩定策略包括在原有的經營範圍內繼續營運、追求相同或相似的市場目標、或以機能性的改良為主。
減縮策略	當組織面對績效問題時，採行減縮策略將有助於穩定營運、恢復組織的資源與能力，並為下次的競爭作好準備。其減縮的方式包括減少產品或服務線、減少經營市場範圍或清算企業、改進企業機能降低成本等。相同地，當企業預期未來市場前景不佳時，通常會以「遇缺不補」、「優惠退休」、「降低產能」等方式來因應。
成長策略	係指企業的成長超過過去的水準，成為拋物線狀的快速成長。採快速成長的企業在資金方面自然會有高度的需求，因而在業務成長欠理想時容易發生週轉不靈的現象。快速成長可依本身經營的業務不斷擴充，成為單線產品成長；亦可經由多角化經營，發展其他產品業務，成為多角化經營成長。快速成長有時不易單靠企業本身的擴充來達成，因而採取合併或購買他人的企業來擴充。

企業策略	內容說明
綜合策略	將穩定、成長、減縮等策略綜合應用於各事業單位（SBU），多角化的大企業常採用此策略；換言之，當組織的總體策略包括數個事業單位時，管理者可用「投資組合矩陣」來管理這些不同的事業（BCG矩陣即屬此種矩陣）。

牛刀小試

( )　經由多角化經營，發展其他產品業務，係屬於何種常見的企業策略？
　　　(A)穩定成長　　(B)綜合策略　　(C)減縮策略　　(D)成長策略。　　　**答：(D)**

 二、策略層級

策略可分為三個層級，依範圍寬廣度由寬至窄分為總體策略（企業策略）、事業策略與功能策略，茲說明其意義與三種策略間之關係如下：

項目	內容說明
總體策略	**意指設定整個企業組織的目標後，欲達成該預訂目標所應採用之各種方法，謂之總體策略或公司總體層次策略。**它包括： 1.企業多角化的方向。　　　　　　2.集團中各專業的比例。 3.資源如何在事業部間流動。　　　4.各事業部間之綜效如何創造。
事業策略	**意指為達成總體策略，使競爭優勢極大化，所採行的事業（部門）策略，稱為事業策略（Strategic Business Unit，SBU）。**在多角化公司的策略層級中，「競爭策略」即是屬於事業部層級的策略。事業單位策略以「特定產品線建立在市場的競爭優勢」為最主要的目標。就波特（Porter）之競爭策略而言，集中、低成本、差異化，都是屬於「事業單位」層級的策略。在實務上它可用以下六個構面加以描述： 1.產品線的廣度與特色。　　2.目標市場的區隔方式與選擇。 3.垂直整合程度的取決。　　4.相對規模的決定與規模經濟。 5.地理涵蓋範圍。　　　　　6.競爭武器（優勢）的設計與創造。
功能策略	意指要達成事業單位之各個機能（行銷、財務、人事、生產、R&D等）目標所必需執行的策略。其目的在使「資源生產力極大化」，例如：自製或外包，高價或低價策略，或某食品企業思考應推出何種新的季節性甜點，即屬於這種策略層次。功能層級策略規劃包括財務策略、人力資源、科技策略、採購策略、製造策略與行銷策略等六項。

以上三種策略間的關係為總體策略指導事業策略，事業策略指導機能策略；而機能策略支援事業策略，事業策略支援總體策略，故三者之間有密不可分的關係。

三者構成了策略的「目標－手段鏈」，形成了「策略層級」。

重要 三、適應策略

Raymond Miles 及 Charles Snow 二人從有關「事業策略」的研究中所發展出來的「適應策略（adaptive strategy）架構」（有稱為「策略適應性模式」或「企業創新策略」、「技術策略」）中界定了下列四種策略型態：

適應策略	內容說明
防禦者 （defenders）	此類型公司選定某一區隔市場，僅產製有限組合的產品。以產品標準化獲至經濟優勢利基、防止競爭者進入。
探尋者 （prospectors）	**或稱為「前瞻者」。** 此類型的公司擁有寬廣的產品線，且盡全力去尋找市場的新機會和探索新的產品，創新的能力在此型策略中將比獲利能力更形重要。探尋者的成功要靠成功的R & D及敏銳的環境感觸力，著重創新而較不強調效率。例如Microsoft不斷推出新的應用軟體即屬此類。
分析者 （analyzers）	此類型的公司同時面對穩定、變動的產品、市場機會。針對穩定的環境，以追求「效率」為首要；面對變動的環境，則強調「創新」的策略。分析者採取的策略係在擷取防禦者和探尋者兩者之優點而成。在競爭時機中，採取「老二主義」，以模仿修改競爭者成功技術者，即是分析者的特質。一般的紡織廠在織布市場力求效率，在成衣市場則力求引起潮流，即為analyzer的策略型態之典型代表；IBM當初開始進入個人電腦市場的表現，亦屬此類。
反射者 （reactor）	**或稱「反應者」。** 此種類型公司不清楚自己應採何種策略，亦即沒有明確策略。

牛刀小試

（　）　Miles及Snow的「適應策略」中，公司擁有寬廣的產品線，且盡全力去尋找市場的新機會和探索新的產品。係指：　(A)防禦者　(B)探尋者　(C)分析者　(D)反射者。　　　　　　　　　　　　　　**答：(B)**

四、產業競爭分析與策略群組

(一) **產業競爭分析**：Michael E. Porter將「產業」定義為「由一群本質類似且替代性很高之產品或服務的廠商」。他在1980年提出的產業競爭分析模式，通稱為「五力分析（Five Force Model）」模式（架構）。五力分析模式在協助企業進行「產業環境分析」，為一般企業最常運用的工具。其基本論點為：在任何產業中，其競爭規則都受下列五種力量所支配，這五種力量也決定了產業的吸引力與獲利性。管理者一旦評估了這五種力量，也了解環境中現存的威脅與機會，就可以選擇一個適當的競爭策略，強化其競爭力。

五種力量	內容說明
潛在進入廠商的威脅	任何一個產業，只要有可觀利潤，勢必會招來其他人對這一產業的投資。而投資又必然會造成產業的產量增加、價格回落、利潤率下降，並衝擊原有在位企業的市場占有率，統稱為潛在競爭進入廠商的威脅。進入障礙越高，企業組織就越有機會避免價格競爭，而規模經濟則是構成進入障礙的重要方式之一。 進入威脅的大小取決於兩個因素：一是進入障礙的高低，二是現有在位企業的報復手段。如果產業的進入障礙強大，或是新進入者預期在位者會採取激烈的報復，那麼潛在進入所構成的威脅就會相對較小。
替代品廠商的威脅	替代品指的是和現有產品具有相同功能的產品。替代品是否產生替代效果，端視替代品能否提供比現有產品更大的價值/價格比。 所以，替代品的實際功能，是對現有產品造成了價格上的限制，進而限制行業的收益。如果替代品能夠提供比現有產品更高的價值／價格比，而且買方的轉移壁壘很低，顧客或消費者可以在不增加採購成本（移轉成本（switching cost））的情況下，就轉而採購替代品，那麼這種替代品就會對現有產品構成巨大威脅。
與下游購買者的議價能力	下游購買者即指「客戶」，客戶的議價能力會受到右述因素的影響：顧客集中程度、占顧客採購比重、目標產品差異性、顧客的經營利潤、顧客向後整合的力量等。對企業來說，選擇客戶的基本策略，是判別客戶議價能力，找出對公司最有利的客戶，設法對它促銷。

五種力量	內容說明
與上游廠商的議價能力	亦稱為「相關支援單位」。因「供應商」和企業站在既競爭又合作的立場，因此上游供應商和下游客戶的價格談判能力，具有相當大的雷同性。以產品流程來看，下游企業就是客戶，上游企業就是供應商。當企業進行銷售時，就是供應商角色；當企業採購時，就變成了客戶角色。 一般而言，供應商的價格談判能力與右述幾個因素有關：供應商所屬行業的集中度、供應商產品的替代性、供應商產品在本企業成本組成中的重要性、供應商向前進行整合的能力等。若集中度高、替代性強、重要性高、整合能力強，則上游的供應商對下游的購買者會有比較高的議價優勢；反之，若集中度低、替代性弱、重要性低、整合能力弱，則上游的供應商對下游的購買者會有比較低的議價優勢。
現有競爭者的競爭程度	在麥克波特所提出的產業競爭中，最主要的競爭對手是「產業現有競爭者（即同行）」。同行競爭的激烈程度，是由競爭各方的布局結構和所屬產業的發展程度所決定的。一個行業的產業格局，可從完全壟斷，到寡頭壟斷，再到壟斷競爭，直至自由競爭；屬於哪一個層面，決定著同業者所面臨的競爭態勢。如果產業裡沒有壟斷者，各企業之間勢均力敵，而且產品的差異化程度小，就表示該產業市場已趨於飽和，沒有多大的增加容量空間，退出障礙也較高（如生產線的專用性，過剩產能轉移困難等），那麼就很可能會導致更加激烈的競爭。
現有競爭者的競爭程度	波特強調，這些影響現有競爭強度的因素，彼此間也存在著相互抵消的關係，因此要判斷現有競爭者的競爭強度，就必須針對各種影響的面向，進行詳細而具體的全面分析，而不是僅僅比較市場占有率、利潤率和成長速率這幾個簡單的數據。

(二) **策略群組**：同一產業內追求類似策略的一群公司，他們在產業的價值鏈上擁有相似的環節，並擁有相似的能力與資源，這種針對相同目標市場尋求相同策略的公司所成的集合，稱為「策略群組（Strategic Group）」。這些公司之規模、產品線寬度、配銷通路、專有技術、資本密集度、顧客類型、品質重視度、創新程度、廣告密集度、所服務市場數目相當類似。「策略群組」的概念係杭特（Michael S.

Hunt）相對於波特（Porter）五力分析簡潔分明的分析架構，以產業經濟觀點於1972年所提出，「策略群組」係以「以產業構面劃分群組」，提供「五力分析」以外，另一種觀察產業結構的方法，也是情報分析最常運用的方法。

策略群組的發生來自於同一產業內廠商，因為規模經濟、產品差異、移轉成本、銷售通路、資本需求、政府政策等種種不同下，使廠商分處不同策略群組，因此造成廠商所運用的策略不盡相同，而形成不同的群組；因此，每一種產業都存在數目不一的策略群組。

由於群組間存在不同的競爭結構屬性「Mobility Barriers（移動障礙）」，導致新加入或已存在其他群組的競爭廠商無法順利進入或轉進獲利較佳的群組。如強調生產成本的策略群組，可能已建立相當好的規模經濟或垂直整合等障礙，阻撓欲進入該群組的廠商；因此使欲進入的競爭廠商必須花費很高的成本，才能有機會轉進此一群組。一般來說，移動障礙越高的策略群組，新廠商不易加入，因此通常也享有較高的獲利水準。

五、BCG矩陣模式

波士頓顧問團模式（Boston Consulting Group，BCG）發展出一種方式能將所有的策略性事業單位，根據成長率與占有率二者將產品組合或事業體組合加以分類的一種策略矩陣，簡稱為「BCG矩陣（matrix）」。它是以兩項指標將企業的事業部或產品分為明星、金牛、問號、落水狗四類。這兩項指標其中一個是「市場占有率」，另一個指標則是「預期市場成長率」（產業的成長率）。利用這二個指標來了解不同事業的發展潛力，並據以分配資源。垂直軸為預期未來的「預期市場成長率」（市場成長潛力），即銷售產品的市場年度成長率，用以衡量市場的吸引力；水平軸則為最大競爭者的「相對市場占有率」（相對標竿廠商市場占有率），用以衡量公司在市場上的強度。茲將該模式的涵義說明如下：

	高	低
高	明星事業 ☆	問題事業 ?
低	金牛事業 $	落水狗 ×

預期未來的市場成長率（垂直軸）

相對最大競爭者的市場佔有率（水平軸）

(一) BCG矩陣係應用於總公司層次策略常使用的工具。其將複合式企業
（Conglomerate）所擁有的各個事業單位置於由「預期未來的市場成長率」及
「相對最大競爭者的市場占有率」所構成的兩個構面上，而界定出下列四種型
態的事業單位：

類別	市場情況	內容說明
金牛事業 （Cash Cows）	低成長、 高市場占 有率	金牛事業單位通常位於已相當成熟的產業中，由於其高市場占有率可使產品享受經濟規模與較高的利潤加成，因此可為企業帶來巨額的現金，而為企業資金的主要來源者。但因市場成長率已趨減緩，不需再花費資金擴充市場，只需少量的投資來維持市場佔有率即可，故適合採取「收割策略」或「穩定策略」。
明星事業 （Stars）	高成長、 高市場占 有率	這種事業單位處於高速成長期的產業當中，且享有較佳的市場地位，但此時尚不能替公司帶來許多現金。至於該事業能否產生正向現金流量，則需視廠房設備和產品開發所需投資而定。當明星事業組合成功後，決策者可以規劃市場拓展策略，使明星事業轉為金牛事業。
問題事業 （Questions Marks）	高成長、 低市場占 有率	公司內大部分的產品在剛起步時，大多屬於這個區塊，由於先進入者已經占據市場，導致本身占有率低，是否值得投資，必須審慎考慮或是放棄；但是因其位於高成長的市場之中，目前市場占有率雖低，仍可能有獲利的機會，經評估後值得投資，則宜採取「擴充策略」，以擴大獲利空間，只是必須承擔較高風險，因此它是資金的主要消耗者。所以說問題事業必須仔細評估後決定是否要增加投資或放棄。
落水狗事業 （Dogs）	低成長、 低市場占 有率	亦稱為「苟延殘喘事業」。此類型的事業為處於衰退期的事業，其利潤通常較低，甚至有虧損的情況，既無法創造許多的現金流量，未來績效改善的前景亦不看好，而花費的管理時間又相當多，因此除非這些產品具有策略性價值，能輔助明星產品行銷推廣，否則管理當局應儘早處分（出售）或清算該事業，並將所得現金用於投資明星事業。

透過以上分析架構，管理當局得以界定不同的事業單位，在現在與未來對於整體收益中所扮演的角色，據以決定策略性資源分配的優先順序。

(二) **特性**：此模式可指引公司現金投資的運用方向，它可使用下述四個策略：

項目	內容說明
建立（Build）	增加SBU市場占有率，適用於問題及明星事業。
維持（Hold）	維持SBU市場占有率，適用於強壯的金牛事業。
收割（Harvest）	只求短期之現金流量，適用於瘦弱的金牛事業。
放棄（Divest）	將事業出售或清算，適用問題事業及落水狗事業。

牛刀小試

( ) 位於高成長的市場之中，但目前市場占有率低，可能有獲利的機會，但需承擔較高的風險，係指BCG矩陣中的： (A)金牛事業 (B)明星事業 (C)問題事業 (D)狗事業。 **答：(C)**

 六、波特的競爭策略

麥可波特（Michael Porter）曾經提出企業組織在事業單位 (事業部) 層級上的三種一般性競爭策略（competitive strategies），包括：

(一) 差異化策略。

(二) 全面低成本領導策略。

(三) 集中策略。

他認為由於「資源的有限性」，沒有一家企業能在所有的層面上均表現在平均水準以上，故建議管理者當局應選擇特定方向的競爭策略，將組織資源集中於某一競爭優勢的獲取：

(一) **成本領導策略（cost leadership）**：亦稱為「全面成本領導策略」。當企業試圖成為產業中「最低成本」的生產者時，應遵循「成本領導策略」。「典型的做法包括提高作業效率、規模經濟與學習效果、掌握特殊原料來源的管道、應用廉價的勞動力以及科技創新等」。值得注意的是，企業所提供的產品或服務，必須能擁有與競爭對手相抗衡的價值/價格比，才能為購買者所接受，美商Wal-Mart及國內某公司強調便宜也能喝到咖啡，吃得到蛋糕，並透過全省大量連鎖經營的方式達成規模經濟，即是採取此種策略。此策略可採取下列作法：

1. 緊縮成本控制。　　　　　　　2. 經常且詳細的管制報告。

3. 組織與責任制度化。　　　　　4. 低成本配銷系統。

5. 以嚴格的數量目標做獎勵的基礎。

(二) **差異化策略（differentiation）**：企業進行競爭時，希望在產業內具有獨特性，強調透過塑造產品（服務）的獨特性或創新的服務，以產生與競爭者的有利差異，這種策略稱為「差異化策略」。差異的來源可由產品設計、品牌形象、技術產品特性、配銷通路或顧客服務來達成。歸納來說，差異化策略之目的在建立產品與眾不同的形象，以獲取產業中獨特的地位。由此可知，差異化策略與「成本領導策略」的最主要不同點在於「顧客認知的價值較高」，藉此吸引消費者「願意以較高價格」購買，降低其對價格的敏感度。各種差異化策略工具（策略）說明如下：

1. **產品差異化**：例如性能、特性、耐用性、可修護性、產品造型與設計等。

2. **服務差異化**：例如訂購的容易度、運送與安裝服務的品質（交貨品質）、顧客諮詢與訓練、售後服務等。

3. **人員差異化**：例如能力勝任、謙恭有禮、信賴感、可靠性、敏銳性、溝通等。

4. **通路差異化**：包括通路的涵蓋範圍、專業性與績效等。

5. **形象差異化**：包括公司的識別度、符號、氣氛、事件等。

(三) **集中策略（focus）**：又稱專精化策略或聚焦策略。集中策略係指企業聚焦在一個或以上的利基市場上以尋求市場競爭優勢，將產品的銷售對象侷限於某個地區或某一層級之消費者。企業評估其自己的資源能力後，只選定在某個區隔市場或產品線深耕，亦即在較小的範圍中建立其成本優勢或差異化優勢的做法，即是採行集中化競爭策略。例如臺灣某茶業公司在中國大陸專注於「茶」的事業，就是這種策略。集中化策略的成敗與否，需視所選擇的市場區隔是否有足夠的利基，以支應因集中化而增加的成本。這種策略可採取下列作法：

1. 針對特定的策略目標範圍，採用上述政策的組合，取得低成本地位。

2. 設置策略目標的專賣店或特殊銷售管道。

Porter 用卡在中間（Stuck in The Middle）來描述「無法」自三種競爭策略選擇一種的組織。誠如前面所提，企業很難在所有的層面上都表現得最好，力量分散的結果往往使得企業無法建立起有效的競爭優勢，而無法維持長期的成功。Porter 認為「卡在中間」（stuck in the middle）是「企業失敗的主因」。

> **適應模式**：特別注重與外在環境的配合，是「由外向內」。
>
> **競爭模式**：較強調內在策略的選擇，是「由內向外」。

牛刀小試

(　) 下列何者非波特（Porter）所提出的競爭策略？　(A)轉進策略　(B)差異化策略　(C)集中策略　(D)成本領導策略。　　　　　　**答：(A)**

重要 **七、策略金三角**

「策略金三角」在企業經營管理手法中常被稱為「3C 競爭分析」，藉由維持與創造組織目標、環境與資源，形成核心策略。

環境	通常是指與組織外部環境相關者，亦即環境所存在的機會與威脅。
資源	通常指與組織內部相關，其所能掌控組織能力的因素，例如公司的強項與弱處。
目標	係指企業所設定希望追求的方向，常見的目標有：獲利力、效率和效能、成長率、股東財富等。

八、商業模式再創新

學者Johnson, Christensen, and Kagermann提出商業模式（Business Model）再創新的四大重要（要素）構面如下：

(一) **顧客價值主張**：顧客（消費者）價值定義，包括目標客戶群、未被滿足的消費者需求、預定提出的解決方案。

(二) **獲利模式**：包括營收模式、成本結構、淨利基礎等。

(三) **關鍵資源（資產）**：係指解決方案所涉及的關鍵技術、人員、設備、資訊、聯盟關係、銷售管道等。

(四) **關鍵流程**：包括新產品設計流程、製造行銷活動等。

九、紅海策略與藍海策略

(一) **紅海策略**：「紅海策略係以競爭為中心」。1980年代企業奉為圭臬的波特（Porter）「競爭策略主流思考」是「以競爭為中心」的「紅海策略」，波特的策略包括低成本、差異化或專注經營於某一特殊市場區隔，透過低成本或差異化，提高公司績效；在產業架構不能改變的前提下，這「對所有競爭者是

> 紅海策略：「紅色海洋」代表「所有現有企業」，這是「已知的市場空間」。在紅色海洋，企業有公認的明確界線，也有一套共通的競爭法則，在這裡，企業試圖

一種零和遊戲」。欲達到較佳獲利，常必須根據個別客戶的獨特需求客製化，將市場進一步細分，這樣的策略模式，企業雖然能維持獲利，但「整體市場並無法成長」。

> 表現得比競爭對手更好，以掌握現有需求，控制更大的占有率。

隨著市場空間愈來愈擁擠，獲利和市場成長展望愈來愈狹窄，「割喉戰」（價格戰）把紅色海洋「染成一片血腥」。而且，企業希望差異化，又要成本領導，是否可能？用競爭力公式（競爭力＝價值／成本）來看，追求價值的增加，另一方面降低成本，基本是策略的兩難：「選擇差異化，只會提高成本；選擇降價，就須大幅刪減成本」。

(二) **藍海策略**：「藍海策略係以創新為中心」。藍色海洋代表所有目前並不存在的企業，這是未知的市場空間，故藍色海洋係指尚未開發的市場空間、創造新的需求或有效擴大需求，使產業的框框變大，產生新的領域，新領域可能沒有競爭者存在或競爭者寡，使企業得以兼顧成長與獲利。Kim與Mauborgne「藍海策略（Blue Ocean Strategy）」主張：

1. 企業可同時追求差異化與低成本策略。
2. 企業應重新定義產業疆界。
3. 以價值創新為核心概念。
4. 打造超乎競爭（低度競爭）的市場空間。

第七節 策略聯盟與業務外包

由於企業面對環境劇烈變動，存在相當大之風險，隨時可能面對危機。所以可以與其他企業結合，使其資源共用，降低成本、增加競爭優勢。

一、策略聯盟

(一) **策略聯盟（Strategic Alliances）的意義**：策略聯盟係指兩個或兩個以上的企業體，基於公司營運策略的考慮或特殊策略目的（如市場之開發及技術發展），透過相互交流、共同研發、共同生產、共同行銷、產能互換、相互授權，以契約或合資等方式進行足以和本身產生綜效（Synergy）的企業相結

> 策略聯盟：由於企業本身較弱之處或許正是其他企業優勢所在，若能透過兩者間之合作，則能降低風險，提高利潤。
> **中華電信與微軟公司的範例**：於2007年5月15日由中華電信董事長賀陳旦與微

合，或產生雙方互利、互惠的合作的「暫時性關係」，皆稱之為「策略聯盟」。

Ansoff認為，金額相等的資金下，倘由一家大公司統籌運用來投資，以產製各種不同的產品，較之由數家較小的公司獨立投資，分別產製各項產品，更能享有較高的利益。換言之，**「綜效」便是「合力大於分力之合」，也就是「1＋1＞2」。「企業聯盟的作用，正是要發揮綜效」（包括銷貨綜效、作業綜效、投資綜效、管理綜效）使彼此聯盟的企業都有更有力的競爭優勢，能共享較高的利益。**

軟公司董事長比爾蓋茲在微軟總部正式簽訂。雙方將就數位生活、兩岸中小企業服務、NGOSS（New Generation Operations Systems and Software）、及縮減台灣數位落差的公益活動等多項計畫進行合作，微軟也承諾將提供全球的資源，協助中華電信競逐國際市場。此即策略聯盟的案例，科技公司進行策略聯盟的案例相當多，目的都在提升公司競爭力，擴充事業版圖。

(二) **策略聯盟的型態**：策略聯盟型態甚多，較普遍的分類方式為根據合作標的區分，可分成下列三種型態：

型態	內容說明
市場行銷聯盟	市場上商品自原料以至上市，大致上可分成研發、生產、運銷等階段，每一階段都需投入相當多的資源，而資源有限的中小企業，一般皆無法把自產品設計至行銷的一貫作業一手包辦，因此垂直式、產銷專業分工的聯盟方式，便應運而生。其主要優點在於各企業專司其職，將所有資源投注於其營業範疇，以達質與量的目的。
生產製造聯盟	此種聯盟目的在藉由長期合作，供應商可確保準時交貨，產品及零件品質穩定，減輕生產成本，以追求生產上的經濟規模利益。
技術研發聯盟	發展一項新的技術，不但風險甚高，而且成本昂貴，因此許多高科技公司必須自外尋求夥伴，以試驗某項新觀念、新系統是否能夠加以商業化。

二、異業結盟

(一) **異業結盟（horizontal alliances）的意義**：異業結盟是指不同類型不同層次的市場主體，為了更大可能提升規模效應、擴大自己的市場占有率、提高信息和資源共用力度而組成的利益共同體。換言之，不同的企業間建立一種夥伴關係，在特定專案上合作，藉此結合彼此的資源與能力，以獲取共同利益，即為「異業結盟」的一種企業擴張策略。

(二) 異業結盟的方式：

1. **與敵人共枕：** 也就是與有共同目標的競爭對手合作，像是聯合次要敵人打擊主要敵人。

2. **共同行銷：** 包括產品定價、通路及促銷活動，甚至包括了研發部分。例如Betty Crocker（糕餅業）與Sunkist（果汁業）合作一個檸檬口味的戚風蛋糕；Delicious Cookie（製餅公司）與知名供貨廠商所提供的內餡合作，也就是成分品牌化，目前成分品牌化最成功的當屬Intel中央處理器。

3. **共同促銷：** 兩個廠商結合在一起，製作一個促銷活動，例如早餐麥片與果汁聯合促銷，告訴消費者吃早餐、喝果汁時可搭配即食麥片。

三、業務外包

上市公司對外進行投資太多時，容易讓投資人產生是否該公司核心事業面臨危機，以及企業透明度降低的疑慮，為消除投資人疑慮並提高企業營運之透明度。通常可採業務外包（Business Outsourcing）的方式，進行跨業合作。

> 管理大師普哈拉（C.K.Prahalad）曾說：顧客是企業能力的來源，同時也是競爭的對手。他在1994年出版的「競爭大未來」一書中，提到核心競爭力、策略意圖、延展等概念。

所謂業務外包，係指企業整合用其外部最優秀的專業化資源，從而達到降低成本、提高效率、充分發揮自身核心競爭力和增強企業對環境的迅速應變能力的一種管理模式，因此外包並不限制同時將製造與行銷外包。企業為了獲得比單純利用內部資源更多的競爭優勢，將其非核心業務交由合作企業完成。例如蘋果與鴻海企業生產合作，即是屬於外包策略的概念。

第八節 企業的垂直整合與水平整合

一、垂直整合

(一) 垂直整合的意義： 垂直整合（Vertical Integration）係「在生產製造過程中，將上游或下游的企業合併由一個管理機構經營」。其主要目的在減少交易成本、降低不確定性、增加可控制性。析言之，企業若想增加對供應系統的所有權或控制力，則應採取「向後整合」（亦稱為向上游整合或向後垂直整合）的成長策略。例如下列各種方式的整合都屬於垂直整合的策略：

1. 企業為了確保製造產品的原物料可以充分供應無虞，因此考慮投資設立原料加工或是原料製造的工廠。

2. 組織藉由投資入股等方式獲得投入資源(生產要素)的控制權。

3. 發展自有品牌已成為全球通路趨勢，如統一超商推出自有品牌「7-SELECT」系列與全家便利商店推出自有品牌「Family Mart collection」。

4. 組織為了獲得投入(如原料)的控制權，而使其成為自己的供應商之方式。

(二) 垂直整合的原因（效益）與缺點

1. 垂直整合的效益

效益	內容說明
達成價格差異化	為了在不同市場區隔中採差別取價，故把對己有利的下游廠商整合進來，以便對其他下游廠商採差別取價。
取得資訊	當市場資訊不完全時，為了取得上、下游資訊，故做垂直整合。例如統一超商可取得何種商品較暢銷而自行開發生產，例如雞精之開發即是。
阻止競爭者進入	事先整合相關資源，以防止競爭者進入。例如統一經營統一超商（7-11）使得其他食品公司在通路口受阻，而無法公平競爭。
避免被競爭者排除	事先整合相關資源，可避免屆時進入之障礙。例如光泉公司為避免被統一集團所排斥，故自己建立萊爾富便利商店。
控制原料的來源	透過向後整合可掌握原料的來源。
提高商譽	並以維持商品的售價。

牛刀小試

(　)　下列何者非垂直整合所能獲得的效益？　(A)避免被競爭者排除　(B)促成競爭者退出　(C)控制原料的來源　(D)可達成價格差異化。　　**答：(B)**

2. 垂直整合的缺點

缺點	內容說明
較市場高的成本	垂直整合長期缺乏競爭，其生產成本可能比市場更高。
科技變革的風險	當科技快速變革時，專用的垂直整合資產，容易產生高風險。

缺點	內容說明
缺少彈性	當需求縮減時,無法像錐形整合具有彈性。
官僚成本	垂直整合常增加企業規範運作的官僚成本,例如代理成本、影響成本。

(三) 垂直整合的方法

整合方法	內容說明
向上(向後、後向)整合	係指向產業的上游(原料)方向整合,即下游購併上游,下游的公司可因而掌握上游的原料,獲得穩定而便宜的供貨來源。例如廣達電腦成立廣輝生產電腦液晶面版,避免缺貨使整個生產線停頓。
向下(向前、前向)整合	係指向產業的下游(市場)方向整合,即上游購併下游,上游的產品可因而取得固定的銷售管道,降低行銷風險;或企業企圖掌握配銷系統或增加對配銷系統之控制力,所採取的整合。例如宏碁電腦成立宏科做為其產品銷售通路。
錐形整合(Tapered)	即對所需的資源採取部分自製部分外購,或部分自用部分外售的彈性處理方式,例如我國的汽車業,部分零組件自製,部分則仍以外購較具經濟規模。
協力契約網(中衛體系)	依賴協力廠商半正式之關係,使垂直鏈上下游,具有垂直整合的效用,例如電子業的英業達帶領著協力廠商,至馬來西亞檳城一起海外創業。

牛刀小試

( )　向產業的上游(原料)方向整合,係屬何種垂直整合的方法?　(A)向上整合　(B)向下整合　(C)錐形整合　(D)協力契約網。　　**答:(A)**

二、水平整合

(一) 意義:水平整合(Horizontal Integration)係指以併購同業取得大幅成長的策略,將「相同或類似相關的企業」整合至一個管理機構經營;企業的水平整合係取

決於「規模經濟」與「範疇經濟」。其目的在生產「大量而多樣化」的產品和
服務，故其與現有的產品與市場無關。

(二) 規模經濟和範疇經濟的來源

項目	內容說明
大量採購利益	大量採購可獲得低成本的優勢。
共同行銷利益	大量行銷可分擔廣告成本，亦可強化品牌之商譽，使系列產品易於銷售等
研究發展的成本分擔	大廠的R&D費用較可能產生綜效，進而使產品R&D費用分擔較低的成本。
固定成本的分擔	愈多產品分擔固定成本，將可使單位成本下降。
降低存貨	亦即大公司可以比小公司擁有較低的存貨水準。

第九節　企業合資、併購與整合

一、合資

合資（joint venture）：係指企業間的連結關係，或為雙方共同出資成立一家新公司
的形式，或為只有交易的一方投資於另一方的單向投資持股形式。在此種企業關係
的結構下，由於共同持有股權，雙方的連結關係更為穩定，且發展成為準企業組織
之關係。

二、合併、收購與購併

(一) 意義：

1. **合併（mergers）**：係指二家以上的企業，藉由「股權合併」而成為一個公
司。被消滅的公司之權利義務，由存續（或新設）的公司予以全盤概括承受。

2. **收購（acquisition）**：係指「一家公司買下另一家公司的現象」。析言之，
是指企業透過購買另一企業的股權，掌握另一企業的經營控制權，以運用該
企業所擁有的各式資源。收購的內容，可能係收購另一家公司的多數股權或
不涉及股權而只購得某一部分產能，目的都是為了能夠快速擴大企業成長或
進一步發揮企業既有資源，獲得更高的經營績效。

3. **併購**：內涵非常廣泛，一般是指兼併（Merger）和收購（Acquisition）兩者，合併縮寫為M&A。兼併是指兩家或者更多的獨立企業，公司合併組成一家企業，通常由一家占優勢的公司吸收一家或者多家公司。收購是指一家企業用現金或者有價證券購買另一家企業的股票或者資產，以獲得對該企業的全部資產或者某項資產的所有權，或對該企業的控制權。併購活動的主要理性因素是改善公司的財務表現，其主要動機包括：

(1)規模經濟：合併後的公司通常能藉由減少功能重複的部門，或調整營運方式來降低公司的固定成本支出，以提高利潤。

(2)範圍經濟：主要指需求端效率的改變，比如增加或減少不同產品的營銷和通路的範圍。

(3)增加營業額或市場佔有率：假設買家會合併一個主要的競爭對手，以增加其市場佔有率和訂價權。

(4)交叉銷售：比如一家銀行購買了一家券商，那麼銀行能通過券商的通路銷售其產品，並且券商能為銀行客戶設立股票帳戶。另外比如一家製造商通過購併之後去銷售其互補品。

(5)協同效應：例如增加管理的專業性，增加訂單量以拿到更多批發折扣等。

(6)稅收：一家盈利的公司可經由購買一家虧損的企業，以利用其虧損來獲得減稅的優勢。然後在美國以及其他一些國家，有規定來限制盈利的公司利用這種方式來避稅。

(7)多樣化：經由多樣化的方式來平穩公司的業績，長期使得公司股價變得平穩。給予保守投資者投資信心。但是這種動機並不一定給股東創造價值。

(8)資源轉移：經由資源在公司間的分配以及收購公司和目標公司之間資源的轉移，來克服信息不對稱和結合稀缺資源來創造價值。

(9)垂直整合：更緊密的供應鏈的垂直整合，使得產品在生產與銷售上更具競爭力，能夠使產品以更低的市價進行銷售，進而增加市占率與利潤。

(10)招聘：一些企業通過併購來作為招聘的一種方式，特別是當目標公司是一家小的私人企業，或者正處於創業階段。收購公司通過併購目標公司的員工以獲得其資產和客戶資源。

(11)集中下單：兩個不同採購組織進行相同的採購時，集中下單以提高議價能力，藉以取得更低成本的原物料。

(二) 影響併購成敗的五項要件：

1. 買方對於目標公司，應能有技術上的協助。

2. 買賣雙方必須有一致的核心（common core of unity），亦即相同或類似的企業文化。

3.買賣雙方必須性情相投（temperamental fit），亦即買方必須與賣方的產品、市場、客戶等資源有一定程度的關聯。

4.買方需於併購後有人可以替代目標公司的高階管理人員。

5.併購後，買賣雙方的中級管理階層必須有實質的升遷效益。

(三) 影響併購成敗可能原因：

1.併購策略規劃不夠完善。

2.不可預期的貸款問題，尤其是當併購金額太大而買方力有未逮時。

3.管理深度不夠，特別是無法挽留原先優秀的管理人才。

4.買賣雙方公司的企業文化不同。

5.選錯併購目標。

6.併購價格過高。

7.整體經濟環境改變，導致預期的情境沒有出現。

8.買方對目標公司沒有縝密的發展計畫。

9.缺乏充裕的資本。

10.市場地理位置太過分散。

三、影響併購成敗的條件

影響企業併購成敗的五項要件：

(一) 買方對於目標公司，應能有技術上的協助。

(二) 買賣雙方必須有一致的核心（common core of unity），亦即相同或類似的企業文化。

(三) 買賣雙方必須性情相投（temperamental fit），亦即買方必須與賣方的產品、市場、客戶等資源有一定程度的關聯。

(四) 買方需於併購後有人可以替代目標公司的高階管理人員。

(五) 併購後，買賣雙方的中級管理階層必須有實質的升遷效益。

四、影響併購成敗的因素

企業併購失敗的ㄒ可能原因：

(一) 併購策略規劃不夠完善。

(二) 不可預期的貸款問題，尤其是當併購金額太大而買方力有未逮時。

(三) 管理深度不夠，特別是無法挽留原先優秀的管理人才。

(四) 買賣雙方公司的企業文化不同。

(五) 選錯併購目標。

(六) 併購價格過高。

(七) 整體經濟環境改變，導致預期的情境沒有出現。

(八) 買方對目標公司沒有縝密的發展計畫。

(九) 缺乏充裕的資本。

(十) 市場地理位置太過分散。

五、企業抵抗購併的方法

對惡意接管者（Hostile Takeover）目標公司（被購併的公司）可採取下列方式阻止購併者強行合併。

方法	內容說明
股票購回	利用股票購回，拉高股價，致購併者卻步。
金降落傘	所謂金降落傘（Golden Parachutes）即係規定提前解雇經理人，必須支付高額的退休金，用以嚇阻。
吞食毒藥丸	即於購併前賤賣資產，使購併者無利可圖。
白武士	即搶先與市場上其他的公司合併。例如頂新搶先與日本三洋食品合作而放棄與統一合作。
綠色郵件	係指目標公司以高於市場的價格自欲併購者手中買回自家公司的股票，稱為綠色郵件（greenmail）或支付贖金。
皇冠上的鑽石	皇冠上的鑽石（crown jewel）指目標公司若遭遇侵略者入侵，可處分掉公司最有價值的資產，有如將皇冠上的鑽石拿掉後，則該皇冠就一文不值，故稱皇冠上的鑽石或焦土政策（scorched earth strategy）。

牛刀小試

( ) 規定提前解雇經理人，必須支付高額的退休金，用以嚇阻企業購併的方法，稱為： (A)白武士 (B)吞食毒藥丸 (C)支付贖金 (D)金降落傘。 **答：(D)**

精選試題

☆(　) 1.統一企業的標語「創造健康快樂的明天」係？　(A)理念識別　(B)活動識別　(C)視覺識別　(D)以上皆非。

☆(　) 2.將企業經營理念及企業精神與文化，透過設計之文字，圖案顏色或整體造形，傳達給企業內外大眾稱之為？　(A)理念識別　(B)企業識別系統　(C)活動識別　(D)視覺識別。

(　) 3.下列何者非因企業經營者理念偏差而產生危機的原因？　(A)投機心態　(B)盲目投資　(C)家族企業弊端　(D)沉迷於過去成功的模式。

☆(　) 4.下列何者非企業發生危機時可採行之因應策略？　(A)減縮策略　(B)重整策略　(C)購併策略　(D)成長策略。

(　) 5.奇異電器公司多元素產品組合評估矩陣的兩個構面是產品實力的？　(A)市場成長率　(B)競爭地位　(C)相對市場占有率　(D)產業吸引力。

☆(　) 6.波士頓顧問團中，高成長、高相對市場占有率是？　(A)金牛　(B)明星　(C)問題　(D)狗　產品。

☆(　) 7.企圖掌握企業的配銷系統或增加對配銷系統之控制力是？　(A)後向整合　(B)水平整合　(C)前向整合　(D)多角化。

☆(　) 8.企業企圖握有其競爭廠商的所有權或控制力是？　(A)後向整合　(B)水平整合　(C)前向整合　(D)多角化。

☆(　) 9.在BCG矩陣模式中的金牛（Cow）事業所經營的產品常處於生命期的那一階段？　(A)推出期　(B)成長期　(C)成熟期　(D)衰退期。

☆(　) 10.從IBM當初進入個人電腦市場的表現，可判斷它屬於何種策略類型？　(A)防衛者（defender）　(B)前瞻者（prospector）　(C)分析者（analyzer）　(D)反應者（reactor）。

(　) 11.何者不會造成進入產業的障礙擴大？　(A)產業差異化　(B)經濟規模需求大量資金　(C)控制分配通路　(D)顧客的轉移成本低。

☆(　) 12.公司企業多角化經營之產品種類，與現有產品及市場均無關者稱為：　(A)垂直多角化　(B)水平多角化　(C)縱的合併　(D)集成多角化。

(　) 13.企業基於特殊的策略目的（如市場之開發及技術發展）而採取與其他足以和本身產生綜效（Synergy)的企業相結合，或產生合作的「暫時性關係」稱為：　(A)標竿管理　(B)策略聯盟　(C)顧客關係管理　(D)資訊管理。

(　) 14.以下何者不是傳統經濟時代與知識經濟時代的主要差異？　(A)傳統經濟重視實體資本；知識經濟重視智慧資本　(B)傳統經濟的運作中心在

「人力」；知識經濟的運作中心在「資產」　(C)傳統經濟時代的知識是重複性使用的；知識經濟時代的知識是非重複性使用的　(D)傳統經濟強調封閉系統觀；知識經濟強調開放系統觀。

☆(　) 15. 根據KPIS公式，知識管理最重要的要素為：　(A)人員　(B)分享　(C)知識　(D)資訊。

☆(　) 16. 明碁電通脫離宏碁Acer 自立新Logo（標誌）BenQ，意思是要享受快樂科技（Bring Enjoyment and Quality to life），走時尚科技產品的新道路，明碁此舉的目的是為了建立新的：　(A)企業廣告　(B)企業文化　(C)企業識別　(D)企業教育。

(　) 17. 上市公司對外進行投資太多時，容易讓投資人產生是否該公司核心事業面臨危機，以及企業透明度降低的疑慮，下列選項何者可消除投資人疑慮並提高企業營運透明度？　(A)內部高度電腦化　(B)產業高度自動化　(C)業務外包　(D)流程再造。

☆(　) 18. 威廉漢堡集點送墾丁渡假村折價券，以提昇雙方業績的作法，這是哪一種結盟的方式？　(A)同業結盟　(B)異業結盟　(C)委託結盟　(D)分散經營風險。

☆(　) 19. 當預期未來市場前景不佳時，企業通常會以「遇缺不補」、「優惠退休」、「降低產能」等方式因應，請問這是屬於何種商業經營策略？　(A)穩定策略　(B)集中策略　(C)縮減策略　(D)混合策略。

(　) 20. DELL 電腦公司接受顧客訂單後，向OEM 製造廠商下單，並直接出貨給顧客，下列何者不屬於DELL電腦公司成功的主要因素？　(A)策略聯盟　(B)以客為尊的行銷導向　(C)以時間為基礎的競爭　(D)差異策略。

(　) 21. 在企業擬定經營政策之前，對經營環境的各種組合因素進行分析，以便能迅速明確的協助企業找出有關企業從事特定行業經營的關鍵要素。此種分析稱為：　(A)經濟環境分析　(B)產業環境分析　(C)行銷策略分析　(D)因素分析。

☆(　) 22. 對產業內競爭強度的分析，下列敘述何者有誤？　(A)各個廠商市場占有率越分散則競爭越激烈　(B)潛在廠商進入越容易代表受到阻力小，競爭較不激烈　(C)處於導入期的產業競爭較不激烈　(D)替代品越多競爭越激烈。

☆(　) 23. 環境對企業的影響十分巨大，故當企業在進行策略規劃前，必須先對環境進行所謂的：　(A)無異曲線分析　(B)OT分析　(C)SW分析　(D)交叉分析。

(　) 24. 有關Michael Porter於1980年所提五力分析，下列敘述何者錯誤？　(A)包括潛在進入者與替代品的議價力　(B)包括供應商與購買者間的議價力　(C)包括同業廠商間的競爭強度　(D)以上皆是。

( ) 25. 策略金三角為企業經營管理手法中形成核心策略的重要要素,下列何者不在此三角中? (A)情境 (B)目標 (C)資源 (D)環境。

☆ ( ) 26. 產業中的大型公司在每一個市場區隔或利基市場中都有一項產品,此係成熟期產業的哪一種競爭策略? (A)市場滲透 (B)產品增值 (C)產品開發 (D)產能控制。

( ) 27. 下列有關紅海與藍海策略之敘述,何者有誤? (A)紅海策略係以競爭為中心 (B)紅色海洋大部分是以價格戰為手段 (C)藍海策略係以創新為中心 (D)創造藍色海洋的成敗關鍵在於尖端科技。

☆ ( ) 28. 擬被購併的目標公司,利用處分掉公司最有價值資產的方法來抵抗,此方法稱為: (A)金降落傘 (B)白武士 (C)皇冠上的鑽石 (D)吞食毒藥丸。

解答與解析

1. **A** 理念識別是企業經營之目標與方向,有客觀性、整體性及前瞻性之經營理念。

2. **B** 企業識別系統(CIS)又稱為「企業形象」。

3. **B** 盲目投資係經理人可能根據自己過去的經驗法則,接受自己所認為合理的資訊,並剔除了不想接受的部分資訊,造成了資訊的不充足以及不完整,從而忽視其可能產生的風險。

4. **C** 企業發生危機不應採用促使企業成長的策略。

5. **D** GE矩陣(GE Matrix)係戰略規劃最常用的工具之一。

6. **B** 明星事業係處於高速成長的產業當中,且享有較佳的市場地位。

7. **C** 前向整合係指向產業的下游(市場)方向整合,即上游購併下游。

8. **B** 企業的水平整合係取決於「規模經濟」與「範疇經濟」。其目的在生產大量而多樣化的產品和服務。

9. **C** 金牛事業通常位於已相當成熟的產業中,此一產業目前可獲取巨額的現金流量,但未來的成長則有所限制。

10. **C** 分析者採取的策略係在擷取防禦者和探尋者兩者之優點而成。

11. **D** 轉移成本是指消費者在購買一件商品以取代原有商品的過程中,過渡所需要支付的費用。如果顧客面臨的轉移成本非常高時,顧客就可能被鎖定在原來購買的品牌產品上。

12. **B** 水平多角化整合係取決於「規模經濟」與「範疇經濟」,其目的在生產「大量而多樣化」的產品和服務。

13. **B** 企業聯盟的作用,即是要發揮綜效,包括銷貨綜效、作業綜效、投資綜效、管理綜效,使彼此聯盟的企業都有更有力的競爭優勢,能共享較高的利益。

14. **B** 傳統經濟的運作中心在「人力」，而知識經濟將知識視為現代經濟的最珍貴資產，故其運作中心在「知識」。

15. **B** 分享為知識管理最重要的一環，如果知識不能分享，則組織雖擁有再多的知識、再優秀的人員，也無從充分發揮其知識管理的效益。

16. **C** 企業識別（CI）一般係指品牌的物理表現。通常來說，這一概念包含了標誌（包括標準字和標準圖形）和一系列配套設計。

17. **C** 業務外包係指企業整合用其外部最優秀的專業化資源，從而達到降低成本、提高效率、充分發揮自身核心競爭力和增強企業對環境的迅速應變能力的一種管理模式。

18. **B** 異業結盟是指**不同類型不同層次的市場主體**，為了更大可能提升規模效應、擴大自己的市場占有率、提高信息和資源共用力度而組成的利益共同體。

19. **C** 縮減策略係指當企業遭遇危機時，採取此種做法基本上是一種因應危機的短期措施，旨在節省資源外流，藉以保存企業血脈根基，並抑止損失之擴大。

20. **D** 差異化策略係在透過強調高品質、特殊服務、創新設計、科技能力或是品牌形象以達到消費者願意以較高價格購買，降低其對價格的敏感度的目標。

21. **B** 「產業環境分析」係指企業對經營環境的各種組合因素進行分析，用以了解產業特性、發展歷程、經營關鍵、現有市場狀況、未來之發展趨勢與進入該產業的門檻。

22. **B** 潛在廠商進入越容易代表受到阻力小，競爭越激烈。

23. **B** 對環境進行偵測工作之對象為「一般環境」及「特殊環境」，希望在此步驟中獲得蘊藏在環境中的機會及威脅，以了解可能的變動及對企業的影響，此即為OT分析。

24. **A** 五力分析中，潛在進入者與替代品為對現有產業的威脅。

25. **A** 「策略金三角」係在藉由維持與創造組織目標、環境與資源，形成核心策略，故又被稱為「3C競爭分析」。

26. **B** 產品增值係以產品差異化為基礎進行競爭。

27. **D** 創造藍色海洋的成敗關鍵，並非尖端科技，只有創新與實用功效、價格和成本配合得恰到好處，才能達到價值創新。

28. **C** 目標公司採取此法，就有如將皇冠上的鑽石拿掉，使該皇冠一文不值，故謂之皇冠上的鑽石。

第三章 企業的國際化成長

考試頻出度：經濟部所屬事業機構 ★
中油、台電、台灣菸酒等 ★★

關鍵字：市場全球化、多國企業、跨國企業、多國本土化戰略、全球運籌系統、直接外銷、技術授權、全球化策略。

課前導讀：本章內容中較可能出現考試題目的概念包括：企業國際化的利潤性動機、企業國際化所受到的限制、多國本土化戰略、全球運籌系統、企業國際化的組織設計、技術授權模式進入國際市場、企業全球化的四種策略。

第一節 企業國際化的基本概念

一、市場全球化

(一) **意義**：企業家在世界各地籌集資金，利用各地的科技、通訊、管理及人力，在世界任何地方製造產品，賣給世界任何地方的顧客。此種作法稱為「全球化（Globalization）」，例如可口可樂公司於全世界使用紅白相間產品設計與行銷策略即是。換言之，市場的全球化就是企業將全球視為目標市場，同時也將全球視為生產工廠。當愈來愈多企業投入國際性業務時，全球以更快的速度成為一個相互依存的市場的現象。

> **市場的全球化**：企業國際化的原因即是多國企業形成的原因。

(二) **導因**：哈佛大學的李維特（Theodore Levitt）於1983年為文指出，全球各市場，終將因為技術的不斷進步，提供價廉物美的產品，從而改變原本的差異需求，生產者將可以因為同質產品生產規模的擴大，享受規模經濟的效益，繼續回饋到產品的成本上，從而形成產銷的良性循環，因此高價格機能比的標準產品將有助於市場的全球化。

重要 ### 二、促成全球化的驅動力量

(一) **市場的驅力**：
1. 事業走向全球化的最重要驅力。
2. 地球村的效應亦進一步促成全球市場，日益形成一種需求同質性（Homogeneity）的現象。
3. 透過全球化，可以使企業突破當地市場成長的限制。

(二) 技術的驅力：

1. 運輸與通訊技術的便利性。
2. 藉由日新月異的科技，距離所產生的時間與成本上的障礙已經大幅下降，這些新技術發展都有利於驅動企業走向全球化。
3. 技術的進展使得全球的偏好愈來愈同質，因此導致全球化的可能性大幅提高。
4. 交通與通訊的改良，使得人際往來與企業往來，更是天涯若比鄰。

(三) 競爭的驅力：

1. 企業的主要競爭者走向全球化。
2. 可以發揮槓桿效益。這些槓桿效益可以來自經驗轉移和規模經濟。
3. 經驗轉移是指跨國企業可以借助其在世界任何市場所培養出來的能耐和獨特競爭力，轉移至其他的國家，來實現更大的營收和利潤。
4. 規模經濟是指跨國企業可以將全球的生產量集中於單一工廠以充分發揮經濟效益。

(四) 成本的驅力：

1. 當企業所銷售的產品或服務並未具有太大的差異，成本的驅力會愈來愈大。
2. 由於不同國家可能存在著不同的資源取得優勢，因此企業可以藉由全球化來獲取這些利益。
3. 企業可以將各種價值創造活動，放在最適合該活動的地點進行，以追求最佳的經濟效益。

(五) 政府的驅力：

1. 各國政府對於全球化的正面鼓勵，也是使全球化成為熱潮的原因之一。
2. 許多政府採取政策或工具，來鼓勵企業走向全球化，例如有利的貿易政策、接納外國投資、相容的技術水準、共同的行銷規範、貼補、優惠稅率，以及輔導措施等。

牛刀小試

( )　下列何者非屬企業國際化的利潤性動機？　(A)保護原有市場　(B)使用地主國的廉價勞力　(C)政治上的情面　(D)確保原料來源。　　**答：(C)**

重要 三、跨國界經營活動面臨的問題

企業跨國界經營所帶來的挑戰，主要是來自於不同國家地區經營環境的異質性。因為不同國家地區的「政經情勢不同、法令制度措施不同、社會文化特性不同、甚至

人們的行為價值觀不同」，都影響到企業在不同國家地區的經營活動，也因而導致企業國際化過程中，需要面對不同程度的經營風險與考驗。然而，各國之間的貿易障礙差距逐漸縮小、國與國之間的運輸通訊成本大幅降低、全球各地區對商品需求的同質化程度持續提升、加上愈來愈多的企業積極的採取國際化經營行為，使得企業參與國際化活動的必要性大幅度提高。因此，企業在國際化的動機多元、國際市場經營環境多變、加上全球化競爭環境的全面影響，使得企業推動國際化的複雜度與風險程度提高。

企業赴海外投資會面臨如上所述的一系列的風險，其中因當地國的國際收支狀況異常，或當地政府經濟管理失誤所可能衍生的「匯率風險」亦須加以注意，而選擇擴展業務於任一國家之基礎在於其在該國是否有「比較利益」（Comparative advantages）存在，以提升本身之「競爭優勢」，確保企業之永續發展，這些都更須深思熟慮。

四、企業赴海外投資面臨的風險

(一) **經濟風險**：經濟發展程度、基礎建設、經濟政策。
(二) **金融風險**：金融穩定性、利率與匯率風險（因當地國的國際收支狀況異常，或當地政府經濟管理失誤所可能衍生的風險）。
(三) **政治風險**：政情穩定與否、政府的態度與行政效率。
(四) **法律差異**：法律規範不同、執行效率與嚴謹度。
(五) **文化差異**：基本價值觀、民情風俗、生活習慣。
(六) **時空阻隔**：溝通協調、監督稽核、緊急事故處理。

五、不同型式的全球性組織

項目	內容說明
多國企業	多國（籍）企業（Multinational Enterprise Corporations；MNCs）或稱為「多國公司」，係指凡公司在許多國家內同時擁有一些重要的營運據點，而其所有權、控制權及管理決策仍屬國內母企業所有，其產品市場是世界性的企業。
跨國企業	跨國企業（transnational corporations；TNCs）或稱為跨國公司，係指凡公司在許多國家內同時擁有一些重要的營運據點，而其「決策權分散於各營運據點」（地主國的分公司）。這類型的組織並不會將母公司的成功經驗直接複製到國外分公司中，相反的，跨國企業會雇用當地員工來經營各地的分公司，而其市場策略也會針對當地的特色進行修改。這類型的全球組織反應出多國取向的態度，它的管理方式是提供符合當地顧客的產品，以滿足當地市場的需求。

項目	內容說明
無疆界組織	無疆界組織（borderless organization）。【內容請參照本書Part3 Volume3 Chapter2「組織機能」】

 ## 六、多國本土化戰略

多國本土化戰略（Multi-Domestic Strategy）又稱多國戰略，是根據不同國家的不同市場，提供更能滿足當地市場需要的產品和服務。實施多國本土化戰略的公司首先在其自己的國內市場開發產品，然後把產品提供給國外的子公司進行銷售或改造。

為了滿足所在國的市場要求，企業可以採用多國本土化戰略。這種戰略與國際化戰略的不同之處在於，要根據不同國家的不同的市場，提供更能滿足當地市場需要的產品和服務；相同點是，這種戰略也是將自己國家所開發出來的產品和技能轉到國外市場，而且在重要的東道國市場上從事生產經營活動。因此，這種戰略的成本結構較高，無法獲得經驗曲線效益和區位效益。

> 多國本土化戰略：在當地市場強烈要求根據當地需求提供產品和服務並降低成本時，企業應採取多國本土化戰略。但是，由於這種戰略生產設施重覆建設並且成本比較高，在成本壓力大的行業中不太適用。同時，實行多國本土化，會使得在每一個東道國的子公司過於獨立，企業最終有可能會失去對於公司的控制。

當地方需求回應的壓力高，而成本的壓力低時，企業用以進入及競爭於國際環境的較適策略即為「多國本土化戰略」。

七、全球運籌系統

全球運籌系統（Global Logistics）係指一連串散布在全球各地為滿足顧客需求，將資源作最有效率規劃、執行與控制的活動加以整合，使產品、服務和相關資訊從起源點到消費點之間有效率且具成本效益的流通。簡言之，全球運籌系統係以全球為基礎（global based），進行「跨地理區域、業務機能，以及供應鏈的整合活動」，因此可將其視為全球基礎的供應鏈管理。例如宏碁電腦之採取速食店模式，在台灣生產主機板，在國外當地採購CPU或記憶體，中間跨越世界許多地方，因此需求全球運籌系統掌握各原料供應以及半成品配送情形，使產品可以順利快速地配送給顧客，即屬全球運籌系統。

八、企業的國際競爭力

根據 Porter 的分析，企業國際競爭力的來源有下列四個因素：

(一) 有比較利益存在，亦即指生產產品所需因素或品質方面具有顯著利益存在。

(二) 生產、後勤、行銷、採購方面有規模經濟的利益。

(三) 有產品差異性的利益存在。

(四) 有市場情報的利益存在，看其是否能取得最及時的市場情報。

牛刀小試

( )　根據Porter的分析，企業國際競爭力的來源有四個因素，下列何者正確？　(A)有比較利益　(B)有規模經濟的利益　(C)有市場情報的利益 (D)以上皆是。　　　　　　　　　　　　　　　　　　　　**答：(D)**

九、鑽石模型理論

國家競爭優勢「鑽石模型理論」。由哈佛大學商學院教授麥可‧波特（Michael E. Porter）在其代表作《國家競爭優勢》（The Competitive Advantage of Nations）中提出，屬於國際貿易理論之一。國家競爭優勢理論既是基於國家的理論，也是基於公司的理論。國家競爭優勢理論試圖解釋如何才能造就並保持可持續的相對優勢。國家競爭優勢論有四個點，組成一個四邊形，因此被稱為國家競爭優勢鑽石。國家競爭力分為下兩個因素：

(一) **關鍵因素**：決定一個國家的某種產業的競爭力有下列四個。

　1. **要素條件優勢**：土地（包括自然資源），資本，勞力，勞力教育水平，國家基礎設施質量等。這些要素條件，有些是自然因素，另一些則是政府可以發揮作用的地方。

　2. **需求條件優勢**：國內市場是否足夠大。多數公司首先的目標是著重於滿足國內市場的需要。如果國內市場很小，公司很難開發出新產品。

　3. **相關產業和支持產業的表現**：這些產業和相關上游產業是否有國際競爭力。

　4. **企業資源優勢**：公司戰略，結構及競爭對手的表現。

(二) **關鍵變數**：

　1. **政府**：政府可以創造新的機會和壓力，如發展基礎設施、開放資本管道、培養信息整合能力等。

　2. **機會**：對企業發展而言，例如基礎科技的發明創造、金融市場或匯率的重大變化、市場需求的劇增、戰爭等。

十、跨國企業任用當地人擔任管理者的觀點

(一) **種族優越中心觀點**（Ethnocentric Attitude）：為「本國取向態度」，認為母國的工作方式與實務操作是最好的，管理者對外國員工有不信任感。

(二) **多中心觀點**（polycentric attitude）：為「多國取向態度」，認為本土（地主國）化的員工較能發展出適當的工作方式與實務操作，知道在當地經營事業的最好方法。

(三) **地球為中心觀點**（geocentric attitude）：為「全球取向態度」，認為選擇全世界最優秀的工作方式與人才來管理企業，才是最有效的方式。

第二節　國際產業分析

一、一般的產業分析

Bartlett與Ghoshal兩位學者曾提出「全球整合程度」以及「地區回應程度」兩大構面，用來分析產業型態、多國籍企業策略型態、多國籍企業價值鏈活動（功能活動）以及各價值鏈活動下任務活動之四大層次議題，簡稱「整合－回應（I-R）架構（模式）」（見下圖）。

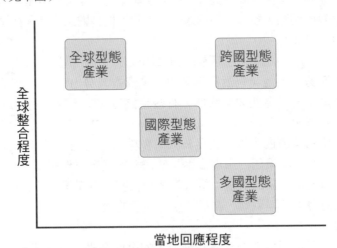

一般的產業分析圖

二、產業的整合－回應（I-R）架構

(一) **產業全球整合程度**（global integration）**－縱座標**：下列原因表示產業全球整合程度的需求較高。處此情況，母公司(總部)控制程度高，子公司(國外地區)授權度較低。

　1.各市場的需求具有相當程度之相似性。

　2.成本競爭壓力大、全球規模經濟重要性提升。

　3.整合全球各區位資源並加以使用。

　4.競爭者來自全球各地。

(二) **產業地區回應程度**（local responsiveness）**－橫坐標**：因下列原因表示地區差異化的需求較高。處此情況，子公司（國外地區）授權度高，母公司（總部）控制程度較低。

　1.各地市場消費者需求特質具有差異之程度。

　2.當地政府相關法令、制度差異之程度。

　3.當地行銷與通路差異之程度。

三、四種產業類型

根據全球整合程度與地區回應程度兩大構面，可將多國籍企業策略分成下列四類：

(一) **多國型態產業**（multi-domestic）：低全球整合，高地區回應。

(二) **全球型態產業**（global）：高全球整合，低地區回應。

(三) **國際型態產業**（international）：中等全球整合，中等地區回應。

(四) **跨國型態產業**（transnational）：高全球整合，高地區回應。

第三節　企業進入國際市場的模式

一、企業進入國際市場應考慮因素

企業進入國際市場，選擇適當的市場進入模式對於國際化的實現，具有關鍵的影響性，因為「不同的進入模式代表不同程度的風險與潛在獲利機會，需求不同的配合條件」。因此，當企業（製造民生消費用品）拓展海外市場時，如果某一海外地主國的市場需求與本國差異很大時，則採取「多國化（multinational）策略」較為適用。企業要說服股東進行全球化，「競爭的驅力」乃成為絕佳的理由。

> **企業成敗因素**：企業若未能依據本身的目的與資源條件，選擇最低成本的進入方式，則國際化發展往往會功敗垂成。

企業若未能依據本身的目的與資源條件，選擇最低成本的進入方式，則國際化發展往往會功敗垂成。

二、企業組織走向全球化必須經過的三個階段

(一) **第一階段**：企業可藉由出口（exporting）產品到外國（本國生產海外銷售），或進口（importing）外國產品到本國銷售。

(二) **第二階段**：雇用國外代表或委外製造。

(三) **第三階段**：建立國際營運，透過下列進入國際市場的模式進軍國際市場。

三、企業進入國際市場的方式

企業進入國外市場通常選擇出口外銷、聯合創業或直接投資。公司一旦發現某特定的國外市場頗具發展潛力，接著就要決定進入該市場的最佳方式。

(一) **出口外銷**：出口外銷（exporting）是公司進入國外市場最簡單的方法，適用於國際化初始階段。此時公司可能偶爾才把剩餘的商品輸往國外，或把產品賣給外國廠商派駐在國外的採購單位。

1. 公司通常透過獨立的國際行銷中間商以間接出口方式開始。它的優點是：投資較小、無需成立海外銷售組織或通路網、風險小、由中間商提供技術和服務、公司犯錯的機率小；這種模式也比較不用擔心培養競爭者的風險。

2. 公司也採取直接出口的方式進入國外市場，其方法包括：設立國內出口部門、設立海外分支機構、定期派遣若干銷售人員等。

(二) **聯合創業**：聯合創業（joint venturing）是公司進入海外市場的另一個選擇，即與當地人合作，在國外建立各種生產和行銷設施或服務處。合資的方式包括：

1. **授權生產（licensing manufacture）**：授權生產是指企業授權給外國廠商，讓它在其所在國家生產企業的產品，而外國廠商與國外市場的受權企業達成協議，允許後者使用其製造方法、商標、專利、產業機密等，並向企業交納一定的授權金，授權費通常按產品銷量提成。這種授權模式需要注意智慧財產權有無複製的法律問題，但這種進入國際的方式所要投入的資金卻最少。

2. **契約生產（contract manufacturing）**：由其負責生產所需的產品或提供服務。

3. **管理契約（management contracting）**：由本國廠商提供管理技術，由外國公司提供資金。

4. **合資創業（joint ownership）**：由外來的投資者與當地的投資者一起合作，並共同享有該公司的股權與控制權。易言之，在國際市場上，與夥伴共同成立一家獨立公司的做法稱為合資。

(三) **直接投資**：進入國外市場的最後一種方法是廠商前往國外直接投資（direct investment），亦即以獨資（百分之百股權）方式進入國際市場，在當地成立子公司（故稱為wholly-owned subsidiary）；這個子公司可以是新成立的事業，或透過購併當地既有事業進入國際市場，例如美國的福特汽車（Ford）收購瑞典的富豪汽車（Volvo）即屬此類。

1. 公司透過各種方式降低其生產成本，如廉價的勞工或原料、外國政府的獎勵投資措施等等。
2. 公司可與當地的政府、顧客、供應商及經銷商等建立更密切的關係。
3. 直接投資的最大缺點是在投下大量資金後常須冒很大的風險，如管制或通貨貶值、政策變動等。

四、多國企業的發展模式

發展模式	發展方式
非所有權模式	1. 不以獲得股權為目的，憑技術合作之「授權契約」向海外之「被授權廠商」收取權利金或技術費。 2. 以「管理契約」到海外發展，正如「技術契約」一般，以自己公司高明的管理能力和制度到海外為其他公司負責經營管理，收取酬勞金。 3. 以「生產契約」走向跨國公司模式，但不以握有「絕對所有權」為主。
所有權模式	1. 設立分公司或行銷附屬公司。　　2. 設立裝配廠。 3. 成立少數股合資事業。　　　　4. 成立多數股合資事業。 5. 成立百分之百獨資事業。　　　6. 成立財團式投資事業。

 ## 第四節 企業的全球化策略

在全球化下，生產行銷活動需要重組，誰能充份利用金融、貨物、人員的流動，並有整體的全球策略及全球行銷管理與規劃的能力的誰就是贏家。在此前提下，多國籍企業顯然是全球化的最大受益者，蓋因**多國籍企業原本就利用全球不同資源稟賦的配置來「降低成本」、「回應當地要求」、「提高競爭力」，以其已經具有的彈性運用全球資源的能力及散佈全球的生產與行銷據點，全球化所帶來的各種因素的自由流動更增加其可用資源及彈性運用的空間。根據**Bennett Harrison（1994）**的研究指出，在世界市場全球化下，多國籍企業已成為經濟成長的主要動力。抱持全球取向**(Geocentric Attitude)**企業必然極力找尋全球最好的工作方法、在全球市場上找人才與對於不同文化的差異有極高敏感度等特徵。多國籍企業之全球化策略有如下圖所示之四種策略可供採用**，茲分別說明之。

回應當地壓力

		低	高
成本降低壓力	高	全球策略	跨國策略
	低	國際策略	在地化策略

項目	內容說明
全球策略 global strategy	高度整合的全球化策略（global strategy）又稱為「全球標準化策略」，其最主要特色是「產品標準化」，係以全球規模、標準化追求低成本策略，並利用規模經濟、學習效果及區位經濟降低成本，以提高獲利率。此種策略，當企業面臨強大成本降低壓力與當地回應需求最少時，這項策略最具意義。因此，整個競爭策略的擬定，集中在母國的總公司，並受其控制。母國的總公司則試圖在不同的國家的子公司間達成某種程度的整合。
國際策略 international strategy	國際策略是指將某種具有價值的能耐或產品轉移到國外市場，由於國外市場中的競爭者並未擁有這些能耐或產品，因此這些能耐或產品具有相當高的競爭力。此種策略，通常為國內市場生產產品，並只做最少當地客製化產品就在國際上銷售。當一個企業擴張至海外市場時，都遵循類似發展模式。
跨國策略 transnational strategy	此種策略係在設法同時透過區位經濟、規模經濟及學習效果，以求達到低成本；同時考量在各個地理市場差異化的情況下，提供企業當地化的產品，並在企業的全球營運網路中，促進各子公司間作多方向技術交流。當然必須了解，要如何做最有效地實施跨國策略，是一個相當複雜的問題與挑戰，很少企業能將跨國策略執行得恰到好處。就另一個角度來看，跨國策略是指企業不只單向地將母國的技術或產品輸出至其他國家，也可能將其他國家的技術或產品輸送回母國。

項目	內容說明
多國策略 muti-domestic strategy	「多國策略」又稱為「在地化策略」，係指將企業的產品及服務，依照客戶的需求來客製化，以提高獲利率，亦即提供符合不同國家市場的喜好及口味之產品。就另一個角度來看，在地化策略乃是母國總公司將決策下授給所在國的策略事業單位，並允許他們自行發展與設計適合當地之產品或服務的策略。在地化策略當各國間消費者之喜好與品味有實質上差異，而成本壓力不太強烈時，最為適當。

第五節　全球行銷方案的擬定

產品和促銷在國外市場的調整策略區分為五種，包含三種產品策略與二種促銷策略。

		產品		
		產品不變	**修改產品**	**開發新產品**
促銷	**促銷方式不變**	直接延伸	產品調適	產品創新
	修正促銷方式	溝通調適	雙重調適	

一、 **直接延伸策略**：即將公司的產品原封不動在國外市場推出。這時公司的行銷原則是「就現有的產品設法尋找顧客」，但第一步是要先瞭解國外消費者是否使用該產品及他們偏好的形式。如海尼根。

二、 **產品調適策略**：即適度的修改產品以配合當地的環境或需求，如Nokia；在某些情況下，產品須依當地的迷信和信仰做調整，如我國凱悅大飯店即是受風水觀念影響而調整。

三、 **溝通調適策略**：即認為廣告訴求方式應因地制宜。媒體選擇也應因應各地環境做出調整。

四、 **雙重調適策略**：產品與促銷皆作適度修改。

五、 **產品創新策略**：即發展一些新的產品，這通常又分成二種情形——一種是公司將適合當地需要的早期產品重新推出。如國民收銀機公司在亞洲地區重新推出老式收銀機。第二種是發展出嶄新的產品，以迎合國外市場的需要。

精選試題

( )｜1. 下列何者非企業國際化之原因？　(A)保護原有市場　(B)避開國內政治紛擾　(C)使用廉價勞力　(D)確保原料來源。

☆( )｜2. 當地方需求回應的壓力高，而成本的壓力低時，企業用以進入及競爭於國際環境的較適策略是：　(A)國際策略（International Strategy）　(B)多國本土化策略（Multidomaotia Strategy）　(C)全球策略（Global Strategy）　(D)跨國策略（Transnational Strategy）。

( )｜3. 某企業採取國際策略（International Strategy）在全球環境中經營，故該企業在理論上應具備的主要優勢是：　(A)轉移特殊才能（Valuate skills and products）到國外市場　(B)充分得到地方回應　(C)取得地區效應　(D)運用經驗曲線效果。

( )｜4. 海外子公司具有自主地位，可以自行生產、銷售，決定經營策略，自負盈虧，可視為獨立運作的單位，這種國際企業稱為：　(A)母國中心主義　(B)多國中心主義　(C)全球中心主義　(D)責任中心主義。

☆( )｜5. 凡公司在許多國家內，同時擁有一些重要的營運，而其管理皆集中於母國，這種公司稱為：　(A)多國公司　(B)跨國公司　(C)全球運籌公司　(D)以上皆是。

( )｜6. 企業跨國經營主要進入策略，下列何者正確？　(A)策略聯盟　(B)直接投資　(C)貿易　(D)以上皆是。

☆( )｜7. 企業一旦決定耕耘某一外國市場之後，就必須決定以何種策略方式進入該國為佳。進入方式可分為(1)合資；(2)加盟授權；(3)直接投資；(4)出口。若依照投資的金額、風險與控制程度等由低而高排序何者正確？　(A)(4)＜(1)＜(2)＜(3)　(B)(2)＜(4)＜(1)＜(3)　(C)(4)＜(2)＜(1)＜(3)　(D)(2)＜(4)＜(3)＜(1)。

( )｜8. 下列有關企業國際化的原因之敘述，何者正確？　(A)保護原有市場是一種利潤性動機的防禦行為　(B)利用地主國的廉價勞力是一種利潤性動機的防禦行為　(C)確保原料來源是一種攻擊行為　(D)情面上的關係而到國外投資是一種防禦行為。

☆( )｜9. 以全球規模、標準化追求低成本策略，並利用規模經濟、學習效果及區位經濟降低成本，以提高獲利率。此種國際化策略稱為：　(A)全球策略　(B)國際策略　(C)跨國策略　(D)在地化策略。

☆ ( ) 10.考量在各個地理市場差異化的情況下,提供企業當地化的產品,並在企業
的全球營運網路中,促進各子公司間作多方向技術交流。此種國際化策略
稱為: (A)全球策略 (B)國際策略 (C)跨國策略 (D)在地化策略。

解答與解析

1. **B** 企業國際化的原因就利潤性動機而言,除題目(A)(C)(D)三者所述者之
外,爭取或擴充新市場與受地主國的政策優惠鼓勵。

2. **B** 多國本土化戰略是根據不同國家的不同市場,提供更能滿足當地市場
需要的產品和服務。

3. **A** 國際策略是指將某種具有價值的能耐或產品轉移到國外市場,由於國
外市場中的競爭者並未擁有這些能耐或產品,因此這些能耐或產品具
有相當高的競爭力。

4. **B** 多國中心主義的結構可以因應不同市場需求做出快速回應,具有應變
彈性。

5. **A** 多國公司係所有權、控制權及管理決策皆屬國內母企業所有,其產品
市場是世界性的企業。

6. **D** 採用技術授權、連鎖加盟或合資方式,亦是企業跨國經營的策略選
項。

7. **C** 由題目所述各種策略之投資金額、**風險與控**制程度等大小,可做為企
業決定投入跨國經營前的極重要抉擇因素。

8. **A** 利潤性動機可分為防禦性行為（包括保護原有市場與確保原料來源）
及進攻性行為（包括爭取或擴充新市場、使用地主國的廉價勞力與受
地主國的政策優惠鼓勵）。

9. **A** 此種策略,當企業面臨強大成本降低壓力與當地回應需求最少時,這
項策略最具意義。

10. **C** 跨國策略是指企業不只單向地將母國的技術或產品輸出至其他國家,
也可能將其他國家的技術或產品輸送回母國。

NOTE

PART **3** 管理學

Volume 1 **管理的概念與管理哲學**

本篇係針對考試最可能的命題焦點加以闡述。首就管理基本概念，以及管理者的職責、能力、工作角色等作簡潔的介紹；次就各種「組織文化」的理論要點與「組織氣候」作解説；再其次係就企業的社會責任與管理的綠化等公共議題，作有系統的歸類説明；第四則是就近來亦常出現題目的企業倫理與管理道德的問題，亦加以陳述；當然「管理理論」在準備考試時，是考生絕對不容忽視的主題，也加以作概念的介紹；最後，「管理學」題目比例佔最多的規劃、組織、領導和控制等功能，則集中在此作有系統且詳盡的歸類整理。以幫助考生在本科中，攻取最佳的分數。

第一章 管理基本概念

考試頻出度： 經濟部所屬事業機構 ★★★★
中油、台電、台灣菸酒等 ★★★★

關鍵字： 管理機能、管理工作、管理能力、工作角色、成功的領導人。

課前導讀： 本章內容中較可能出現考試題目的概念包括：企業的生產與分配雙重機能、企業機能、管理機能、管理工作與非管理工作、管理者的能力、現代管理人（或經理人）之工作角色。

第一節 管理基本概念

一、管理的意義

所謂管理，一般認為是「透過他人而將事情做好」。
進而言之，管理是運用規劃、組織、用人、領導與控制等項的基本活動，以期有效的運用某一組織內的人員、金錢、物料、機器與方法，務使能夠相互密切配合，綜合與協調眾人的努力，以順利達成此組織的任務與實現其目標的一種程序。

> **管理定義：** Mary Parker Follett（佛雷特）將管理定義為管理是一種透過他人，而使事情圓滿達成的活動過程。我國管理學者許士軍則將其定義為「**群策群力，以竟事功**」。

二、凡組織皆須管理

雖然管理是一個普遍應用的名詞，但其內涵與意義，卻往往隨應用場合而異。簡單來說，管理代表人們在社會中所採取的一類具有特定性質和意義的活動，其目的在藉由「群體合作，以達成某些共同的任務或目標」，換言之，**管理乃是人類追求生存、發展與進步的一種途徑與手段。** 因此，不論是以營利為目標，追求利潤的農、林、漁、牧、工、礦、交通、金融、貿易、旅遊等任何行業，均需透過有效的管理來達成其永續經營的目標。

> **凡組織皆須管理：** 「提供服務，非以追求利潤為目的」之文化、教育、家庭、醫療衛生、宗教、公益、人民團體等公、私組織，甚或政府機關，其效能與效率如何，皆關係到整個社會及其效能與效率如何，皆關係到整個社會及其成員的福祉與生活品質甚大，同樣需要加強其管理而不能等閒視

三、管理機能

管理機能（又稱管理功能、管理程序）根據管理學者**最常用的分類可分為「規劃、組織、用人、領導與控制」五大類**，此即管理之基本要件，**也稱之為「管理程序」**。茲將各項管理機能的意義與其重要性說明如下：

> 之，否則無法達成其使命與任務。因此，我們可以說，管理無所不在，任何公私組織均需要管理。

機能	內容說明
規劃機能	係指企業要展開各項業務運作之前的動腦過程。其係由多項可行的對策途徑中，逐一分析與「選擇」最佳途徑之後，針對即將展開的各項工作進行完整的安排，目的在使各項工作能夠順利地進行，達成預期的目標。
組織機能	將企業要展開的各項作業，加以分類編組，並推算需要動用的人力，將人與事情作有效的結合，此即企業管理系統的「組織」機能。在有效的組織運作之下，每位企業內部的工作人員，都有相當清楚的工作任務內容，也具有達成該項任務所需的知識能力，並且讓相關業務的人聚集一起，形成企業內部的各類型部門，並讓部門與部門之間，人員與人員之間緊密互動、充分溝通合作，有助於達成企業的目標。
用人機能	完成規劃與組織之後，企業的管理系統要能夠找到正確性格的人，提供必要的訓練與協助，讓各項計畫中的工作，能夠順利地推動與執行，此即企業管理系統中的「用人」機能，讓企業的每項工作，都能夠找到具備合宜能力的人員擔任。但因企業的活動內容往往具有獨特性，許多工作都需要經過必要的訓練之後，才能充分勝任，故企業需要不斷的提供內部人員所需的訓練活動，一方面「提升工作效率」，另一方面也「提升人員能力素質」，使企業活動層次持續提升。
領導機能	當企業已經找到合宜的人手之後，為達到企業的經營目標，就需要指派一些能夠不斷下達工作指令、激勵引導部屬投入工作、定期監督其工作成效的領導幹部，負責部門的工作目標達成，引領部門內員工的有效工作，此即企業管理系統的「領導」機能，讓企業內部人員，都能夠依循「既定的工作目標」與「企業經營方向」，執行預定的工作。
控制機能	完成相關的管理機能安排之後，企業活動便能順利展開，而企業管理系統的另一項重要機能，則在「監控」各項工作的順利執行，以確保預定目標的達成，此即企業管理系統中的「控制」機能。

牛刀小試

( )　1.一般所稱之管理機能中，下列何者有誤？　(A)領導　(B)分析　(C)
　　　規劃　(D)組織。　　　　　　　　　　　　　　　　　　**答：(B)**

( )　2.下列哪一種組織需要管理？　(A)大專院校　(B)中小企業　(C)環境
　　　保護基金會　(D)以上皆是。　　　　　　　　　　　　**答：(D)**

( )　3.下列哪一項為管理的性質？　(A)管理是一門藝術而非科學　(B)
　　　管理是有組織的活動　(C)管理工作可獨自完成　(D)管理以技術
　　　為中心。　　　　　　　　　　　　　　　　　　　　　**答：(B)**

四、作業人員及管理人員

作業人員	直接從事某些工作或任務，而**無須擔負監督別人工作（未擁有部屬）之責**的人員。
管理人員	管理人員指揮別人工作，而且**擁有部屬，也可能兼負某些作業性職責。**

 ## 五、管理工作與非管理工作

管理工作	所謂管理性工作是指如何規劃（Planning）、如何組織（Organizing）、如何用人（Staffing）、如何指導（Directing）及如何控制（Controlling）部屬之體力與腦力，俾如期完成預期之目標。
非管理工作	所謂非管理性工作是指細節之專業技術操作工作。

第二節　管理者的職責、能力、角色與領導模式

一、管理者（Manager）

(一) **管理者的意義**：管理者係指和一群人工作，並藉由「協調」他人，來完成工作與達成組織目標的人。依戴明（Deming）博士的看法，管理者乃是增加生產力的主要來源。

(二) **管理者的職責**：包括監督部屬、協調不同部門或人員間的工作，甚至包括非組織內的員工，例如臨時人員或供應商的職員等。此外，當然亦須處理自己份內的工作。

層級	工作性質
第一線管理者	第一線管理者（First-line Managers）**係指管理的基層主管，負責生產性或庶務性員工的管理工作。**第一線管理者主要工作為監督員工每天的作業活動，經常是一個工作群體的領導者，故也可稱為基層管理者。他們通常被稱為指導員（Supervisors）、生產線經理、辦公室主任或工頭等。
中階管理者	中階管理者（Middle Managers）**係指介於高階管理者與第一線管理者之間，**他們管理第一線管理者，通常被稱為部門經理、專案領導人或廠長等。
高階管理者	高階管理者（Top Managers）**係指負責組織全面性決策制定，並決定組織的計畫與目標的人。**常見的職稱有執行副總、總裁、總經理、營運執行長、行政執行長或董事長。

 二、管理者的能力

(一) **意義**：管理能力所指的並非一般機能性的業務能力，而是指特殊的管理技能。Katz認為，一般管理者應發展下列三方面的管理能力：

管理能力	工作性質
技術性能力	係指管理者由教育、訓練、學習和個人經驗所獲得的知識、方法和技巧而完成任務之能力。應用於作業或業務工作上的知識與經驗，例如製造部門的主管，應知道生產設備的設計及操作原理；資料處理部門的主管，應了解電子計算機的性能及其計算程式。
人際關係能力	Katz認為此種能力在不同管理層級都是很重要的管理能力。係指管理者之溝通、領導及協調能力。簡單來說，係指管理者與組織體系中的部屬、同事及上司相處的能力。管理者與善於通過各種激勵措施，對下屬施行有效領導之能力，這種能力即所謂的人際關係能力，而溝通則是其很有用的利器。

管理能力	工作性質
概（觀）念化能力	管理者需要具備對問題的解決與思考能力，以正確分析情境並作出決策，亦即指計畫、組織、分配工作以及控制等能力而言。要具備這種能力，應對整個企業體的組織體系及各部門有一個清楚的觀念。這種能力較偏向管理層次，故亦稱為管理能力。

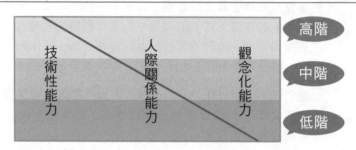

(二) **三項技能與層級間的關係**：由上圖可知，各階管理者的差別在於比例之不同，越高級的管理者，其概念化技能或其內在能力愈形重要；反之，越往基層的管理者，則技術性能力越形重要。

牛刀小試

(　) Katz認為管理者應具備的三大技能為技術性能力、人際關係能力及：
(A)規劃能力　(B)觀念化能力　(C)控制能力　(D)組織能力。　　**答：(B)**

(三) **管理人應如何提昇管理能力**：

1. **就技術性能力而言**：雖然管理人不須成為一個技術的專家，但若他一無所知，勢必無法與組織內的技術人員溝通與協助，故管理人應加強適切程度之技術能力，方法如下：管理人應多與技術人員請益，並定期更新其專業知識。

2. **就人際關係能力而言**：一個管理人必須放下身段，擔起承上啟下的溝通橋樑，隨時補充最有效的人際溝通技巧，並且帶領團隊使其成為一個坦誠、熱心、有效率的組織。

3. **就概念化能力而言**：由於階層越高，所面臨的問題愈複雜、愈抽象，且非例行性質者居多，因此所需要之概念化能力也愈高，故一個管理人必須隨時注意環境的變化，思索公司的策略與政策，並時時刻刻地充實新觀念，強化分析能力，才能確實提昇其自身的管理能力。

三、現代管理人（或經理人）之工作角色與機能

管理人的工作角色，可以從不同的方面來描述。管理學家**明茲伯格（Henry Mintzberg）針對管理人每天的活動加以分析，提出管理人三大類之十種工作角色。**

三大類	角色	工作性質
人際的角色	職銜的角色（Figurehead）：（或稱「頭臉人物」、「交際者」角色）	主持或參加各種社交應酬及內部典禮儀式等活動，如主持宴會、迎接訪客、參加員工婚禮或落成剪綵、記者會、新產品發表會等之主持或講話。
	領導者的角色（Leadership）	領導部屬完成工作，並使部屬的需求與組織目標配合。
	連絡者的角色（Liaison）	與外界有地位人士建立關係，保持連絡，互惠互助。
資訊的角色	偵察者的角色（Monitor）	須尋求企業所需的情報。
	資訊傳播者的角色（Disseminator）	將所獲知的情報，轉達上級和部屬知道。
	發言人的角色（Spokesman）	代表企業向外界發表意見或談話。
決策的角色	企業家的角色（Entrepreneur）	策動組織創新的推手，使組織獲得更有效的變革，以適應環境的變化。
	清道夫的角色（Disturbance Handler）（或稱「困擾處理者」角色）	清除和化解企業的一切騷動、障礙和危機。
	資源分配者的角色（Resource Allocator）	決定企業人力、物力、財力的分配和運用。
	仲裁者的角色（Negotiator）（或稱「談判者」角色）	從事企業內外爭執的協商和調解。

四、A到A+領導模式

「從 A 到 A+」（從優秀到卓越）這本書中所提到的卓越企業，幾乎都是以清晰的願景及價值觀來領導組織，以個人願景為基礎的領導方法，更可以同時兼顧個人的成

長與組織發展，無論是公司未來的長遠發展、或是部門內部人事的管理、甚至一個新產品的研究開發團隊，都迫切需要願景領導的技能與方法，願景領導除了有效提高員工凝聚力，減少員工離職率外，最大的益處在於，其領導模式可激發出員工的創造力。

一家公司或一個經營團隊要從優秀到卓越，一定需要第五級領導人的領導模式才有可能成功。茲說明第一級到第五級領導人的內涵說明如下。

等級	才幹類別	內容說明
第一級	有高度才幹的個人	運用個人知識技能和良好的工作習慣，產生建設性的貢獻。
第二級	有所貢獻的團隊成員	貢獻個人能力，達成團隊目標，並在團體中與他人合作。
第三級	勝任愉快的經理人	組織人力和資源，有效率、有效能的追求預先設定的目標。
第四級	有效能的領導者	激發下屬熱情，追求清楚而動人的願景和更高的績效標準。**此種領導人的模式，是「先決定做什麼，然後再開始找人」**，先決定團隊未來的願景與發展藍圖，再開始招募一群能幹的助手來實現這個目標，這種方式固然是可行，但是也會有很多問題，例如有正確的方向，但是偏偏沒有卓越的人才，空有卓越的願景也是枉然，唯有兩全其美才是最佳的方式。
第五級	成功的領導人	成功的領導人係指第五級的領導人。藉由謙虛的個性與專業的堅持，建立起持久的卓越績效。**此種領導人的模式，是「先找對人，然後再決定要做什麼」**，先將對的人找上車，然後將不適合的人請下車，組成一個目標一致的卓越團隊，然後再找出邁向卓越的最佳途徑，並朝著這個目標前進，唯有這種經營模式，才能讓團隊從優秀到卓越。

牛刀小試

（　）　下列哪一項不是明茲伯格所歸類的管理者角色？　(A)人際關係角色　(B)資訊角色　(C)決策角色　(D)業務機能角色。　　　　**答：(D)**

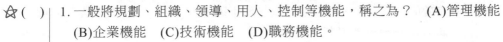

精選試題

☆( )　1. 一般將規劃、組織、領導、用人、控制等機能，稱之為？　(A)管理機能
　　　　(B)企業機能　(C)技術機能　(D)職務機能。

( )　2. 若為現場生產的管理者，必須具有熟練的機械操作技巧及工作經驗，此
　　　　種能力為？　(A)決策能力　(B)人際關係能力　(C)技術能力　(D)觀念
　　　　化能力。

☆( )　3. 何者是管理者的決策角色？　(A)領導角色　(B)資源分配角色　(C)發言
　　　　人角色　(D)聯絡人。

( )　4. 管理的五大機能（機能），又稱為：　(A)管理跨距　(B)管理哲學
　　　　(C)管理矩陣　(D)管理循環。

☆( )　5. 在企業內擔任之職位愈高的人，其：　(A)技術能力　(B)銷售能力
　　　　(C)管理能力　(D)理財能力愈形重要。

☆( )　6. 企業內的工作可區分為「管理性」與「非管理性」（作業性、技術性）
　　　　工作，最高主管人員的工作為：　(A)完全為「管理性」工作　(B)大多
　　　　為「管理性」工作，少部分為「非管理性」工作　(C)大多為「非管理
　　　　性」工作　(D)完全為「非管理性」工作。

( )　7. 請將「高階；低階」主管所需的能力依比重高低做正確的配對：　(A)觀
　　　　念化能力；技術性能力　(B)觀念化能力；人際關係能力　(C)人際關係
　　　　能力；獲利能力　(D)規劃能力；觀念化能力。

( )　8. 賴經理平常工作相當忙碌，除了經常代表公司負責與外界談判重要的案
　　　　子之外，還要擔負企業內年度的預算工作，以及設計部屬的任務等。請
　　　　問從上述的說明中，你能分辨出賴經理的管理角色為何嗎？　(A)領導
　　　　者與困擾處理者　(B)發言人與企業家　(C)仲裁者與資源分派者　(D)交
　　　　際者與聯絡者。

☆( )　9. 下列哪一種組織不需要「管理」？　(A)大專院校　(B)中小企業　(C)環
　　　　境保護基金會　(D)以上都需要管理。

☆( )　10. Katz認為管理者應具備的三大技能為技術性能力、人際關係能力及：
　　　　(A)規劃能力　(B)觀念化能力　(C)控制能力　(D)組織能力。

( )　11. 下列哪一項不是明茲伯格（Henry Mintzberg）所歸類的管理者角色？
　　　　(A)人際關係角色　(B)資訊角色　(C)決策角色　(D)業務機能角色。

( )　12. 管理矩陣中的兩個構面分別為：　(A)生產與分配　(B)規劃與控制
　　　　(C)企業機能與管理機能　(D)市場與消費者。

( )13. 下列何者是管理者的資訊角色？　(A)企業家　(B)仲裁者　(C)發言人
(D)聯絡人。

☆( )14. 有效的企業管理，必須把五個管理步驟連貫一起，成為整體經營制度，
此五個管理機能是指：　(A)規劃、組織、用人、領導、控制　(B)何
人、何事、何時、何地、如何　(C)生產、行銷、人事、財務、研究發
展　(D)人事、組織、財務、生產、控制。

( )15. 在企業內擔任之職位愈高的人其何種能力愈形重要？　(A)技術能力
(B)銷售能力　(C)管理能力　(D)理財能力。

☆( )16. 泛指創造商品與勞務的一切活動，稱之為企業的：　(A)行銷機能
(B)研究與發展機能　(C)人事機能　(D)生產機能。

( )17. 工廠生產時期的開始肇因於：　(A)十九世紀　(B)第二次產業革命
(C)美國　(D)紡織機器與蒸汽機的發明。

( )18. 工廠生產時期的特色不包括下列何者？　(A)生產過程機械化　(B)多角
化經營　(C)管理方式科學化　(D)大量生產。

解答與解析

1. **A** 管理機能又稱管理功能，也稱之為「**管理程序**」。

2. **C** 應用於**作業或業務工作上**的知識與經驗，即為技術性能力。

3. **B** 資源分配者的角色係在決定**企業人力、物力、財力**的分配和運用。

4. **D** 就管理步驟而言，管理可分「**規劃、組織、用人、領導、控制**」等五
個步驟，依序進行，循環不已，即形成管理循環。

5. **C** 管理能力所指的並非一般功能性的業務能力，而是指**特殊的管理
技能**。

6. **B** 各階主管人員仍有許多與「管理工作」無關的「非管理性工作」須
做，例如接待訪客、接聽電話等。

7. **A** 越高級的管理者，其**概念化技能**或**其內在能力**愈形重要；反之，越往
基層的管理者，則技術性能力越形重要。

8. **C** 仲裁者的角色在從事**企業內外爭執的協商和調解**；資源分配者的角色
在決定**企業人力、物力、財力的分配和運用**。

9. **D** 不論是以營利為目標的工商企業，或是非以追求利潤為目的之公私組織均需藉由**群體合作**，以達成某些共同的任務或目標，故都需要管理。

10. **B** 另一者為概（觀）念化能力，即需要具備**對問題的解決與思考能力**，以正確分析情境並作出決策。

11. **D** 明茲伯格（Mintzberg）所提出**管理人三大類**的角色，僅為選項(A)(B)(C)三者所述之角色。

12. **C** 企業透過企業機能與管理機能的配合，始得以完成價值創造的任務，故企業機能與管理機能兩類活動的交互關係，形成**矩陣關係**。

13. **C** 發言人的角色係指**代表企業向外界發表意見或談話的角色**。

14. **A** 「**規劃、組織、用人、領導與控制**」等五項機能，即管理的基本要件，也稱之為「管理程序」。

15. **C** 此所謂管理能力，非指一般功能性與作業性的業務能力，而是指特殊的管理技能，包括**技術性能力、人際關係能力與概念化能力**。

16. **D** 生產機能係指**轉換過程的設計、運作與控制**；而轉換過程就是將勞動力、原料轉換成為產品及服務。

17. **D** 此時期起，生產之操作由機器替代人工，促進企業的發展，更進而建立了**現代的工廠制度**。

18. **B** **多角化經營**為現代企業時期的特質之一，其係指一家企業不只經營一項產品或一種事業，而朝向**多樣化**的發展。

第二章 組織文化與組織氣候

考試頻出度：經濟部所屬事業機構 ★★
中油、台電、台灣菸酒等 ★★

關鍵字：組織文化、企業文化模型、要素、層次、類型、組織氣候。

課前導讀：本章內容中較可能出現考試題目的概念包括：組織文化的定義與特徵、企業文化模型、組織文化的基本面向、組織文化的要素、組織文化的類型、組織文化的層次、組織氣候的意義、組織氣候度間。

第一節 組織文化

一、組織文化的定義、特徵、功能與重要性

(一) **定義：**所謂組織文化（即「企業文化」）是指組織中成員共有的信念、價值觀、原則、傳統和行為規範，因此，它會對「規劃、組織、領導及控制」之管理功能產生影響。歸納言之，組織文化是一套價值觀及規範系統，由組織內部成員所共同遵守，並成為組織內部成員的行為準則，故其可以影響組織成員的行為。公司組織成員共享之價值觀、信念、共識和基準，來源絕大部分是來自企業的創辦人，亦即組織創始人的信念對組織文化影響最大。但須

> **組織文化：**亦是一種認知狀態，但存在於組織中而非個人身上。正因為如此，組織中不同背景與不同階層的個體都會以類似的形容詞來描述其組織的文化。他們認知到一組唯一的特性，是其組織在實質上所具有的。

注意，企業文化並非來自高階主管個人獨特的價值觀，因此，相對於組織過去的創辦人而言，目前的高階管理者對組織文化的影響一樣相當大。組織文化是一種認知，大多數無法實際看到或聽到組織文化的存在，即使多數組織都有其特殊文化，但並非所有文化都會對員工的行為有影響力。

(二) **特徵：**從前述組織文化的意義來看，可知組織（企業）文化具有下列特徵：

1. 組織文化包含組織成員共有的價值觀與原則。
2. 組織文化會規範並影響組織成員的行為。
3. 組織文化無法在短時間內就形塑完成。

4. 組織文化會影響組織的行事風格。

5. 組織的新成員往往不容易很快就融入並接受組織文化。

(三) **功能**：

1. 正面功能：

(1) 提升組織績效。　　　　　(2) 控制成員行為。

(3) 增進成員的組織認同。　　(4) 促進組織的穩定。

2. 負面功能：

(1) 阻礙創新。　　　　　　　(2) 阻礙成員的活力。

(3) 易造成內部衝突。　　　　(4) 阻礙組織間的合作。

(四) **重要性**：績效導向的組織文化係以結果作為衡量工作成效的主要依據，亦即「對結果的重視程度遠高於過程」，其關注重點在提高績效、實現目標和產出結果。因良好的文化對組織績效及企業目標達成有正面的貢獻，故在不是信任員工的組織文化中，管理者很可能會採權威式的領導，所以管理當局應設法改變負面規範的企業文化。管理當局亦要了解，即使多數組織均有特殊文化，但並非所有文化都對員工的行為有影響力。即使組織成員不喜歡某種文化，該組織文化仍然會存在（並不是組織成員不喜歡某種文化，則該組織文化就不會存在）。

由於組織文化會影響組織成員的行為，故而當外在環境改變時，組織必須順應外在環境的變動，調整組織本身的體質，「組織變革」即為改變組織文化最好的方式。但因變革存在不確定性，懷疑組織變革的效果，而讓組織成員產生不安全感覺，因而組織文化通常導致人員對變革的抗拒。因此「組織（企業）文化」比較偏向是一種「有機控制」。

組織文化亦是一種認知狀態，但存在於組織中而非個人身上。正因為如此，組織中不同背景與不同階層的個體都會以類似的形容詞來描述其組織的文化。他們認知到一組唯一的特性，是其組織在實質上所具有的。

組織文化乃組織成員所共有的價值觀與原則，組織文化會規範並影響組織成員的行為與影響組織的行事風格，而組織文化卻無法在短時間內就形塑完成，這些都是組織文化的特徵所在。

重要 **二、組織文化的要素**

常見的組織文化有下列七種要素，可藉由它們傳遞給員工，反之，其亦為組織成員學習了解組織文化的方式：

故事	故事通常包含過程重要事件及經驗的描述，亦即在講述組織成立、成長與發展等傳誦的故事（stories）、傳奇和神話等。
儀式或典禮	儀式（rituals）是指組織所舉辦特殊事件或一系列重複性的正式活動，而該活動是為了表彰組織最重視的價值觀、最重要的活動和目標等。
象徵	重要之象徵（material symbols）包括任何能夠傳遞共享意義的可見物品，如商標、制服、符號或建築物等。
語言	藉由組織或其部門之成員能夠溝通，並傳達特殊的共享價值的文字、聲音或身體姿態等。
社會化	係指員工透過社會化的過程來學習組織文化，亦即從其他成員身上所學習，以融入組織的過程，包括合適行為與不合適行為等。
價值觀與規範	係指個人的基本信念，包括事物的重要程度或正當與否，且有穩定持久性。
共享價值	係指成員視為理所當然與真實的想法和感覺。

牛刀小試

( ) 企業成員所共同遵循的行為準則與價值體系，稱為： (A)企業形象 (B)企業倫理 (C)組織文化 (D)管理哲學。 **答：(C)**

三、組織文化的類型

對組織文化的分類，是一種較為人所接受的分類。奎恩和麥克葛雷斯（R. E. Quinn & M. R. McGrath）以組織對環境認知的確定程度為縱軸，以組織所需採取行動的迫切程度為橫軸，將組織文化別為四種類型，如下所示：

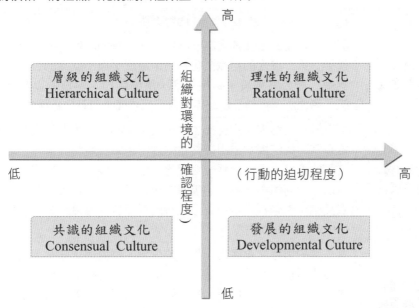

類型	內容說明
層級的組織文化	對環境的確認程度高，而所需決策行動的迫切性低。強調組織的穩定性、行為的可預測性、協調合作與責任感等價值。
理性的組織文化	對環境的確認程度高，但決策行動的迫切性高。這是典型的績效取向文化，強調利潤、效率、生產力與成本控制的價值。
共識的組織文化	對環境的確認程度低，而所需決策行動的迫切性亦低。組織偏好以授權、分權的方式、維繫內部的穩定和諧，強調人員的參與、共識的達成、團隊合作，以及友善信任的價值。
發展的組織文化	對環境的確認程度低，而所需決策行動的迫切性高。由於環境的不確定性高，組織必需以抽象的遠景和領袖的個人魅力來維持人員的工作士氣。

四、組織文化的層次

組織文化是一套基本假設的型態，由一既存團體，在學習適應外部環境及解決內部整合問題時，或經由發現，或經由創制或經由研擬而成。此一定義包含下列「三個」層次：

層次	內容說明
器物及創制層次	器物及創制的主要內容為一種聽、聞或感知的行為模式以及行為後果。第一層次的組織文化包括組織成文與不成文的古語、專家詞彙、辦公室擺設、組織結構、服飾裝扮、科技，以及行為規範。簡言之，器物及創制係舉目可見或觸手可及的組織文化。
價值與信念層次	第二層次的組織文化含攝了應然及規範的意義，與客觀存在的事實有別。第二層次的組織文化揭露了組織成員對其言行，以一種集體的角度，予以詮釋、合理化，以及自圓其說的方式，亦即組織成員如何對第一層次的組織文化賦予意義。此外，第二層次組織文化，也包括組織中普遍流行的哲學觀、意識型態、倫理與道德律，以及成員的態度。
根本的深層假設	第三層的組織文化係指「根本的信念、價值與認知」，此三者為組織成員視為當然。具體言之，第三層次的組織文化包括了組織的精神，對人性的假設，對人際之間的假設，對人與環境關係的假設等。第三層的組織文化真正支配組織成員的行為，引導成員的思考方向及感覺的重心。

五、組織文化的取向

哈理生（Harrison）根據組織決策過程的不同特性，將組織文化分為四類取向：

(一) **權力取向**：組織強調控制、競爭的信念，人員為求己利，甚至可以不顧道義，組織崇尚弱肉強食的叢林法則。

(二) **角色取向**：組織重視合法性、正當性與責任歸屬的價值，一切職務工作與權責範圍皆有明文規定，並予嚴格執行。所以層級地位和個人尊榮成為組織文化的主要表徵。

(三) **工作取向**：組織內部以能否達成上級交付任務為最高的價值美德，一切不合時宜、妨礙工作推行的法規制度皆需檢討修訂。

(四) **人員取向**：組織一切皆以人員為中心，強調「個人活力與成長」倡導關懷、互助、體恤的價值，偏好集體共識的決策型態。

重要 六、組織文化的基本型態

根據海爾利格（Hellriegel）等人的研究，組織文化可依正式化控制傾向及注意力焦點，劃分為下列四種型態：

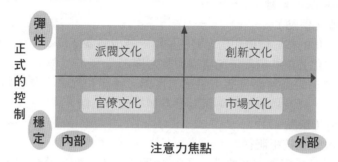

(一) **官僚文化**：強調把組織內部的事情做好，重視處理事情的程序及手續，凡事依章行事，權責分明。在組織面對問題時，只要求保持穩定。政府組織或大型企業通常屬此類型。

(二) **派閥文化**：亦稱為「宗族文化」，組織價值聚焦於忠誠度與承諾，並具有廣泛的社會化互動影響者等，成員以成為組織的一份子為榮，高度認同組織等。

(三) **市場文化**：此種文化特別重視在行銷或財務目標之達成，亦即在尋求競爭力與利潤導向之價值觀。

(四) **創新文化**：此種文化鼓勵創造力、變革與風險承擔，容許成員冒險及嘗試錯誤，並可採取有彈性的做事方法。

七、強勢文化與弱勢文化

(一) **強勢文化**：

1. **意義**：強勢文化是指一個企業在長期的發展中，在物質、行為、制度、精神等方面形成了眾多的文化，而在這些眾多的文化中，必定有一種文化居於支配地位起著主導作用，由於它的存在和發展，規定或影響了其它文化的存在和發展。形成強勢組織文化的原因為大部分組織成員的認同度高，願接受該文化的核心價值，因此此種文化極不利於組織變革。

2. **特徵**：

(1)強勢文化中員工非常認同組織，會產生很高的凝聚力、忠誠度及順從性，並可降低員工離開組織的傾向，使得組織成員的流動率較低。

(2)強勢文化和組織績效有關，當組織文化愈強勢時，它對於管理行為的影響亦愈大。

(3)全能觀點認為，組織的績效好壞難以歸咎是管理者的直接影響，但管理者仍要為組織績效負起大部分責任。

(4)象徵觀點認為，組織的成敗大都由於管理者無法控制的外力所造成。

3.**強勢文化對組織的影響：**

　(1)**正面影響（優點）：**

　　A.強勢文化的核心價值和信念緊密依附、為成員廣泛接受，且較有條理。

　　B.強勢文化強調共用價值的重視與契合度。

　　C.強勢文化的優點尚包括：明確的目標、承諾和忠誠、為替組織工作感到驕傲，以及做決策時可做為參考標準的價值觀。

　(2)**負面影響（缺點）：**

　　A.拒絕改變和抗拒服從。

　　B.領導者可以影響組織文化，但不能單方面地決定文化該是何種樣貌。（因文化之所以產生，是由於社會體系裡的人們擁有共同的信念。）

(二) **弱勢文化**：此種文化對組織成員行為的控制程度不如強勢文化高，其對成員的影響力也遠低於強勢文化。

八、主文化與次文化

(一) **主文化**：係指被組織中絕大部分成員所共享的核心價值體系的組合，它是一種貫穿整個組織的一種文化，為大部分成員所信守。

(二) **次文化**：係指因部門或地理分布的不同所形成的次要文化，此種文化常形成維繫該部門或該群體運作的價值體系，它深刻的影響了組織成員的行為表現。

九、組織文化的改變

由於組織文化能影響組織成員的行為，故而當外在環境改變時，組織必須順應外在環境的變動，調整組織本身的體質，「組織變革」即為改變組織文化最好的方式。但因變革存在不確定性，懷疑組織變革的效果，而讓組織成員產生不安全感覺，因而組織文化通常導致人員對變革的抗拒。組織文化的變革，可依下列五個步驟進行：

Step1 從文化分析做起，找出需要變革之處。

Step2 讓員工知道，如果不改變既有的文化，組織的生存將會受到威脅。

Step3 任命有新願景的領導者，提供新的行為遵循標準與遠見。

Step4 建立新的故事、物質表徵與儀式，以傳達新願景。

Step5 改變甄選、社會化的過程與績效評估制度，以支持新的文化。

十、組織文化的特性

下列七個特性最能代表一個企業的組織文化，吾人可藉由這些特性來觀察該組織文化的特質所在：

員工自治權	組織中員工自行負責、獨立自主，以及能夠發揮創新構想的程度。
結構	規章制度以及直接監督等用來控制員工行為之手段的運用程度。
支持	管理者對部屬的關懷與支持程度。
認同感	員工對於整個組織的認同程度，而不僅止於認同其個人的工作群體或專業技能領域而已。
績效獎酬	在組織中以員工績效來分配獎賞的程度，例如加薪與升遷。
衝突容忍度	與競爭對手及工作群體之間的關係中所呈現出來的衝突程度，以及樂於坦誠公開彼此間差異的程度。
風險容忍度	鼓勵員工積極進取、開發創新，以及承擔風險的程度。

第二節　組織氣候

一、組織氣候的意義

所謂組織氣候，係指在一特定環境（如組織）中一個人直接或間接地對於這一環境的知覺（Perception）。換言之，組織氣候是由組織人員與環境交互影響所構成的，尤其是人員的心理反應與動機作用是構成組織氣候的一個主要變數。簡言之，**組織氣候是組織成員對組織環境的察覺與認知，並影響其行為、表現的一種氣氛或氛圍。**易言之，組織氣候係指「一人在某一組織內工作之意識感，以及他對組織與環境的感覺」。

> **組織氣候**
> （Organization climate）：為哈佛大學教授黎特文和史春格（George L. Litwin & Robert A. Stringer）所提出，他倆倡導以整體與主觀的環境觀念研究組織成員的行為動機。

二、描述組織內部環境的九項氣候度間

黎特文＆史春格（Litwin & Stringer）最早使用「度間」來研究組織氣候。其以九項氣候度間來描述組織內部的環境，其九項氣候度間如下：

結構	受拘束的程度。
責任	自己做主的程度。
獎酬	偏重獎勵或懲罰。
風險	強調冒險或安全保守。
人情	團員間的融洽程度。
支持	上級和同僚間互相協助的程度。
績效標準	是否重視工作表現。
衝突	願意聽取不同竟見的程度。
認同	對組織隸屬感的程度。

> 度間（Dimension）：
> 它是一種概念工具，只是在測量或分析的間距，以利於我們分析組織氣候，了解不同的組織氣候對組織的影響，例如布雷克（Blake）和毛盾（Mouton）以81個度間來區分組織氣候的類型。

牛刀小試

（　）　下列何者非組織氣候的特性？　(A)認同感　(B)員工自治權　(C)目標完成度　(D)風險容忍度。　　　　　　　　　　　　　　答：**(C)**

三、衡量組織氣候良窳的構成要素

目標明確	係指組織成員了解組織的目標與計畫的程度。
決策結構	係指決策所需的情報在組織結構中的流程，以及該組織結構能促使其積極成果產生的程度。

組織整合	係指組織內各部門間的合作並能有效地溝通，以達成整個組織目標的程度。
管理風格	係指組織成員在執行任務時，運用自己的革新創意而感到受鼓勵的程度、感覺到可以自己解決問題的程度以及上級管理者支持的程度。
績效導向	係指強調組織成員個人對明訂的最終結果與績效水準負責的程度。
組織活力	係指組織成員認為組織具有衝勁的程度，此可反映在達成目標的冒險進取程度、決策的興革創意大小以及對環境改變時的因應程度。
人力發展	係指個人覺得組織能提供給他們發展潛力機會的程度。

精選試題

☆( )　1. 是組織成員共享的價值體系，用以區別與其他組織不同之處者是為：
(A)組織文化　(B)組織規範　(C)組織氣候　(D)組織領導。

☆( )　2. 組織文化的創造方式不包括：　(A)故事　(B)重要象徵　(C)大量電子媒體廣告　(D)語言。

☆( )　3. 以「整體」與「主觀」的環境觀念研究組織成員的行為動機，這是屬於那方面的理論？　(A)組織氣候　(B)組織文化　(C)組織診斷　(D)組織重組。

( )　4. 組織成員對其組織的察覺和認知，就形成所謂：　(A)組織分析　(B)組織設計　(C)組織文化　(D)組織氣候。

☆( )　5. 代表企業成員之共同行為準則及上下一致共同遵循的價值體系是？
(A)企業形象　(B)企業倫理　(C)組織文化　(D)管理哲學。

( )　6. 「一人在某一組織內工作之意識感，以及他對組織與環境的感覺」，係指？　(A)組織氣候　(B)組織文化　(C)組織改變　(D)組織發展。

( )　7. 若組織文化深刻的影響了成員的行為表現，則稱此種文化類型為：
(A)主文化　(B)弱式文化　(C)強勢文化　(D)次文化。

( )　8. 企業內個人與一切制度及活動均有某一程度的認同感及共同的理念、態度，這稱之為？　(A)組織績效　(B)個人特質　(C)企業形象　(D)組織文化。

☆( )　9. 哈佛大學教授黎特文和史春格提出之觀念為：　(A)組織文化　(B)組織效能　(C)組織氣候　(D)組織結構。

( )　10. 下列有關組織文化的敘述何者有誤？
(A)當外在環境動盪不安時，組織文化是組織變革的一項障礙
(B)組織文化亦是組織尋求出售時的一項阻礙因素
(C)組織文化能指導與塑造員工的態度與行為
(D)組織文化加強了社會系統的穩定度。

☆( )　11. Nirmal K與Glinow兩人以對人及對績效的關懷為兩個基本面向，構成四種類型來描述組織文化。高度重視績效但對人卻不關心，把焦點擺在組織利益上的，是屬於：　(A)缺乏情感的企業文化　(B)關懷的企業文化　(C)嚴謹的企業文化　(D)整合的企業文化。

☆（　）12.海爾利格（Hellriegel）依正式化控制傾向及注意力焦點，將組織文化
　　　　 劃分為四種類型。成員以成為組織的一份子為榮，高度認同組織，為
　　　　 何種組織文化？　(A)官僚文化　(B)派閥文化　(C)市場文化　(D)創
　　　　 新文化。

解答與解析

1. **A**　組織文化乃是一套企業成員所**共同遵循的行為準則與價值體系**，為組
　　　織成員的共同行為模式，以及支持該行為的共同信念與價值。

2. **C**　常見的組織文化有七種要素：**故事、儀式或典禮、象徵、語言、社會
　　　化、價值觀與規範和共享價值。**

3. **A**　組織氣候，係指在一特定環境中一個人直接或間接地對**於這一環境的
　　　知覺**（Perception）。

4. **D**　組織氣候是組織成員**對組織環境的察覺**，並影響其行為、表現的一種
　　　氣氛或氛圍。

5. **C**　組織文化亦是一種認知狀態，但**存在於組織中而非個人身上**。

6. **A**　組織氣候是**組織成員對組織環境的察覺**，並影響其行為、表現的一種
　　　氣氛或氛圍。

7. **C**　強勢文化為大部分的成員也接受該文化的核心價值，**強勢文化的存在
　　　會使得組織成員的流動率較低**。

8. **D**　組織文化會規範並影響組織成員的行為與影響組織的行事風格，而
　　　組織文化卻無法在短時間內就形塑完成，這些都是組織文化的特徵
　　　所在。

9. **C**　組織氣候的概念為哈佛大學教授**黎特文和史春格**（Litwin & Stringer）
　　　所提出，他倆倡導以「整體與主觀」的環境觀念研究組織成員的行為
　　　動機。

10. **B**　**組織文化**是經過高階管理者的價值觀再加上長期間的外部適應環境與
　　　內部整合而得的結果，故其**調整時間將相當緩慢**，且不容易，故而穩
　　　定的組織文化往往是「組織創新」時的最大阻擾因素。

11. **C**　對績效的關注是指關注**產出和員工生產力**的程度。

12. **B**　派閥文化以**忠誠、承諾、社會化**等控制組織成員。

第三章 企業的社會責任與管理的綠化

考試頻出度： 經濟部所屬事業機構 ★★★
中油、台電、台灣菸酒等 ★★★★

關鍵字： 社會責任、社會義務、社會回應、長期自利、鐵律、綠色企業、綠化管理途徑。

課前導讀： 本章內容中較可能出現考試題目的概念包括：企業社會責任、企業應否承擔社會責任、企業長期自利、責任的鐵律、綠色企業的4R、組織在環保責任中可採行的綠化管理途徑。

第一節 企業的社會責任

一、社會責任相關名詞釋義

項目	內容說明
社會責任 social responsibility	也稱作「企業社會責任」（Corporate Social Responsibility，簡稱CSR），係指在法律與經濟規範之「外」，企業所負的追求有益於社會的長期目標之義務，亦即較為重視企業長期道德觀的實踐。須注意的是，此定義認為組織是遵守法律與追求經濟利益的，不論負擔社會責任與否，企業都會遵循社會所制定的相關法令。公司管理者認為公司在作決策時，應善盡社會責任，善盡責任的對象應該是所有利害關係人。
社會義務 social obligation	係指企業只要滿足其經濟和法律責任的義務即可，亦即一個組織只要做到法律最起碼的要求，它代表著一種影響企業決策價值與方向的標準。在這個概念下，廠商只有在所追求的社會目標，是有助於其經濟目標的達成時，它才會擔負起該項的社會責任。這個看法是立基於古典學派的社會責任觀點，也就是說，企業唯一的社會責任就是對它的股東負責。但和社會義務相較之下，社會責任與社會回應的作法都超過經濟與法律的基本標準。

項目	內容說明
社會回應 social responsiveness	係指一個企業能順應社會變遷的能力。社會回應的概念是強調，管理者應對其所面對的社會活動做出實際的決策。一個具社會回應的組織會有某些特別作為，來順應社會大眾的需求。就此角度而言，可以說「社會回應」比較重視實際的中短期目標的實踐。社會回應是受「社會規範」所引導，而社會規範的價值則在提供管理者決策時的指引。

牛刀小試

( ) 企業必須滿足其經濟和法律責任的義務，亦即一個組織要做到法律最起碼的要求，此種觀念，稱為： (A)社會回饋 (B)社會回應 (C)社會義務 (D)社會責任。 **答：(C)**

二、履行社會責任的原因

古典觀點的社會責任的重心係在關心股東的財富報酬，但是現代社會經濟觀點認為，管理的社會責任不只是追求利潤，還應包括社會福祉的保護與增進，因此，公司社會責任的範圍應包含所有利害關係人。

> **企業對社會環境的關懷**：雖能降低企業活動對社會環境所造成的衝擊，卻可能造成營運成本提升的困擾。故採取履行社會責任的企業，會自發性的評估經營決策對社會環境所可能產生的衝擊，以期選擇兼顧社會利益與經營利益的行動。

本質上，企業履行相關的社會責任，是屬自發性的行為，並無任何的法律約束力量，履行社會責任的最高境界就應該是「主動型」去進行，而非被動等待政府或社會團體的督促。政府或社會團體若要提升企業應盡的社會責任，其最有效的力量就是「輿論」。當企業要履行相關的社會責任時，必須在企業營運的決策中，融入對社會環境的關懷，以降低因為經營活動對社會環境所造成的可能衝擊。亦即企業的目標應該是追求利潤與社會責任的均衡。贊成企業應承擔社會責任的主要原因如下：

(一) 企業來自社會，取之於社會，用之於社會。

(二) 企業組織在運作過程中會製造各種問題，當然也應該要協助解決問題。

(三) 企業組織也是社會公民，理應承擔社會責任。

(四) 企業組織相較於個人往往具備較多解決問題的所需資源。

當然，企業主動履行社會責任，亦有其正面的效益存在，例如：

(一) 社會責任的承擔有助於提升企業形象。

(二) 社會責任的承擔對於社會大眾的福祉可以有所提升。

(三) 企業承擔社會責任並不一定需要花費高昂的成本。

重要 三、企業應否承擔社會責任

項目	內容說明
古典觀點	這是一種古典觀點社會責任的重心，這種觀點認為企業「唯一的社會責任」係以追求最大利潤為其目標之一，應該專注於專業領域的活動，不應該分散有限的經營資源來從事非專業的社會活動事項，諾貝爾經濟學得主Milton friedman即持這種看法。他認為管理者的首要任務，就是好好經營企業，為股東獲取最大利益（財務利得），所謂社會責任，是侷限在為股東創造最大利潤的範圍內。此觀點反對企業負擔社會責任的論點（理由）如下： 1.違反利潤極大化原則。 2.混淆企業經營的目的。 3.提高企業的營運成本。 4.缺乏專業知識。
社會經濟觀點	認為管理的社會責任不只是追求利潤，而應包括社會福祉的保護與增進。此觀點認為公司並不是一個僅對「股東」負責的獨立個體，它同時也對「整個社會」負有責任。因為社會透過不同的法律及規定來確保企業的存在，社會也以購買產品和服務來支持企業存在。
創造共享價值觀點	在傳統的思維裡，企業為了創造更大的利潤，造成許多環境汙染與破壞，而企業這樣的獲利方式所造成的後果，就是社會大眾對於企業的反感。Michael Porter提出新的思惟，他認為企業的利潤應產生於解決社會問題，尤其當我們不是從短期來看時。現在有許多的機會讓企業能夠影響並解決這些社會問題，而這些機會同時也被稱為「商機」。這種用資本主義的頭腦，解決各種社會問題的方式，Michael Porter稱為「創造共享價值Creating Shared Value（CSV）」，它是一種更高層次的資本主義，用來滿足重要的需求，而非只透過企業間不斷的競爭來獲利。

牛刀小試

( ) 認為企業有必要履行社會責任，係基於企業是社會中的一份子，不能
　　夠忽略對社會相關事物的關心與執行。係屬何種觀點的社會責任？
　　(A)社會倫理　(B)利潤倫理　(C)法律倫理　(D)經濟倫理。　　**答：(A)**

四、企業社會責任的類型

(一) **經濟責任**：經濟責任（economic responsibility）指企
業必須提供具有價值的商品和服務給顧客，並且提
供利潤報酬給所有權人或股東以及員工，經濟責任
是企業最基本的責任。

(二) **法律責任**：法律責任（legal responsibility）是在要求
企業在法令規章的規範之下營運。

(三) **道德責任**：道德責任（ethical responsibility）是在要
求企業符合社會期望，做出符合社會基本價值的行
為，盡到超乎法律規定以外的責任，做符合倫理、
對的事情。

(四) **自由意志責任**：自由意志責任（discretionary
responsibility）是指企業願意在經濟、法律，以及道
德責任之外，透過自己的判斷和選擇，做出自願性
奉獻。例如不斷創新產品與服務，以新的工作流程
為社會減少資源浪費，積極參與社會公益活動，讓
社區更美好等，都是企業在社會責任上，更進步的
作法。

重要 ## 五、企業社會責任支柱

企業社會責任有下列四大支柱：

(一) **產品**：設計可回收產品。
(二) **能源**：資源獲取與採購道德。
(三) **職場**：職場人權與僱用標準。
(四) **服務**：行銷與消費者議題。

長期自利觀點：此一觀點認為未能對社會投注心力的企業，可能無法獲得社會大眾的信任或是無法吸引優質人才加入，長期經營績效將因之而逐漸降低。

觀念的意涵：在現代商業世界中，「觀念」兩個字的重要性，不斷被企業家強調跟重述。美國經營之神、前奇異電器（GE）執行長傑克·威爾許（Jack Welch）說：「有觀念的人才是英雄。」奇美集團創辦人許文龍更指出：「觀念力量大。」改變觀念，就能改變命運。這些不同領域的大師，不約而同地肯定觀念的力量，為什麼？因為觀念是一切卓越的根本。觀念影響態度，態度影響行為，行為影響結果；當我們的觀念改變，行動就會改變，習慣也會改變，最後，連命運也會改變。

六、環保標準規範

國際標準組織（ISO）所推行的一套「環保標準規範」，稱為ISO1400，其對企業在自然環境的維護方面影響最大。在其規範下，企業的各項產品與活動，都需徹底、全面的檢討「是否對環境有所衝擊」。任何企業，不論其規模大小、不論產業別，只要推動ISO 14000，就須以規劃、執行、檢討、行動（plan-do-check-action, PDCA）之持續性改善循環，不斷檢討所面對的問題、劃展開各項活動、評估成果、修正、再推動，而形成良性改善循環。如此即「可證明企業對於環保相關績效具有進行改善之作業」。

七、社會責任國際標準體系

社會責任國際標準體系（Social Accountability 8000 International standard，簡稱SA8000）是一種基於國際勞工組織憲章（ILO憲章）、聯合國兒童權利公約、世界人權宣言而制定的，以保護勞動環境和條件、勞工權利等為主要內容的管理標準體系。

SA8000宗旨是確保供應商所供應的產品，皆符合社會責任標準的要求。SA8000標準適用於世界各地、任何行業、不同規模的公司。其依據與ISO9000質量管理體系及ISO14000環境管理體系一樣，是一套可被第三方認證機構審核之國際標準。

八、綠色企業

綠色企業是各國政府環保單位及公益團體積極推動的環保觀念之一，力求從產品設計到使用過後的廢棄物處理之整個生命週期皆能符合4R：減量（reduce）、回收（recycle）、再利用（reuse）與再生產（regeneration）。凡遵循此原則企業，即稱之為「綠色企業」（Green Enterprise）。

九、漂綠

漂綠（Greenwash）一詞是由「綠色」（green：象徵環保）和「漂白」（whitewash）合成的一個新名詞。它用來說明一家公司、政府或是組織以某些行為或行動宣示自身對環境保護的付出，但實際上卻是反其道而行。這個詞最初在1990年代初期開始使用，最為人所知的就是在1991年3月和4月間的一本名為《Mother Jones》的左翼雜誌中的文章標題而聲名大噪。

漂綠一詞通常被用在描述一家公司或單位投入可觀的金錢或時間在以環保為名的形象廣告上，而不是將資源投注在實際的環保實務中。通常是為產品改名或是改造形象，例如將一片森林的影像印在一瓶有害的化學物上。因此，環保人士經常用「漂綠」來

形容長久以來一直是最大污染者的能源公司。一個最常被引用的例子是喬治‧布希的「天空清淨法案」，環保人士認為這項法案實際上卻削弱了空氣污染的法令。

牛刀小試

( )　下列何者認為利潤並非企業機構和企業活動的目的，而僅是一項限制因素，利潤是績效的印證，是風險的補償、資金的來源？　(A)Kotler (B)Drucker　(C)Porter　(D)Fayol。　　　　　　　　答：**(B)**

十、社會稽核

社會稽核（social audit）亦稱社會檢核，係指企業決策時把企業利益與社會責任都納入考慮。析言之，係指以系統化的方法，分析企業是否已經成功地利用資源達成企業社會責任的目標。由於全球化和消費者意識抬頭已賦予公司更多責任，以確保其所銷售的產品是在安全的工作條件、公平的薪酬以及尊重從事生產者基本人權的條件下所製造。暗示公司不尊重這些標準的反向宣傳，將造成名譽上的損害且會影響銷售與利潤。

十一、消費者保護與消費者權益宣言

(一) **消費者保護**：依據柯特勒（P.Kotler）的定義，所謂保護消費者運動係一項社會運動，目的在於加強消費者對於銷售人所主張的權利和權力。這種權利與權力的擴張，主要有兩種方式：(1)購買人有權對其所購買的產品服務，要求更多的資料；(2)購買人得要求更為安全的產品。

(二) **消費者權益宣言**：1960年代初期由美國甘乃迪總統所確認四項基本消費者權益，包括(1)使用安全產品的權利；(2)有申訴的權利；(3)有選擇的權利；(4)被告知產品所有相關資訊。

十二、環境保護

今日的社會，包括企業界在內，皆面臨了生態平衡的挑戰。由於任何生物（包括人類在內）莫不與其四周環境發生某種形式的關聯，與自然循環結成一種生態的平衡。假若生物不能與其環境並存，或是生態失去了平衡，必將嚴重危害到該項生物的生存。尤其是自然的生態平衡發生了不良的變化，還可能在其他方面發生副作用。因此，人們必須設法保護環境，不致破壞自然的生態平衡。

十三、企業多元目標

管理大師彼得‧杜拉克（Peter Drucker）認為利潤並非企業機構和企業活動的目的，而僅是一項限制因素，利潤是績效的印證，是風險的補償、資金的來源；因此，企業須有最低的利潤才能因應未來的風險，才能使企業永續經營，不損害其資源的財富生產力，但是企業活動的目的乃是透過市場推銷和創新來創造顧客。故企業以單一利潤為目標將危及企業本身的生存與前途，因而他認為現代企業的目標應有右列八項：(一)市場目標。(二)生產力與附加價值的目標。(三)創新目標。(四)管理與發展人力目標。(五)有形資源及其理財方式目標。(六)利益目標；(七)社會責任目標。(八)員工績效及態度目標。

第二節　管理的綠化

組織的決策與行動及其對自然環境所造成的衝擊間，有很密切的關係，人們將管理者對此一問題的認知，稱為管理的綠化（Greening of Management）。其中對自然環境所造成的衝擊比較嚴重的有：資源的耗竭、溫室效應、污染（空氣、水和土壤）、工安意外，和有毒的廢棄物等。

就組織對環境的敏感度為標準來分類，**組織在環保責任中可採行的綠化管理途徑有四：**

項目	內容說明
守法途徑	這是第一種途徑。就是只做到法律所要求的而已。在這種方式下，組織對環保議題是不敏感的，它們遵守法律、規則與規範，而不會去挑戰法律，它們也可能會試著把法律導到對企業有利的地方，但它們所做的就僅止於此。
市場途徑	當組織對環保議題更瞭解與敏感時，它可能會採行市場途徑，亦即，組織會對顧客的環境偏好有所回應，顧客在環保產品上的任何要求，組織都會盡可能提供；同時藉著這項產品的發展回應了它的顧客。
利害關係人途徑	組織會以回應多數利害關係人的需求為選擇。利害關係人是指外部環境中，會受到組織決策與行動影響的所有個人與團體。採這種途徑的組織會盡力去滿足員工、供應商，或社區等團體的環境要求。
積極途徑	採行積極途徑的公司（深綠色的公司），這種公司尊重地球與自然資源，並會想辦法去維護它。例如比利時的Ecover公司以天然肥皂與可再生物質為原料生產清潔用品，另外，這家公司並建造一座幾乎無排放物的工廠，這家工廠是環境工程上令人讚嘆的成就。採取積極途徑的公司展現出最高程度的環境敏感度，而為善盡社會責任的好例子。

精選試題

( )　1. 企業若僅負擔對外的經濟與法律責任係屬負擔：
　　(A)社會義務　　　　　　　　　　(B)社會反應
　　(C)企業責任　　　　　　　　　　(D)社會責任的表現。

☆ ( )　2. 綠色企業是指以可持續發展為己任，將環境利益和對環境的管理納入企業
　　經營管理全過程，並取得成效的企業。下列何者非綠色企業必備條件？
　　(A)布置綠色環境　　　　　　　　(B)生產綠色產品
　　(C)開展綠色行銷　　　　　　　　(D)使用綠色技術。

( )　3. 下列何者敘述有誤？
　　(A)社會的問題，往往是企業的新機會
　　(B)承擔責任須出自企業的自覺，企業應承擔無限的社會責任
　　(C)企業與社會之間，應有共存共榮的關係
　　(D)消費者同樣應負有社會責任。

( )　4. 下列哪一項不是推動商業現代化所帶來的社會效益？
　　(A)促進經濟建設與城鄉之均衡發展
　　(B)改善商業環境、創造良好的消費環境
　　(C)維護公平合理的商業秩序
　　(D)社會環境綠化。

☆ ( )　5. 一個企業能順應社會變遷的能力，稱為：
　　(A)社會責任　　　　　　　　　　(B)社會義務
　　(C)社會回應　　　　　　　　　　(D)社會觀感。

( )　6. 從權利義務觀點來看，權利與義務是並存的，企業應該要擔負部分的社
　　會責任，以換取生存的權利，並善盡社會公民的義務。這種觀點稱為：
　　(A)責任的鐵律　　　　　　　　　(B)義務的鐵律
　　(C)回應的鐵律　　　　　　　　　(D)報償的鐵律。

☆ ( )　7. 組織會對顧客的環境偏好有所回應，顧客在環保產品上的任何要求，組
　　織都會盡可能提供，這是屬於何種綠化管理的途徑？
　　(A)守法途徑　　　　　　　　　　(B)市場途徑
　　(C)利害關係人途徑　　　　　　　(D)積極途徑。

☆ ( ) 8. 某家公司以天然肥皂與可再生物質為原料生產清潔用品,並建造一座幾乎無排放物的工廠,這是屬於何種綠化管理的途徑?
(A)守法途徑 　　　　　　　　　(B)市場途徑
(C)利害關係人途徑 　　　　　　 (D)積極途徑。

解答與解析

1. **A** 社會義務係指企業必須滿足其經濟和法律責任的義務,亦即一個組織要做到法律最起碼的要求,它代表著一種影響企業決策價值與方向的標準。

2. **A** 企業依照環保法律執行生產符合環保法令的產品,建立回收系統或採用天然原料、產品等,即稱之為「綠色企業」。

3. **B** 承擔責任須出自企業的自覺,但企業應自行評估對其本身經營的衝擊。

4. **D** 社會環境之綠化,目的在保護環境,不致破壞自然的生態平衡。

5. **C** 一個具社會回應的組織會有某些特別作為,來順應社會大眾的需求。

6. **A** 責任的鐵律認為企業能夠順利營運,是其對社會提供所需的價值。

7. **B** 當組織對環保議題更瞭解與敏感時,它就可能採行市場途徑。

8. **D** 採行積極途徑的公司相當尊重地球與自然資源,並會想辦法去維護它。

第四章 企業倫理與管理道德

考試頻出度：經濟部所屬國營事業機構 ★
　　　　　　中油、台電、台灣菸酒等 ★★

關鍵字：倫理、企業倫理、道德、功利觀、利害關係人。

課前導讀：本章內容中較可能出現考試題目的概念包括：企業倫理的內涵、管理道德的四種觀點（功利觀、權利觀、正義觀、社會契約論）、影響管理道德的因素、利害關係人。

第一節　企業倫理

一、企業倫理的定義

(一) 企業倫理係指以企業為主體所構成的道德關係和原則，屬於「應用倫理學」項下的「專業倫理」的一環。

(二) 企業倫理將是非、對錯的道德規範應用於企業營運與管理行為。例如強調不使用回收油的速食業者被檢驗出油品回收使用，但沒有超過衛生單位規定的標準，即是發生雖無違反法律的規範，卻違反了企業倫理的狀況。

(三) 企業倫理基本上是一種人際或群際間的適當行為規範，表現在企業管理者對待「利害關係人」的決策準則或管理哲學。

(四) 企業倫理的意涵是組織中引導決策和行為之指導原則，亦是個人倫理道德的延伸。

(五) 各行業的道德原則、價值觀及信念各不相同，故各業倫理信條差異很大，但主要者可分為「以服從為基礎」、「以正直為基礎」及「以誠實為基礎」的三種倫理標準。

二、倫理規範的性質

(一) **效用（utility）**：特定舉動是否會使得相關人士得到最大的利益？

(二) **權利（rights）**：是否尊重參與人所擁有的權利？

(三) **公正（justice）**：是否合乎正當性？（決策是公平且正當的）

(四) **關心（caring）**：「決策是公平且正當的」？是否盡到對彼此應負的責任？

三、倫理困境與倫理決策

(一) **倫理困境（ethical dilemma）**：決策者所面對的決策問題牽涉到倫理議題，而且面臨倫理準則模糊、衝突難以兩全的決策情境。進一步來說，倫理（或道德）是做「對」的事，但我們經常同時扮演不同角色、承擔不同責任，所以有可能會面臨倫理困境，這時候我們需要在對與錯、甚至是對與對的價值中做取捨。例如：當公司面臨破產危機，這時候是否應該裁員？是否應該允許香菸的廣告行銷？這即是所謂的「倫理困境」。當一項活動對個人有利而不是雇主時，更會產生「利益衝突」的倫理困境。

(二) **倫理決策**：係指當個人遭遇到倫理困境時的決策過程，亦即針對爭論議題做出合乎道德的判斷，並且作出決定。析言之，倫理決策是在確認問題、產生解決方案、並從中選擇，以使最終方案能極大化最重要的倫理價值。大部分的倫理決策都充滿了不確定性。在決策過程中，在不同價值之間進行權衡和取捨是無法避免的。

制訂倫理決策的步驟和程序並不是一個神奇方程式，只要輸入決策，就能得知它是否合乎道德。它只是讓人具備制訂倫理決策的敏感性和邏輯觀，能做出合理的審議平衡決策。就功利觀點而言，倫理決策是指倫理決策的制定完全是基於成果或結果，此外，該理論觀點會利用「數量模型」來做倫理決策，考慮到如何產生最大的數量效應。但在作倫理決策須注意下列兩件事：

1. 通常並沒有最好且完全符合倫理的決策。不同情境、不同人可能做出不同的決策。
2. 理性的倫理決策並不保證一定會產生最好的結果，但可以幫助你檢視重要的關鍵因素、釐清自己的重要價值觀、瞭解自己的權衡與取捨，必要時可以為自己的決定做辯護。

四、企業倫理道德的原則

企業在處理道德議題時，同時考量決策的效用及後果、對個人權益的影響，以及是否符合公平正義，以弭平各自不足的地方。此種處理企業倫理道德的原則為下列四種：

(一) **功利主義原則**：係指提供最多數人的最大效用為道德原則，管理者衡量不同關係人之間的利害關係，決定一個可以為最多數人提供效用的方案。例如一輛輕軌電車煞車系統突然失靈，駕駛員發現前方有5位小朋友在軌道上玩耍，他可以

透過切換閘道，駛往旁邊廢棄的軌道，但有1位小朋友在上面玩耍。如果駕駛員選擇變換軌道，那他的道德觀即是偏向此功利觀點。

(二) **公平正義原則**：將可能的好處與壞處，依公平正義的程序，分配給所有人。

　1.**分配正義**：例如獎勵員工績效，是根據員工的付出與績效，不受種族或性別等因素的影響。

　2.**程序正義**：例如員工的升遷，是根據一套事先設定規則與標準。

(三) **基本權利原則**：強調每個人的權利與自由的重要性。企業的決策必須基於對基本道德(自由、生命安全、私有財產、言論自由)權利的考量，若一個方案即便對多數人有好處，只要會危害到任何人的基本權利，就不應該採取。例如「Apple不願將手機的解碼方式隨意的交給美國的司法單位」這句話就是根據「基本權利原則」做判斷。

(四) **均衡務實原則**：企業在處理道德議題時，同時考量決策的效用及後果，對個人權益的影響，以及是否符合公平正義，以補足各自不足的地方。

第二節　管理道德

一、管理道德的意義

道德（ethics）是決定行為對錯的準則、價值觀及信念。管理者為了提升道德行為，透過對於組織的基本價值觀及公司對員工道德標準的期望的正式說明，以減少模糊與困擾，此稱為「道德規範（code of ethics）」。對採購人員賄賂以勸誘其購買特定產品，是否不道德？如果這筆賄賂的錢是由銷售員自己的佣金所撥出來的，是否可以另當別論呢？公家車私用是否不道德？用公司的e-mail處理私人信件又如何呢？這些都牽涉到管理道德（Managerial Ethics）的問題。

> **道德（Ethics）**：是決定行為對錯的規則或原則。管理者在做許多決策時，都需考慮決策結果和過程可能影響的層面。為更加了解管理道德所包含的複雜問題，以下將探討「功利觀、權利觀、正義觀，和整合的社會契約論」四種不同的觀點與影響管理者道德的因素，並對組織如何增進員工行為的道德提出建議。

企業在處理道德議題時，必須秉持「均衡務實原則」，同時考量決策的效用及後果、對個人權益的影響，以及是否符合公平正義，以弭平各自不足的地方，並消除如在品質上偷工減料、黑心產品、廣告不實、囤貨抬價、掏空資產、汙染環境等「不道德的企業行為」。

二、管理道德的四種觀點

功利觀	道德的功利觀（導向）（Utilitarian View of Ethics）認為，道德的決策完全是以「結果」為基準，Jeremy Bentham 主張為最多人謀得最大福利的道德哲學來作為決策的準則。從功利主義的觀點來看，管理者可能會認為解雇20%的員工是適當的，因為這樣的作法可以提高工廠的收益，並保障其餘80%員工的工作，同時，這樣做也會使股東權益最大。功利觀獎勵效率與生產力，並與利潤極大化的目標相符。然而，當某些受決策影響者沒有機會表達其聲音及意見時，此種作法可能會導致資源分配的偏差，再者，功利主義也可能會忽略一些利害關係人的權益。
權利觀	道德的權利（職權）觀（Rights View of Ethics）是指尊重與保護個人的自由與權利，諸如隱私權、善惡觀、言論自由、生命與安全，以及合理的程序，甚至還保障員工在報告雇主非法行為時的言論自由權。權利觀的正面意義是保護個人的基本權利，但其負面的影響則是在關心個人權益更甚於工作績效的組織氣候下，可能會造成生產力與效率的減低。
正義觀	道德的正義觀（Theory of Justice View of Ethics）係指管理者要在遵循法律規範下，公正地實施與執行各項企業規則。在此觀點下，管理者會支付相同薪水給同樣技能、表現與責任的員工，而不會因員工性別、人格、種族，或管理者個人的喜好而有所不同。正義觀同樣有其好處與壞處，它保護那些未受重視或沒有權力的利害關係人，但也可能因過度保障，而降低員工在冒險、創新與提高生產力上的努力。
社會契約論	整合的社會契約論（Integrative Social Contracts Theory）認為道德的決策應考慮實證（實際是什麼）和規範（應做什麼）兩種因素。這種觀點是基於兩種「契約」的整合：一是允許企業營運並界定可接受規則的一般社會契約，另一為界定可接受行為而存於社區成員間的一種特定契約。這種道德觀不同於前面三者之處，在於它認為管理者在判斷決策或行動的對錯時，必須先考量業界和公司內現存的道德規範。

牛刀小試

(C) 1.管理者須在遵循法律規範下，公正地實施與執行各項企業規則。此係何種管理道德的觀點？ (A)道德的權利觀　(B)道德的功利觀　(C)道德的正義觀　(D)整合的社會契約論。　　　　　　　　　**答：(C)**

(C) 2.影響管理道德的因素不含下列哪一項？　(A)事件強度　(B)組織文化　(C)控制變數　(D)個人特質。　　　　　　　　　　　　　　**答：(C)**

重要 三、利害關係人

利害關係人（Stakeholders）亦稱為「利益有（攸）關群體」，是指在企業的營運過程中，被影響到的個人或群體，亦即與企業經營決策有直接關係的成員，以企業所面對的經營環境而言，**利益有關群體包括股東、顧客、員工（工會）、供應商、社會、社區與自然環境。**由於「利害關係人」在一個組織中會影響到組織目標，亦可能會被組織所影響，因此，一個企業的管理者如果想要企業能永續的發展，則其管理者必須制定一個能符合各種不同利害關係人的策略才能達到。茲就企業利害關係人對企業經營的重要性關係敘述如下：

類別	內容說明
股東	股東是企業自有資金的提供者，出資股東愈滿意企業經營績效，則愈樂於持有股票。經營績效愈高，企業市場價值愈高，愈容易由資本市場募集所需的營運資金。
顧客	顧客是企業實現價值創造的裁判，顧客對企業所提供的產品或服務愈滿意，愈可能持續採購而愈有利於全業的價值創造。
員工	員工是企業價值創造的最關鍵元素，企業愈能提供激發員工潛力的工作環境、愈能提高員工的創造力與生產力，愈有利於提升企業的經營績效。
供應商	供應商是企業價值創造的夥伴，企業與供應商愈能在共榮共存的基礎上，創造供需雙方的共同利益，愈能提升企業的經營績效。
社會	社會是企業生存的大環境，企業與社會間的互動，關係著企業自社會中取得資源的能力。愈能取得社會的認同與支持，愈能提升企業的競爭力與經營績效。

類別	內容說明
社區	社區是企業實體營運植根的所在,社區期待企業成為好鄰居,因此愈將敦親睦鄰觀念融入企業價值創造的過程中、愈能建立與自然環境的永續關係,企業的經營績效也能提升。

從上述的說明,可知企業的利潤目標與社會目標並不衝突。在利害關係人的觀念下,利害關係人可能會影響到組織的運作,也可能為組織帶來成功地創新,協助組織提高面對變化的處理能力。

四、道德發展理論

柯柏格(L. Kohlberg)提出道德發展理論,將其分為三層次六階段。

(一) **第一層次**:傳統前層次(preconventional stage),為道德成規前期。這個層次的行事準則是避免處罰、獲得獎賞,分為下列兩個階段:

1. **第一階段**:懲罰與服從導向。此階段兒童認為服從權力與避免懲罰就是對的事,行為帶來的有形結果決定行為的善惡。

2. **第二階段**:工具性相對主義者導向。此階段兒童認為正當的行為包括那些能當作工具,來滿足一個人自己的需求以及偶爾能滿足他人需求的行為。

(二) **第二層次**:傳統的層次(conventional stage),為道德循規期。道德觀念是以他人的標準作判斷,以此作為發展自我道德觀念的方向,因為這個層次的兒童希望得到別人的認同。這個層次分下列兩個階段:

1. **第三階段**:人際關係和諧或好男孩、好女孩導向。此階段的青年認為善良的行為就是取悅他人、或是幫助他人,以及受他人贊許的行為。

2. **第四階段**:法律與秩序導向。此階段的人認為正當的行為就是履行個人的義務、尊重權威,為了社會利益而維持既定社會秩序的行為。

(三) **第三層次**:道德成規後期(postconventional level),亦稱為原則的層次(Principled stage),為道德自律期。此時道德觀念已超越一般人及社會規範,對自我有所要求。這個層次分下列兩個階段:

1. **第五階段**:社會契約合法性導向。此階段的個人尊重公平的法律,並且願意遵守。

2. **第六階段**:普遍性倫理原則導向。此階段的個人由良心的決定來界定善惡。

精選試題

( )　1.下列何者非公司對外表現的企業倫理行為？
　　　(A)倫理責任　　　　　　　　　(B)政治責任
　　　(C)法律責任　　　　　　　　　(D)經濟責任。

☆( )　2.本著合情、合理、合法的原則以達企業營利目的道德觀及行為稱之為？
　　　(A)組織氣候　　　　　　　　　(B)組織文化
　　　(C)企業倫理　　　　　　　　　(D)管理風格。

( )　3.在探討管理道德時，下列何者非其觀點？
　　　(A)權利觀　　　　　　　　　　(B)功利觀
　　　(C)正義觀　　　　　　　　　　(D)道德觀。

☆( )　4.下列何者非對外的（outward）企業倫理？
　　　(A)勞資關係
　　　(B)重視消費者權益
　　　(C)謹守公平競爭的原則
　　　(D)追求卓越，促進社會的進步與繁榮。

( )　5.專業經理人在面對自身利益、股東利益與其他利益攸關群體的利益衝突時，所應遵循的決策道德原則與行為規範，稱為：
　　　(A)科技倫理　　　　　　　　　(B)社會倫理
　　　(C)均衡倫理　　　　　　　　　(D)專業倫理。

☆( )　6.管理者會認為解雇20%的員工是適當的，因為這樣的作法可以提高工廠的收益，並保障其餘80%員工的工作，同時，這樣做也會使股東權益最大。這種觀點係屬於下列何種道德哲學？
　　　(A)權利觀　　　　　　　　　　(B)正義觀
　　　(C)功利觀　　　　　　　　　　(D)社會契約論。

( )　7.一個人的行為是否道德，最主要是受上司行為的影響，此係屬於影響管理道德的因素？
　　　(A)個人特質　　　　　　　　　(B)結構變數
　　　(C)組織文化　　　　　　　　　(D)事件強度。

☆( ) 8.尊重與保護個人的自由與權利，諸如隱私權、善惡觀、言論自由、生命
　　　與安全及合理的程序。這種觀點係屬於下列何種道德哲學？
　　　(A)功利觀　　　　　　　　　　　(B)權利觀
　　　(C)正義觀　　　　　　　　　　　(D)社會契約論。

( ) 9.下列何者非企業的利害關係人（Stakeholders）？
　　　(A)社區　　　　　　　　　　　　(B)供應商
　　　(C)壓力團體　　　　　　　　　　(D)顧客。

解答與解析

1. **B** 企業對外表現的企業倫理行為，只有**倫理責任、法律責任及經濟責任**三者而已。

2. **C** 企業倫理為企業與員工應如何行為之標準與規模的依據；通常，企業倫理亦會適度的**反映在企業經營者所制定與依循的經營哲學**上面。

3. **D** 在探討管理道德時，有功利觀、權利觀、正義觀和整合的社會契約論等四種不同的觀點。

4. **A** 勞資關係係對內的企業倫理。

5. **D** 如果無法建立起專業經理人的倫理觀念與做法，專業經理人將失去其專業地位，企業的永續經營也將難以達成。

6. **C** 當某些受決策影響者沒有機會表達其聲音及意見時，**題目所述的作法可能會導致資源分配的偏差**。

7. **B** 其係因人們會看主管的行為，並將其做為道德水準與期望的標竿。

8. **B** **權利觀**的正面意義是保護個人的基本權利，但其負面的影響則是在關心個人權益更甚於工作績效的組織氣候下，可能會造成生產力與效率的減低。

9. **C** 利害關係人亦稱為「利益有（攸）關群體」，係指與企業經營決策有**直接關係的成員**。

PART **3** 管理學

Volume 2 **管理理論**

我們若站在宏觀的角度，由「時間軸」來看，管理是自古即有；而由空間「時間軸」軸來看，則管理是無所不在。

本篇主要在介紹各階段的管理理論及其代表人物與（或）其理論。古典（傳統）理論時期，命題的重點在韋伯的層級結構特徵、泰勒的科學管理四原則、甘特圖、吉爾博斯夫婦的主張與費堯的管理程序；在修正理論時期，其焦點集中在梅友的霍桑研究、巴納德的權威接受論、管理科學的意義及其與科學管理的比較；到了新近理論時期，則命題的焦點則偏向系統學派的特色與主張、權變理論的意義與其主要論點。

第一章 管理理論的演進階段

考試頻出度： 經濟部所屬事業機構 ★
　　　　　　中油、台電、台灣菸酒等 ★

關鍵字： 時間軸、空間軸、管理理論階段。

課前導讀： 本章內容中較可能出現考試題目的概念包括：由時間軸看，管理自古即有、由空間軸看，管理是無所不在、管理理論各階段的代表人物及其理論。

第一節　管理的時間軸與空間軸

一、時間軸

從人類歷史觀之，管理的觀念從很早就已出現。秦朝萬里長城及古埃及金字塔的建立是一項相當巨大的工程，所投入的人力、物力、時間難以估計，只有透過有效的「管理」，才有可能創造完成。

二、空間軸

管理應用在人們生活週遭，不論營利或非營利機構，可說「只要有人類群體的地方就有管理的需要」。換言之，**在人類為群體生活的前提下，可說沒有管理就沒有社會制度的存在，可見「管理是無所不在」。**

> **管理概念自古已存：** 古羅馬大帝迪奧（Theodosius）因為深感帝國組織過於龐大，乃透過對帝國組織的調整，使其統治更有效率，如此之管理概念應用在企業上，即稱為「企業管理」。
>
> **管理概念施行已久：** 羅馬天主教教會所施行之管理系統係依簡單的扁平組織（教區神父、主教、大主教、樞機主教、教宗）便成功而有效的實行了兩千多年。

第二節 管理理論的發展

管理的觀念雖然自古已有之，但並沒有系統化的研究與理論的發展，其應用也多侷限在政治與宗教的領域，對企業的應用並不多。**直到18世紀末期，工業革命發展之後，大型工廠開始出現，資本主義也開始發展，此時企業的環境日益複雜，管理方法開始受到重視**，因此開始有人對管理進行深入而有系統的研究，才產生了今日各種的管理理論。到了20世紀初期才大致成形。關於管理理論的演進，學界有許多不同的分法。而Kast & Rosenzweig（1970）將「管理理論分為三階段」，乃為最普遍被接受的看法，茲列舉如下：

> **管理理論演進的銜接性**：其前後期理論間並非毫無關係，後期的理論多承襲前人的理論，再加以修改演化而來；而後期的理論也並非完全取代前期的理論，而是在順應時代的前提下，提出了許多新的觀點與方向。事實上，許多百年前的理論與觀點（如科學管理理論、管理程序理論等），對今日的企業經營管理，仍然發揮著極大的影響力。

階段	期間	代表人物及理論
傳統（古典）理論時期	1900年~1940年	1.泰勒（F. Taylor）：科學管理學派。 2.費堯（H. Fayol）：管理程序學派。 3.韋伯（M. Weber）：層級結構學派（亦有稱為「官僚學派」）。
修正（中期）理論時期	1940年~1960年	1.行為學派：始於孟斯特伯（H. Munsterberg），後奠基於梅育（有稱「梅友」Mayo）的霍桑研究。 2.管理科學學派：起源於二次大戰，係計量決策工具的發展，故又被稱為「計量學派」。
新近（整合）理論時期	1960年迄今	1.鮑爾定（K. Boulding）等人：系統學派。 2.摩斯（J. Morse）、羅齊（J. Lorsch）等人：權變（情境）理論。

精選試題

( )｜1. 管理理論的發端及重視管理方法的研究最主要的動力係來自於：
(A)農業革命 　　　　　　　　　　　(B)工業革命
(C)資訊科技 　　　　　　　　　　　(D)政府的鼓勵。

( )｜2. 管理理論學派的正式出現始於何時？
(A)古文明時期 　　　　　　　　　　(B)18世紀末葉工業革命之時
(C)20世紀初 　　　　　　　　　　　(D)21世紀。

☆( )｜3. 傳統管理理論之管理學派不包含下列何者？
(A)管理科學學派 　　　　　　　　　(B)管理程序學派
(C)層級結構學派 　　　　　　　　　(D)科學管理學派。

☆( )｜4. 以下何者屬於新近理論時期？
a.系統學派 　　　　　　　　　　　b.權變學派
c.行為學派 　　　　　　　　　　　d.管理科學學派
e.官僚學派
(A)abce　(B)abe　(C)acd　(D)ab。

解答與解析

1. **B** 18世紀末期，由於工業革命的發展，大型工廠開始出現，此時企業經營的環境日益複雜，管理方法開始受到重視，因此開始有人對管理進行深入而有系統的研究，才產生了今日各種的管理理論。

2. **C** 管理理論到了20世紀初期始大致成形。

3. **A** 管理科學學派起源於二次大戰，係計量決策工具的發展，因此它是屬於修正（中期）理論時期。

4. **D** 系統學派與權變（情境）理論是屬於新近（整合）理論時期。

第二章 古典（傳統）理論時期

考試頻出度：經濟部所屬事業機構 ★★★★★
中油、台電、台灣菸酒等 ★★★★★

關鍵字：工業革命、巴拜治、韋伯、層級結構、科學管理、泰勒、甘特圖、吉爾博斯、費堯。

課前導讀：本章內容中較可能出現考試題目的概念包括：層級結構的特徵、泰勒的科學管理四原則、甘特圖、吉爾博斯夫婦的主張、費堯的管理程序、古力克和歐威克的行政管理的七項功能。

第一節 管理理論萌芽時期

一、工業革命以前

工業革命以前，生產的型態多為「茅舍生產」或「手工業生產」（見第一篇第一章第三節），經營與管理合一，沒有所謂的「專業管理」，**當時的管理型態，可稱為「經驗管理」**（Rule of Thumb），**又稱為「即席式管理」或「急就章管理」**（Management by Improvisation），亦即由家族長老以過去的經驗與習慣，對組織的活動進行指導。故當時管理特徵如下：

(一)管理權與所有權合一。
(二)管理者即為所有權的擁有者。
(三)管理的方法多來自於過去的經驗。

> **急就章管理**
> （Management By Improvisation，MBI）
> 的另一種現代化概念：
> 係指危機管理處理小組（Task Force）的領導者必須果決明快，針對員工持續傳遞之訊息，於黃金時間內做無缺點裁量，使其符合JIT（及時生產管理）的理念。

二、工業革命時期

(一) **工業革命初期**：因管理人員與技術工作人員仍然相當缺乏，故仍採用過去經驗管理的方式。

(二) **工業革命後期**：由於機器使用的普及、工廠制度的逐漸完備及許多新企業的成立，使競爭較過去激烈；

再者，因技術的進步，大量生產逐漸成為普遍化的原則，亦使得企業有開拓市場的必要，以求發展。在這種情況下，企業所需處理的事務較過去複雜很多，傳統的經驗管理已無法有效應付日漸繁雜的管理事務，於是刺激了新的管理理論與方法的探討。

三、本時期管理理論的代表人物

本時期管理理論的代表人物為「巴拜治（Charles Babbage）」，其為英國劍橋大學教授。著有「論機器和生產的經濟性」（On the Economy of Machine and Manufactures）一書。書中首先提出應用「科學方法」在生產管理上，同時強調管理者應利用「平時生產及銷售記錄」，來建立成本分析、獎工制度、工作研究、時間衡量的標準等科學管理制度。

(一) 巴拜治的主要管理觀點如下：

　1.強調「分工」的重要性。　　2.重視「生產方法及工作時間」的研究。

　3.重視成本分析。　　4.提出管理工作不同於技術工作的觀念。

(二) 巴拜治的影響：

　　在巴拜治之後產生三個主要的管理學派：包括「科層體制」、「科學管理」與「管理程序」學派，此三者同屬傳統管理學派。雖然各學派研究方向雖有差異，但其理論的基本假設卻頗有相似之處：

　1.**將管理視為一個「封閉系統」**，認為問題乃單純而理性，故重視「標準化」的管理原則以及設計合理的組織架構。

　2.**將員工視為「經濟人」**。科學管理學派認為人工作的動機主要為了經濟上的利益，因此強調透過物質與金錢的獎賞來激勵員工達成目標，認為主管只要經由權威的施行並搭配金錢的誘因，就可使員工服從其領導。易言之，此種領導的方式較為單調，激勵的方式也比較少。

國富論：亞當斯密（Adam Smith）於1776年出版古典經濟學的「國富論」（The Wealth of Nations），他認為組織和社會能獲得經濟利益的主因，是透過分工所致，將工作劃分為更小而重複性的單位。他亦提及個人與企業透過市場上「一隻看不見的手（或稱為「不可目見的手」）（the invisible hand）」（亦即：價格機能）追求私利行為的運作而使得社會整體利益達到最大。

巴拜治：其觀點深深影響了後來在美國所發展出的科學管理運動。

經濟人（Rational-economic Man）：係指人的行為動機源於經濟誘因，在於「追求自身的最大利益」，故管理者須利用金錢、權力、操縱、控制等方式，使員工服從，並維持效率。

牛刀小試

( )　下列關於巴拜治（Charles Babbage）的敘述，何者為非？　(A)著有「論機器和生產的經濟性」一書　(B)重視生產力法及工作時間的研究　(C)影響了後來的行為學派　(D)首先提出應用「科學方法」在生產管理上。　　　　　　　　　　　　　　　　　　　**答：(C)**

第二節　科層體制理論學派

 一、意義與特徵

科層體制（Bureaucracy）或稱「層級結構」，這一派管理理論乃建立在一種特定之組織模式上，故一般又稱為「官僚體制（或模式）」。由於此處「官僚」並非一般所認為具有官樣文章及繁瑣手續的意思，此種組織可以說是以「制度」取代「人治」，亦即「依法行政」的觀念，因此不用「官僚」兩字，而代以「層級結構」。層級結構模式（Hierarchical structure）的學派之最重要人物首推韋伯（Max Weber），他是德國現代社會學的創始者之一，他從整個歷史及社會演進的觀點來看近代組織的發展。韋伯提出以官僚體制（科層體制）之「組織理想型態」，做為管理大型企業的標準組織。

二、權威型態

韋伯將權威型態的演變按歷史之進化，分為下列三個階段：

(一) **傳統權威（traditional authority）**：此種權威肇因於人們對傳統歷史文化的信仰與遵循，是一種世襲的權威。

(二) **超人權威（charismatic authority）**：此種權威肇因於人們對超人領袖近乎超自然、超世俗的天賦超人特質（charisma），忠心不貳的絕對服從，甚至容許超人領袖之意志及行為得不受任何規範之約束。故又稱為「領袖魅力型權威」。

(三) **法定權威（rational-legal authority）**：亦稱為「理性（合法）的權威」。此種權威以理性為基礎，建立法制規範，人們服從領導者，並非傳統信仰使然，亦非對領導者個人的崇拜，而是因法規賦予位居該職位「領導者」的一種權威。

三、層級結構（官僚制度）的特徵

韋伯認為官僚制度所依賴的權威是法定權威，因此，一個理想的官僚模型大致上應該具有下列六項特徵（特質）：

(一) **依法行政**：亦即「對事不對人（impersonality）」而不得主觀處事。組織內成員的工作行為，以及成員與成員之間的工作關係，均須遵循既定法制的規範。

(二) **層級節制**：組織為一個層級節制（hierarchy）的系統，上級單位指揮監督下級單位，而下級單位必須絕對服從上級單位的指揮監督。

(三) **專業分工**：組織內的成員依照專業來分工，擔任某一種職位的人必須具備該職位的專業技術的資格和訓練。

(四) **權責分明**：組織內的每一位成員均有固定的職掌及正式的工作，依法行使職權。

(五) **年資制**：組織內成員的升遷及薪資給付，依照年資和地位。

(六) **永業化**：組織內的成員具有永業化的傾向，除了觸犯依法規定應該予以免職的過錯之外，組織不得終止此種契約關係。

第三節　科學管理理論學派

一、意義

科學管理學派將「人」視為「經濟人（economic man）」，且假定人的思考和行為都是目標理性的。這是由英國經濟學家亞當·斯密（Adam Smith）所提出。他認為人的行為動機根源於經濟誘因，人都要爭取最大的經濟利益，工作就是為了取得經濟報酬。

泰勒（F. W. Taylor）的科學管理（scientific management）論點核心在「追求效率」（efficiency），是在追求以「系統性的研究」取代管理者的直覺與經驗，以尋求最佳工作方法。

二、科學管理的目的

(一) 人盡其才，才盡其用。

(二) 物無浪費，力無虛耗。

(三) 增進效率，降低成本。

(四) 分層負責，勞資合作。

三、達到科學管理目的之方法

要達到上述四個目的，必須有賴工作方法的簡化，良好制度的建立，工作效率的提高，以及標準化的實施。茲列表說明如下：

方法	內容說明
簡單化 Simplification	工作的方法、步驟，業務處理的程序，均應力求簡單化；亦即在不影響任務的原則下，以最簡單的方法，達到省時、省力、省料的效果。
制度化 Systematization	制度化係指對人、事、物的處理，應訂定有條理、有系統的辦法，使一切事務的進行均可循一定的軌跡，以減少摸索浪費，並防止徇私舞弊的狀況發生。
效率化 Efficiency	效率化係指應做到人盡其才，才盡其用，物無浪費，財不虛耗；換言之，即要以較少的人力、物力、時間，換取最高的工作成果，使成本降低而利潤增加。
標準化 Standardization	標準化係指將工作訂定客觀的標準，俾使作正確的考核和嚴密的控制，如此可達到工業上大量生產的效果。

 四、代表人物

(一) 泰勒：

1. **研究背景**：泰勒（Frederick Taylor）曾任密得瓦鋼鐵公司（Midvale Steel Co.）總工程司，伯利恆（Bethlehem）鋼鐵公司顧問，被稱為「科學管理之父」。他認為管理的目的，在於求得投資者及工人之最大繁榮。泰勒是由基層員工出身，當其進入「伯利恆」（Bethlehem）鋼鐵公司服務之後，發現廠內工作效率低落，因此思考改進之道。他所進行最有名的實驗有三：「銑鐵塊搬運研究」（生鐵實驗）、「鐵砂與煤粒的鏟掘工作研究」、「金屬切割工作的研究」。在實驗過程中，他詳細記錄分析每一個動作和所需時間，然後設計出最有效的工作方法，並為每一工作訂定一定的工作標準量，最後再把這些工作組合為一個標準的工作流程，讓員工按照標準工作方法進行工作。

2. **科學管理四原則**：泰勒於1911年，出版了管理思想的著作「科學管理原則」（Principles of Scientific Management）。書中提出科學管理的四項原則：

> 泰勒：是由基層員工出身，當其進入「伯利恆」（Bethlehem）鋼鐵公司服務之後，發現廠內工作效率低落，因此思考改進之道。他所進行最有名的實驗有三：「銑鐵塊搬運研究」（生鐵實驗）、「鐵砂與煤粒的鏟掘工作研究」、「金屬切割工作的研究」。在實驗過程中，他詳細記錄分析每一個動作和所需時間，然後設計出最有效的工作方法，並為每一工作訂定一定的工作標準量，最後再把這些工作組合為一個標準的工作流程，讓員工按照標準工作方法進行工作。

原則	內容說明
科學動作原則 **Principle of Scientific Movement**	是為了尋找最佳的工作方法。即對每一個人在工作時的每一動作元素，均發展一套科學標準，以替代舊式的隨意操作之「經驗法則（Rule of Thumb）」。
科學選用工人原則 **Principle of Scientific Worker Selection**	係指以一套科學的方法選用、訓練、教導及發展工人，以代替過去由工人「自己選擇工作、自己摸索訓練自己」的方式。
合作及和諧原則 **Principle of Cooperation and Harmony**	係指員工之間必須誠意合作，才能產生「團隊精神」，而資本主與勞工間亦應採取「和諧共利」的立場，而非敵對排斥的立場，如此才能獲得真正提高效率及生產力之成果。
最大效率原則 **Principle of Greatest Efficiency and Prosper**	又稱為「職責劃分原則」。係指應依據每個人的潛力及專長，都有其可以發揮最大效率的場合，因此各階層的人對生產力之提高均各負有相當之分工責任。凡較適宜由管理階層承擔的部分（如規劃、控制），應由管理階層承擔，而不應讓工人承擔所有的工作與責任。另對於在工作上表現優異的員工應給予工資上的獎勵。

3. 主張、著作及貢獻：
   (1)泰勒為科學管理理論的創始者，被譽為「科學管理之父」。從事於「時間與動作」以改造生產模式進入大規模生產，也是第一位研究工作者行為與績效的人。
   (2)著有「科學管理的原理」一書，開啟了科學管理學派。該書影響最深遠的就是「組織專業分工」的思想。
   (3)例外管理：管理者應將例行性事務授與部屬代勞，自己則處理重點性的事務。
   (4)提出「差別計件工資制度」。所謂差別計件工資制，就是對同一種工作設有兩個不同的工資率。對那些用最短的時間完成工作、質量高的工人，就按一個較高的工資率計算；對那些用時長、質量差的工人，則按一個較低的工資率計算。

牛刀小試

( )　泰勒研究出最佳的人與機器之配合方式，提倡工人的科學化遴選與訓練，此理論在管理發展過程中，屬於　(A)科學管理　(B)管理科學　(C)行為管理　(D)系統管理。　　　　　　　　　　　　　**答：(A)**

(二) **甘特（Henry Gantt）**：甘特曾與泰勒共同服務於密得瓦鋼鐵公司，他的主要貢獻為下列二項：

1. **任務及獎金制度（Task and bonus system）**：甘特設計「任務獎金制度」，主張給予工人一天的保證工資，若超過標準，則可再獲得一份獎金。此外並規定凡工人得獎金者，其領班亦能得獎金，冀能鼓勵領班的積極領導。他倡議此制度，乃是基於職位安定為最有力的一項激勵。

2. **甘特圖（Gantt chart）**：甘特圖係甘特在1917年提出，亦稱「條型圖」（Bar Chart）。甘特圖的概念很簡單，**基本上它是「以時間為橫軸」，「以所需進行的各項（排程）活動及其起迄時間為縱軸」所劃出的長條圖，用以控制工作的進度**。每一個長條表示在一段時間後，計畫與實際結果比較情形。

> **甘特**：甘特的管理觀點較具人性關懷成分，而且將科學管理的精神由工人延伸至管理者，故他被稱為「人道主義之父」。此外，他與泰勒一樣，認為管理階層必須對員工實施有關工作的指導。
>
> **甘特圖**：在視覺上顯示出各個任務何時完成，並將之與實際進度相互比較，它是一個既簡單又重要的工具，它讓管理者可以很容易了解，要完成工作或計畫時，有那項作業尚未完成，另外，讓作業的進度是超前、落後、或是符合進度。

下圖係描繪一家出版商為出版書籍所做的簡易甘特圖。時間是以月為單位，列在圖的上方，主要的工作列在左邊。出版書籍的規劃涉及到：有些需完成的活動、活動的完成順序，以及每個活動所需的時間。其中在時間方框內的條狀圖代表規劃時間順序，陰影線條表示預期目標，實際進度則以黑線條表示。

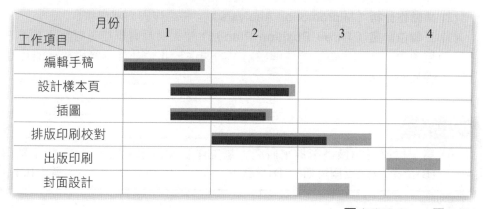

月份 工作項目	1	2	3	4
編輯手稿				
設計樣本頁				
插圖				
排版印刷校對				
出版印刷				
封面設計				

■ 實際進度　　■ 目標

牛刀小試

( )　以下有關甘特之敘述，何者有誤？　(A)被稱為「動作與時間研究之父」　(B)發明甘特圖　(C)提出工作及獎金制　(D)將科學管理的領域從基層員工擴大到管理階層。　　　　　　　　　　　　　　**答：(A)**

(三) **吉爾博斯（Frank and Lillian Gilbreth）夫婦**：他們在1904年創造以「影片及微動計時器」來分析各種動作之方法及所需時間之長短，故**後人稱吉爾博斯為「動作與時間研究之父」、工業工程之父**。

　　1. **研究背景**：吉爾博斯夫婦對管理思想最大的貢獻就是動作科學研究，也是「第一位應用拍攝攝影機，來研究人類工作情況」的學者。吉爾博斯身為心理學家的妻子一同研究工作設計，試圖降低不必要的手與身體的動作，其最著名的實驗為「砌磚實驗」。**他們設計了一個顯微計時器，並使用攝影機觀察並記錄人類肉眼無法觀察到的工人動作，以試圖調整其動作而增加工作效率。**

　2. **主張及貢獻**：

　　(1) **人類基本動作模型**：將人類從事工作的基本要素區分成十七個，包含握、拉、持、推等等，稱為「動素」（Therblig，此即「吉爾博斯」英文名的倒寫），開人體工學研究（Ergonomics）之風。其亦將各項動作分為四大類，包括：操作（○）、搬運（⇨）、檢驗(□)、儲存(▽)，直到今天，這仍是「流程分析圖」的重要符號。

　　(2) **微動作分析（Micromotion Analysis）**：將動作與心理作結合。

　　(3) **三職位計畫（Three Position Plan）**：使人員具有學徒、老師及上司三種角色，亦即人員必須了解三階層的關係，此晉升計畫適用於小型且直線型的組織。

牛刀小試

( )　第一位運用拍攝攝影機來研究人類工作狀況的學者是誰？　(A)泰勒　(B)費堯　(C)吉爾博斯　(D)愛默生。　　　　　　　　　　　**答：(C)**

第四節 管理程序學派

 一、理論基礎

管理程序學派（亦稱為「行政理論學派」）相較於科學管理學派而言，所採取的是一種較廣泛的看法，重視的是如何在組織中建立一套可以「放諸四海皆準」的「管理架構與原則」，藉由這套管理原則，試圖將所有企業可能遇到的管理問題置於這套架構中，而找到適合的答案。

> 管理程序學派的觀點：相較於科學管理學派而言，所採取的是一種較廣泛的看法，重視的是如何在組織中建立一套可以「放諸四海皆準」的「管理架構與原則」，藉由這套管理原則，試圖將所有企業可能遇到的管理問題置於這套架構中，而找到適合的答案。

二、費堯的十四點管理原則

(一) **分工原則**（Division of Labor）：技術工作及管理工作應加以細分，藉由專精以提高效率。

(二) **「權責對等原則」**（Authority and Responsibility）：係指組織成員有了職責目標之後，必須有對等之職權；反之，有了職權，必須負有達成某特定目標之職責。

> 權責對等原則：權責應講求對等，「不可有權無責或有責無權」，否則將無法達成目標。

(三) **紀律原則**（Discipline）：一個企業欲經營良好，必須要有良好的紀律，但更重要的，是需要有效的領導人來維持紀律及懲處不遵守規定之員工。

(四) **指揮權（命令）統一原則**（unity of command）：企業組織內部的每一位員工都應該只接受一位上司的命令。

(五) **目標一致原則**（Unity of Direction）：凡是目標相同的工作，均應僅有一位經理人，各項資源的運用始能妥善協調，各項努力始能有同一的指向，利於達到同一目標。

(六) **個人利益小於團體利益原則**（Subordination of Individual Interests to the Common Good）：組織的目標，必須能涵蓋員工個人或員工群體的目標，但在不能兼顧時，應以組織的目標和利益為先。

(七) **獎酬公平原則**（Remuneration of Personnel）：費堯認為，一項完善的薪酬制度必須具備幾個條件：

　1. 必須能確保公平的待遇（即同工同酬，不同工不同酬）。

　2. 獎勵績效優良者。

　3. 適度獎勵（即不超過某一適當的限度）。

(八) **集權化原則（Centralization）**：組織必須視組織情況及員工素質決定集權、分權程度。小規模、組織結構簡單，及例行性工作性質的機構，應作較大程度之集權；反之，應作較小程度之集權（即分權）。

(九) **階層鏈鎖原則（Scalar Chain）**：亦稱為「指揮鍊原則」任何一個組織體，從最高指揮者到最低之執行者間，有明確之「階層劃分及鏈鎖關係」，以利於命令下達及意見之溝通。此原則亦稱「骨幹」原則（skeleton principle），**階層鏈鎖原則除了上下垂直之「骨幹」原則外，尚指出水平單位間之協調原則，叫做「跳板」原則（gang plank prinxiple），以利快速溝通**，即「不同部門的同階層單位」，可以互相「自行協調」，不必事事經由垂直骨幹單位迴轉傳達，浪費時間。

> 骨幹原則：一個組織，應如同人體骨骼構造一樣，有脊椎骨、筋骨、鎖骨等階層結構，以支撐全身系統之運行。

(十) **秩序原則（Order）**：組織體內，不論人員或事物，皆應有其應有之位置，保持秩序，以利於事情的進行。

(十一) **公正（Equity）**：合情加上合理謂之公正。一位有效的經理人，必須使組織結構中的每一層次均符合公正原則。

(十二) **員工穩定原則（Stability of Staff）**：一個成功的企業機構，應維持其主管級人員之工作穩定，如此才能對某一職位之情況有深入的了解，並有效執行工作任務。

(十三) **主動原則（Initiativeness）**：組織內不論那一階層都要具有積極主動的精神，新構想、新改良之精神與行動，以促進企業之成功。

(十四) **團隊精神原則（Esprit De Corps）**：一個機構中團隊精神的強弱，端視該機構員工之間的協調合作與團結程度而定。

> 強化團隊精神的方法：費堯認為，強化團體精神的方法，在於嚴守統一指揮之原則，並多用口頭之意見溝通。

牛刀小試

（　）有關「跳板原則」（Gang Plank Principle）的敘述，以下何者正確？
(A)由韋伯提出　(B)指組織內水平層級的溝通　(C)目的在於聯絡感情
(D)事後不需告知主管。　　　　　　　　　　　　　　　**答：(B)**

精選試題

☆（　） 1. 被尊稱為「科學管理之父」的是？　(A)泰勒（Taylor）　(B)費堯（Fayol）　(C)吉爾博斯（Gilbreth）　(D)巴納德（Barnard）。

☆（　） 2. 被稱為「現代管理理論之父」的是？　(A)泰勒（Taylor）　(B)費堯（Fayol）　(C)吉爾博斯（Gilbreth）　(D)巴納德（Barnard）。

☆（　） 3. 「管理程序學派之父」為？　(A)韋伯（Weber）　(B)費堯（Fayol）　(C)甘特（Gantt）　(D)吉爾博斯（Gilbreth）。

（　） 4. 科學管理學派，將人視之為？　(A)政治人　(B)文化人　(C)經濟人　(D)社會人。

☆（　） 5. 科層體制，是建立在一特定的層次級式的組織結構之上，一般又稱為？　(A)線性模式　(B)官僚模式　(C)行政模式　(D)科學模式。

（　） 6. 科學管理之父泰勒，認為管理的目的，在於求得：　(A)投資者　(B)投資者及工人　(C)工人　(D)社會大眾　之最大繁榮。

（　） 7. 庶務及文書管理，可用那一種管理技術提高效率：　(A)性向測驗　(B)線型規劃　(C)動作及時間研究　(D)以上皆非。

☆（　） 8. 有關費堯的敘述，下列何者有誤？　(A)創設十四點管理原則　(B)被稱為法國科學管理之父及現代管理理論之父　(C)以組織中的基層的工作為研究中心　(D)行政管理學派的代表人物之一。

☆（　） 9. 下列那一學派的重點在提高作業效率？　(A)科學管理學派　(B)行為科學學派　(C)行政管理學派　(D)權變學派。

（　） 10. 下列何者不是早期管理理論時期的共同特色？　(A)認為管理存在許多「非理性」因素　(B)將人視為「經濟人」　(C)員工的工作動機主要為了追求經濟報酬　(D)主管所使用的領導方式比較單純。

（　） 11. 下列哪一項實驗與泰勒無關？　(A)銑鐵塊搬運研究　(B)鐵砂的研究與煤粒的鏟掘工作研究　(C)工人砌磚研究　(D)金屬切割工作。

☆（　） 12. a.科學動作原則；b.科學選用工人原則；c.分工原則；d.合作及和諧原則；e.權責對等原則；f.發揮最大分工效率原則。上述何者不是泰勒的科學四個原則？　(A)cde　(B)ac　(C)def　(D)ce。

（　） 13. 下列何者屬於費堯所分類的業務機能？　(A)生產機能　(B)行銷機能　(C)財務機能　(D)人事機能。

☆( ) 14. 下列何者不是科學管理理論學派的貢獻？　(A)以科學方法處理管理問題　(B)提出一套放諸四海皆準的管理架構與原則　(C)提高工人的工作效率　(D)提出新的管理觀念。

( ) 15. 費堯將企業活動分為「業務機能」與：　(A)策略機能　(B)管理機能　(C)社會機能　(D)利潤機能。

( ) 16. 將科學方法與原則，應用到管理上，稱之為？　(A)行為科學　(B)管理科學　(C)科學管理　(D)系統管理。

☆( ) 17. 科學管理的開山大師？　(A)費堯（Fayol）　(B)梅育（Mayo）　(C)甘特（Gantt）　(D)泰勒（Taylor）。

( ) 18. 以泰勒為代表人物的管理理論學派是？　(A)行為科學　(B)管理科學　(C)科學管理　(D)系統觀念　學派。

☆( ) 19. 被尊稱為「動作研究之父」的管理學者是？　(A)泰勒（Taylor）　(B)費堯（Fayol）　(C)吉爾博斯（Gilbreth）　(D)巴納德（Barnard）。

( ) 20. 提出「十二效率原理」者為？　(A)泰勒　(B)艾默生　(C)費堯　(D)杜拉克。

☆( ) 21. 提出「十四項管理原則」者為？　(A)泰勒　(B)艾默生　(C)費堯　(D)杜拉克。

( ) 22. 科層體制是由誰所提出？　(A)泰勒　(B)韋伯　(C)艾默生　(D)賽蒙。

☆( ) 23. 以下何者敘述並非泰勒管理技術學派之基本主張？　(A)建立科學方法　(B)注意人員間之相互配合　(C)工作簡化　(D)一切依法辦理。

( ) 24. 有關「科層體制理論」的敘述何者有誤？　(A)由法國學者韋伯提出　(B)重點在以「法治」取代「人治」　(C)又稱官僚學派　(D)以上皆非。

( ) 25. 以下何者為科層體制的特徵？　(A)專業分工　(B)層級節制　(C)精緻的規則及規定　(D)以上皆是。

( ) 26. 以下何者屬於泰勒的首獻？　(A)科學管理原則　(B)計件工資率制度　(C)機能式組織　(D)以上皆是。

☆( ) 27. 莉蓮（Lillian Moller）被稱為「管理第一夫人」，她是下列何者之妻子？　(A)Weber　(B)Taylor　(C)Emerson　(D)Gilbreth。

☆( ) 28. 「凡是目標相同的工作，由一位主管負責，並擬出一套計畫，協調員工朝向同一目標而奮鬥」稱為：　(A)主動原則　(B)團隊精神　(C)命令統一原則　(D)目標一致原則。

( ) 29. 有關科層體制理論的缺失，下列敘述何者為非？　(A)不重視規章制度　(B)官僚怠工　(C)管理原則過於僵化　(D)組織喪失創新能力。

解答與解析

1. **A** 泰勒（Taylor）被稱為「科學管理之父」，著有「科學管理原則」（Principles of Scientific Management）一書。

2. **B** 由於費堯的理論架構為後續的管理學者提供了完整的架構與基礎，故費堯被稱為「現代管理理論之父」。

3. **B** 費堯主張組織內之管理應有一套程序，管理者應循此一程序來管理各業務活動，以提昇效率，故此一學派被稱之為管理程序學派，故費堯又被稱為「管理程序學派之父」

4. **C** 經濟人（economic man）之假設最早是由英國經濟學家亞當‧斯密（Adam Smith）所提出。

5. **B** 科層體制管理理論乃建立在一種特定之組織模式上，故一般又稱為「官僚體制（模式）」。

6. **B** 泰勒認為管理的目的，在於求得「投資者及工人」之最大繁榮。

7. **C** 可透過「動作與時間」之研究，降低不必要的手與身體的動作，來提升效率。

8. **C** 費堯的管理理論重心在於建立中、高階主管的一般性管理能力，而非以組織中的基層的工作為研究中心。

9. **A** 科學管理學派是以科學方法研究管理問題，以科學原則應用於管理工作，配合各生產要素藉以「增加效率、減低產品成本」。

10. **A** 科學管理學派將「人」視為「經濟人」，且假定人的思考和行為都是目標理性的。

11. **C** 工人砌磚實驗係吉爾博斯夫婦所進行的研究，其目的係試圖降低不必要的手與身體的動作。

12. **D** 分工原則和權責對等原則係屬於費堯十四點管理原則中之二個原則。

13. **C** 費堯的業務機能包括：技術性、商業性、財務性、安全性與會計性等五項機能。

14. **B** 想提出一套可以放諸四海皆準的「管理架構與原則」的是費堯的管理程序學派。

15. **B** 費堯在他出版的「產業及一般管理」一書中，將企業之活動分為「業務機能」及「管理機能」兩大類。

16. **C** 科學管理即是以科學方法研究管理問題，**以科學原則應用於管理工作上。**

17. **D** 泰勒被稱為「科學管理之父」。

18. **C** 科學管理，即是以科學方法的「觀察、分析、綜合、證實」來執行管理五項目「計畫、組織、指揮、協調、控制」之謂。

19. **C** 吉爾博斯創造以「影片及微動計時器」來分析各種動作之方法及所需時間之長短，故後人稱吉爾博斯為「動作與時間研究之父」。

20. **B** 愛默生對工作效率有專門研究，被稱為「效率專家」或「效率的教長」，他提出「十二項效率原則」。

21. **C** 費堯在他所出版的「產業及一般管理」一書中，提出了十四點管理原則。

22. **B** 科層體制係Max Weber所提出，其管理理論建立在一種特定之組織模式上，故一般又稱為「官僚體制」。

23. **D** 泰勒的著作「科學管理原則」中並無「一切依法辦理」這種主張，「一切依法辦理」應為科層體制學派之主張。

24. **A** 科層體制係德國學者Max Weber所提出。

25. **D** 這一派管理理論乃建立在一種特定之組織模式上，又具有選項(A)(B)(C)類似官僚的特徵，故「科層體制」通常被稱為「官僚體制」。

26. **D** 工廠管理、時間研究及例外管理等項亦是泰勒的貢獻。

27. **D** 吉爾博斯之妻莉蓮是美國第一個獲得心理學博士的女士，被稱為「管理第一夫人」，潛心於管理心理學的研究，在1915年著作《管理心理學》一書。

28. **D** 目標一致原則(unity of direction)為費堯十四點管理原則中之一個原則。

29. **A** 科層組織容易使組織成員本末倒置、相當重視規章制度，組織中沒有個人的發揮空間。

第三章 修正理論時期

考試頻出度：經濟部所屬事業機構 ★★★
中油、台電、台灣菸酒等 ★★★

關鍵字：行為科學、工業心理學、霍桑效應、權威接受論、管理科學、數學模式。

課前導讀：本章所有內容中較可能出現考試題目的概念包括：理論修正興起的原因、行為科學的研究內容、孟斯特伯、霍桑研究與霍桑效應、巴納德的權威接受論、管理科學的意義、管理科學與科學管理的比較。

第一節 修正理論的興起

一、理論修正興起的原因

隨著時代的轉變，傳統理論所強調的作法逐漸產生了下列問題：

(一) 由於長期從事單調、乏味而枯燥的工作，員工在心理上逐漸產生不滿，連帶影響工作效率。

(二) 由於教育與知識水準不斷提昇，員工除了重視金錢上的報酬之外，更希望能從工作中獲得心理層次上的滿足，故舊有的激勵方法已不盡然有效。

在這樣的情況下，開始有學者嘗試將此種客觀環境及員工心理的改變，做有系統、有組織的研究，並修正早期傳統理論的看法，故此時期稱之為「修正管理理論」。

> **傳統管理學派的觀點：**
> 透過對傳統管理學派的認知，可以發現自科學管理運動推行以來，企業所在乎的重點在於「如何增加生產效率」與「提升生產力」，故產生了「專業分工」，將工人的工作切割為單一而簡單的動作，藉此提高工人的熟練度，增加生產力。另外，在激勵方式方面，過去企業給員工的獎酬方式亦只限於「金錢報酬」一種。

二、修正管理理論興起的環境因素

(一) **組織規模的擴大化與複雜化**：企業規模擴大及企業業務複雜化的結果，使得傳統管理理論的應用產生顯有不足的現象。

(二) **社會結構的轉變**：由於工業化程度升高、都市化程度升高、小家庭數目增加、工作組織取代家庭等因素，成為人際關係的主要來源。此為行為學派興起的主要因素之一。

(三) **價值觀念的轉變**：員工自我意識日漸增強，要求被尊重，企業主管從過去高高在上的地位轉變為與員工協調溝通的事業伙伴。

> **價值觀念的轉變**：此種轉變為行為學派興起的另一個原因。

(四) **科技的迅速發展**：包括電子計算機、電話、電報機等的發明，不但改變企業原有的運作模式，也提供企業更多發展的機會。此亦造成管理科學學派的興起。

(五) **管理學術研究的蓬勃發展**：較具影響力的學科包括心理學、社會心理學及社會學等，對「行為科學學派」影響較大；另為統計學及數量研究所發展的技術方法，對「管理科學學派」有較多貢獻。

第二節　行為學派

一、行為學派緣起與主要概念

(一) **「行為科學」**：是指運用心理學、社會學、人類學、社會心理學及產業心理學等社會科學的理論與技術，來解決企業組織「人性行為」方面的問題的一門學問。

(二) **霍桑研究（The Hawthorne Studies）**：是關於「人在組織內的行為模式」之研究，其研究發現好的領導者行為是可以培養的，也為「組織行為學派（或『行為科學學派』）」奠定了基礎，也興起了人際關係運動的熱潮，此運動強調管理為員工提供社會需求的重要性。為重視人的行為與人群關係之管理理論學派。

> **行為學派**：肇始於「孟斯特堡、梅育」等諸位學者們對於工作場中的人員的人性面的重視。該學派人士莫不具有社會科學的背景，例如心理學、社會學、人類學、社會心理學及產業心理學等，他們所關心者係管理上的人性面，對於人的行為，無論是個人的或群體的行為，皆為其研究對象，故稱為行為學派。

(三) 西方管理理論由傳統的科學管理進入到人際關係、行為科學理論的轉捩點，是由哈佛大學教授梅育（Mayo）所提出的霍桑實驗理論開始，他用行為科學對人類行為的研究，作為管理上範疇。人群關係學派（本學派為「組織行為學派」的一支）即是由霍桑實驗所導引出來。

牛刀小試

( )　管理理論的發展過程中，以員工心理及需求為研究對象的是那一學派？
　　　(A)管理科學　(B)科學管理　(C)行為科學　(D)系統管理學派。　　**答：(C)**

重要 **二、行為學派的代表性人物及其理論**

(一) **孟斯特伯（Hugo Munsterberg）**：孟斯特伯為德國人，在一九一三年出版了「心理學與工業效率」一書，是**最早提倡工業心理學的學者**。他主張在許多情況下，員工的生產力不能升高，不是因為技術上的問題，而是員工心理條件的不適當。而過去的管理理論，都只注重員工的工作技術及效率，卻忽略了心理層面的問題，他因此呼籲管理者將心理學的知識應用到工業管理上，必須兼顧員工的技術能力及心理層面，才能有良好的生產力。**而由於孟斯特伯的努力，也使得「工業心理學」成為現代管理中的重要一環。**

(二) **梅育（Mayo）**：

　1. **霍桑研究**：哈佛大學教授梅育（Mayo）以「科學管理的邏輯」和「社會學的應用」，研究在各種情形下，群體人員的態度與反應，研究對象為美國伊利諾州西方電氣公司霍桑工廠的員工，史稱「霍桑研究」（西元1922至1924年間）。整個研究計畫分為四個主要階段，分別為「工廠照明實驗、繼電器裝配試驗、全面性員工訪談計畫、接線板接線工作室觀察」等研究。

　　　(1) **霍桑研究的重要發現**：

　　　　A.開啟了以行為為主的管理思想。

　　　　B.發現員工士氣與生產力是直接相關：生產力的提升主要是因為員工認為他們被團體或社會標準接受的程度，此概念即所謂的「霍桑效應（Hawthorne effect）」。

　　　　C.群體規範的影響（團體的績效與團隊的規範會影響員工個人的績效表現）。例如，一個工作表現不佳的個人加入一個工作績效很高的群體時，他的工作績效會「提高」。

> **孟斯特伯**：被稱為「工業心理學之父」（Father of Industrial Psychology）。
>
> **霍桑研究**：整個研究計畫分為四個主要階段，分別為「工廠照明實驗、繼電器裝配試驗、全面性員工訪談計畫、接線板接線工作室觀察」等研究。其原意在測定物質工作環境對工作生產力之影響，但結果發現此兩者並無一致性關係，真正提高生產力之原因為人性面因素（如和諧之人際關係，友善之監督，社會關係之改變等人格受到尊重與榮譽感影響），而非工作實體環境改善的原因（例如廠房的照明度之提高或降低對員工生產力並無影響）。因此如何使工人快樂，被認為係最重要之措施，「有快樂員工即有高生產力」的說法普遍流行。

(2) **霍桑研究的主要結論：**

　　A. 員工的感受與思想會影響績效，而非「照明/或工作實體環境」。

　　B. 社會規範與群體標準是影響個人工作行為的關鍵決定因素。

　　C. 透過對員工的激勵與關懷，員工將會因為心情愉悅而展現出較高的生產效率。

2. **霍桑效應**：管理者特別注意員工行為而影響員工的生產力，即稱為「霍桑效應（Howthorne Effect）」。析言之，霍桑效應是說：指當員工知道自己正在被人觀察時，他們的行動便會和不知被人觀察時有所不同；因此，如果員工相信管理當局關心他們的福利，受到領班的照顧與注重時，就會更加努力工作。換句話說，霍桑效應是指「當人們知道自己是被研究的對象時，其表現通常會變得不一樣」。因此，霍桑效應在管理上最重要的意義即是「人會因為受到關注與重視而改變行為」。

> **霍桑效應**：由於工人「對新環境引起興趣」，使得他們自覺人格受到尊重及產生榮譽感而增加了生產力，而「並非因為休息時間的改變」而影響了產能。亦即經過此項實驗，發現真正提高生產力之原因為人性面因素，如和諧之人際關係，友善之監督，社會關係之改變。

> **人群關係理論**：認為組織內人群之間的相互關係，會決定組織的生產力及員工工作的滿足，故梅育也被列入人群關係學派（Human Relationship School）的一員。

(三) **巴納德（Barnard）**：他曾任美國紐澤西貝爾電話公司總經理，1938年著有《主管人員的功能》一書，被譽為「現代行為科學之父」。其主要主張如下：

> **巴納德**：提出權威接受論，其觀點本質上是管理論的民主化，認為每個人有自由選擇權。

1. **互動體系論**：認為組織是一群社會關係互動的人們所組成，而成功的關鍵因素就是人員間的合作。

2. **權威接受論**：巴納德對職權的來源提出了本理論，重點如下：

　　(1) 主管的職權來自於部屬的接受與認同。

　　(2) 唯有當主管的命令落在下屬的無異區間（zone ofindifference）之內，部屬才會接受主管的職權。影響無差異區間的因素有四項，即：受命者確已了解命令的內容、命令應合於組織目標、不損害受命者利益、受命者有能力加以執行。

　　(3) 無異區間的大小決定主管職權的範圍。

　　(4) 下屬對上司的命令愈瞭解，愈能接受上司的職權。

3. **貢獻與滿足平衡**：人之所以向組織貢獻心力，主要原因在組織能給他最的大滿足，因此，組織給員工報酬要與其貢獻相當。

牛刀小試

(　)　霍桑研究是哪一種管理學派相當著名的研究？　(A)人群關係學派　(B)行為科學學派　(C)科學管理學派　(D)管理科學學派。　　　　　　**答：(B)**

第三節　管理科學學派

一、管理科學學派的發展背景

在管理思想中，運用數學符號與方程式來處理各種管理問題；從建立模式為主，來求取「最佳（適）解」的理論，稱為「管理科學學派」。因此，又稱為「作業研究(O.R)」或「計量管理學派」。例如某公司為了提升人員之排班與車輛調度之順暢，管理者應用了統計分析、線性規劃、最佳化模型，並進行電腦模擬，以求得最適解，此即屬本學派的作法。

重要 ## 二、管理科學的意義

管理科學係以整體性觀點，以數學計量模式為工具，綜合應用數學、統計學、機率學和電腦科學等技術與方法，**以「數學模式」來解決各種企業「決策問題」**，經過對問題的系統分析後，以求迅速提供最佳行動方案以供決策者抉擇；其目的在「有效地運用資源，以提高企業整體系統的效能」。例如美國大聯盟棒球隊在過去幾年陸續將數據分析方式導入球賽中。舉凡投打之間的球路分析、打者習性等，將各種數據運用在複雜卻又詳細的系統分析裡，只要是能贏球的方式或戰術全部都可以用。這樣的論點即是屬於「管理科學學派」。

因此本學派可以說是以「提高生產力」與「降低不確定性」為目標的管理學派。

> **管理科學之工具：**
> 線性規劃（Linear Programmong）、賽局理論（Game Theory）、等候線理論(Queuing Theory)、模擬(Simulation)、要徑法(CPM)、系統分析、價值分析、計畫評核術、存貨模式等技術。簡言之，管理科學關心的重點乃為「效率」及合理的「資源分配」。
>
> **線性規劃**：係研究在一定條件下，合理安排人力物力等資源，使經濟效果達到最好。一般來說，求線性目標函數線上性限制（約束）條件下的最大值或最小值的問題，統稱為線性規劃問題。滿足線性限制條件的解即稱為可行解，由所有可行解組成的集合叫做可行域。決策變數、限制條件、目標函數是線性規劃的三要素。就管理面來說，線性規劃通常是應用於工作分配或資源分配上。

重要 三、管理科學的特色

1. 將所有與問題有關的各種因素，採用系統方法，並將其**數量化**。

2. 以建立「**數學模式**」為中心要務。管理科學運用模式來解決問題的步驟如下：

> 模式：是指利用某一種型式（包含各種具體模型、或抽象的文字、圖形、符號及方程式等）來表示問題中各種有關因素相互間的關係。

   (1)確定問題：了解問題的存在，蒐集資料，將問題具體化。

   (2)建立模式：尋求相關變數、參數、假設及限制條件等。

   (3)尋求解決問題的方法。

   (4)運用模式評估各種方法。

   (5)選擇最好的方法付諸實施。

3. **利用電子計算機為工具。**

4. **在一個「封閉系統」內尋求最佳之決策（最佳解）。**

牛刀小試

( ) 管理科學特色：a.數量化；b.模式化；c.電腦化；d.描述性導向；e.應用在開放系統中。以上何者正確？ (A)ac (B)acd (C)abc (D)abcde。 答：**(C)**

四、管理科學學派的貢獻與限制

(一) 管理科學學派的貢獻：

1. 建立管理問題解決的「數量」基礎，減少錯誤的發生。

2. 擺脫「直覺管理」的缺失，提供決策強有力的資訊。

(二) 管理科學學派的限制（缺失）：

1. 過份強調數學模式與定量分析技術。

2. **只適用於封閉的系統（Closed System）。**

3. 以量化方式討論問題，但對許多難以量化的企業活動，如服務品質、員工士氣等，應用上便有所侷限。

精選試題

( ) 1. 「霍桑研究」中的「霍桑」指的是？ (A)人名 (B)工廠名 (C)研究機關名 (D)公司名。

☆( ) 2. 以整體性為觀點，以數學計量模式為工具，來解決企業決策問題的學派是？ (A)管理科學 (B)科學管理 (C)行為科學 (D)系統學派。

( ) 3. 何種技術是應用於資源分配或工作分配？ (A)線性規劃 (B)競賽理論 (C)人群關係 (D)及時存貨系統（JIT）。

☆( ) 4. 「運用社會學及心理學等社會科學的理論與技術，來解決企業組織人性行為方面的問題之一門學問。」稱為： (A)管理科學 (B)科學管理 (C)系統學派 (D)行為科學。

( ) 5. 科學管理與管理科學間的關係應為？ (A)無相關 (B)相互排斥 (C)相輔相成 (D)以上皆非。

☆( ) 6. 行為科學時期的組織理論，並不主張： (A)組織是一個單向的命令指揮系統 (B)組織是一個平衡系統 (C)組織是一個心理、社會系統 (D)組織是一個溝通系統。

☆( ) 7. 有關「修正時期管理理論」的發展，乃肇因於：a.組織規模的擴大；b.新科技的出現；c.各國政府的推廣；d.第一次世界大戰；e.學術研究的蓬勃發展 (A)abe (B)abce (C)ad (D)abcde。

☆( ) 8. 「當員工知道自己正在被人觀察時，他們的行動便會和不知被人觀察時有所不同；因此，如果員工相信管理當局關心他們的福利，受到領班的照顧與注重時，就會更加努力工作。」此種效應稱為： (A)刻板印象（Stereotype） (B)月暈效應（Hallo Effect） (C)霍桑效應（Hawthorne Effect） (D)投射效應（Projective）

☆( ) 9. 霍桑試驗中的「繼電器裝配實驗室實驗」主要發現了下列何種因素提高了工人的生產力？ (A)團隊精神與上行溝通 (B)參與感與情緒發洩 (C)社會平衡與團體拘束力 (D)人格尊重及榮譽感。

( ) 10. 有關管理科學學派的缺失，以下何者有誤？ (A)過份重視數學模式 (B)對非量化的問題難以解決 (C)假設企業為封閉系統 (D)容易延誤企業決策的時程。

( ) 11. 1920年代左右於美國西方電氣公司的「霍桑研究」導致了那一方面的發展？ (A)人際關係 (B)工作環境 (C)工作方法 (D)原料的改善。

☆( )12.「霍桑研究」是由下列何學者所領導？ (A)霍桑 (B)費堯 (C)泰勒 (D)梅育。

( )13.學者孟斯特伯被尊稱為： (A)科學管理之父 (B)動作與時間研究之父 (C)工業心理學之父 (D)效率的教長。

☆( )14.管理科學是那一學派的延伸？ (A)行為科學 (B)科學管理 (C)科層體制 (D)系統理論。

( )15.著名的「霍桑研究」，是在西元一九二四至一九二二年間，以哈佛大學教授何人為首，在美國伊利諾州西賽洛附近的西方電器公司所進行的？ (A)泰勒 (B)梅育 (C)費堯 (D)孟斯特伯。

☆( )16.霍桑試驗的第一階段裝配接力試驗結果，生產量之提高，係以下列何關係最為重要？ (A)獎金提高 (B)工作環境改善 (C)休息時間之增加 (D)人格尊重。

☆( )17.巴納德(Barnard)認為職權的行使須落入無異區域（zone of indifference），部屬才會接受。下列有關無異區域之敘述，何者正確？ (A)部屬對上司命令的了解程度增加，無異區域就會減少 (B)上級命令符合組織目標的程度增加，無異區域就會增加 (C)上級命令符合部屬個人利益的程度減少，無異區域就會增加 (D)上級命令符合部屬心智能力的程度增加，無異區域就會減少。

解答與解析

1.**B** 「霍桑研究」研究對象為美國伊利諾州西方電氣公司「霍桑工廠」的員工。

2.**A** 管理科學係以整體性觀點，以數學計量模式為工具，綜合應用數學、統計學、機率學和電腦科學等技術與方法，以「數學模式」來解決各種企業「決策問題」。

3.**A** 「線性規劃」係研究在一定條件下，合理安排人力物力等資源，使經濟效果達到最好，就管理面來說，線性規劃通常應用於工作分配或資源分配上。

4.**D** 「行為科學」係指運用心理學、社會學、人類學、社會心理學及產業心理學等社會科學的理論與技術，來解決企業組織「人性行為」方面問題的一門學問。

5.**C** 管理科學其實是科學管理的延伸，兩者相輔相成。

6. **A** 題目選項(B)(C)(D)三者所述，皆屬於行為科學時期的組織理論。

7. **A** 修正管理理論興起的環境因素，除了組織規模的擴大化與複雜化、新科技的迅速發展與管理學術研究的蓬勃發展外，社會結構和價值觀念的轉變亦為修正管理理論興起的環境因素。

8. **C** 在霍桑試驗中，員工「對新環境的好奇和興趣」，可以降低心理空虛，而有較好的效果，至少在初期階段表現很好，稱之為「霍桑效應」。

9. **D** 真正提高生產力之原因為人性面因素，而非工作實體環境改善的原因（例如廠房的照明度之提高或降低對員工生產力並無影響）。

10. **D** 管理科學係以「數學模式」來快速解決各種企業「決策問題」，故不會產生延誤決策的情況。

11. **A** 霍桑研究開啟了個人行為與團體行為的探索，並導致了後來「人群關係」(H.R)理論的發展。

12. **D** 霍桑研究係由哈佛大學教授梅育（Mayo）所領導進行。

13. **C** 孟斯特伯出版了「心理學與工業效率」一書，是最早提倡「工業心理學」的學者，因此被稱為「工業心理學之父」。

14. **B** 管理科學是科學管理的延伸，故兩者可收相輔相成之功效。

15. **B** 霍桑研究係由哈佛大學教授梅育（Mayo）領導，研究對象為美國伊利諾州西方電氣公司霍桑工廠的員工。

16. **D** 真正提高生產力之原因為人性面因素，如和諧之人際關係，友善之監督，社會關係之改變等人格受到尊重與榮譽感影響。

17. **B** 影響無異區域的因素有四項，即：受命者確已了解命令的內容、命令應合於組織目標、不損害受命者利益、受命者有能力加以執行。

第四章 新近理論時期

考試頻出度：經濟部所屬事業機構 ★★★★
中油、台電、台灣菸酒等 ★★★★

關鍵字：系統、系統管理、權變理論、否定兩極論、殊途同歸性。

課前導讀：本章內容中較可能出現考試題目的概念包括：開放系統與封閉系統的涵義、系統學派的特色與主張、權變理論的意義、權變理論的主要論點、權變理論的貢獻與限制。

第一節 新近理論產生的背景

一、新近理論興起的緣由

傳統管理理論運用「科學方法及技術」來解決企業組織的問題，分析的焦點偏重於「生產技術」層面，可說是對企業內「物」（資源）的研究；而修正理論時期（特別是指行為學派），則又將研究焦點轉向員工的心理層面，可以說是對企業內「人」的研究，二者各有所偏。

> **新近理論：**包括系統學派與權變理論。

二、整合理論的出現

1960 年代以後，管理學者結合不同的管理理論，而發展出一套具有整合性、綜合性的管理理論，以便解釋日益複雜的管理情況，因而產生了「系統取向」（System Approach）與「權變取向」（Contingency Approach）二種研究方式，故而 1960 年代以後的管理研究，被稱為「整合理論時期」。

第二節 系統學派

一、系統的意義

「系統」（system）係指由兩個或兩個以上「相關或相互依存」的單位或個體，且彼此間具有共同目標所構成的集合體，**與環境外的其他系統間「可清楚地劃分出界限」的組織體。**

> 系統：具有極其廣泛的應用範圍。例如，自然地理中的河流系統、山脈系統；生物界中的界、門、綱、目、科、屬、種所構成的生物系統；人體的消化系統、呼吸系統等亦是。

二、系統的構成

系統包括「三個主要部分」：即「投入（input）、處理（process）或轉換（transformation）及產出（output）」，例如汽車裝配工廠的「投入」為人工、能源、裝配零件與機器，「轉換」為焊接、裝配與噴漆等，「產出」為汽車。如果把這個模式擴大，則系統的內部又可分為很多次系統（或稱「子系統」），彼此間會互動作用，透過彼此協調的搭配與組合，使每個次系統最終可以為母系統的終極目標而努力。系統除了分成以上三部分外，尚須有回饋（feedback）的作用，才能持續生存，回饋作用又可細分為「檢驗」、「比較」與「採行修正行動」三部分。（參見下圖）

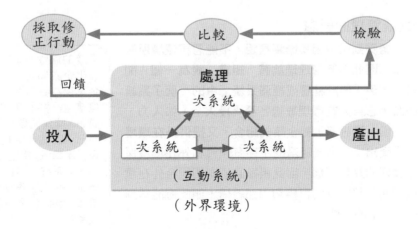

三、系統的分類

學者湯普生（Thompson）將系統分類為「封閉系統」與「開放系統」二類，分別說明如下：

封閉系統	封閉系統（Closed system）係指一種自我存在的系統，自行運作、不與外在環境交流的系統，其與環境之間並沒有資源交換的現象。換句話說，就是不考慮外界環境的存在，只注意內部的機能運作，例如「機械系統」便常被視為一種封閉系統。**封閉系統常會因內部「熵（有稱為「亂度」）（Entropy）現象的增加，最終將趨向解體與毀滅。**

開放系統	開放系統（Open system）是指一種與外在環境保持動態調整關係的系統，它不斷自外界環境取得各種「投入」，例如資源、能量或資訊，經過系統的「處理」作用，轉變為某些「產出」，又輸出予外界環境。而系統也可經由此轉換過程的經驗作為下一次投入的參考，稱為「回饋」（Feedback）。**由於已和外界環境作交流，故可避免如同封閉系統一般趨向解體或死亡，故此被稱為「反熵」現象。**

牛刀小試

（　）　在系統理論中的環境指的是？　(A)總系統　(B)子系統　(C)外在系統 (D)封閉系統。　　　　　　　　　　　　　　　　　　　　　**答：(C)**

四、系統管理的觀念

企業的經營受到環境因素影響甚鉅，不能忽視環境所帶來的衝擊。因此系統管理理論將「組織」視為一個「開放系統」，係「屬於社會或經濟系統」中的一個子系統或次系統，它自外在環境取得各種「投入」，如人力、資本、設備、資訊等，經企業的組合，又提供外在環境所需之「產出」。由於組織的生存有賴於和外在環境保持一種良好的互動關係，因此組織必須密切配合外在環境的改變而調整本身的目標和內部結構，如此方能達到「永續經營」的目標。

系統的屬性：有時為了簡化企業問題，亦會將企業視為封閉性系統，但這僅是為了便利找出問題、解決問題之分析而已，如「古典學派及管理科學學派均將企業視為封閉系統」，但「行為學派、系統學派及權變學派，則將企業視為開放系統」。

五、系統學派的貢獻與限制

(一) 系統學派的貢獻：

1. 不再視組織為封閉系統而視為開放系統，因此開始重視企業與環境的交流與影響。
2. 開始重視企業的整體績效，並打破過去各部門各自為政，卻忽略企業整體目標缺失的現象。

(二) 系統學派的限制（缺失）：

1. 由於系統理論需考慮整體狀況，故管理者決策時程可能延宕，因而喪失先機。
2. 系統學派所針對的主題過於廣泛，而亦使管理者喪失其主要目的和主要管理議題，亦即對問題解決並未提出明確的答案。
3. 過於重視整體性，有時反會忽略或抹煞了個別部門或單位的創新與努力，產生遺珠之憾。

第三節 權變理論

一、意義

權變理論（Contingency Theory）又稱為「情境理論」（Situation Theory）或「制宜探討法」，乃行為科學方法之組織觀念，由哈佛大學教授勞倫斯（Paul R. Lawrence）與洛城加州大學之莫爾斯（John J. Morse）等，於 1969 年發展而成，**他們認為管理是一種「動態管理」，主張任何管理措施，不能依循固定準則，而必須權衡內外在環境情勢與利害得失，因勢制宜，全盤籌劃解決企業組織問題之途徑。**易言之，即「管理沒有放諸四海皆準的規範。故管理者必須掌握各種可能的應變方案，以隨時面對可能發生的不同情勢。換言之，**沒有一項最好的管理方法，可以普遍應用於任何場合，亦就是「沒有一種管理的萬靈丹」，可以任意服用。**因此，亦造成權變理論觀點中常被提及的變數不少，包括組織規模大小、外部環境的不確定性、員工的個別差異（個別目標）、職權與任務科技等。

> **權變理論：**係就比較確定的生產線工作與比較不確定之研究發展工作，進行研究組織與工作之間的適應性，俾良好的適應組織特性與工作需要，以增進個別工作者之動機，發揮組織與人員更高之生產力之研究結論。權變理論亦被稱之為「超Y理論」，其主要目標乃在於尋求組織工作與個別工作者動機之間之適應性。
>
> **權變：**是指「通權達變、隨機應變」之意，也就是解決問題的方法須隨問題及情況的不同而異。

二、權變理論的主要論點

(一) 主張否定兩極論：根據權變理論的看法，任何社會組織絕沒有完全封閉或完全開放的，應視其內部的次級系統（例如：社會心理）而定；即使所謂的結構的

或技術的次級系統，事實上也受到外在環境的影響而必須加以調整與改進。同時，組織內部的各單位，由於其工作性質的不同，其開放或封閉的程度也就不同。（應視組織為一個「由封閉到開放的連續體」）

(二) **強調結果而非過程，主張彈性的運用**：權變理論揚棄了傳統時期與修正時期組織理論研究者尋求所謂「唯一最佳方法」的企圖，認為組織如果要有效地運作，必須按照該組織的特定環境，採取適當的組織形態與管理方式；易言之，組織型態與管理方式的有效性，必定會因人、因事、因地、因時而有所不同，所謂「萬靈丹」是不存在的，任何方法不見得絕對有效，也不見得絕對無效，端視各組織的實際狀況與環境條件而定，所以不管是用哪種方法，只要能解決問題就是好方法，亦即俗語所說「不管是黑貓或是白貓，只要能抓老鼠的就是好貓」。

(三) **主張效率與效能並重**：效率是指為達成目標所運用資源的能力及情況，強調過程的手段，而效果是指達成目的的程度，強調產出的結果與影響。權變理論的核心價值是「效率」，為了達到目的（效能），必須考慮手段（效率）的運用。

(四) **重視運用彈性，主張殊途同歸性**：組織應經充分研究後，選擇對它本身情況最適合的各種方法，不必拘泥於某一原則，也就是所謂「條條大路通羅馬」。

(五) **主張組織的管理具有階層性**：組織的管理具有階層性。一般而言，管理有三個階層：1.技術階層；2.協調階層；3.策略階層。對於技術階層的管理應注意技術、設備及物質條件的改善；協調階層的管理則應注意組織結構是否健全、溝通協調系統是否通暢；而策略階層則應重視決策的制定對外在環境的適應、領導能力的提高與目標及價值的追求。

牛刀小試

（　）　權變理論認為，「沒有一種管理準則，可放諸四海而皆準的」，又稱為：　(A)情境理論　(B)莫非理論　(C)系統理論　(D)程序理論。　　　　　　　　　　　　　　　　　　　　　　　　**答：(A)**

三、權變理論的貢獻與限制

(一) **權變學派的貢獻**：提出「管理沒有放諸四海皆準之準則」的觀念，強調要因地、因事制宜，增加了管理的實用性。

(二) **權變學派的限制（缺失）**：此理論最大的缺失在於雖然它結合了不同的管理理論，但並未提出問題的解決方案，故有許多學者認為權變理論並不能被稱為是一個學派。再者，權變理論將組織視為「開放有機體」之假設亦過於理想化。

精選試題

☆( ) 1. 主張「管理方法是否有效，須視工作情況及所面臨的環境而定」的是？
       (A)科層理論　(B)科學管理　(C)系統理論　(D)權變理論。

☆( ) 2. 下列何者屬於系統學派的批評？　a.決策時程容易耽誤；b.對問題解決沒
       有提出明確的答案；c.易使管理當局喪失焦點；d.若過於重視整體，有
       時會抹煞個別單位的努力；e.只能處理量化的問題。　(A)abc　(B)abcd
       (C)bce　(D)ace。

( ) 3. 權變理論中，所強調的是？　(A)人　(B)事　(C)系統　(D)情境。

☆( ) 4. 權變理論認為何者領導方法最為有效？　(A)獨裁式　(B)民主式　(C)放
       任式　(D)依情況不同而採取不同方式　的領導。

☆( ) 5. 權變理論中所謂「條條大路通羅馬」乃指理論中的那一項性質？　(A)彈
       性運用原則　(B)殊途同歸性　(C)兩極論　(D)效果性。

( ) 6. 有關權變理論的重要論點，下列何者不屬之？　(A)否定X與Y之兩極論
       (B)彈性運用原則　(C)殊途同歸性　(D)發展普遍性理論。

☆( ) 7. 下面那一項不是權變管理理論所強調的？　(A)否定「兩極論」　(B)效
       果必須重於效率　(C)彈性的運用　(D)殊途同歸性。

( ) 8. 系統理論對於組織分析的中心論點乃認為：　(A)組織是開放的系統，有
       利於平行溝通　(B)整個組織與次級系統之間，各次級系統之間，組織
       與個人間形成機能相互依賴性　(C)組織應設計完整的法令規章體系以
       規範工作程序　(D)組織與外在環境之間，並沒有界限。

☆( ) 9. 權變理論的特性包括：a.系統化觀點；b.避免極端；c.模式化與數量化；
       d.彈性管理；e.強調管理結果。　(A)abc　(B)acd　(C)bd　(D)abcde。

☆( ) 10. 權變理論的觀點可以用來了解組織及改變管理，使得組織更適合它的需
       要，也使得管理更為有效。就權變理論的論點而言，下列敘述何者為誤：
       (A)贊同兩極論　(B)彈性的運用　(C)殊途同歸性　(D)效果與效率並重。

( ) 11. 那一管理學派是屬於新近管理理論？　(A)系統理論　(B)行為科學
       (C)科學管理　(D)管理科學。

( ) 12. 下列何者是系統觀念學派的代表性人物？　(A)賽蒙　(B)馬斯洛　(C)鮑
       爾定　(D)摩爾斯。

( ) 13. 下列何者是權變理論的代表性人物？　(A)賽蒙　(B)鮑爾定　(C)摩爾斯
       (D)麥克葛瑞格。

☆（　）14. 現代管理理論未來的發展方向為　(A)管理科學　(B)科學管理　(C)系統
　　　　　　 學派　(D)權變理論。

☆（　）15. 一群具有相關或互相依賴的單位或個體，且彼此間具有共同目標所構成
　　　　　　 的集合體，稱為：　(A)系統　(B)政府　(C)社會　(C)經濟。

（　）16. 下列何人不是系統學派的重要學者？　(A)鮑爾定　(B)湯普生　(C)摩爾
　　　　　 斯　(D)彼得杜拉克。

（　）17. 學者湯普生（Thompson）將系統分類為：　(A)靜態系統與動態系統
　　　　　 (B)社會系統與技術系統　(C)開放系統與封閉系統　(D)管理系統與業務
　　　　　 系統。

☆（　）18. 不管是黑貓或是白貓，只要能抓老鼠的就是好貓，係指權變理論的哪
　　　　　　 一個論點？　(A)否定兩極論　(B)殊途同歸性　(C)效率與效能並重
　　　　　　 (D)彈性的運用。

解答與解析

1. **D** 權變理論主張任何管理措施，不能依循固定準則，而必須權衡內外
　　　在環境情勢與利害得失，因勢制宜，全盤籌劃解決企業組織問題之
　　　途徑。

2. **B** 由於系統理論須考慮整體狀況，針對的主題過於廣泛，而使管理者喪失
　　　其主要目的和主要管理議題，所以產生了題目a.c.d三者所述之缺點。

3. **D** 權變理論認為管理是一種「動態管理」，主張任何管理措施，不能依
　　　循固定準則，而是依「環境情勢」，因勢制宜，全盤籌劃解決企業組
　　　織問題之途徑。

4. **D** 權變理論認為沒有一項最好的管理方法，可以普遍應用於任何場合，
　　　亦就是「沒有一種管理的萬靈丹」，可以任意服用，應依情況不同採
　　　取不同的方式。

5. **B** 權變理論認為組織應經充分研究後，選擇最適合對它本身情況的各種
　　　方法，不必拘泥於某一原則，故主張殊途同歸性。

6. **D** 權變理論的重要論點除選項(A)(B)(C)三項所述者外，尚有：主張效率
　　　與效能並重和組織的管理具有階層性。

7. **B** 權變理論主張效率與效能並重。

8. **B** 系統學派將組織視為「相互關連」（Interrelated）且「相互依賴」
　　　（Interdependent）的系統。

9. **C** 因權變理論具有題目所述的四個特性，故認為管理沒有放諸四海皆準的規範。故管理者必須掌握各種可能的應變方案，以隨時面對可能發生的不同情勢。

10. **A** 權變理論係採取否定兩極論的看法，因人有個別差異性，每個人的思想、觀念、個性、愛好都不盡相同。

11. **A** 1960年代以後，管理學者結合不同的管理理論，而發展出一套具有整合性、綜合性的管理理論，以便解釋日益複雜的管理情況，因而產生了「系統理論」與「權變理論」二種研究方式，稱為新近管理理論。

12. **C** **系統學派發展於1960年代末期**，自學者鮑爾定（Boulding）提出「系統管理」一詞而逐漸形成。

13. **C** 權變理論乃行為科學方法之組織觀念，由哈佛大學教授勞倫斯（Lawrence）與洛城加州大學之莫爾斯（Morse）於1969年發展而成。

14. **D** 現代管理理論未來的發展方向為權變理論，係因環境劇變，管理者必須隨時掌握企業內外環境的各項權變因素，才能制訂相對應的策略。

15. **A** 系統（system）係指由兩個或兩個以上相關或相互依存的單位或個體所構成的集合體，與環境外的其他系統間可清楚地劃分出界限的組織體。

16. **C** 莫爾斯（Morse）是權變理論的重要學者。

17. **C** 學者湯普生（Thompson）將系統分類為「開放系統」與「封閉系統」二類。

18. **D** 認為組織如果要有效地運作，必須按照該組織的特定環境，採取適當的組織形態與管理方式。

NOTE

PART 3 管理學

Volume 3 管理功能各機能活動

「管理機（功）能」乃本科考試的主要焦點所在，而國營企業又沒有像民間企業須面對許許多多的同業競爭，故其考試在「企業管理（或：企業概論與管理學）」這科，出現的題目較偏重「管理機能」這部分（題目通常較多），因此，考生必須在此方面多花一些時間和精力。

本篇分為「規劃、組織、領導與控制」。其出題焦點相當分散，其中比較需要的重點包括：SWOT分析、有限理性決策、策略性及操作性計畫、目標管理；部門劃分、矩陣式組織、機械式與有機式組織、控制幅度；領導者的權力來源、李科特四系統理論、管理格道理論、轉型領導、ERG理論、X理論與Y理論、群體溝通網路的型態；控制的程序、以控制時程與控制手段劃分的控制類型、零基預算法、責任中心、企業常見的比率分析、損益平衡點分析、計畫評核術、經濟訂購量、ABC存貨控制法、六個標準差。

第一章 規劃機能

考試頻出度：經濟部所屬事業機構 ★★★★
中油、台電、台灣菸酒等 ★★★★★

關鍵字：規劃、SWOT分析、權變因素、SMART原則、決策、有限理性、結構化、群體技術、定量、定性、計畫、策略性、操作性、目標管理、整體規劃。

課前導讀：本章內容中較可能出現考試題目的概念包括：規劃的意義與特性、SWOT分析、目標設定的SMART原則、目標－手段錬、決策三部曲、有限理性決策、承諾的升高、具名群體技術、德爾菲技術、不確定情境下的決策準則、定量與定性預測、焦點群體研究、計畫的體系、策略性及操作性計畫、目標管理、整體規劃的主要內容。

第一節 規劃的基本概念

 一、規劃之意義與目的

規劃（Planning）為管理的「首要」功能，它是一種動態性的、有彈性的活動，也是一種理性的分析和選擇。規劃的意義是指管理者為了設定適當的組織績效目標（goals），並決定達成這些目標的工作方法，而進行組織內部資源之分配所擬訂之行動方案（courses of action），其規劃主要涵蓋「目標與計畫」兩項重要元素。進一步言之，規劃的內容應包括：定義組織目標、發展全面性的計畫體系與建立達成目標之整體策略。

> 一個良好的規劃至少應能回答以下的問題：What（做何事）、Why（為何做）、When（何時做）、Who（何人做）、How（如何做）、How Much（花多少）。規劃的具體行動方案即為計畫（Plan）。

古人說：「未雨綢繆」、「三思而後行」、「謀定而後動」、「凡事豫則立，不豫則廢」中之「豫」，指的都是管理活動中「規劃」的功能而言。然而實務上，當決策較為簡單時，經理人可憑藉多年經驗而快速擬定計畫；因此，經理人使用非正式規劃（非正式規劃較為簡約）比使用正式規劃的頻率還要高。

重要　二、規劃的特性

特性	內容說明
基要性	基要性（Primacy）或稱為「首要性」。規劃是五種管理機能之首，為管理五機能中最基本、最重要的一項機能，「沒有規劃就無法啟動組織、用人、指揮、控制等管理機能活動」。
客觀性	客觀性（或理性Rationality）係指規劃需要運用客觀的事實資訊及理性的預測。
時間性	時間性（Timing）係指規劃需有時間幅度的考慮。
持續性	持（連）續性（Continuity）係指規劃是一種持續不斷的循環性工作，企業須不斷因應外在環境及本身條件的變化而做動態性、有彈性的規劃工作。俗語說「滾石不長苔。」正可用來說明規劃的持（連）續性。
強制性	或稱「控制性」。規劃與控制是兩者一體的管理機能；再者，規劃產生的計畫在未發現不當或嚴重缺失時，應切實執行，不可輕易更改，否則規劃即無意義。
選擇性	對於進行規劃的管理者，必須透過嚴格的篩選才能產生良好的規劃，故規劃之選擇性係指目標之確定及替代方案之分析和選擇。
普遍性	各項的管理工作，不論職位的高低或性質的不同，均要從事規劃的任務。
未來性	規劃是針對未來的問題下決策，而不只是為過去作檢討。
理性	規劃中對於目標及策略的選擇，乃是基於一種客觀事實的評估，例如考慮企業本身性質，生存環境，可用資源等，利用已知的科學知識和客觀事實，以求得較可靠的結果。

三、規劃的主要理由

(一) 指引組織未來的方向。

(二) 針對可能的變化預作準備，降低環境變化的衝擊

(三) 設定組織控制的標準。

(四) 規劃可以減少資源的浪費。

四、規劃的基本活動

(一) 實施「預測」，此為規劃的前提。

(二) 做成「決策」，此為規劃的核心。

(三) 擬定「計畫」，此為規劃的結果。

（　）　古人說：「未雨綢繆」、「三思而後行」、「謀定而後動」指的都是管理活動中的？　(A)規劃　(B)組織　(C)用人　(D)領導。　　答：(A)

五、規劃的重要性

規劃是管理機能的首要，良好的規劃是成功的先決條件，亦即所謂的「**規劃居首原則**」。規劃之所以重要（即採行規劃的原因），可以歸納為以下幾點理由：

引導正確方向	規劃可以確定組織的發展方向，使組織及執行人員，了解未來所欲達成的目標及如何達成。
統一決策架構	規劃為組織各部門團隊工作的基礎，各部門主管可依據規劃，制定其部門策略。
洞察未來狀況	規劃可以針對可能的變化預作因應準備，有助於洞察未來的機會和潛在威脅，把握主動，擬定對策，創造有利契機。
確保有效經營	規劃可以有效的統一營運，減少資源的浪費，降低成本。
提供評核標準	規劃可提供客觀的評估尺度，作為衡量組織部門績效之標準。
幫助控制工作	規劃可對執行的偏差，及時注意和改進。

六、規劃的程序

規劃乃是重要的管理機能，它是一個連續不斷的程序，經由此程序，管理者得以設定組織未來發展的方向，並制定達成此目標、方向的策略、政策、行動計畫和步驟。規劃可「依序」分為下列八個步驟：界定經營使命→設定目標→環境偵側→評估本身資源→發展可行方案→選擇方案→實施→評估及修正。（提醒注意：若題目為列出規劃的五大步驟，則依序為：建立目標→分析情境→決定可行的方案→評估方案→選擇並執行。）

1 界定經營使命	使命（mission）在說明及陳述組織體為何存在的理由及其發展方向，並表達組織體對社會服務及貢獻為何，又稱為「中心機能及目的」或「經營宗旨」。歸納言之，使命能夠表達組織的價值觀、抱負與存在的宗旨，且通常位於目標層級的最頂端。一個有意義的公司使命陳述，應包括右列項目：(1)能清楚陳述公司的目標；(2)能清楚陳述公司的政策；(3)能清楚陳述公司的經營範疇；(4)能清楚陳述公司的未來願景。
2 設定目標及標的	所謂標的可分為「經濟標的」及「社會標的」兩種。經濟標的指的是企業經營的底線（Bottom-line），而社會標的乃指企業對社會的貢獻。而目標與標的不同，目標指的是一個組織在一定期間內所欲達成的理想境界，通常為一量化的陳述。
3 外在環境分析	指對環境進行偵查及掃描（偵測）的工作，其對象為「一般環境」及「特殊環境」，希望在此步驟中獲得隱藏在環境中的「機會及威脅」，以了解可能的變動及對企業的影響（**此即「OT分析」**）。
4 內在環境分析	即對組織本身的資源條件進行分析，其對象為「組織的資源、結構及文化」。依此，可了解組織的「優勢及弱點」，始能決定哪些手段與方法是可行的（**此即「SW分析」**）。
5 形成替代方案	經由內外環境在分析、基本經濟、社會目的及高階主管經營哲學和價值觀，組織得以確立「數個」可達成未來理想境界的策略方案。
6 選擇可行方案	此乃規劃的核心，在此步驟中規劃者必須由數個替代方案中「選擇」出最佳方案。
7 執行（實施）	一方面發展細部計畫及實施步驟，另一方面可獲知其可行性。
8 評估及修正	從中了解規劃的問題、缺口，以及補強的方向，**此乃屬於「控制」機能，亦可稱為「再規劃」**（Re-planning）。

重要 **七、SWOT分析**

(一) **意義**：SWOT分析法是20世紀80年代由美國舊金山大學的管理學教授肯恩·安德魯（Ken Andrew）所發展出來，經常被用於企業戰略制定、競爭對手分析等場合。管理者在進行企業規劃時所需考慮的因素眾多，大致可分為外部與內部因素；外部分析乃環境之機會（opportunity）與威脅（threat）分析，而內部分析為企業之優勢（strength）與劣勢（weakness）分析，發掘組織的核心能力，此分析工具稱為「SWOT分析」。簡言之，評估組織的優勢與劣勢及評估環境的機會與威脅的程序，即稱為「SWOT分析」。SWOT分析亦即管理者在做企業策略規劃，常須分析所處的外在環境及本身條件以制定有效的策略。

優勢	劣勢
係分析該組織內部競爭力之所在及其可用資源。企業組織的「核心競爭力」（core competencies）即屬此類。	係分析該組織內部缺乏競爭力的缺失及問題所在。
機會	**威脅**
係分析外部環境中有利於該組織經營活動的機會。	係分析外部環境中不利於該組織經營活動的威脅。「市場成長率趨緩」即屬此類。

(二) 外在環境預測有多種不同的方法，以採何種方法為宜，當視管理階層希望知道什麼而定。一般可採經濟預測、技術預測、政府措施的預測、銷售預測等。

(三) 為評估公司內在環境的優勢與劣勢，在做這項評估時，經理人必須注意兩層因素，包括公司的物質資源與人力才幹。

在做過以上分析後可了解公司面對「外在的機會與威脅」及「本身的優劣勢」，便可依據不同的處境制訂不同的策略以為因應，發揮優勢及彌補劣勢，並獲致組織的利基（Organizational niche）。

八、規劃的層次

一個組織內各階層管理者都必須從事規劃，但隨階層高低而不同，所從事的規劃性質也不同。一般情形如下：

高層主管	所從事之規劃，主要屬於「策略」性質，包括企業目標、基本策略與整體預算方面。
中層主管	所從事之規劃，主要屬於部門（或機能）性質之規劃，此即將高層主管所決定的目標及策略轉換為本部門的任務、政策及預算等。
基層主管	所從事之規劃，主要屬於實施性質之規劃，如時間表、工作程序的安排與支出項目的配合等等，其乃根據中層主管所作規劃的結果而來。

九、規劃的種類

(一) **策略性規劃**：策略性規劃係指涵蓋組織整體各個部門、建立組織全面性目標與一套整合各部門活動的規劃，為高層管理者的主要工作。

(二) **功能性規劃**：係指組織各功能部門的規劃，例如行銷、生產、財務與人力資源等規劃，為中層管理者的主要工作。。

(三) **作業性規劃**：又稱為操作性規劃，係指實際執行的作業細節規劃，為基層管理者的主要工作。

(四) **專案規劃**：專案規劃是在擬定一份可提供專案組織成員，瞭解專案的目標與執行的方向，並確定的工作任務與各種相關的活動；亦可使用模擬相關狀況、預測未來、評估可能的問題並提出解決問題的有效方案、措施和手段。它是專案管理中不可或缺的一部分。

(五) **權變規劃**：係指在先前的計畫行動受到干擾或被證實為不適當時，所採取的因應之道的替代方案。

十、規劃的權變因素

發展計畫的過程中，會受規劃的階層、環境的不確定性及未來承諾投入時間的長短等三種權變因素的影響。

因素	內容說明
規劃的階層	大部分基層管理者的計畫是以操作性為主，而高階管理者的計畫則傾向於策略性導向，二者之不同，自會影響計畫的內容。

因素	內容說明
環境的 不確定性	今日許多組織都面臨到所處外部環境中極大的不確定性。若不能有效掌握環境不確定性的狀況，管理者將難以採行有效的決策。一般用來描述環境之不確定性，係以「變化程度」與「複雜程度」兩個構面來加以描述。當不確定性高時，計畫應該明確而有彈性，這時，管理者在實行計畫時，必須有重來或隨時修正該計畫的準備，有時甚至必須放棄該計畫。另外，在不確定環境下，持續進行正式的規劃是很重要的，因為有研究指出，至少需有四年的努力，才能看出正式計畫對組織績效的正面影響。
時間的長短	目前的計畫對未來投入或承諾的影響程度越高的話，規劃的時間跨距就要越長。這種承諾的概念（commitment concept）是指在計畫發展時，其時間跨距必須要能涵蓋所有的投入承諾，時間過長或過短的計畫都會沒有效率及效能。

 十一、目標－手段鏈

傳統目標設定法（Traditional Goal Setting）係指企業在進行年度目標設定時，通常先由公司高層決定年度總目標，再拆解為成本目標與營收目標，並往下交付給生產部門與業務部門來執行推動。如果上述最高階到最基層的階層性結構很清楚的話，這種從上到下的組織目標，就可形成一種整合性的目標網，此時，下層目標的達成，成為上層目標達成的方法或手段，故可稱為「目標－手段鏈（亦稱方法目標鏈；means-ends-chain）」。

十二、目標設定的SMART原則

目標是規劃流程中的第一個步驟，為企業組織中的所有人員提供指引與統一的方向，能為組織的評估與控制提供有效的機制，亦可被視為激勵組織員工的來源。因此可以說目標設定的良窳直接影響到組織的成敗，而目標的設定通常係遵循下列五項目標設定的原則（目標的特定、可衡量、可達成、可行動與期限），因採用其英文的第一個字母組合，故稱為SMART原則：

項目	內容說明
具體明確/特定（Specific）	目標應明確，不可含糊。
可以衡量（Measurable）	應可以量化，並可將其量度表現出來。

項目	內容說明
可以達到（Attainable）	目標應具有挑戰性，但前提必須是實際可以達成（非好高騖遠）。
合適（Relevant）	應依業務性質，選用不同指標。
時效性（Timely）	應有一定期限或時程。

第二節 決策

一、決策的基本概念

所謂決策（decision-making），乃是針對問題，為達成一定目標，就「諸項可行的替代方案」（alternative）中，作一「最佳判斷及抉擇」的「程序」。規劃的核心是「選擇」，而選擇即為決策，故「決策」為規劃的核心；決策與規劃在精神與程序上不但相似，亦且相輔相成。

決策具有「普遍性」。在企業管理中，並非只有高層主管才需要下決策，每一位員工對其所負責的工作範圍都有一定程度的決策權，只是「性質與程度」的不同而已。而且決策不只存在於規劃機能，它存在於所有的管理機能中。

> **決策無處不在**：決策發生在人們日常生活的周遭，每個人每天都要做不同的決策，小至決定今天要到哪一家餐廳吃飯，大至總統決定國家未來的政策走向，都屬於決策的範圍。

二、規劃與決策的異同與兩者的關係

規劃是在幫助管理者或決策者從事分析與選擇某些行動方案，使得企業在未來不確定的環境中，能夠順利有效地實施這些方案，達成企業既定的目標，而不是替未來的狀況決定所要採行的方案。

「決策」則是一種「觀念的判斷」，代表一種「選擇的程序」，對原先已經規劃好的方案，做一個最佳判斷與抉擇的過程；同時，「決策只能在事前下達，不能延遲到事後才決定」。決策是下決心，「各階層主管都要做決策」，決策並不是專屬於高階主管的產物；**而個人的經驗、判斷力和創造力則是影響他做決策時最重要的個人素質因素。**

> **規劃**：是「為未來的行動做分析與選擇」，但「不做未來決策的制定與執行」。
>
> **決策的性質**：在規劃下所做的決策，都屬於今日的決策，並「無」所謂「未來之提前決策」。

規劃和決策具有密切的關係,有的學者認為:規劃即為一種決策程序,規劃是一種有關未來之決策,如同未來的藍圖,替企業考慮未來若干年後,應採取何種行動或如何行動。而決策是根據規劃結果,作出當前的決定,那些行動必須立即採取,否則將貽誤時機或發生問題,並且考慮採取的行動是否符合規劃的方向或進度。

三、決策的程序(步驟)

決策是管理者的工作重心,管理者所採的決策程序各有不同,但原則上總是不相上下。理論上的決策程序,一般是採賽蒙(Herbert Simon)所提倡的「決策三部曲」,亦即「智慧的活動→設計的活動→選擇的活動」。決策程序共有8個步驟,依下列表說明如下:

> 賽蒙(Herbert Simon)所提倡的「決策三部曲」是考試出題的焦點,請務必記牢。

步驟	內容說明
1 界定問題	所謂「問題」,是指「現實與理想(目標)間存有差距」。問題的界定是主觀的,管理者必需在問題尚未形成之前發掘問題,隨時準備採取行動,並準備各項資源以支援行動所需。
2 設定決策準則	管理者必須決定哪些因素與決策有關,此即所謂的決策準則(decision criteria)。
3 決定準則權重	決定決策準則的權重,最簡單的方法是給最重要者最高分。
4 發展替代方案	本步驟須列出問題的各種可行方案,因此創意思維在本步驟中占有相當重要的地位;再者本步驟並不將各方案加以評估,只是將各種方案列出。
5 分析替代方案	審慎評估每一個方案的項目分數,將分數乘以權重,最後算出總分。
6 選擇替代方案	選擇得分最高的替代方案。
7 執行方案	將所選擇的替代方案(決策)付諸實際行動,即執行決策。
8 評估決策的效能	檢視決策結果是否解決了問題;步驟6(所選擇的替代方案)和7(執行該替代方案)是否達到了預期的效果。否則須重新修正原來的問題或方案選擇,另選其他更適宜的方案。

（　）　決策三部曲的三個活動：A.設計的活動、B.選擇的活動、C.智慧的活動，其程序應為？　(A)A.→B.→C.　(B)B.→C.→A.　(C)C.→A.→B.　(D)C.→B.→A.。　　　　　　　　　　　　　　　　　　答：**(C)**

四、管理決策的制定過程

(一) **管理決策的意義**：管理決策是指組織中的中層管理者為了保證總體戰略目標的實現而作出的、旨在解決組織局部重要問題的決策。特點是：大多涉及組織的局部問題。管理決策旨在提高企業的管理效能，以實現企業內部各環節生產技術經濟活動的高度協調及資源的合理配置與利用，如設備更新改造決策，中層幹部任免，組織機構調整等決策，也稱中層決策。

(二) **管理決策的過程**：一個完整的決策過程是由以下五個基本步驟組成的，即提出問題、預測分析、制定方案、選擇方案和執行評價決策。

1. **提出問題**：係指管理中各項活動的實際執行結果與預期結果之間的差距。如果實際結果與計劃預期規定的結果相差甚遠，那就說明在管理中存在許多問題需要解決。

2. **預測分析**：預測是決策和計劃的前提和基礎。沒有科學的預測，就不能有科學的決策，也不能有成功的計劃。管理中各種問題的出現是與管理環境的變化緊密相關的。

3. **制定方案**：制定可行的經營方案的階段也是發動群眾、集思廣益的階段。在這一階段應當使人們的想法充分地表達出來，就某一單獨的管理問題的解決和處理辦法，都可以設計出許多具體的實施方案來，並說明各種方案之間的區別和聯繫。只有存在兩個以上的多種可供選擇的方案才構成決策。制定各種備選方案是為了管理者比較各種方案，並從中選出一種最適合的方案。

4. **評估和選擇方案**：此階段所要作的事情就是確定最後的經營方案，這是對各個方案進行全面評價之後，從中選出一個較優方案的工作。然而企業管理上做決策最困難的點在於選擇最佳方案，在選擇方案時，必須綜合考慮方案實施後的各種結果，以免做成錯誤的決策，否則其後果不堪設想。

5. **執行與反饋**：學習學派認為決策的重心在於執行過程。管理決策的執行和反饋決策的執行和反饋是決策程式的重要內容。沒有決策的執行，就不能達到決策的目的；沒有決策的反饋就不能比較分析問題的處理效果，也不能為下一輪決策提供必要的信息。

五、決策的模式

(一) 完全理性（或簡稱「理性」）決策（Perfect Rational Decision-Making）模式

1. **意義**：立基於古典經濟學的完全競爭市場中對廠商的假設理性行為，此乃傳統管理學派及管理科學學派所提倡者。理性決策模式的問題很直接且熟悉、目標很明確、資訊容易蒐集，重複情境出現因此已有固定解決方法，而不是用「價值觀判斷」來作決策。由下列決策的假設及程序來看，這種決策即可稱為「理性」。

2. **假設（前提）**：

   (1) 問題清楚目標明確。

   (2) 所有相關訊息已知。

   (3) 決策者是客觀的且其前後偏好不變。

   (4) 無彈性應變的空間（缺乏彈性應變能力）。

   (5) 沒有時間或成本的限制。

   (6) 最終結果在求利益極大化，亦即追求最適（optimal）決策。

> **傳統管理學派決策的模式**：以科學管理學派、層級結構學派與管理科學學派等三者，較接近「理性決策模式」。
>
> **理性**：乃是「在其他條件不變下」，以有限的資源，依據「科學的精神與方法，求取數學上最大的期望值」，所得的解為「最佳解」。

3. **理性決策的程序**：Robbins將決策分為八個步驟（程序），如下圖所示。

問題的形成 ➡ 界定決策標準 ➡ 賦予權重 ➡ 發展可行方案

評估決策效能 ⬅ 執行可行方案 ⬅ 選擇可行方案 ⬅ 分析可行方案

（問題的形成 ⬆ 評估決策效能）（發展可行方案 ⬇ 分析可行方案）

牛刀小試

( ) 就理性決策（Rational Decision）之假設前提而言下列敘述何者有誤？
(A)決策之所有相關訊息為已知　(B)無時間或成本限制　(C)決策者是主觀的　(D)方案選擇係追求最大之效用報償。　　　　**答：(C)**

(二) 有限理性（或稱「限制理性」或「準理性」）決策（Bounded Rational Decision-Making）模式

1. **意義**：有限理性係由賽蒙(Herbert A. Simon)所提出。他認為管理者因資訊處理能力有限、蒐集到的資訊不完整、時間或成本有限、缺乏彈性應變能力、

不了解所追求目標間的替換關係、只能在有限的方案中抉擇，追求滿意解而非最佳解，故管理者所最不常採用的乃是「理性決策模式」。以通俗語言來說，人們在處理複雜問題時，會把複雜的問題簡單化，然後在簡化的決策模式內作出決策，此種決策方式，即稱為「有限理性決策」。在有限理性下，決策者因為理性的限制，決策結果並非是最佳解（Optimal），而是追求的是差強人意的（satisfying）「滿意解」決策，也就是只要「夠好」，不用「最好」。

> 有限理性：乃是以科學的精神與方法，依有限的資源求取滿意的可行方案，所以仍屬於一個「理性的程序」（rational process），此時理性是指「過程面，而非結果面」。但客觀而言，其結果並非屬於一個「理性的選擇」（rational choice）。

2. **特色**：
   (1)追求的不是「最佳」的決策，而是「差強人意」的決策。
   (2)著重短期利益。
   (3)管理者盡量避免有風險的決策。

3. **有限理性決策的程序（Simon提出）**：
   (1)確定問題。　　　　　　(2)設立目標。
   (3)列出備選方案。　　　　(4)列出限制因素。
   (5)評估被選方案優點。　　(6)選擇最適方案。
   (7)檢定最適方案。　　　　(8)實施。

(三) **政治決策（Political Decision-Making）模式**：在組織決策的情境中，由於不同單位與個人存在不同的立場與利益考量，因此決策制定的程序乃是一個不斷「結盟、折衝、妥協」的權力結合與鬥爭的過程。析言之，政治決策係指組織內、外一些具有影響力的人或團體，**當其所面臨的問題或追求的目標無法一致時，便透過政治運作模式，以獲得多數「滿意的解決方案」**。具有影響力的人或團體可能會以自身的最大利益來犧牲組織的長期利益，也可能會以自身的追求目標而犧牲組織的長遠目標，此時就要透過諸如協商、溝道、妥協來獲得最佳的平衡點。

(四) **承諾的升高（Escalation of commitment）：此為人類在理性上的限制，亦為許多經理人無法做出理性決策的原因。** 承諾的升高係指決策者「明知」若是執行原方案並「無法解決問題」，但仍執意執行原

> 承諾升高的實例：例如美國在越戰時堅持對北越進行轟炸即為承諾的升高之例。

方案，有時甚至還投入更多的資源。析言之，當有人質疑管理者決策不當，但

仍然堅持其作法。若其原因乃為管理者不願承諾最初的決策是錯誤的，所以只好在原先的決策上繼續加碼，此種情況即所謂「承諾的升高」。

(五) **自我鞏固偏差（confirmation bias）**：係指人們都會傾向於尋找能支持自己理論或假設的證據，而對於不能支持自己理論或假設的證據，則會被忽略。例如有些投資經理人對自己過度自信，並且只收集有利的證據而忽略不利的資訊，來支持自己投資的決策，即屬此種偏誤。

(六) **結構化與非結構化問題**

1. **結構化問題**：結構化決策的問題，其目標很明確、內容很熟悉、過去常發生、相關資訊亦容易取得。面對此種問題時，已經有一定的決策原則或是程序，故決策者可以用一致的方式處理結構化決策，且通常不需要花費過多時間處理。因此，其可用工作步驟、程式、規劃流程圖來加以表示。所謂程式決策（亦稱為例行性決策）即在處理此方面的問題。

2. **非結構化問題**：**面對非結構化問題並沒有一套事先建立的決策程序**，可能是因為此種情形的問題較少發生，也因為資訊無法預先了解，所以必須要有臨時蒐集取得資料的能力，故通常以一般性的查詢和分析來處理此類問題。所謂非程式決策（亦稱為非例行性決策）即在處理此方面的問題。

(七) **思考風格**：

1. **直線型思考風格（Linear Thinking Style）**：此種思考模式偏向蒐集外部資料及事實，用理性而合邏輯的方式，分析資訊，並作成決策與行動。

2. **非直線型思考風格（Nonlinear Thinking Style）**：此種思考模式傾向運用內部資料，亦即憑個人直覺，用個人獨特方法及感覺來消化資料，然後用直覺來作決策與行動。

(八) **團體迷思與團體偏移**：

1. **團體迷思**：亦稱為「團體盲思」或「集體錯覺」，係指團體在決策過程中，由於成員傾向讓自己的觀點與團體一致，因而使整個團體缺乏從不同的角度思考，而不能作客觀的分析。

2. **團體偏移**：係指團體在進行決策時，團體的決議最終不是更謹慎保守，就是要冒更大的險，而往往向某一個極端偏斜，從而背離最佳決策，這種現象又稱為「極化現象」。

六、決策的類型

(一) 程式決策與非程式決策

類別	內容說明
程式決策	程式決策（programmed decision）即例行性決策。係指相當於例行、重複性的問題，以過去的經驗與知識在問題發生前，一步一步逐漸設計，並建立一特別程序，以決定特定的處理方法，較低階管理者通常會面對此種決策類型。例如速食業者遇到顧客抱怨應如何處理。
非程式決策	非程式決策(non-programmed decision)即非例行性決策。管理者面對新奇且非結構性問題時，不能以過去的知識與經驗決定處理方法，只能做邏輯推理與論斷，即屬此類決策。高階經理人比較常遭遇到的即是此種決策。

牛刀小試

(　) 下列有關「程式化決策」與「非程式化決策」的敘述，何者不正確？
(A)問題類型越結構化越屬於程式化決策　(B)組織階層越高越需要處理非程式化決策　(C)不論程式化或非程式化決策，都屬於理性決策　(D)程式化決策不能以過去的經驗或知識來決定。　　　　　　**答：(D)**

(二) 個人決策與群體決策

1. **個人決策**：係指由「決策者自行作決定」的決策方式，常受到個人自信心、個人經驗、判斷力、創造力、自我價值觀、同儕間的互動關係、環境因素、專業知識與技術等因素之影響。

2. **群體決策**：
   (1) **意義**：係指透過一群相關的決策人員共同決議，選定某決策方案，非出自一人之手，通常是集思廣益的客觀選擇。

> **群體決策**：近年來群體決策之所以會盛行，乃是因為環境變動快速、資訊充斥及個人的能力已經無法單獨從事個人決策，因此藉由群體共同作決策，可以有效從事分析與資訊蒐集，增加快速變動情境下的決策品質。

(2) **群體決策的利與弊：**

利

1. 透過集思廣益，可得到不同專業人員的經驗，產生較多的選擇方案，因此能產生較佳的決策，提高效能。
2. 決策相關人員容易接受決策，俾利執行。
3. 因群體決策較符合民主程序，增加決策的合法性。
4. 透過群體決策的程序，成員對於決策內容有較深刻的了解認同，因而降低了管理者與其進行溝通協調的必要性，減少成本。

弊

1. 耗費較多的時間和成本，效率較差。
2. 決策的結果可能是妥協或是部門間互惠的產物。
3. 實施結果成敗的責任歸屬，沒有明確的劃分。
4. **群體決策過程會造成「群體思考症候群」（group thinking）及獨特的意見反而會萎縮。** 因為組織成員會受到群體規範的影響，在壓力下決策，缺乏個人意見。
5. **會有風險轉移的行為，易作出高風險的決定。** （亦即：參與決策的成員認為自己透過群體討論，對問題的熟悉程度增加，故有能力掌握高風險的決策方案，因此易造成此種行為。）

牛刀小試

( ) 以下何者不是「群體決策」的缺點？ (A)效率低 (B)決策結果的接受程度低 (C)會有風險移轉的現象 (D)容易產生「群體思考症」。 **答：(B)**

3. **適合利用群體決策的情境：**

(1) 當有充分的決策時間，群體決策品質一般會較個人決策好；但是卻較費時。故當有充分的時間來做決策時，以群體決策的方式較佳。

(2) 當牽涉到許多利害關係時，為了提高各個關係人對決策結果的接受性，群體決策比較適合。

(3) 問題涉及許多方面的專業領域。

(4) 需要創意時，群體決策能產生較多的創意看法。

> **群體決策的好處**：即為集思廣益。故當待決策的問題需要多方面專業知識時，群體決策顯然較佳。

4. 適合利用個人決策的情境：

(1) 時間緊迫時，群體決策會較費時。

(2) 問題單純時，問題若屬簡單的問題，大可不必勞師動眾。

(3) 例行性的決策問題。

(4) 當各方人馬明顯地各懷鬼胎時。

5. 個人決策與群體決策的比較：

	個人決策	群體決策
決策品質	主觀、粗糙	周延、客觀
決策執行性	阻力較大	阻力較小
決策時間	短	長
責任歸屬	明確	不明確
資訊充足性	低	高
部屬接受性	低	高

6. 激發群體創造力的方法：

(1) 具名（或稱「名目」、「名義」）群體技術（Nominal group technique）：

A. 意義：具名群體技術為群體決策的改良方法之一，**其目的在於消除群體決策中成員被要求妥協的壓力**。且其具有可獨立思考及允許群體開正式會議的特色。其開會時雖邀請相關人員出席，但禁止隨意討論。

B. 進行程序：

(A) 書面意見：針對議題，每位成員以書面寫下自己的獨立思考的意見。

(B) 解釋意見：成員依序表示意見，每人每次表示一個主題，但禁止討論，直到所有意見發表完畢後才開始討論。

(C) 討論澄清：針對每個人的不同意見，群體開始進行評估。

(D) 安靜表決：每位成員對候選之意見加以評分，提出順位，最後將全體成員看法加總，得分最高者，即為所選之決策。

電子會議
Electronic Conference
乃是將「具名群體技術」與「電腦科技」應用融合，其作法如下：
1. 約五十人圍坐在馬蹄型桌子，桌上有一系列電腦。
2. 在報告完討論事項後，參加者將其意見由鍵盤輸入。
3. 總體結果與個人意見（依然採匿名方式）由房間內大型螢幕呈現給全部成員。

(2) **德爾菲技術（Delphi technique）**：

A.**意義**：屬一種集體決策的方法，又稱「專家意見法」，一群專家透過一系列問卷而形成共識，並達成一致性的看法。運用此法時決策成員可以不必聚集一起面對面的討論，藉由問卷填答的方式來達成決策，常用於「技術預測」方面。當沒有過去的資料或經驗可循的狀況下，要做預測時，可用本方法。用本法對未來進行預測時，可將有關問題以列表問卷方式，分別請群體成員以匿名且不互相碰面的方式填寫問卷，各自表達意見，如果意見未能一致，則將所有意見加以整理彙總，再進行第二次意見調查，如此重複直到達成共識，獲得結論為止。

> 德爾菲技術：該法主要是針對面對面調查方法可能產生溝通不良、被迫順服他人意見以及人員彼此敵對等缺點，進行改進的技術。主要原則有選擇性匿名、複述原則、控制性回饋原則、結構性衝突以及電腦的輔助等。

B.**步驟**：

(A) 確定問題，設計問卷。

(B) 每位成員不記名且獨立完成第一次問卷。

(C) 將第一次結果，集中、分析並彙總。

(D) 每位成員收到一分結果報告。

(E) 研讀報告後，每位成員再被要求提供解答，結果常引發新想法或修正原先想法。

(F) 重複(D)(E)步驟，直到共識結果出現。

C.**優點**：

(A) 客觀。

(B) 採不記名且獨立作業，故不受他人影響。

(C) 成本較低。

(D) 可用於長期、無時間壓力之決策。

D.**缺點**：結果不具體，有時可能難以執行。

(3) **腦力激盪（Brainstorming）**：

A.**意義**：腦力激盪（Brainstorming）由Alef O'sborn在其1953著作「應用想像力」（Applied Imagination）一書中提出這個名詞。腦力激盪法又稱為「O'sborn創造力決策模式」，它是一種創意團隊的決策發展技

> 腦力激盪會議：一開始由主持人列舉問題，由參與者盡其可能的想像力及創造力提出各種可能的解決方法。會議進行中，「任何人不得批

巧，應用創造與水平思考來解決問題的工具，此法在係鼓勵與會成員提出方案，而不得做任何批評。此法為經常使用的群體決策方法，如品管圈即是。

B. **腦力激盪原則**：腦力激盪要做得好，O'sborn 提出下列四個原則：

原則	內容說明
拒絕批評 **Criticism is ruled out**	對某項構想有相反的評論時，須延緩提出，不得加以批評。
歡迎自由滾思 **Freewheeling is welcomed**	提出再離譜的構想也沒關係，因一旦氣氛冷淡，將無法再鼓勵創意熱潮。
以量孕質 **Quantity is encouraged**	愈多的構想將能產生有用的方案。
歡迎構想的合併及創造 **Combining and improving ideas is encouraged**	參與者可以結合其他人的構想，而產生一項新構想。

評他人的想法」，目的在於盡可能的獲得眾多想法或結合眾人想法而獲得最佳解決方法（工作現場所採取小組討論，也是一種激發尋求解決問題的創意方式，如品管圈即是）。歸納言之，有關創意團隊的決策發展技巧，若鼓勵成員提出方案，而不做任何批評的創意發展過程，即為腦力激盪。

腦力激盪主要是由一個主持人帶領參與者，大家針對一項議題進行發表意見，發表的原則即根據上述四點，主持人完全不加入價值判斷，僅將參與者意見列出，並鼓勵發言。

(4) **互動團體（interacting group）**：是最常見的一種團體決策形式之一。它是由成員面對面地進行互動，透過口語及非口語的方式溝通來達成決策；但此一方法有可能有成員迫於順從團體多數人觀點，而失去原來進行團體決策的用意。

(5) **電子會議（electronic meeting）**：為最先進、結合名義團體技術及電腦網路科技的方式，因此又稱為電腦輔助團體（computer-assisted group）。其運作方法是將近五十位的成員圍繞坐在馬蹄形桌的周圍，他們可將自己對問題的回答鍵入座位前的電腦，而所有參與者的意見及總投票數都會顯示在會議室的投影屏幕上。

( ) 一種訪問特定型態的專家，綜合意見的預測方法，稱之為？ (A)趨勢分析法 (B)相關分析法 (C)主管意見評判法 (D)德爾菲（Delphi）法。 **答：(D)**

(三) **直覺式決策**：直覺式決策（intuitive decision making）是一種潛意識的決策過程，基於決策者過去的經驗、感覺、判斷累積（非基於客觀或邏輯）或價值觀或文化的而作決策方式。研究者對管理者運用直覺決策進行了研究，識別出五種不同的直覺，分別為基於經驗的決策、基於認知的決策、基於價值觀或道德的決策、影響發動的決策以及潛意識的心理過程。直覺式決策和理性決策並不一定是彼此獨立，相反地，二者是可以互補的。

重要 七、決策情境

決策時依環境之變動及資訊之可獲得性可分為確定情境、風險情境、衝突競爭情境與不確定性情境四種。其中不確定或風險性的決策情境，乃是指決策者雖有明確的目標與充足的資訊，但各替代方案的未來結果卻是變動與不可掌握的。

決策情境	內容說明
確定情境	如果在制定決策時，決策者已能確知每一可行方案必然出現之結果，毫無風險可言，因此管理者可做出精確之決策，這對企業本身而言為最有利的情況。但這種情境不常出現。
風險情境	較常出現之情境為風險情境，亦即決策者可以預估各方案成功與失敗的機率。對這些機率的推估，可能是來自個人的經驗，或次級資料的佐證。在風險情況下，管理者可藉由歷史數據，推估不同方案之期望值，並選擇期望值最大之方案。決策樹（decision tree）乃是風險情境下之有效工具。
衝突競爭情境	決策者與競爭者雙方處於敵我對立情況下，彼此具高度相互依賴及利益衝突性，而雙方均概略知道對方所採取解決問題之可能策略與結果。此亦即在有競爭對手情況下，某一方案之條件報酬乃是競爭對手之反應而定。「競賽理論」（Game Theory）為主要技術。
不確定情境	係指決策者無法確知每一可行方案出現之結果為何，無法用過去的經驗或預測而得知風險，亦無法估算其機率，亦即風險為不確定情況時的決策。因無法確知每一個可行方案發生的機率及出現的結果，因此一般可採用下列準則來協助做決策。

在不確定情境下的決策，通常採用的決策準則如下：

決策準則	內容說明
樂觀原則	又稱極大極大準則（maximax criterion）、最大報償原則或進取原則。因決策者對未來整體經營環境，抱持樂觀態度，故會由各種可行方案「最有利結果」中，選擇最佳的方案；其亦稱為「大中取大原則」（適用利潤決策的選擇）或「小中取小原則」（適用於成本決策的選擇），即作最好的打算。
悲觀原則	又稱極小極大遺憾準則（minimax regret criterion）、最小報償原則或保守原則。因決策者對未來整體經營環境，抱持悲觀態度，故會由各種可行方案「最不利結果」中，選擇最佳（最小利益）的方案；其又稱為「保守原則」、「最小報償準則」或「大中取小原則」（適用於成本決策的選擇）或「小中取大原則」（適用利潤決策的選擇），即作最壞的打算。
遺憾最少原則	決策者在決策時，先考慮（計算）各方案之機會損失，亦即會在了解各投資方案的最大機會損失後，再選擇損失「最小的一個」，以免造成過多的遺憾（稱之為遺憾，是指原本可由其他方案中所得到的利益），在此，管理者可將最大可能報酬減去每一種情境下的可能報酬，而得到遺憾矩陣（regret matrix）；遺憾最少原則又稱極大極小準則（maximin criterion）、「機會損失原則」（同「大中取小原則」），亦即在眾多遺憾中選擇最小遺憾的方案。
拉普拉斯原則	又稱為「主觀機率原則」。先列出「互相排斥事件」清單，認定各種可行方案的結果，具有「相同之機率值」，分別計算並選擇較有利（期望值較大）的方案。
博弈理論	又稱為賽局理論或競爭模式，為紐曼（J.Neuman）所提出，此理論係由「大中取小」原則演變而來，意即當決策者面臨博弈決策情境時，在正常情況下，會選擇一個使他遭受最少損失的方案。
貝氏準則	係指決策者先憑經驗給各種可能結果，估計機率值（主觀機率），再藉驗證修正主觀機率，得客觀機率之後，再計算各種方案可能結果的期望值，選擇期望值最大的方案。

茲就以上準則，舉例說明如下：

例一：假設A公司行銷經理決定其促銷策略（strategies）為$S_1 - S_4$，而競爭對手B公司的促銷行動為$C_1 - C_3$。若A公司經理在不知道其四個策略的成功機率下，得出如下的報酬矩陣，來顯示B公司在不同的行動下，A公司可能的獲利情況：

A公司策略	B公司的反應		
	C_1	C_2	C_3
S_1	13	14	11
S_2	8	15	19
S_3	23	21	15
S_4	18	14	27

根據上表，請計算最佳選擇方案：(1)樂觀原則；(2)悲觀原則。

答 1.樂觀原則：$S_1 = 14$；$S_2 = 19$；$S_3 = 23$；$S_4 = 27$
　　因$S_4 = 27$為最大的可能收入，故他會選S_4促銷策略。
　　2.悲觀原則：$S_1 = 11$；$S_2 = 8$；$S_3 = 15$；$S_4 = 14$
　　因$S_3 = 15$為最壞情形中最大的可能收入，故他會選S_3促銷策略。

例二：假設A公司行銷經理決定其促銷策略（strategies）為$S_1 - S_4$，而競爭對手B公司的促銷行動為$C_1 - C_3$。若A公司經理在不知道其四個策略的成功機率下，得出如下的遺憾矩陣：

A公司策略	B公司的反應		
	C_1	C_2	C_3
S_1	11	7	17
S_2	15	6	10
S_3	0	0	13
S_4	6	7	0

根據上表，請計算A公司最小遺憾的方案。

答 A公司最小遺憾分別是$S_1 = 17$；$S_2 = 15$；$S_3 = 13$；$S_4 = 7$。
　　在遺憾最少原則下，$S_4 = 7$最小遺憾，故A公司行銷經理會選擇S_4。

八、改善決策品質的其他方法

方法	內容說明
魔鬼辨証法	魔鬼辨証法（Devils Advocacy）係一種改善決策品質的技術，係由扮演魔鬼批評者，批判無法接受該計畫的所有理由；如此將可使決策者能考慮更為周詳，使計畫更趨精密。
辯證偵詢法	辯證法亦為一種改善決策品質的技術，其方法係在提出一個正面計畫及一個反面計畫，然後經過討論、辯論，至提出新的可行方案為止。
籃中演習	籃中演習（In Basket Exercise）係指在紙上模擬所有的問題，並以書面方式尋求解決方式，然後針對繳回的書面資料進行檢討與回饋。
逐步領袖法	逐步領袖法（step leader technique）係指一項會議討論出結果後，逐步加入新成員再進行討論，此為團體決策缺失的改善方法，可用來降低團體思考的盲點。其運作程序是先由A君和B君分別針對所給的問題，個別提出解決方案，再討論出共同認可的答案；接著再邀請已事先研究過此問題並有解答的C君一起加入討論，以進一步獲得共識。之後再邀請已有經驗的D君繼續討論，最後達成四個人的共同結論，此即最終的問題解決方案。

九、影響管理決策的因素

每個經理人在作決策時，都會受到下列四種因素（力量）的影響：

(一) **環境力量**：組織裡的每一個階層都會和外部環境互相影響，只是對任一組織或個人來說，影響的程度及範圍都不大相同。組織成員和外部環境有適當的接觸是很重要的，組織的外部環境包括了政府、經濟狀況、競爭對手、顧客和消費者團體等。雖然組織或多或少可以影響這些環境力量，但卻無法完全控制它們，所以組織必須試圖去回應這些力量。例如，銀行出納員代表著銀行與臨櫃顧客互動，因此銀行必須培養出合適的出納員，以保有正面的形象。

(二) **組織力量**：組織力量是指組織內所產生的力量，它是由同一組織內的組織成員與其他成員一起工作，而產生交互影響所產生的。組織力量描述了人們在跟同一組織內其他人相處時，所面對的問題及壓力，管理者在處理這些問題時的技巧及方式，往往會反映出其回應組織力量的能力。如果組織成員能夠有效的與其他成員進行溝通協調及互相交流，將會增強個別成員對組織的凝聚力及組織整體運作的績效。

(三) **任務需求**：任務需求也會對管理決策有一定程度的影響，原因是組織內的每一個人都被預期去執行其份內的工作任務與職務內容。因此，每個成員必須具備有效執行工作任務所需的技能、專門技術、知識及能力等。

(四) **個人需求**：個人需求是指來自於員工個人心理上和情緒上的壓力與需求，這反映出個人的個性、價值觀、信念以及管理決策帶給個人的影響，是最容易被忽略的力量。研究顯示，如果組織能夠多注意員工的個人需求，將可以有效緩和員工的不滿情緒，進而改善員工的績效。

第三節 規劃的工具與技術

由於規劃不僅是對環境進行預測，亦且具有時間的連續性。在這樣的前提下，如果要進行有效而正確的預測，管理人員勢必需要工具與技術加以輔助。**又由於「規劃與控制」本為一體，我們亦可將這些技術同時視為進行控制的工具。**

一、預測

(一) **預測與規劃的關係**：預測是指利用相關的資訊或資料，針對某一事物未來可能演變的情形，做事前的估計和判斷，以減少未來的風險。預測是建立規劃前提的工具，亦即預測為管理機能規劃的基礎。「預測的結果，並非目標，而只是決定目標的依據或假設資料」而已。

> 預測與規劃的關係：如果有較準確可靠的預測，規劃時便可以此作為基礎選擇本身之目標，則其必然較為合理而可行；而對於達成此目標應採哪些策略或作法，考慮亦較為切實有效。

(二) **預測程序**：預測程序包含兩個階段，一為過去，稱之為「觀察期」；一為未來，稱之為「預測期」。在觀察期，物象間之舊關係確定，表現其關係之數值為已知；在預測期，則物象間所存之新關係及其數值有待測定，舊關係引導新關係之推論。

(三) **主要的預測技術：根據Robbins所整理的預測技術，可分為「定量」與「定性」兩種。**

1. **定量預測（quantitative forecast）**：係指使用一些數學方式處理一連串可以「量化」的過去資料來預測未來可能結果，以從事預測的方法。其方法有二：
   (1) **時間序列分析（time series analysis）**：著重於所預測的變數在「時間歷程」中的變化情況。
   (2) **因果預測（casual forecast）**：衡量一些「變數間的因果關係」。

2. **定性預測**(qualitative forecast)：乃在「沒有歷史資料」或「突發性情況」下，運用具「無法量化」知識的「個人的意見」，以判斷來預測未來結果。定性預測法包括專家意見法、德爾菲法、蒙地卡羅技術、焦點預測法、行銷研究和類比法等。

茲將以上兩種方法列表如下：

預測技術	內容說明	應用舉例
定量技術		
時間序列分析	以數學方程式來配合一條趨勢並且用此方程式來推測未來走勢。	以過去四期的銷售資料來預測下一季的銷售額。
經濟指標	以一個或更多的指標來預測未來之經濟狀況。	用GNP的改變來預測可支用的收入。
計量經濟模型	以一套迴歸方程式去模擬經濟活動之一部分。	預測稅法改變對產品銷售的影響。
迴歸模型	以已知或假設值的變數來預測另一變數之值。	尋找可以預測銷售額的因素，如價格、銷售支出。
替代效果	使用數學公式來預測如何、何時、以及在何種條件下，以一項新技術或產品將會取代原有者。	以傳統烤箱的銷售來預測微波爐的銷售。
定性技術		
專家意見法	綜合並平均專家的意見。	調查公司內部所有人事主管對明年大學畢業生招募的需求。
銷售人員意見綜合法	亦稱為「草根法」，係綜合第一線銷售人員的銷售預期。	汽車公司調查主要經銷商意見來決定產品之型式與數量。

二、作業規劃的工具

由於規劃與控制乃一體之兩面，下列作業規劃的工具亦同時屬於「控制」的技術。

(一) **賽局理論**（Game Theory）：賽局理論的研究，大部分為關於兩方（Two Party），即「零和競賽」（Zero-sum Games）的研究。所謂「兩方」即指競爭對手共有兩人；所謂「零和」乃指一方的損失，剛好被另一方贏得。

> **賽局理論**：往往牽扯到所謂「利益衝突情況」，與個人或組織的目標，常與另一人或組織的目標互相衝突。利用此技術做決策時，會利用模擬方法，製造雙方競爭之情境，從而衡量各種不同決策的效果以決定最佳決策。

(二) **線性規劃（Linear Programming）**：主要在尋找如何有效的運用組織中的有限資源以達特定目的，最常用於處理「資源分配」的問題，且其問題必具有兩項特性，亦即：1.必有兩項或多項活動，均有賴共同的有限資源；2.問題中涉及的各項關係，均為直線關係。

(三) **蒙地卡羅技術（Monte Carlo Technique）**：是指使用隨機數，利用模擬方法，創造一個環境，從而衡量各種不同決策的效果以決定最佳決策，來解決很多計算問題的方法。

> **蒙地卡羅技術**：亦稱統計模擬方法，是20世紀40年代中期由於科學技術的發展和電子計算機的發明，而被提出的一種以機率統計理論為指導的一類非常重要的數值計算方法。

(四) **等候線理論（Queuing Theory）**：在考慮顧客對服務的需要與等候線長度間取得平衡，以達最佳的服務水準。

(五) **決策樹（Decision Tree）**：透過認定解決問題的各項方案、各方案的有關事件和其發生的機率、以及各事件可能產生的預期報酬，求出各方案的期望值，從中擇優。

> **作業規劃的工具**：(一)至(十)之規劃技術，除甘特圖外，皆同時屬於計量性的決策技術。

(六) **散發性規劃（Heuristic Programming）**：不依賴數學模式，而是依個人的經驗、判斷、直覺，再加上別人意見進行決策。

(七) **甘特圖（Gantt Chart）**。

(八) **存貨控制（Inventory Control）**：【見本篇第四章「控制機能」】。

(九) **計畫評核術（PERT）**：【見本篇第四章「控制機能」】。

(十) **損益平衡分析（Break-Even Analysis）**：【見本篇第四章「控制機能」】。

(十一) **焦點群體研究**：是為了集合少數受訪者，由主持人導引研究主題相關的課題（主持人不加入討論），受訪者採自由討論發言，以腦力激盪或個人意見描述，來獲取消費情報資訊。

第四節 規劃、計畫與預算

一、規劃與計畫的區別與關係

規劃（Planning）乃是一種「**動態**」的管理過程（Process），含有動作的意思，是一種融入思考與判斷的「**心智程序**」（Mental Process），其具體「**行動方案**」即是「**計畫**」（Plan），它乃是一種「**靜態**」的方案。

> **規劃與計畫的關係**：在分析與選擇，而計畫則在於行動步驟，即具體之做法，因此，良好之計畫乃

因此可以說計畫是規劃的產物。此為兩者區別之一。至於兩者的關係歸納如下：

(一) 規劃是動態的，計畫是靜態的。

(二) 規劃是因，計畫是果。

(三) 規劃是過程，計畫是後果。

(四) 規劃內涵在分析與選擇，而計畫則在於行動步驟（具體做法）。

(五) 規劃與計畫兩者關係密切而非獨立不相干。

> 是基於正確的規劃程序。完善的規劃過程，需要各種不同的計畫相互配合，方能順利達成企業目標；若無計畫，則規劃只是「議而不決」而已。

 二、計畫的體系

計畫的體系亦即計畫的構成要素，這些構成要素之間有上下層級的關係。所謂有「上下層級」的關係，非指管理階層的高低，而是計畫本身所含的構面廣泛與否及彼此間的因果關係而決定的。

> **計畫與方案之差異：**
> 兩者基本大同小異的，其較大的不同點在於：計畫通常較大型、為期較長、涵蓋較廣；方案則是指較小型、為期較短、設定目標較短程明確，通常方案也是達成計畫的具體行動，因此可以說計畫實際上包含了方案。

要素	內容說明
願景	願景（vision）可以視為一種視野、遠見、想像力、洞察力，係指組織對未來的憧憬及實現的行動也是組織成員對未來方向的共識。易言之，願景是企業在未來努力要達成的狀態，也可說是企業長期發展的藍圖。
使命	使命（mission）是一個組織存在的理由，用來描述組織的價值觀、抱負與存在的宗旨、未來的方向及存在的責任，通常位於目標層級的最頂端。簡言之，一家企業的經營宗旨，即為使命。
目標	目標（Objectives）係指組織在一定期間內，所欲達成的最終境界，其為一切管理活動的終點，亦是規劃與控制機能的主要依據。良好的目標應有明確的時間表，並為可達成而非好高騖遠，且能以具體可衡量的數字（量化）以書面而非口語的方式呈現者，例如預計未來五年內要達成市占率60%的目標。
政策	政策（Policy）係指在目標的指引下，用來告知管理人員在某些情況下應如何作決策。政策和目標都是指導組織的思考和準則，但政策用以引導組織的行動朝向計畫的終點，而目標則是計畫的終點。例如規定本公司招募新進人員必須經過考試。

要素	內容說明
策略	策略（Strategy）係指為了達到組織的基本目標，而設計的一套統一的、廣泛的、與整合性的計畫。此即為達成某項特定目的所採的手段，其具體表現則為對重要資源的調配方式。例如公司為了要達到快速成長的目的，選擇購併其他公司的方式。
程序	程序（Procedure）代表一種規定，係指有關某些工作必須採取之步驟，亦是指用來處理未來行動的一種通用方法。例如規定對外採購，超過一定金額時，應如何請購、選擇供應商，以及簽約、驗收與付款等工作之順序等。
規定	規定（Rule）係屬極為具體的要求，包括做與不做兩種情況，故具有命令性質。其與政策有相似之處在於兩者均可重複應用，以配合經常出現之問題或狀況。但兩者最大不同，在於規定多半十分具體，而政策具有彈性。
方案	方案（Program）是為了達成某項特定工作，結合了目標、政策、程序、規則等種種要素所構成之綜合體。一個方案可能由單一部門負責，也有可能由跨部門小組合力完成，但其最終目的都在解決問題。 在分析方案時，應依據正確的評估準則，典型的評估準則必須符合「可行性、可接受性、合法性和倫理標準」等四項要件。
預算	預算（Budget）可稱為最常見之一種計畫，此種計畫乃以「貨幣」表現，包括各組織單位在未來一段時間內之收入及支出，因此預算可以說是計畫的數量化。此種數字須經過一定程序獲得批准，故具有甚高的權威性，但其本身乃代表對未來情況的一種預期。預算同時也是控制的工具。

三、計畫的類型

描述組織計畫最常用的方法是廣度（策略性及操作性之別）、時間幅度（短期及長期之別）、明確度（方向性及特定性之別）及頻繁度（單一性及經常性之別）。這些計畫類型並非彼此獨立。以下分別就不同的角度，分別說明各種計畫的類型。

(一) **以計畫的性質區分**：可有下列三種區分。

　1. **策略性及操作性計畫**：

　　(1) **策略性計畫（strategic plans）**：係指應用於整個組織及建立組織長期性、全面性目標的計

> **策略性及操作性計畫的差異**：兩者間的差異在策略性計畫包含目標的形成，它涵蓋較長的時間幅度及較廣的組織層面；操作性計畫則定義達成目標的方法，其涵蓋的時間幅度較短，常以月、週或日為計畫單位。

畫。它是決定企業的基本使命、目標與資源配置方式的過程；其制定為高
階管理者的主要責任，期間通常為2～5年，在規劃制定階段，則稱為「策
略規劃」。策略性計畫具有下列的特徵：

　A.**方向性**：是一種方向性計畫，故其第一個步驟為「確認組織當前目標
　　與策略」。

　B.**長期性**：策略性計畫比操作性計畫涵蓋更長的時間跨距。

　C.**廣泛性**：應用於整個組織。策略規劃（高層主管）與作業規劃（基層
　　主管）之最大差別即在「組織階層」。

　D.**單一性**：只使用一次。

(2) **操作性計畫**（operational plans）：明確說明組織將如何達到策略性計畫
　全面性目標的計畫，操作性計劃通常具備較高的特定性，且往往是針對特定的
　部門所作的計畫。

(3) **兩者的差異**：

　A.策略性計畫具備較大的廣度。

　B.策略性計畫涵蓋的時間幅度較長。

　C.操作性計畫具備較高的特定性。

　D.操作性計畫往往針對特定的部門。

2. **方向性及特定性計畫**：直覺上，特定性計畫優於
方向性計畫。特定性計畫（specific plans）定義清
楚而不需要多作解釋，它有明確的特定目標，而沒
有任何模糊或易誤解之處。例如一位企圖在12個
月內增加15%產出的管理者，可能會建立一套特定
的程序，並有其明確的預算分配，與達成目標的時
間表，此時，方向性的計畫較為適合。**方向性計畫**
（directional plans）是指建立一般準則的彈性計畫，它指出目標的重點所在，
但不會在特定目標與行動方向上限制管理者。

3. **單一性及經常性計畫**：管理者所作的計畫，有些會持續進行，有些則只作一
次而已。單一性計畫（single-use plan）是管理者針對特殊需要所訂定的一
次性計畫。相對的，經常性計畫（standing plans）則是提供重複實行活動之
指導方針，經常性計畫包括政策、規則和程序等部分。

> **特定性計畫的不確定性**：在於明確的未來與預測未來的能力兩者皆不可得。當不確定性很高時，管理當局必須保持彈性，以應付非預期的變化。

(二) 以時間長短區分

類型	內容說明
即時計畫 Immediate Plan	時間緊迫而必須立刻採取行動的計畫。
短期計畫 Short-run Plan	通常指一年內的「細部執行計畫」，如年度計畫，多由中低階層所擬定。
中期計畫 Medium-run Plan	通常指二至五年的「發展計畫」。
長期計畫 Long-run Plan	通常指五年以上或更長久的「目標計畫」。長期計畫可根據所能掌握的資料，自認能對未來多久時間內的環境變化，作出最佳的判斷，就以這段時間定為長期計畫的時間幅度。稱為「規劃時間地平線」（The Time Horizon of Plan）。「人無遠慮，必有近憂」這句話，即在強調人應做好其長期計畫。
永久計畫 Forever Plan	指具有永久指導作用的理想目標，如「為世界謀和平」、「為社會謀進步」。

(三) 以階層高低區分

類型	內容說明
高階計畫	即策略計畫（Strategic Plan），又稱為戰略計畫。係由高階主管所制定，其內容在決定一個企業的基本使命、目的及配置資源的方式，以及擬定組織的長程目標、政策、策略，多為概括性的說明，執行的細節較少，計畫涵蓋時間較長。（通常為2～5年），故可能因內外在環境之改變，使其須具有彈性，修正計畫以為因應。
中階計畫	即戰術計畫（Tactical Plan）。係由中層主管所制定，其內容乃設定各部門的中層目標、政策、策略，計畫涵蓋時間中等。
低階計畫	即作業計畫（Operational Plan）。係由基層人員所制定，其內容乃設定各小組或人員的工作目標、方案以及各項例行作業，計畫涵蓋時間較短。

重要 **四、目標的設定與目標管理**

(一) **目標（Objective）與標的（goal）**：這兩個名詞有時會交替使用（同義語）。它們意指「個人、群體、或全體組織所期望的結果」。它們提供了方向給所有的管理決策，形成衡量實際成就的準則。亦因此種理由，故目標乃為規劃的基礎。

(二) **陳述的目標與實際的目標**：陳述的目標為一個組織所做的正式說法，表示它「希望社會大眾能夠相信的目標」；實際的目標則為一個組織「真正追求的目標」，為成員實際行動所追求者。

(三) **目標設定的目的**：
  1. 目標是可以設定明確的方向與指引。
  2. 目標是可以協助管理者考核績效。
  3. 目標是可以協助資源的分配。

(四) **一個設計良好目標的要件（特徵）**：
  1. 具體的項目名稱。
  2. 必須清晰而且可形諸於文字（非口語的方式呈現）。
  3. 必須能夠量化或量測（可以衡量性）。
  4. 必須清晰且制定完成期限（確定的時間幅度）。
  5. 可獲得性（可達到；不好高騖遠）。
  6. 須與報酬系統相連結（問題關聯性）。
  7. 必須具有挑戰性。
  8. 所有相關的成員皆知悉。

(五) **企業組織目標的特徵**：
  1. 目標可以為企業組織中的所有人員提供指引與統一的方向。
  2. 設定目標是規劃流程中的第一個步驟。
  3. 目標可以被視為激勵組織員工的來源。
  4. 目標為評估與控制提供有效的機制。

(六) **目標管理的意義**：目標管理（Management by Objective；MBO）係由「彼得杜拉克」（Peter F. Drucker）於「管理實務」（The Practice of Management）一書中所提出。其要點如下：
  1. **意義**：目標管理是授權的、參與的、合作的管理。藉由主管與部屬之間的溝通與共識，共同設定工作目標，將組織的目標轉化為各部門及各員工的目標，進行工作績效檢討的管理方式，稱為「目標管理」。企業中，下屬與上司共同決定工作績效的標準，重視目標執行過程的自我檢討與自我評估，並

對績效的達成度定期進行評估,報酬則依達成度來進行分配。此種管理方式即為「目標管理」。目標管理(MBO)也因為透過組織成員共同制定目標的過程,可以讓目標更「實際可行」。

2. **目標的設定**:係採用「由上而下」(Top-Down)與「由下而上」(Bottom-Up)同時進行。亦即組織各部門目標是由管理者與員工所共同決定的,因此其結果形成了一個「上下層級相互銜接」的目標體系。

3. **目標的配合措施**:目標管理是若期望其有效實行,則必須與「授權體系及責任中心體系」配合採行,並據以編列預算,始較能符合執行人的意見且符合實際需要。

4. **要素**:(1)強調授權;(2)目標特定性;(3)部屬參與決策;(4)目標必須很清楚;(5)明確達成時間(期限);(6)績效回饋。

(七) **目標管理的機能(優點)**:

1. 集中組織人力、物力,為目標而努力。
2. 發揮員工的潛能和自動自發的精神。
3. 促進意見溝通,改善上司與部屬的合作關係。
4. 發掘和培養各階層獨當一面的管理人才。
5. 加強各級管理者達成目標的責任心。
6. 結合個別目標為整體目標,發揮團隊精神。

(八) **目標管理的問題(缺點)**:

1. MBO與原有的組織氣候、文化不符。
2. 參與人員對此制度未能充分了解其精髓,或重視程度不夠。
3. 訂定目標缺乏必要的指導準則。
4. 可查證的目標不易訂立。
5. 目標短視或缺乏彈性 。
6. 過分重視數字,而忽略其餘項目。

牛刀小試

( ) 目標管理的基本精神在於: (A)必須訂定年度目標、季目標和月目標 (B)目標必須公開宣布,並須將目標數量化 (C)由上級主管與部屬共同訂定部屬的目標,共同考核部屬的工作績效 (D)由上級自行設定部屬的目標,並嚴格要求部屬達成目標。 **答:(C)**

(四) 目標管理的特性

特性	內容說明
授權的管理	推行目標管理，同時要實施分層授權，採用成果重點的工作方法，每一部門非但自成一個單元，並且負盈虧之責。
參與的管理	關於工作目標與達成方法，每一工作人員均有親自參與研討的機會。
自我評估的管理	在實施目標管理的過程中作自我檢討時，對於目標執行情形，可由自己評估其工作成果，並提出工作改進意見。
合作的管理	現代管理哲學講求整體管理，所以目標管理是一種團體的行動，只有在共同了解、合作、協調的情況下才能完成。

(五) 推行MBO的元素

(五) **推行MBO的元素**：傳統上，目標是一種控制的工具，而MBO系統則在控制機能外，把目標也當作是激勵員工的一種方法。因此，推行MBO的元素包含下列四項：

項目	內容說明
清楚的目標	須有明確細部化的目標，而不可以是概括性、敘述性的目標。
參與式的決策制定	應由上司與部屬共同參與目標的制訂，可以增進員工和主管之間的溝通與共識。
明確的期限	每一目標都應有明確的完成期限。
成果（績效）的回饋	個人或組織根據目標進度持續的回饋，以了解及修正自己的行動，並據以評估員工績效。

(六) 目標管理的機能（優點）

1. 集中組織人力、物力，為目標而努力。
2. **發揮員工的潛能和自動自發的精神。**
3. 促進意見溝通，改善上司與部屬的合作關係。
4. **發掘和培養各階層獨當一面的管理人才。**
5. **加強各級管理者達成目標的責任心。**
6. 結合個別目標為整體目標，發揮團隊精神。

(七) 目標管理的問題（缺點）

1. MBO與原有的組織氣候、文化不符。
2. 參與人員對此制度未能充分了解其精髓，或重視程度不夠。
3. 訂定目標缺乏必要的指導準則。
4. 可查證的目標不易訂立。
5. 目標短視或缺乏彈性。
6. 過分重視數字，而忽略其餘項目。

第五節 整體規劃模式

一、整體規劃

整體規劃（comprehensive planning）係指管理者對「未來長期的目標」，以「企業整體」的觀點，做綜合性的判斷與分析，而擬出達成管理目標的方法及過程。它不論在規劃的時間方面、範圍方面、對象方面、形式方面，均從整體的角度加以剖析，可使整個企業組織得到最佳利益，規劃工作也更易成功。

> **整體規劃**：目的在於使高階管理者有系統地評估內外環境因素，以擬訂適當的策略和政策，有效地協調組織內各單位的活動，以達成組織的基本目標及策略。

二、整體規劃模式的範圍

構面	內容
時間構面	包括短、中、長期等不同期間的規劃。
組織構面	包括總公司、分公司、各部門及分支機構的規劃。
主題規劃	包括各種企業機能的規劃。
要素構面	包括組織章程、使命、目標、策略、政策、計畫、預算等規劃。

牛刀小試

（　）何人於1969年提出最具代表性的「整體規劃模式」？　(A)史亭納（Steiner）　(B)閔茲伯格（Mintzberg）　(C)費堯（Fayol）　(D)馬斯洛（Maslow）。　　　　　　　　　　　　　　　　　　　　　答：**(A)**

重要 **三、整體規劃的主要內容**

在所有整體規劃的模式中，以學者「史亭納（Steiner）」1969 年所提出的「整體規劃模式」模式最具代表性。他所提出的整體規劃可劃分為三部分，即「規劃基礎（前提）」、「規劃主體」、「實施及檢討」。其模型如下圖所示：

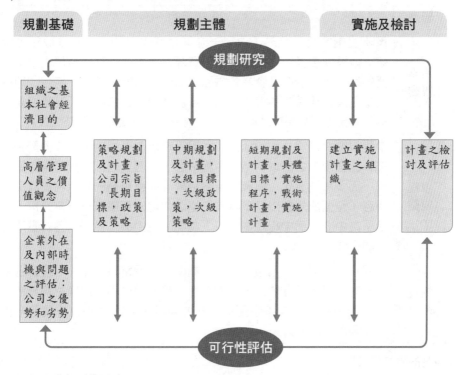

茲依圖示分別說明如下：

(一) 規劃基礎

1. **組織的基本社會經濟目的**：企業除了為求本身的生存之外，還應對社會與環境提供貢獻，承擔必須之社會責任，此為企業的基本經濟與社會目的。此社會與經濟目的，應含括在企業之「經營使命」（Mission）當中，並據其發展適當的目標與目的，而後方能界定企業生存與競爭的「經營疆界」（Business Boundary）。

2. **高階主管的價值觀**：指高階管理者的「經營理念、管理風格及道德觀念」。這些因素雖然無形，但卻會影響高階主管所選擇的目標與執行目標的方式，同時也會塑造出不同的企業文化。

3. **評估企業外在環境的機會與威脅，以及本身的優劣勢**：即以「SWOT分析」，辨認環境對企業可能造成的機會與威脅後，輔以運用本身的優勢，改善本身的缺失，方能建立有效的策略與具體可行的目標。

(二) **規劃主題**

類別	內容說明
策略規劃	策略規劃的目的在於「決定一企業之基本目的，與基本政策、策略，以及此後獲取、使用及處分資源之準則」。在策略規劃中所包括的範圍，可能遍及企業各方面之活動，策略規劃之一特色，即屬於重點及目標性質的規劃，而不涉及過於細節的描述。又策略規劃雖不完全等同於長期規劃的概念，但多半其規劃的涵蓋時間較長。
中程規劃	中程規劃為策略規劃的延伸，依照策略規劃而擬定各部門的配合計畫。此種規劃之所以稱為「中程」者，乃因其包括時間通常超過一年，而多數為五年。與策略規劃相較，中程規劃的特色在於詳盡的內容、全面的規劃以及所具有的協調作用。可說策略規劃乃以「問題」為中心，而中程規劃乃以「時間」為中心，並著重各計畫間之協調配合。
短程規劃	短程規劃乃以「一個預算年度」為準，故通常為一年。中程計畫雖已相當詳盡，但在時間、預算、程序等方面尚不足以應付實施的需要，而需短程規劃給予更進一步的設計。短程規劃純粹屬於一種「作業性」的規劃。

(三) **規劃的實施與檢討**

1. **建立實施計畫的組織**：如無適當而有效的組織，再好的計畫亦無法實行，放在實際規劃過程中，必須考慮到所需「組織及人力的配合」。

> 規劃與組織的配合：應注意的是，組織之建立乃為配合實施計畫之需要，而非以規劃遷就不合時宜的組織。

2. **計畫的檢討與評估**：有效的規劃，必須包括所有對於規劃結果之實施某種「不斷持續的監視，以及定期的檢討」，才能了解實施狀況並提供「再規劃」的基礎。如計畫實施結果與所預期者不符而達嚴重程度者，管理者應找出不符原因並採取對策。

精選試題

☆（　）1. 計畫（plan）與規劃（planning）的關係何者為非？　(A)規劃是因，計畫是果　(B)規劃是一過程，計畫是一後果　(C)規劃是議，計畫是決　(D)規劃是一個定案，計畫則是用腦的過程。

☆（　）2. 規劃的第一步驟是？　(A)尋找不同的可行方案　(B)選定可行的最佳方案　(C)界定使命　(D)訂立明確的目標。

☆（　）3. 高階計畫內容不包括下列何者？　(A)目標　(B)政策　(C)策略　(D)方案。

☆（　）4. 目標管理（MBO）制度，是屬於那一計畫中？　(A)長期　(B)中期　(C)短期　(D)策略計畫。

（　）5. 提出「決策三部曲」的學者是？　(A)費雪　(B)史亨納　(C)賽蒙　(D)杜拉克。

☆（　）6. 「人無遠慮，必有近憂」是強調人應做好？　(A)長期計畫　(B)中期計畫　(C)短期計畫　(D)以上皆非。

（　）7. 「規劃缺口」指的是那二類人員的觀念有重大的歧異？　(A)企劃部門與生產部門　(B)直線主管與規劃幕僚　(C)生產部門與財務部門　(D)上司和屬下。

☆（　）8. 整體規劃模式中，可分為三大部分：規劃基礎、規劃主體及？　(A)規劃研究　(B)規劃的實施及檢討　(C)可行性測定　(D)高階主管之價值觀。

（　）9. 若是沒有過去的資料或經驗可循的狀況下，要做預測時，可用？　(A)德爾飛法　(B)趨勢分析法　(C)相關分析法　(D)銷售預測法。

（　）10. 下列那一項是影響決策的組織因素？　(A)判斷能力、專業分工、企業文化　(B)專業分工、企業文化、企業目標　(C)數量技術、授權、專業分工　(D)授權、部門化、數量技術。

☆（　）11. 規劃是針對未來可能的行動或面對的問題，事先進行分析及選擇的行為。進行規劃有一連串的步驟，請依順序予以適當的排列：a.確定執行方案；b.蒐集並分析各種資料；c.擬定整套行動計畫；d.認識問題之所在；e.擬定及評估各種可行方案　(A)dbeac　(B)baedc　(C)acedb　(D)cbade。

☆（　）12. 近來，企業界常採用下述管理措施：「先訂目標，決定方針，安排進度，並使有效達成，同時對成果加以嚴格複核及獎懲」，此稱為？　(A)例外管理　(B)目標管理　(C)無缺點計畫　(D)平衡計分卡。

( )　13.目標管理是現代企業管理之重心，若期其實行有效，必須與何者配合採行？　(A)與授權體系及責任中心體系配合　(B)與薪津制度配合　(C)與退休保險制度配合　(D)與人事任用標準配合。

☆( )　14.俗語說「滾石不長苔」正可用來說明規劃的哪一項性質？　(A)理性　(B)連續性　(C)哲學性　(D)首要性。

( )　15.所謂規劃的「核心」是指何者？　(A)決策　(B)預測　(C)計畫　(D)管理。

☆( )　16.所謂的「OT分析」係指：　(A)強度—弱度分析　(B)分析本身資源與條件　(C)用以發展讓組織避免威脅的策略　(D)以上皆非。

☆( )　17.提出「限制理性決策模式」的學者為：　(A)羅賓斯　(B)賽蒙　(C)泰勒　(D)韋伯。

☆( )　18.a.科學管理學派；b.行為學派；c.層級結構學派；d.管理科學學派；e.系統學派。以上哪些管理學派對決策的觀點比較接近「理性決策模式」？　(A)abc　(B)bcd　(C)acd　(D)bde。

☆( )　19.下列何者非「理性決策模式」的前提？　(A)目標導向　(B)沒有時間與成本限制　(C)偏好明確但不固定　(D)所有資訊已知。

( )　20.何為「蒙地卡羅技術」？　(A)透過認定解決問題的各項方案、各方案的有關事件和其發生的機率、以及各事件可能產生的預期報酬，求出各方案的期望值，從中擇優　(B)不依賴數學模式，而是依個人的經驗、判斷、直覺，再加上別人意見進行決策　(C)利用模擬方法，創造一個環境，從而衡量各種不同決策的效果以決定最佳決策　(D)考慮顧客對服務的需要與等候線長度間取得平衡，以達最佳的服務水準。

☆( )　21.a.專家意見；b.替代效果；c.綜合銷售代表意見；d.迴歸分析；e.時間數列分析。以上何者屬於「定性」的預測技術？　(A)ac　(B)abc　(C)bde　(D)abd。

( )　22.下列有關策略計畫的說明何者為非？　(A)內容在決定一個企業的基本使命、目的及配置資源的方式　(B)擬定者多為部門主管　(C)計畫涵蓋的時間長　(D)內容多為概括性的說明，執行的細節較少。

☆( )　23.何謂學者Simon所提出的「目標手段鍊」（Mean-end Chain）理論？　(A)上層的目標是下層的手段　(B)上層的手段是下層的目標　(C)透過規劃，不同體系的目標或手段可以任意調換　(D)策略計畫所產生的目標可以作為短期計畫的手段。

( )24. 以下哪一項不是目標管理的要素？　(A)參與決策　(B)績效回饋　(C)目標一致性　(D)明確的期限。

☆( )25. 在史坦納整體規劃模式中的經常性輔助工作包括哪兩項？　(A)五力分析與BCG模式　(B)深度訪談與腦力激盪　(C)價值鍊分析與供應鍊分析　(D)可行性測定與規劃研究。

( )26. 下列那一項是影響決策的個人素質因素？　(A)經驗、判斷力、創造力　(B)經驗、數量技術、權力　(C)數量技術、判斷力、權力　(D)創造力、經驗、時間壓力。

☆( )27. 管理的五大活動中，居首要地位的是？　(A)規劃　(B)組織　(C)用人　(D)領導。

( )28. 計畫（plan）與方案（program）的關係是？　(A)計畫＝方案　(B)計畫＜方案　(C)計畫包含方案　(D)方案包含計畫。

( )29. 規劃最具關鍵性的步驟為？　(A)建立目標　(B)訂定最佳方案　(C)執行方案　(D)評估可行方案。

( )30. 計畫的數量化，稱之為？　(A)計畫　(B)規劃　(C)目標　(D)預算。

☆( )31. 整體規劃模式，是由下列何者所提出？　(A)賽蒙（Simon）　(B)史亨納（Steiner）　(C)泰勒（Taylor）　(D)費雪（Fishe）。

( )32. 整體規劃模式中，模式中每一階段所選擇之目標及手段，皆必須予以？　(A)規劃研究　(B)可行性測定　(C)評估　(D)分析。

( )33. 決策「三部曲」的內容，何者不包括？　(A)選擇活動　(B)智慧活動　(C)設計活動　(D)回饋活動。

☆( )34. 「策略計畫」指的是？　(A)為高階人員所擬之對策和計畫　(B)為基層管理人員，完成例行事務所做的工作計畫　(C)為中階管理人員，為推動高階計畫所制定的計畫　(D)為落實企業的目標，所擬定的具體行動方案。

( )35. 規劃是指目標的確定及選擇交替方案，這是指規劃的：　(A)普遍性　(B)未來性　(C)選擇性　(D)首要性。

( )36. 在未發現計畫的不當或嚴重缺失時，應切實執行，不可輕易更改，此特性為計畫的？　(A)彈性　(B)完整性　(C)強制性　(D)不可侵犯性。

☆( )37. 倡導「目標管理」（MBO）的管理學家是？　(A)史亨納（Steiner）　(B)巴納德（Barnard）　(C)賽蒙（Simon）　(D)杜拉克（Drucker）。

☆( )38. 古人說：「凡事豫則立，不豫則廢」，其中的「豫」就是？　(A)規劃　(B)組織　(C)用人制度　(D)研究發展。

( )　39. 以下有關規劃與計畫的敘述，何者有誤？　(A)規劃是靜態的，計畫是動態的　(B)規劃是因，計畫是果　(C)規劃是程序，計畫是結論　(D)以上皆非。

☆( )　40.「禁止在廠內吸煙」的標語代表：　(A)政策　(B)規定　(C)程序　(D)目標。

( )　41. 在整體規劃模式中的「規劃基礎」不包括：　(A)高階管理者的價值觀　(B)企業的基本社會經濟目標　(C)策略規畫　(D)SWOT分析。

( )　42. 下列何者在整體規劃模式中屬於作業性的規劃？　(A)策略規劃　(B)中程規劃　(C)短程規劃　(D)長程規劃。

☆( )　43. 決策者在決策時，在了解各投資方案的最大機會損失後，再選擇損失最小的一個。這是下列哪一種決策原則？　(A)拉普拉斯原則　(B)遺憾最少原則　(C)悲觀原則　(D)樂觀原則。

解答與解析

1. **D**　規劃是用腦的過程，計畫則是一個定案。

2. **C**　使命又稱為「中心機能及目的」或經營宗旨。

3. **D**　方案（Program）是為了達成某項特定工作，結合了**目標、政策、程序、規則**等種種要素所構成之綜合體。

4. **C**　MBO因較低階的單位主管亦參與其自身目標的設定，故**目標管理是屬於一種短期計畫**。

5. **C**　賽蒙（H. Simon）提倡的「決策三部曲」，亦即「**智慧的活動→設計的活動→選擇的活動**」。

6. **A**　長期計畫通常指五年以上或更長久的「目標計畫」。

7. **B**　所謂規劃缺口，乃是由於規劃幕僚人員與直線（業務）主管人員本身背景、觀念目標、假定上有所差異，以致**對於計畫之擬定上「出現不一致的看法」**。

8. **B**　史亭納（Steiner）提出的整體規劃可劃分為三部分，即「**規劃基礎**」、「**規劃主體**」、「**規劃實施及檢討**」。

9. **A**　德爾飛技術屬一種集體決策的方法，又稱專家意見法。

10. **B**　組織決策係管理者以其身為企業經理人的立場所作的決策，影響組織決策的因素包括專業分工、企業文化、企業目標等。

11. **A** **規劃乃是重要的管理機能**，它是如題目選項(A)所排列的一個連續不斷的程序。

12. **B** 目標管理（MBO）係由彼得杜拉克（Peter F. Drucker）在他的著作「**管理實務（The Practice of Management）一書中所提出**。

13. **A** 因為**較低階的單位主管也參與其自身目標的設定**。

14. **B** 因規劃是一種持續不斷的循環性工作，故具有持（連）續性。

15. **A** 「**預測」為規劃的前提、「決策」為規劃的核心、擬定「計畫」為規劃的結果**。

16. **C** OT分析**係在對環境進行偵查及偵測的工作**，希望在此步驟中獲得隱藏在環境中的「機會及威脅」。

17. **B** 限制理性（有限理性）**係由賽蒙（Herbert A. Simon）所提出**。

18. **C** （完全）理性決策模式乃是**客觀、合乎邏輯，且清楚地與特定的目標同時可以明確地認定問題**。題目a.c.d三個學派都具有此種特性。

19. **C** 理性決策模式強調**一切可明確地認定**。

20. **C** 蒙地卡羅技術**是一種以機率統計理論為指導**的一類非常重要的數值計算方法。

21. **A** 題目a.c.兩種方法皆無法量化，故**屬於「定性」的預測技術**。

22. **B** **策略計畫擬定者多係高階主管**。

23. **A** 上下級的目標之間通常是一種「目標－手段」的關係，**上級目標需要通過下級一定手段來實現**。

24. **C** **應為「清楚的目標」而非一致性的目標**。

25. **D** 整體規劃模式對規劃的每一過程，皆須依**據企業內外的實際狀況，進行科學可行性測定**；且必須蒐集和分析與計畫有關的資訊，進行規劃研究。

26. **A** 「決策」則是一種觀念的判斷，**代表一種選擇的程序，對原先已經規劃好的方案，做一個最佳判斷與抉擇的過程**，因此個人的經驗、判斷力和創造力乃是影響他做決策時最重要的個人素質因素。

27. **A** **規劃是五種管理機能之首**，為管理五機能中最基本、最重要的一項機能，「**沒有規劃就無法啟動組織、用人、指揮、控制等管理機能活動」**。

28. **C** 計畫通常較大型、為期較長、涵蓋較廣：方案則是指較小型、為期較短、設定目標較短程明確，通常方案也是達成計畫的具體行動，因此可以說**計畫實際上包含了方案**。

29. **B** 訂定最佳方案乃是規劃過程中最具關鍵性的步驟。

30. **D** 預算（Budget）可稱為最常見之一種計畫，此種**計畫乃以「貨幣」表現**，包括各組織單位在未來一段時間內之收入及支出。

31. **B** 整體規劃的模式中**係學者史亭納（Steiner）於**1969**年所提出**。

32. **B** 整體規劃模式對規劃的每一過程，皆須依據企業內外的實際狀況，**進行科學可行性測定**。

33. **D** 「決策三部曲」為**「智慧的活動→設計的活動→選擇的活動」**。

34. **A** 策略性計畫應用於整個組織、**建立組織全面性的目標**與探尋組織在所處環境中定位的計畫。

35. **C** 規劃之選擇性係指**目標之確定及替代方案之選擇**。

36. **C** 規劃產生的計畫在**未發現不當或嚴重缺失時，應切實執行，不可輕易更改**，否則規劃即無意義。

37. **D** 目標管理（MBO）係由**彼得杜拉克（Peter F. Drucker）**在他的著作《管理實務（The Practice of Management）》一書中所提出。

38. **A** 古人說：「未雨綢繆」、「三思而後行」、「謀定而後動」、「凡事豫則立，不豫則廢」中之「豫」，指的**都是管理活動中的「規劃」**而言。

39. **A** **規劃是動態的，計畫是靜態的**

40. **B** 規定（Rule）係屬極為具體的要求，包括做與不做兩種情況，故具有**命令性質**。

41. **C** 策略規劃係屬於規劃主題的部分。

42. **C** 短程規劃乃以「一個預算年度」為準，故通常為一年。

43. **B** **遺憾最少原則又稱為「機會損失原則」**，亦即在眾多遺憾中選擇最小遺憾的方案。

第二章 組織機能

考試頻出度：經濟部所屬事業機構 ★★★★★
中油、台電、台灣菸酒等 ★★★★★

關鍵字：組織、7-S模式、群體、群體發展、非正式組織、社會控制、順適、垂直
共棲與寄生、職權、組織承諾、組織的分化、完型理論、控制幅度、指揮
鏈、授權、分權、團隊、衝突。

課前導讀：本章內容中較可能出現考試題目的概念包括：組織的構成要素、7-S
模式、群體的類型、群體發展的階段、非正式組織的特性與對工作團體的影響、
非正式組織的類型、靜態的、動態的、生態的、心態的等四種不同觀點的組織意
義、部門劃分的基礎、產品別與功能別組織的意義、矩陣式組織的特色、機械式
組織、有機式組織、直線式組織、完型理論、無邊界組織、學習型組織五項基本
修煉、控制幅度、直線與幕僚、授權與分權、團隊的種類、組織的衝突。

第一節 組織的基本概念

一、組織的意義與功能

組織（Organization）一詞的定義，學術界說法不一，一個較能為大家所接受的定義
為：**「組織是結合與指派全體工作人員的職掌，所設立的結構體，以協調彼此的工
作，達成企業的最終目標。」** 或是「將組織任務及職權予以適當的分配及協調，以
達成組織目的。代表一種動態的程序，其結果表現在組織圖中。」

組織為管理的功能之一，是企業達成目標手段，當計畫工作完成之後，接著便要進
行一連串的職位劃分和權責分配，使各工作人員和各部間之間的縱橫關係建立起
來，此種「分工合作」的結構即為「組織」。換句話說，管理者依據所設定的目
標，將員工進行適當的分組，並將任務分配給各個工作小組，且要求任務完成的期
限，此乃組織所具有的功能。

二、制度理論

制度理論（Institutional Theory）亦稱「體制理論」，是組織運作過程中一個相當重
要的理論，制度學派認為組織除了處在一個由物質所組成的物理或有形環境外，還
有一個更重要的制度環境，也就是說，在我們的社會中有許多在導引及規範個人行
為的社會秩序及合作期待。制度是泛指社會秩序及合作要求背後的結構及機制，例

如人們到火車站「排隊」購票時,雖然法律並沒有嚴格規範買票要排隊,但是,這背後有一套約定成俗的社會系統及運作機制在發揮某種的規範作用。

制度導引及規範群體成員行為的所有影響機制,主要可分為三類:

(一)「**文化－認知**」(cultural-cognitive)**相關的體制項目**:如社會價值觀、習俗、象徵代表等。

(二) **規範類**(normative)**的體制項目**:如作業標準、專業倫理守則等。

(三) **法規類**(regulative)**的體制項目**:如法律、政府行政命令等。

根據以上制度理論的觀點,可知公司進行組織結構與流程調整,以符合社會的價值與規範,其主要目的係為取得合法性或正當性(Legitimacy)。

 三、組織的構成要素

(一) Hodge & Johnson:**二人將其分為「人員、目標、責任、設備及工具、協調」等五要素**。組織不論其規模大小、結構如何、業務性質有何差異,基本上都必須具備此五種要素:

要素名稱	內容說明
人員	人員是組織最重要的部分,有了人才會有組織。
目標	目標是凝聚組織成員的主要力量。
責任	唯有透過責任的分配,才能使組織成員分工合作,達成既定目標。
設備及工具	「工欲善其事,必先利其器。」要使組織成員有效擔負責任,某些工作上所必備的設備、工具與場所,是不可或缺的。
協調	必須透過協調溝通,才能使組織內各種要素配合得當,發揮最大的效果。

(二) **麥肯錫**(Mckinsey)**顧問公司**:認為**組織應有「七個要素」**,稱為「**7-S模式**」。7-S列明如下,此架構提供了分析組織運作與管理的重要基礎。

1. 共識的價值觀(Shared Value)。
2. 獨特的管理風格(Management Style)。
3. 因應環境變化的經營策略(Strategy)。
4. 完整的管理制度(System)。
5. 素質優良的人員(Staff)。
6. 領先的科學技術(Skill)。

> 系統:指的是組織中程序與流程部分,包括資訊系統、製造與控制流程等。故系統部分不只包括電腦的軟硬體,同時也包括了生產與控制流程。如果以系統觀點來看,一個系統包括了輸入(原料、人力)、處理、輸出,以及控制部分。

7. 合理化的組織架構（Structure）。

　 茲將7-S模式以圖示之如下：

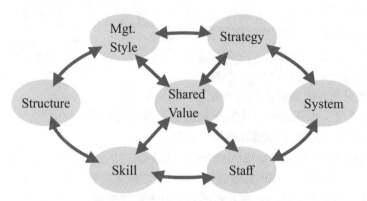

　 組織將原料與資源投入，經過生產處理形成產品，再根據輸出之產品品質是否符合目標，予以向前修正。因此整個系統就是如上圖所示，包括了流程與控制，以及完成流程與控制的資訊系統。**以系統動力學觀點觀之，各子系統間與環境的互動體系形成了一套完整的公司價值鏈及產業價值鏈體系。**

（　）以下何者為「組織」（Organizing）的定義？　(A)將組織任務及職權予以適當的分配及協調，以達成組織目的。代表一種動態的程序，其結果表現在組織圖中　(B)由人員所組成的機構及系統化的安排，運用設備、工具，以追求組織的共同目標，是靜態的結構關係　(C)一個組織各構成部分間的某種特定關係形式　(D)組織結構的建構和改變的過程。　　　　　　　　　　　　　　　　　　　　　　　　**答：(A)**

四、組織構造、結構設計與組織設計

(一) **組織構造（Organization Architecture）**：係在探討企業組織的全部，包括正式的組織結構、控制系統、獎勵制度、組織成員以及組織文化。

(二) **組織設計（Organization Design）**：係指組織內各部門與成員分工合作的關係之設計。在進行組織設計時，涉及下列三項關鍵因素。

> 技術（technology）的**要義**：是指組織如何將投入轉換為產出。每個組織至少有一種技術可以將資金、人力及實體資源轉換成產品或服務。例如，汽車公司主

1. **複雜化程度**：組織專業分工的精細程度。企業在組織化過程中，將一個工作拆解成數個步驟，並由不同的人來完成，這種作法即稱為「專業分工」。組織設計中「工作專業化」的觀念主要是來自於「分工」的觀念，兩者同義。

> 要採用裝配線技術來生產汽車。她的重要結論是，組織結構必須依其「技術」而調整，換言之，技術是組織結構的一項重要決定因素。

   (1) **水平分化**：最基層單位的多寡。
   (2) **垂直分化**：組織層級數的多寡。
2. **正式化程度**：以正式規章典範來規範員工行為的程度。
3. **集權化程度**：組織中策權在高層的程度。

(三) **組織結構（Organization Structure）**：組織設計的結果，說明組織內部門劃分的情況、各部門的指揮與隸屬關係，通常以組織（結構）圖來呈現。

(四) **組織圖**：用來表示組織正式任務的劃分及人員隸屬關係的界定的圖，稱為「組織圖」。易言之，使企業組織結構明確化，讓員工知道他們隸屬於企業哪一部門與業務的圖，稱為「組織圖」。組織圖中「權威結構」可以顯示各階層上司與部屬之間正式權力分配的關係。組織圖雖可揭露一家公司組織結構的重要訊息，但是無法看出「目標明確度」。

重要 **五、群體**

(一) **工作群體（Working Group）**：係指兩人以上組織成員，共同具有一種群體意識，並發展某種共同遵守的規範，成員間彼此維持接觸與溝通，以滿足成員某方面需求為其組成目的。群體的存在在於滿足群體成員的需求，因此，群體規範（Norm）可控制群體的行為，但並非所有的群體均為非正式組織，如組織內的指揮群體、任務群體乃是正式組織。

	項目	內容說明
群體的類型	指揮群體	指揮群體（Command Group）係由某一管理者下轄之員工組成。這是由組織圖上所決定的，故屬於一種「正式組織」。
	任務群體	任務群體（Task Group）係指為完成某一任務之員工所組成之群體。但任務群體可能並不受組織層級之限。例如矩陣式組織或各種委員會。
	利益群體	利益群體（Interest Group）係指一群人聯合以達其共同目標之群體，例如工會。
	友誼群體	友誼群體（Friendship Group）係指由於具有共同特質而組成之群體，例如登山同好會。

	項目	內容說明
群體形成的原因	工作位置相近	因互動增加,容易形成群體。
	經濟利害關係	組織成員為了本身在組織中的地位與權益而結合成群體,一般所謂的「派系」,其形成常因這種原因。
	工作本身需要	某些工作非靠小而團結之群體無法完成。
	互動理論	非正式群體之形成,乃是人們從事共同活動的結果。互動越頻繁,群體就越密切而持久。
	相似理論	群體之形成與維持,乃與其成員彼此所具有之相似程度密切相關,例如工作價值觀、生活經驗、教育背景、宗教信仰等。

牛刀小試

( ) 下列有關「群體」(Group)的敘述,何者有誤? (A)所有的群體均為非正式組織 (B)群體的存在在於滿足群體成員的需求 (C)群體的形成可能基於地理位置的相近 (D)群體規範(Norm)可控制群體的行為。　　　　　　　　　　　　　　　　　　　　　　　**答:(A)**

(二) **群體(團隊)發展階段(模型)**:布魯斯・塔克曼(Bruce Tuckman)的團隊發展階段(Stages of Team Development)模型可以被用來辨識團隊構建與發展的關鍵性因素,下列團隊發展的五個階段都是必須、不可逾越的。團隊在成長、迎接挑戰、處理問題、發現方案、規劃、處置結果等一系列經歷過程中必然要經過這五個階段。

Step1 **形成期(forming)**:群體發展的第一個階段。其特徵為是有關群體目的、結構及領導權之高度不確定。成員正在測試團隊,以決定何種行為是可被接受的。

Step2 **風暴期(storming)**:又稱為「動盪期」。為群體發展的第二個階段,亦稱為衝擊階段。成員接受團隊的存在,但卻拒絕群體加諸於自己身上的控制;再者,群體成員間會因爭奪群體的控制權,或對於群體的目標有不同的看法,而不時發生衝突;當第二階段完成時,團隊中將有相當清楚的領導權。

Step3 **規範期(norming)**:又稱為執行期。為群體發展的第三個階段,群體在此階段發展出緊密關係,以及成員開始表現出很強凝聚力,此時會有一股較強烈的團隊認同感及同志愛。

Step4 表現期（performing）：群體發展的第四個階段，亦稱為執行階段。此階段的結構已完全發揮作用，並被群體成員所接受，他們的精力已由知道與了解彼此，而轉為執行所需的任務。對永久性群體而言，執行是其發展的最後階段。

Step5 散會期（adjourning）：又稱為解散期。暫時性群體發展的最後一個階段，其特徵為成員關心裝飾性的活動遠勝於工作績效。

重要 六、非正式組織

(一) **非正式組織（informal organization）的意義**：是正式組織關係以外，因人員間基於社會需要、意見一致或共同利益等原因所結合，如同鄉會、同學會、公司的籃球隊、登山隊等即是（但SOHO並非組織），故其不像正式組織的穩固，各項關係時有變動，致無法以組織結構圖來表示。

> 非正式組織的範例：研究發展部的研究員，與生產課的課長，因皆具備優良的專業技術，彼此也可能因為工作理念相同，逐漸發展成一非正式團體。另外，公司內也可能因某些人興趣相同而組成非正式團體，例如公司的籃球隊、登山隊等即是。

(二) **非正式組織的影響力**

1. 非正式組織的領導者的能力，對非正式組織的機能有決定性的影響。
2. 非正式組織的團體行為，能影響組織的工作效率。
3. 非正式組織的活動，不在組織直接管制之下，但對組織整體機能，有重要的影響力。
4. 非正式組織對團體行為規範，「產生約束力」。

牛刀小試

(　) 以下何者屬於「非正式組織」？　(A)政府機關　(B)寺廟管理委員會　(C)中小企業　(D)讀書會。　　　　　　　　　　　　　　　**答：(D)**

(三) **非正式組織對工作團體的影響**

1. **正面影響（優點）**：
   (1) **彌補正式組織之不足**：某些正式組織的規章程序反而不如非正式組織對員工的影響力，而且，面對變化多端的外在環境，組織結構總有鞭長莫及之缺陷，如果能「善用非正式組織的協調，正可彌補正式組織之不足」。

> 彌補正式組織不足的方法：例如，員工對工作團體有所不滿，可能引發怠工或罷工，若能運用非正式團體從事溝通與安撫，或許可以化解緊張、避免衝突。

(2) **增進管理效率**：如果管理人員能掌握非正式組織，「了解每一分子的狀況，並獲得支持」，則任何工作的進行，皆會因為部屬的認同、歸屬感及對組織的信心，能更圓滿達成任務，對管理者的工作有莫大幫助。

(3) **提供社會滿足感（Social Satisfactions）**：因為人員間的社會關係所形成的非正式組織，通常是為了宣洩情緒、培養生活情趣、消除疲勞和無聊等心理需求發展而成的。

> 提供社會滿足感：透過非正式組織，「心理可獲得平衡」，從而能維持正常工作態度及建設性的工作觀念，甚至提高工作效率。

(4) **可予正式組織產生制衡作用**：管理階層所作的決策，常因溝通不良、獨斷徇私等而導致錯誤的管理措施，往往可經由非正式組織的情緒反彈、態度異常及效率降低等反應，造成「促請管理階層改革的壓力」，所以，非正式組織對不當的管理措施具有制衡作用。

(5) **維護團體的價值觀**：非正式組織成員彼此抱持相同觀念、價值，他們為此團結，人員的關係密切而增強團體的內聚力。

(6) **有效溝通**：非正式組織可以建立迅速傳播消息的有效溝通網狀體系，讓參予者可以了解管理當局所做的各項措施的意圖。

(7) **高度伸縮性**：非正式組織則幾乎不受工作程序的約束，具備高度的彈性。對臨時發生的危機，常可以循著非正式途徑解決，故可保持組織的完整，不致因為人員盲目服從組織的政策、法規、程序，而讓組織缺乏應變能力而瓦解。

(8) **社會控制（團體拘束力）**：此為一種約束成員的力量。非正式組織「產生的壓力」，足以「制約成員的行為」，成員對非正式組織建立的群體標準和行為規範，不敢違背，以免受到排斥，但這種團體的控制壓力，嚴重抹殺個人的創造力與個性，進而阻礙正式組織的發展。它包含：

> 社會控制（團體拘束力）：這種團體的控制壓力，嚴重抹殺個人的創造力與個性，進而阻礙正式組織的發展。

A. **內在的控制**：引導成員順從文化價值的力量。

B. **外在的控制**：非正式組織之外的團體所加諸其成員的力量，這種外在壓力可促使非正式組織成員的團結。

(9) **分擔主管領導責任**：主管成員如果和非正式組織保持良好關係，那人員必和主管採取合作，可以自動自發的工作，積極提供意見，這樣可讓主管不必事必躬親，節省時間、精力成本，使主管可以有更多時間、精力專注於更重要的工作。

2. **負面影響（缺點或困擾）：**

(1) **反對改變（Resistance to Change）：** 組織因技術改良或法律修改，不得不改變工作程序，這種改變常會影響到人員工作的調整，進而改變人員之間的來往關係。故非正式組織成員會為了保持現狀而不願改變。另外非正式的存在

> 反對改變的慣性：凡是對傳統、習慣、文化有所改變的措施或事物，往往受到維持現狀或慣性作用的抵制。

受到組織中傳統、習慣或文化影響，形成堅強的組織堡壘。因此凡是和傳統、習慣、文化有所變異的事物，往往受到維持現狀或慣性作用的抵制。

(2) **角色衝突：** 同時屬於非正式組織與非正式組織的一員，往往因為有利於正式組織的行為，不見得對非正式組織有利；若為了達到非正式組織的要求，又將妨礙正式組織之任務，於是雙重關係所導致的「角色衝突」，將使成員困擾，進而影響工作效率。

(3) **傳播謠言（Rumor）：因為非正式組織溝通頻繁，若是有人任意歪曲真相，散布不實的消息，很容易以訛傳訛，造成「謠言的傳布」。**

(4) **順適（Conformity）：** 順適是指順從團體行為標準，由於非正式組織具備社會控制的作用，因此造成下列的不良現象：

A. 抹煞成員創始性。

B. 抹煞成員個性。

C. 讓人員的行為脫離組織所需的行為型態。

(5) **徇私不公（Patronage）：** 非正式組織成員因凝聚力特強，容易造成上司偏袒部屬。

(四) **非正式組織形成的心理因素**

因素	內容說明
滿足友誼	人類會有友情的需求而去尋找友誼，建立社會關係乃是人的通性，人們既屬於一個組織，其生活圈、社交活動範圍自然讓他們相互來往，最後就形成非正式組織。
追求認同	經由非正式組織人們可取得社會地位、得到認同、扮演角色，讓人們產生同屬感。
取得保護	個人的力量是有限的，人們必須藉著團體的力量以維持自身的利益，這種尋求集體力量防護自我的心理，亦促成非正式組織的產生因素，但是此動機是消極的、防衛的。

因素	內容說明
謀求發展	人們在組織之中還是要謀求發展、地位提升、影響力擴張，但是如果孤立無援就會難有發展，於是人們就要結合成團體，互相援引以達到陞官發財的目的，此動機為積極的。
彼此協助	人類是群居動物，也只有靠組織的力量方可達成人們的願望，故人在組織需要互助，為此非正式組織應運而生。

(五) 非正式組織形成的原因

原因	內容說明
個人性格	組織中由於人員間人格特質的差異，個性相近，志趣相投，彼此互動與交往行為的次數會增加，逐漸形成一個團體，無論在工作或私人場合中，其意見或行為步調皆相當一致；如組織中有所謂激進派或保守派的人就是明顯的例子。
教育程度	個人之教育程度，對於個人的言行舉止、思考模式、價值觀念、喜好等，也都有極深的影響。組織中常因教育水準相近，進而意見溝通較容易而形成一非正式團體。
團體關係	組織的成員，可能來自於其他相同的團體，基於彼此關係與情感較為特殊，可能自成一派；例如，人們常說的「四同關係」（即同學、同事、同鄉、同宗），如果一組織中某些成員具有同學關係，他們就很容易成為一非正式的團體。
工作地點	由於「工作地點相近」，造成面對面的接觸機會增加，同時也促進人員的交互影響，極易在組織內發展成非正式組織。例如，同一辦公室內的同事之交往情誼，往往較其他辦公室的同事顯得密切。
職位和職務	工作「職務相似，職位也相當」的人，比較容易有密切的交互影響，因為職務性質相近，交談溝通的機會較多。例如工廠內勞工形成所謂的藍領階級便是。而職位相當的人，為維持其一定水準的身分地位，往往只和地位相當的人來往，從而形成非正式團體。
利害關係	組織內部人員因彼此之「利害關係」，也可能促成其發展非正式團體。例如，有些主管為了保有對組織的影響力，極力培養自己的班底，從而對某些員工特別照顧，無形中也形成了非正式團體。

牛刀小試

(　)　非正式組織具有正機能與反機能，下列何者並非其正面機能？　(A)增強組織成員的順應行為　(B)提供人員的社會滿足感　(C)分擔正式組織主管人員領導的責任　(D)增進溝通的機能。　　　　　　　**答：(A)**

(六) 非正式組織的管理（如何看待非正式組織）

觀點類別	內容說明
傳統觀點	認為非正式組織會侵蝕正式組織的正當性與控制力，同時亦可能引起組織與群體的衝突，故應設法將其完全消除之。
現代觀點	認為非正式組織可說是管理者的一把「雙面刃」，可能破壞正式組織，但也可能在許多方面可以補強其不足，端視管理者如何運用。因此現代積極的管理觀點在於有效運用（管理）非正式組織，用以輔助正式組織。因此，管理者對組織內的非正式團體應該善加運用使成為管理的助力，而非設法消除以免影響正常運作或不加以理會。

非正式組織的存在既有前述的優缺點，由於難以掌握其造成的問題，又無法完全廢除這種自然的社會互動，只有對之作更深入的認識，採取下列的方式，使其發揮積極的正面作用。

> **區別**：在正式組織中，強調的是法定權力，重視「職位」；而非正式組織中，則強調個人的影響力，重視「地位」。

七、組織承諾

(一) **組織承諾的概念**：組織承諾（organizational commitment）也有譯為「組織歸屬感」或「組織忠誠」。組織承諾早是由Becker（1960）所提出。所謂組織承諾係指員工對於組織的忠誠，認同、投入與並希望組織繼續維持僱傭關係的程度。研究結果發現組織承諾高的員工其離職率和曠職率都會較低。

(二) **組織承諾的三因素模型（成分）**：加拿大學者Meyer與Allen對以前諸多研究者關於組織承諾的研究結果進行了全面的分析和回顧，並在自己的實證研究基礎上提出了組織承諾的三因素模型（1991）。他們將組織承諾定義為「體現員工和組織之間關係的一種心理狀態，隱含了員工對於是否繼續留在該組織的決定」。三個因素分別為：

　1.**情感承諾（affective commitment）**：指員工對組織的感情依賴、認同和投入，員工對組織所表現出來的忠誠和努力工作，主要是由於對組織有深厚的感情，而非物質利益。

2.**持續承諾（continuance commitment）**：指員工對離開組織所帶來的損失的認知，是員工為了不失去多年投入所換來的待遇而不得不繼續留在該組織內的一種承諾。

3.**規範承諾（normative commitment）**：反映的是員工對繼續留在組織的義務感，它是員工由於受到了長期社會影響形成的社會責任而留在組織內的承諾。

第二節　古典組織結構的設計

古典組織設計的概念係由傳統管理時期的各個學派所提出的，他們提供了「五項主要的組織設計原則」以供經理人遵循與參考。**此五項原則為：「分工的原則、命令統一的原則、職權與職責配合的原則、部門化的原則、控制幅度的原則」。**

> **古典組織設計原則：**有些或許在今日看來似乎有些過時，但它們仍然對組織結構的設計提供了許多有價值的觀念。

一、組織的垂直分化

垂直分化是以層級節制體系為代表，亦即係根據「組織的垂直面向」進行分化。**其分化的標準是：個人對組織活動所具「權力之大小」及對組織活動所具「責任程度」、「監督或管轄的部屬人數」等。**換句話說，垂直分化乃是依各人工作的「寬廣度」而產生，「愈高的職位就具有愈大的寬廣度」。例如總經理的工作寬廣度最廣，而副總經理及科長等就相對的減少。愈往下層，寬廣度愈小。下圖即組織垂直劃分的方式。

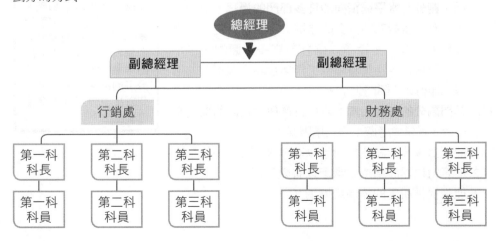

二、組織的水平分化

水平分化又稱「部門化」，其最簡單的涵義就是「分工」。**分工是「工作專業化」的同義詞，即是將組織中各項工作及業務，依其「特性」分別規劃為各個部門，並以部門為基礎來構築成組織的整體結構。**其要義可歸納如下：

(一) 分部化是一種機關組織「水平擴張」的過程。

(二) 是一種依工作的性質，將許多活動歸類到各單位的過程。

(三) 在分部化組織中，「同一階層的各部門都是平行的」，而且各部門皆有明確的工作範圍和適切的權責劃分。

(四) 分部化的主要目的，乃在藉「分工」以求更大的組織利益和工作效率。下圖即組織水平劃分的方式。

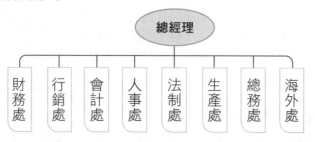

重要 三、部門劃分（部門化）

(一) **部門劃分（Departmentalization）的意義：部門劃分係指組織基於「分工合作」的需要，將各層級的業務與權責，依特定性質將類似工作集合為一個部門，劃分為水平或橫向的許多部門的過程。**故「分工」乃為組織部門分割的原則之一。析言之，將組織整體任務，不斷予以細分為許多具體的工作單位。並依特定性質將類似工作集合為一個部門的過程，即稱為「部門化」。

(二) **部門劃分的考量因素：**傳統組織理論在評估部門劃分時，通常會考慮下列三項因素：

　1.能否對專業知識或技術予以有效運用？

　2.能否對機器設備或知識予以有效運用？

　3.能否提供所需的控制或協調？

> 分工與部門劃分：分工雖易於熟練，提高工作效率，減低成本。但分工太細徒增加協調功夫，況且有些工作不宜分割；因此，組織面臨分工問題時，就必須做適當的考量。部門劃分乃是分工的結果，使各項工作安排並分配到適當管理單位上。

四、部門劃分的基礎

根據上述三項考慮因素及產業特性的不同,常見的部門劃分的基礎如下:

考量角度	劃分基礎	適用時機或場合
產出導向 (依工作目的劃分)	產品基礎	1.組織規模龐大,有多種產品線時。 2.各部門之間幾近獨立經營,須自負盈虧責任時。
	顧客基礎	企業有不同類型的客戶,而各類型顧客所需的服務性質與企業所提供的作業方式有顯著不同時。
	地區基礎	企業所面對的範圍遼闊,且隨地區而不同,需要狀況及企業的經營方式不同時。
機能導向 (依作業功能劃分)	機能基礎	以企業基本功能與活動,作為設計組織結構的主要依據的劃分方式。例如依組織的經營功能劃分為生產部、行銷部、財務部、人力資源部等所組合的組織型態。
程序導向 (依工作程序劃分)	程序基礎	依工作進行的步驟,所組合而成的組織型態。
	混合基礎	混合機能基礎與程序基礎,此為最真實世界的組織部門劃分型態,也是一般大型企業組織最常見的部門劃分方式。

重要 **五、部門劃分的方式**

(一) 常見的部門劃分方式

方式	內容說明
產品別部門劃分	係按生產線來區別工作,每一個主要產品有一位直接負責的管理者,他必須肩負該產品線下所有的事務。
區域別部門劃分	通常是以區域或地理作為劃分之基礎,以在美國營運的組織為例,可分為南部、中西部、西北部等地區;或是對全球性公司而言,可分為美國、歐洲、加拿大和亞太地區等。
顧客別部門劃分	係以相同需求或問題的顧客群為基礎,以便能指派專人給予最好的個別服務。

方式	內容說明
通路別部門劃分	係按行銷通路作為部門劃分的基礎，此有助於各通路之管理。
功能別部門劃分	係按功能（機能）將工作歸類，雖然功能會隨組織的目標與工作而改變，原則上，這種分類方式適用於所有的組織。
程序別部門劃分	係依產品或顧客的流動方向來劃分，在此方法中，工作是依循產品或顧客的自然處理流向來進行。

(二) 各類常見部門劃分方式釋義

1.產品別組織：

(1)**意義**：此種組織的劃分係以「產品類別」或「產品線」為基礎，由各部門主管直接就其負責的產品項目進行生產與行銷，對其產品具「充分的管轄權」，甚至須自行負責該產品的盈虧責任，因此，**這類型組織又稱為「事業部組織」**，各事業部類似一小型公司。

> 產品別組織：較「常為大型企業或當一個組織或機構擁有多種產品線或規模龐大時所採用」；由於大型企業生產或銷售多項產品,此種組織方式使組織更具彈性,有助於經營績效的提高,故為最有利於多角化經營的部門劃分方式。且當一個組織或機構擁有多種產品線或規模龐大時,更適宜採事業部組織。

(2)**優缺點**：

優點
1.產品線因設有專人負責,更易於掌握,對產品市場變化更能靈敏反應。
2.有助於培養獨當一面的主管,因為各部門互相獨立,部門主管負責生產、行銷、財務等業務,可以有效培養通才的高級主管。
3.易於實行分工合作,助於克服本位主義,同時提供員工一個極佳的訓練機會。
4.高階主管之責任可由各事業主管共同負責。
5.部門之責任利潤中心制度,對績效也較易評估與認定,對各部門具激勵作用。
6.有助於企業的未來成長與多角化經營;由於事業部的成立即可進行多角化,使組織更具彈性。

缺點
1. 需要通才的部門主管人數較多，因為招募不易，且培養費時，無形中增加企業之成本。 2. 事業部的完全管轄權，易使高階主管失去協調及監督之機能，只能以績效為審核標準，人員控制也較困難。

2. **區域別組織：**

(1) **意義**：以「營業區域」作為部門劃分的基礎，稱之為區域別組織。依據營業範圍、距離、地理特性等因素，設置區域部門主管，由其「負責區域內的盈虧責任」，而「企業總部只保留人事、財務、研究發展」等幕僚服務單位。**區域別的組織方式，「適合大規模且業務必須分散各地區進行的企業」**。例如銀行常將其業務單位劃分為本地及國際兩地區部門。

> **區域別組織**：一家營業範圍遼闊的運輸公司，通常是以較大都市為業務據點，例如設立台北、台中及高雄三個運輸處。

(2) **優缺點**：

優點	1. 基層管理人員亦有磨練機會。 2. 更能滿足當地顧客及不同市場的需求，可因地制宜，適應環境。 3. 充分利用區域資源，降低營運成本。
缺點	1. 各區域主管控制不易，因為地區分散，且各自為政，可能有「將在外，君命有所不受」之困擾。 2. 作業與人力之重複，可能造成浪費。

3. **顧客別組織：**

(1) **意義**：以「顧客」為組織結構之劃分基礎，組織之各項作業、分類、歸併，多以顧客為主體考慮；例如百貨公司對不同的顧客加以分類，「同一類顧客設置一個部門」，如設有童裝部、少女服飾部等；或如嬌生公司將旗下的事業分為個人清潔用品部門與醫療事業部門，都是屬於顧客別部門化的類型。

(2) **優缺點**：

優點	1. 迎合特定顧客之需要，使對企業有體貼的感受。 2. 顧客之分群，有助於市場區隔之銷售推展。

缺點	1.顧客需求難以面面俱到，若顧客人數少，造成浪費。 2.需要有了解客戶之管理人才及幕僚，而此類專業人才尋求不易。 3.顧客部門劃分不易明確，例如少女和婦人有時難以界定，二者會有重疊之現象。

4. 通路別組織：

(1) **意義**：以「行銷通路」作為部門劃分的基礎，它是在強調工作目的的完整性；**行銷通路是指生產廠商之產品，分配至最終消費者，所經過的如便利商店、量販店、批發商、經銷商等路線。**

> **通路別組織**：與顧客別組織頗為相似，但亦有相異之處，前者行銷以通路為主體，而後者則是以顧客為主。

(2) **優缺點**：

優點	1.有助於各通路之管理，針對不同的通路，以不同的方法有效地打入市場。 2.以行銷作業配合通路，故能有效發揮整體行銷的力量。
缺點	1.產品成本難以分攤，由於行銷方式各異，易造成部門分攤之爭議。 2.部門協調困難，例如業務部以行銷觀點所要求的產品，不一定和公司研究發展部所想發展的產品相符。 3.各類專才的尋求不易。

5. 功能別組織：

(1) **意義**：功能導向的組織即為所謂的「功能式組織」（亦稱職能式組織），是將企業的各項功能加以劃分，成立各個部門，使得具有相同專長的人聚集在同一個部門下工作，以達到專業分工以及簡化人員訓練的效果，簡言之，將相同技術，知識與訓練的人安排在同一個部門工作的劃分方式，即稱為功能別部門劃分。這是企業界**最為「普遍採用的劃分方式」**。例如某製造業公司的機能分為行銷、生產、人事、財務、工程等，其部門劃分就是依這五項機能加以劃分。

> **隧道視線**：係指職能別的專技人員除了其本身領域以外,其他領域都看不見。但若採行產品別劃分部門,是一項對執行主管極佳的訓練機會。因各部門或事均有多項職能,故其營運殊與一個獨立的公司無異;執行主管因而可以閱歷各項職能,有助於克服「隧道視線」,而為未來作準備。對於將來有一天能夠升達高層的執行人,需身負有關行銷、財務、及生產等全盤的協調責任者,實為一種極為重要的訓練。

(2) **優缺點：**

優點	1.可獲致專業分工的利益，符合專業原則，使資源配置較有效率。 2.機構組織圖可合理反應各項企業機能（如人事、生產、財務、行銷等機能）。 3.主管樂於授權。 4.可簡化員工訓練，只須加強專業職能之訓練，故易於培養專才。 5.部門主管可對該部門進行較嚴密控制，因其負責最終成敗責任。 6.可產生規模經濟。
缺點	1.組織結構比較缺乏彈性，各部門容易產生本位主義而忽視整體企業目標。 2.企業盈虧全由總經理承擔。 3.不易培養通才的管理者。 4.難免令出多門，下級無所適從。 5.容易產生「隧道視線」的現象。

牛刀小試

( )　高級商業及工業職業學校組織結構的設計應是：　(A)通路別　(B)產品別　(C)功能別　(D)地域別　組織。　　　　　　　　**答：(C)**

6. **程序導向的組織：**

(1) **意義：** 程序導向的組織係依工作進行的程序或步驟加以組合，適於生產程序是連續性者之企業組織。

(2) **優缺點：**

優點	1.符合製程與生產的先後順序。 2.強調分工與專業化的效率原則。 3.以高產出效率為主要依歸。
缺點	1.缺乏整體績效觀而只是強調程序過程的單位利益。 2.程序間的協調需要主管更多的關注。

牛刀小試

( )　產品基礎、顧客基礎與地區基礎是屬於部門劃分過程中的何種導向？
　　(A)產出導向　(B)機能導向　(C)程序導向　(D)以上皆非。　　**答：(A)**

第三節　古典組織設計的修正

傳統管理理論對組織設計的假定在於環境穩定，沒有劇烈的變動的情況。故而不論是產出導向或機能、程序導向式的組織設計都僅著重在目標分類上的不同，一旦決定後就固定下來，少有與環境的互動，顯屬典型的封閉系統組織。

> **彈性組織的產生**：近年來企業面臨的環境變動激烈，僵化的組織設計已無法有效處理嶄新的問題，因此開始對組織加以修正，而產生了矩陣式組織或專案式組織，其目的無非在增加組織的彈性、應變能力與反應速度。

重要 ● 一、專案組織

(一) **意義**：意義：專案組織（Project team）是一種任務編組（task force）的團隊，亦稱為「專案管理團隊」或「團隊式結構組織結構」，它可快速回應變化快速的環境，臨時安排由不同專長的跨部門團隊根據組織的需要，在短期間內解決組織面臨的問題或完成指派任務，隨著不同的需求彈性組合團隊，組織以鬆散、分散的方式管理。

(二) **特色**

1. 在一個組織中，專案小組數目並不一定，視需要而定。
2. 專案管理是指在特定的預算、時間與需求的限制下，處理突發性、特定性，或更動結構不易處理的工作。
3. 專案小組的成員可由組織中各部門借調，也可由專案經理負責外聘。
4. 小組中有專為達成任務的各種專業人才。
5. 專案管理是一種非重複性的工作，故當專案目標完成後，除非另賦予新的任務，否則即是該專案小組解散的時候。

(三) **優缺點**

優點	1. 具有彈性：可配合任務狀況及需要加以設置或解散、擴充或緊縮，不致影響整個組織之結構及業務。
	2. 地位獨立：可集中全力於所負擔之任務，不受經常業務之干擾。
	3. 集思廣益：可根據需要吸收各方面人才及專家，集思廣益，最適合創新性或科技性之計畫。
	4. 任務具體而明確：可使小組成員感到較大成就感和激勵心理。
缺點	1. 與組織正式部門之間，極易發生衝突。
	2. 專案小組本身可能對於本身所負任務過於熱心，為求達成，不顧其對於整個組織利益的影響。
	3. 此種單位必須獲得最高當局之支持，但如果由於高層主管對於這一單位工作過分感到興趣，事事過問，最後反而使其失去所具彈性和創新的優點。

| 缺點 | 4.此類單位獲得某種成果後，由於本身組織結束，使得原有成果或努力缺乏繼續不斷之支持。
5.資源重複配置，造成浪費。
6.小組解散後，人員的歸建問題複雜。 |

重要 二、矩陣式組織

(一) **意義**：矩陣式組織（Matrix Organization）是結合「專案組織」的專注與負責的優點及「功能別組織」專業化的優點所組成的綜合式組織。它擁有垂直式結構中融合水平式結構的特性，亦即維持傳統直線與幕僚組織結構，故可使管理者對外在環境的變化能迅速回應，故為現代化的國際企業常採用的方式之綜合性組織型態。矩陣式組織內一方面仍有傳統之功能或程序部門（如製造、工程、行銷、財務等），但另一方面又有直屬於高層主管之專案經理。矩陣式組織是從不同的功能部門調集人手組成團隊並由一位專案經理負責領導，因此，它可說是對人力資源調度上最具彈性的組織結構方式。但配置於該專案的人員，因係徵調自各個功能部門，員工容易出現角色衝突的問題。

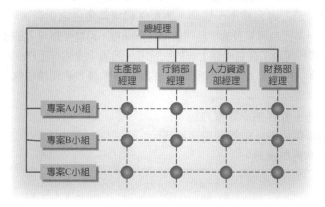

矩陣式組織的涵義：這種型態之組織是屬於「暫時性質」的，一旦計畫完成，則專案內部人員也都「回歸原來之機能部門」。因此專案人員負有「雙重責任」，即仍然對原隸屬機能部門負責，並接受專案負責人之指揮，故其有「雙重指揮線」，因此又稱為「柵欄式組織」（Grid Organization）。

矩陣式組織的特色：矩陣式組織的形成違反了費堯管理十四原則中的「指揮統一原則」，即違反了任何一位員工均有一位且只有一位可以直接指揮他上司的原則。

(二) **特色**：

1. 透過機能式部門達到專業化的利益。
2. 透過專案式部門達到彈性及支援的整合優勢。
3. 專案小組成員由各部門徵調，同時進行專案工作及原部門工作，並同時擁有部門經理（擁有職能職權）及專案經理（擁有專案職權）二個上司。
4. 此種組織型式的成功須賴高階主管的支持。

牛刀小試

( )　矩陣式組織與專案式組織均為古典組織理論的修正，其修正的原因在於：　(A)增加彈性　(B)減少成本　(C)提高士氣　(D)以上皆是。　　　　　　　　　　　　　　　　　　　　　　　**答：(A)**

(三) 優缺點

優點	1.可快速針對需求作反應，任務導向明確。 2.無人才重複設置之浪費，可充分利用機能部門之專業人才的專長與經驗，多面向考量問題性質。 3.組織結構有彈性，專案所需之成員，隨時由各機能部門支援，極富彈性；組織解散後，人員可歸建至原單位。 4.專案經驗之累積，可為以後相似專案使用。
缺點	1.影響機能部門的士氣和效率：機能部門內部人員或設備被專案抽調，可能影響整個部門的士氣和效率。 2.角色衝突：專案組織中成員要服從專案負責人之指揮，又要受原屬機能部門之管轄，若二者目標不一致時，將發生職權與角色之衝突。 3.指揮命令不統一：因為專案及機能部門皆擁有指揮權，可能使得專案的支援人員不知所措。而員工在有兩個上司的狀況下，因須承擔兩份工作，造成「蠟燭兩頭燒」的現象，違反了指揮統一的原則，致績效表現往往會比較差。 4.雙重指揮線間的主管容易爭奪權力。 5.因另設獨立的專案組織，故管理費用較高。 6.人事評估的標準更為複雜。

牛刀小試

( )　矩陣式組織與專案式組織的最大差異在：　(A)專案式組織中的小組數目不固定，矩陣式組織則是固定的　(B)專案式組織中的小組成員其直屬上司只有專案經理，矩陣式組織中的小組成員直屬上司則有專案經理與部門經理兩位　(C)專案式組織用以應付組織例行性、常態性的問題，矩陣式組織則用以應付突發性、嶄新的問題　(D)以上皆是。　　　　　　　　　　　　　　　　　　　　　　　**答：(B)**

第四節 影響組織結構設計的因素

一、規模、結構與策略

「彼得‧杜拉克」認為,企業的「規模、結構與策略」等三者息息相關。不同的規模就必須有不同的結構、策略與行為,各種企業都有其適當或不適當的規模。易言之,「規模是有其極限的,超過此限,則組織的生產力將會逐漸降低,以至於最後無法予以有效管理」。再者,規模的改變並非連續性的,當組織規模成長到達某一點時,它就必須有一個「進化的躍進」,即真正的蛻變;此時,規模的改變不只是「量」的改變,也是「質」的改變。改變前的結構雖能符合當時而發揮績效與機能,但規模增大後,組織的複雜性會不成比例的增加,因此該種結構可能已不適當或不適合,反而成為不能發揮機能的障礙。

重要 二、環境、科技對組織設計的影響

Tom Burns 與 G. Stalker 二位英國行為學家根據他們在英國及蘇格蘭的許多公司研究結果,**認為組織在不同環境狀態下所面臨的環境壓力不同,因此他們界定出「二個完全不同的組織型態」,而這二種完全不同的組織型態,在不同的環境下能分別發揮較佳的效率。**那些「過去在作業、科技與環境均穩定的公司」,在科技的衝擊下之轉型期間,組織成員(含生產、管理人員)會產生緊張,同時必須承受失去工作機會、降低職務層次、淪為極簡單枯燥的工作等必要的壓力,甚或影響成員的社會關係(例如群體人數、接觸頻率及成員結構的變化)。由於過去的組織主要的考慮是如何將一項工作分解為若干小項目,而「科技的進步則讓它們必須考慮如何統合現有的工作」。因此,組織必須從過去「機械式的組織結構設計」調整為具有彈性的「有機式的組織結構設計」;同時,過去注重的「垂直式溝通」也須改為「橫向式的溝通」。

> **規模、結構與策略三者的關係**:規模本身對於策略有重大的影響作用;而策略對於規模也一樣發生重大影響。小規模組織能做的事,大規模組織未必能做,因為「小規模組織」單純且規模較小,使得它「具有反應靈敏、機動與集中全力的能力」。反之,有些事只有大規模組織能做,小規模組織卻不能做,例如大型組織能在較長時間內,投下資源於若干長期的研究計畫上面,而小規模組織卻無此種持久力量。反之,「不同的策略也需要有不同的規模」。例如一個企業的目標為「爭取某一市場的領導地位」,它顯然必須是一個大規模的企業。但若一個企業的目標為「滿足某一專門的、有限的」市場,即使整個市場範圍廣大,仍以保持小規模為宜。
>
> **權變理論學者認為**:「環境特質、科技以及組織規模、工作難易與多變程度、策略」等都會影響組織設計。

類別	內容說明
機械式組織 Mechanistic Organization	又稱為「官僚行政組織」，為「古典學派的觀點」。企業有非常正式的結構，溝通必須遵循既定的管道，規章制度多，工作任務也很固定，組織成員必須依其職位取得職權，組織中的一切決策與執行必須根據法令規章及理智決策，沒有私人感情因素，如同機械般運作，此種組織即是「機械式組織」。通常適用於(1)組織規模龐大；(2)使用大量生產的技術的企業。這種組織具有下列特徵： 1.強調高度的專業分工（高複雜性）。 2.嚴格的部門劃分，多為高架式組織。 3.高度制式化、正式化。 4.有清楚的指揮鏈。 5.傾向中央集權，控制幅度較小。 6.倚賴正式的溝通途徑。
有機式組織 Organic Organization	有機式組織（Organic Organization）為行為學派對於組織結構的觀點。認為組織內職責的劃分，應盡可能避免其固定化，沒有明確的指揮鏈，以免失於缺乏彈性。任務編組、跨功能團隊為此種組織常見的工作型態。當企業面臨複雜的經營環境時，能隨環境變化而調適、具高度彈性、跨功能團隊及自由資訊流通，依賴非正式溝通途徑的溝通時；或組織強調任務導向、期待員工對組織任務及目標的投入、採取分權式控制、強調專業知識的影響力與雙向溝通時，皆適合採用「有機式組織」。這種組織通常適用於(1)單位／小批製造；(2)環境不穩定；(3)採用追求創新的差異化策略；(4)位於不確定性高的環境中；(5)組織規模較小，員工數較少。這種組織則具有下列特徵： 1.高度組織彈性，如跨功能團隊。 2.低度制式化、正式化。 3.人員自主性高，有較多的參與。 4.簡單型的組織。 5.低度集權，控制幅度較大。 6.強調組織的彈性和應變能力，資訊流通自由，故溝通結構是屬於網路式的。 7.決策分權化，決策由具有相關知識技能的人來制定。

牛刀小試

( ) 有機式組織與機械式組織的差異在於： (A)有機式組織的正式化及複雜化程度低，但集權化程度比機械式組織高 (B)機械式組織的集權化及正式化程度均較高，但複雜化程度比有機式組織低 (C)機械式組織的僵化程度比有機式組織高 (D)現代觀點將有機式組織取代傳統的機械式組織。 **答：(C)**

三、影響組織結構設計的四大權變因素

(一) **策略對組織結構影響**：組織結構是幫助管理者達成目標的手段。組織目標基於組織的總體策略，結構與策略關係密切， 結構必須配合策略而調整。Alfred Chandler說，先有策略改變，之後結構才跟著改變。例如：單一產品線或生產線，採取機械式組織；競爭策略若採差異化策略，則適合採有機式組織；競爭策略若採成本領導策略，則適合採機械式組織。

(二) **規模對組織結構影響**：大型組織因員工人數多，故部門多，垂直和水平組織的差異性高，法令和規章自然較多，適合採機械式組織；反之，則適合採有機式組織。

(三) **科技對組織結構影響**：科技亦會影響組織結構與績效。單元產品（如裁縫師做西裝）適合採小批量生產；電冰箱、汽車等適合採大量生產；石化業則適合採程序式生產。不同的生產方式會影響組織的設計。

(四) **環境對組織結構影響**：穩定的環境適合採機械式組織；動態的、不確定的環境則適合採有機式組織。

四、組織差異化與整合的概念

Lawrence,P. & Lorsch,J.（1967）二位學者為了解「次層環境的差異化對組織結構的影響程度」，於是做了一連串有關「何種組織能夠適應經濟與市場情況」的研究，提出組織「差異化」（Differentiation）與「整合」（Integration）的概念如下。

(一) **差異化**：係指將組織系統依性質（任務）之不同，區隔為若干次系統（部門／次層環境）情況，每一次系統由於其環境的需要，會傾向發展其特定屬性（例如生產、行銷、人力資源、財務和研發等部門）。

(二) **整合**：係指為達成組織任務，各次系統（部門）間達成組織總體目標，共同努力的過程，亦即各部門間協調的程序。

(三) **研究結果**：他們以處於「創新」、「穩定」與「居於此二種狀況中間」的塑膠業、容器製造業、包裝食品業為研究對象，結果發現：

1. **塑膠業**：是一種需要不斷技術創新的產業，所面臨的環境，具有高度之不確定性和不可預測性。故其企業內部各部門間差異性大，同時溝通協調方式多採用委員會或專門協調者；營運績效佳的公司，多採有機式結構。
2. **容器製造業**：是一種處於相當穩定環境的產業，所面臨的問題為非創新，故其組織內部各部門差異性小，大多依賴規章、制度與指揮層級來溝通協調；營運績效佳的公司，多採機械式結構。
3. **包裝食品業，其所面臨的環境介於上述二類之間。**

歸納來說，凡是處於動態而複雜環境中的廠商，比起處於較穩定而單純環境中的廠商，在部門間需要有較大的差異程度。上述三類產業中，塑膠業的部門差異化程度較包裝食品業為高，而包裝食品業又較容器製造業為高。凡是效能較佳的廠商，其整合程度均較效能低者為高；在塑膠業，係利用一正式部門擔負整合功能，在食品業，整合責任係由個別管理者擔任；而容器製造業，則是經由指揮路線以達到整合目的。

第五節　各類組織概述

 一、直線式組織

(一) **意義**：直線式組織強調工作程序的完整性，它是一種「最原始且簡單」的組織結構，由「上而下形成的直線領導關係」，部屬直接受其主管的命令、管轄。**在直線式組織下，主管對部屬有「絕對指揮權」**，而且各主管負責該部門有關活動，以達成組織目的。

> 直線式組織：通常「適用於較小規模、訂單式生產、或連續生產之企業」。

(二) **優缺點**

優點	1.指揮命令統一。	2.權責明確、賞罰分明。
	3.工作易於推展。	4.意見較一致。

缺點	1.未專業分工、未能任用專才。
	2.凡事須層層上報，延誤時效，降低工作效率。
	3.過分倚賴主管，主管負擔責任極重。
	4.不適用於大規模之企業。

牛刀小試

( )　下列何者屬於直線人員？　(A)顧問　(B)秘書　(C)財務經理　(D)品管小組。　　　　　　　　　　　　　　　　　　　　　　　　　　　答：**(C)**

二、直線幕僚式組織

(一) **意義**：為「直線式組織」與「機能式組織」二種型態的綜合，**一方面有指揮權責分明的直線單位，而也有不擔負營運成效的輔助幕僚（機能）單位**，多適用於「規模結構較大」的企業。

(二) **優缺點**

優點	1.設計工作有專人負責。 2.工作專業化，增加效率。 3.設計與執行分開，可收分工之利。
缺點	1.執行部門與幕僚部門職權易混淆。 2.決策費時，易生延誤。 3.設計工作有時不切實際。

> **幕僚部門（單位）**：是一種對內的組織，它與組織目標並不發生直接執行關係；故凡不屬於組織之中的層級節制體系，而專司襄助或支援業務部門的單位，皆可稱之為「幕僚部門」。

三、委員會組織

(一) **意義**：係指由直線型態組織中再增加各部門主管所形成的委員來輔助主管，以利於決策之進行，所形成的組織。

(二) **優缺點**

優點	1.可藉激勵部屬的參與，提高他們對決策的支持。 2.可收集思廣益的效果。 3.利於協調溝通，加速組織內部的訊息傳送。
缺點	1.決策速度緩慢：委員會因需考慮多方的意見，故結果往往曠日費時。 2.不易保守秘密：委員會是屬於公開且意見互相溝通的場所，參與運作人數較多，故不易保守秘密。 3.不易得到最佳解：因需綜合各方的意見，往往只能委屈、折衷，故只能得到一個令大家都能接受差強人意的方案。 4.分割責任心：因群體決策的結果，往往個人會認為自己毋需對最終的結果負責，造成責任的分散或推諉。 5.會形成少數人具有否決權的現象：委員會是在追求一致的答案，若有少數分子反對，將使整個方案遭到延滯，形成少數人有否決權的情況。

(三) **委員會組織的類別**：委員會組織通常可分為下列二類。

1. **臨時委員會**：係指為特定目的所成立的臨時委員會，待所研究或討論之問題獲得結論建議時，該委員會便告解散，例如政府舉辦的「國是會議」即是。

2. **常設委員會**：係指該具有執行建議事項職權或兼具顧問的角色之委員會，例如「行政院研究發展委員會」。

> **芝麻綠豆定律**：當委員會討論委員所不懂的複雜議案時，由於委員不願承認自己不懂，故往往採取沉默以對，結果變成重大的議案很快通過；而對於微小、簡單的議案，因為委員都看得懂，故討論意見甚久且熱烈。總結來說，委員會對議案討論時間的多寡，與案件的金額（重要性）高低成反比，故被稱為「芝麻綠豆定律」。

(四) **委員會的用途**：委員會係以群體決策的方式集思廣益，其工作重點在蒐集各方面資訊，協調意見，然後以執行委員會的方式提供決策者的參考；此外，當各部門對於任務的觀點歧異時，亦可運用委員會來整合各單位的本位主義；再者，亦可利用委員會負責處理公司一般庶務的決策，以增加公司授權、分權之程度。

(五) **委員會運用時機**：舉凡影響深遠，牽涉單位較廣或須政策性決定的決策事項，或是以協調機能為重的臨時性編制，即可適用。而**委員會要求有成效，必須在時間足夠，且成員皆能摒棄其單位之本位主義時，才可達成。**

牛刀小試

( ) 被認為最原始又最簡單的組織是？ (A)委員會 (B)矩陣式組織 (C)機能式組織 (D)直線式組織。 答：**(D)**

第六節 組織結構的完型理論

 一、組織重要運作系統

明茲伯格（Henry Mintzberg）於（1979）提出**「組織構型理論」**又稱為**「完型理論」**（The configuration theory）。他認為任何一個組織由於其構成要素的力量之獨特性或強弱不一，將會導引建構成不同的組織架構。一個組織是由下列五種重要運作系統（組織結構）所組成：

運作系統	內容說明
策略層峰 Strategy Apex	係指企業最高的決策單位,由高階主管及CEO組成,為權力的焦點,他們握有大權,用以制訂組織策略、監督執行狀況與控制組織方向。
中階直線 Middle Line	係指組織之各直線事業部門主管(中階主管),負責扮演組織上層與下層溝通與協調之角色。
作業核心 Operating Core	係指各事業部門下之專業人員,按其專業知識與技能,負責實際之生產、行銷等實際業務。
技術幕僚 Technical Staff	係指負責專業技術之分析、操作和協助制度與系統的建制,以建立作業人員之標準作業程序與制度或負責產品與技術的改良之幕僚人員。
支援幕僚 Support Staff	係指不同專業領域但整合的專家,以負責組織所面臨問題的解決諮詢與協助之幕僚人員。

 二、組織型態種類

明茲伯格將組織型態分為以下六種:

類型	內容說明
簡單式組織 Simple Structure	其所有權與經營權合而為一,幕僚很少,故其集權化程度高,正式化低、複雜化低;由策略層峰扮演組織關鍵元件,用以因應單純但動態的環境,如汽車經銷商、中小型零售商。
機械科層式組織 Machine Bureaucracy	係高度專業化,例行性的工作核心,組織結構三大指標的程度均高,通常以機能別做部門劃分。此種組織通常成立年資較久,可應付簡單穩定的環境。
專業科層式組織 Professional Bureaucracy	其正式化與複雜化程度均高,但集權化程度卻不如機械科層式組織,權力主要掌握在作業核心,非常依賴各企業機能的專業知識與技能。因應穩定但複雜的環境,如醫院、大學、會計師事務所等。

類型	內容說明
事業部型式組織 **Divisionalized Form**	各事業部係以市場、產品或顧客為中心，區分並聚集各單位的活動，透過目標設定來達成協調工作，集權化低，各事業部相關性低但自主性高，較能應付複雜而動態的環境，如，大型的跨國企業、多角化企業屬之。
統協式組織 **Adhocracy**	相當於有機式的組織，自由變動的組織結構，強調創新，以專案小組融合各種領域的專家互相協調，因應複雜動態的環境。
傳導式組織 **Missionary**	係利用意識型態扮演組織關鍵元件並對成員做控制（如宗教組織），專業化程度低，技術系統簡單，所面臨的環境通常簡單而穩定。

牛刀小試

(　) Mintzberg在「完型理論」中提出六種組織結構，其中正式化及複雜化程度均高，但權力主要掌握在低階工作人員的組織結構為：　(A)專業科層式　(B)機械科層式　(C)統協式　(D)傳導式組織。　**答：(A)**

第七節　科技、環境變動下的組織與學習

 一、無邊界組織（Boundaryless organization）

(一) **意義**：無邊界組織是由奇異（GE）電器公司的總裁威爾許（Jack Welch）所提出。它是指組織設計不受限於水平式、垂直式或公司內外界線的限制，以消除公司與顧客及供應商之間的藩籬，通常包含「虛擬組織」與「網路組織」兩種類型。威爾許認為「真正開放的組織必須打破組織內外各種藩籬」，包括組織內的層級要「扁平化」，以「跨功能的工作團隊」替代部門組織，組織與組織之間要開始策略聯盟，產業之間要能異業結合，同時組織要跨越國界，尋求國際化。由此觀點來看，可定義無邊界

> **無邊界組織的特質**：其結構為扁平式組織，它不一定擁有功能部門，僅保留公司的核心競爭力，其餘附加價值較低的價值鍊過程則進行外包，例如Nike公司只負責價值較高的行銷，而製造生產則委託寶成鞋廠進行。

組織係指具有知識能力、能自我調適、具有競爭力,同時又保有彈性的組織。無邊界組織之組織結構為扁平式組織,它不一定擁有功能部門,僅保留公司的核心競爭力,其餘附加價值較低的價值鏈過程則進行外包,例如Nike公司只負責價值較高的行銷,而製造生產則委託寶成鞋廠進行。

(二) **特徵**

1. 重視科技(資訊與通信):降低組織的「營運成本」與「外界的交易成本」;促進資訊的流動及知識的累積。

2. 機會主義:強調彼此間的利益關係,含長期或短期的利益。

3. 組織設計不受限於水平、垂直或公司內外界線等經營疆界,可善用任何地方的人才。

4. 強調與聯結的組織間的互信原則。

5. 追求卓越,亦強調主動與彈性。

6. 所處的行業與環境變動程序越來越大,其「組織內正式化、複雜化、集權化相對降低」。

(三) **未來管理者將會接受無邊界組織理由**

1. 由於未來的環境已不再是穩定的環境,所有的行業之環境變動程度越來越大,不確定性也越高。處在這種環境下,組織必須持續發展新產品或提供新服務項目以圖生存;同時,組織與政府機構、顧客、供應商等之間的關係也應持續密切注意,藉由和其他機構的連結合作已成未來經營的趨勢。

2. 資訊科技及電信技術日新月異,市場不斷趨向全球化下,組織若能在國際間尋求合作夥伴,將更易建立其競爭優勢。組織疆界從此不但不受限制外,更可藉由本身與其他組織的連結,配合資訊科技的線上購物、配銷系統,推出更廣的產品組合,以滿足顧客的需要,使組織變成更有競爭力。

牛刀小試

(　) 指企業透過整合性的資訊技術應用,與上下游供應商或顧客之間,形成密切互動的關係,此種組織稱為: (A)無邊界組織　(B)虛擬組織　(C)網絡組織　(D)學習型組織。　　　　　　　　　　**答:(B)**

重要 二、學習型組織(Learning organization)

(一) **學習型組織(Learning organization)的意義**:面對全球競爭的環境,一個具有持續學習、調適與應變的組織,即稱為「學習型組織」。麻省理工學院教授彼得聖吉

（Peter Senge）在《第五項修練》一書中提出五項修練的「學習型組織」，認為學習型組織需具備「系統思考、自我超越、改善心智模式、建立共同願景與團隊學習」等五項修練才能使成員的創造潛力得以發揮，更能提高組織的整體能力。學習型組織即是組織中的成員不斷的發展其能力以實現其真正的願望，並培育出新穎具影響力的思考模式。學習型組織的特性包括1.有彈性的組織結構。2.創新的文化。3.顧客導向的策略。4.廣泛的資訊分享。強調「精簡、扁平化、有彈性、能不斷學習、不斷自我創造未來」的組織。

(二) **五項基本修煉**：學習型組織不在於描述組織如何獲得和利用知識，而是告訴人們如何才能塑造一個學習型組織。他說：「學習型組織的戰略目標是提高學習的速度、能力和才能，通過建立願景，能夠發現、嘗試和改進組織的思維模式，因此而改變他們的行為，這才是最成功的學習型組織。」

> 彼得・聖吉：在1990年出版的《第五項修煉（The Fifth Discipline）中提出：學習型組織的藝術與實務》一書中提出，未來企業乃是「學習型組織」的時代。

聖吉認為，未來企業必須重視下列五項基本修煉模型，才能夠生存下去，並需能不斷增進其能力並創造未來：

修煉模型	內容說明
系統思考	系統思考是一種概念性的理論架構，是過去50年來不斷在發展的一套學問與方法，它能讓全局明朗化，幫助我們明瞭有效改變局勢的作法。
自我超越	自我超越是不斷廓清與加深我們的個人遠景，集中我們的力量，發展耐性，並且客觀看待現實的一種修煉。它是學習型組織的精神基礎。
改善心智模式	或稱改善定見。學習把內在想法攤出來，接受嚴格審視，同時還要能以富學習性的談話方式，讓大家有效發展想法再讓想法彼此影響。
建立共同願景	一旦少了組織上下共享的目標、價值和使命，組織稱不上有多成功，故運用共同的願景，將個人與組織連成一個命運共同體，將各種分化的力量集合成一股學習的動力。
團隊學習	「一群個別智商平均120分以上的管理者，怎可能只有63分的集體智商？」團隊學習的修煉，便是用來對付此種矛盾。

根深蒂固的心智模式將阻礙系統思考所能夠產生的改變，管理者須學習反思他們現有的心智模式，直到習以為常的假設公開接受檢驗，否則心智模式無從改善系統思考，也無從發揮作用。此外，如果組織成員未建立起對心智模式正確

的理解與信念，人們將把系統思考的目的，誤認為只是使用圖形建立精緻的模式，而不是改善心智模式。改善組織成員的心智模式，對於組織能否成為學習型組織，是一項十分重要的影響因素。如果在改善心智模式時沒有系統思考的幫助，常會遺漏重要的回饋關係，或因時間滯延而判斷錯誤，或只注重明顯易衡量的變數，將難以克盡其功。

(三) **特徵：學習型組織最大的特徵在其「整體動態的搭配」能力。**對組織而言，重要的是其成長與穩定間的搭配，這些都來自於組織中「個人與群體中的搭配」、「各部門活動間的搭配」、「現在與未來活動與資源間的搭配」、「理想與現實間的搭配」、「左腦型決策與右腦型決策間的搭配」、「長期目標與短期利益間的搭配」、「策略與文化間的搭配」、「規劃與執行能力間的搭配」等。

牛刀小試

( )　下列何者非屬學習型組織中的五項修煉？　(A)系統思考　(B)改善定見
　　　(C)雙環學習　(D)自我超越。　　　　　　　　　　　　　　　**答：(C)**

第八節　控制幅度與指揮路線

 一、控制幅度（Span of Control）的意義

控制幅度（span of control），又稱「管理幅度」、「管理跨距」，是指一位管理者可以有效地直接監督管轄部屬人數的限度（亦即向直屬主管報告的員工人數多寡），在此限度下才能做到「有效的監督」。理想的控制幅度大小並無定論。組織的控制幅度越大，組織越扁平；組織層級越多，組織愈呈高架式；因此，組織層級數與控制幅度呈反向關係。

組織高階層的工作，多屬政策性、變化較大及複雜性較高，需要嚴密的監督；或組織管理資訊系統的複雜度愈高，其控制幅度宜小。組織低階層的工作，多屬例行性工作，較為單純；或工作相似性愈高、工作標準化程度高、管理者愈偏好親力親為者，則控制幅度宜大。

控制幅度愈狹，表示所屬人員功能差異愈大，組織階層愈多，工作手續增多，降低工作效率。控制幅度愈寬，表示所屬人員功能愈類似，組織階層愈少，工作手續減少，易於溝通和指揮，但管理者難以事事兼顧，故亦應有所限度，以免失去控制。

重要 **二、影響控制幅度大小的因素**

(一) 控制幅度愈小（窄）的因素：

1. 組織技術複雜程度愈高。
2. 部屬工作性質必須經常和主管商量、請示。
3. 工作愈重要。
4. 工作環境愈複雜。
5. 主管能力愈弱。
6. 經理人除了帶領員工之外，還需花很多時間在決策上。
7. 部門成員經常須分派各處出差。

(二) 控制幅度愈大（寬）的因素：

1. 工作相似性愈高。
2. 工作標準化程度愈高。
3. 大量生產作業。
4. 部屬工作地點愈集中。
5. 部屬彼此工作的關聯性愈小。
6. 部屬工作的相似程度高（功能愈類似）。
7. 管理者愈偏好親力親為（權力慾望大）。
8. 部屬能力愈強。
9. 部屬愈能自動自發工作。
10. 主管人員能力愈強。
11. 透過資訊科技輔助資訊處理與傳達愈強。

牛刀小試

( )　上級管理人員，因限於時間、精力，所管轄的部屬常有一定的人數限度，此一限度稱之為？　(A)管理跨距　(B)傳遞原理　(C)權能區分 (D)指揮路線。　　　　　　　　　　　　　　　　　　答：**(A)**

重要 **三、上下階層接觸次數**

學者 A.V.Graicunas 認為，當部屬人數以算術級數呈現增加趨勢時，為了保持主管能和部屬有相同的接觸機會，上司所需要的接觸次數將成幾何級數增加。其公式如下：

$$C = N\left[\frac{2^N}{2} + N - 1\right]$$

N：部屬人數
C：潛在的溝通次數／頻率

舉例來說，如果部屬人數是 5 人時，則接觸部屬總次數是 100 次；若部屬人數增加為 10 人時，則接觸總次數會暴增到 5,210 次。這代表部屬人數不能無限制的增加，否則會給主管過重的負荷，此乃組織應設計適當控制幅度的主要原因。

牛刀小試

(　) 主管人員能有效控制部屬人數的最大限度，稱之為？　(A)指揮統一　(B)管理矩陣　(C)控制幅度　(D)指揮統一。　　　　　　　　**答：(C)**

四、指揮鏈

(一) **意義**：在組織體系中，有一串由上層到下層，串連上下關係間的職權與職責報告關係，這種關係稱為「指揮鏈」或「指揮路線」，它是正式組織結構中最基本的一種關係。組織層級由上而下若指揮鏈越來越多，會構成金字塔形狀。古典理論主張，所有組織成員均應納入此金字塔內，並明確賦予其地位，稱為「層級原則」（scalar principle）。

(二) **內容**：指揮路線的內容包含下列三種關係。

　1. 職權關係：上司命令部屬。

　2. 負責關係：部屬對上司負責，接受考核及獎懲。

　3. 溝通關係：上下之間有關工作的溝通。

五、控制幅度層級及組織總人數的計算

(一) **總人數之計算**：

　　總人數＝$1+N+N^2+N^3+\cdots$

　　【其中N為控制幅度人數：N之次方，計算至（題目所述）控制幅度的層級數減1。】

範例1：假設某公司組織層級分為三層，控制幅度為4人，則該公司總人數為多少？

解：總人數＝$1+N+N^2=1+4+4^{(3-1)}=1+4+4^2=21$(人)

範例2：公司總人數為21人，而組織層級分為三層，則此公司的控制幅度為若干人？　(A)2人　(B)3人　(C)4人　(D)5人

　解：$1+N+N^2=21$　　　　　　$N+N^2=20$

　　　$(N-4)(N+5)=0$　　　　$N=4$或-5

　　　但-5不可能，故答案為4（人）

(二) **當層人數計算**：當層人數＝控制幅度人數$^{(當層數目-1)}$

> **範例：假設某工廠最高主管為廠長1人，若控制幅度為4人，則第5層應有多少員工？**

解：當層人數＝控制幅度人數$^{(當層數目-1)}$＝$4^{(5-1)}$＝4^4＝256人

第九節 直線與幕僚

一、定義

(一) **傳統觀點**：認為與企業目標有直接相關的業務部門，稱之「直線」（Line）；反之，則為「幕僚」（staff）。例如以製造業為例，生產、行銷屬直線部門，人力資源、財務、研發則屬幕僚單位。

(二) **現代觀點**：當企業規模增加，經營環境複雜，將難以直接認定那個部門與企業目標有直接相關。因此，**現代觀點認為直線與幕僚的區分應取決於「職權」，在「指揮路線」上之人員為直線，反之則為幕僚**。例如下圖實線者為直線部門，虛線者為幕僚部門。

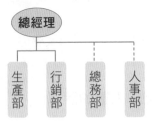

重要 二、職權的意義種類

(一) **職權的意義**：係指在某一個特定職位上所擁有的權力，使得擔當職位者可以發號施令，部屬也會遵守其命令。

(二) **職權的特性**：
　1.職權是由組織所賦予。
　2.在垂直體系中，位階愈高者被賦予的職權也愈大。
　3.擁有職權的人，同時亦有相對應的職責。
　4.職權包含發佈命令、分配資源決策等。

(三) **職權的種類**：
　1.**直線職權（Line Authority）**：或稱為直線職能。係指主管所擁有指揮其下屬、直接發布命令的權利，為一項最基本的職權。所有的上司對其部屬都具

有直接職權，它存在於組織中「由上而下的階層鏈鎖」之關係。例如就傳統製造商而言，維修部門、生產部門、行銷部門係屬於「直線」部門的單位，為直線單位。注意：此「直線」與「直線」經理人之「直線」涵義不同。因每個經理人對於部屬都有直線職權，但不一定是直線經理人。如以製造業而言，財務部經理對財務部職員擁有直線職權，但財務部經理並非直線經理人，生產部經理才是直線經理人。

2. **幕僚職權（Staff Authority）**：幕僚職權是一種「輔助性」的職權。係指在專長領域中給予其他單位或個人的建議及諮詢的權力。具有幕僚職權的人並「無直接發布命令」（指揮）的權利，只能就專業領域「協助或提供建議」給直線主管。總經理室助理及法律顧問等為幕僚職權的明顯例子。對於傳統製造商而言，人事、管理、教育訓

> **幕僚職權的性質**：幕僚人員可將其建議與情報送至直線主管，由直線主管決定是否實施，故幕僚職權關係是由下而上轉達，再轉至由上而下的直線職權行使之。

練、會計部門的人員（與企業產品無直接相關者）係屬於「幕僚」部門的單位，為幕僚職權。幕僚人員只能將其建議與情報送至直線主管，由直線主管決定是否實施，故幕僚職權關係是由下而上轉達，再轉至由上而下的直線職權行使之。幕僚人員一般可分為個人幕僚與專業幕僚，兩者最大的差異之處在於服務對象不同：

(1) **個人幕僚（personal staff）**：個人幕僚只為特定的高階主管提供服務，協助其處理一些一般性的業務。如高階主管的特別助理、秘書。

(2) **專家幕僚（specialist staff）**：他們具有專長或經驗，協助處理整個組織專業技術問題，或提供經理人所沒有的技能或資料，以提供給直線經理人建議。例如技術顧問、法律顧問等。

3. **功能職權（Functional Authority）**：組織內「明文規定」主管可授權幕僚部門或人員對某些特定的「專業業務決策及逕行通知相關單位的權力」。例如安全部主任（幕僚）有權向其他任何部門發布有關安全的指示。但功能職權的行使，必須明確界定其範圍、並且職責歸屬明確，才不會違反「權責相符」的原則。

牛刀小試

( ) 當工廠的安全主任對廠內員工發布新的安全規章並要求大家遵守時，他是在執行：　(A)直線職權　(B)幕僚職權　(C)機能職權　(D)以上皆是。　　　　　　　　　　　　　　　　　　　　　　　　　**答：(C)**

第十節 授權、分權與賦權

一、授權

(一) **授權(Delegation)的意義**：授權是指管理者分派工作給部屬的程序。它包括分派責任（responsibility）；授予職權（authority），使其能夠完成所交付的工作；建立當責（accountability），使部屬負起完全責任，並交出成果。但授權者對被授權者「仍有監督與指揮之權力」，並對被授權者的任務成敗負責。茲將有關授權的基本意義分述如下：

1. **授權只是程度上的差別**：主管高度授權時，會將大部分工作授予部屬；授權程度低時，則主管對部屬的每件事均會過問。

2. **授權是一種過程**：上司將職權與職責授予部屬，部屬則對上司負責。

3. **授權不代表授權者不用負責**：授權只是多一層負責關係，而非管理者之替代關係，授權者授予部屬執行該任務的職權以及「作業職責」，最終責任卻無法下授，因此，它只是一種分工合作的型態。

> **授權的特質**：由於一個主管能夠直接而有效地監督指揮的部屬人數是有限的，一旦超過了這個限度，就必須將其所擁有的職權授予部屬，讓下階管理人員分擔部分決策的責任。雖然職權可以授予，但職責是不可以下授的。「沒有一位主管能夠經由授權而逃避責任」，授權後主管仍然負有相當的職責，主管仍保留完成工作的「最終責任」，其結果仍須由授權者負責。因此權力雖授予屬下，上級主管仍應採取加以控制。

(二) **授權的權變因素**：

1. 組織規模越大，越傾向增加授權。
2. 任務或決策愈重要，授權的可能性愈低。
3. 任務愈複雜，授權的可能性愈高。
4. 公司的組織文化若是對員工有信心並信任，愈可能授權。

牛刀小試

( ) 管理者將職權授予部屬，使其能夠完成所交付的工作或活動，稱為：(A)授權 (B)決策權 (C)分權 (D)自由裁量權。　　　**答：(A)**

(三) **阻礙授權的原因**：授權在正式組織中是絕對必要的，但是有些主管卻不願對部屬授權，也有一些部屬想盡辦法逃避被授予的職權。以下分別說明主管與部屬對授權行為之障礙所在：

主管未能授權的原因	1.主管過分自信：有些主管往往抱持著「自己會做得更好」的心態，認為自己動手做要比向部屬解釋說明後再授權執行來得快速有效率。同時，授權並未減輕主管對任務的職責，他們仍肩負監督、指導與糾正之責，在這種情況下，主管自然不輕易授權。 2.主管缺乏指揮領導的能力：有些主管害怕一旦授權，會造成部屬權力過大，失去控制。 3.主管對部屬缺少信心：有些主管人員對部屬缺乏信心，因而不願授權。 4.組織本身的特性：較為集權而固定的組織，授權程度自然較小；若組織本身較具變動性，授權程度往往會較大。
部屬逃避被授權的原因	1.害怕犯錯而遭受責難：部屬被授權後，往往會因為未能達成任務要求而受處分，造成對上司的授權是吃力不討好的觀念，而逃避被授權。 2.缺乏自信心：部屬缺乏對完成授權工作的自信心。 3.授權未與報酬相配合：若被授權所承擔的職責，未能與報酬相配合，則減少部屬接受授權的誘因。 4.缺乏資訊與資源：部屬認為缺少完成任務所需的資訊與資源時，就對授予的職權產生猶豫。

牛刀小試

(　)　以下有關授權的情境因素，何者正確？　(A)組織規模越大，授權程度應越低　(B)部屬素質越高，授權程度應越低　(C)外界環境越不穩定，組織授權程度應越高　(D)一般而言，行銷部門的授權程度應比財務部門來的低。　　　　　　　　　　　　　　　　　**答：(C)**

二、集權管理與分權管理

(一) **意義**：分權（Decentralization）係指企業「不將所有的決策權完全集中在最高管理階層」，而是將部分決策權限交由下面的管理階層行使，使各部門主管對於本身部門的業務，「有一定限度的自主權」，但最高管理階層仍保有基本決策的控制權。反之，若決策權完全集中在高階層主管或總部管理階層的手中，則稱之為集權（Centralization）。企業組織規模增加之後對結構的影響通常是集權化程度會降低。

(二) 分權程度高低的觀察指標：

1. 下屬做決定前需向上級請示的次數愈少，則表示分權程度愈高；次數愈多，則集權程度高。

2. 基層主管所做決策次數愈多，則表示分權程度愈高；次數愈少，則集權程度高。

3. 基層主管所做決策的重要性程度愈重要，則表示分權程度愈高；愈不重要，則集權程度高。

4. 同一階層主管所做決策的涵蓋功能範圍愈廣，則表示分權程度愈高；範圍愈窄，則集權程度高。

> **組織結構依分權程度的不同的排列：**組織結構依分權程度的不同由低至高排列為：
>
> 機械式組織
> ↓
> 簡單式組織
> ↓
> 矩陣式組織
> ↓
> 事業部式組織
> ↓
> 有機式組織。

(三) 適合採用分權或集權的情形：

1. **適合採用分權的情形：**

(1) 當環境的變動越快與越複雜，容許更大的彈性以利更迅速回應環境的變化。

(2) 需要快速回應市場或顧客需求。

(3) 需讓高階管理者有更多的時間聚焦於關鍵議題。

(4) 該決策並不會影響到公司存亡成敗。

(5) 地理區域分散的企業。

(6) 開放性的組織文化。

(7) 需要較高之創新及主動能力。

2. **適合採用集權的情形：**

(1) 地理區域集中的大型企業。

(2) 基層管理者缺乏決策能力與經驗。

(四) 組織由集權至分權管理排列的順序：直線組織、直線與幕僚並存組織、矩陣組織、跨功能團隊。

三、賦權

賦權（Empowerment）亦稱為「灌能」，係指主管將份內工作分配給部屬，使員工具有決策裁量的權力，得以做任何取悅顧客必須做的事。它是起於「人力資源」的概念，意即將員工的潛能予以發揮出來。今日企業的工作複雜度日益增加，使得組織成員在某些方面往往比管理者還更清楚，因此，管理者也逐漸意識到提高員工「決策裁量權」的重要，故紛紛採取賦權措施，賦予員工相關工作的決定權與責任，以求迅速處理所發生的問題，而不用再經過組織層級的批閱。如此，不僅可提高效率，亦可因員工滿意度的提升，而收品質改善、生產力提升等好處。

第十一節 組織情境理論

究竟哪種組織結構最佳？乃視情境而異，即沒有一種特定組織結構方式可普遍應用於所有情境狀況，但究竟組織結構會隨哪些權變因素而改變？

權變的概念：職權被視為是一個獨立的變數（variable）。這個權變的職權包括應付組織的不確定（uncertainty）、組織對附屬團體的影響力（substitutability）以及應付不確定的能力。

一、策略權變因素

陳德勒（Chandler）「結構追隨策略」理論：企業策略制訂係參考當時環境的變化，而策略隨環境調整或變化以後，不僅組織設計應跟著調整，而高階主管的管理角色也會發生變化。

環境變化 ⟶ 策略 ⟶ 組織結構 ⟶ 主管角色

明茲伯格提出較具彈性的看法，他認為並非任何時期皆為結構追隨策略。長期而言，結構追隨策略；短期而言，則是策略追隨結構。

二、影響組織結構設計之權變因素

(一) 組織結構的設計需依據策略改變而調整。

專業小組存在的因素：當組織所面臨的工作、問題或任務性質例行性越高，則專案小組存在的價值也越低。

(二) 大型組織比小型組織比較傾向專門化、水平和垂直分化與更多的規則與管制。

(三) 組織運用愈是例行性的科技，組織結構愈標準化與機械化；組織運用的科技愈是非例行性，其組織結構愈有機化。

(四) 機械式組織在穩定環境中較具效能，有機式組織在動盪和不確定的環境中較能適應。

(五) 影響企業組織結構選擇的其他因素包括企業規模大小與企業所面對的環境不確定性。

(六) 權變觀點中常被提到的變數：

1. 組織規模大小。
2. 員工人數多寡。
3. 外部環境的不確定性。
4. 員工的個別差異。

三、技術權變因素

英國的工業社會學家伍華德（J.Woodward）認為組織結構的重要決定因素是產品製造「技術」的分類，亦即由「技術性的」觀點來區分組織結構。他提出科技與組織關係中的情境變數為「指揮鏈、控制幅度與部門劃分」。伍華德將研究廠商依生產技術分為三組。

(一) **單位／小批生產**：廠商針對客戶需要，一次生產一種標準且特殊化的產品。例如西服店、渦輪製造即是。

(二) **大批／大量生產**：廠商以大量生產方式生產標準化產品。例如冰箱、電視、汽車或電子公司之製造即是。

(三) **連續生產／程序生產**：廠商以連續性操作的生產設備生產商品，如石油、化工、造紙等即是。

伍華德發現此三種技術類型和組織結構有不同關係，而且公司效能的表現與技術結構間配合有關聯性，亦即成功企業必須能夠因應科技、技術類型而調整其組織結構，單位／小批製造與連續性生產適合有機式結構；大量製造適合機械式結構。他亦認為，此種技術的分類，只能適用於製造業的組織，而無法適用到其他組織。茲將其概念表列如下：

	小批生產	大量生產	程序生產
技術複雜度	低	中	高
正式化	低	高	低
集權化	低	高	低
複雜化	低	高	低
最有效結構	有機式	機械式	有機式

第十二節　團隊精神與團隊的種類

一、團隊精神的意義和差別

(一) **意義**：

　1. **團隊**：是指一種為了實現某一目標而由相互協作的個體所組成的正式群體。是由員工和管理層組成的一個共同體，它合理利用每一個成員的知識和技能

協同工作,解決問題,達到共同的目標。一般根據團隊存在的目的和擁有自主權的大小將團隊分為三種類型:問題解決型團隊、自我管理型團隊、多功能型團隊。

2. **群體**:是指兩個以上相互作用又相互依賴的個體,為了實現某些特定目標而結合在一起。群體成員共用信息,作出決策,幫助每個成員更好地擔負起自己的責任。

(二) **團隊和群體的差異**:團隊和群體經常容易被混為一談,但它們之間有根本性的區別,例如龍舟隊和足球隊是一種團隊,而旅行團則是由來自五湖四海的人組成的,它只是一個群體;候機室的旅客也只能是一個群體。因此,兩者的差異歸納有下列六點:

1. **在領導方面**:作為群體應該有明確的領導人;團隊可能就不一樣,尤其團隊發展到成熟階段,成員共用決策權。

2. **目標方面**:群體的目標必須跟組織保持一致,但團隊中除了這點之外,還可以產生自己的目標。

3. **協調方面**:協調性是群體和團隊最根本的差異,群體的協調性可能是中等程度的,有時成員還有些消極,有些對立;但團隊中則是一種齊心協力的氣氛。

4. **責任方面**:群體的領導者要負很大責任,而團隊中除了領導者要負責之外,每一個團隊的成員也要負責,甚至要一起相互作用,共同負責。

5. **技能方面**:群體成員的技能可能是不同的,也可能是相同的,而團隊成員的技能是相互補充的,把不同知識、技能和經驗的人綜合在一起,形成角色互補,從而達到整個團隊的有效組合。

6. **結果方面**:群體的績效是每一個個體的績效相加之和,團隊的結果或績效是由大家共同合作完成的產品。

二、工作團隊的種類

(一) **工作團隊的意義**:係由彼此相依的個人(例如由財務、技術、行銷等不同的工作技能者)所組成的正式團體,其特點在強調成員間之技術互補及追求集體績效並負責達成特定之任務目標。工作團隊中群體的工作係經由協調努力會產生正面的綜效,且個人的努力將大於個人投入總和之績效。此種團隊的特色,乃是成員對於團隊目標都非常的清楚,成員間彼此互相信任,溝通頻率相當高,且成員擁有充分的內外部支持。

(二) **高效能工作團隊的特徵**

1. 以特定目的建構組織。　　　　2. 成員對於團隊目標都非常清楚。

3. 領導角色共享。　　　　　　　4. 成員享有工作分配權

5.成員擁有充分的內外部支持。　　6.成員間彼此互相信任。

7.成員間的溝通頻率高。

(三) **工作團隊的種類**

1.**功能團隊（Functional teams）**：功能團隊係指由來自特定功能領域的一位管理者與其員工所組成的。在這功能領域中，如權威、制定決策、領導與互動等議題都已非常簡單而清楚。功能團隊通常也運用在改善特定領域的工作活動，或解決特定的問題。

2.**跨功能團隊（Cross- Functional teams）**：團隊成員常常必須來自不同部門，也有不同的專業背景，工作上必須經常溝通才能完成團隊的任務。

3.**自我管理團隊（Self-managed team）**：此種團隊類型是由「沒有管理者監督的員工」所組成的正式團隊，並負責完成整個或部分的工作流程。自我管理團隊負責工作的完成與自我的管理，通常包括：規劃與排定工作時程、指定任務給成員、控制工作進度、制定營運決策與採取修正行動。故它是一種「由下而上」的管理模式。自我管理團隊具有右述八個特徵：(1)目標性；(2)技能性；(3)依賴性；(4)自我管理性；(5)自我學習性；(6)自我領導性；(7)自我負責性；(8)良好的溝通性。

4.**問題解決團隊**：在問題解決團隊中，成員分享想法或提供改善工作流程及方法的建議。例如品管圈即是。

5.**虛擬團隊（Virtual team）**：係指散在各地的虛擬團隊成員間，他們會運用如視訊會議、傳真、或電子郵件等資訊科技完成工作任務或共同的目標。

三、團體凝聚力

團體凝聚力（Group Cohesiveness）係指團體成員彼此間的吸引力與其分享團體目標的程度。簡言之，團隊成員想要維持長期關係的向心力，即稱為「團隊凝聚力」。在團體的互動過程中，成員對團體規範的順從程度反映了該團體的凝聚力，它不僅是維持團隊存在的必要條件，而且對團隊潛能的發揮有很重要的作用。若團體成員彼此的吸引力愈強，且個人目標與團體目標愈一致化，則團體凝聚力愈強；反之，一個團隊如果失去了凝聚力，就不可能完成組織賦予的任務，本身也就失去了存在的條件。但是凝聚力過強的團體，有時亦可能因傾向於追求意見一致與和諧，而忽略了其他明智的看法，產生所謂「團體盲思」的現象。

(一) **團隊凝聚力的基本原則**：團隊凝聚力可以是團隊成員關於情境的理解與反應趨向一致的過程，也可以是成員對他人行為的附和，也可以是成員共同持有一種特定的價值觀。這種價值觀主要內涵就是要遵循下列四項基本原則：

1. 對共同利益的認同原則。　　　2. 以貢獻論報酬的公平原則。
3. 杜絕損害整體利益的公正原則。　4. 強調發展目標的激勵原則。

(二) 增加企業組織內部員工凝聚力的方法：

1. 在員工間形成一致性的目標。
2. 提高員工彼此間互動的頻率。
3. 績效表現獲得企業組織外部人士的認可。
4. 鼓勵團隊間競爭。

四、消除組織內或組織間界線的方法

(一) 盡可能讓組織扁平化。

(二) 以跨功能團隊取代功能別部門。

(三) 採取策略聯盟方式。

(四) 使用電子通勤（telecommuting）或遠距溝通方式。

第十三節　組織的衝突

一、衝突的意義

衝突（conflict）可泛指各種行為、現象的爭議，利益分配與資源稀少乃是導致衝突的基本根源。Dessler 將衝突定義為「兩人以上的個人或團體之間，由於利益、目標、期望或價值之不同而產生的爭議。」其中**利益、目標等的差異即為引發爭議的衝突潛勢**（conflict potential）。

二、常見的衝突

(一) **雙趨衝突**：當個體面對二個同時具吸引力的目標時，容易產生這種衝突。選擇某一動機的滿足，會導致另一動機難以滿足，例如必須從兩個喜歡的事當中選擇一個的心理衝突狀況，如魚與熊掌不可兼得，即屬此種衝突。

(二) **雙避衝突**：當個體發現兩個目標可能同時具有威脅性，即可能產生兩者都要逃避的心理衝突現象。例如討厭與此人一起工作，另一個工作又不喜歡（不需與他一起工作）。

(三) **趨避衝突**：當個體遇到單一目標同時懷有兩個動機時，必須選擇討厭的事物，放棄喜歡事物的心理衝突狀況，例如想要多賺錢，但上班卻很累。

三、組織衝突的種類

(一) **建設性衝突**：建設性衝突是指衝突各方目標一致，實現目標的途徑手段不同而產生的衝突。建設性衝突可以使組織中存在的不良功能和問題充分暴露出來，防止了事態的進一步演化。同時，可以促進不同意見的交流和對自身弱點的檢討，有利於促進良性競爭。例如任務衝突、程序衝突與目標衝突，較易產生建設性的衝突效果。

(二) **非建設性衝突**：又稱為「破壞性衝突」。是指由於認知上的不一致，組織資源和利益分配方面的矛盾，員工發生相互抵觸、爭執甚至攻擊等行為，從而導致組織效率下降，並最終影響到組織發展的衝突。在破壞性衝突中，各方目標不同造成的衝突，往往屬於對抗性衝突。是對組織和小組績效具有破壞意義的衝突。

四、衝突與組織績效的相互關係

對衝突與組織績效相互關係之觀點，迄今歷經三個階段的演變：

(一) **傳統學說**：視衝突為對組織有害的負面現象，**應設法加以完全消除或避免**。

(二) **行為學說**：認為衝突是人際互動的自然結果，無法避免，故**應持價值中立的觀點來看待衝突**，並透過管理方法來加以因應。

(三) **互動學說**：20世紀70年代以後對衝突抱持的觀點是互動學說。**行為學說主張接受衝突，「互動學說」則更進一步認為衝突是正常合理的，有時必須刺激衝突的產生**。因為一個和諧、平和、寧靜的組織易流於安定、冷漠，並無法達成組織變革與創新的需求，互動學說認為管理者應維持適當的衝突水準，其足以保持單位的活力，自我批判的勇氣與創造能力。

重要　五、經理人面對衝突的策略

湯瑪斯（Thomas）提出五種衝突處理的方式，包括競爭、退避、順應、妥協、統合。這些方式並無絕對好壞之分，各有其適用的時機。在決定採用何種方式之前，需考慮解決衝突時間的急迫性、自己與對方實力的差距、雙方主張的對與錯、衝突解決後的得失大小、是否有其他更重要的事待辦、解決的成本效益程度等因素來做綜合考量。

> 衝突管理存在的意義：亦即在說明，管理者應隨時注意組織現有的衝突水準如何？若高過預期的最適水準，則應致力於降低衝突水準；反之，則應設法加以激發，這些都須視情況而定。

策略	適用時機
競爭	高堅持低合作型。此為獨斷性最強，合作性最低的解決方法，此種方法是堅持己見強迫對方接受自己的看法。
退避	低堅持低合作型。此種方法是雙方不願面對衝突，一味的粉飾太平。所以表面上似乎沒有衝突，但事實上卻暗潮洶湧。
順應	低堅持高合作型。希望滿足對方，將對方的利益擺在自己的利益之上。
妥協	中堅持中合作型。雙方各退一步，對自己的權益做了某些讓步。雙方雖各有犧牲，但也各有所得，雖不滿意但是還可以接受。
統合	高堅持高合作型。在統合的情況下，雙方都著眼於問題的解決，澄清彼此的異同，考慮所有的可能方案，尋求雙贏的途徑。

六、組織衝突

(一) **導致組織衝突的可能性原因**：組織衝突係導因於「組織的資源稀少性」與「組織成員經常轉換興趣、看法」，造成不相容性發生，因此當一方阻礙他方目標的達成或興趣目標不相容時，衝突便會發生；組織衝突亦可能因組織成員一方知覺到另一方已阻礙或破壞他所關注的事物，或個體間的興趣目標出現不相容時，當事人因此處在反對狀態中，衝突即發生。造成組織衝突的原因（來源）列表說明如下：

1. **資源競爭**：各類團隊會為了組織內有限的預算、空間、人力資源、輔助服務等資源而展開競爭，產生衝突。

2. **目標差異**：組織由於分工制度的結果，每一個團隊都有自己的目標，各個單位的目標集合成組織的總目標。各下級單位的工作行為自然以其單位的利益為中心而引起衝突。

3. **認知差異**：所謂「認知的差異」是指不同的個人對組織決策認知過程所發生的差異，它在一單位中發生作用時，亦會導致單位間的衝突。

4. **個性差異**：因個人價值系統與人格特徵差異不同所引起的衝突。

5. **責任模糊**：組織內有時會由於職責不明造成職責出現缺位，出現誰也不負責的管理真空，造成團隊之間的互相推諉甚至敵視。

6. **相互依賴性**：組織內的團隊之間都是相互依賴的，不存在完全獨立的團隊。相互依賴的團隊之間在目標、優先性、人力資源方面越是多樣化，越容易產生衝突。

7. **地位鬥爭**：當一個團隊努力提高自己在組織中的地位，而另一個團隊視其為對自己地位的威脅時，衝突就會產生。例如管理階層與工人可能因為立場的不同而發生衝突。

8. **溝通不暢**：組織溝通通常因模糊不清或曲解而造成衝突。

(二) **功能性衝突（functional conflict）**：功能性衝突係指在企業中，各部門間因為工作任務之執行必須合作時所產生的衝突。以互動學說的觀點切入，組織最高的績效發生於最適的衝突水準下，此種衝突被稱為「功能性衝突」，例如「學習」，其能幫助成員成長，更能促進組織目標的達成；反之，衝突水準若過低將導致組織的冷漠和停滯；過高則造成組織的分裂和混亂，例如協議不成或關係減弱，兩者皆對組織績效有負面的影響，皆則屬於「非功能性衝突」（dysfunctional conflicts）。

牛刀小試

( ) 當某項重要議題需立刻解決時，經理人在解決衝突時可能採取的策略為下列何者？ (A)迴避 (B)遷就 (C)強迫 (D)妥協。 **答：(C)**

精選試題

( ) 1. 何者是組織部門分割的原則之一? (A)分工原則 (B)平衡原則 (C)變動原則 (D)以上皆是。

( ) 2. 擁有工作上的職權,亦須負起相當的責任,這是? (A)授權原則 (B)指揮統一原則 (C)權責相稱原則 (D)層級原則。

☆( ) 3. 何種部門的劃分方式係在強調工作程序的完整性? (A)直線別 (B)顧客別 (C)通路別 (D)地域別。

☆( ) 4. 結合了「機能式」與「專案式」組織的優點,組合而成綜合式組織是? (A)委員會 (B)機能式組織 (C)直線式組織 (D)矩陣式組織。

☆( ) 5. 容易產生本位主義(隧道視線)缺點的部門劃分方式是? (A)產品別 (B)機能別 (C)顧客別 (D)通路別。

( ) 6. 將高階層的某些權力,讓於較低層次的管理階層,是為? (A)分權 (B)責任 (C)授權 (D)命令。

( ) 7. 人與人間相互往來,自然形成社會關係的聯誼團體是? (A)正式組織 (B)非正式組織 (C)自然組織 (D)無形組織。

( ) 8. 依照傳統觀點,以下何者是屬於幕僚單位? (A)製造業的生產部門 (B)保險業的業務部門 (C)運輸業的財務部門 (D)以上皆非。

☆( ) 9. 能直接發布命令及執行決策的權力,是一最基本的職權,稱之為? (A)直線職權 (B)幕僚職權 (C)機能性職權 (D)輔助性職權。

( ) 10. 矩陣式組織的形成可能違反費堯管理十四原則中的哪一項原則? (A)分工原則 (B)指揮統一原則 (C)紀律原則 (D)團隊精神。

☆( ) 11. 最有利於多角化經營的部門劃分方式是? (A)直線別 (B)產品別 (C)機能別 (D)顧客別。

☆( ) 12. 由於非正式組織具有「社會控制」的作用,成員為求順應團體的行為規範與標準,往往不得不把一些特色收斂起來,從而造成下列那種不良之後果? (A)反對興革與變遷 (B)滋生謠言 (C)抹殺個人的創造力與個性 (D)產生派系行為。

( ) 13. 傳統時期的組織理論,並不將組織視為: (A)組織是一個分工的體系 (B)組織是一個層級節制的體系 (C)組織是一個協調體系 (D)組織是一個互動體系。

☆( ) 14. 在明茲伯格(Mintzberg)的「組織完型理論」當中,負責協助制度與系統的建立或產品與技術的改良之要素為: (A)策略層峰 (B)中階直線 (C)技術幕僚 (D)作業核心。

( ) 15. 以下有關簡單式組織的敘述何者正確？　(A)集權化程度高　(B)複雜化及正式化程度高　(C)沒有固定的組織型態，如同變形蟲組織　(D)為老化的組織型態。

☆( ) 16. 當一個組織或機構擁有多種產品線或規模龐大的時候，較適用以下何種組織型態？　(A)機能式結構　(B)事業部式結構　(C)矩陣式結構　(D)專案式結構。

☆( ) 17. 依學者Graicunas的觀點，當部屬人數為五人時，上司與部屬維持平均接觸的總次數是多少？　(A)100　(B)150　(C)200　(D)250。

( ) 18. 指揮路線的內容除了職權與負責外，尚包含哪一種關係？　(A)職責　(B)溝通　(C)協調　(D)整合。

( ) 19. 按組織結構由上而下的層次分析，以下何種次序正確？　(A)管理層次→策略層次→技術層次　(B)技術層次→策略層次→管理層次　(C)管理層次→技術層次→策略層次　(D)策略層次→管理層次→技術層次。

( ) 20. 影響團體衝突的因素，不包括：　(A)參與決策的需要　(B)目標的差異　(C)個人認知的差異　(D)人員順適。

☆( ) 21. 「制度是生長起來的，不是製造出來的」係用以詮釋那種觀點的組織涵義？　(A)動態的　(B)靜態的　(C)心態的　(D)生態的。

☆( ) 22. 學者布蘭查（Blanchard）認為建立一個高績效團隊應具備PERFORM七項特質，其中的E是何種涵義？　(A)明確的目標　(B)最適生產力　(C)賦能授權　(D)士氣。

( ) 23. 以下何者不是Mintzberg在「完型理論」中所提及一組織的五個重要運作系統？　(A)策略層峰　(B)通路窗口　(C)中階直線　(D)技術幕僚。

☆( ) 24. a.將相似的活動集合而成一個工作單位，稱為「部門劃分」；b.形成整體目標；c.建立縱橫聯繫之組織；d.分類彙總組織活動；e.界定達成組織目標所需的活動；f.繪出組織圖；g.授權人員執行任務。請將組織的步驟依正確的順序排列：　(A)fcbedag　(B)bedagcf　(C)bedafgc　(D)afbedgc。

☆( ) 25. 學者巴納德（Banard）對職權的來源提出「接受理論」，認為只有當主管的命令落在「無異區間」的時候，主管的職權才能發揮。請問下列因素對無異區間大小的影響為何？　(A)部屬對上司命令的了解程度越大，無異區間越小　(B)上級命令符合組織目標之程度越小，則無異區間越大　(C)上級命令符合部屬個人利益之程度越小，則無異區間越大　(D)上級命令符合部屬心智能力之程度越大，則無異區間越大。

（　）26. a.授予職權；b.分配任務；c.責任產生；d.分配職責。以上為授權的程序，請依照正確的順序排列：　(A)cbad　(B)abcd　(C)dabc　(D)badc。

☆（　）27. 以下組織結構，請依分權程度的不同由低至高排列：a.事業部式組織；b.有機式組織；c.機械式組織；d.矩陣式組織；e.簡單式組織？(A)cedab　(B)cbade　(C)adceb　(D)beacd。

☆（　）28. 學者陳德勒（Chandler）主張「策略」也是組織的權變因素之一，請問其主張的策略與組織結構間呈何種關係？　(A)組織追隨策略　(B)策略追隨組織　(C)組織決定策略　(D)兩者無一定關係。

（　）29. 分工合作的結構，即為：　(A)規劃　(B)組織　(C)用人　(D)控制。

（　）30. 一群具有相同目標的人，所組成的團體，稱之為？　(A)企業　(B)組織　(C)社會　(D)委員會。

☆（　）31. 何種部門的劃分方式係在強調工作目的的完整性？　(A)直線別　(B)機能別　(C)通路別　(D)顧客別。

☆（　）32. 生產或多項產品類別的企業，其組織部門的劃分方式，大多採？　(A)產品別　(B)機能別　(C)顧客別　(D)通路別。

☆（　）33. 易於實行分工合作，助於克服本位主義，同時提供員工一極佳的訓練機會的部門劃分方式是？　(A)機能別　(B)顧客別　(C)產品別　(D)通路別。

（　）34. 何者隸屬於幕僚人員？　(A)顧問　(B)財務經理　(C)生產經理　(D)行銷經理。

（　）35. 何者隸屬於非正式組織的範疇？　(A)品管課　(B)生產課　(C)財務課　(D)婦女會。

（　）36. 必須擔負職務上的責任，此稱為？　(A)職權　(B)職責　(C)權利　(D)義務。

☆（　）37. 凡部屬能力較高，主管本身條件優良，傳達工具便利者，亦有幕僚人員可資助者，其管理幅度宜較？　(A)小　(B)不變　(C)大　(D)以上皆非。

（　）38. 就組織的觀點而論，主管對於非正式組織，應採？　(A)嚴格禁止　(B)不聞不問　(C)加以破壞　(D)納入組織控制範圍。

☆（　）39. 伍華德（Woodward）提出之三種產品製造技術分類，皆會影響組織結構，而且公司效能的表現與技術結構間配合有關聯性，成功企業必須能夠因應科技、技術類型而調整其組織結構。基此觀點，下列敘述，何者正確？　(A)單位/小批製造適合機械式結構　(B)連續性生產適合機械式

結構 (C)大量製造適合有機式結構 (D)技術的分類，只能適用於製造業
的組織，而無法適用到其他組織。

( ) 40.團隊精神是： (A)泰勒 (B)費堯 (C)甘特 (D)艾默森 所主張之管理
原則。

☆( ) 41.組織可以從那四種角度來解釋？ (A)主觀的、客觀的、縱觀的、橫觀的
(B)直接的、間接的、整體的、個體的 (C)時間的、空間的、事件的、社
會的 (D)靜態的、動態的、生態的、心態的。

☆( ) 42.組織具有較多階層數，是為： (A)尖型 (B)金字塔型 (C)高架型
(D)扁平型 結構。

( ) 43.組織結構的三大基礎為職權、職責與： (A)職位 (B)權力 (C)負責
(D)領導。

( ) 44.以下何者不屬於組織結構的情境（權變）因素？ (A)環境 (B)人員
(C)政府法令 (D)組織規模。

☆( ) 45.有關「網路式組織」的敘述何者不正確？ (A)一種小型的中心組織
(B)由許多組織串連而成企業網絡 (C)彼此間透過契約方式建立關係
(D)由美國學者彼得·聖吉（Peter M. Senge）所倡導。

解答與解析

1. **A** 部門劃分係指組織**基於「分工合作」的需要**，將各層級的業務與權
責，依特定性質將類似工作集合為一個部門，**劃分為水平或橫向的許
多部門的過程。**

2. **C** 權責相稱（相符）原則係指**組織每個成員的權力、職責須相符。**

3. **A** 程序別部門劃分係**依產品（或顧客）的流動方向來劃分**，在此方法
中，工作是依循產品（或顧客）的自然處理流向來進行。

4. **D** 矩陣式組織因**專案人員負有「雙重責任」**，亦即仍然對原隸屬功能部
門負責，並接受專案負責人之指揮，故其有雙重指揮線，因此**又稱為
「柵欄式組織」。**

5. **B** 所謂**隧道視線**，係指功能別組織的專技人員除了其本身領域以外，**其
他領域都看不見。**

6. **A** 分權係指企業不將所有的決策權完全集中在最高管理階層，而是**將部
分決策權限讓於下面的管理階層行使**，使各部門主管對於本身部門的
業務，有一定限度的自主權。

7. **B** 非正式組織是正式組織關係以外，**因人員間種種的社會關係**所發展出來的團體。

8. **C** 幕僚職權**是一種「輔助性」的職權**，具有幕僚職權的人並無直接發布命令（指揮）的權利，只能協助或提供建議給直線主管。

9. **A** 所有的上司對其部屬都具有直接職權，它存**在於組織中由上而下的階層鏈鎖之關係。**

10. **B** 矩陣式組織之**專案人員應負有「雙重責任」**，亦即仍然對原隸屬功能部門負責，又須接受專案負責人之指揮，故有**雙重指揮線。**

11. **B** 產品別劃分組織的方式**可使組織更具彈性**，有助於經營績效的提高，故為最有利於多角化經營的部門劃分方式。

12. **C** 社會控制為一種約束成員的力量。**非正式組織產生的壓力，足以制約成員的行為**，成員對非正式組織建立的群體標準和行為規範，不敢違背，以免受到排斥。

13. **D** **傳統時期的組織理論著重於組織的靜態面**，以經濟與技術的觀點來衡量組織，對組織作經驗性的法制研究、結構研究，故可說是一種靜態的行政學的組織理論，因此它不將組織視為一種互動體系。

14. **C** 技術幕僚係指**負責專業技術之分析、操作和協助制度與系統的建置**，以建立作業人員之標準作業程序與制度、或負責產品與技術的改良之幕僚人員。

15. **A** 簡單式組織（Simple Structure）之**所有權與經營權合而為一**，幕僚很少，故其**集權化程度高，正式化低、複雜化低。**

16. **B** 事業部式組織結構之**各事業部係以市場、產品或顧客為中心**，區分並聚集各單位的活動，透過目標設定來達成協調工作，集權化低，各事業部相關性低但**自主性高，較能應付複雜的動態環境。**

17. **A** Graicunas認為，**當部屬人數以算術級數呈現增加趨勢時**，為了保持主管能和部屬有相同的接觸機會，**上司所需要的接觸次數將成幾何級數增加。** 其公式如下：接觸總次數 $=5\left[\left(2^{5}/2\right)+5-1\right]=100$

18. **B** 指揮路線係指正式組織中「上司」與「部屬」關係的路線，也是正式組織結構中最基本的一種關係。**其內容包含職權、負責與溝通等三種關係。**

19. **D** **策略層次（高階主管層次）→管理層次（中階主管層次）→技術層次（低階主管層次）**

20. **D** **人員順適是由於非正式組織具備社會控制的作用所產生。**

21. **D** 組織生態的觀點主張**管理當局不能墨守成規，以不變應萬變，必須隨**時依情況的需要作適當的處理與運用，因此可說**制度是生長起來的，不是製造出來的。**

22. **C** E（Empowerment）係指能**賦予員工活力，提供學習與成長的機會。**

23. **B** 完型理論的五種重要運作系統除題目(A)(C)(D)所述三者外，**尚有作業核心和支援幕僚。**

24. **B** **組織（Organization）是結合與指派全體工作人員的職掌，**所設立的結構體，其構成組織的步驟，即依題目(B)所述之順序，逐一進行。

25. **D** 反之，**若上級命令符合部屬心智能力之程度越小，則無異區間也越小。**

26. **D** 「授權」係指管理者**將某種職權與職責指定某位部屬承擔，使部屬可代表管理者執行管理工作，**授權的程序即依題目(D)所述。

27. **A** **集權與分權的程度是用來衡量一個組織結構的重要指標，**各種組織分權程度的高低排列依題目(A)所述。

28. **A** 陳德勒（Chandler）認為**企業策略制訂係參考當時環境的變化，**而策略隨環境調整或變化以後，**不僅組織結構設計應跟著調整，而高階主管的管理角色也會發生變化。**

29. **B** 當計畫完成後，接著便要進行一連串的職位劃分和權責分配，使各工作人員和各部間之縱橫關係建立起來，此種**「分工合作」的結構即為「組織」。**

30. **B** 組織是結合與指派全體工作人員的職掌，所設立的結構體，以協調彼此的工作，達成共同的目標。

31. **C** 以「行銷通路」作為部門劃分的基礎，是在**強調工作目的的完整性。**

32. **A** 當一個組織或機構擁**有多種產品線或規模龐大時，更適宜採產品別組織。**

33. **C** 因各部門主管直接就其負責的產品項目進行生產與行銷，對其產品具充分的管轄權，甚至須**自行負責該產品的盈虧責任。**

34. **A** 傳統觀點認為，凡與企業目標有直接相關的業務部門，稱之「**直線**」；反之，則稱為「幕僚」。

35. **D** 非正式組織是正式組織關係以外，**因人員間種種的社會關係所發展出來的團體，**婦女會即屬此類組織。

36. **B** 係指**必須擔負職務上的責任，**它也是代表必須完成被賦予任務的一種責任。

37. **C** 由於部屬能力較高，主管本身條件優良，而傳達工具便利，且還有幕僚人員可資助者，則專業知識、領導能力和溝通順暢，其**管理幅度自宜較大。**

38. **D** 現代積極的管理觀點在於有效運用（管理）非正式組織，用以輔助正式組織。因此，**管理者應設法將非正式組織納入組織可控制範圍，以期為企業帶來更大的利益。**

39. **D** 單位/小批製造適合有機式結構；連續性生產適合有機式結構；**大量製造適合機械式結構。**

40. **B** 費堯在其管理十四原則中提出了**團隊精神原則。**

41. **D** 組織一詞因研究者觀察的角度不同，而有不同的解釋，大致上可以分為**靜態的、動態的、生態的、心態的**等四種不同觀點的意義。

42. **C** 偏向古典學派的管理學者認為，在組織設計上應為**高架式（或稱層級式）組織結構，組織階層多，管理幅度小。**

43. **C** 組織結構之三大基礎：**職權（Authority）、職責（Responsibility）與負責（Accountability）。**

44. **C** 影響組織結構的權變因素包括**策略、組織規模、技術、環境和人員**等五項。

45. **D** 無邊界組織又稱為網路式組織（Network organization），**它是由奇異（GE）電器公司總裁威爾許（Jack Welch）所提出。**

第三章 領導機能

考試頻出度：經濟部所屬事業機構 ★★★★★
中油、台電、台灣菸酒等 ★★★★★

關鍵字：態度、認知失調、性格、知覺、月暈現象、刻板印象、歸因、學習、領導、構面、管理格道、情境、路徑、魅力型、轉型、激勵、需求層級、公平、增強、人性假定、溝通。

課前導讀：本章內容中較可能出現考試題目的概念包括：認知失調、馬基維利主義、五因素人格特質模型、知覺誤差、操作制約論、組織公民行為、領導者的權力來源、李科特之四系統理論、兩構面理論、管理格道理論、三構面理論、費德勒領導權變模式、路徑—目標理論、魅力型領導、轉型領導、願景型領導、激勵理論的分類、需求層級理論、兩因子理論、ERG理論、公平理論、X理論與Y理論、溝通要素、溝通管道、群體溝通網路的型態、組織溝通的障礙、木桶定律、墨菲定律。

第一節 組織行為與個人行為

一、組織行為

(一) **組織行為的意義**：組織乃由「人」所構成，組織的活動也源於「人」的活動。因此研究領導就須先了解人在組織環境內的行為，此為「組織行為」（Organization Behavior；OB）的研究重點，**其目的在於解釋並預測員工的行為**。組織行為的研究，涵蓋心理學、社會學、社會心理學、人類學、政治學等學科。

> **組織行為的重心**：研究重心在討論有關「人」的各種行為與其影響因素，並期望透過管理系統，使人的行為（包含個體與群體行為）能與組織的目標整合。

(二) **組織行為的重點**：組織行為的重點範圍包括下列二者。

1. **個人行為（Individual Behavior）**：主要來自於心理學家的貢獻，其探討重點包括態度、性格、知覺、學習、動機（激勵）。

2. **群體行為（Group Behavior）**：探討重點包括規範、角色、群體建構與衝突等。

(三) **個人傾向與集體傾向：**

　1. **個人傾向（individualism）**：在個人傾向高的社會中，每個人只顧及自身的利益，每個人自由選擇自己的行動，強調的是個人價值與報酬的對等。

　2. **集體傾向（collectivism）**：在集體傾向高的社會中，每個人必須考慮他人利益，組織成員對組織具有精神上的義務和忠誠。

 二、個人行為的基礎

(一) **態度（Attitude）**

　1. **態度的定義**：態度係指個人對人、事、物所採取的衡量觀點，即個人對社會中各項事物之評價，例如「我熱愛我的工作」就是態度的表現。**在個人行為模式中兼具有情感、行為與認知成分的即為態度。**

　2. **構成態度的成分：**

成分	內容說明
認知成分 **Cognitive Component**	指一個人選擇、組織及解釋其所感受到的資訊，以產生其內心世界有意義事物、信念、意見或知識的過程。
情感成分 **Affective Component**	指個人態度在情緒上或感情上的部分。
行為成分 **Behavioral Component**	指個人為了達成某種事物而表現特定行為的意圖。

　3. **態度的形成：**

　　(1) 由實際接觸的經驗而形成。例如使用某種品牌汽車的經驗，就會影響個人對該品牌汽車的觀點。

　　(2) 由學習而形成。例如透過傳媒的宣傳或同儕團體的推介。

牛刀小試

(　)　態度不包含以下何種成分？　(A)認知成分　(B)理解成分　(C)情感成分　(D)行為成分。　　　　　　　　　　　　　　　　　　**答：(B)**

4. 認知失調（Cognitive dissonance）：**當個體知覺到本身有兩個以上的態度、或態度與行為之間的不一致，就會產生「認知失調」的現象。**認知失調會造成個體不舒服的感覺，因此個體會採取減少不一致情況的行動以降低不舒服感。

處在認知失調的情況下，個體通常將會採行「以下三種策略以降低認知失調所產生的心理衝突」：

(1) 忽略不一致的行為。

(2) 改變行為以適應態度。

(3) 蒐集新的資訊來支持新行為以改變舊態度。

> 認知失調產生背景因素：當主管指示部屬從事違反部屬本身價值道德觀的任務時，就可能造成該部屬認知失調的現象，為了解決這種觀點上的不一致，部屬可能拒絕這份工作或辭職，亦可能說服自己，忽略本身的價值觀。

(二) **性格（人格、個性）與性格評量：**

1. **性格的定義**：性格（或稱「人格/個性」；P ersonality）係指個人對外界事物一致性、持久的反應，用來區分個人的心理屬性組合。

2. **與組織行為有關的性格特質/個性型態：**

型態	內容說明
內、外控傾向 **Locus of Control**	內控傾向（內向性）者認為命運掌握於自己，外控傾向（外向性）者認為命運受外力所控制。故外控傾向者將失敗歸於同事不合作、上司偏見，對工作較不滿意，疏離工作。而內控傾向者會將失敗歸於己身，因此對工作較投入。
風險偏好 **Risk Propensity**	指個人對工作過程及結果不確定性偏好之程度。具高風險偏好者決策迅速，不需要太多資訊，適合如股票投資等工作；「低風險偏好者則適合如會計等需仔細思考的工作」。
自尊 **Self-Esteem**	係指人們在喜歡或討厭自己的程度上之特質。自尊與成功期望有關，而對於低自尊的人，其對外界的影響感覺要比高自尊的人來的敏銳。也有研究顯示自尊與工作滿足有相當的關聯。
權威主義 **Authoritarianism**	權威主義者相信階級與權力，故具有高度權威者容易欺上罔下、嚴厲、抗拒改變、不信任。權威主義者適合結構化、須嚴格遵守規章的工作，較不能勝任需與他人周旋、適應多變環境的工作。
馬基維利主義 **Machiavalianism**	係指個人以「實用性」為本位，不為感情、情緒所影響，並相信為達目的可以不擇手段。馬基維利主義者適合需談判手腕或績效獎賞高的工作。

型態	內容說明
自我監控 **Self Monitoring**	係指個體為適應外界環境因素以調整其行為的能力。「自我監控度高者」，能在調整他們的行為適應外界環境時，展現「較大的適應能力」，而自我監控度較低者更為注意或遵循他人的行為。

3. 性格評量測驗

(1) MBTI型指示法（Myers-Briggs Type Indicator）：
用來描述人格特質的語詞至少有十餘種，例如積極、害羞、有雄心、忠誠及懶惰等，研究人員企圖找出造成不同人格的主因，其中最普遍的方法之一為Myers-Briggs型指示法（另一種為五因素人格特質模型）。根據每個人的答案再將所有人歸類為下列四項之一：

> MBTI型指示法：是由上百個問題所組成，主要是問人們在不同情況下的反應或感覺。

A. **社會互動**：外向型或內向型。外向型的人主動、強勢且做事積極，他們會想要改變全世界。內向型的人害羞、內斂而專注於瞭解周遭的世界；他們喜歡安靜而適宜專心的工作環境，讓他們可以獨處，並有機會深入感受某些特定的經驗。

> 外向型的特質：外向型的人需要多變及行動導向的工作環境，除能夠讓他們接觸人群外，也可以讓他們獲得各種不同的經驗。

B. **對收集資料的喜好**：理性與直覺。除非已有標準的解決方式，否則理性者不喜歡新問題；他們喜歡遵循常規，希望有獨立的環境，對於內容細節很有耐心，這類人擅長於從事精密工作。相對地，直覺型的人喜歡解決新問題，不喜歡反覆同樣的事，常很快就下結論，沒耐心處理細節，不喜歡花時間於細微之處。

C. **對作決策的偏好**：感覺型與思考型。感覺型的人比較容易察覺他人的情緒、喜歡和諧、偶而需要讚美、不喜歡把不愉快的經驗告訴他人、較富同情心，與大部分的人關係良好。思考型的人較冷靜、不在乎他人的感受、喜歡分析與邏輯的程序、必要時會懲戒甚或資遣員工、看起來有點鐵石心腸，並傾向於只與同為思考類型的人處得來。

D. **作決策的方式**：認知型與判斷型。認知型的人比較好奇、自動自發、有彈性、適應力強及容忍力高。在執行任務前，他們會先瞭解整個工作的來龍去脈再下決定。判斷型的人具有決斷力、善於謀事、果斷而嚴格，他們會專注於任務的完成，作決策很快並且只蒐集和工作有關的資訊。

(2) **五因素人格特質模型（The Big-Five Model of Personality；簡稱五大模型）**：
五大模型所提供的不僅是一個有關性格的架構，**研究指出性格與工作效能間存有重要的關聯**。五大模型所包含的人格特質如下：

特 質	內容說明
外向性 **extraversion**	評斷個人社交、喜歡談論與決斷的程度。
親和性 **agreeableness**	評斷個人和善、合群及可信任的程度。
負責性 **conscientiousness**	又稱為「自律性」、「勤勉審慎性」。係在評斷個人責任感、可靠性、毅力及成就導向的程度，此種人格特質高的人通常工作績效比較好。
情緒穩定性 **emotional stability**	又稱為「神經質」。評斷個人冷靜、熱心、安定（正面的）或緊張、神經質、沮喪（負面）的程度。
對經驗的開放性 **openness to experience**	評斷個人想像力、藝術敏感及智力的程度。

(三) 知覺（Perception）

1. **知覺的定義**：係指人們對於感覺刺激後，用來解釋外在實體意義的一種「有選擇、有組織」的過程。換言之，乃個人對所接觸到的環境中各種訊息的處理。

2. **影響知覺的因素**：包括個人特質、情境特性等，個體特性會影響個體本身的期望及所運用的「防衛機制」（Defense Mechanism）。主要的防衛機制如下：

   (1) **投射（Projection）**：係指將他人假想如同自己來判斷，這種看法，通常易於扭曲對他人的判斷。例如自己有工作狂，應徵職員時也假設他人會如同自己一樣有工作狂。

   (2) **移轉（Transfer）**：係指將一些攻擊或情緒從原目標人轉至他人或團體上，即所謂遷怒的現象。

> **知覺的性質**：同樣的事物，對不同的人來說可能有不同的解釋。例如對於部屬完成任務的時間過久，有的主管可能解釋為該名部屬能力不足；但也有主管卻會解釋為該名部屬深思熟慮、辦事縝密，而給予正面的評價。
>
> **防衛機制的涵義**：係指個體在處理自我受到傷害時的適應技巧，經由此機制才能維護個人形象，避免自尊受到傷害。

3. **知覺誤差（謬誤的判斷）**：

(1) **選擇性認知（Selective Perception）**：亦稱為「選擇性知覺」。係指在溝通過程中，人們常常只聽到自己想聽的話之現象。析言之，選擇性知覺在溝通的過程中，接收者會基於個人的需求、動機、經驗、背景以及其人格特徵，來選擇觀看與聽聞某些事物之現象。選擇性認知常會造成下列的偏差：

　　A. **過度自信的偏差（overconfidence bias）**：是指對自己本身與所能貢獻的績效抱持不切實際的正面看法。

　　B. **先入為主的偏差（Anchoring effect）**：亦稱為「定錨效應」。是指人們評估事物的價值時，都會透過與同類事物比較，當一開始獲得有一個參考值後，對相關的事物，會以此作為原點來做移動、比較。在做決策的時候，會不自覺地給予最初獲得的信息過多的重視。

(2) **假設相似（Assumed Similarity）**：又稱為「似己效果」，乃因個體因為不了解他人，而以相似的特質認為與自己雷同。析言之，亦即主管傾向對那些與自己的特質很相近的部屬給予較高的績效評分，而對那些與自己特質不相近的部屬給予較低的評分。

(3) **刻板印象（Stereotyping）**：這是一種「以全概偏」的認知誤差。係指人們常將觀察對象歸屬於某一特定族群，並以此來快速判斷其性格之現象。析言之，當評估者考核員工時，會受到受評者所屬的社會團體或群體的影響，而以評估者對此群體的知覺為基礎來判斷受評者，此種評估偏誤即稱為刻板印象。

(4) **月暈效應（halo effect）**：亦稱為「暈輪效應」，這是一種「以偏概全」的誤差。係指評估者在評估員工績效時，可能會受到某項單一人格特質影響形成整體印象，而使整體的績效評估失真之現象；或主管可能因為不喜歡部屬的某些行為（如抽菸）而在其他所有項目都給予負面評價之現象。稱為暈輪效應。析言之，係指評估者考核員工時，僅以一兩個最顯著的因素來進行評估，而不自覺地將此顯著因素的

> **月暈現象的涵義**：當人們看到月亮的同時，周邊的光環也會被注意到；當一個人的「印象確立」之後，人們就會自動產生「月暈效應」，將第一印象的認知與對方的言行聯想在一起。

評估結果影響到其他因素之評分所產生的評分偏誤。例如當主管在進行員工績效考核時，因為某員工常遲到，導致主管對此員工做出整體績效表現不佳的考核結果，此即為月暈效應。

(5) **對比效果（Contrast Effect）**：當吾人「評判他人時，會受到先前印象中具有同特質的人相互比較而影響」。例如應徵職員時，對前一位的印象會影響對第二位的判斷。

(6) **比馬龍效應（Pygmalion Effect）**：又稱「自行應驗效應」。人會期待別人對自己有好印象，就會認真的表現良好行為；若期待別人會討厭自己，就會隨便表現。這種現象稱之為「比馬龍」效應。現代管理科學研究表明，如果一個人長期不能面臨挑戰，甚至無事可幹，那他必然會產生一種「懷才不遇」的挫折感，極有可能失去原有的滿腔抱負和凌雲壯志，甚至產生牴觸情緒，進而離開他最初的組織。因此，任何一個組織都應該給新參加工作的人員必要的壓力，為他們提供成長鍛煉的機會和施展才華的舞台。

> 比馬龍效應的應用：日本松下公司的「中級人才」觀以及「讓B級人做A級事」等都是高期望式激勵，這些無一不是人力資源管理中「比馬龍效應」的具體實踐。一些企業甚至認為，「擔子壓出一流人才」。其實，在應用「比馬龍效應」必須配置一整套適度激勵機制，否則會適得其反。

(7) **燙爐法則（Hot Stove Rule）**：係員工紀律設計之原則，其意義是指讓成員有犯錯將立即遭受處罰！猶如觸摸燙爐傷手之認知，成員不致心存僥倖。

　　A.警告性質，如小心燙傷、內有惡犬。

　　B.馬上反應，如一碰就燙傷起泡。

　　C.一致的，所有的地方、碰到的都一樣。

　　D.沒有例外，任何人碰到都一樣，這一點最重要。

(8) **自利偏差（Self-serving Bias）**：自利偏差是一種心理學現象，即人們傾向將本身的失敗或問題怪罪於外部原因（環境），並將成功歸因於內部原因（自己的性格特質）時，即產生了自利偏差之現象。例如某主管提到：「部下的功勞歸長官，長官的過失部下扛。」即是這種現象。

> 自利偏差的涵義：歸納言之，人們判斷自己的行為時，我們會傾向將成功歸為自己的努力或能力佳，將失敗歸為運氣不佳。此種傾向，稱為自利性偏差。

(9) **近期偏差（Regency Bias）**：是指人們特別重視最近的數據及經驗的現象，例如某員工素來工作表現良好，但今年卻在上司打考績期間犯錯，而獲得較低的考績，此即發生近期偏差的現象。

(10) **基本歸因謬誤（Fundamental Attribution Error）**：係指人在解釋別人的行為原因時，有時傾向歸因於個人內在特質（一定是他有這樣的人格，才做出這樣的行為），而非外在情境因素（也許是情勢所迫，或這個場所有特

殊的潛規則）。最典型的例子是認為「自己成功是因為自己努力，別人成功是因為那個人幸運；別人失敗是因為那個人不夠努力，自己失敗則是因為自己不幸」。

4. **歸因理論（Attribution theory）**：為社會心理學的理論之一。歸因是指觀察者從他人的行為推論出其行為原因及因果關係。心理學家哈羅德‧凱利（Harold Kelley）提出「共變模式」（covariation model）來解釋，什麼時候人會傾向採內向歸因，什麼時候傾向採外向歸因。「共變模式」以三個「維度」（面向）考量比較判斷他人的行為如何隨著時間、地點、自身角色、參與者與其他情境因素而「一起改變」。

(1) **意義**：此理論的提出是為了能夠解釋我們對人的不同判斷，乃基於我們對特定行為的不同歸因所致。當吾人觀察個體行為時，試圖認定其是由內在或外在原因所引發。

　　A. **內在引發**：被認為是「在個人意識控制下的行為」。

　　B. **外在引發**：是「由於外界原因所造成的結果」，也就是個人迫於環境而發生的行為。

(2) **行為歸因決定於下列三要素：**

要素	內容說明
狀態差異性 distinctiveness	或稱為「獨特性」。係指個體是否在許多不同情境下都有同樣的行為表現，或只有在特定情境下才有如此的表現，前者被歸因為內在，後者被歸因於外在。
個體恆常性 consistency	或稱為「一致性」。係指個人是否出現規律且其恆常性較高，將被歸因為內在；反之，則為外在。例如，當某員工每天都準時五點下班，結果今天卻提前在四點便離開公司。我們傾向將其解釋為外部歸因，係根據一致性的原因。
團體共通性 consensus	或稱為「共同性」。係指：如果每個人面對相似情境時，都以同樣的方式應對，則稱此為有團體共通性，此種特性愈高，將被歸因為外在，反之則歸因為內在。共通性不會導致個體對事情的發生原因作出外部歸因的結論。

茲繪圖簡示如下：

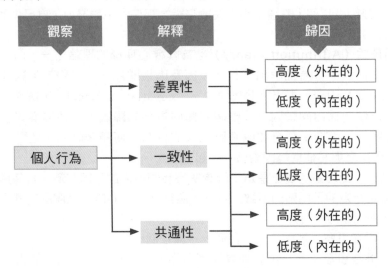

( ) 人們用來解釋其他人及本身行為原因的方法，稱為： (A)動機理論 (B)領導領論 (C)歸因理論 (D)學習理論。 **答：(C)**

(四) **學習**（Learning）

1. **學習的意義**：係指「個體經由『練習或經驗』使其行為產生較為『持久改變』的歷程」。人類所有複雜的行為，都是經由學習得來的，因此如果我們想要解釋並預測行為，就必須了解學習。

2. **學習理論**：

(1) **操作性制約**（Operant Conditioning）：又稱為工具性制約（Instrumental Conditioning），為史金納（B. F. Skinner）所提出。他認為操作性行為（即學習）不是由已知的刺激所引發，而是由有機體自己表現出來的行為，經由改變其行為結果來改變行為，行為發生時，使用增強物後行為得以獲得正向增強，

> **操作性行為的產生**：操作性行為是指自發的或學習而來的行為，係由外在刺激來決定。

強化行為之繼續出現，進而建立行為。所謂增強作用，就是使個體行為重複出現的機率因而增加的一種措施或是一項安排。

(2)**刺激類化（Stimulus Ggeneralization）**：係指當個體建立起某個特定「刺激」與某種「反應」之間的聯結後，與該刺激類似的其他刺激不需要經過再一次的制約學習歷程，也可引起相同的反應。在古典制約理論中說明當狗聽到鈴聲就會流口水的現象，即屬此類。

(3)**社會學習理論（Social Conditioning Theory）：社會學習論是「操作制約論」的延伸，也就是說，它假定行為是為了達到目的所採取的手段。**它說明個體行為不僅可經由學習歷程建立（即制約學習），藉由外界刺激來決定個體未來之反應；也可經由個體在環境中對事物的了解與預測（即認知學習），產生自我的目標、

> 楷模的作用：除制約學習及認知學習外，社會學習強調認知作用的重要性，其重心在於楷模（model），此稱為「替代學習」（Vicarious Learning）。

價值觀與信念，形成個體行為。透過觀察別人在執行的行為及該行為所產生的結果之經驗來加以學習。**「楷模」（Model）的影響力是社會學習理論的中心思想，其對個人的影響可由四個歷程決定：**

A. **注意歷程（Attentional Process）**：知覺到楷模的存在，並注意到其特徵。

B. **記憶歷程（Retention Process）**：當楷模不出現時，仍能回憶起楷模的行為。

C. **動作重現歷程（Motion Reproduction Process）**：亦稱「重複行為」歷程，係採模仿並表現楷模所示範的動作。

D. **增強歷程（Reinforcement Process）**：提供正向的動機與報酬，去鼓勵並強化人們重複展現楷模的行為（也許是楷模所設計好的行為）。

(4)**自我效能**：係指個人對自己有能力完成任務的信念。析言之，它是一種人們對自己組織並執行必要行動方案以達成特定績效的一種能力判斷，而非是一種可擁有的技能，而是指個人能夠如何善用所擁有的技能的一種信念。

牛刀小試

（　） 社會學習論的中心為：
(A)楷模　(B)強化　(C)管理者　(D)工作。　　　　　**答：(A)**

3. **單環學習（single-loop learning）與雙環學習（double-loop learning）**

項目	內容說明
單環學習	係指一種解決問題的邏輯。當人們遭遇到問題時，會採取行動並得到結果；如果問題沒有解決，再檢討解決問題的對策，並修正解決問題的行動，直到問題被解決為止。如此迴圈不已，直到目標達成為止，**這在「品質管理」上稱之為PDCA迴圈（Plan-Do-Check-Action），亦稱為「單環學習」。**
雙環學習	係指不同層次的問題解決邏輯。當人們不論用任何方法都無法有效地解決問題時，問題可能不是出在做事情的方法，而是「看事情的角度」。因此，人們需要對行動背後的想法加以檢視，反思其看問題的心智模式並改善它，如此一來也許對問題的定義會有所不同，進而才能採取真正有效的行動。

> 單環與雙環學習的重點：簡單來說，「單環學習」較傾向行動，而且是多屬於較為運作層面上的修正，一個生產線上的品檢員就是一個最佳例子；「雙環學習」則會較為傾向反思的一端，而且是以挑戰既存現況的一些深層假設為主。對一個企業來說，單環學習與雙環學習是同等的重要。

4. **經驗式學習與觀念式學習**：學習是指透過親身經驗或資訊吸收，而致使行為產生持續而穩定的改變。許多行銷活動都是在促使消費者學習，以便消費者在方案評估與選擇時能出現有利於個別品牌的態度與行為。消費者的學習有兩種：
   (1) 經驗式學習：經驗式學習係指透過經驗或實行（doing）的方式來進行學習，亦即個人透過生活事件而獲得判斷、情感、知識或技能的改變。
   (2) 觀念式學習：觀念式學習是指間接的學習方式，主要透過外來資訊或觀察他人行為的方式學習。

5. **社會化與社會賦閒效果**：企業組織成員從其他成員身上學習以融入組織的過程，包括恰當的行為、不恰當的行為以及價值觀等，這種行為稱為「社會化」。依正常邏輯思考，當個人的數量增多，群體規模擴大，理論上來說，群體的力量應該隨之增加。但有時候，事實似乎不然。隨著群體的逐漸擴大，反而使得每個成員的貢獻度相對逐漸減少，此現象稱為社會賦閒效果。因為，當人多時難免有人存搭便車心態，尤其在無法明確衡量出個別績效時。一旦有人發現或感覺到別人有搭便車的現象，為了公平起見，自己也會開始保留自己的付出，使總體的成就遠不如個人成效的加總。簡而言之，「社會賦閒效果」係指當團體的人數越多的時候，團體成員傾向會比自己單獨工作時，投入越少的努力。改善社會賦閒效果的方法：

(1)強化個人績效評估的明確性。

(2)加強組織成敗與個人貢獻的關聯。

(3)盡可能減少團體人數。

(五) **動機（Motivation）**

1.**動機的意義**：動機在心理學上一般被認為涉及行為的發端、方向、強度和持續性。動機為名詞，在作為動詞時則多稱作激勵。在組織行為學中，激勵主要是指激發人的動機的心理過程。

2.**自我決定理論（Self-determination Theory；STD）**：簡稱「自決理論」，是一個有關於人類個性與動機的理論，其研究著重在探討「內在動機」與「外在動機」，並嘗試了解內在動機影響人類行為的途徑。自決理論提出了下列三個人們天生具有的需求，如果能滿足該需求，則將會為個人帶來最佳的發展與進步；反之若未達成則會出現零碎/反作用/疏離的自我。

(1)**能力**：亦稱為「自我效能（Competence）」。係指嘗試去了解個體本身所具有的能力，以及個體對於任務可能完成的結果與效能。

(2)**自主性**：亦稱為「自主與自決性（Autonomy）」。係指該行為與動機是否是發自內心，以及該行為是否是自我決策而非受他人影響。

(3)**人際關係**：亦稱為「與自我相關性（Relatedness）」。係指基於想與他人互動的本能，從事該行為是否具有製造與他人互動的機會。

三、組織公民行為

(一) **組織公民行為（organizational citizen behavior；OCB）**：亦稱為「組織公民意識」。係由Demnis Organ教授所提出，他將其定義為：未被正常的報酬體系所明確和直接規定的、員工的一種自覺的個體行為，包括願意幫助新員工、自願分擔分外工作、避免不必要爭端及提出建設性建議等行為，這種行為有助於提高組織功能的有效性。這些行為一般都超出了員工的工作描述，完全出於個人意願，既與正式獎勵制度無任何聯繫，又非角色內所要求的行為。簡言之，它是一種不直接或明白標示在正式職務說明書內的自願性行為，卻能促進組織的績效。

(二) **組織公民行為的五大因素**：Organ認為組織公民行為由下列五個因素組成：

1.**利他主義（altruism）**：是指員工願意花時間主動幫助同事完成任務，例如一個資歷較深的員工主動自願協助另一位新進員工順利步上工作軌道，雖然此行為並不屬該資深員工的工作範圍內。

2.**勤勉正直（conscientiousness）**：或稱為「盡職行為」、「自主意識」。是指員工的表現超過組織的基本要求標準，他能夠儘早規劃自己的工作計畫

以及設定完成工作的時間。例如一個員工在休假或休息時間，仍會將時間投入在組織工作上。

3. **運動家精神（sportsmanship）**：是指在不理想的環境中，仍然克盡職責，不抱怨環境不佳，不將離職掛在口邊，仍然盡忠職守。例如新政策的實施對某位員工造成極大的不便，他還是會接受此政策，而無任何怨言。

4. **殷勤（courtesy）**：或稱為「謙恭有禮」、「禮貌周到」。是指在工作上，個人在行動或決策之前，會先去徵詢他人的意見，或是遇到重大決策改變，會先知會上司。它與altruism概念有點類似，但courtesy重在預防。例如某研發人員在進行產品設計前，會主動與製造生產部門人員諮詢，以求產品設計出來後能方便適用於現有的產能和技術設備。

5. **公民道德（civic virtue）**：是指員工關心組織，改善服務品質，只要是對於組織或大眾有利的行為，就會去做。例如某位總公司的行銷人員隨時主動關心其他事業單位所發生的市場問題，並予以協助解決，雖然此行為並不影響該行銷人員的工作績效。

重要 **四、周哈里窗**

(一) **周哈里窗的意義與內涵：「周哈里窗（Johari Window）」係在展示有關「自我認知」、「行為舉止」和「他人對自己的認知」之間在有意識或無意識的前提下所形成的差異。** 此概念將分割成四個範疇，即：面對公眾的自我塑造範疇；被公眾獲知但自我無意識範疇；自我有意識在公眾面前保留的範疇；公眾及自我兩者無意識範疇，亦稱為潛意識。

> 周哈里窗：這個理論係由美國社會心理學家Joseph Luft和Harry Ingham在1955年所提出，故由此兩人名字之前兩個字母來命名。

「周哈里窗」理論在企業領域裡的組織動力學中起了很大的作用，它清楚地展示了自我認知和他人認知之間的差異，通過調整和改善自我與他人之間的互動關係，進而改善工作氣氛、提高工作效率。

自己掌握的資訊

	自己知曉	自己未知
他人知曉	開放我	盲目我
他人不知	隱蔽我	封閉我

（對方能掌握的資訊）

上表中每個視窗之意義簡述如下：

視窗	內容說明
開放我	開放我是指自己瞭解而別人也知道的部分，個人可以透過自我揭露或是尋求回饋，來擴大這一部分的自我，例如性別、身高籍貫等。
盲目我	盲目我是指自己不瞭解而別人卻知道的部分，例如我們的一些習慣如口頭禪。盲目我視窗的大小與自我省察的程度有關，如果能「吾日三省吾身」，盲目我自然就會變小。
隱藏我	隱藏我係指自己瞭解而別人不知道的部分，例如我們的童年或辛酸往事等。
封閉我	封閉我亦稱為「未知我」，係指自己不瞭解而別人也不知道的部分，這就是所謂「潛能」的部分。

(二) **發展周哈里窗的目的**：發展周哈里窗理論之目的有三，說明如下：

項目	內容說明
自我給予	通過縮小自我認知的私人領域，擴大公眾領域，消除人與人之間因為認知的差異帶來的誤解。具體描述就是通過向對方講述自我保留的東西而減少不必要的精力和時間的消耗。通俗的説就是坦誠相待。
他人反饋	通過他人直接表達對自我無意識領域的認知，贏得了更好了解自我的可能性，從而使自我無意識轉向有意識的公眾領域。
形成良好交流環境	三個領域的互動，縮小私人領域、縮小自我盲點、擴大公眾領域可以幫助自我與他人形成更好的交流環境。

五、情緒商數

情緒商數（emotional quotient, EQ）被認為在執行工作上，重要性勝過智商（IQ），它已被證實，在各個層面中都與工作績效有關。EQ並不是一種技術技能（technical skills），但它卻是決定了個人能否成功地應付外界的需求與壓力。情緒商數是由下列五個構面所組成：

(一) **自我覺察（self awareness）**：瞭解自我感受的能力。

(二) **自我管理（self-management）**：管理情緒與衝動的能力。

(三) **自我激勵**（self-motivation）：面對挫折、失敗，仍能堅強到底的能力。

(四) **同理心**（empathy）：能體會他人心境的能力。

(五) **社會能力**（social skills）：能處理他人情緒的能力。

第二節 領導理論

一、領導（Leadership）

領導是管理程序中的一項重要功能。所謂領導，係指管理者為確保組織活動如期發展，而須從事監督、衡量及導正績效的工作。依據程序學派的觀點，管理功能中「領導」較需要用到人際關係技巧。但「領導者並不一定是組織中的管理者」，沒有組織正式職位的領導者，亦可憑藉其個人的能力或其他因素，影響他人，使他人樂意追隨。因此，領導者可以分為正式領導者與非正式領導者二種，正式領導者係指擁有組織正式職位的管理者，而非正式領導者，則在正式組織中並沒有主管職位。

二、領導者的權力來源

領導的基礎－－權力（Power）：領導既然是一種「影響他人的過程」，那麼欲對他人造成影響，領導者本身必須具有權力基礎，這也是領導力量的來源。**「權力」（Power）不同於「職權」（Authority），職權來自於正式職位，而權力則有可能來自個人屬性，不一定與工作相關，也不見得與組織中的法定地位相關。**例如對權力具有強烈需求的人，會想透過提供意見和建議以直接影響他人的決定，或是透過聊天，使他人從事特定活動。關於權力的種類與來源，學者法蘭屈與雷門（French & Raven）認為有下列五種（領導的基礎）：

權力的種類	權力的來源
法統權力 **Legitimate power**	亦稱為「合法權力」、「法定權力」，此為組織授予領導者的職權。領導者依據組織職權的規定而賦予領導部屬的權力，謂之。一位主管由於經過正式任命，具有領導下屬之權力，下屬認為接受其命令是理所當然，即屬此種權力。
獎酬（賞）權力 **Reward power**	係指領導者給予部屬獎賞、升遷、稱讚等正面利益或獎酬或有價值的獎賞的權力。此種權力不一定來自職權，亦即非組織亦可能授予領導者擁有的權力。

權力的種類	權力的來源
威嚇權力 Coercive power	亦稱為「強制（懲罰）權力」，此為組織授予領導者的職權。領導者對於不服從的部屬或不滿意的部屬，可以採取降職、調職、解聘、減薪等方式，以強制其遵守的權力。
專家權力 Expert power	所謂專家權力是指領導者本身擁有專門的能力、技術、專業知識或特殊資訊，足以領導他人而產生領導作用的權力。如行銷專家、財務專家、人力資源專家等，此皆有助於工作之順利和有效進行，使他人願意受其影響而產生權力。
參照權力 Referent power	亦稱為「尊重權力（Respect power）」。這種權力主要來自於個人的魅力與特質，獲得他人的敬愛與尊重，進而使他人願意接受他的影響所獲得的權力。

法蘭屈與雷門在1959年於「社會權力的基礎」之一文中，提出前述的五種基礎，1975年雷芬與克魯格蘭斯（W.Kruglanski）認為領導基礎尚可加上「資訊權力」，到了1979年赫賽與高史密斯（P.Hersey & M.Goldsmith）認為「關聯權力」亦為領導的基礎。

(一) **資訊權力**（information power）：係指領導者擁有或接近具有價值的資訊，而被領導者想要分享其資訊，如此所產生的影響力。

(二) **關聯權力**（connection power）：係指由於某人與組織內或組織外具有權勢地位的重要人士有相當的關聯性，他人基於巴結或不願得罪的想法，而接受他的影響力。

三、職權來源的理論

相關理論	權力來源觀點
職權形式理論 Formal Theory of Authority	職權係來自於頂層，上司有權要求部屬服從，故其職權來源係由上而下。
職權接受理論 Acceptance Theory of Authority	係巴納德(Chester Barnard)所提出。其主要論點係指職權係由上而下，必須部屬願意接受才具有其職權。他認為權威不在發令者而在受命者，發令者若要受命者完全接受命令，則必須符合下列要件：1.受命者確已了解；2.合於組織目標；3.不違背受命者權益；4.受命者有能力加以執行。

相關理論	權力來源觀點
知識職權論 **Authority of Knowledge**	以知識的豐富高低來衡量處理問題所屬的職權，知識最高者便具有該項職權。
情勢職權論 **Authority of The Situation**	不以正式授權為職權基礎，係以當時之情境所需，由在現場者行使其職權。

牛刀小試

( ) 有關領導的情境定義，認為領導是三種變項的函數值，請問下列何者不是其變項？ (A)領導者 (B)追隨者 (C)情境 (D)權力基礎。　**答：(D)**

四、管理者與領導者的關聯性

由領導的定義與領導權力的來源觀之，可清楚知悉：「領導者與管理者並非同義詞」。茲分述如下：

(一) **管理者**：身為組織中的一個管理者，若想要影響部屬的行為時，他可能運用上述五種權力基礎中的任一種，或者是五種同時使用，因為組織賦予該管理者法定的職權，故**他可以使用法統權、獎賞權或強制權等正式權力。**

(二) **領導者**：領導者不見得在組織中擁有正式地位，**但他仍可透過專家權或參考權來影響他人**。例如總統在卸任後，雖然沒有正式職位，但其一言一行在政治與社會上仍具有相當的影響力；非正式組織中的領導者亦為其例。

(三) **結論**：由上可知，**領導者不一定是管理者**，但除非所屬員工辭職離開公司，否則管理者對員工就得要負起領導者的機能，即**領導者包括管理者，亦即管理者必然是領導者。**

重要 五、領導理論

(一) **領導特質理論**（Trait Theory）

1. **意義**：又稱性格理論、偉人理論。係從領導者的個性立場，研究怎樣的人才能成為一位優秀的領導者，所謂「英雄造時勢」，即是指此種理論。這種理論認為領導者是天生的，是一種主張領導者與追隨者之間有一些特質與技能上的差異的領導理論，

> 領導特質理論：研究「怎樣的人才能成為一位優秀的領導者」或所謂「英雄造時勢」，即指此種理論。

這種領導者人格之特質在其充滿「自信心」。鴻海郭台銘先生認為「阿里山的神木之所以大，四千年前種子掉到土裡時就決定了，絕對不是四千年後才知道」，即是此種理論。

2. 特質理論因有下列的缺陷，導致它在解釋領導行為方面的不成功，故逐漸被放棄：
   (1) 忽視下屬的需要。
   (2) 沒有指明各種特性之間的相對重要性。
   (3) 缺乏對因與果的區分。
   (4) 忽視情境因素，亦沒有考慮領導者與情境之間的交互作用因素。
   (5) 其研究結果無法應用在不同性質的組織中。
   (6) 屬性太多且太過複雜，而且不同的研究之間彼此常有矛盾的現象。

(二) 領導者行為模式理論

1. **三種領導方式（White＆Lippet）：**
   (1) **民主式領導（Democratic Leadership）：**民主式領導乃指企業組織的主要政策，係由組織的成員參與決定，**領導者站在協助與鼓勵的立場，經由共同討論參與的互動過程來解決企業組織的主要問題。**析言之，民主式領導並非以組織上的權威來強迫部屬服從，而是領導者尊重部屬意見，指導部屬，關心部屬，使用讚許或建設性的話語，善用授權、溝通等方式，以加強部屬的責任感。
   (2) **專制式領導（Authoritarian Leadership）：**專制式領導又稱權威式領導、集權式領導、獨裁式領導，係以領導者為中心之領導型態。**亦即所有決策均由領導者制定，領導者決定公司內所有的重要事情。部屬不允許參與意見表達與決策過程，僅負責執行既定決策。**
   (3) **放任式領導（Laissez-faire Leadership）：**放任式領導的行為型態傾向給予員工決策上的完全自由，並讓員工自由的選擇完成工作的方法，**領導者採無為而治的態度，只提供成員所需的資料與資訊。**同時，他亦不評定部屬優劣，功過亦無獎懲。古代的「無為而治」即類似放任式領導的精神。

牛刀小試

（　）　下何者不是民主式領導（Democratic Leadership）的缺點？　(A)決策常是妥協下的產物　(B)容易洩密　(C)組織喪失創新能力　(D)領導者易成鄉愿。　　　　　　　　　　　　　　　　　　**答：(C)**

2. **李科特之四系統理論**：李科特（R. Likert）以數百個組織為對象，進行領導行為（即組織氣候）的研究，根據研究結果他將領導者的領導風格，以「連續帶」的方式，將其分為S1、S2、S3、S4四個系統（Systems）來表示。

S1	S2	S3	S4
剝削式的集權領導	仁慈式的集權領導	諮商式的民主領導	參與式的民主領導

李科特的四個管理系統的意義說明如下：

項目	內容說明
系統1	**部屬向來均不能過問決策程序。可見管理階層對部屬缺乏信心。**凡屬決策，大部分均由管理階層作主；然後向下交付，並於必要時以威脅及強制方式執行。主管和部屬，都是在一種互不信任的氣氛下互相接觸。機構中的非正式組織通常均反對正式組織的目標。
系統2	**管理階層對部屬有一種謙和的態度，較低層次也能作部分決策，但有一定限度。對員工的激勵，有獎勵也有懲處。**在上下關係方面，管理階層雖然謙和，但部屬仍小心翼翼，心存畏懼。機構中的非正式組織雖然也反對正式組織的目標，但不一定必然反對。
系統3	**管理階層對部屬有相當程度的信任。主要決策仍握在高階層手裏，可是部屬也能作某些特定的決策。**有雙向的溝通，主管部屬大致均能互信。機構中的非正式組織有時支持正式組織的目標，偶而也會作輕微對抗。
系統4	**管理階層完全信任部屬。**決策採行高度的分權化，溝通方面，有自上而下的溝通，有自下而上的溝通，還有平行的溝通主管部屬間的交感，表現充分的友誼和互信。正式組織和非正式組織往往合為一體。

　　根據李科特的研究報告指出，高成就部門的經理人，大部分均係在連續帶的右端（系統4），而低成就部門的經理人均在左端（系統1）。

3. **兩構面理論（Two-dimensions Theory）**：美國俄亥俄州立大學（Ohio State University；OSU）的學者研究發現，領導行為可利用兩個構面來加以說明。第一個稱為「定規」（initiating structure），係指領導者在達成目標的過程中，可能為自己與為組織成員界定及結構化角色的程

> **兩構面理論的發現**：研究結果發現，一位高定規與高關懷導向的領導者（高－高的領導者）會比高低各半或兩者皆低的領導者「有更高的群體績效和滿意度」。

度，包括將工作本身、工作關係和工作目標予以組織的一種企圖；第二個構面稱之為「關懷導向」（consideration），係指領導者以互信和尊重成員想法及感受來定義工作關係之程度。具高關懷導向的領導者友善、親切、會協助部屬解決私人的問題，同時還會平等對待所有的員工。他們關心部屬的工作舒適、福利、狀況，和工作滿意度。

兩構面理論如右圖所示，在「定規」這個構面上有不同程度的規定，由多定規到少定規；同樣的，在「關懷」這個構面上亦有不同程度的關懷，由高關懷到低關懷。

俄亥俄州立大學所獲致的結論如下：

(1) **生產部門**：高定規一定有效。

(2) **非生產部門**：高關懷一定有效。

(3) **高定規和低關懷**：一般而言，效果最差。

(4) **高關懷和高定規**：一般而言效果最好，但有時會視情境產生例外。

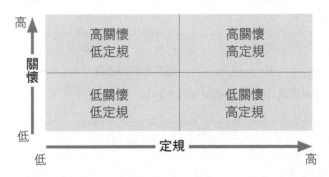

4. **管理方格理論（Managerial grid theory）**：係「布列克（Robert R.Blake）和摩頓（Janc S.Mouton）」（有翻譯為白萊克與毛頓）兩位學者所提出（亦稱為「管理格道理論」）。其係利用「關心生產」與「關心人員」兩個構面來研究領導型態，管理方格理論用座標來代表兩構面的各種組合方式，每個構面「各有九種程度」，因而圖表上會有81個方格，代表81種領導型態，如下圖所示。

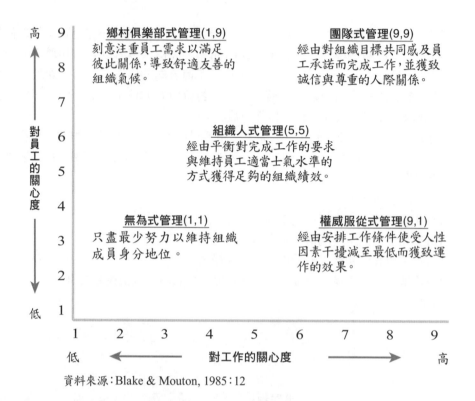

資料來源：Blake & Mouton, 1985：12

領導 型態	內容說明
(1,1) 型	對於生產和人員都以低關心程度來對待，為一種有氣無力的管理，只要不出差錯，多一事不如少一事，**故亦被稱為「放任管理」**（impoverished management），**屬於「無為而治型」或「赤貧型管理（領導）」**。
(1,9) 型	較不關心生產，但極關心人員的領導作風，亦即高度關心員工需要的滿足與友誼氣氛的培養，但可能疏忽工作績效，**故亦被稱為「鄉村俱樂部管理」**（country club management）**或「懷柔型管理」**。
(5,5) 型	適中的兼顧人員及生產兩方面的領導作風，以達成適度的工作績效、維持中度的員工滿足，故**亦被稱為「中庸管理」**（middle-of-the-road management）。
(9,1) 型	極關心生產，但對員工漠不關心的領導作風，此為極端任務導向的管理，著重生產效率，強調工作績效，**故亦被稱為「業績中心型管理」、「任務管理」**（task management）**或「工作導向型管理」**。

領導型態	內容說明
(9,9)型	對人員與生產都極為關心的領導作風，藉由協調和群體合作，促進工作效率及維持高度的員工士氣，並達成組織目標，因此種領導是最有效的方式，故**亦被稱為「團隊管理」**（team management；團隊型領導）或「**理想型管理」**。

牛刀小試

( )　提出管理方格理論（Manegerial Grid Theory）的學者布萊克（Blake）與摩頓（Mouton）認為以下哪一種領導行為最有效？　(A)鄉村俱樂部型領導　(B)工作導向型領導　(C)中庸型領導　(D)團隊型領導。　**答：(D)**

5. **領導三構面理論**（three dimensional theory，簡稱3-D theory）：由兩構面進而到三構面理論，係屬近年來雷定（Reddin）的貢獻。**他所利用的三個構面是：任務導向**（task-oriented），**關係導向**（relationships-oriented），**與領導效能**（leadership- effectiveness）。
就前兩構面而言，和上述布、摩二氏理論中的「關心生產」及「關心人員」構面相似；不過，為簡化起見，雷定並未分得如此詳盡，他只分為四種組合，如右圖所示：

名稱	內容說明
分立者 separated	亦稱為「分離型」。**這種領導者是屬於任務及關係導向皆低，既不重視工作，也不重視人際關係**，和所屬人員似乎各不相干，一切照規定行事，不考慮個人差異和創新。其若其能適合環境，稱為「官僚者」，反之，則稱為「逃避者」。
密切者 related	亦稱為「關係型」。**這種領導者是屬於高關係低任務導向，只求與部屬關係融洽，和睦相處，但不重視工作和任務，對他來說，時間和效率都屬次要**。其若能適合環境，稱為「發展者」，反之，則稱為「傳道者」。

名稱	內容說明
盡職者 dedicated	亦稱為「奉獻型」。**這種領導者是屬於高任務低關係導向，不重視人際關係，一心只想達成任務，鐵面無私，憑公辦事。**若其能適合環境，稱為「仁慈的專制者」，反之，則稱為「專制者」。
整合者 integrated	亦稱為「整合型」。**這種領導者是屬於任務及關係導向均高，其能兼顧群體需求及任務的達成，能透過群體之合作以達成目標，故屬於整合性質。**若其能適合環境，稱為「執行者」，反之，則稱為「妥協者」。

(三) **情境領導理論**：由於領導者「屬性理論」與「行為理論」都沒有強調「情境」的問題，故而領導情境理論的目的在指出沒有一種領導方式是可以放諸四海皆準的，有效的領導方式應視不同的情境，而採取動態彈性的領導方式。**其中重要的「情境因素」包括：管理者的特性、部屬的因素、群體因素、組織因素等。**

1. **費德勒領導權變模式**（contingency model）：費德勒發展一套研究工具，稱為「最不受歡迎的工作夥伴」量表（Least Preferred Co-worker；LPC），用以測量一個人是「任務導向」或「關係導向」的領導風格。然後據以提出下列三種情境要素。

   權變模式主要強調「領導者的行為」與「情境對領導者有利的程度」兩方面的互動。並以下列三種主要的「情境要素」表示，費德勒認為這些情境能夠被控制，以便能和領導者行為做適當的配合：

情境要素	內容說明
領導者-部屬關係	指部屬對領導者的信任、信心與尊敬的程度，並且願意去接受其領導行為程度，又稱「群體氣氛」（group atmosphere）。（分為佳與劣兩類）
任務結構	指部屬的工作或任務是否明確、具體、例行性，或是模糊而多變化（分為高與低兩種程度）。
職位權力	指領導職位所正式擁有的權威程度，亦即領導者能對部屬實施指揮、考核、獎懲等權力的大小（分為強與弱兩類）。

上述三種情境因素，每一因素分成兩大類，故有2×2×2＝8種狀況的情境，如下圖所示。在此理論下，沒有哪一種領導方式可有效適用於任何一個情境。但可從改變情境來使領導方式變有效，例如改善和部屬的關係等。

由圖得知，在「領導者與部屬間關係良好、任務結構化程度高、領導者地位堅強之『最有利情境』」，以及在「關係惡劣、任務結構化程度低、領導者地位軟弱之最『不利情境』」下，「**任務導向**」的領導方式是較有效的領導；而處於「**中間程度**」時，以「**人員導向（關係導向）**」的領導方式所獲「**績效較高**」。

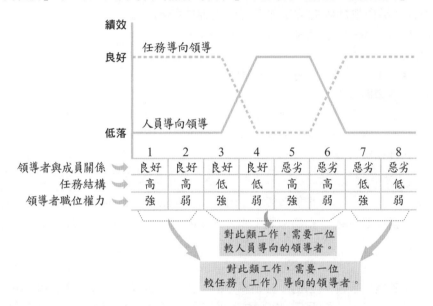

在各種情境下任務導向和人員導向領導者的績效圖

此理論暗示：由於個人的領導風格是固定的，因此要提升領導績效，只有兩種途徑：

(1) **更換領導者以求適合環境**：更換屬性適合於該情境的領導者。
(2) **改變環境以求適合領導者**：透過任務重組或增加（減少）領導者的權力。

牛刀小試

( ) 以下何者不為費德勒權變模式的情境因素？ (A)領導者與部屬關係 (B)部屬成熟度 (C)職位權力 (D)任務結構化程度。 **答：(B)**

2. **路徑─目標理論（path-goal theory）**：「路徑─目標」理論是由伊文斯（Martin G. Evans）和豪斯（Robert J. House）結合了伏隆（Vroom）的「期望理論」與俄亥俄大學（OSU）的「兩構面理論」。即將兩構面理論中的「定規」改為「工作的明確性」或「路徑─目標的明確性」，而將「關懷」改為「協助路徑達成」或稱「領導者的領導程度」所發展而成。歸納言之，本理論指出了「環境與部屬」兩種不同情境類型來詮釋領導者行為的結果，此理論**著重在領導者如何影響部屬工作目標的知覺或報酬，並探討導向成功地完成工作目標的途徑或行為。**

(1) **目標**：指領導者應建立達成目標的獎酬。

(2) **路徑**：意指有效能的領導者應該幫部屬澄清可以達成目標的途徑，並減少路徑中的障礙，以利目標的達成。

(3) **情境變數有二**：

A. 部屬控制範圍外的環境因素（工作結構、工作團體、職權特性）。

B. 員工個人特性（內外控、能力、經驗）。

(4) **四種領導行為**：

領導行為	內容說明
指導型領導	指導型領導（Directive Leadership）風格下的領導者明確地指導部屬工作方向、內容及技巧方法，並為部屬制定出明確的工作標準與規章制度。
支援型領導	支援型領導（Supportive Leadership）風格下的領導者是友善的、容易親近的，對部屬表現出充分的關心和理解，並且關心部屬的需要和內心感受，平等地對待及尊重部屬。
參與型領導	參與型領導（Participative Leadership）風格下的領導者能和部屬一道進行工作探討，徵求他們的想法和意見，並將部屬的建議融入到團體或組織將要執行的決策中。
成就型領導	成就型領導（Achievement-Oriented Leadership）風格下的領導者對部屬相當有信心，期望很高，他們會為部屬設計具有挑戰性的目標，以鼓勵部屬盡其所能。

(5) 領導行為對員工的工作動機、工作滿足、對領導者的接受與否等三項行為具有影響。因此，若領導者能補償員工在工作情境中所缺乏的東西，則對員工的工作績效與工作滿足都會有正面的影響。反之，若當任務清楚，員工也有足夠的能力達成時，領導者不應浪費時間給予指導，否則不僅會徒勞無功，甚至對員工形成侮辱。

(6)就產業而言，生產工作方式固定且重複，目標和路徑都十分清楚，因此，「領導風格應採支持式或參與式較佳」。

( ) 哪一種領導情境理論結合了期望理論與兩構面理論的要義？ (A)目標—路徑理論 (B)費德勒權變模式 (C)領導壽命循環理論 (D)領導連續帶理論。 **答：(A)**

3. **領導生命週期理論（Life cycle Theory of Leadership）**：係由賀塞（Paul Hersey）和布蘭查（Kenneth H. Blanchard）所提出。本理論因專注在員工特質，進而確認合宜的領導行為，亦即視部屬成熟度高低而決定適當地領導風格，故本理論亦稱為「情境領導理論」。他們認為沒有任何一種領導型式是可以放之四海而皆準，無往而不利的。領導有否效果，端視領導型式是否能與領導情境相配合？「權變觀點」認為，最有效的領導方法係視目前的情境狀況而定，也就是說領導風格與領導績效受到情境因素的影響。情境領導中的「情境」是指組織成員對其所從事特定工作的「準備程度」（readiness levels），而成員的準備程度係決定於成員承擔該項工作的能力、意願。能力是指知識、經驗和技巧，意願是指對該項工作的投入、動機或自信程度。情境領導中的「領導型式」有二：「任務導向」和「關係導向」。

(1) **任務導向**：係指領導者就某一特定工作由誰來做、做什麼、如何做、何時做和何地做等，做一明確的指導。

(2) **關係導向**：係指導者所表現的雙向或多向溝通行為，包括傾聽、協助、支持等。成功的領導型式必須配合成員（能力與意願）的「準備程度（readiness）」。

由於成員能力與意願的「準備程度」不同，故可分為下列四種類型的領導型式（Leadership）：

型態	內容說明
告知型 Telling	當部屬承擔責任的能力低（不成熟）、意願不高或缺乏信心時，則宜採用「高任務低關係」的領導型式，管理者應採取告知型領導。
推銷型 Selling	當部屬承擔責任的能力低、意願高或自信心強時，宜採用「高任務高關係」的領導型式，管理者應採取推銷（銷售）型領導。

型態	內容說明
參與型 Participating	在部屬承擔責任的能力高、意願低或缺乏自信時，宜採用「低任務高關係」的領導型式，管理者應與部屬共享理念與建議，即應採取參與型領導。
授權型 Delegating	當部屬承擔責任的能力高、意願高或自信心強時，則宜採用「低任務低關係」的領導型式，管理者應採取授權型領導。

　　為了增進領導效能，領導者在決定領導型式時，應先測量組織成員對其所從事特定工作的準備程度；其次再依成員的準備程度，採取適當的領導型式。再者，領導者亦應努力提升和發展成員的準備程度，一旦成員的準備程度改變時，領導者應該有所回應而調整領導型式，例如對一位新進但頗富工作熱忱的員工，管理者應採用銷售型的領導，等到這位員工的工作能力日趨於成熟時，管理者再逐步改採參與型、乃至授權型的領導。

牛刀小試

( )　根據赫爾賽與布蘭查（Hersey&Blanchard）所提出的「領導生命循環理論」，當一部屬的成熟度很低，處於沒有意願也沒有能力處理工作的狀態時，管理者應採哪一種領導方式？　(A)授權式領導　(B)參與式領導　(C)推銷式領導　(D)告知式領導。　　　　　　　　　**答：(D)**

(四) 新近領導理論

1. **魅力型領導（Charismatic Leadership）**：魅力型領導又稱「神才領導」。係Robert House & Boss Shamir整合了英雄式（Heroic）領導、轉型式（Transformational）領導、夢想式（Visionary）領導而成。**魅力型領導是「特質理論」延伸出來的模型**，亦即追隨者觀察領導者的某種行為，而把他當成英雄或認為他具有異常的領導能力，**也可說是「歸因理論」的延伸**。學者班尼斯（Bennis）的研究，認為魅力領導者通常具有下列六個共同特徵：

   (1)魅力型領導者能夠清楚說明願景。

   (2)魅力型領導者能夠藉由溝通，將願景傳達給其追隨者。

   (3)魅力型領導者對於部屬的需求相當敏感。

   (4)魅力型領導者言行一致，而且專注在願景的追求。

   (5)魅力型領導者知道善用自己的優點而且將其發揚光大。

   (6)大多數研究認為魅力型的領導者是可以在後天經過訓練與學習來展現。

魅力型領導者之所以能完成組織變革與結果，「主要原因乃在於領導者能改變員工以追求組織目標為主，而將個人利益置於後」。係藉由改變自我的信仰、目標、價值觀、抱負等來改變部屬。

魅力型領導者有五種個人之特徵，即：「魅力型領導者有願景、能清楚說明願景、願冒險以達成願景、對環境的限制和部屬的需要很敏感，以及凡事並不遵循傳統的行事原則。」愈來愈多的證據顯示，魅力型領導者和部屬的高績效與高滿意度間有很明顯的關係；魅力型領導者的團體成員和非魅力型領導者所帶領的團員相較之下，會有較高的績效、較高的任務適應性，和對領導者與團體的較佳適應性。

「魅力領導不適用於所有的情況」。如果我們「需要部屬達到高績效的水準，特別是在意識型態存在的情況下，最適合採魅力型領導」，這說明了為什麼魅力領導者總是出現在政治、宗教、戰爭等舞台上，或者是一家公司推出全新產品，或面臨生死存亡危機的時候。但當一組織沒有危機或是不需要戲劇性的轉變的時候，魅力領導者的自信、非傳統性的行為將不再被需要，他可能變成一個不懂傾聽、固執己見的領導者，這時魅力領導者將成為組織的負擔。

2. **轉換型領導**（Transformational Leadership）：有翻譯為轉型領導或移轉型領導。一位領導者會以部屬的內在需求與動機作為其影響的機制，並強調改變組織成員的態度和價值觀，此即為「轉換型領導」。追隨者會相信，只要能隨著領導者，一起努力追求他所界定的共同目標，他們一定能扭轉乾坤，在他們的社會中造成極大的轉變。轉換型領導通常具有下列共同特徵：
   (1)轉換型領導者與部屬共同建立共享願景與使命感，獲取員工的尊敬與信任來領導。
   (2)轉換型領導者經由灌輸使命感、激勵學習經驗及鼓勵創新的思考方式來領導部屬。
   (3)轉換型領導者能夠激發、喚起及鼓勵部屬投入額外的努力來達成群體的目標。
   (4)重視提升部屬的能力與責任感。
   (5)鼓勵員工將團體利益置於個人利益之上。
   (6)領導者強調與部屬共同分享組織的願景。

3. **交易型領導**（Transactional Leadership）：交易型領導又稱為「交換模式」。係1978年賀蘭德（Hollander）所提出。乃相對於轉型領導的領導方式，「大部分一般的、過去的領導方式均屬此類」。Hollander認為領導行為乃發生在特定情境之下時，領導者和被領導者相互滿足的「交易」過程，即這些領導者「藉由明確的角色及任務的要求」來引導或激勵部屬達到先前預

定的目標，而後領導者便依照「交易」的內容「滿足追隨者的需求」。換言之，交易型領導只能用滿足個人利益來激勵員工完成目標；轉型領導卻可激勵員工「超越個人利益」來達成更高的組織利益。

牛刀小試

(　)　以下有關魅力型領導的敘述何者有誤？　(A)魅力領導對任何情境均有效　(B)重視對成功領導者的歸因　(C)延伸自我特質理論　(D)魅力領導者具有願景，並且有足夠的能力將願景傳達給追隨者。　**答：(A)**

4. **領導者－成員的交換理論**（Leader-member Exchange Theory,LMX）：

「領導者－成員交換理論」認為，由於時間的壓力，領導者會和部屬中的某一小團體建立特別關係。這些人所組成的內團體（in-group,圈內人），會受到領導者的信任與更多的關注，並且擁有不少特權。其餘部屬則落入只能從旁打探消息的外團體（out-group,圈外人）中。LMX理論也認為，在領導者與部屬間互動的早期，領導者即會暗中將部屬歸類為「自己人」或「外人」，而這種關係通常具有相當的穩定性。領導者會獎勵與其有親近連結的部屬，對不親近的部屬則給予較嚴厲的對待。為維持LMX的互動關係，領導者與部屬必須在彼此關係中相互投資。

有研究證據顯示，領導者會依部屬的人口統計變項、態度和人格特質與其相似，或因為比外團體成員更具勝任能力而加以挑選。例，相同性別的領導者與部屬通常比不同性別的領導者與部屬親近（高LMX），當然部屬的特質也會影響領導者的挑選決策。

許多證據表示領導者對部屬有差別待遇，而這些差別待遇並不是隨機產生的。隸屬於內團體的部屬，將會獲得較高的績效評估，對上司的滿意度較高，工作上較可能產生「公民行為」。領導者往往會將資源投注在他們預期的最佳表現者身上，而且相信內團體成員更為稱職，所以把他們視為自己人，結果不知不覺中，領導者的預言就被實現了。當員工有高度自主性及內控人格時，「領導者－成員關係」對員工績效與態度的影響會更大。

5. **願景型領導**（Visionary Leadership）

意義與內容：願景的定義，簡單的說即是「企業在未來努力要達成的狀態，是組織成員對未來方向的共識，也可說是企業長期發展可能的藍圖」。願景型領導和魅力型領導常被連在一起談，但願景型領

> **願景型領導的涵義**：係指領導者對組織的未來，能刻劃出充滿期許與

導比魅力型有更進一步的績效表現。**「願景型領導」指的是創造並清楚描述一種能改善現狀,並且是實務、可信與具有吸引力之未來願景。**若此願景能適當地選擇與執行,將會使組織藉由喚起技術、才能和資源而更生機勃勃,產生實際上的躍進效果,促成未來願景的實現。此種領導方式具有下列三個條件:

> 理想的藍圖,並將其傳達給追隨者,以激發成員的熱心與使命感,凝聚大家的共識,使組織能克服各種困難,為達成理想努力不懈的奮鬥。

(1) 激勵人心、提供新的做事方法,與造就卓越的組織。如果願景未能很清楚提供組織及成員一個更好的未來藍圖,該願景就可能招致失敗。

(2) 一個好的願景能符合時宜與環境,並反映出組織的獨特性。

(3) 組織內的成員必須相信這個願景是可達成的,且它應該被視為具挑戰性但又是可行的。

6. **團隊領導(Team Leadership)**:愈來愈多的領導行為是以團隊型態發生,當組織採用工作團隊時,領導者擔任引導成員的角色就顯得愈加重要。而且隨著團隊規模的擴大,其會引發一些影響,例如:(1)領導時間和注意的需求較大;(2)團隊中的氣氛較不友善;(3)團隊的規則和程序變得較正式化;(4)團隊對於領導者認同度較高,且決策會較為集中。因此對大多數管理者而言,最大的挑戰

> 團隊領導的期望:對大多數管理者而言,最大的挑戰是學習如何成為有效的團隊領導者。他們必須學習的技能包括:願意分享資訊、信賴他人、下放權力,與了解該於何時進行干預等。

是學習如何成為「有效的團隊領導者」。「有效的團隊領導者」必須學習的技能包括:願意分享資訊、信賴他人、下放權力,與了解該於何時進行干預等,並須深諳於何時讓團隊單獨運作、何時介入的平衡點。團隊領導者主要扮演下列四個角色:

角色	內容說明
與外部相關人員的聯繫者	外部相關人員包括上司、組織內的其它工作團隊、顧客或供應商等。領導者對外代表團隊、確保所需的資源、釐清他人對團隊的期望、蒐集外界資訊並與團隊成員分享。
問題解決者	當團隊有困難或需要援助時,領導者可藉由相關會議協助問題的解決。一般說來,問題的解決很少是牽涉到技術性或操作性的議題,因為團隊成員通常都會比領導者更加了解進行中的任務。領導者最能貢獻的地方,是透過提出犀利的問題、協助團隊進行問題討論,和取得處理問題所需的資源。

角色	內容說明
衝突管理者	當爭論產生時，他須協助處理衝突，並幫忙確認衝突來源、有誰涉入、爭議為何、可行的解決方案和各方案的優缺點等問題。領導者藉由將成員導向上述問題，使衝突所造成的團隊損害降至最低。
教練	釐清期望和角色、教導團隊成員、提供支援、鼓勵和協助任何維持高績效所必須做的事。

7. **僕人式領導（Servant-Leadership）**：僕人式領導理論係由美國電話電報公司的CEO格林里夫（Robert K. Greenleaf）所提出。僕人式領導是一種存在於實踐中的無私的領導哲學。此類領導者以身作則，樂意成為僕人，以服侍來領導；其領導的結果亦是為了延展其服務功能。僕人式領導鼓勵合作、信任、先見、聆聽以及權力的道德用途。

   僕人式領導者不一定具有正式的領導職位。僕人式領導者通常懷有服務為先的美好情操，他用威信與熱望來鼓舞人們，確立領導地位。僕人式領導理論強調領導者須放下身段去服務他人，強調犧牲奉獻的精神，從部屬、顧客的角度去瞭解他們的需要，傾聽他們的聲音，才能成為一個真正的領導者。僕人式領導者的十項重要特質，包括傾聽、同理心、安撫、認知、說服力、概念化、遠見、管理、對人員成長的承諾、建構社群。僕人領導模型認為僕人領導是由內在的精神所指引，由右述七個特質來形成僕人式領導者的態度、特質及行為：(1)展現出愛(2)為上是謙虛的(3)一位利他主義者(4)對他的追隨者給予願景(5)是值得信任的(6)授權給予他的追隨者(7)服務他人。

8. **真誠領導**：真誠領導者應該無私、誠實，以及能傾聽員工心聲。真誠領導者（authentic leader）知道自己是誰？知道自己所相信與重視的為何？並會公開、率直地為信念與價值觀而行動。他們的跟隨者視其為合乎道德的人，因此經由真誠領導所產生的主要素質即為「信任」。真誠領導如何建構信任？真誠領導者會分享資訊、鼓勵公開溝通，並堅持理想。其結果是：跟隨者會日益信任其領導者。轉換型或魅力型領導者能提供願景，並以令人信服的好口才來溝通願景，但有時候願景是錯的（如希特勒Hitler的例子），或是領導者更關心自己的需求或快樂。

9. **策略領導**：策略領導（Strategic leadership）係指領導者具備領導了解組織與環境複雜度的能力，且能夠領導組織變革，以提升競爭力。易言之，策略領導指個人具預測、提出願景、保持彈性、策略性思考、並與他人合作倡導變革的能力，以為組織創造一個具有生命活力的未來。

10.**道德領導（moral leadership）**：企業領導者被要求由自己的行為到明示的道德行為都要維持高道德水準，且促使組織中他人保持相同標準，此即稱為「道德領導」，換言之，道德領導係指以道德權威為基礎的領導，就是領導者基於正義與善的責任感和義務心來領導部屬，部屬亦因領導者的正義與善而勇於任事，進而發揮領導的效能。最早提出道德領導理論者為美國教育學者舍己凡尼（T. J. Sergiovanni）。他認為過去的領導理論過於重視領導者的特質和行為，忽略了與道德相關的層面，如信念、價值觀等，必須設法加以彌補；領導者運用各種領導的替代物，激發人性潛能。一方面強調領導者需具備喚起被領導者的正義感、品格操守以及責任感的能力，以激勵其工作，此外領導者本身需先具備道義感及責任感，否則被領導者難以接受領導者的道德激勵，因此領導者本身亦應具備高道德水平，方可影響被領導者，達成道德領導。

第三節 激勵理論

一、激勵的基本概念

(一) **激勵的意義與重要性**：激勵（motivation）係指「在個人所盡之努力也能滿足個人某種需求（需要）的情況下，這個人會盡最大努力以達成組織目標的意願」。領導的成效在於使部屬間能通力合作，發揮團隊精神，達成組織共同目標。在領導過程中，領導者必須了解如何適時地使用激勵的工具和方法，來提高士氣，使部屬樂於達成預定目標。不論是物質或精神上的激勵，均可增加領導的效果，因此有效的領導，應該和激勵的制度相結合，有完善的激勵制度，才可發揮有效的領導。因此，如何激勵部屬，即是領導過程中的一項重要課題。因此，激勵可解釋為管理者透過某些方法或手段，刺激員工的需求，使員工產生行為動機（Motive），並進而產生預期的行為，而此行為和組織目標一致。春秋時代齊國著名的宰相管仲曾言：「倉廩實而知禮節，衣食足而知榮辱。」俗語說：「士為知己者死，女為悅己者容。」都在說明激勵的觀念，可見激勵概念早已存在。

> **激勵的精義**：領導的成效在於使部屬間能通力合作，發揮團隊精神，達成組織共同目標。在領導過程中，領導者必須了解如何適時地使用激勵的工具和方法，來提高士氣，使部屬樂於達成預定目標。不論是物質或精神上的激勵，均可增加領導的效果，因此有效的領導，應該和激勵的制度相結合，有完善的激勵制度，才可發揮有效的領導。因此，如何激勵部屬，即是領導過程中的一項重要課題。

(二) 有效激勵的種類：

類別	內容說明
外在性激勵	係指物質性的激勵，例如薪資、獎金、員工福利、員工認股權制等。
內在性激勵	係指工作設計、工作環境塑造等，其重點在改變工作本身，以激起員工本身內在的潛力與努力。

> **激勵概念的時間性**：春秋時代齊國著名的宰相管仲曾言：「倉廩實而知禮節，衣食足而知榮辱。」俗語說：「士為知己者死，女為悅己者容。」都在說明激勵的觀念，可見激勵概念早已存在。

牛刀小試

(　)　管理者透過某些手段，來刺激員工需求（Needs），使員工產生行為動機（Motive），並進而產生行為（Behavior），而此行為和組織目標一致。此種程序稱為：　(A)領導　(B)激勵　(C)人力資源規劃　(D)控制。　　　　　　　　　　　　　　　　　　　　　**答：(B)**

(三) 激勵的過程：過程型的激勵理論是指著重研究人從動機產生到採取行動的心理過程。它的主要任務是找出對行為起決定作用的某些關鍵因素，弄清它們之間的相互關係，以預測和控制人的行為。一般而言，激勵的過程如下：

需求未被滿足→產生緊張壓力→產生驅使力→搜尋行為→需求滿足→降低緊張。

重要 二、激勵理論的分類

激勵理論眾多，根據對激勵來源與方法的不同，可將其歸類為三大模式：

	內容模式（理論）	程序模式（理論）	強化模式（理論）
內容	1.需求層級理論 2.兩因子理論 3.三需求理論 4.ERG理論 5.成熟理論 6.工作設定理論	1.期望理論 2.公平理論 3.差距理論 4.動機作用理論 5.目標設定理論	增強理論
說明	探討引起、產生或引發激勵行為的因素，著重需求的內涵。其重點置於探討激發成員行為的因素。	注意到行為方式的程序、方向、選擇，都只能表示主動行為，著重需求被激發的過程。	注重外在刺激對人類行為之影響。

重要 **三、內容模式的激勵理論**

(一) **需求層級理論：**

1. 只有尚未被滿足的需求會影響人類行為，已滿足的需求將不能影響行為。

2. 低一層次需求滿足之後，會繼續追求次高層次的需求。

3. 需求只要被充分（不需完全）的滿足，個人就會進入更高的需求層次。古人說：「衣食足而知榮辱。」正符合這個理論的內涵。人類的需求可分為五種需求層次，從低階排到高階依序為生理需求、安全需求、社會需求、尊重需求與自我實現需求。

   (1) **生理需求**：係指個人為維持溫飽的需求。如飲食、衣服等基本生活必需品，是人性最低層級的需求，也是表現最激烈的需求。

   (2) **安全需求**：係指保障個體的生命與財產不會受到威脅，所處環境不會受到破壞以及穩定性的需求，如對未來的預作安排、退休生活、失業救助等需求。

   (3) **社會需求**：又稱為相屬相愛的需求或歸屬感的需求，如團體的認同、關懷、親近、友誼等需求。

   (4) **尊重需求**：又稱為自尊的需求，係指追求個人地位和威望、以及受人尊重的需求。

   (5) **自我實現需求**：為達成自己所希望成就，期望發揮自己潛力，去創造事物的需求，故又稱為「自我發揮及成就慾望」的需求。應用在行銷管理中，強調成長與發揮自我，並給予消費者學習及強調個人品味的需求，即屬於這種需求。

(二) **兩因子理論（Two-factor Theory）**：心理學家赫茲伯格（Frederick Herzberg）於1950年針對二百多位會計師及工程師為對象，自員工工作行為面探討員工的需求，研究「人們想從工作中獲得什麼？」，亦即探討工作滿足與需求間的關係。經調查研究後他提出了「雙因子理論」，將激勵區分為「工作本身（激勵因子）」與「工作外（保健因子）」兩種因子的效果。前者與工作滿足感相關；後者與工作不滿足相關。茲將兩種因子主要內容歸納如下：

1. **保健因子：**

   (1) 凡能防止員工工作不滿意之因子，即稱為「保健因子」，亦稱為「維持因子」。

   (2) 工作不滿意多發生在與工作相關的情境因素上，這些因素稱為「保健因子」。

   (3) 釋例：人際關係（和主管的關係、和部屬的關係）、公司政策、行政管理、督導（監督方式）、地位、制度、工作環境、工作安全、工作條件（薪資、薪酬）、工作保障等，屬保健因子。

2. 激勵因子：

(1) 係指能使員工感到滿意與工作本身或工作內容的有關的因素。

(2) 釋例：工作成長、工作挑戰、責任、肯定、讚賞、進步、成就感、認同感、升遷、發展、（個人）成長、他人認同等，屬激勵因子。其中最能激勵員工的因素是「高的成就感」。Maslow需求層級理論中「自我實現需求」即是屬於雙因子理論中的「激勵因子」。

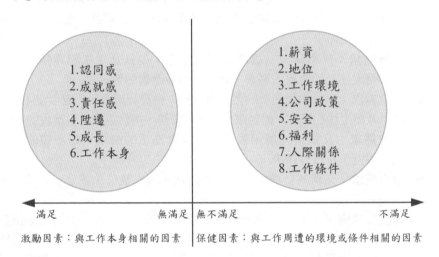

激勵因素：與工作本身相關的因素　保健因素：與工作周遭的環境或條件相關的因素

牛刀小試

( )　赫茲伯格兩因素理論中與員工動機有關的兩項因子分別為：　(A)X因子與Y因子　(B)人性因子與工作因子　(C)激勵因子與保健因子　(D)系統因子與權變因子。　　　　　　　　　　　　　**答：(C)**

(三) **三需求理論(Three Needs Theory)**：亦稱為獲得需求理論（Acquired Needs Theory）或學習需求理論（Learned Needs Theory），屬於激勵理論中之「內容模式」。它是哈佛大學教授麥克里蘭（McClelland）針對人的需求和動機進行研究後所提出。他認為人們工作的主要動機來自後天的需求，並主張能夠激勵員工的是要滿足「成就感需求、歸屬感（親和）需求、權力需求」等三項基本（主要）需求，這是三項重要的高層次需求，故較低層次的需求如追求有保障的工作，就不在此研究中。

1.三種需求：

需求	內容說明
成就需求 need for achievement	係指完成某種任務或目標、追求成功或超越他人的慾望。
權力需求 need for power	係指擁有影響他人，控制他人行為的慾望。
歸屬需求 need for affiliation	係指追求讓別人喜歡與接受的慾望。

2.需求沒有階層之分。

3.所有人的需求結構複雜，三種不同的需求依照不同
比例組合而成。

高成就需求的人會努力追求個人成就，而不太在乎成功所帶來的報酬，他們希望事情能做得比以前更好或更有效率。他們較喜歡能賦予個人責任，並由他們自己來找尋問題答案的工作，他們也希望能在工作中，快速而清楚地得到有關績效的回饋，好讓他們知道自己是否有進步，也讓他們可以自行設定適當的挑戰目標。

「高成就需求者並不是賭徒，他們不喜歡靠運氣得來的成功」；他們比較喜歡也比較容易受激勵的是，面對問題的挑戰與肩負成敗的責任。值得注意的是，「高成就需求者會避免承擔太容易或太難的任務」。此外，特別是在大型組織中，「高成就需求者未必都是好的管理者」。

三需求理論中的其它兩項需求，不像成就需求那樣受到廣泛的研究，但我們確知歸屬及權力需求與管理上的成功有密切的關係，**最好的管理者傾向於有較高的權力需求與較低的歸屬需求。**

牛刀小試

( )　三需求理論中主要的理論限制在於：　(A)只探討激勵的程序而無提及個體需求實質的內容　(B)剛性的需求階層，過於僵化　(C)將人當成可控制的機器，忽略個人認知的層面　(D)只探討高層次需求而未研究低層次需求。　　　　　　　　　　　　　　　　　　　　　　**答：(D)**

(四) ERG（生存、關係、成長）理論（ERG Theory）

1. **理論要旨**：本理論係由馬斯洛（Maslow）的「需求層級理論」演變而來，為阿德福（Clayton Alderfer）所提出，他認為人類共同的需求有「生存需求、關係需求、成長需求」共三類。阿德福的ERG理論和馬斯洛的需求層次理論，兩個激勵理論的概念相近，且組成因素亦雷同，兩者皆「主張需求具有層級關係」。ERG理論含有「挫敗－退縮」的可能性，且認為個體可同時追求兩種需求。需求層次理論則不存在有遭遇挫敗時，可「退縮」的可能性，認為個體仍會繼續停留在追求該需求，且認為個體不能同時追求兩種需求的滿足。

需求種類	內容說明
生存需求 Existence	此係相對於馬斯洛的生理需求與安全需求。如飢餓、口渴、穿衣等需求。
關係需求 Relatedness	此係相對於馬斯洛的社會需求與尊重需求之外在部分，如工作環境、與他人之關係、身分、地位。
成長需求 Growth	此係相對於馬斯洛的自我實現需求與尊重需求的內在部分，如讚賞、個人成長。

上述三種需求間並不具先後的關係，可同時追求多種需求，故其與馬斯洛認為低層需求滿足後才會追求多種需求有所不同。**阿德福同時提出「挫折－退化」的看法，認為：當一個人的高層需求受挫時，會退化而強化低層需求滿足以替代之。他而不像馬斯洛需求理論所認為，這個人仍繼續停留在追求該需求**。析言之，阿德福係針對馬斯洛的需求層級說提出以下之修正要點：

> ＥＲＧ理論中需求的特質：需求存在著「動態關係」，亦即當下一層次被滿足愈多時，較高層次的需求愈強；但若追求高層次需求受挫時，則會退回到下一層次的需求。

(1) 某一層級的需求滿足愈少，則對此層級需求的追求愈高（例如愈餓則愈想要吃飯）。

(2) 凡次一層級的需求得到滿足（即：需求的強度），則對較高層級的需求追求愈大。

(3) 凡高層級的需求未能獲得滿足（即：需求的挫折）時，則退而追求次一層級需求的滿足。此係由於需求的滿足遭遇挫折後發生的轉換作用。

2. **ERG理論與需求層級理論之異同**：

   (1) **相同之處**：阿德福的理論是一個比較新的激勵理論，係謀求確定「組織環境中人的需求」的理論。阿氏將馬氏的需求層級簡化為三個需求類別，即：生存、關係與成長。

需求種類	內容說明
生存的需求	即所有各種各樣的生理的及物質的慾望,如饑餓、口渴之類。這一類相當於馬氏的生理及某些安全方面的需求。
關係的需求	包括那些涉及在工作場所中人際關係方面的一切因素在內。這個類別與馬氏的安全、社會及某些尊榮感需求相似。
成長的需求	即那些涉及一個人努力以求工作上有創造性的或個人的成長方面的一切需求。馬氏的自我實現與尊榮感需求的某些方面,可與這類成長的需求相比。

(2) **相異之處:**

A.需求層級理論以滿足前進途徑為基礎:換言之。一個人一旦滿足一個較低層的需求,就會進至另一個較高層的需求。但ERG理論不但併入滿足前進途徑,而且包含一個挫折退縮的成份。

B.第二項主要的差別與A.有密切關聯。換言之。ERG理論表明,在某一時間可能會有一個以上需求發生,這點看法與需求層級理論不同。

> **挫折退縮**:即描述一個較高層需求未獲滿足或受挫。而將較大的重要性或欲望置於次一層級需求之上的那種情境。例如成長需求的挫折導致對關係的需求有較大的欲望。
>
> **ERG理論的特性**:除服膺馬斯洛所謂「衣食足而後知榮辱」之「日趨上流」的特性,亦特別指出需滿足具有「飽暖思淫慾」之「日趨下流」的傾向。

(3) **二者之比較:**

A.阿德福認為下一層次的需求獲得「滿足」,則「進展」追求較高層次的需求,如遭遇「挫折」,則「退縮」回追求下一層次需求的滿足;需求層級理論則僅強調下一層次需求獲得「滿足」後,會追求較高層次的需求,而無「退縮」的說法。

B.馬斯洛認為需求層次的追求不易同時並存,一次只能追求一種需求;但阿德福認為個體可同時追求二種以上需求之滿足。此為不同點之二。

牛刀小試

( ) 除了服膺「衣食足而後知榮辱」之「日趨上流」特性外,同時也符合「飽暖思淫慾」之「日趨下流」傾向的激勵理論為: (A)馬斯洛之需求階層理論 (B)赫茲伯格之兩因素理論 (C)艾吉利斯之成熟理論 (D)阿德福之ERG理論。 **答:(D)**

(五) **成熟理論（Mature theory）**：成熟理論係艾奇利斯（Chris Argyris；1964）所提出。他為了解在特定的工作環境中，管理方式對個體行為與個人成長有何影響？該理論內容：認為人要從不成熟發展成一個成熟的人，須經歷七個過程的變化，每個過程有如連續帶的兩端。此七個變化列表如下：

	嬰兒	成人
1	被動狀況漸減	主動狀況漸增
2	高度的依賴性	獨立性
3	少數幾種行為方式	多種行為方式
4	只有偶然與淺談的興趣	深厚與強烈的興趣
5	時間觀念極短，只有「現在」的時間觀念	包括「過去」和「未來」的時間觀念
6	只附屬於他人	與他人同位甚至優於他人
7	缺乏自我意識	具有自我意識且進而能控制自我

> **Y理論的應用**：事實上，管理當局應該提供一個能使組織內每一個人都有成長與成熟機會的工作環境，並能滿足群體份子的自我需求，以使成員能為自己和組織的成功而努力（Y理論傾向）。這表示個體如能受到激勵，必能在工作中自我監督與指導；因此若能採用Y理論的管理方式，對於組織將更有利。

該理論指出：大多數組織都視員工為處於不成熟狀態，因此設立了許多管制措施（X理論傾向），故在職位、工作分配等方面顯出呆板，缺乏挑戰，違背員工成長和日趨成熟的自然現象，造成成熟員工與組織的不調和而產生衝突，形成工作的障礙。

(六) **工作設計理論**：亦稱為「工作特性模型」。這種方法強調的是可能會對工作承擔者的心理反應以及激勵潛力產生影響的那些工作特徵，並且把態度變數（例如滿意度、內在激勵、組織承諾、工作參與以及出勤率、生產率等）看成工作設計的最重要結果。激勵型工作設計法所提出的設計方案往往強調通過工作擴大化、工作豐富化等方式來提高工作的複雜性，同時還強調要圍繞社會技術系統來進行工作的構建。（請參閱Volume 2第四章第二節工作設計）

牛刀小試

(　) 以下何者不屬於「成熟理論」中「成熟」員工的特質？　(A)只有「現在」的時間觀念　(B)獨立性　(C)主動　(D)具有濃厚而強烈的興趣。　　　　　　　　　　　　　　　　　　　　　　　　**答：(A)**

四、程序模式的激勵理論

(一) **期望理論（Expectancy Theory）**：係由佛洛姆（Victor Vroom）所提出。在多種激勵理論中，只有本理論是以「行為」為中心的激勵理論。他認為，人們是為了「獲得某項報酬而工作，此報酬是人們所渴望得到的，且認為有機會獲得此報酬。」就員工激勵角度來看，員工之所以努力達成業績績效，充實自己實力，並自信能夠勝任新的職務，而積極去爭取升職的機會，故激勵不只取決於員工希望得到某件事物的意願，還取決於他們如願以償的機會有多大。期望理論以下列三個期望的關係來解釋員工行為。

> **期望理論的內涵**：就員工激勵角度來看，員工之所以努力達成業績績效，充實自己實力，並自信能夠勝任新的職務，而積極去爭取升職的機會，故激勵不只取決於員工希望得到某件事物的意願，還取決於他們如願以償的機會有多大，這就是期望理論的觀點。

1. 個人努力和個人績效的關聯性（考核制度能衡量出員工的努力程度）。
2. 個人績效與組織報酬的關聯性（員工績效與組織獎酬制度能相連結）。
3. 織織報酬滿足個人需求的吸引力。

   認為一個人的激勵是「個人對績效的價值觀與態度」的函數。只有「努力（E）、績效（P）、報酬（O）」三項變數前後順序（依序）關係存在時，激勵才會有效果。這三項變數的前後順序關係為：E→P→O。

變數	內容說明
個人努力（E）	個人努力和績效的關聯性。個人所認知投入一定的努力後，會達到某種績效的可能性，此稱為一級結果。
個人績效（P）	個人績效和組織報酬的關聯性。個人對於有水準以上的表現，就可得到預期獎酬（稱為二級結果）的相信程度。
組織報酬（O）	組織報酬滿足個人需求的吸引力。係指個人對投入工作後的可能結果或獎賞的偏好程度。而等價所考慮的是任務的達成是否能兼顧個人之目標與需求的滿足？亦即當事人對認知的一級結果與二級結果之間的關係，這種關係謂之「媒具」。

期望理論強調：當員工預期只要努力工作就有機會得到某項對他具有價值的報酬時，才會努力工作。
同時，佛洛姆認為驅使一個人產生某特定行為的力量與他認為此行為所能導致的特定結果之評價及期望成「正比」，其基本概念可由下列公式表示：M（驅動力：Motivation）＝Σ E（期望：Expectancy）×V（評價：Value）

> **期望理論**：此理論重視個別差異，而決定個人努力程度的，是他對這些變數的主觀認知，而非客觀結果。

因此管理上要運用此理論來激勵員工，可朝下列三個方向努力。

1. 管理者要幫助員工提升努力以達成績效。

2. 加強員工個人績效可獲得組織獎賞的期望。

3. 加強獎賞的重要性，且獎賞要能符合員工個人的需要。

牛刀小試

( )　以下何者不屬於激勵理論的內容模式？　(A)期望理論　(B)成熟理論 (C)三需求理論　(D)ERG理論。　　　　　　　　　　　　　**答：(A)**

(二) **公平理論（Equity Theory）**：公平理論認為人們會在投入（Input）與結果（Output）之間，儘量保持平衡狀態。該理論主張人們是依據「相對報償」的「交換關係」（Exchange Relation）來決定他們的努力程度。該理論指出個人常衡量自己的投入和獲得的報酬應維持平衡，而且不但衡量自己情況，還會進行「社會性比較」，比較自己和別人的投入和報酬是否公平？如果比率相等，則個體不會採取行動；如果比率不等，個體會產生「認知失調」，進而採取一些行動，以降低認知失調，改善不公平的現象。其可能的行為反應如下：

1. 增加或減少個人的投入。

2. 影響或說服他所比較的人改變投入。

3. 說服組織改變對自己或比較人的報償。

4. 心理上刻意曲解自己的投入與報償。

5. 心理上刻意曲解比較人的投入與報償。

6. 更換比較的對象。

7. 離開組織。

在公平理論中員工所選擇用來比較的「參考標的」是公平理論中的一個重要變數，這些參考標的可分為三類：「他人、系統與自我」。「他人」係指在同一組織中有類似工作的其他人，但也包括朋友、鄰居和同業；「系統」包括組織薪資政策、程序與系統的管理，過去有關薪酬分配的慣例；「自我」

> **公平理論的內涵**：如果員工察覺自己的比率與他人相同時，則公平是存在的。換句話說，他們會認為自己的情境是公平，而正義是存在的。但「如果比率不相等則表示存有不公平，員工會認為自己報酬不足或過多，當不公平的情況發生時，員工會試圖做一些改正」，採取某項行為來改善不公平的現象。
>
> **公平理論存在的限制**：
> 1. 仍然無法完全解釋人的基本生理行為。
> 2. 不適用只有一個人的工作環境。
>
> **績效表現的內在原因**：事實上一人之績效表現，除受其個人努力程度決定外，尚受他的工作技能與對工作的了解所影響。這種績效可能成就感或自我實現需要滿足），也可能給他工作外的報酬（如金錢、地位、工作環境）（赫茲伯格兩因素理論）。

的分類係指個人獨特的投入與產出比率，它反映出
個人過去的經驗與人際接觸，並受過去的工作以及
家庭承諾等因素所影響。

但是這些獎酬是否給他
滿足，還受他本人所知
覺到的公平與否的影響
（公平理論）。

(三) **差距理論**：係Locke（1969）所提出。他認為一
個人「對工作滿足與否決定於他覺得在此工作中
實際獲得的與期望獲得的差距」，**如果「沒有差距存在就會覺得滿足；若實
際獲得的比期望少，就會不滿足」**。所以，如要激勵員工的行為，必須提高
其對努力的期望，另外亦需考量員工的能力，使其確信努力及結果之間的正
向關係，激勵效果才能顯現。

(四) **動機作用模式**：本理論係波特（Porter）和勞勒（Lawler）兼納「期望理論、公
平理論、兩因素理論」各家之觀點所提出。他倆認為「動機（投入、努力）並
不等於滿意或績效」；即投入並不直接決定績效，還受到個人能力、特質及自
我工作角色如知覺之影響而定。本理論主要內容如下圖所示：

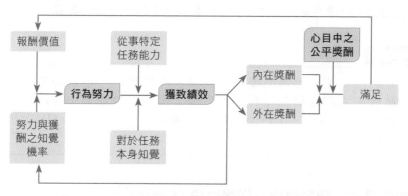

波特與勞勒動機作用模式

依上圖，一個人之行為努力係取決於所可能獲得之獎酬價值大小，以及完成任務
之機率（期望理論）。但事實上一人之績效表現，除受其個人努力程度決定外，
尚受他的工作技能與對工作的了解所影響。這種績效可能給他工作內的報酬（如
成就感或自我實現需要滿足），也可能給他工作外的報酬（如金錢、地位、工作
環境）（兩因素理論）。但是這些獎酬是否給他滿足，還受他本人所知覺到的公
平與否的影響（公平理論）。

(五) **目標設定理論**：該理論係由拉克（Locke）所提出。目標設定理論認為，「明確
的目標可以提升工作績效，而一個困難的目標若能在事先被當事人所接受，則
其績效會比簡單目標的績效來的更高。」許多企業要求員工要突破困難、奮力

不懈，繼續追求企業在業界一直保持的領先地位及獲利，即是依據此種激勵理論。研究亦證實一個明確與挑戰性的目標本身就是一種內在的激勵因子，它有很大的激勵作用，而且比一般「盡力而為就好」的目標會有更好的效果。但是下列四項因素會影響目標設定與被激勵者績效間的關係，才能產生激勵作用：

1. **目標承諾**：係指以個人對目標的承諾為前提，在下列四種情況下，最有可能產生對目標的承諾：

   (1)當目標是眾人皆知，能被員工所接受。

   (2)目標應具有特定性，可明確衡量。

   (3)當目標是自我設定而非被指派時。

   (4)目標應具有挑戰性，但需能夠被達成。

2. **自信能力**：係指個人對自己的能力完成任務的信念。自信能力愈高，達成目標的動機越大。

3. **國家文化**：目標設定會受到國家文化的影響。

4. **自我回饋**：目標應有回饋性，即目標達成後應給予適當的報酬。

牛刀小試

（　）　當一位員工不認為高績效可以帶來高報酬時，他就喪失了努力的動機，我們可稱他沒有受到激勵。這與期望理論中的何種概念有關？　(A)期望　(B)一級結果（績效）　(C)媒具　(D)二級結果（報償）。　　　　　　　　　　　　　　　　　　　　　**答：(C)**

五、強化模式的激勵理論—增強理論（Reinforcement Theory）

增強理論又稱「行為塑造理論」，由史金納（B. F. Skinner）所提出，屬於激勵的強化模式。本理論與學習理論中的「操作性制約」激勵精神相通。認為：當個體表現出正確行為時就給予獎賞，表現不當行為就給予懲罰，以使個體表現出我們想要的行為，或消除我們不想要的行為。因此，增強理論認為「行為是其結果的函數」。真正控制行為的是「增強物」（reinforcers），如果在某種行為發生後立即給予增強物，則可增加該行為重覆發生的機率」。增強理論可解釋為：人們如果因某些行為而受到獎勵時，他們就很可能會一直重複該行為，而該獎勵如果是在行為發

> **增強理論**：又稱「強化理論」，由史金納（B. F. Skinners；1971）所提出，屬於激勵的強化模式。

生後就立刻給予時，會有最大的效果；相反的，如果某一行為並沒有得到獎勵，反而是受處罰時，則該行為重複出現的機率將會降低。增強的方法有四種：

增強方法	內容說明
正增強 （Positive Reinforcement；強化）	係指員工有某種特定行為後，即予滿足員工的需求，如此可增強個體特定行為重複發生（或保持個體原來既有之行為）。例如員工有革新提案，即發給提案獎金。
負增強 （Negative consequences；趨避）	像正增強一樣，這也是用來強化經理人所希望的行為。例如：主管對於遲到的員工予以扣薪，而準時上班的員工將不會被扣薪水。公司利用這種方法，讓員工「準時上班」的行為重複發生的機率得以提高，亦屬此種行為塑造的方法。
懲罰 （Punishment）	適用於希望減少個體不適當的行為發生，或反應將來發生該行為時，個體所可能受到的懲罰。正強化是加強某種特定行為，懲罰則是弱化某種行為（終止原來既有之不符合公司之行為）。即特定行為後，給予員工不想要的結果，例如員工曠職數日後即給予革職。
消弱 （Extinction；消滅）	和懲罰一樣，也是為了減少或消除不希望的行為發生。消滅是壓抑住先前可接受的反應或行為的正強化，某種行為若持續的不給予強化，最後將消失或消除掉（終止員工某一「原先符合」公司要求之行為）。例如對員工創新的行為不加讚美或鼓勵，則久而久之員工就不再從事創新的活動。

牛刀小試

（　）　當員工違反了公司規定因而被扣薪水，此為強化理論中的：　(A)正強化　(B)懲罰　(C)趨避　(D)消滅。　　　　　　　　　　　　**答：(B)**

第四節 人性假定：X理論與Y理論

 一、人性假定的學說

美國麻省理工大學（M.I.T）教授麥格理高（McGregor）提出X及Y理論而聞名。他認為：管理者對企業人力資源本質的看法，基本上可歸納為二種基本人性假設，即「X理論」與「Y理論」。這兩者都是以人性特質為出發的觀點，其立論要旨分述如下。

> **麥克里高（Douglas Mcgregor）**：屬於修正理論時期的學者，他於1960年出版了《企業的人性面》（The Human Side of Enterprise），指出每一位管理者，均有他自己的一套管理哲學，他的管理哲學取決於他對人性行為的看法。

牛刀小試

(　　) 以下哪一種人性假定反映了科學管理學派的主張？ (A)經濟人 (B)Y理論 (C)Z理論 (D)自我實現人。　　**答：(A)**

二、X理論

(一) X理論對人性的假設是「人性本惡」。人天性懶惰、不愛負責、缺乏企圖心，不願意自我管理與學習，寧願被人指導。因此，X理論重視「制度」。

> **X理論**：與我國荀子的「性惡說」很相近，而Y理論是與我國孟子的「性善說」很相近。

(二) X理論認為人天性不喜歡工作，傾向逃避責任，僅願意聽從指揮行事，因此可知人是需要被督促的。

(三) X理論認為大部分的員工只重視工作安全並不具備企圖心。

(四) X理論認為員工的目標與企業組織的目標並不一致，組織目標有無達成對員工來說並不是重要的。

(五) X理論認為人是規避責任，討厭工作及被動的，故管理上必須強調監督控制技巧。

三、Y理論

(一) Y理論對人性的假設是「人性本善」。人們將工作的心力與體力之消耗，視為遊戲與休息，故會自我督促與控制，也會學習接受並擔負責任。因此，Y理論重視「人性」。

(二) Y理論認為，員工享受工作、尋求與接受責任，故會自動自發，主動解決問題，希望從工作中得到成就感而滿足。

(三) Y理論認為，多數人具有發揮高度想像力、創造力來解決組織問題、決策的能力。

(四) Y理論假設員工對於責任或目標認同時，會自我要求與自我控制。對目標的承諾，視為對成就動機的一種獎勵。

(五) Y理論強調組織與個人的共同目標，採「分權式」管理型態，鼓勵民主的「參與管理」制度。

(六) Y理論的管理行為，包括：(A)以員工為中心；(B)關懷部屬；(C)支持的行為。

> **Y理論**：麥克里高認為部屬高層級的需要是無限的，管理者應以積極的態度，提供滿足部屬高層級需要的較大機會。故其主張以Y理論做為人性管理的方式。

麥氏認為，持Y理論假定的管理者，其管理應重視部屬較高層級的需求，因人皆有潛力，必須發掘。但是，部屬高層級的需求是無限的，管理者應以積極的態度，提供滿足部屬高層級需求的較大機會，故他主張以Y理論做為人性管理的方式。

牛刀小試

( ) 主張員工厭惡工作，不會主動積極的達成任務，因此需用物質的激勵與嚴格的控制和賞罰來管理的主管，其人性假定應為： (A)X理論 (B)Y理論 (C)Z理論 (D)超Y理論。　　　　**答：(A)**

第五節 溝通

一、溝通的意義與重要性

溝通（Communication）是將「資訊」與「意義」，經由各種方法，傳達他人的一種「程序」（過程）。訊息包括消息、事實、思想、意思、觀念、態度等等，而傳達的方法有文字、語言或其他媒體。

企業的決策程序中，必須蒐集資料，有賴各部門及人員彼此提供訊息，唯有良好的溝通，才能竟其功，因此最有可能包含所有組織溝通類型者乃是每天的同仁會議。

> **溝通的涵義**：溝通與組織活動有密切的關係，有效的溝通，可以增進彼此的了解，使組織各部門及人員能心意相通，達成工作的預期成效；若溝通不良，各部門及人員各自為政，勢必造成浪費及偏差，而影響績效。

二、溝通的功能（Scott & Mitchell）

(一) 強化控制：透過正式或非正式之溝通行動控制組織成員個人行為。

(二) 提高動機：向員工闡明目標是甚麼，他們目前表現得如何，應如何改善以提升績效。

(三) 情感表達：溝通是工作群體中社交的一種形式，提供員工表達情感的管道。

(四) 資訊傳遞：個人或群體透過溝通得以取的決策或工作所需的知識與資訊。

三、溝通模式

學者白羅（Berlo）為描述溝通的過程，提供了下列的技術性模式：

(一) 溝通要素：茲將溝通過程，依其程序逐一列表說明如下。

程序過程	內容說明
發訊者	發訊者（Sender/Source）係指溝通訊息的來源或發訊者。
編碼	將欲傳送的訊息，編成能由溝通管道收受的形式，如文字、語言等，謂之編碼（Encoding）。例如：某餐飲業企業在進行服務人員的教育訓練時，台上的教師將所要傳達的訓練內容製作成有趣的教材，以讓參與教育訓練的學員瞭解內容。
訊息	訊息（Message）指所要傳遞的消息或意義，即溝通的內容。
通路	通路（Channel）係指溝通的途徑或訊息傳送的管道，如面談、電話等。
解碼	在溝通程序中，某種特定的語言、文字、圖畫、動作或事物等，究竟表示什麼意思，有待接受者的解釋，這種解釋過程即稱為解碼（Decoding）。
收訊者	收訊者（Receiver）即訊息的收受者，對訊息完全理解，並產生預期的反應或行動。
溝通效果	指溝通者想知道他所傳遞出去的訊息，是否被接收者所了解、相信及接受，以及其程度如何，此即溝通的效果（Communication Effectiveness）。
回饋	回饋（Feedback）係指訊息對收訊者的影響和效果，反應給發訊者。

除此之外，環境的干擾因素也會對溝通過程造成的影響稱為「噪音」（Noise）。例如潦草的字跡、電話的靜電干擾、收發訊者的不專心、生產場所的機器雜音等。無論是內部因素（如發訊者過小的聲音）或是外部因素（如他人的吵雜聲），都被視為噪音。

(二) 溝通的技術性模式

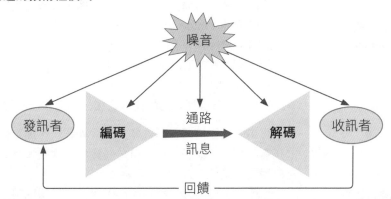

(三) 資訊豐富度：「資訊豐富度」是指在一段時間內能改變理解的能力，並適時減少訊息的不確定性與模糊性，否則稱為「低豐富性」。而資訊豐富度具有承載資訊的能力，能提供具替代性的新資訊，尤其是當產品內容充滿高度模糊的不確定性時，如果能適時配合能傳遞豐富資訊的媒體或載具，內容就能有效的被處理。而資訊豐富度的認知即代表訊息接收者對於所看到的訊息能夠從中解讀到意義的多寡程度，而資訊豐富度越高代表訊息接收者可以從接收到的訊息中理解到許多意義。

 四、溝通型態

(一) 依溝通的主體區分

型態	內容說明
組織溝通 **Organizational Communication**	組織與組織間訊息的傳遞，包括企業對企業、部門對部門。
人際溝通 **Interpersonal Communication**	個人與個人間的訊息傳遞，包括上司對部屬、同事對同等。

(二) 依溝通的方式區分

型態	內容說明
口語溝通 Oral Communication	此為組織中最普遍的溝通方式。包括演講、討論、面對面交談、電話交談等。但在所有的各類溝通方式中，以面對面交談的溝通方式較有能力去處理複雜的訊息，而訊息豐富性（information richness）也最高。 1.優點：速度快，隨時可以接受對方的反應，加以處理；如對方有不清楚之處，亦可隨時加以補充，增加對方的了解。 2.缺點：訊息經過多層的傳送之後，容易引起誤解。
書面溝通 Written Communication	組織中的書面溝通包括許多方式，如報表、備忘錄、公布欄、公文、書信、E-mail文件資料、報紙、雜誌等皆為書面的溝通方式。 1.優點：正式具體，資料可長久保存，反覆閱讀；在大型的場合、人數眾多時，可降低訊息被誤解及具有高廣度可能性的特色。 2.缺點：訊息必須花費較多的時間準備；無法立即得知接受者是否真正了解。
非語文溝通 Nonverbal Communication	組織中亦可不利用語言或文字的方式來傳達訊息，而利用符號、身體來表達。例如面部表情、眼神、語氣、手勢、姿勢、甚至舞蹈等也是一種非口頭、非書面的溝通。非語文溝通有時較不易理解，但往往代表了發訊者的真實含意。
電子媒體溝通 Electronic Media Communication	藉由連結的電子產品來傳達各種訊息，包括：電話、傳真、呼叫器、網際網路、電子郵件、Facebook、Line等，其優缺點與書面溝通類似。

牛刀小試

( ) 在各種溝通的方式當中，訊息傳遞及回饋速度最快者為： (A)書面溝通 (B)電子媒體 (C)肢體語言 (D)口語溝通。　　　　　答：(D)

(三) 依溝通的管道（途徑）區分

溝通管道可從正式溝通及非正式溝通兩方面加以說明。

1. **正式溝通（Formal Communication）：正式溝通是依正式組織結構的途徑進行，而為組織所認可的溝通方式。** 正式組織溝通有以下五種類型：

> **正式溝通**：是一種定型而有意識的，它是正式組織活動的一部分；非正式溝通則是非定型且是自發的，並沒有經過事前的刻意安排。

類型	意義
下行溝通 Downward Communication	指上級主管對下級人員的溝通主要使用在告知、指揮協調及評量員工的溝通流向，如命令的發布、工作的指示、政策和規定的闡明等。下行溝通的方法有公告、通知、期刊、法規、會議、面談……。
上行溝通 Upward Communication	指部屬向上級反映其意見、觀念。上行溝通的方法有建議制度、報告、意見箱、討論、面談、集會、態度調查……。
平行溝通 Horizontal Communication	指組織內同層級部門間的溝通。平行溝通的方法有委員會、會議、備忘錄、洽商、文件副本……。
斜向溝通 Diagonal Communication	斜向溝通又稱越級溝通、交叉溝通，係指組織內不同層級部門間或個人的溝通，它時常發生在職能部門和直線部門之間。例如營銷經理與品管課長之間的往來。斜向溝通是一種特殊形式的溝通，包括群體內部非同一組織層次上的單位或個人之間的信息溝通和不同群體的非同一組織層次之間的溝通。斜向溝通有利於促進上行溝通、下行溝通和平行溝通的渠道。
外向溝通 Outside Communication	指組織成員代表組織與其他組織之成員進行溝通。

2. **非正式溝通（Informal Communication）：** 就組織溝通面而言，非正式組織溝通乃是基於組織成員的知覺及動機上的需要而發生，其溝通途徑為一種非正式組織間社會關係，超越部門和單位。葡萄藤式溝通（Grapevine）亦稱為組織的八卦或

> **葡萄藤式的溝通**：管理者可以了解員工所關心的事物，同時也可藉葡萄藤來傳達重要的訊息。因為「葡萄藤的存在是無可避免」

傳聞，網路即是此種溝通方式，它也被稱為「口語相傳」或「耳語（謠言）」，例如工作人員的閒談、傳聞、內幕消息等即是，它具有不受正式組織層級、程序與規範所限制，在組織中無所不在，傳播速度很快等特性，它對「連結員工的情感」及「滿足人際互動的需求」是有益的；但是它亦有威脅正式組織權力系統、妨害組織的保密的缺點。非正式溝通具有下列的特性：

的，且對組織機能有極大的影響，所以管理者應該將它視為一個重要的資訊網路，而予以好好「管理」。

(1)非正式溝通不是藉由組織高層之指定而形成。

(2)在組織中無所不在。

(3)資訊多為小道消息（gossip），與組織層級及指揮鏈無關。

(4)溝通的速度與範圍常比正式溝通要快及廣。

(5)對於組織的溝通系統而言，管理者亦需加以重視，因其可預知事端、補正式途徑之不足。

戴維斯（K‧Davis）認為非正式溝通管道的型態有：單線連鎖、群眾連鎖、閒談連鎖及機遇連鎖等四種類型：

類型	意義
單線連鎖 Single-line Chain	又稱「單向式」。係由一個人轉告另一人，再轉告另一人。
群眾連鎖 Cluster Chain	又稱「集群連鎖」。係有選擇性的溝通過程，由幾個中心人物轉告某些選擇的對象，群眾連鎖最為普遍。
閒談連鎖 Gossip Chain	又稱「密語連鎖」，係由一個人以獨家新聞方式，告知所有人。
機遇連鎖 Probability Chain	係大家隨機傳布，無一定中心人物或選擇性對象，碰到什麼人就轉告什麼人。

牛刀小試

（　） 組織間非正式群體的溝通又稱為： (A)蕃薯藤式溝通　(B)葡萄藤式溝通　(C)長春藤式溝通　(D)西瓜藤式溝通。　　　　**答：(B)**

五、群體溝通網路的型態（Communication Networks）

除了二人之間的溝通狀況外，訊息在群體之間的流動方式依學者Berelson&Steiner的研究結果，有下列五種溝通網路：

型態	意義
1.鏈狀（chain）溝通網路	係指溝通流向隨著正式的指揮鏈上下流動。
2.Y狀溝通網路	係指溝通流向由核心人物傳遞至另一人，這個人再傳遞給另一人，至第三人後就開始散播，傳給二人以上。
3.輪狀（wheel）溝通網路	此種網路溝通所呈現的，是一個強勢領導者和組織成員間的溝通方式，領導者就如同輪軸中心一樣，所有的訊息都會透過他傳遞。
4.環狀溝通網路	此種溝通並無核心人物，係由一人傳遞給另一人，逐一傳遞下去，最後又傳遞回最先開始傳遞此訊息的第一個人，故其傳遞速度最慢。
5.網狀（all-channel）溝通網路	亦稱「全方位」或「星狀」溝通網路。即所有團隊成員彼此間皆可隨意溝通，無核心人物。若要增進組織成員的滿意度，這一種形式的正式溝通網路最有效。

茲以五人群體為例，以圖示顯示各種型態；並就各種型態的「溝通速度、士氣、訊息正確性、出現核心人物」等四個向度列表如下：

	鏈狀	Y狀	輪狀	環狀	星狀
型態					
溝通速度	中	中	快	慢	快
士氣	中	中	低	高	高
訊息正確性	高	高	高	低	中
出現核心人物	中	中	高	無	無

六、溝通產生障礙的原因

所謂溝通障礙，是指資訊在傳遞和交換過程中，由於資訊意圖受到干擾或誤解，而導致溝通失真的現象。其產生原因主要者有下列幾種：

(一) **資訊不足**：過少的資訊量，樣本數或代表性不足，無法提供正確的訊息。

(二) **資訊超載（過荷）**：溝通過程中，訊息數量超過負荷，將使收訊人無法完全接收，反而造成訊息漏失的現象。

(三) **資訊不及時**：導致無法及時做正確的處理。

(四) **溝通管道受限**：這是組織的缺陷所造成，如組織本身因為規模太大、層級太多，造成溝通障礙。

(五) **選擇性知覺（認知）**：資訊接收者容易依自己的需求、經驗、背景及其他個人特質，會選擇性的看與聽，此亦會發生溝通上的誤解。

(六) **過濾作用**：係指為了讓接收者高興，訊息傳送者故意操縱資訊，加以過濾。而資訊接收者收到資訊過濾的程度，視組織層級的數目與組織文化而定，層級數越多、組織文化越重視風格與外表，管理者越傾向於過濾資訊，以取得別人的好感（報喜不報憂）。

(七) **情緒**：當成員情緒混亂時，較難清晰地思考與溝通。

(八) **表達不良**：溝通語句應表達完整，避免口語不清、語意混淆的現象發生。

(九) **時間壓力**：當事情需迅速處理時，正式的溝通管道會縮短，易導致訊息傳達不完整或模糊不清。

(十) **價值差異**：此即「認知的障礙」。溝通雙方因價值觀念的不同，則其參考基礎無法一致，易誤解對方意思。

牛刀小試

( ) 以下哪一項屬於溝通過程中可能產生的噪音（Noise）？ (A)電話靜電干擾 (B)旁人過於吵雜 (C)發訊人講話過於小聲 (D)以上皆是。 **答：(D)**

重要 **七、溝通應避免犯的錯誤**

應避免犯的錯誤	意義
過濾作用 **filtering**	係指為了讓接收者高興，訊息傳送者故意操縱資訊，加以過濾。而資訊接收者收到資訊過濾的程度，視組織層級的數目與組織文化而定，層級數越多。組織文化越重視風格與外表，管理者越傾向於過濾資訊，以取得別人的好感。

應避免犯 的錯誤	意義
選擇性認知	資訊接收者基於自己的需求、經驗、背景及其他個人特質，會選擇性看與聽。此時亦會發生溝通上的誤解。
情緒	當成員情緒混亂時，應避免進行溝通，因此時他會無法清晰地思考與溝通。
表達不良	溝通語句應表達完整，避免口語不清、語意混淆的現象發生。
資訊超載	溝通過程中，應避免給予過多的訊息，訊息數量超過負荷，將使收訊人無法完全接收。造成訊息漏失的現象。
時間壓力	當事情需求迅速處理時，正式的溝通管道會縮短，易導致訊息傳達不完整或模糊不清。

八、改善溝通障礙的方法

簡化語言

使用聽眾可了解的語言，應避免使用專業術語。管理者應慎選訊息的字詞與結構，以使訊息明確並使接收者容易了解。管理者應考慮所欲傳達訊息的對象，並根據接收者之程度或專業性等來調整所使用的語言。

主動傾聽

傾聽（listening）是指主動搜尋對方話中的意義。傾聽時，訊息發送者與傾聽者雙方都在思考。此時傾聽者不要對訊息做不成熟的判斷、解釋，或先思考你要回應什麼，而應先仔細聽對方說的訊息。傾聽時的正確行為包括：
1.保持目光的接觸。
2.善用身體語言回應（適當的臉部表情與點頭肯定）。
3.設身處地以發訊者的立場思考。　4.話儘量少一點。
5.提問題。　　　　　　　　　　　　6.避免分心的動作或手勢。
7.多用簡單的同義語。　　　　　　　8.避免打斷談話者。

使用回饋

檢查溝通訊息或你認為你所聽到的訊息之正確性。管理者最好能請接受者用他自己的話來重述一遍訊息的涵義，如果回答確如所想的，則可以增強訊息被了解的程度與精確性。回饋可以是口語的，亦可是非口語的，行動也可看作是一種更有力的語言回饋；績效評估、薪資評定、升遷等，亦都是重要的回饋方式。

注意非語言的暗示

非語言的暗示包括表情、動作、姿態或音調等肢體語言（Body Language）所傳達給人的訊息或意涵。非語言的暗示亦是傳達、接收與回饋訊息的過程，也是人與人間有意義的互動過程。

牛刀小試

( )　如因組織本身規模太大、階級太多，而造成溝通上的困難，此種溝通障礙稱為：　(A)價值差異　(B)情感障礙　(C)資訊超載　(D)組織缺陷。　　　　　　　　　　　　　　　　　　　**答：(D)**

精選試題

☆（　）1. 當我們評鑑他人的行為時，我們總是很容易低估外在因素的影響，而高估內在、或個人因素的影響。稱之為：　(A)移轉作用　(B)刻板印象　(C)基本歸因謬誤　(D)自利偏差。

☆（　）2. 當某員工每天都準時五點下班，結果今天卻提前在四點便離開公司。我們傾向將其解釋為外部歸因，是根據以下哪一項原因？　(A)特異性高　(B)共通性高　(C)一致性低　(D)一致性高。

（　）3. 以下何者不屬於外在的激勵（或物質上的激勵）？　(A)工作設計　(B)薪資　(C)績效獎金　(D)員工認股權制。

☆（　）4. 古代的「無為而治」類似？　(A)放任式　(B)專權式　(C)民主式　(D)分權式的領導精神。

（　）5. 「英雄造時勢」係指何種領導理論？　(A)特質　(B)行為　(C)情境　(D)權變理論。

☆（　）6. 管理方格理論中，屬於「無為而治」、「赤貧管理」的是？　(A)（9.9）　(B)（5.5）　(C)（1.9）　(D)（1.1）　型。

（　）7. 領導的有效性大致取決於？　(A)個人　(B)工作　(C)環境　(D)情境。

（　）8. 哪一領導理論是屬於情境理論？　(A)管理方格　(B)連續帶　(C)路徑—目標　(D)兩構面　理論。

（　）9. 哪兩種人性的假定分別採「系統觀點」與「權變觀點」？　(A)Z理論：M理論　(B)M理論：Y理論　(C)Z理論：超Y理論　(D)超Y理論：M理論。

☆（　）10. 在管理方格中，為「團隊管理」的是？　(A)（1.1）　(B)（1.9）　(C)（5.5）　(D)（9.9）　型。

☆（　）11. 在領導理論中，又被稱為「偉人理論」的是？　(A)特質理論　(B)行為理論　(C)情境理論　(D)管理格道理論。

（　）12. 下列敘述何者正確？　(A)馬斯洛提出「雙因子理論」　(B)赫茲伯格提出「需要層級理論」　(C)費德勒提出「情境模式理論」　(D)麥格瑞哥提出「ERG理論」。

（　）13. 非正式溝通最常出現的方式是？　(A)命令　(B)耳語　(C)謠言　(D)黑函。

☆（　）14. 「人類需要層級」中的需求層次，由低層次至高層次的排列順序應為：A.安全需求，B.生理需求，C.社會需求，D.自我實現需求，E.自尊需求　(A)A.B.C.D.E.　(B)C.D.E.A.B.　(C)B.A.C.E.D.　(D)B.A.C.D.E.。

( )15. 哪一理論視社會為一有機體，同時亦注重組織外部的周圍環境？　(A)X理論　(B)Y理論　(C)Z理論　(D)M理論。

☆( )16. 好友相約至KTV唱歌，這行為表現了他們需要的是？　(A)生理　(B)安全　(C)社會　(D)自尊　的需要。

☆( )17. 在一組織內的人員陞遷，常出現一種有能力者朝著其所不能勝任的職位上爬昇的現象，此稱之為？　(A)彼得原理（The Peter Principle）　(B)芝麻綠豆定律（Law of Triviality）　(C)帕金森定律（Parkinson's Law）　(D)以上皆非。

( )18. 下列哪一種理論，認為人們在一項較高層次的需要未獲滿足或受到挫折時，會退而求其次，追求次一層級需要的滿足？　(A)佛洛姆的期望理論　(B)赫茲伯格的激勵保健理論　(C)馬斯洛的需要層次理論　(D)阿特福的ERG理論。

☆( )19. 根據二因素理論影響人員激勵者可分為激勵因素及保健因素，下列何者不屬於保健因素？　(A)公司政策　(B)監督　(C)工作本身的特性　(D)上下之間的人際關係。

☆( )20. 激勵理論中，將重點置於探討激發成員行為的因素者，一般稱之為「內容理論」，下列何者屬於內容理論？　(A)增強理論　(B)期望理論　(C)需求層次理論　(D)公平理論。

☆( )21. 在群體的溝通型態中，傳遞速度最慢的是：　(A)環狀　(B)鏈狀　(C)星狀　(D)Y狀。

( )22. 非正式溝通中，可能由幾個中心人物轉告若干人，而且有某種程度的選擇性，稱為：　(A)集群連鎖　(B)蜜語連鎖　(C)單線連鎖　(D)機遇連鎖。

( )23. 以下何者不屬於領導的「行為模式理論」？　(A)兩構面理論　(B)領導生命週期理論　(C)管理方格理論　(D)領導行為連續帶理論。

( )24. 在特定情境下，影響一個人或一群人的行為，使其趨於達成群體目標之人際互動程序。稱為：　(A)領導　(B)激勵　(C)學習　(D)溝通　的情境型定義。

☆( )25. 領導理論中的「目標—路徑理論」乃延伸自OSU兩構面理論與以下何種激勵理論？　(A)需求層級理論　(B)期望理論　(C)ERG理論　(D)公平理論。

( )26. 在個人行為模式中兼具有情感、行為與認知成分的是：　(A)學習　(B)知覺　(C)態度　(D)性格。

☆( ) 27. 當一組織原先提倡「內部檢舉制度」，對告發他人不當行為的員工予以獎勵，但遭到大部分員工反彈之後便取消這種制度，因此告密的人就變少了。請問上述過程符合強化理論中的何種強化方式？ (A)正增強 (B)懲罰 (C)趨避 (D)消滅。

☆( ) 28. 當個人以實用性為本位，不為情緒所影響並相信為達目的可以不擇手段時，我們稱其具有： (A)高度的權威主義 (B)外控傾向 (C)認知失調 (D)馬基維利主義。

☆( ) 29. 學習理論中的「操作制約論」與以下哪種激勵理論精神相通？ (A)強化理論 (B)期望理論 (C)ERG理論 (D)三需求理論。

( ) 30. 在領導三構面理論中，領導者是屬於高關係低任務導向，則他是下列何者？ (A)分立者 (B)密切者 (C)盡職者 (D)整合者。

( ) 31. 下列何者部屬於組織溝通的障礙？ (A)本位主義 (B)資訊超載 (C)價值差異 (D)組織層級。

☆( ) 32. 以下何者屬於激勵理論中的「程序論」？ (A)需求層次理論 (B)公平理論 (C)成熟理論 (D)三需求理論。

☆( ) 33. 「領導者對組織的未來，刻劃出充滿期許與理想的藍圖，並將其傳達給追隨者，以激發成員的熱心與使命感與凝聚大家的共識，使組織能克服各種困難，為達成理想努力不懈的奮鬥。」上述領導型態稱為： (A)願景領導 (B)魅力領導 (C)交易式領導 (D)鄉村俱樂部式領導。

( ) 34. 依行為學派的觀點，下列哪一種工作設計可帶來的激勵程度最高？ (A)工作豐富化 (B)工作擴大化 (C)工作輪調 (D)工作專業化。

☆( ) 35. 我們說目標管理（MBO）可對員工產生激勵作用，其最主要的來源乃由於其符合哪一種工作設計方式？ (A)工作豐富化 (B)工作擴大化 (C)工作輪調 (D)工作簡化。

( ) 36. 操作制約論主張人類行為產生的原因為何？請選出錯誤的答案： (A)是制約結果的展現 (B)屬於反射性動作 (C)是經由學習得來的 (D)由外在刺激而決定。

☆( ) 37. 「企業的人性面」是由何學者所提出？ (A)馬斯洛（Maslow） (B)赫茲伯格（Herzberg） (C)梅育（Mayo） (D)麥克葛瑞格（McGregor）。

( ) 38. 領導也可以說是？ (A)權力的應用 (B)影響力的應用 (C)民主的應用 (D)集權的應用。

( ) 39. 只能防止不滿的增加，是消極性的因素是？ (A)維持因素 (B)激勵因素 (C)以上皆是 (D)以上皆非。

☆( ) 40. 李柯特提出的「四系統理論」，可說是一種：　(A)學習的過程　(B)組織氣候　(C)授權程度　(D)管理動機。

☆( ) 41. 對於麥克葛瑞格的敘述，下列何者有誤？　(A)著有企業人性面（The Human Side of Enterprise）一書　(B)提出他對人性的二種不同的基本假定：X理論與Y理論　(C)主張以X理論做為人性管理的方式　(D)屬於修正理論時期的代表人物之一。

( ) 42. 提出ERG（生存、關係、成長）理論的學者是誰？　(A)阿特福　(B)巴克曼　(C)古德曼　(D)赫斯。

( ) 43. 請依照人性理論的「系統觀點、中庸觀點、權變觀點」選出以下正確的配對？　(A)X理論、Y理論、Z理論　(B)Z理論、Y理論、M理論　(C)超Y理論、Y理論、X理論　(D)Z理論、M理論、超Y理論。

( ) 44. 兩因素理論、期望理論、強化理論。請選擇提出以上激勵理論學者的正確組合？　(A)馬斯洛、伏隆、亞當斯　(B)艾吉利斯、史金納、費德勒　(C)赫茲伯格、伏隆、史金納　(D)費德勒、豪斯、阿德福。

( ) 45. 「三構面領導理論」係由何者所提出？　(A)韋伯　(B)雷定　(C)摩頓　(D)豪斯。

☆( ) 46. 在周哈里窗理論中，屬於潛能的部分，是：　(A)開放我　(B)盲目我　(C)隱藏我　(D)未知我。

( ) 47. 在周哈里窗理論中，視窗的大小與自我省察的工夫有關者，為：　(A)開放我　(B)盲目我　(C)隱藏我　(D)未知我。

☆( ) 48. 對同一個人或同一個組織的管理不能同時採用兩種不同的方法，不能同時設置兩個不同的目標，此係下列何者之論調？　(A)手錶定律　(B)不值得定律　(C)木桶定律　(D)零和遊戲原理。

( ) 49. 幾乎在任何組織裡，都存在幾個難弄的人物，他們存在的目的似乎就是為了把事情搞糟，這是下列何者之論調？　(A)蘑菇管理　(B)不值得定律　(C)木桶定律　(D)酒與污水定律。

☆( ) 50. 在「從A到A+」一書中說明，一家企業或一個經營團隊要從優秀到卓越，一定需要哪一級領導人的領導模式才有可能成功？　(A)第三級　(B)第四級　(C)第五級　(D)第六級。

( ) 51. 在「從A到A+」一書中說明，運用個人知識技能和良好的工作習慣，產生建設性貢獻者，係下列第幾級之領導人？　(A)第一級　(B)第二級　(C)第三級　(D)第五級。

解答與解析

1. **C** 此係歸因的偏差所致，另一種相反的情況為**「自利偏差」，個體會將自己的成功，歸因為自己的能力或努力等內在因素；而將失敗的原因歸咎於外部因素。**

2. **C** **「一致性」係指個人是否出現規律且一致的行為？是否長時間都以同樣的方式作反應？**若答案是肯定的，表示其恆常性較高，將被歸因為內在；反之，則歸因為外在。

3. **A** 工作設計、工作環境塑造等，其重點在改變工作本身，以激起員工本身內在的潛力與努力，此為**「內在性激勵」。**

4. **A** 放任式領導之**領導者儘量不參與決策的制定，工作的進行與決定完全依賴組織成員自行負責，**他亦不評定部屬優劣，功過亦無獎懲。

5. **A** 特質理論**認為某些人擁有某些特質**（生理、心理、人格、社會地位等），**所以能成為成功的領導者。**

6. **D** （1,1）型對於生產和人員都以低關心程度來對待，為一種有氣無力的管理，只要不出差錯，多一事不如少一事，故**亦被稱為「放任管理」。**

7. **D** 領導情境理論的目的在指出沒有一種領導方式是可以放諸四海皆準的，**有效的領導方式應視不同的情境，而採取動態彈性的領導方式。**

8. **C** 「路徑─目標」理論**著重在領導者如何影響部屬工作目標的知覺或報酬**，並探討導向成功的完成工作目標的途徑或行為。

9. **C** 超Y理論與Z理論皆認為組織中有X型員工也有Y型員工，不過Z理論採取較**「系統化」的管理方式，超Y理論則把焦點擺在「權變化」，強調人、工作與組織的搭配。**

10. **D** （9,9）型對人員與生產都極為關心的領導作風，藉由協調和群體合作，促進工作效率及維持高度的員工士氣，並達成組織目標，故**被稱為「團隊管理」**

11. **A** **特質理論又稱性格理論、偉人理論。**

12. **C** **權變模式主要強調「領導者的行為」與「情境對領導者有利的程度」兩方面的互動。**

13. **B** 溝通網路中，有一項不可忽略的類型就是**葡萄藤（The Grapevine）式的溝通**，亦稱為「口語相傳」或「耳語」，它是一種「非正式組織」溝通網路。

14. **C** 人的需求順序是依照其重要性或層級性來選擇，亦即從基本的（如生理需求）到複雜的（如自我實現需求）。**只有在較低層次的需求得到相當滿足後，才會感到次一高層次的需求。**

15. **C** Z理論認為組織為兼有靜態與動態的「有機體」，故不但要重視組織系統內的制度與程序，尚須重視外在環境。

16. **C** 社會的需求又稱為相屬相愛的需求，如團體的認同、關懷、親近、友誼等需求。

17. **A** 「彼得原理」是指在組織的等級制度中，人會因其某種特質或特殊技能，使他在被擢升到不能勝任的地步，**反而變成組織的障礙物（冗員）及負資產。**

18. **D** ERG理論係由馬斯洛（Maslow）的「需求層級理論」演變而來，為阿德福（Clayton Alderfer）所提出。

19. **C** 被賞識、成長可能性、挑戰機會、成就感、認同感、責任感、工作本身的特性等**屬於激勵因素。**

20. **C** 期望理論與公平理論係屬於程序模式（理論），增強理論屬於強化模式（理論）。

21. **A** 環狀溝通網路並無核心人物，係由一人傳遞給另一人，逐一傳遞下去，最後又傳遞回最先開始傳遞此訊息的第一個人，故**其傳遞速度最慢。**

22. **A** 「集群連鎖」（Cluster Chain）**又稱為群眾連鎖**，係有選擇性的溝通過程，由幾個中心人物轉告某些選擇的對象。

23. **B** **「領導生命週期理論」係屬於「情境領導理論」。**

24. **A** 領導乃是為影響人們，**使其自願努力以達成群體目標所採取的行動。**

25. **B** 「路徑—目標」理論是由**伊文斯（Evans）和豪斯（House）**結合了伏隆（Vroom）的「期望理論」與俄亥俄大學（OSU）的「兩構面理論」而來。

26. **C** 態度係指個人對人、事、物所採取的衡量觀點，即**個人對社會中各項事物之評價。**

27. **D** 消滅是壓抑住先前可接受的反應或行為的正強化，**某種行為若持續不給予強化，最後將消失或消除掉。**

28. **D** **持馬基維利主義者適合需談判手腕或績效獎賞高的工作。**

29. **A** 學者史金納（Skinner）主張，人們為了產生令人愉悅的結果，而從事特定形式的行為，將會增加該行為出現的頻率。**此與「強化理論」看法相似。**

30. **B** 這種領導者只求與部屬關係融洽，和睦相處，但**不重視工作和任務，對他來說，時間和效率都屬次要。**

31. **C** **價值差異屬於個人溝通障礙**，其係因溝通雙方價值觀念不同，則參考基礎無法一致，易誤解對方意思。

32. **B** **其他三者係屬於內容模式的激勵理論。**

33. **A** 「願景型領導」指的是創造並清楚描述一種能改善現狀，並且是**實務、可信與具有吸引力之未來願景。**

34. **A** 工作豐富化（Job enrichment）係指**給予工作者較多機會可以參與規劃、組織及控制**，即給予員工較大的管理機能參與程度，故能產生激勵效果。

35. **A** MBO即在**強調員工能參與目標之訂定。**

36. **B** 操作制約論認為行為**被假定是從外在（即學習）而不是內在（即反射）來決定。**

37. **D** 麥格瑞哥（Mcgregor）是屬於修正理論時期的學者，**他於1960年出版了「企業的人性面」**（The Human Side of Enterprise）一書。

38. **B** **因領導者並不一定是組織中的管理者**，沒有組織正式職位的領導者，亦可憑藉其個人的能力或其他因素，影響他人，使他人樂意追隨。

39. **A** **維持因素又稱為保健因素，它與工作不滿足相關。**

40. **B** 李科特（Likert）以數百個組織為對象，進行領導行為（即組織氣候）的研究，而提出**領導的四系統理論。**

41. **C** 他主張**應以Y理論做為人性管理的方式。**

42. **A** ERG（生存、關係、成長）理論**係由馬斯洛（Maslow）的「需求層級理論」演變而來**，為阿特福（Clayton Alderfer）所提出。

43. **D** Z理論採取較「系統化」的管理方式；M理論認為組織中典型的X員工或Y員工很少，大部分是介於兩者之間；超Y理論把焦點擺在「權變化」，強調人、工作與組織的搭配。

44. **C** 兩因素理論、期望理論、強化理論**分別由赫茲伯格、伏隆、史金納提出。**

45. **B** 「三構面領導理論」係由雷定所提出。

46. **D** 「未知我」**亦稱為「封閉我」**，係指自己不瞭解而別人也不知道的部分，這就是所謂「潛能」的部分。

47. **B** **盲目我是指自己不瞭解而別人卻知道的部分**，例如我們的一些習慣如口頭禪。盲目我如果能「吾日三省吾身」，盲目我自然就會變小。

48. **A** **每一個人也不能由兩個人來同時指揮**，否則將使這個企業或這個人無所適從。

49. **D** 難弄的人物也常到處搬弄是非，傳播流言、破壞組織內部的和諧。

50. **C** **第五級藉由謙虛的個性與專業的堅持，建立起持久的卓越績效。**

51. **A** **第一級領導人是屬於有高度才幹的個人。**

第四章 控制機能

考試頻出度：經濟部所屬事業機構 ★★★
中油、台電、台灣菸酒等 ★★★★

關鍵字：控制、績效衡量的標準、相關性、層級控制、派閥控制、零基預算、責任中心、比率分析、財務報表、損益平衡、成本、排程、要徑、存貨、品質、全面品質管理、標準差、ISO、企業診斷。

課前導讀：本章內容中較可能出現考試題目的概念包括：控制的程序、以控制時程與控制手段劃分的控制類型、設計控制系統的方法、影響組織控制系統設計的權變因素、零基預算法、責任中心、企業常見的比率分析、損益平衡點分析、成本控制的方法、計畫評核術、要徑法、經濟訂購量、ABC存貨控制法、PDCA循環、全面品質管理（TQM）、品管圈、零缺點計畫、六個標準差、ISO 9000、綜合診斷。

第一節 控制的基本概念

一、控制（controlling）

(一) **意義**：控制是管理功能之一，有下列幾種定義：

> **孔茲與歐唐諾（Koontz & O'Donnell）認為**：控制為一種「程序」，經由此程序可以確保組織活動得以按計畫完成，並「矯正任何重大偏離的活動」。

1. 組織在形成計畫之後，為了確保計畫的進行，管理者必須監控與評估組織績效，定期比較「預期績效」與「實際績效」是否相符，並予以修正，即稱為「控制」。
2. 管理者為確保能達成目標，針對組織目標，偵測、比較、評估及改正的程序，係屬管理功能的「控制」。
3. 監督業務的進行，指出問題進行修正，以確保目標達成的程序，稱為「控制」。
4. 控制係指監控組織績效，以確保目標確實能達成的程序。

(二) **基本原理與作用**：控制的基本原理主要是建立在「回饋」活動上。因此，為了確認資訊是否被正確地傳達與理解，組織溝通中「回饋系統」的建立是不可或缺的重要機制。當企業組織偏離目標可接受範圍時，可以透過「控制」的機制提供組織適當的矯正行動，並進一步的調整目標。

(三) **改正的方式**：改正可分為「**即時改正行動**」與「**基本改正行動**」二種。前者在立刻解決問題，使工作重回正軌；後者則著重於找出偏差大小的原因，並對偏差的來源予以改正。

(四) 控制的重要性：

1. 確認組織是否有達成預定的計畫目標，以及若未達成時，其原因為何。
2. 提供關於員工績效的資訊與回饋，而將其出錯的機率降至最低。
3. 提供組織進行以下各項管理工作的資訊：

(1) 預防危機發生。　　　　　　(2) 保護組織及其資產。

(3) 標準化生產或服務的基礎。　(4) 考核員工績效的依據。

(5) 修訂或更新計畫的憑藉。

牛刀小試

(　)　「本質上為一程序，經由此程序，可以確保組織活動得以按計畫完成，並矯正任何重大偏離的活動。」以上敘述為何種管理機能的意義？　(A)規劃（Planning）　(B)組織（Organizing）　(C)領導（Directing）　(D)控制（Controlling）。　　　　　　　**答：(D)**

二、控制與規劃的關係

規劃和控制是一個問題的兩個方面。規劃是基礎，它是用來評定行動及其效果是否符合需要的標準。規劃越明確、全面和完整，控制的效果也就越好。在多數情況下，控制工作既是一個管理過程的終結，又是一個新的管理過程的開始，它使規劃的執行結果與預定的規劃相符合，並為規劃提供信息。

 三、控制的程序

控制係由四個單獨程序（步驟）所組成：建立績效標準（建立目標及標準）→衡量實際績效→比較實際績效與績效標準間的差異→針對差異採取必要的修正行動（採取管理行動以修正）。簡言之，控制為「標準→衡量→比較→修正」的程序，經由此程序可確保組織活動得以按計畫完成，並矯正任何重大偏離的活動。

【請注意：若考試題目將控制程序定為三個步驟，則刪去第1個步驟（建立績效標準）。】

控制的意涵：指按規劃、標準來衡量所取得的成果並糾正所發生的偏差，以保證規劃目標的實現。如果說管理的規劃工作是謀求一致、完整而又彼此銜接的規劃方案，那麼，管理的控制工作則是使一切管理活動都能按計畫進行。

控制程序：有的書將「控制的程序」只分為三個步驟，此時，請將「建立績效衡量的標準」予以剔除，只剩「衡量實際表現、將實際績效與標準相比較、採取管理行為加以修正」三者，即屬正確。

控制的標準：有時為「定量」，「可以數量表示」，如成本、收益或耗用工時等；有時為「定質」（Qualitative），通常「難以用具體數值表示」，如服務態度、員工士氣、社區關係等。

( ) 控制的四個步驟依序為： (A)標準→衡量→比較→修正 (B)衡量→比較→標準→修正 (C)比較→標準→衡量→修正 (D)修正→標準→衡量→比較。 答：**(A)**

重要 **四、控制的類型**

(一) 以控制的時程劃分

類別	內容說明
事前控制	事前控制（Forward Control或Pre-Control）**又稱「前瞻控制」、「前向性控制」、「投入控制」**。係為了事先防止可能發生的困難，故在實際活動之前，即訂定每一工作人員的績效標準，並建立偏差預警系統，使人人在工作之前，已知道如何做，而不至發生脫節以致不符計畫的現象。故事前控制是一種以「防範未來導向的控制，其**優點就是「預防勝於治療」，所以是比較理想的控制方式**。此種方式需要「即時和正確的資訊」，且在產品成本較高的情況下，用此種控制方式通常可以花較少的成本來矯正問題。事前控制目的在未雨綢繆、防患未然，例如組織利用本身內部的政策、規定、手續或文化，使員工了解組織的要求，而願意改變行為來配合組織。
事中控制	事中控制（Real Time Control）**又稱「即時控制」**（Concurrent control）、**「同步控制」、「程序控制」**。係在作業執行過程中，稍有偏差時，即採取修正行動。事中控制目的在防止過程中有任何偏差的發生。走動式管理（Management by Walking Around）即屬此種控制方式之一。
事後控制	事後控制（Post-Control）**又稱「回饋控制」**（Feedback Control）、**「產出控制」**。係在作業結果有明確偏差後，才採取修正行動。例如國外旅行團在旅遊結束後，請團員填寫旅客滿意度調查表即屬此類。此種控制較無效率，屬於早期（傳統）管理的控制方式，係亡羊補牢的作法。

(二) 以控制的手段劃分

類別	內容說明
直接控制	又稱為「預防性控制」，係對管理者的素質，予以培養和訓練，以提高管理者的經營管理能力，使組織內的所有管理者都有自我檢討、自我控制的工作能力，能主動追查和改正錯誤，以減少決策錯誤發生次數。直接控制具有下列的優點： 1.可直接控制管理人員的管理能力，故能減少決策錯誤。 2.可使員工了解管理技術與績效的關係。 3.可促進管理人員主動追查和改進錯誤。

類別	內容說明
間接控制	又稱為「制度性控制」，係對工作本身的局部控制，只在期中與期末對工作績效進行追蹤控制，找出偏差，採取改正措施。間接控制為「亡羊補牢」的控制方式，其工作計畫和標準往往係由最高主管所訂定，故往往會造成以下各項問題（缺點）： 1.所訂標準，往往在實際執行上有困難。 2.只考慮工作績效，加重管理者的心理負擔。 3.在發掘錯誤以前，時間和金錢的損失已經造成。
稽核控制	稽核控制之功能乃是在管理過程中，將實際績效與標準進行相互比較。其目的在於檢查，評估內部控制制度之缺失及衡量營運之效率，適時提供改進建議，以確保制度得以持續有效實施，並協助董事會及管理階層確實履行其責任。

(三) 以控制的對象劃分

類別	內容說明
行為控制	係針對「人」的控制，包括績效評估、直接管理、組織文化、在職訓練等進行控制。例如要求第一線員工必須完全依照標準作業程序（SOP）作業，並以此衡量員工績效。此即為「績效評估」的行為控制的模式。其他尚有直接管理、組織文化、在職訓練等控制模式。
財務控制	針對組織的財務資源所為控制，它是利用預算制度、會計及成本制度、財務分析、審計制度等進行控制。
作業控制	針對組織由資源轉換成產品、服務之過程所為之控制。即「生產與作業控制」，例如製造資源規劃（MRPII）、即時生產系統（JIT）、計畫評核術（PERT）、要徑法（CPM）、品管圈（Q.C）等即屬此種控制。
社會化控制	亦可稱為「社會化／調適性控制」。它是一種內化的控制模式，是以組織的價值觀和規範為基礎，透過工作當中潛移默化來同化員工的行為。一些專業性的組織明確地規範員工的行為，並根據可接受的行為範圍來評估個人的偏誤。公司透過教育訓練或社會化的程序將組織的價值觀潛移默化給員工，員工因而被同化並將這些觀念付諸實踐於工作。此種控制方式比較適合需要經常調整控制要素的組織。

牛刀小試

( )　隨著時代的演進及控制技術的發展，哪一種控制的方式已越來越不合乎組織績效最大原則？　(A)事前控制　(B)事後控制　(C)事中控制　(D)以上皆非。　　　　　　　　　　　　　　　　　　　　　　**答：(B)**

五、有效控制系統的特性

(一) **適當的控制重心**：由於組織的資源有限，因此，在控制上要考慮策略性的配置，即管理者必須將控制的重心放在與組織績效最有策略關聯的因素上。

(二) **合理的控制設計**：控制制度必須被組織的成員所接受，才能發揮作用，因此其設計必須考慮人性化與合理性，其主要表現在控制制度的可瞭解度與控制準則的合理性。

(三) **良好的資訊品質**：控制制度的核心和關鍵在於相關資訊的取得，有關資訊的品質，必須特別注意幾個資訊特性：資訊的完整性、資訊的有效性、資訊的正確性、時效性與客觀性。

(四) **足夠的控制彈性**：有效的控制制度必須保有足夠的控制彈性，以因應時間、環境及情境的改變而進行調整。

(五) **高度的成本效益**：所有的控制制度都必須要求所產生的效益大於其成本。亦即必須注重成本效益。這裡的成本不僅只是經濟上的成本，還包括在執行上所產生的不便與調適成本。

第二節 管理控制系統對行為的影響

一、管理控制的意義

所謂管理控制，並非是呆板的「標準－衡量－比較－修正」這種表面的程序，而是「透過人員的心理動機作用，改變其行為模式。」員工會以個人價值目標觀點來看所設置的標準，以及達成此種標準對於滿足個人需求的關係，因而產生特定的反應行為。譬如，在實際經驗中，公司高層主管常常發現，所採取的某種控制系統，竟然造成了若干意外的反應或副作用，譬如改變一項生產控制系統後，使得工人間的關係變得融洽而密切，使得工廠氣氛變為活潑而協調，這是一種良好的意外收穫；但同樣地，也可能導致怠工、曠職、敵對等不良後果。

二、管理控制程序可能產生不良反應的原因

有時一個表面上似乎是一個良好的控制系統，實施結果卻毫無效益，甚至產生反效果，原因何在？列表茲說明如下：

原因	內容說明
本位主義	由於控制標準及績效之衡量，乃以一個部門為單位，因此使得特定部門為了追求本身的績效，即使犧牲整體利益，也可能在所不惜。
顧此失彼	有關部門或人員只對於列入控制的標準項目，盡力達成，而對於其它未列入控制的項目，即便很重要，卻不加以考慮。
短期觀點	有關部門或人員有時為了達到短期利益而犧牲了長期利益。而所謂短期利益，亦可能包括根據控制標準而言的利益，它未必是整個組織的短期利益。
表面文章	由於控制所依據的資料多屬書面性質，而且由作業部門自行填報，因此後者為了符合工作目標所訂進度或標準，乃在填送報表上作若干不實或人為之調整。
影響士氣	由於人員及單位的績效，經由控制系統表現，績效表現好壞對於個人及群體均有實質上及心理上之極大影響。一旦人們感到控制系統不合理或不公平時，將會造成打擊士氣的問題。

重要 三、設計控制系統的方法

有效的控制系統可以確保各項活動能朝著完成組織目標的方式進行，控制系統是否有效，端視其對目標的達成有多少幫助，愈能幫管理者達成組織目標的控制系統就愈好。美國加州大學洛杉磯分校 UCLA 的威廉大內教授認為，管理者可以下列三種控制方法達到組織控制：

控制方法	內容說明
市場控制 market control	**係指「透過市場機能，以協調（coordination）為焦點」的控制方式。** 其構成要件包括半自主組織（Semi-autonomous）結構、特殊的任務與不確定的環境、交換關係、明確的任務以及價格機能。它是一種著重以外部市場機制（如價格競爭及相對市場占有率），來建立控制系統的標準的一種控制制度。**產品或服務很清楚而具體，且「市場競爭很激烈的組織，最常使用此種方法」。在這種情況下，公司「各部門常會轉為利潤中心」，並以其在公司總利潤所占的百分比作為部門績效評估的標準。**

控制方法	內容說明
官僚控制 bureaucratic control	亦稱「層級控制（hierarchy）」。官僚體制控制係「透過組織機能，以服從（compliance）為焦點」的控制方式。其構成要件包括，「層級組織結構、重複的任務與可預測的環境、從屬關係、命令以及規則」。它強調的是組織層級結構、組織的權威、從屬關係、與依靠行政規定、條例、程序及政策等行事。這種控制方式非常依賴作業的標準化、定義清楚的工作説明書以及預算、指導方針等管理機制，來確保員工行為合宜並達到績效標準。
集團控制 clan control	亦稱「派閥控制」，係「以承諾（commitment）為焦點」的控制方式。其構成要件包括「個人承諾、共識與共同價值、組織文化以及社會規範」。這種控制制度下的員工行為，受公司的價值觀、規範、傳統、儀式、信念和其它組織文化所限制。官僚體制以嚴格的階級體制來控制，而集團控制則以個人及群體（或集團）來決定員工的行為與績效是否合宜。由於集團控制的標準源於公司的價值觀與團體規範，員工知道什麼是「重要的事」以及「不重要的事」，所以它通常適用於工作團隊以及技術變化迅速的組織內。

大多數的組織不會只依賴一種方法來設計適合它的控制系統，相反的，組織會在一些市場控制的評量機制外，再加上官僚控制或集團控制系統。重要的是，要設計出能幫助組織有效且正確達成目標的控制系統。

第三節　影響控制系統設計的權變因素

影響組織控制系統設計的權變因素（contingency factors in control）計有五項：

因素	說明
組織規模	控制系統應隨著組織規模大小而改變。較小的組織較依賴「非正式及個人的控制」，此時，「直接監督的即時控制」可能是最經濟的方式；但隨著組織規模的擴大，就可能需在直接監督外，再加上如報告、規章和規則等更多的正式控制系統。大型的組織內則通常會有非常正式和非個人化的事前及事後控制。

因素	說明
職位層級	員工在組織內的職位愈高時，愈需要根據部門目標的不同而有多元的控制標準，這顯示「組織的層級愈高時，評量個人績效的標準就愈模糊」。相反地，較基層工作的績效常有很清楚的定義，因此，對績效的評量或解釋就不會有很大的爭議。
分權程度	「組織分權的程度愈高，管理者就愈需要回饋系統」來了解員工的決策及工作績效。儘管管理者可以將決策權及執行權下授給員工，但因他仍須對活動負最後的責任，因此管理者會希望能夠確定員工所作的決策和行為是有效率及效能的。
組織文化	一個組織的文化也許是「自主和開放」，但也可能是恐懼、報復和不信任。在前者，我們可以「預期會看到非正式的自我控制」；而在後者，則可看到外在及正式的控制系統以確保績效的達成。因此控制的類型與程度都應該與組織文化一致。
作業的重要性	作業的重要性會影響到「應否」以及「如何」控制該作業。如果「控制的成本很高，而犯錯的代價很小，則控制系統就不會太嚴密」；反之，如果錯誤會帶給組織很大的傷害，則即使成本很高仍需採取較廣泛的控制系統。

牛刀小試

( ) 影響組織控制系統設計的權變因素，下列何者為非？　(A)職位層級
(B)控制幅度　(C)組織規模　(D)組織文化。　　　　　　　　**答：(B)**

第四節　控制的工具與技術

一、財務控制

財務控制中最常使用的規劃與控制工具就是「預算」。預算是用數字表示的計畫，目的在分配資源至特定的活動。當預算被編列，由於它指示了組織資源配置的方向，故為一種規劃的工具，以區別什麼活動是重要的以及什麼活動應被分派到多少資源；而當預算對那些可被衡量比較的消耗性資源提供一個標準時，它又變成一項控制的工具，亦即以預算為基礎，來執行和控制企業管運上的各項作業，並比較預

算與實際作業之偏差,分析原因,採取改善措施。由於預算與規劃有密切的相關,一般認為預算是一種事前控制的方法。

(一)預算控制:

1. **預算的意義與性質**:預算是一種以貨幣來表示的企業計畫,為規劃工具。在編制預算時,必須先有工作計畫,做為編制預算的依據,因此它也是一種主要的控制的基礎。

> **預算的期間**:預算有一定的期間,一般所稱的預算年度,涵蓋期間為一年,但也有以季、月、甚至一年以上的預算。
>
> **預算與規劃及控制的關係**:預算是規劃的工具,亦是控制的工具。控制工作可以確保規劃的達成,使計畫更易落實。

2. **預算與規劃及控制的關係**:預算代表一種以金錢收支表現的規劃,也是一種重要的控制工具,二者密不可分。預算能將公司的資源作適當的分配,使有關部門及人員了解支出的限度,同時「預算也等於是控制程序中所設定的績效標準」,將收入與支出和實際情形比較,可以得知有無「失去控制」的情況。因此預算是規劃的工具,亦是控制的工具。控制工作可以確保規劃的達成,使計畫更易落實。

3. **預算的種類**:企業預算一般分為「營運預算、資本支出預算和財務預算」三種。

   (1) **營運預算**:係指與企業生產經營活動相關的預算,主要包括銷售預算、生產預算、費用預算(如直接材料、採購、直接人工、製造費用、期末成品存貨和銷售及管理費用)等預算。歸納言之,詳列預估的銷貨收入,營運費用及利潤計畫,並按月或季分割,再彙總的年度預算,即稱為「營運預算」。

   (2) **資本支出預算**:係指企業長期投資(投資於機器設備、廠房)的預算甚或投資融資活動預算。對於資金之融通部分,依其現金預算規劃之投資預算或融資預算均屬資本支出預算範圍。

   (3) **財務預算**:係指經由營運預算及資本支出預算中有關現金收支、經營成果、財務狀況的預算,包括現金流量預算、資本支出預算、資產負債預算。現金預算對企對而言是相當重要,一個現金不足的企業將造成資金缺口,進而影響營運資金週轉。

牛刀小試

( )　對各項支出不作硬性的規定,隨企業產銷情形,以彈性編製,此種預算稱為:　(A)固定預算　(B)移動預算　(C)變動預算　(D)績效預算。　　　　　　　　　　　　　　　　　　　　　　　　**答:(C)**

4. **預算編列的方法：**

(1) **傳統預算法：**又稱為「增量預算法（incremental budget）」。係將「收支分開編製」，按支出項目之性質加以歸類，之後再將預算與實際支出相比較，由於每項支出如果前一年度已有，只需對新增部分說明即可，故稱之增量預算法，惟其與後述之「零基預算」的最大不同在於它可以延用上一年度的預算。

A. **優點：**編列方式簡單。

B. **缺點：**

(A) 未考慮各單位內活動的重要性及優先次序。

(B) 事後亦無法辨認無效率和浪費的情形。

(C) 由於預算是參考前期的水準而定，若前一期有無效率的情況發生，則本期也無法倖免。

(2) **方案預算法：**此法條係以達成某一目的所必要活動的重要性加以分配。亦即預算依「活動」而非「部門」來分配。最廣為人知的「企劃方案預算制度」（Planning-Programming Budgeting System, PPBS）即是，它結合了預算與目標管理。它是一項以現代管理方法設定組織長期與短期目標，以及達成該等目標的步

> 企劃方案預算制度：又稱為「設計規劃預算制度」，是美國國防部於1961年所發展出來的預算制度，目的是「期望資源能做更有效的分配」。

驟，並在根據有限資源達成最大效果的原則，據以編製達成該目標的預算。此時預算的編製程序，成為設計規劃管理的主要手段。所以，本制度的基本精神在於預算和目標的緊密配合，可以同時發揮規劃與控制的功效。PPBS實行的步驟如下：

Step1 確立目標計畫。　　Step2 規劃完成目標的各種方案。

Step3 依計畫編制預算。　　Step4 依計畫、預算執行業務。

Step5 檢討績效，逐年檢討修正，連貫設計執行。

「企劃方案預算制度」的優缺點如下：

A. **優點：**強調活動目標的達成，而非只是消極的將預算分配到各部門。

B. **缺點：**編制預算耗時甚久。

(3) **零基預算法（Zero Based Budgeting ,ZBB）：**係由德州儀器公司之彼耶爾創始。用本法編製預算，要求管理者應依當期活動的內容詳細斟酌編列，而不依據前期預算水準的預算編制法。易言之，要求在編製預算時，一切從「零」開始，對所有的支出項目全面重新檢討其必要性與優先順序，而

不受到過去預算的限制,故稱為零基預算。易言之,零基預算是指企業的預算在每一新的會計年度,均應從頭開始,並對每一計畫及組織重新加以評估,以確定其是否有保留的價值或是否有可節省的經費,將其轉用於最有價值的新計畫上。零基預算法的優缺點如下:

A.**優點**:適用於真實變動環境,且可將預算與各部門貢獻連結起來。

B.**缺點**:不易編製。

牛刀小試

( )　當期預算的編列不依據前期的標準或經驗,而是要求管理者依活動的內容予以詳細斟酌編列。此種預算編製方法稱為:　(A)方案預算法　(B)增額預算法　(C)零基預算法　(D)彈性預算法。　　**答:(C)**

5. **責任中心(Responsibility Center)制度**

(1)**責任中心制度的意義**:所謂責任中心,係將全公司直線(Line)及幕僚(Staff)部門,分別「按照所擔負之財務責任」,劃成幾種小圈圈,透過一套明確的「內部轉撥計價制度」及「績效評估制度」後,將各部門或各單位的經營目標確立,由各部門(單位)的主管及全體成員「負其經營及盈虧責任」,並定期衡量該部門或單位的實績,作為激勵獎懲的依據之一種制度。

牛刀小試

( )　下列何者非責任中心設立的要件?　(A)企業各階層的支持　(B)內部轉撥計價的設定　(C)績效衡量指標的訂定　(D)組織與職掌的劃分。　　**答:(A)**

(2)**責任中心的組織型態(基本形式)**:

A.**費用中心(Expense Center)**:企業組織內部以各種費用責任為對象而劃分為若干單位,僅負責「控制本身費用開支的部門」成為費用中心。考核的重點在於控制費用預算,即以費用支出之幅度作為評估績效之尺度。**費用中心可應用於「人事、會計、總務等管理部門或行政部門。」**

> **費用中心**:該中心最大的優點為既可控制費用又可提供最佳的服務品質,其缺點則為不易衡量績效。
>
> **成本中心**:該中心最大的優點為有效控制生產成本,使利潤得以維持;缺點則為其品質往往因遷就成本,致品質可能較差。

B.**成本中心（Cost Center）**：對於「負責產品的生產部門」，稱為成本中心。其作法為先設立數量、單價、成本等各方面的標準成本，待執行後再就其中變異部分作差異分析，以了解責任歸屬。企業組織內部以各種成本責任為對象而劃分為若干單位，事先訂定各項成本的標準，執行後再與實際成本比較，分析造成差異的原因，以使預算成本和實際成本的差異降至最低。考核重點在於生產成本的控制，使實際成本降至最低。

C.**投資中心（Investment Center）**：以「資產（或投資）的報酬率或利用程度為衡量績效」的一種責任中心制度。如果部門間資本責任確切，彼此依賴程度較小，則可用此一制度。「適用於事業部」，只是除利潤外，更注重「投資報酬率」（Return of Investment；ROI）的概念，以ROI衡量績效，重點在於是否有將公司資產做最有效的應用。**由於事實上常無法有效劃分資產責任，故本制度常以全公司為一單位。對於集團企業，此一制度可充分地用為評估各個獨立公司之方法。**

D.**收益中心（Revenue Center）**：考核重點在於「銷售數量的達成帶來的貨幣金額多寡與銷售費用的控制」，故**其適於行銷或業務部門**。部門主管以擴張業務為重點，同時節省銷售費用之開銷。

E.**利潤中心（Profit Center）**：將各個策略事業單位（SBU）當作一種責任中心，用來控制本身的收益和成本，並以其部門之個別盈虧來評估其績效之財務責任，這種責任會計制度，即稱為利潤中心（Profit Center）。**產品的成本與收益可以清楚認定且具有控制力便可成為利潤中心，作為評估該部門績效的主要標準。**該中心「最大優點在可使利潤最大及競爭力強」，但卻有下列缺失：

> 利潤中心：利潤中心考核重點在於考核主管對中心利潤的達成率，故其較適合「地區性部門或事業部」（對於「同時負責產品生產與銷售的部門」較為適用本制度），因其收支權責較為明確，個別產品的銷售業績與費用標準均可大概核算出，故可使其成為利潤中心。

(A) 經理人可能會將必要的支出（如研發、廣告）節省而不支出以降低成本，求取利潤的最大。

(B) 可能基於單位自身利益的原因，而不顧配合公司的政策（如內部採購及移轉）致整個公司的利潤非最大，甚或「可能忽略企業的長期發展」。

牛刀小試

( )　在各種管制中心的型態中，較適用於事業部者為：　(A)成本中心　(B)利潤中心　(C)費用中心　(D)收益中心。　　　　　　　　　**答：(B)**

(二) **財務報表分析(Ratio analysis)**：亦稱「財務比率分析」。「財務分析」是企業管理當局利用各種財務資料進行分析，以了解企業的財務狀況及獲利能力，進而找出管理上的問題所在；「財務比率」則是企業常用來進行控制的工具。在使用財務報表時，還須了解其分析的是動態抑或靜態，是長期抑或短期，尚須了解其僅為局部性觀察而非整體的觀察。

1. **長、短期分析的限制：**

類別	內容說明
長期分析	例如動態分析的「趨勢分析」，係對多期報表相同項目進行分析，表示時間過程中變化趨勢，是一種長期分析；但它「無法用以了解企業短期財務狀況變動」。
短期分析	如動態分析的「增減比較分析」，是計算相關報表上「兩期相同項目之增減變動情形」，便是一種短期分析；若它要用以了解長期趨勢，便無法運用。

2. **動、靜態分析的限制：**

類別	內容說明
動態分析	是一種橫的分析，又稱「水平分析」。係指連續多年或多期財務報表（不同期）間的相同項目變化的比較與分析，目的在了解企業之財務動態發展。
靜態分析	是一種縱的分析，又稱「垂直分析」。係指同一期的財務報表各項目間關係之比較與分析，目的在了解企業之財務結構。分為「共同比分析」與「比率分析」。 1.共同比分析：是將報表上的數值轉成占總額的百分比式進行比較。 2.比率分析：將財務報表上兩個具有關連性的資料以比率方式表達，進而進行問題的分析與控制。

3. **財務報表（財務比率）分析（Ratio analysis）**：企業將資產轉換為現金的難易程度稱為「流動性」。財務比率是企業常用來進行控制的工具，其相關比率分析逐項說明如下：

(1) **償債能力比率**：流動比率與速動比率是財務分析中衡量企業支付「短期債務能力」的指標。

　　A. **流動比率（current ratio）是衡量企業支付「短期債務能力」的指標之一，係用來衡量企業流動資產在短期債務到期以前，可以變為現金用於償還負債的能力。企業流動資產的「流動性（指企業將資產轉換為現金的難易程度）」愈強，則表示公司短期償債能力愈強。**

　　　(A) 計算公式：流動比率＝流動資產／流動負債

　　　(B) 流動資產：包括「資產負債表」內的現金、銀行存款、短期投資（有價證券）、應收帳款、應收票據、存貨（用品盤存）、預付費用等。

　　　(C) 流動負債：包括「資產負債表」內一年內到期的負債，其典型的項目為短期銀行借款，例如銀行透支（係指銀行允許其存款戶在事先約定的限額內，超過存款餘額得支用款項的一種放款形式）、應付票據、應付帳款、應付費用、應付商業本票等。

　　　(D) 一般而言，流動資產與流動負債的適當比率為2：1。

　　　(E) 企業流動資產的流動性強，則相應的短期償債能力也強。亦即流動比率高，表示公司該企業短期償債能力也強。

　　B. **速動比率（quick ratio）**：又稱為「酸性測驗比率（Acid Test Ratio）」，其在顯示短期流動性。速動比率愈高，表示公司償還短期債務的能力愈強。

　　　(A) 計算公式：速動比率＝速動資產／流動負債

　　　(B) 速動資產＝流動資產－存貨－預付費用（款項）

　　　(C) 企業的流動比率與速動比率若差額很大，表示該公司的「存貨」相當多。

　　　(D) 概念例示：若某企業之速動比率為0.85，流動比率為1.15，倘該企業以現金支付應付帳款，則速動比率下降、流動比率上升。

　　C. 業主權益比率：業主權益比率愈高，代表企業償債能力越強，對債權人愈有保障。而「負債對業主權益」的比率愈低，則企業愈安全穩當。

　　　◎計算公式：業主權益比率＝股東權益／總資產

(2) **活動比率**：又稱為「資產管理比率」、「企業經營能力比率」，用來評估公司如何有效地管理其基本作業。

A.**存貨周轉率**：亦屬於「短期償債能力」分析，可用來評估企業經營效能。此比率越高，表示存貨周轉越快，資金更能靈活運用，越不會有存貨積壓的現象。

(A) 計算公式：存貨周轉率＝銷貨成本／平均存貨額

(B) 平均存貨＝（期初存貨＋期末存貨）／2

B.**應收帳款周轉率**（accounts receivable turnover）：顯示收款及賒銷政策的效能，此比率越高，代表應收帳款越容易變為現金，其呆帳風險越低。

(A) 計算公式：應收帳款周轉率＝營業收入/各期平均應收款項餘額

（或：全年賒銷金額／應收帳款）

(B) 各期平均應收款項餘額＝（期初應收帳款＋期末應收帳款）／2

C.**總資產周轉率**（asset turnover）：是用來衡量公司資產如何適當地被轉換或投入，以創造銷售額的方法，即在顯示資產運用的效率，用以衡量「經營管理」的績效。

◎計算公式：總資產周轉率＝銷貨收入／總資產

D.**固定資產周轉率**（fixed asset turnover）：衡量企業是否能有效的運用其廠房與設備等固定資產來創造銷貨業績。固定資產周轉率愈高，表示固定資產的運用效率也愈高。

◎計算公式：固定資產周轉率＝銷貨額／固定資產

(3) **負債管理比率**：用以衡量所有權人及債權人對組織求償權的大小，顯示組織支付長期債務的能力。

A.**負債比率**（debt ratio）：顯示資產來自借貸的比率，常用來衡量企業財務槓桿的運用程度。負債比率亦稱為「槓桿比率」，可用於檢查組織運用負債於取得資產的比率，以及組織是否有能力償還負債所產生的利息費用。換言之，它在測試企業的償債能力，比率越低，償債能力越強。反之，負債比率愈高，表示公司使用的財務槓桿程度愈高，企業資金來自借入資金債務愈多，對債權人的保障小，公司權益比率也愈低。

◎計算公式：負債比率＝總負債／總資產

B.**賺得利息倍數**（time interest earned）：亦稱為「利息保障倍數」。測試企業支付利息費用的能力，倍數越大，支付能力越強，長期債權人越有保障。

◎計算公式：賺得利息倍數＝（稅前純益－利息）／利息

C.**股東權益對負債比率**：測試企業舉債經營的效率，比率越大，對債權人越有利。

◎股東權益對負債比率＝股東權益／負債總額

(4) **獲利能力比率**：主要在追蹤銷售成本與管銷費用的部分。評估組織的作業效率或管理成效。茲先就各項利潤計算公式列之如下：

＊銷貨收入－銷貨成本＝銷貨毛利

＊銷貨毛利－管銷費用＝營業利益

＊營業利益－營業外收支＝稅前盈餘

＊稅前盈餘－稅捐支出＝稅後淨利

A.**稅後淨利率**（net profit margin）：顯示所有費用扣除後的效率。

◎計算公式：稅後淨利／銷貨總額

B.**總資產報酬率**（return on assets, ROA）：測試企業運用資產之效率（生產力），比率越高代表效率越佳。

◎計算公式：總資產報酬率＝稅後淨利／資產總額

C.**投資報酬率**（return on investment, ROI）：亦稱為「杜邦公式」，可用來檢測資產創造利潤的效率，因此被認為是衡量企業經營績效之有效方法。投資報酬率之計算可分解成純益率及資產周轉率兩個要素。

◎計算公式：投資報酬率＝純益／投資額（資產總額）＝（純益／銷貨收入）×（銷貨收入／資產總額）＝純益率×總資產周轉率

D.**毛利率**（gross profit margin）：又稱為銷售毛利率，是一個衡量盈利能力的指標，通常用百分數表示。毛利率越高表示企業的盈利能力越高，控制成本的能力越強。廠商常謂的「薄利多銷」即是指「毛利率低，存貨周轉率高」的一種經營方式。

◎計算公式：毛利率＝（營業收入－銷貨成本）／營業收入

E.**純益率**：說明公司獲利的能力，該數值越大，表示公司獲利能力越強。

◎計算公式：純益率＝稅後淨利／銷貨淨額

F.**股東權益**（shareholders equity）：股東權益是一個很重要的財務指標，它反映了公司的自有資本。當資產總額小於負債總額，公司就陷入了資不抵債的境地，這時，公司的股東權益便消失殆盡。

◎計算公式：股東權益＝總資產－總負債

G.**股東權益報酬率**（return on equity, ROE）：股東權益報酬率又稱淨值報酬率、投資報酬率、股權收益率、股本收益率或股東回報率或股東報酬率等，此為「常見的獲利能力財務指標」，代表在某一段時間內（通常為一年），公司利用股東權益為股東所創造的利潤，通常以百分比表示。測試股東投資價值高低，比率越高，投資價值越高。

◎計算公式：股東權益報酬率＝稅後純益／平均股東權益

H.**本益比**：公司每賺一元盈餘，股東願意以多少元來購買，稱為「本益比」，乃在測試投資者投資（股票）成本回收期間之長短，此比率越高，表示投資回收期間越長，投資風險越大，股票愈不具有投資價值。

◎計算公式：本益比＝每股股價／每股（稅後）盈餘

I. **每股盈餘**（earnings per share, EPS）：為用來衡量企業「財務構面的策略目標」。亦即用來衡量企業的獲利能力與股東的投資價值。EPS越大，獲利狀況越佳。

◎計算公式：每股盈餘（EPS）＝（稅後純益÷特別股股利）／普通股（加權）平均流通在外股數

【※請注意：保留盈餘指企業歷年所賺取而未分配的盈餘累積，故不是企業的資產。】

牛刀小試

（　） 在比率分析中，哪一種不屬於短期償債能力的分析項目？　(A)流動比率　(B)速動比率　(C)存貨周轉率　(D)負債比率。　　**答：(D)**

---

4. **企業常用的財務報表**：財務報表係將企業的各項財務資訊予以彙總所編成報表。其主要目的乃在於提供企業財務狀況及經營績效之資訊，作為管理者在作財務決策之參考依據，亦可作為投資者作投資分析決策及債權人作授信決策之依據。企業經常運用

> **毛利率的作用**：對於不同規模和不同行業的企業，毛利率的比較性不強（難以作比較）。

多種財務報表，提供不同面向的資訊，其中較為常見的有四種，包括「資產負債表、損益表、現金流量表及股東權資變動表」。這四種財務報表並列為企業四大常用財務報表，也是企業公開說明書上必須要揭露的主要資訊。已依證券交易法發行有價證券、採曆年制之公司，原則上應於每年4、8、10月月底以前公告並向主管機關申報第一季、半年度、第三季之財務報告。

名稱	內容說明
資產負債表 balance sheet	1.資產負債表在原一般會計原則（GAAP）中稱為Balance Sheet；新的「國際財務報告準則（IFRS）制，則稱為財務狀況表（Statement of Financial Position）。它是一種「靜態式」報表。資產負債表主要是在記載企業在「特定時點」（某一特定日期（時間點），如○○年12月31日；並非一段期間）的財務結構（資產、負債與股東權益）狀況。

名稱	內容說明
資產負債表 **balance sheet**	2. 在T型資產負債表中，左邊欄位通常呈現的會計科目為「資產」，右邊欄位呈現的會計科目為「負債」與「股東（業主）權益」。因此，資產＝負債＋股東權益（兩邊永遠相等）。資產負債表中的「負債」與「股東權益」乃是代表著資金的來源。 3. 相關會計科目內涵： (1) 資產：在該報表中，資產按流動性大小進行列示，具體分為流動資產、長期投資、固定資產、無形資產及其他資產。評價科目「備抵呆帳」係流動資產中應收帳款與應收票據的抵銷科目。 (2) 負債：亦按流動性大小進行列示，具體分為流動負債、長期負債等。 (3) 股東權益：按實收資本、資本公積、盈餘公積、未分配利潤等項目分項列示。
損益表 **income statement**	1. 亦稱為損益平衡表（Profit and Loss Account）或利潤表。它是一種「動態式」報表。用於記載企業在某一段「特定期間」（如○○年1月1日至○○年12月31日）所發生之收入、費用、獲利或虧損等項目與金額，以反映企業在該期間的「營業狀況與經營成果」的報表。 2. 損益表之主要項目，包括營業收入、銷貨成本、營業毛利、營業費用（通常包括研究發展費用、管理費用、銷售費用）、營業淨利、營業外收入、營業外支出、稅前與稅後淨利等。
股東權益變動表 **state of shareholders' equity**	係在表達企業在「特定期間」股東權益組成項目的變動情形。股東權益項目，包括股本、資本公積、法定盈餘公積、特別盈餘公積、未分配盈餘等。
現金流量表 **statement of cash flows**	係在表達企業在一「特定期間」之現金流入與流出變動狀況。通常，現金流量表係依據影響企業現金流量的三種活動進行逐項說明： 1. 營運活動之現金流量。 2. 投資活動之現金流量。 3. 理財活動（與融資有關）的現金流量。 營運活動對現金流量的影響，係包括營運獲利或虧損部分、應收與應付帳款變動部分、設備資產投資所動支之現金、與設備資產處分所獲得現金之部分等。

牛刀小試

( ) 資產負債表（Balance Sheet）是一種： (A)不對外公開的財務報表 (B)靜態報表 (C)表達組織在一定期間內的營運績效 (D)可用以表達組織在一定期間內的現金流量情形。 **答：(B)**

(三) 損益平衡分析

1. **平衡點（break-even point）**：平衡點是指「總收入等於總成本相交之點」，在此點上「表示沒有利潤，亦無虧損」。由此觀點可知，「損益兩平」的主要概念在找到產品「售價與銷售量」的均衡點，以了解各種成本與產量的關係，以及如何去控制成本。

2. **損益平衡點分析（break-even point；BEP）的意義**：係指一種用以計算企業在固定期間內，所產生可使「企業收入與支出恰好平衡的最小銷售量。」它是一項管理上常見的控制工具。所謂損益平衡，乃為企業達到「不賺也不虧」時所需的銷貨量值，亦稱為「不景氣抵抗力」。在低成長

> 損益平衡點分析的作用：不景氣來臨時，企業銷貨實績應達多少，才不致虧損，從損益平衡點中即可一目瞭然。

的經營環境下，經營者要在激烈的市場競爭中脫穎而出，必須採取降低損益平衡點的經營手法，此因**「損益平衡點越低，則其經營安全度越高」**，反之則是。其計算法如下：

$$BEP = \frac{TFC}{P - VC}$$

BEP：損益平衡點

TFC：總固定成本　　　　P：單位售價　　　　VC：單位變動成本

由上式求得的BEP意指：當企業的收入等於支出時所必需銷售的數量。「當銷售數字大於BEP時將有盈餘產生，若小於BEP時則有損失發生」。損益平衡分析法在企業管理上的應用：

(1) 可以了解一個企業的營業槓桿程度，進而了解其營業風險的高低，以適當控制其資本預算方向。

(2) 為企業的管理控制提供一個初步的準則，經理人可以透過銷售量對企業利潤的影響，適當控制管理程序，從而及時採取必要的矯正行動。

(3) BEP分析法強調「邊際」的概念，可以建立一個客觀的控制準則，不致因產品的差異而造成控制上的偏差。

牛刀小試

( ) 某企業欲推出新產品，該產品每月的固定成本為$20,000，每單位變動成本$5，該產品售價為$15，請問該企業每月應至少達多少銷售量（件數）才能達到損益平衡？ (A)1,000 (B)1,500 (C)2,000 (D)2,480。 **答：(C)**

(四) **審核制度**：審核（Audit）又稱「審計制度」或「稽核」，它是屬於事後控制的一種，其代表一種程序，內容包括分析和評估組織內所產生的資訊是否正確，其中又以審核財務報表的資料為最主要工作。依審核人員的角色及定位，又可分為以下兩種：

類別	內容說明
內部審核	係指企業透過其本身對「財務狀況」的了解而找出可改進的管理方向。審核人員通常由「企業自行雇用人員擔任審核工作」，其目的在協助管理者檢討及評估企業各項作業是否有缺失並亟思解決之道。
外部審核	外部審核通常由企業「聘請不隸屬於該企業組織的會計專業人員擔任」。其主要在審核該企業之各項財務及會計帳目，針對各種報表的金額加以核算，並對其內容的正確性給予簽註認同。如此「可保障投資大眾的權益，又可替經營良好的企業提供背書」。

二、生產與作業控制（Operational Control）

(一) **成本控制（Cost Control）**

1. **成本（Cost）的意義**：成本係指產品在生產或銷售過程中，所發生的各項支出。企業必須詳細的計算產品在每一生產環節中所發生的成本，始能決定其「標準成本」為多少。

2. **成本控制的意義**：成本控制係指以適當的方法，在一定的品質及數量水準下，使企業經營活動的成本能達到最低。企業應將生產過程中實際發生的實際成本與事前決定的標準成本加以比較，找出差異並分析其原因。

(二) **存貨控制（inventory control）**：亦稱為「庫存管理（Inventory Management）」，係指對原料、半成品與製成品進行控制。包括建立經濟訂購量模型、物料編號及倉儲管理（含進貨驗收、清點、存貨盤點等）等。

1. **經濟訂購量（Economic Order Quantity, EOQ）模型**：係指當存貨水準達到預先決定的數量時，就要再訂一批定量的新貨的存貨控制方法。EOQ是

在使「存貨總成本（事務行政成本＋倉儲成本）」為最低情況下所採購的數量。EOQ計算公式如下：

$$EOQ = \sqrt{\frac{2ad}{h}}$$

a：每次訂購成本

d：全年需求量

h：每單位存貨成本

註：1.存貨成本可分為二部分：(1)儲存成本，(2)採購成本

　　2.全年使用量／經濟訂購量＝每年採購次數

　　3.為便利及加強記憶，可將根號內之英文代號直接改為中文。

2. **ABC存貨控制法（Activity Based Classification）**：是重點管理的觀念，又稱為「重點分類管理法」或「重點式的物料管理方法」。

A類	數量少、價值高的存貨，為控制的重點。此類物料應施以嚴密控制，詳細記錄物料的收發，並作精確的控制。
B類	存貨數量與價值均佔其次，仍應稍加控制。此類物料可利用最高與最低點及安全存量妥為控制。
C類	價值低但項目多的物料。此類物料可利用安全存量最簡單的方式加以控制。

3. **標準成本控制法**：是根據產品的製銷過程訂定一合理的成本作為標準。標準成本控制法的核心是按標準成本記錄和反映產品成本的形成過程和結果，並藉以實現對成本的控制。析言之，本法是指以預先制定的標準成本為基礎，用標準成本與實際成本進行比較，核算和分析成本差異的一種產品成本計算方法，也是加強成本控制、評價經濟業績的一種成本控制制度。標準成本法是西方管理會計的重要組成部分。

4. **物料需求規劃（Material Requirements Planning, MRP）**：物料需求規劃是以電腦為基礎的資訊系統，為了處理需求存貨（如原料、零組件、次裝配件）的訂購與排程。故其應用軟體的運用目的在幫助企業針對庫存、生產製造等商業流程，進行有效管理。採購是依據物料需求計畫（MRP），依據下列程序進行：

提出請購單→辦理詢價→決定供應廠商→填發訂單→跟催購料→驗收→作帳→付款。

5. **企業資源規劃（Enterprise Resource Planning；ERP）**：是一種用以讓公司有效整合內部價值最佳化的結構化系統，可透過整合性的資訊傳輸連接各部門，進而能夠增加企業競爭優勢的一種整合型資訊系統。其主要概念包含：

(1) 改善企業（工作）流程效率。

(2) 整合系統與資源。

(3) 減少浪費與降低成本。

企業導入ERP有下列四個優點：

(1) 提供上、下游廠商以及客戶更好的服務品質：藉由導入ERP過程，不僅能夠即時反映出企業資源的使用狀況，縮短企業反應時間，還可以提供客戶更好的服務品質，使上下游廠商更容易規劃自己的產能，加強上下游的關係。

(2) 重新檢視企業流程，達到BPR的功能，提升作業效率：藉由導入ERP過程，可重新審視本身的作業流程，減少浪費不必要的人力、物力，簡化作業流程，並重新思考對資訊系統的需求，重新設計系統，提升系統效率。

(3) 提升資訊共享性及正確性：藉由導入ERP過程，重新檢視企業的資料，哪些可以合併，哪些可以廢除，哪些可以簡化，讓資訊的正確性提高、複雜度降低，並藉由ERP整合的特性，提升資訊的共享性。

(4) 提升企業內部人員素質與企業向心力：ERP之導入，不僅使企業的員工接觸新科技，提升資訊素質，藉由流程整合的機會也可以讓管理階層接觸到新的觀念跟新的經營方式，讓不同的員工彼此的交流以及交換心得，使員工們彼此更加的熟悉，因此也提升了員工對企業的向心力。

(三) **排程管理**：

1. **排程的意義**：對於各項生產資源的取得與運用所制定的時間表。

2. **生產排程的工具**：甘特圖、負荷圖、計畫評核術。

(1) **甘特圖（Gantt Chart）**：【其內容請參閱本書Part 3之Volume 2。】

(2) **負荷圖（Load Chart）**：它是將甘特圖作部分的修改，它同樣是以時間為橫軸，但在縱軸上不是列出各項（排程）活動，而是列出整個部門或某些特定資源的使用。

甘特圖的意義為工作進度，可以掌握各活動的實際進度與目標之差異。但是負荷圖則是在使管理者對產能進行「規劃和控制」，讓管理者可瞭解各種資源的使用狀況，方便調控。因此，它是一種以工作為中心的能力計畫。

(3) **計畫評核術（Program Evaluation and Review Technique；PERT）**：一種運用在大型複雜的「專案」時所使用的有效管理分析工具，其組成是一組圓圈稱為節點，一組箭頭連結節點，代表事件所需的時間，並依事件重

要性與時間順序予以指列稱為「要徑（critical path）」，此種流程圖稱為「計畫評核術」。易言之，計畫評核術是控制程序中一種分析完成某計畫工作，估計完成各項工作的所需時間，以及找出完成總計畫所需的最少時間的方法。

在生產流程的規劃中，PERT網路分析是常見的工具，它是利用「網狀圖（路網圖）」來表現專案計畫各部分「事件」與「活動」及其先後關係與所需時間」。這種控制技術最適用於「大型複雜的專案管理」。

路網圖中除指出專案中的各項事件，也表示了各事件的關係，即：表明完成計畫所需要各項活動的先後順序，以及各項活動相關的時間或成本，即所謂的「要徑（Critical Path）」，係指自開始至完成，活動及事件在各種不同順序中，所需時間「最長（最耗時）」的一條路徑。要徑分析需要的內容包括活動名稱、活動編號、預估時間及前置活動。在繪製路網圖時，必須估計各項活動的下列三種時間：

樂觀時間	指完成每一工作項目需最短的時間。
可能時間	如僅需一種時間估計時即用此種時間。如一工作項目在其特定之條件下重複發生多次，則獲得此種時間亦為資深人員常常提供之時間估計。
悲觀時間	每一工作項目所需最長之時間，此為遭遇不尋常之惡運所需之時間。

此三種時間與期望經過時間之關係如下列公式：

$$te = (a+4m+b)/6$$

式中：te：期望時間　a：樂觀時間　m：最可能時間　b：悲觀時間

(四) 品質管理：

1. **統計品質管理（控制）**：早期的品質管理，大都以「統計分析」的技術為主，且偏重於製造過程，故稱為「統計的品質控制」。其品管的方法也以前述所列的各項品管技術為主。

此方法通常是利用觀察產品生產作業中的某項「關鍵尺寸之變動狀態」，進行可能的品質異常推估，若是在各個不同時間對產品尺寸之抽測結果，都在「上下管制界限之間」，並呈現「隨機分布狀態」，表示生產作業狀態一切正常，短期內不至於進入品質異常之區域；反之，若出現異常產品關鍵尺寸變動之狀況，如任由其作業方式進行而不採取修正措施，就可能會進入異常區域，導致品質不良的情形出現。

2. **全面品質管理（控制）（Total Quality Management, TQM）**：
　(1) **全面品質管理的意義與內涵**：全面品質管理係指企業從產品設計、規劃、生產、配銷以及與顧客服務結合在一起，以確保經由持續的改善以達成顧客的最大滿意。全面品質管理是一種組織「全員計畫」的管理哲學，也是一種「全方位的控制」，因此全面品質管理是為了將高品質商品與服務引進市場之所有必要活動的總稱。

　　全面品質管理能快速因應市場競爭之需求、整合企業一切可用之資源及對資源做最佳化配置的企業「經營管理資訊系統」，因此，它最常被拿來與「PDCA管理循環」一起討論應用。TQM理念融入組織成員工作中，形成一種企業文化，員工自動自發追求對品質的承諾，此乃在實踐「品質是習慣出來的」的階段。

　　全面品質管理不僅是企業的經營理念，同時也代表企業組織持續改善的基礎與指導原則，因此，「必需激勵企業『所有成員』共同來實現品質目標」乃為全面品質管理TQM之主要理念。

　(2) **全面品質管理的核心觀點**：a.正確的衡量；b.關心持續的改善；c必須考慮到顧客的權益；d.賦權員工；e.品質是企業內所有成員的職責；f.品質是策略性問題；g.品質是規劃出來的；必須考慮到企業經營的利害關係人的權益。

　(3) **全面品質管理常用的激勵方法（活動）**：a.品管圈；b.無缺點計畫；c.提案改善制度。

3. **品質管制的程序－PDCA循環**：
　品質管制的程序－PDCA循環（Plan-Do-Check-Act Cycle）最早是由薛華德博士（Walter A. Shewhart）在1920年代所提出，故又稱為「薛華德循環」。在1980年代由戴明博士（W. Edwards Deming）發展為PDSA循環而逐漸受世人重視，其又稱為「戴明環」。

　PDCA循環是一種品質管理循環，其係針對品質工作按「P（Plan規劃）→D（Do執行）→C（Check查核）→A（Act行動）」來進行管理，以確保品質目標之達成，並進而促使品質持續改善。再者，PDCA循環目前在實務應用方面，並非在做大刀闊斧的改革，而是做小規模改進，且檢討後必須立即進行改正行動，不可拖延；因此，它可應用在品質管理及品質改善的工作上。

4. **六個標準差（Six Sigma）**：
　(1) 六個標準差（Six Sigma；6σ）品質管理是一個精確、聚焦、高效果，有效地降低了產品的不良率的品質原則與技術。透過DMAIC績效改善模式五個步驟來推動品質提升。DMAIC係指：

定義（Define）→檢測（Measure）→分析（Analyze）→改善（Improve）→控制（Control）。

(2)有關品管圈中的六個標準差（6σ）主要是由GE的傑克威爾許（Jack Welch）倡導與推動。

(3)6σ是要求產品的「不良率」或製造過程中的「錯誤率」（允許的誤差）不能超過百萬分之3.4。因此在六標準差的品質管制中產品的合格率為99.99966%。

(4)成功推動6σ（sigma）品質管理的關鍵因素：a.高層管理者的承諾與參與；b.以消費者需求為導向；c.以流程為主軸進行現況改善；d.貫徹教育訓練。

(5)六個標準差可從人力資源運用到客戶服務，即企業內各部門皆能適用。

(6)六個標準差之推動，以經過訓練合格的「黑帶（Black Belt）」人員來負責領導改善方法的進行。黑帶是指專職於生產品質的主管，負責領導團隊，專注於生產關鍵流程上。

5. ISO-9000品質認證：

(1)ISO 9000是一套由國際標準化組織（ISO, International Standard Organization）所制定的一系列國際品質管理標準的「品質認證制度」，規定生產程序的共同原則與標準，以確保品質符合顧客的需求。

(2)ISO 9000強調「品質保證」管理的政策與制度，而非著重於品質檢驗。

(3)由歐盟採用定為歐盟標準，限制未獲ISO 9000認證之產品不得銷歐盟，受到各國企業重視。

(五) 品質觀念發展的五個時期

綜合許多品質專家的研究，品質觀念的發展，可以分為五個時期，每個時期各有不同的品質管理策略與方法，茲分述如下：

1. 品質是「檢驗」出來的：隨著工業革命的發生，出現了大量生產型態，作業員追求量的提升，卻忽略了產品品質，品質便由領班負責。到了二十世紀，製造業的產品愈形複雜，領班無法兼任品質監督之責；同時專業分工的觀念，也影響到品質管制的工作，於是有專業檢驗員的設置。此時期，都只是藉由檢查來維持產品的品質，其品質管理是建立在品檢制度上。

2. 品質是「製造」出來的：1940年代當統計在管理運用盛行時，美國的休華特（Shewhart）發展出第一套管制圖，引發品管學者致力開發統計方法在品管上的應用，開啟了「統計品質管制」的時代，強調必須將產品檢驗的結果，回饋到製程改善，才能預先防止不良品的發生，也使得作業員對品質的觀念

隨之改變為「品質是製造出來的」。品管制度也隨之發展成為以回饋改善為主的品管制度。

3. **品質是「設計」出來的**：製程管制時期只注意自己工廠產品的品管，卻忽略了其他流程的品質管理。為了保證其他流程中的產品是合格的，必須在產品的企畫與設計階段就著手管制，在設計時就先把顧客的需求考慮進去並落實設計審查。

4. **品質是「管理」出來的**：1961年費根堡（Feigenbaum）提出「全面品管」的觀念，產品品質不只是品管單位的責任，更是企業全體員工的工作，需要全體員工共同參與，品質不再只存在於產品面上，已擴展到工作面及提供服務的層面上，於是，進入品質是管理出來的「全面品質管理」的時期。

5. **品質是「習慣」出來的**：在此階段，企業將全面將品質理念融入組織成員工作中，形成一種企業文化，員工自動自發追求對品質的承諾。品質文化的塑造，從訓練到個人態度產生改變，再到個人行為的改變，最後，引起團體行為的改變。這種變革是由員工習慣的工作方式養成的，品管學者將此時期稱為「全面品質保證」時期，故品質的觀念也進展到「品質是習慣出來的」階段。

(六) **品管圈**

1. **品管圈（Quality Control Circle；QCC）的意義**：品管圈觀念萌芽於美國，1962年日本東京大學教授「石川馨」博士在日本加以倡導推動而發揚光大。品管圈指由企業內部同一工作單位的人員，組成一個團隊（圈），共同負責某方面的責任，自動自發的進行品質管制活動「（賦權員工）」。亦即以現場為核心，使全公司全體人員均能參與，發揚工作人員的品質意識、問題意識、改善意識。

2. **組成品管圈的利益：**

(1) 藉由基本品質管制方式、工廠改善原理、問題分析、建立改善方案等技巧的教授，培育員工發掘和解決自身工作範圍品質問題的潛能。

(2) 由於討論對象是員工自身的問題，解決的方法又是自己人想出來的，因此不會產生心理上的排斥與對立現象。

(3) 員工因參與而有成就感，體認自己在單位中的重要性，可提昇工作士氣。

3. **品管圈活動的理論基礎：**

(1) 參與管理：品管圈是一種合乎「參與管理」的活動。根據參與管理理論，給予組織成員對於與其有關的問題有積極參加決策之機會，對組織之群體生產力、忠誠、工作滿足等指標，都有顯著的正相關。品管圈即是透過參與管理的激勵發揮最大的效益。

(2) 自主工作團隊：品管圈乃係「自主工作團隊」的應用，透過垂直工作職權之授予，賦予工作小組有工作分配及檢查控制等自主性，這種方式可促成員工自由開放、團結合作的工作精神，發揮工作潛力。

三、人力資源控制

(一) **生產力**：生產力的衡量公式是產出與投入的比率。

計算公式：個人生產力＝總產值／員工人數

(二) **員工滿意程度**：

1. **內在滿意**：工作本身所提供的滿足感。

2. **外在滿意**：來自物性報酬所給予的滿足感。

3. **一般滿意**：工作環境、同事情誼等。

(三) **人事流動率**：人事流動率太高增加人事成本，降低生產力。人事流動率太低，人事呆滯，缺乏新陳代謝。

計算公式：流動率＝當年度離職人數／【（年初總人數＋年底總人數）／2】

四、研究發展控制

(一) **投入控制**：

1. 研究發展的投入包含了資金、人員和設備。

2. 通常以研究經費佔營業收入的百分比來衡量。

3. 研發人員的數目亦是一個衡量研究發展投入的重要指標。

(二) **產出控制**：

1. 研發成功產品的數量與比率。

2. 為組織所創造的價值（銷售額與利潤）來衡量。

3. 所申請到的專利數目。

4. 研究論文發表的數目。

五、資訊系統與控制

(一) **資訊系統作為控制工具的目的**：

1. 良好的資訊系統可以提供管理者所需要的資訊，以供規劃、決策與控制之用。

2. 資訊技術的應用從支援管理者工作的工具性角色，提升到為組織創造競爭力的策略性角色。

(二) **資訊系統作為控制的標的**：

1. 資訊系統本身的品質，也是必須受到監督與控制。

2. 良好資訊系統應具有特性：即時性、正確性、可用性、親和性。

第五節 內部控制

一、內部控制的涵義

所謂內部控制係指「**組織刻意將一個工作分成兩個以上的部分，分給不同的人去執行**」。雖每一個別的工作人員之工作都不完整，但彼此間的工作成果應該要能夠互相符合，因為必須能夠相符合，故而除非它們彼此之間串通作假，否則個人很難取巧或營私。

> 內部控制的涵義：主管人員只須定期檢查每個工作者的工作成果，並加以比較是否相符，即可知道是否有人為舞弊的行為。如此將可有助於減少浪費，並防止弊端的發生。

二、內部控制（internal auditing）

企業實施內部控制之目的在於確認企業展開各式活動之後的財務收支狀況，都能反映在財務收支的資訊，且能合乎一定的會計作業準則與企業內部對財務資源運用的規定，使財務資料正確性提高，也讓決策資訊能更正確。

三、內部控制的實施

內部控制的展開，係以企業內部所制定的內部控制制度為基礎，再由專業的稽核人員，依據既定的程序，檢查企業內部所執行的各項活動是否都依據既定的作業程序登帳且符合既定的管理程序。故內部控制活動的進行，與企業內部所執行的各項活動有關。例如稽核人員每年需要定期盤點倉庫內各項原材料、成品的庫存量，以確保公司的存貨資料是正確的。而定期盤點的活動中，將會限制有關於原材料、成品庫存的進出倉庫之活動，也因而影響到企業活動的進行。

四、內部控制與激勵制度的配合

由於**內部控制制度為一種消極的防弊措施，其目的在防止弊端的發生，然而卻須花費組織許多人力與精力**。因此，若組織的激勵制度及績效評估制度做得好的話，將可節省不少內部控制所要的成本浪費。

設計一套多構面衡量成員的工作績效方法，讓每個成員都知道，若自己工作努力而達到一定績效標準時，管理人員將會給予優渥的獎勵。如此，則一套精確的績效衡量辦法將可以降低人員取巧的心態，防止其營私的企圖。

牛刀小試

( )　以下有關內部控制的敘述,何者有誤? 　(A)內部控制度為一種積極的防弊措施　(B)係指組織刻意將一個工作分成兩個以上的部分,分給不同的人去執行　(C)目的在使企業財務資料正確性提高,並讓決策資訊能更正確　(D)係先以企業內部所制定的內部控制制度為基礎。　　　**答:(A)**

第六節　企業診斷

一、企業診斷的意義

企業診斷(Enterprise Diagnose)又稱「經營診斷」或「管理諮詢」,其係應用經營管理的理論、方法與技術,將企業組織視同人體組織一般,去研究「企業的組織、經營方式及管理方法」是否健全,並提出改善方案的一種方式,如同醫生對人們的健康檢查,希望找出病癥,或者提出改善體質的方法。**企業診斷係依據對企業組織實際經營現況的分析、調查,發現其性質、特點與存在的問題,提出合理的改革方案,供經營者參考改進。**

二、企業診斷的重要性

今日企業所處的市場環境,競爭日趨激烈,必須不斷提昇企業經營管理水準,力爭上游,否則,隨時會被市場的競爭所淘汰。

三、企業經營不善最常見的原因

(一) 成本過高、淨利太低。

(二) 存貨過多,存貨周轉率太低。

(三) 應收帳款過多,呆帳過多。

(四) 固定資產的過分投資。

(五) 自有資金不足。

(六) 用人不當,管理不善。

企業診斷的焦點:其焦點可置於「管理制度的設計」、「人力資源的訓練」、「企業策略的制定」或「作業流程的運作」等方面,視組織的問題與狀況而決定採行何種方式的企業診斷,發現其性質、特點與存在的問題,提出合理的改革方案,供經營者參考改進。

企業診斷的應用:左列因素若足以嚴重傷害企業經營的生機,而能透過企業診斷的方法,發掘問題,並根據建議方案加以改善,進而對於可能發生的不利狀況,加以預防,如此才能使企業順利發展。

牛刀小試

( )　以下有關企業經營不善最常見原因的敘述，何者有誤？　(A)應收帳款過多
(B)存貨周轉率太高　(C)固定資產的過分投資　(D)淨利太低。　　**答：(B)**

重要 四、診斷內容的分類

(一) **基礎診斷：係指針對企業各項基礎活動的診斷。** 分為二類：

項目	內容說明
企業機能診斷	指各項企業機能的診斷，如人力資源、財務、生產、行銷、研發等的診斷。
管理機能診斷	指各項管理機能的診斷，如規劃、組織、用人、領導、控制等的診斷。

(二) **部門診斷：** 係針對企業內各部門的各項規劃作業、目標達成度、執行機能、員工士氣及滿意度等進行診斷，用以評比部門績效的好壞。

(三) **專案診斷：** 係針對企業的各項「專案與計畫」（特別是重大投資案），交由企管顧問進行研析，用以判斷該方案之可行性或預估投資回收之年限。

(四) **綜合診斷：此係針對企業整體經營活動作綜合性的診斷，針對上述各種診斷內容，有如對企業進行一次全面性的「健康檢查」。** 通常以下列五種綜合性的分析進行：

> **部門診斷：** 此種診斷一方面可針對部門的問題提出改善方案，予以改進，另一方面亦可作為未來組織重整時，裁撤部門的依據。
>
> **五力分析概念的釐清：** 通稱為「企業診斷的五力」，此處所述的五力是用來判斷企業「內部」經營體質好壞的「綜合性分析指標」，與波特競爭力「五力分析」中的五力，其重點在描述企業在其「外部」生存環境中的五種競爭力不同。

項目	內容說明
收益力診斷	收益力診斷係在判斷企業經營績效的首要項目，亦即在判斷企業有無獲利。**其重點指標為毛利率、純益率與投資報酬率。**
安定力診斷	安定力診斷係用以判斷企業經營的穩定性，其可反映出企業應付環境變動衝擊的能力。**其重點指標為流動比率、速動比率、負債比率、股東權益比率、自有資本比率、股東權益對負債比率等。。**

項目	內容說明
活動力診斷	活動力診斷係用以判斷企業能否靈活運用其資源的能力，活動力越愈強代表企業營運方式越靈活，也愈能掌握市場契機。**其重點指標為存貨周轉率、應收帳款周轉率、股東權益對負債比率、固定資產周轉率、總資產周轉率。**
成長力診斷	成長力診斷係用以判斷企業經營成長的能力，具有成長力的企業方能達到永續經營與發展的目標。**其重點指標為純益成長率、營業收入成長率。**
生產力診斷	生產力診斷係用以判斷企業投入的資源與其產出結果之比，亦即判斷企業資源運用的效率，**故其為綜合診斷的重心。其重點指標為人均產值、人均附加價值、使用人力生產力等。**

牛刀小試

(　) 為企業綜合診斷的重心，用以判斷企業投入的資源與其產出結果之比，即判斷企業資源運用的效率者，稱為：　(A)生產力分析　(B)收益力分析　(C)安定力分析　(D)活動力分析。　　　　　**答：(A)**

精選試題

( )　1. 在各種管理機能中，與控制為最密切相關者為：
　　　　(A)規劃　(B)組織　(C)領導　(D)人事機能。

☆( )　2. 就企業管理的系統觀（IPOF）而言，控制屬於其中何項要素？　(A)投入
　　　　（Input）　(B)轉換（Transformation）　(C)產出（Output）　(D)回饋
　　　　（Feedback）。

( )　3. 傳統的控制方式是？　(A)事前　(B)事中　(C)事後　(D)直接控制。

☆( )　4. 控制的步驟有　A.建立標準　B.回饋　C.衡量績效　D.改正偏差，其
　　　　程序應為？　(A)A.B.C.D.　(B)A.C.D.B.　(C)A.D.C.B.　(D)A.B.D.。

( )　5. 以公斤、公尺等作為衡量單位，此標準稱之為？
　　　　(A)實體　(B)貨幣　(C)時間　(D)數量。

☆( )　6. 在每一年度開始時，每一預算項目都和新列項目一樣，與前一年度預算
　　　　中有無此項目無關的預算方式，稱之為？　(A)成本預算　(B)彈性預算
　　　　(C)分割預算　(D)零基預算。

☆( )　7. 計劃評核術（PERT），所稱的「要徑」，指的是所花的時間為？
　　　　(A)最短　(B)最長　(C)不一定　(D)最適。

( )　8. 研究企業體制及運作是否健全而予以診查，以尋得問題的癥結，以提
　　　　出具體可行的方法，此稱為？　(A)控制　(B)企業診斷　(C)決策分析
　　　　(D)業務檢討。

☆( )　9. 公司每年的固定成本為$400,000，產品每單位的變動成本為$10元，單位
　　　　售價為$20元，則其需多少銷售額，方能維持損益兩平？　(A)400,000元
　　　　(B)800,000元　(C)500,000元　(D)1,600,000元。

☆( ) 10. 設期初存貨為20,000元，期末存貨為10,000元，銷貨成本為600,000元，
　　　　則存貨周轉率為：　(A)60　(B)30　(C)40　(D)以上皆非。

( ) 11. 可測定經營效率的是？　(A)速動比率　(B)純益比率　(C)資產周轉率
　　　　(D)流動比率。

☆( ) 12. 企業各部門或單位，均為一自主性經營單位，並以某個別盈虧評估其
　　　　績效之財務責任制度稱？　(A)成本中心　(B)收入中心　(C)利潤中心
　　　　(D)投資中心。

☆( ) 13. 某公司當年度銷貨收入（賒銷部份）為三仟萬元，全年平均應收帳款餘
　　　　額為五佰萬元，其應收帳款周轉率約為？　(A)60天　(B)65天　(C)50天
　　　　(D)70天。

☆ (　) 14. 某公司資產負債表顯示流動資產有銀行存款三佰萬元,應收帳款四佰萬元,短期投資二佰萬元,存貨三佰萬元,流動負債則有三佰萬元,則其速動比率應為?　(A)4:1　(B)3:1　(C)2:1　(D)5:1。

(　) 15. 若某零件之單價提高,而其他因素不變,則其經濟訂購量?
(A)變大　(B)變小　(C)不變　(D)不一定。

☆ (　) 16. 存貨控制中,ABC分析法中,A類存貨指的是?
(A)數量多、價值少　　　　　　　(B)數量少、價值高
(C)數量多、價值高　　　　　　　(D)數量少、價值低的存貨。

☆ (　) 17. 公司的產品甲,每次訂購成本:$200,全年使用量:1,000,000單位,每單位儲存成本:$4,其經濟計購量為?
(A)10,000單位　(B)1,000單位　(C)20,000單位　(D)2,000單位。

(　) 18. 一種運用分組,鼓勵現場工作人員主動參與,以使現場人員集合大家之智慧與能力,提高產品品質之做法稱?　(A)全面品管　(B)統計品管　(C)無缺點計畫　(D)品管圈。

(　) 19. 下列何者並非我國企業取得ISO 9000認證可帶來之利益與優點?　(A)可協助企業取得建立品質意識與管制的途徑　(B)可滿足客戶對品質的要求與肯定　(C)可以獲得ISO組織所提供的獎金及優惠投資利率　(D)得以符合歐盟市場對產品品質的標準認定。

(　) 20. 以下何者不是TQM的核心觀點?　(A)特別強調顧客　(B)關心持續的改進　(C)正確的衡量　(D)加強對員工的控制。

(　) 21. 以下各種國際品質標準認證的配對,何者正確?　(A)CNS:中華民國　(B)ISO 9000:日本　(C)JIS:中國大陸　(D)UL:加拿大。

☆ (　) 22. 以下哪種控制技術最為適用於大型複雜的專案管理?
(A)計畫評核術　(B)甘特圖　(C)里程碑排程　(D)魚骨圖。

☆ (　) 23. 以下何者不屬於比率分析中之「獲利能力分析」?
(A)本益比　(B)每股盈餘　(C)投資報酬率　(D)存貨周轉率。

(　) 24. 藉由圖形符號來代表系統間各項作業與程序之間的關係者稱為:
(A)散佈圖　(B)流程圖　(C)直方圖　(D)柏拉圖。

☆ (　) 25. 有關「六個標準差」的觀念運用在管理上,下列何者有誤?　(A)它著重在消除錯誤、浪費和工作重疊　(B)其終極目標為提高客戶滿意度增加利潤　(C)代表每操作百萬次之中只有34次的瑕疵　(D)概念中,每一件事都可用數目來衡量。

☆( )26. 若先控制管理人員的素質以減少未來決策錯誤發生的控制方式稱之為？
(A)直接控制 (B)間接控制 (C)事前控制 (D)事後控制。

( )27. 控制基本的原理原則是建立在？ (A)預測 (B)回饋 (C)監督 (D)用人活動上。

( )28. 控制工作的重要依據是？ (A)建立標準 (B)衡量績效 (C)改正偏差 (D)預測。

☆( )29. 對製造業而言，最重要的評估標準是下列何者？ (A)數據 (B)貨幣 (C)時間 (D)品質。

( )30. 控制應採用下列何種原理？ (A)配合原則 (B)效率原則 (C)例外原理 (D)彈性原理。

☆( )31. ZBB係指： (A)計畫評核術 (B)零基預算 (C)設計規劃預算制度 (D)要徑法。

( )32. PPBS係指： (A)計畫評核術 (B)零基預算 (C)設計規劃預算制度 (D)要徑法。

( )33. 所謂的「績效管理」，組織績效應是企業組織的？
(A)單位績效 (B)整體績效 (C)部門績效 (D)個人績效。

☆( )34. 運用「計畫評核術」（PERT）時，必須從整個完成工作的眾多路線中，找出一條累積工時最長者，此路線稱為？
(A)次徑路線 (B)伸縮路線 (C)要徑路線 (D)以上皆非。

( )35. 編製預算必須先有？
(A)工作計畫 (B)企業目標 (C)環境分析 (D)財務報表。

( )36. 品質管制的過程有： A.檢驗員品管時期 B.統計品管時期 C.操作員品管時期 D.全面品管時期 E.領班品管時期，其先後順序應為？
(A)A.B.C.D.E. (B)A.C.E.D.B.
(C)C.E.A.B.D. (D)C.E.B.A.D.。

( )37. 統計品質管制，簡稱為？ (A)QCC (B)SQC (C)TQC (D)ZD。

☆( )38. 下列何者是屬於時間方面的控制技術？ (A)ABC分析法 (B)經濟採購量（EOQ） (C)計畫評核術（PERT） (D)方案計畫預算。

( )39. 有品質管制大師之稱的是？
(A)戴明博士 (B)戴維斯 (C)石川馨博士 (D)費根堡。

☆( )40. 企業用以投資於機器、設備、廠房等的預算稱為：
(A)費用預算 (B)彈性預算 (C)資本支出預算 (D)現金預算。

解答與解析

1. **A** 控制工作意指**按規劃、標準來衡量所取得的成果並糾正所發生的偏差**，以保證規劃目標的實現。

2. **D** 管理者在矯正偏差時，**最重要的原則是保持零缺點原則**，採取措施來糾正實際結果與標準結果之間的偏差，此種偏差的矯正，即為回饋。

3. **C** 事後控制為早期（傳統）管理的控制方式，**係一種亡羊補牢的作法。**

4. **B** 控制的步驟為：**建立標準→衡量績效→改正偏差→回饋。**

5. **A** 品質標準：**亦稱為「實體標準」**，係於生產過程中，將有關的品質特性，例如尺寸、重量、溫度、酸鹼度、強度，以及其他等項目作為標準。

6. **D** 採零基預算制度時，則每一新的會計年度均應從頭開始，並**對每一計畫及組織重新加以評估，以確定其是否有保留的價值或是否有可節省的經費。**

7. **B** 要徑係指自開始至完成，活動及事件在各種不同順序中，**所需時間最長的一條路徑。**

8. **B** 企業診斷係將**企業組織視同人體組織一般**，去研究企業的組織、經營方式及管理方法是否健全，並提出改善方案的一種方式。

9. **B** 計算方式為：400000元/10元＝40000件；20元×40000＝800000元。

10. **C** 計算方式為：

（20,000＋10,000）/2＝15,000；600,000/15,000＝40。

11. **C** **總資產周轉率=營業收入/資產總額**；了解企業對其總資產整體所創造之經營效率及總資產規模之適當性。**比率越高，效率越好。**

12. **C** **產品的成本與收益可以清楚認定且具有控制力便可成為利潤中心**，作為評估該部門績效的主要標準。

13. **A** 計算方式：3千萬元/5百萬元＝6次；（2）360天（1年）/6（次）＝60天。

14. **B** 速動比率＝速動資產/流動負債，即：（3,000,000＋4,000,000＋2,000,000）/ 3,000,000＝9,000,000/3,000,000；（9,000,000/3,000,000）＝3：1（注意：存貨非速動資產，故300萬元不計算在內）。

15. **B** 「經濟訂購量」的計算公式如下。因分母變大，所求出來之值即變小：

$$EOQ = \sqrt{\frac{2ad}{h}}$$

a：每次採購成本

d：全年使用量　　　　　h：每單位儲存成本

16. **B** A類存貨數量少而價值高的物料，自應為控制的重點。

17. **A** 【2（200×1,000,000）】/4＝100,000,000；開1次方＝10,000

18. **D** 品管圈即是由企業內部同一工作單位的人員，組成一個團隊（圈），共同負責某方面的責任，**自動自發的進行品質管制活動（賦權員工）。**

19. **C** ISO 9000是一種用來說明某一企業之**品質管制程序獲得國際品質保證制度之認證。**

20. **D** TQM的經營政策之一係在**消除對員工所設定之工作量及管理上所設定數字目標之差距。**

21. **A** 我國：國家標準（CNS）；美國：品質保證試驗；日本：國家品質合格標章（JIS）；歐盟：國際標準化組織（ISO 9000系列認證制度）

22. **A** 計畫評核術係由美國海軍專案計畫局（Special Project Office）在1958年用於「北極星武器系統」專案的一種規劃控制技術，因此**它相當適用於大型複雜的「專案管理」。**

23. **D** **存貨周轉率適用於短期償債能力分析，**此比率越高表示存貨周轉越快，越不會有存貨積壓的現象。

24. **B** 流程圖可幫助管理者**迅速了解品質控制的可能問題點。**

25. **C** 六個標準差所代表的意義換成品質管理的觀點，就是**每一百萬個產出只容許3.4個不良。**

26. **A** **直接控制係對管理者的素質，予以培養和訓練，以提高管理者的經營管理能力，**期使組織內的所有管理者都有自我檢討、自我控制的工作能力。

27. **B** **控制基本的原理原則是建立在「回饋」上，**因管理者須負責任務的達成，若執行有偏差，則須加以修正，此即「回饋」的功能，以使實際結果與規劃所設定標準結果符合一致。

28. **A** **標準係測度績效依據的基礎，**企業的計畫機能中所訂目標，或是個別作業計畫的進度、預算、品質等等，皆可作為標準。

29. **D** 品質標準係於生產過程中，將**有關的品質特性，**例如尺寸、重量、溫度、酸鹼度、強度，以及其他等項目作為標準。

30. **C** 控制者應將控制著重於例外及容易疏漏的事件。

31. **B** ZBB （Zero Based Budgeting）**即零基預算。**

32. **C** PPBS即企劃方案預算制度**又稱為「設計規劃預算制度」，**是美國國防部於1961年所發展出來的預算制度，目的是「期望資源能做更有效的分配」。

33. **B** 組織績效是指組織在某一時期內組織任務完成的**數量、質量、效率及盈利情況。**

34. **C** 簡言之，要徑路線係指自開始至完成，活動及事件在各種不同順序中，所需時間**最長的一條路徑。**

35. **A** 在編製預算時，必須先有工作計畫，做為編製預算的依據。因此，它也是一種主要的控制工具。

36. **C** 品質管制的過程或程序如右：**操作員品管時期→領班品管時期→檢驗員品管時期→統計品管時期→全面品管時期。**

37. **B** 統計品質控制（Statistical Quality Control；SQC）為早期的品質控制方式，大**都以「統計分析」的技術為主**，且偏重於製造過程，故稱為「統計的品質控制」。

38. **C** 計畫評核術其主要內容包括目標的糾正、時效的爭取、人力的運用、效能的提高，以及工作的安排和控制等，故基本上，**它是一種屬於時間方面的控制技術。**

39. **A** TQM的觀念是**由美國人被稱為「品質專家」（或品質管制大師）戴明（Deming）所成功推行。**

40. **C** 投資於廠房、建築、設備的支出稱為資本支出，**其金額較大且存續期間較長。**

PART 4 最新試題及解析

107年　臺灣菸酒從業及評價職員－人力資源（企業管理）

一、心理學者艾伯漢‧馬斯洛（Abraham Maslow）提出需求層次理論，費德瑞克‧赫茲伯格（Frederick Herzberg）提出激勵保健理論，用以激勵員工。試述需求層次理論、激勵保健理論的內容，並分別說明依據兩個理論該如何激勵員工呢？

答：茲依題意分述如下：

(一)需求層次理論的內容與該理論該如何激勵員工：

　　1.理論內容：該理論主張：(1)只有尚未被滿足的需求會影響人類行為，已滿足的需求將不能影響行為；(2)低一層次需求滿足之後，會繼續追求次高層次的需求；(3)需求只要被充分（不需完全）的滿足，個人就會進入更高的需求層次。

　　2.如何激勵員工：管理者瞭解員工的需要是應用需要層次論對員工進行激勵的重要前提。在不同組織中、不同時期的員工以及組織中不同的員工的需要充滿差異性，而且經常變化。因此，管理者應該經常性地用各種方式進行調研，弄清員工未得到滿足的需要是什麼，然後有針對性地進行激勵。

(二)激勵保健理論的內容與該理論該如何激勵員工：

　　1.理論內容：將激勵區分為工作本身（激勵因子）與工作外（保健因子）兩種因子的效果。前者與工作滿足感相關；後者與工作不滿足相關。

　　2.如何激勵員工：管理者至少應提供工作本質外的保健因子，並應提供工作本質內的激勵因子，才會有激勵效果，若欲增進激勵作用則應工作再設計。

二、85度C憑藉著蛋糕、咖啡以及烘焙麵包結合在一起的複合餐飲，兩年內迅速竄紅，請問：

　　(一)85度C成功的要訣？

　　(二)85度C的4P行銷策略？

答：茲依題意分述如下：

(一)85度C成功的要訣：

1. 全面性的針對品質、專業、創新、責任來做進一步的了解方向和目標並提升產品品質。

2. 認為一流的設備才有一流的產品，嚴格的管理才有優良的品質保證。

3. 專業人才訓練商品研發優質競爭力，重視門市訓練才有專業的人才，重視產品的改良才有優質的競爭力。

4. 不斷求新求變，因應整個環境，以創新領先的思想做法，配合時代變遷需要，不斷開發研究，自我提升參與國際競爭。

5. 永遠關懷並持續要求企業之於加盟業主、員工及消費者的責任，持續性要求輔導、協助創業加盟主精益求精、追求最大消費者滿意，發揮最大化的企業責任。

(二)85度C的4P行銷策略：

1. 產品策略（Product）：產品主要是咖啡和蛋糕，五星級的產品並且針對飲食習慣和季節來提供商品。而且85度C對於產品的創新度也很講究，他們找來好幾位的飯店主廚，要求他們每一個月都必須要研發出兩樣以上的創新產品，來迎合顧客對產品喜新厭舊的常見心理。85度C主打「現磨咖啡＋精緻蛋糕＋烘培」的產品組合，除了咖啡香外，蛋糕也是85度C主要產品之一。

2. 訂價策略（Price）：85度C的訂價策略幾乎可以用他們常說的「五星級的品質、平民化的價格」來解釋它，85度C是透過各種方法壓低原物料成本，然後再以最低成本低價位提供最符合消費者需求的商品。鎖定平民經濟，咖啡約35~60元，蛋糕約35~55元、茶類20～40元之間。

3. 配銷策略（Place）：就地點而言，85度C堅持開店必須要開在三角窗，因為三角窗的店面可以帶來高聚客力吸引許多顧客，並且可以提高店面的曝光率。拓展海外市場，積極在中國大陸、澳洲、美國行銷設店，使台灣85度C能夠揚名海外，在國際上擁有一片天。

4. 推廣策略（Promotion）：85度C在價格上打低價位，也未曾見過在電視上有做宣傳，但是他們很常出現在類似財經周刊等商業性質的雜誌報紙上。網路與店面結合，利用網路發布新產品訊息，並搭配各個重要節日，推出特別優惠。例如：新年推出咖啡蛋捲禮盒、牛軋糖禮盒等。

三、 王品集體旗下的西堤餐廳，融合廚藝與創意的西餐料理，滿足客戶的味蕾，
結合熱情與活力的親切服務，營造歡樂氛圍。西堤餐廳提供套餐供消費者
選擇，目前共提供1.精選套餐包括原塊牛排、時蔬厚切燉牛排、義式丁骨豬
排、法式烤雞、海陸雙拼；2.經典套餐包括起司辣牛排、鐵煎牛排佐松露紅
酒醬、香煎鴨胸佐櫻桃紅酒醬；3.金賞套餐包含戰斧豬排、肋眼牛排等總計
十種套餐。在價格方面，精選套餐價格為518元，經典套餐價格為568元，金
賞套餐之戰斧豬排價格為860元、肋眼牛排價格為890元，以上餐點均需外
加一成服務費。同時西堤餐廳亦於北北基、桃竹苗、中彰投、雲嘉南、宜花
東、高高屏地區開設有40間店家，各店家的設計多走現代時尚的流行感。各
門市店均不打價格戰，通常會配合各種節日推出情人節套餐及聖誕套餐等，
並且會於特殊節日加贈顧客小禮物，也會配合公益活動及利用報章雜誌媒體
進行宣傳。請探討餐飲業西堤餐廳的SWOT分析及其SATTY分析。

答：本題屬於「管理個案分析」的題目（不屬本書的範疇），請讀者自行依SWOT
分析及SATTY（競爭策略矩陣）分析的內涵，依題目所述作個案分析。

四、 所有的管理均需要領導者，良好的管理者必須具備良好的領導能力，請問：
(一)何謂魅力式領導（Charismatic Leadership）？
(二)請舉例說明魅力領導的領導者及其領導的風格？

答：茲依題意分述如下：
(一)本理論是「特質理論」延伸出來的模型，亦即追隨者觀察領導者的某種行
為，而把領導者當成英雄或認為他具有異常的領導能力，故本理論亦可說
是「歸因理論」的延伸，大部分魅力式領導者的人格特質為熱情自信的領
導者，其個性和行動會影響到員工的行為。
(二)魅力型領導的特質與領導風格包括：
1.有願景。
2.能清楚說明願景。
3.願冒險以達成願景。
4.對環境的限制和部屬的需求很敏感。
5.反傳統的行為。

107年 臺灣菸酒從業及評價職員－行銷企劃（企業管理）

一、工業上的革命已從知識經濟（knowledge economy），到了創新經濟
（innovation economy）的時代，創新（innovation）已成為企業組織強調
的重心，同時企業也有賴員工能夠發揮創意，試問：
(一)創新與創意有何不同？
(二)組織創新流程包括哪些步驟？
(三)組織創新有哪些方法？

答：茲依題意分述如下：
(一)創意來自於「對消費者需求」的觀察與分析。不論小至產品的改良、或大
到新服務觀念的提出，都與創意有關。創新是源自於生產要素與方法的
新組合，包括新產品、新生產方法、新市場開拓、新材料或新創事業領域
等」
(二)組織創新流程的步驟：
1.概念的產生：透過同步的創造力、發明才能與資訊處理。
2.初步試驗：建立概念的潛在價值及應用力。
3.決定可行性：確立預期的成本與效益。
4.最終應用：推出一個新的產品或服務，或執行營運上的一種新製程。
(三)組織創新的主要內容就是要全面系統地解決企業組織結構與運行以及企業
間組織聯繫方面所存在的問題，使之適應企業發展的需要，具體方法包括
企業組織的「職能結構、管理體制、機構設置、橫向協調、運行機制和跨
企業組織聯繫」六個方面的變革與創新。

二、管理者之決策制定過程對企業管理來說是很重要的，請問：
(一)決策制定過程包含哪些？
(二)如果經營者發現這五年業績平平，因此思考是否要進行國際化，是屬於
決策過程的哪個階段？
(三)如果進入國際市場一年後，發現目標達成率只有20%，所以企業考慮另
行設計其他方案取代，是屬於決策過程的哪個階段？

答：茲依題意分述如下：

(一)管理決策是指組織中的中層管理者為了保證總體戰略目標的實現而作出
的、旨在解決組織局部重要問題的決策。一個完整的決策過程是由五個基
本步驟組成，即：提出問題、預測分析、制定方案、選擇方案和執行評價
決策。

(二)題目所述是屬於「選擇方案」的階段，此階段所要作的事情就是確定最
後的經營方案，這是對各個方案進行全面評價之後，從中選出一個較優
方案的工作。在選擇方案時，要綜合考慮方案實施後的各種結果。

(三)題目所述是屬於「執行評價決策」的階段，管理決策的執行和反饋決策的
執行和反饋是決策程式的重要內容。沒有決策的執行，就不能達到決策的
目的；沒有決策的反饋就不能比較分析問題的處理效果，也不能為下一輪
決策提供必要的信息。

三、目前許多企業強調顧客導向與市場機制，認為提供服務優先於行政管
理，因此也孕育出了先服務，而非先領導的基礎概念，羅伯特‧K‧格
林里夫（Robert K. Greenleaf，1904-1990）提出僕人式領導（servant
leadership），是一種存在於實踐中無私的領導哲學。試問：
(一)何謂僕人式領導？
(二)僕人式領導的特質為何？
(三)僕人式領導的結構內涵為何？
(四)僕人式領導與轉型領導有何異同之處？

答：茲依題意分述如下：

(一)僕人式領導是一種存在於實踐中的無私的領導哲學，此類領導者以身作
則，樂意成為僕人，以服侍來領導；其領導的結果亦是為了延展其服務
功能。

(二)僕人式領導者的十項重要特質，包括傾聽、同理心、安撫、認知、說服
力、概念化、遠見、管理、對人員成長的承諾。

(三)僕人式領導者通常懷有服務為先的美好情操，他用威信與熱望來鼓舞人
們，確立領導地位。

(四)轉型領導的領導者會以部屬的內在需求與動機作為其影響的機制，並強調
改變組織成員的態度和價值觀。轉型領導的追隨者會相信，只要能隨著領

導者，一起努力追求他所界定的共同目標，他們一定能扭轉乾坤，在他們的社會中造成極大的轉變。

四、麥克‧波特（Michael Porter）針對個體產業環境提出的五力分析的架構，請問：
(一)五力分析包含哪五種競爭動力？
(二)試說明五力分析如何作為管理者形成其管理決策的參考？

答：茲依題意分述如下：
(一)五力分析包括右列五種競爭動力：潛在進入廠商的威脅、替代品廠商的威脅、與下游購買者的議價能力、與上游廠商的議價能力、產業內現有競爭者的競爭程度。
(二)五力分析模式在協助企業管理者進行「產業環境分析」，其基本論點認為，在任何產業中，其競爭規則都受前述五種競爭力量所支配，這五種力量也決定了產業的吸引力與獲利性。管理者一旦評估了這五種力量，也了解環境中現存的威脅與機會，就可以選擇一個適當的競爭策略，強化其競爭力。

107年 臺灣電力新進雇用人員（企業管理概論）

壹、填充題

1. 企業的4大財務報表中，呈現企業在某個時間點財務狀況的報表為_____。

2. 彼得聖吉（Peter Senge）的《第五項修練》提出有別於傳統組織，能不斷學習、適應及改變的組織稱為_____組織。

3. 某公司106年之利息保障倍數為3，利息費用為$10,000，若所得稅率為25％，稅後淨利為$_____。

4. 將企業部門的活動以時間為橫軸，排程活動為縱軸，所畫出的長條圖稱為_____圖，可看出各活動執行進度及完成情形。

5. 組織面對的環境中，會受組織決策和行動影響的人或團體，如政府、競爭者、員工、顧客或產業工會等，均稱為_____。

6. 依據麥克波特（Michael Porter）運用5力模式選擇的競爭策略，提供獨特而為顧客喜愛的產品，如蘋果公司（Apple）創新的產品設計，即是採取_____策略。

7. 情境領導理論（situational leadership theory, SLT）使用任務與關係行為2項領導構面，考慮各構面的高低程度結合出4種領導風格，其中認為部屬處於有能力卻不願意去做的階段時，領導者應採取_____型領導風格，以獲得部屬支持。

8. 預算編列中總結不同單位的收入與支出預算，以計算各單位的利潤貢獻稱為_____預算。

9. BCG矩陣中，問題事業（question marks）為低市場占有率及_____預期市場成長率。

10. 組織中有些衝突能支持群體目標並改善群體績效，此類有建設性的衝突稱為_____衝突。

11. 某公司流動比率為3，速動比率為2。若速動資產為$20,000，則流動資產為$_____。

12. 有關French & Raven 所舉的5種權力中，因個人魅力或特質讓部屬心甘情願跟隨的權力稱為_____權。

13. 假設某飲料店每年營運的固定成本是10萬元，每瓶飲料變動成本為10元，售價為15元，須賣出_____瓶即可達到損益平衡。

14. 管理是一種持續進行的活動，而管理功能中的「控制」是提供由結果回饋到_____之間的必要連結。

15. 管理者可在行動開始前、進行中或結束後執行控制，利用走動式管理直接監督是屬於_____控制。

16. 在評估員工績效時，利用管理者、員工和同事等回饋作為衡量依據的一種績效評估方法稱之為_____評估法。

17. 明茲伯格（Henry Mintzberg）的10種管理者角色，其中傳播者與發言人是屬_____角色。

18. 企業為了解員工的人格特質進而預測員工的行為，常用的MBTI（Myers-Briggs Type Indicator）性格評量測驗中，_____型的人顯現適應力強而且容忍度高。

19. 依組織溝通的4種流向，公司高階管理者每天早上會聚集員工進行10分鐘的會議宣布工作安全注意事項及表揚績效優良者，稱為_____溝通。

20. 管理者從競爭者或非競爭者中找出該企業達到優越績效的最佳作法稱為_____管理。

解答與解析

1. 資產負債表（或稱：財務狀況表/平衡表）　　　　2. 學習型

3. 15,000

$$X（稅前淨利）+10,000/10,000＝3$$

$$X＝20,000$$

$$20,000×（1-25\%）＝15,000$$

4.甘特　　　　　　　5.利害關係人　　　　6.差異化

7.參與　　　　　　　8.利潤　　　　　　　9.高

10.功能性

11.30,000

　　　　速動比率(2)＝速動資產÷流動負債

　　　　2＝20,000÷流動負債；流動負債＝10,000

　　　　流動比率(3)＝流動資產÷流動負債

　　　　3＝流動資產÷10,000；流動資產＝30,000

12.參照（參考）

13.20,000

　　　　TFC（10萬元）÷〔P（15元）－VC（10元）〕＝20,000

14.規劃（計劃）　　　15.即時　　　　　　16.360度回饋

17.資訊　　　　　　　18.認知　　　　　　19.下行（向下）

20.標竿（Benchmarking）

貳、問答題

一、解釋名詞
　(一)需求法則（law of demand）
　(二)均衡價格（equilibrium price）
　(三)國內生產毛額（GDP）
　(四)情緒智商（emotional intelligence, EI）
　(五)決策者的自我鞏固偏差（confirmation bias）

答：(一)在不考慮其他條件的情況下，當產品的價格下降時，購買者將會增加購買商品；反之，當產品的價格上升時，購買者將會減少購買商品；亦即一物的價格與需求量呈反向變動關係。

　　(二)均衡價格（equilibrium price）是商品的供給曲線與需求曲線相交時的價格。也就是商品的市場供給量與市場需求量相等，商品的供給價格與需求價格相等時的價格。

　　(三)國內生產毛額（GDP）係指一個國家境內一年內所生產的產品與服務之總值。其計算公式為：國內生產毛額＝消費＋投資＋政府支出＋（出口－進口）。

(四)情緒智商（emotional quotient, EQ）被認為在執行工作上，重要性勝過智商（IQ），它已被證實，在各個層面中都與工作績效有關。EQ並不是一種技術技能（technical skills），但它卻是決定了個人能否成功地應付外界的需求與壓力。

(五)自我鞏固偏差係指人們都會傾向於尋找能支持自己理論或假設的證據，而對於不能支持自己理論或假設的證據，則會被忽略。例如有些投資經理人對自己過度自信，並且只收集有利的證據而忽略不利的資訊，來支持自己投資的決策，即屬此種偏誤。

二、 企業關注組織決策與行為對自然環境造成的影響稱為「管理的綠化」（Greening of management），請略述組織在環境保護議題上採取管理綠化的4個途徑及其內涵為何？並以節約用電為例，試舉出3項實際的方法。

答：茲依題意簡述如次：

(一)守法途徑：僅是只做到法律所要求的而已。

(二)市場途徑：組織會對顧客的環境偏好有所回應。

(三)利害關係人途徑：採這種途徑的組織會盡力去滿足員工、供應商，或社區等團體的環境要求。

(四)積極途徑：這種公司尊重地球與自然資源，並會想辦法去維護它。

【節約用電之實際作法，請自行發揮。】

三、 行銷組合（marketing mix）的4個基本要素及其內涵為何？請舉例說明之。

答：行銷組合乃是企業為了滿足顧客需求，謀求企業利潤而設計的一套以顧客為中心，以產品、價格、通路、推廣為手段的行銷活動策略系統。

(一)產品：產品是決定企業經營成敗的最主要關鍵，包括產品線、品質、品牌、商標、包裝、服務，以及新產品的研究與開發。

(二)價格：訂價是指對該產品或勞務售價應作如何訂定，在行銷組合的4P中，只有價格才能帶給企業利潤，其他僅代表成本。

(三)通路：是指如何將適當的產品，適時、適地的提供給需要的顧客。

(四)推廣：是指刺激購買慾望的工具，包括人員銷售、廣告、銷售推廣及公共報導。

四、管理者設計激勵性工作的方法，請簡述有關Hackman & Oldham的工作特性模型（Job Characteristics Model，JCM）有哪5種核心構面？以及在這5種核心構面上有哪些建議行動？

答：工作特性模型定義了「技術多樣性、工作整體性（任務完整性）、工作重要性、自主性和回饋性」5種主要的核心構面，以及它們彼此間的關係和它們對員工生產力、動機與滿意度的影響。這5種核心構面上的建議行動如下：

(一)工作自主性：主要是使員工在心理上對結果的責任感改變，如此可讓員工體驗到工作責任，因此，為了增加員工的自主性，應多授權。

(二)工作完整性：工作如果越完整，則工作者會努力加以完成，可感受到成就感和意義。為增加工作完整性，應分派專案計畫，將工作組合成模組形式。

(三)技術多樣性：為增進工作多樣性，可提供員工不同種類的訓練，並擴大其職務。

(四)工作回饋性：回饋機能越健全，則工作者才越能獲得前述所說的幾種感覺。

(五)工作重要性：提升工作結果對個人或組織的影響程度。

107年 經濟部所屬事業機構新進職員（企業概論）

( )　1. 學者Kaplan和Norton提出平衡計分卡（balance scorecard, BSC），主要論點是將組織的願景和策略連結到四大績效構面，其中不包含下列何者？　(A)財務　(B)顧客　(C)組織設計　(D)內部流程。

( )　2. 學者Mintzberg提出管理者角色主要包含3大類角色，其中不包含下列何者？　(A)資訊角色　(B)決策角色　(C)創新角色　(D)人際角色。

( )　3. 學者Geert Hofstede所提的跨文化比較模型，主要是描繪國家文化特性的分析架構。其中強調重視自我目標與強調整體社會目標差異的構面為何？　(A)權力距離　(B)長期導向vs.短期導向　(C)不確定規避程度　(D)陽剛vs.陰柔。

( )　4. 學者Katz提出管理者需要具備3項管理技能，他認為在不同管理層級都很重要的管理能力為何？　(A)專業技術能力　(B)人際能力　(C)創新能力　(D)概念化能力。

( )　5. 生產系統是一個投入、轉換、產出的過程，例如：汽車裝配工廠的投入為人工、能源、裝配零件與機器，轉換為焊接、裝配與噴漆等，產出即為汽車。下列何者為正確描述醫院的生產系統？　(A)醫院的投入為手術與診療　(B)醫院的產出為健康的人與醫學研究成果　(C)醫院的轉換為病床與醫療設備　(D)醫院的投入為藥物管理。

( )　6. 1輛輕軌電車煞車系統突然失靈，駕駛員發現前方有5位小朋友在軌道上玩耍，他可以透過切換閘道，駛往旁邊廢棄的軌道，但有1位小朋友在上面玩耍。如果駕駛員選擇變換軌道，那他的道德觀偏向下列何者？　(A)功利觀點　(B)權利觀點　(C)公平觀點　(D)正義觀點。

( )　7. 當一個企業的廢水排放完全符合政府所訂的標準，或加班政策完全符合勞基法規定時，則該企業最主要關注於下列何種履行承諾？　(A)社會權利　(B)社會責任　(C)社會反應　(D)社會義務。

( )　8. SRI公司提出的VALS生活型態量表，主要包含3個動機導向構面，其中不包含下列何者？　(A)理想導向　(B)自我概念導向　(C)成就導向　(D)自我表現導向。

( ) 9. 學者Fiedler的領導權變理論，以3個構面描述領導者面對的情境，其中不包含下列何者？　(A)領導者職位權力　(B)工作結構化程度　(C)部屬的成熟度　(D)領導者與部屬的關係。

( ) 10. 學者Leavitt認為組織變革的途徑可以經由不同的選擇來完成，其中不包含下列何者？　(A)組織結構　(B)工作技術　(C)員工行為　(D)領導風格。

( ) 11. 企業組織新產品或產品重新設計的創意來源，如果係採取透過對競爭者產品進行拆解並仔細研究，以找出改良自己產品的方法稱之為？　(A)同步工程　(B)前置工程　(C)反向工程　(D)重製工程。

( ) 12. 下列何者項目可證明企業對於環保相關績效具有進行改善之作業？　(A)ISO 9000　(B)TQM 2012　(C)TQM 2001　(D)ISO 14000。

( ) 13. 將實際績效與標準進行相互比較是管理過程中的哪項功能？　(A)組織配置　(B)擬定營運策略　(C)作業規劃　(D)稽核控制。

( ) 14. 個人貢獻與企業提供的誘因在若干程度上得以匹配，此術語為何？　(A)個人工作適配度　(B)動作時間研究　(C)心理契約　(D)團隊文化。

( ) 15. 何謂資料倉儲？　(A)制定銷售協議以規範產品交運　(B)在海量文件中收集、儲存與檢索數據的相關技術　(C)將市場進行若干區隔之過程　(D)研究消費者的需求及探索賣家最能滿足這些需求的方式。

( ) 16. 若消費者定期購買特定產品，其原因在於他們對該系列產品之性能感到滿意，下列何者為此消費類型之驅動力？　(A)文化影響　(B)期望因子　(C)品牌忠誠度　(D)社群影響因子。

( ) 17. 學者Bartlett和Ghoshal以全球整合程度和地區回應程度將多國籍企業策略分為4種，其中出現較高地區回應程度和較低全球整合程度的策略為下列何者？　(A)多國策略　(B)全球策略　(C)國際策略　(D)跨國策略。

( ) 18. 當投資標的物的市場價值增加時所實現之利潤，在會計領域應如何稱呼？　(A)資產配置　(B)暴利　(C)資本利得　(D)增值。

( ) 19. 企業競爭優勢通常來自於其特殊資源、能耐與組織文化，下列何者非企業競爭優勢來源？　(A)優質品牌形象　(B)創新專利技術　(C)大量存貨　(D)高顧客忠誠度。

( ) 20. 依據我國公司治理的體制規範，下列何者功能為負責公司業務執行之監督及公司內部控制制度之執行？　(A)股東會　(B)董事長　(C)監察人　(D)薪酬委員會。

( )　21. 人力資源管理是指企業一系列人力資源政策及相應的管理活動，下列關
於人力資源規劃的步驟何者正確？　(A)準備人才資料庫→工作分析與
撰寫工作說明書→評估人力資源需求與供給→建立策略計劃　(B)評估人
力資源需求與供給→工作分析與撰寫工作說明書→準備人才資料庫→建
立策略計劃　(C)建立策略計劃→準備人才資料庫→工作分析與撰寫工作
說明書→評估人力資源需求與供給　(D)工作分析與撰寫工作說明書→
評估人力資源需求與供給→建立策略計劃→準備人才資料庫。

( )　22. 下列各式企業組織架構，以集權至分權管理進行排列，其順序為何？(1)
直線組織、(2)矩陣組織、(3)跨功能團隊、(4)直線與幕僚並存組織　(A)
(4)(3)(2)(1)　(B)(2)(3)(4)(1)　(C)(1)(4)(2)(3)　(D)(3)(2)(1)(4)。

( )　23. 下列何者不是管理的功能？　(A)規劃　(B)預測　(C)領導　(D)控制。

( )　24. 國際知名牛仔褲品牌Levi's在進軍中東市場時，最主要考量下列何種因素
而將牛仔褲重新設計成輕薄款式，且不販售短褲與短裙系列？　(A)政
治角力　(B)匯率波動　(C)商業風險　(D)文化差異。

( )　25. 下列何種行為最能意味著某企業員工具備良好的組織公民意識？　(A)願
意幫助新員工　(B)使用辦公用品進行私人用途　(C)保持正常上下班時
間　(D)工作上滿足績效標準。

解答與解析　答案標示為#者，表官方曾公告更正該題答案。

1.**C** 平衡計分卡是一個由策略衍生出來的經營績效衡量新架構，從組織的願景與
策略為出發點，將組織的使命及策略轉化成四個不同的構面（即「財務、
顧客、企業內部流程、與員工學習與成長」等四大構面）來建立績效衡量指
標，以考核一個組織的經營績效。

2.**C** 管理者在企業組織營運過程中所可能扮演的角色類型包括：人際角色、決策
角色及資訊三大角色。

3.**D** 陽剛社會強調獨斷獨行與授取金錢物質，陰柔社會強調人與人之間的關係、
對於別人的關懷及整體生活的品質。

4.**B** 人際能力係指管理者之溝通、領導及協調能力，簡單來說，係指管理者與組
織體系中的部屬、同事及上司相處的能力。

5.**B** 醫院的投入：為病床與醫療設備；醫院的轉換：為手術、診療與藥物管理；
醫院的產出：為健康的人與醫學研究成果。

6.**A** 功利觀點係指提供最多數人的最大效用為道德原則，管理者衡量不同關係人之間的利害關係，決定一個可以為最多數人提供效用的方案。

7.**D** 社會義務係指企業只要滿足其經濟和法律責任的義務即可，亦即一個組織只要做到法律最起碼的要求，它代表著一種影響企業決策價值與方向的標準。在這個概念下，廠商只有在所追求的社會目標，是有助於其經濟目標的達成時，它才會擔負起該項的社會責任。

8.**B** VALS（Values and Life Styles）生活型態量表係由史丹佛研究機構（Stanford Research Institute）所提出，它主要是在生活型態的AIO量表中，加入「價值觀（Value）」的概念。主要包含3個動機導向構面：理想導向、成就導向及自我表現導向。

9.**C** Fiedler的領導權變理論，以「領導者與成員（部屬）間的關係、工作結構化程度及領導者的職位權力」等3個構面描述領導者面對的情境。費德勒認為一個人的領導風格具有「固定的」特性。他認為有效的領導應該改變情境來配合管理者的領導風格。

10.**D** Leavitt認為組織變革的途徑可以經由「組織結構、工作技術及員工行為」不同的選擇來完成。此三方面變革，牽一髮而動全身，任何一項的變革都可能引起其他二方面的變革，因此管理者必須分析，在某一特定狀況下，採取那一種變革，方能使組織績效提升，達到變革的最終目的。

11.**C** 反向工程又稱為逆向工程，是一種技術過程，即對一專案標產品進行逆向分析及研究，從而演繹並得出該產品的處理流程、組織結構、功能效能規格等設計要素，以製作出功能相近，但又不完全一樣的產品。

12.**D** 國際標準組織（ISO）所推行的一套「環保標準規範」，稱為ISO14000。在其規範下，企業的各項產品與活動，都需徹底、全面的檢討「是否對環境有所衝擊」。

13.**D** 稽核控制在於檢查，評估內部控制制度之缺失及衡量營運之效率，適時提供改進建議，以確保制度得以持續有效實施，並協助董事會及管理階層確實履行其責任。

14.**A** 「個人－工作適配度」亦即在說明「個人」與「所從事的工作」兩者之間互相契合的程度。析研之，「個人－工作適配」包含了「個人的興趣與需求」的心理層面要素與「個人能力是否符合工作所需之要求」的客觀層面要素之探討。

15.**A** 資料倉儲是一種資訊系統的資料儲存理論，此理論強調利用某些特殊資料儲存方式，讓所包含的資料，特別有利於分析處理，以產生有價值的資訊，這些資訊經過分析後可協助管理者做出明智的決策。

16. **C** 品牌忠誠度係指消費者是否會重複購買某個品牌。如果品牌忠誠度很高，代表企業已經成功留住消費者的心，可使企業與通路商間有更穩固的關係，進而拉高競爭對手的進入障礙，同時也可以降低企業的行銷成本。

17. **A** 多國策略係指將企業的產品及服務，依照客戶的需求來客製化，以提高獲利率，亦即提供符合不同國家市場的喜好及口味之產品。

18. **C** 資本利得是資本所得的一種，它是指納稅人經由出售諸如房屋、機器設備、股票、債券、商譽、商標和專利權等資本項目所獲取的毛收入，減去購入價格以後的餘額。

19. **C** 企業使用的資源要素，包括有原材料、零組件、機器設備等「靜態性資源」；與製造程序、改善能力等能夠持續演化等「動態性資源」；企業執行相關活動時，透過持續的改善或精煉程序，發展出不容易被其他企業所模仿、抄襲、替代，而成為企業優勢基礎的能力，稱為「能耐」；組織文化則是指組織中成員共有的信念、價值觀、原則、傳統和行為規範。此三者乃企業競爭優勢的來源。

20. **C** 公司的決策權和管理權大部分集中在少數人手中，為了防止他們濫用權力，違反法律和章程，損害公司所有者的利益，所有者及股東要對他們的活動及其組織的公司業務活動進行檢查和監督，這種監察權由公司的監督機構（監察人）來執行。

21. **A** 人力資源規劃的步驟依序為選項（A）所述。

22. **C** 各式企業組織架構，以集權至分權管理進行排列，其順序為：直線組織、直線與幕僚並存組織、矩陣組織、跨功能團隊。

23. **B** 管理功能可分為：規劃、組織、領導與控制四大類，此為管理之基本要件，也稱之為「管理程序」。

24. **D** 企業赴海外投資面臨的風險之一為「文化差異」，所指的即是基本價值觀、民情風俗、生活習慣等的不同，這些將嚴重影響該企業能否在當地生存與發展。

25. **A** 組織公民意識係指未被正常的報酬體系所明確和直接規定的、員工的一種自覺的個體行為，這種行為有助於提高組織功能的有效性。

107年 經濟部所屬事業機構新進職員（企業管理）

※為節省篇幅，免重複書本內容，故問答題之解析，由本年起：(1)凡課本中有解答者，僅註明出處；(2)若課本中無相關內容者，始在此處作解。

一、何謂工作團隊（work team）？一個有效之工作團隊應具備哪些特徵？請條列逐一詳加申述之。

答：請參閱本書PART 3管理學，Volume3/Chapter2第十二節二。

二、何謂「路徑－目標理論」（path-goal theory）？該理論提出者羅伯特‧豪斯（Robert House）認為領導者有哪幾種領導風格？請舉例說明各領導風格適用的情境或時機。

答：請參閱本書PART 3管理學，Volume3/Chapter3第二節五。

三、請說明策略管理程序（strategic management process）分為哪幾個步驟以及各步驟內容為何？公司層級策略（corporate strategy）與事業層級策略（business strategy）主要差異為何？請以經濟部某一所屬事業機構為例，說明管理者在該單位須考量哪些公司層級策略與事業層級策略問題？

答：請參閱本書PART 2企業概論，Volume3/Chapter2第六節一、二；舉例說明部分，請考生自行發揮。

108年 臺灣電力新進僱用人員（企業管理概論）

壹、填充題

1. 當代企業管理學者多認為：管理功能係指管理者運用規劃、＿＿＿＿＿＿＿＿、領導及控制等4大主要功能，來達成企業所訂定的目標。

2. 當企業編擬策略規劃時，常使用SWOT分析所面臨外部環境及本身內部條件，以制定有效的經營策略，其中O代表＿＿＿＿＿＿＿＿。

3. 行銷組合4P是從生產者的觀點看、4C是從消費者的觀點看，4P中的「促銷」對應到4C中的＿＿＿＿＿＿＿＿。

4. 企業產品生命週期分為以下4個階段期：導（引）入期、成長期、＿＿＿＿＿＿＿＿期及衰退期。

5. 在作業管理的工具中，＿＿＿＿＿＿＿＿係源於1958年美國海軍的北極星火箭系統計劃，是網絡分析的技術，以網絡圖規劃整個專案將各項作業與主要事件排程聯結。

6. 依照一般學理而言，廣義的財務管理可分為3大領域：金融市場、投資學及＿＿＿＿＿＿＿＿，其中最後一項主要涉及公司實際的管理運作所會遇到的財務問題。

7. 公司最重要的主要財務報表可分為：資產負債表、綜合損益表、＿＿＿＿＿＿＿＿表及股東權益變動表，作為經營決策及管理的依據。

8. 羅伯特・希斯（Robrt Heath）提出之危機管理4R模式分為以下4個步驟：＿＿＿＿＿＿＿＿力、預備力、反應力及恢復力。

9. 有關企業功能中，＿＿＿＿＿＿＿＿管理的主要職能包括：人員招募、培訓開發、薪酬福利、績效考核及員工關係等。

10. 依一個行業的產業結構不同競爭程度，競爭者的家數由無、少、多、眾多之狀態，可分為以下4類市場：＿＿＿＿＿＿＿＿市場、寡占市場、獨占性競爭市場及完全競爭市場。

11.羅賓斯（Stephen Robbins）根據「思考方式」及「對模糊的容忍程度」2個構面，將決策風格分為以下4種類型：指示型、_____型、觀念型及行為型。

12.企業思考產品組合時主要有4個指標，其中_____指標係指產品組合內企業所擁有產品項目的數量。

13.有關知識管理中，企業員工與團隊能為企業帶來競爭優勢的所有知識與能力的總和，稱之為_____資本，包含如：人員作業經驗、生產技術、團隊溝通機制、顧客關係及品牌地位等。

14.所謂_____是展現組織未來經營雄心及企圖，也是長期努力經營可實現的遠景。例如：台電公司以「成為卓越且值得信賴的世界級電力事業集團」為代表。

15.組織內的任務分工及工作之間的相互關係，稱之為組織_____，如以書面圖示方式加以呈現即為組織圖。

16.麥肯錫管理顧問公司提出7S模型，可用來診斷一家公司的經營績效，該模型分為：結構、_____、系統、技能、人員、風格及共享價值等7項要素。

17.所謂_____係指一種指導及管理的機制，以落實公司經營者的責任為目的，藉由加強公司績效管理且兼顧其他利害關係人利益，以保障股東權益。

18.某公司之期初存貨為4萬元、期末存貨為2萬元、銷貨成本為60萬元，則該公司存貨週轉率為_____。

19.企業常以專利作為保護創新的方式，依我國「專利法」規定，專利種類可分為以下3種：_____專利、新型專利及設計專利。

20.依我國「標準法」規定，由標準專責機關依該法規定之程序制定或轉訂，可供公眾使用之標準，稱之為_____標準。

解答與解析

1.組織	2.機會	3.溝通
4.成熟	5.計畫評核術/PERT	6.公司理財
7.現金流量	8.縮減	9.人力資源

10.獨占	11.分析	12.長度
13.智慧	14.願景	15.結構
16.策略	17.公司治理	18.20
19.發明	20.國家	

貳、問答題

一、名詞解釋：
(一)扁平式組織（Flat Type Organization）
(二)工作豐富化（Job Enrichment）
(三)效能（Effectiveness）

答：(一)扁平式組織為組織階層分化的型態之一，與組織控制幅度有密切相關。當主管人員的控制幅度增大時，組織的階層數隨之減少，則形成扁平式組織。

(二)工作豐富化在工作設計中針對工作內容，用「垂直式」增加工作任務的方式，以增加員工工作內容的多樣性和獨立性來增加員工更多的自主性與責任感。

(三)效能著重於目標或結果的達成率，為實際達成和預期目標的比值。

二、馬斯洛（A. H. Maslow）提出需求層次理論（Hierarchy of Needs Theory），將需求分為哪5個層次，請逐一列舉並說明之。

答：人類的需求可分為下列五個層次，由低層次需求排到高層次需求。

(一)生理需求：係指個人為維持溫飽的需求。

(二)安全需求：係指保障個體的生命與財產不會受到威脅，所處環境不會受到破壞以及穩定性的需求。

(三)社會需求：又稱為相屬相愛的需求，如團體的認同、關懷、親近、友誼等需求。

(四)尊重需求：係指追求個人地位和威望、以及受人尊重的需求。

(五)自我實現需求：為達成自己所希望成就，期望發揮自己潛力，去創造事物的需求，故又稱為「自我發揮及成就慾望」的需求。

三、依產品型態可分為實體產品與服務2類，服務如何界定？服務具有哪4項特性，請逐一列舉並說明之。

答：一個企業由其人員執行一連串的動作，提供滿足顧客的行為，即稱為「服務」。相較於有形實體產品而言，服務具有下列四個特性：

(一)無形性：服務是一種行為，摸不著、看不見、也聽不到，因此消費者很難在事前先評斷服務品質的好壞。

(二)不可分離性：大多數的服務都是生產與消費同時進行。實體產品是廠商生產出來以後，將其銷售出去，購買者再消費；無形服務則是先出售後，再同時生產與消費。

(三)異質性：同一位服務人員對於不同顧客所提供的服務可能有很大不同，或提供服務的時間與地點不同，同一位消費者會有不同的感受，這即是指服務的異質特性。

(四)不可儲存性：無形服務無法像有形產品一樣，將多餘的存貨儲存起來，亦即在淡旺季或尖離峰時的需求不易平衡，因此常會出現供不應求與供過於求的窘境。

四、全球化為目前企業經營的重要趨勢，主要有哪5種驅力促使全球化步伐加快，請逐一列舉並說明之。

答：目前企業經營主要有下列5種驅力促使全球化步伐加快：

(一)市場的驅力：表示由顧客需求特質、通路特質與行銷方式所導致各市場需求偏好同質性愈趨一致之現象，透過全球化，可以使企業突破當地市場成長的限制。

(二)技術的驅力：藉由日新月異運輸與資訊通訊技術的進步改良，人際往來與企業往來愈趨便利，天涯若比鄰，距離所產生的時間與成本上的障礙已經大幅下降，這些新技術發展都有利於驅動企業走向全球化。

(三)競爭的驅力：競爭者在全球各市場短兵相接，而跨國企業可以借助其在世界任何市場所培養出來的能耐和獨特競爭力，經驗轉移至其他的國家，來實現更大的收益。

(四)成本的驅力：由於不同國家可能存在著不同資源的比較利益而取得競爭優勢，因此企業可以藉由全球化來獲取這些利益，促使產業愈來愈全球化。

(五)政府的驅力：各國政策、技術、法規標準愈相近、限制愈少，產業全球化的程度也就愈高，鼓勵企業走向全球化。

(　)　1. 「產業聚落的形成有助於企業上下游的整合，創造一國特定產業的競爭優勢」符合Michael E. Porter提出之國家競爭優勢模型中哪項優勢？ (A)相關與支持產業優勢　(B)需求條件優勢　(C)企業策略結構優勢 (D)生產要素優勢。

(　)　2. 當企業經營面臨財務危機，決策者可考量以裁減員工渡過艱困時期，或是直接關廠結束營業，如決定維持營運，為社會帶來最大效益，這位決策者的思考符合何種道德原則？ (A)補償作用　(B)利己主義　(C)效益主義　(D)代理理論。

(　)　3. 企業對於回應社會責任的一套系統化評量作法，稱為下列何者？ (A)企業社會稽核　(B)公平揭露　(C)國際倫理　(D)內部創新。

(　)　4. 行銷與銷售的意義有所不同，相較於「銷售」，「行銷」在程序上會著重於下列何者？ (A)定義顧客需求　(B)強力促銷　(C)致力於賣出所生產的產品　(D)企業重視培育人員的銷售技巧。

(　)　5. 有關生產作業規劃之流程，下列何者正確？ (A)經營計畫→作業排程→長期作業計畫→作業控制→提供產出給顧客　(B)經營計畫→長期作業計畫→作業排程→作業控制→提供產出給顧客　(C)經營計畫→長期作業計畫→作業控制→提供產出給顧客→作業排程　(D)長期作業計畫→經營計畫→作業控制→作業排程→提供產出給顧客。

(　)　6. 在應用大數據的時代，企業蒐集、組織、儲存及分析巨量資料，找出有用模式幫助進行決策。請問企業可用資料的「品質」意指？ (A)準確且可靠　(B)量越大越好　(C)快速地取得　(D)種類的多樣化。

(　)　7. 經營全球化企業，為解決不同文化間的差異問題，最需具備之技能為何？ (A)跨文化領導　(B)精細的產業知識　(C)人際技能　(D)專業技術。

(　)　8. 員工努力投入工作，卻發現其他一樣努力的人薪資比自己高，員工察覺後即減少工作投入，前述情形最可以何種理論解釋？ (A)目標設定理論　(B)期望理論　(C)公平理論　(D)成熟理論。

(　)　9. Uber Eats這種結合科技來提供餐廳外送服務的企業，為下列何者的體現？ (A)B2B　(B)O2O　(C)C2C　(D)IOT。

(　) 10. 獨資企業最主要的缺點為何？　(A)企業的所有者們易生爭吵　(B)企業所有者對企業的債務具有無限責任　(C)企業的所得須被課稅2次　(D)公司成立與結束的成本較高。

(　) 11. 授予外國企業製造自己企業之產品，或使用企業商標的權利以收取費用，此模式稱為？　(A)合資　(B)加盟　(C)授權　(D)委外。

(　) 12. 汽車導航的銷售每年衰退15～20%，此種商品所處的生命週期階段，應使用何種策略因應？　(A)使用大量促銷以引誘消費者試用　(B)品牌與產品樣式的多樣化　(C)榨乾品牌　(D)建立密集的配銷通路。

(　) 13. 王大文在公司擔任部門主管，其工作包括為部門釐訂明確之短期目標，以確保達成公司長期目標。王大文之工作為何？　(A)策略規劃　(B)戰術規劃　(C)作業規劃　(D)權變規劃。

(　) 14. 利用銷售預測，確保在正確的時間、地點取得所需零件與原物料之電腦作業管理系統，稱為下列何者？　(A)MRP　(B)ERP　(C)JIT存貨控制　(D)採購。

(　) 15. 國家為進口產品訂定限制標準，詳細規範產品於該國應如何銷售，此限制稱為？　(A)關稅　(B)進口限額　(C)禁運　(D)非關稅障礙。

(　) 16. 剛推出之3C產品價格均較高，過一陣子後，價格就會下降，或推出促銷，此策略稱為？　(A)市場滲透策略　(B)市場發展策略　(C)產品發展策略　(D)多角化策略。

(　) 17. UA公司推出專業排汗衫，根據消費者使用衣服時的溫度、運動類型等進行區分，以鎖定專業運動人員。請問，UA公司係利用何種區隔變數予以區隔市場？　(A)人口統計變數　(B)地理變數　(C)心理統計變數　(D)行為變數。

(　) 18. 資策會公布2018年台灣地區行動支付普及率達50.3%，此為新產品生命週期中何種階段？　(A)創新採用　(B)早期大眾　(C)晚期大眾　(D)落後採用。

(　) 19. 下列何者為企業執行職業安全衛生管理之標準？　(A)ISO 9000　(B)ISO 14000　(C)QS 400　(D)OHSAS 18001。

(　) 20. 下列何者不屬於重整策略所採取之作法？　(A)出售非關鍵性資產，以籌措資金　(B)擴充廠房　(C)進行人員裁汰　(D)部分作業程序改為自動化。

( ) 21. 有關行銷之敘述，下列何者有誤？ (A)顧客導向的訂價方法，其價格制定與產品取得成本無關 (B)通路的長度係指由製造廠商至顧客之間所經過的通路階層數目 (C)主要的工業設備宜採行獨佔性配銷 (D)批發商與零售商的衝突屬水平和垂直通路的衝突。

( ) 22. 下列何者非企業取得短期資金之來源？ (A)銷售商業本票 (B)出售應收帳款 (C)應付帳款延期 (D)創投基金。

( ) 23. 有關人力資源管理之敘述，下列何者正確？ (A)員工推薦可增加企業內員工多樣性，促進企業創新性 (B)情境式面談比較無法顯示求職者的才能 (C)在職訓練比較適合學習技術性的技能 (D)技術類的工作，筆試是較為有效的甄選工具。

( ) 24. 有關持續性製程改善計畫之敘述，下列何者有誤？ (A)是一種程序再造工程 (B)透過較為新穎或改善的產品與服務，提升顧客價值 (C)強調錯誤發生時應如何找出錯誤 (D)改進作業反應以及每一反應週期的時間。

( ) 25. 企業於法律規範下，滿足其經濟責任，係履行下列何者？ (A)社會責任 (B)社會義務 (C)社會權力 (D)社會回應。

解答與解析 答案標示為#者，表官方曾公告更正該題答案。

1.**A** 產業聚落之業者分享彼此互相接近產生的規模與範疇經濟效益，節省許多有形、無形交易成本，分享重要資訊，強調群聚間的競合關係，以有效率、品質保證的產品或服務滿足顧客需求，以提升整體競爭力。

2.**C** 效益主義又譯作公利主義，係指提供最多數人的最大效用為道德原則，管理者衡量不同關係人之間的利害關係，決定一個可以為最多數人提供效用的方案。

3.**A** 社會稽核是指企業決策時把企業利益與社會責任都納入考慮。析言之，係指以系統化的方法，分析企業是否已經成功地利用資源達成企業社會責任的目標。

4.**A** 凡概念、商品與服務的設計、定價、促銷及配銷的規劃與執行過程，以滿足顧客需求與組織目標的交換行為，即稱為「行銷」。

5.**B** 生產作業就是企業以合理的成本，在適當的時間內，將原物料轉換成合乎顧客所需要的最終產品，提高使用價值，滿足顧客需求，創造利潤。因此，它須符合「經營計畫-長期作業計畫-作業排程-作業控制-提供產出給顧客」之標準作業規劃，以為遵循與控制，作好品質管理。

6. **A** 資料（data）在資訊管理概念中，係處於最底層的概念，其在詳實描述事件全貌的內容，為各項活動的記錄或陳述。而詳實描述事件的內容，需要具備「精準」、「易懂」及「可靠」的品質條件，才能讓該項資料快速、有效的進行必要之溝通與交流。

7. **A** 由於不同文化之基本價值觀、民情風俗及生活習慣等之差異甚大，因此經營全球化企業，為解決不同文化間之差異問題，最需具備「跨文化領導」技能。

8. **C** 公平理論認為人們會在投入與結果之間，儘量保持平衡狀態。如果員工察覺其「努力與收入」間和相同工作的人比率相等，則他不會採取行動；如果察覺比率不等，他會產生認知失調，進而採取一些行動，以降低認知失調，改善不公平的現象。

9. **B** O2O（Online to Offline）。係指將線下（離線）商務的機會與網際網路結合在了一起，讓網際網路成為線下（離線）交易的前臺。簡單說就是線上（網路平台訂購）交易，線下（人與人或者實體店面）服務。

10. **B** 無限責任即「無限清償責任」，指投資人對企業債務不以其投入的資本為限，當企業負債攤到他名下的份額超過其投入的資本時，他除以原投入的資本承擔債務外，還以自己的其他財產繼續承擔債務。

11. **C** 授權是指企業授權給外國廠商，讓它在其所在國家生產企業的產品，而外國廠商與國外市場的受權企業達成協議，允許後者使用其製造方法、商標、專利、產業機密等，並向企業交納一定的授權金，授權費通常按產品銷量提成。

12. **C** 在產品處於衰退期之生命週期階段，產品的銷售額與利潤均開始下滑，甚至會有虧損現象。此時廠商會有採取退出市場、減少市場區隔或減少推銷費用的策略，有人乃稱此為「榨乾品牌」策略。

13. **B** 戰術規劃是用來實施戰略規劃的一系列有組織的步驟，其任務在為部門釐訂明確的短期目標，以確保達成組織長期目標。戰略重視資源、環境和使命，而戰術則重視人和行動。

14. **A** MRP（Material Requirements Planning）即「物料需求規劃」，是以電腦為基礎的資訊系統，為了處理需求存貨的訂購與排程，故其應用軟體的運用目的在幫助企業針對庫存、生產製造等商業流程，進行有效管理。

15. **D** 國家對貨物進口之「非關稅障礙」方法相當多，例如規定貨物出口許可、進口配額、進口禁令、技術性貿易壁壘、出口限制、政府採購、補貼、自願出口限制等皆是。

16. **A** （本題公布答案有誤）市場滲透策略係指企業在新產品定價時，以較低的價格打入市場，以期能夠在短時間內加速市場成長，犧牲高毛利率以取得較高的銷售量以及市場佔有率的定價方式。

17. **D** 行為變數是市場區隔的最佳起點，包括購買時機、產品利益尋求、使用率、忠誠度、購買準備階段及對產品的態度等，作為區隔之基礎。

18. **C** 晚期大眾係指對新產品常抱持懷疑態度，看到大多數人用過後才接受的消費者。此種消費者，稱為「傳統使用者」。晚期大眾占產品整體使用人數比例最高（普及率達50.3%）。

19. **D** 職業健康及安全管理體系（OHSAS18001）是一項管理體系標準，目的是通過管理減少及防止因意外而導致生命、財產、時間的損失，以及對環境的破壞。

20. **B** 「擴充廠房」是企業成長策略之方法之一。重整策略乃是一種鞏固基礎、強化企業體質的措施，目的在於補強企業得以營運的根基結構，故(A)(C)(D)正確。

21. **D** 通路衝突主要是通路成員間目標不相容、角色和權利不清楚、知覺的差異和中間機構對製造者的高度依賴等原因所造成的。「水平通路衝突」係指相同層級的通路成員所產生的衝突，「垂直通路衝突」則是指不同層級的通路成員之間所產生的衝突。故批發商和零售商之衝突，係屬於垂直衝突。

22. **D** 創投基金乃係由一群具有科技或財務專業知識和經驗的人士操作，並且專門投資在具有發展潛力以及快速成長公司的基金。創業投資是以支持「新創事業」，並為「未上市企業」提供股權資本的投資活動，但並不以經營產品為目的。故非企業取得短期資金的來源。

23. **C** 在職訓練是「做中學」的一種型態，就是在進行各項業務活動的過程中，不斷的學習而提升工作績效，是最常被運用的員工訓練方式，故比較適合學習技術性的技能。

24. **C** (C)錯誤。正確者為「找出需要改善的地方，提出改善專案」。

25. **B** 社會義務係指企業只要滿足其經濟和法律責任的義務即可，亦即一個組織只要做到法律最起碼的要求，它代表著一種影響企業決策價值與方向的標準。

108年 經濟部所屬事業機構新進職員（企業管理）

一、請說明Paul Hersey和布蘭查Ken Blanchard情境領導理論（Situational Leadership Theory）的觀點為何？其結合Fiedler權變理論（contingency model）的2項構面「任務」與「關係行為」後，發展為4種領導風格，請分別簡要說明之。另部屬的能力與意願，如何影響領導者採用適合的領導風格？

答：茲依題意分項說明如下：

(一)「情境領導理論」認為沒有任何一種領導型式是可以放之四海而皆準，領導有否效果，端視領導型式是否能與領導情境相配合？因此，他們認為，最有效的領導方法係視目前的情境狀況而定，也就是說領導風格與領導績效受到情境因素的影響。

(二)「情境領導理論」結合Fiedler權變理論「任務」與「關係行為」2項構面後，發展的4種領導風格分別簡要說明如下：

1. 告知型：當部屬承擔責任的能力低、意願不高或缺乏信心時，則宜採用「高任務低關係」的領導型式。

2. 推銷型：當部屬承擔責任的能力低、意願高或自信心強時，宜採用「高任務高關係」的領導型式。

3. 參與型：在部屬承擔責任的能力高、意願低或缺乏自信時，宜採用「低任務高關係」的領導型式。

4. 授權型：當部屬承擔責任的能力高、意願高或自信心強時，則宜採用「低任務低關係」的領導型式。

(三)當成員的準備程度改變時，領導者應該有所回應而調整領導型式，例如對一位新進但頗富工作熱忱的員工，管理者應採用銷售型的領導，等到這位員工的工作能力日趨於成熟時，管理者再逐步改採參與型、乃至授權型的領導。

二、管理者做決策時，常會面臨確定（certainty）、風險（risk）及不確定（uncertainty）的情境，請分別說明3種情境的意義，並舉例說明不同情境下所使用的決策工具。

答：茲依題意分項說明如下：

(一)決策3種情境的意義：

1.確定情境：如果在制定決策時，決策者已能確知每一可行方案必然出現之結果，毫無風險可言。

2.風險情境：決策者可以預估各方案成功與失敗的機率。對這些機率的推估，可能是來自個人的經驗，或次級資料的佐證。

3.不確定情境：雖有明確的目標與充足的資訊，但各替代方案的未來結果卻是變動與不可掌握，決策者無法用過去的經驗或預測而得知風險，亦無法確知每一個可行方案發生的機率及出現的結果。

(二)舉例說明：

1.確定情境：嚴格來說，世上根本不存在確定的決策情境。因為當一個人在決定行動那刻到履行行動之間，世事已可能以難以預料的方式改變。

2.風險情境：例如小明眼疾日深而漸趨失明，醫生對他說，接受移殖眼角膜手術將可能改善他的視力。但手術並非無風險，手術成功的機會只有0.7。若手術失敗，他視力更壞的機率為0.1，維持手術前的視力水平的機率為0.2。假設小明若不做手術，他的視力將維持原狀。

3.不確定情境：假設股壇新秀林基芳正準備在股場一試身手。在他腦海正盤算著四種投資策略：(1)投資$8,000，(2)投資$4,000，(3)投資$2,000及(4)投資$1,000。林先生雖能預計各個投資策略的可能結果，卻無法評估四種投資策略發生的可能性（機率）各為多少。

三、管理學中何謂「控制」（controlling）？並說明其重要性。另請定義事前控制（feedforward control）、事中控制（concurrent control）與事後控制（feedback control），並分別舉例說明之。

答：茲依題意分項說明如下：

(一)控制的意義：組織在形成計畫之後，為了確保計畫的進行，管理者必須監控與評估組織績效，定期比較「預期績效」與「實際績效」是否相符，並予以修正，即稱為控制。

(二)控制種類的意義與舉例：
　　1.事前控制：係指預先設定投入標準，在投入階段進行評估、衡量的工作，這是在建立偏差預警系統，使人人在工作之前，已知道如何做，而不至發生脫節以致不符計畫的現象。例如組織控制若著重在用人甄選制度與進貨檢驗等活動上，即屬這種控制。
　　2.事中控制：係指在作業執行過程中，稍有偏差時，即採取修正行動，直接監督生產線上員工作業屬於此種控制，其目的在防止過程中有任何偏差的發生。例如管理人員採走動式管理即屬此種控制。
　　3.事後控制：係在行動完成後才進行控制，亦即作業結果發現有明確偏差後，才採取修正行動。例如顧客滿意度調查、顧客意見卡等，即屬於此種控制。

一試就中，升任各大
國民營 企業機構！

共同科目

2B811081	國文	高朋‧尚榜	530元
2B821091	英文	劉似蓉	530元
2B331091	國文(論文寫作)	黃淑真‧陳麗玲	390元
2B241061	公民	邱樺	490元

專業科目

2B031091	經濟學	王志成	590元
2B061091	機械力學(含應用力學及材料力學)重點統整＋高分題庫	林柏超	390元
2B071081	國際貿易實務重點整理＋試題演練二合一奪分寶典	吳怡萱	490元
2B091081	台電新進雇員綜合行政類超強5合1	千華名師群	650元
2B111081	台電新進雇員配電線路類超強4合1	千華名師群	650元
2B121081	財務管理	周良、卓凡	390元
2B131091	機械常識	林柏超	530元
2B150991	電路學	陳震、甄家灝	510元
2B161091	計算機概論(含網路概論)	蔡穎、茆政吉	530元
2B171091	主題式電工原理精選題庫	陸冠奇	470元
2B181091	電腦常識(含概論)	蔡穎	400元
2B191091	電子學	陳震	490元

2B201091	數理邏輯(邏輯推理)	千華編委會	430元
2B311081	主題式企業管理(適用管理概論)	張恆	590元
2B321081	人力資源管理(含概要)	陳月娥、周毓敏	490元
2B351081	行銷學(適用行銷管理、行銷管理學)	陳金城	510元
2B491091	基本電學致勝攻略	陳新	510元
2B501091	工程力學(含應用力學、材料力學)	祝裕	590元
2B581091	機械設計(含概要)	祝裕	630元
2B651091	政府採購法(含概要)	歐欣亞	530元
2B661081	機械原理(含概要與大意)奪分寶典	祝裕	550元
2B671081	機械製造學(含概要、大意)	張千易、陳正棋	570元
2B691091	電工機械(電機機械)致勝攻略	鄭祥瑞	550元
2B701091	一書搞定機械力學概要	祝裕	630元
2B741091	機械原理(含概要、大意)實力養成	周家輔	570元
2B751081	會計學(包含國際會計準則IFRS)	陳智音	530元
2B831081	企業管理(適用管理概論)	陳金城	610元
2B871091	企業概論與管理學	陳金城	610元
2B881091	法學緒論大全(包括法律常識)	成宜	550元
2B911091	普通物理實力養成	曾禹童	530元
2B921081	普通化學實力養成	陳名	500元
2B951081	企業管理(適用管理概論)滿分必殺絕技	楊均	550元

以上定價,以正式出版書籍封底之標價為準

歡迎至千華網路書店選購

服務電話 (02)2228-9070

千華網路書店

更多網路書店及實體書店

博客來網路書店　PChome 24hr書店　三民網路書店
MOMO 購物網　金石堂網路書店　誠品網路書店

查詢實體書店

~~ 不是好書不出版 ~~
最權威、齊全的國考教材盡在千華

千華系列叢書訂購辦法

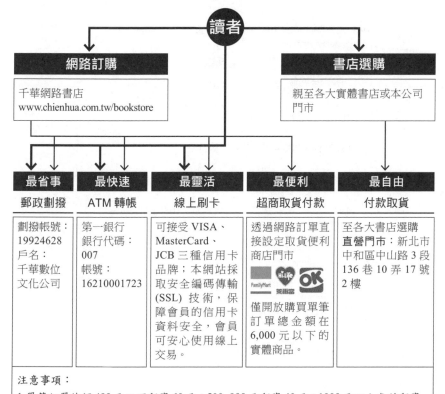

```
                        讀者
        ┌─────────────────┴─────────────────┐
   網路訂購                              書店選購
千華網路書店                        親至各大實體書店或本公司
www.chienhua.com.tw/bookstore       門市
```

最省事	最快速	最靈活	最便利	最自由
郵政劃撥	ATM 轉帳	線上刷卡	超商取貨付款	付款取貨
劃撥帳號：19924628 戶名：千華數位文化公司	第一銀行銀行代碼：007 帳號：16210001723	可接受 VISA、MasterCard、JCB 三種信用卡品牌；本網站採取安全編碼傳輸 (SSL) 技術，保障會員的信用卡資料安全，會員可安心使用線上交易。	透過網路訂單直接設定取貨便利商店門市 FamilyMart、Hi-Life萊爾富、OK 僅開放購買單筆訂單總金額在 6,000 元以下的實體商品。	至各大書店選購 直營門市：新北市中和區中山路 3 段 136 巷 10 弄 17 號 2 樓

注意事項：

1. 單筆訂單總額 499 元以下郵資 60 元；500~999 元郵資 40 元；1000 元以上免付郵資。

2. 請在劃撥或轉帳後將收據傳真給我們 (02)2228-9076、客服信箱：chienhua@chienhua.com.tw 或 LineID:@chienhuafan，並註明您的姓名、電話、地址及所購買書籍之書名及書號。

3. 請您確保收件處必須有人簽收貨物 (民間貨運、郵寄掛號)，以免耽誤您收件時效。

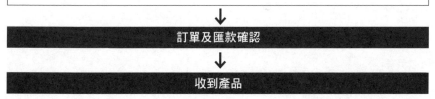

訂單及匯款確認

收到產品

我們接到訂單及確認匯款後，您可在三個工作天內收到所訂產品 (離島地區除外)，如未收到所訂產品，請以電話與我們確認。

※ 團體訂購，另享優惠。請電洽服務專線 (02)2228-9070 分機 211,221

千華數位文化
Chien Hua Learning Resources Network

國家圖書館出版品預行編目(CIP)資料

企業概論與管理學 / 陳金城編著. -- 第八版. -- 新北
市：千華數位文化, 2020.01

面； 公分

ISBN 978-986-487-951-9(平裝)

1.企業管理

494   108023025

企業概論與管理學

編 著 者：陳 金 城

發 行 人：廖 雪 鳳
登 記 證：行政院新聞局局版台業字第3388號
出 版 者：千華數位文化股份有限公司
　　　　　地址／新北市中和區中山路三段136巷10弄17號
　　　　　電話／(02)2228-9070　　傳真／(02)2228-9076
　　　　　郵撥／第19924628號　千華數位文化公司帳戶
　　　　　千華公職資訊網：http://www.chienhua.com.tw
　　　　　千華網路書店：http://www.chienhua.com.tw/bookstore
　　　　　網路客服信箱：chienhua@chienhua.com.tw

法律顧問：永然聯合法律事務所
編輯經理：甯開遠
主　　編：甯開遠
執行編輯：林中雅
校　　對：千華資深編輯群
排版主任：陳春花
排　　版：蕭韻秀

出版日期：　2020 年 1 月 30 日　　第八版／第一刷

本書如有勘誤或其他補充資料，
將刊於千華公職資訊網 http://www.chienhua.com.tw
歡迎上網下載。